乙烯生产工艺与设备丛书

# 乙烯设备

主　编　宋天民
副主编　史维良　魏志刚

U0809757

中国石化出版社

## 内容简介

本书全面介绍了乙烯生产的主要设备，包括裂解炉、急冷锅炉、反应器、塔器、换热器、储罐、泵、压缩机、汽轮机和其他设备，重点介绍了各种设备的原理、结构、运行、操作和故障处理等。

本书可供乙烯生产企业的工程技术人员和管理人员使用，也可作为乙烯设备操作人员的培训教材。

**图书在版编目（CIP）数据**

乙烯设备 / 宋天民主编 . —北京：中国石化出版社，2020.6（2021.5 重印）
（乙烯生产工艺与设备丛书）
ISBN 978-7-5114-5734-9

Ⅰ.①乙… Ⅱ.①宋… Ⅲ.①乙烯-化工生产②乙烯-化工设备 Ⅳ.①TQ221.21

中国版本图书馆 CIP 数据核字（2020）第 065298 号

未经本社书面授权，本书任何部分不得被复制、抄袭，或者以任何形式或任何方式传播。版权所有，侵权必究。

**中国石化出版社出版发行**
地址：北京市东城区安定门外大街 58 号
邮编：100011 电话：(010) 57512500
发行部电话：(010) 57512575
http：//www.sinopec-press.com
E-mail：press@sinopec.com
北京艾普海德印刷有限公司印刷
全国各地新华书店经销
*
787 × 1092 毫米 16 开本 24 印张 540 千字
2020 年 6 月第 1 版 2021 年 5 月第 2 次印刷
定价：148.00 元

# 前　言

本书是在《化工设备英汉图解手册》的基础上编写的，编写目的是为乙烯生产企业的工程技术人员和管理人员提供一部设备专业参考书。本书全面介绍了乙烯生产的主要设备，包括裂解炉、急冷锅炉、反应器、塔器、换热器、储罐、泵、压缩机、汽轮机和其他设备，重点介绍了各种设备的原理、结构、运行、操作和故障处理等，可供乙烯生产企业的工程技术人员和管理人员阅读使用，也可作为设备操作人员的培训教材。

本书共12章。第1章 裂解炉，第2章 急冷锅炉，第3章 反应器，第4章 塔设备，第5章 换热设备，第6章 罐，第7章 泵，第8章 压缩机，第9章 汽轮机，第10章 其他设备，第11章 异常现象的判断与故障处理，第12章 安全环保与节能。

本书编写具有全面性、实用性和创新性等特点。所谓全面性，就是全面介绍了乙烯生产的主要设备，对各种设备做了全面介绍；所谓实用性，就是理论联系实际，逻辑性强，本书不是单纯介绍某个乙烯生产企业的设备，而是对乙烯生产企业的主要设备既从理论上概括介绍，又紧密结合乙烯生产企业各种设备的实际应用；所谓创新性，就是填补此类专业书籍的空白，是创新之作。

本书由辽宁石油化工大学和中国石油抚顺石化分公司共同编写。辽宁石油化工大学参加编写的人员有宋天民、宋尔明、刘丽喆、管建军、高磊和闫萍，抚顺石化分公司参加编写的人员有史维良、魏志刚、于彤、刘达彬、李长喜、胡显驰、王千、张友冬、刘兆昆、于明明，全书由宋天民主编。

本书在编写过程中参阅和引用了很多书籍和文献资料，在此，向各书籍和文献资料的作者表示衷心感谢。

由于编者水平所限，书中会有不妥之处，敬请读者批评指正。

# 目　录

# 绪　论

乙烯是石油化工的基础原料，乙烯的产量、规模和技术水平，标志着一个国家石油化学工业的发展水平。乙烯装置的设备主要有裂解炉、塔设备、反应设备、换热设备、冷箱、冷泵和成套机组等。

乙烯装置在生产乙烯的同时，副产大量的丙烯、丁烯、苯、甲苯和二甲苯等，它们是重要的石油化工基础原料。一般石油烃通过乙烯生产获得三烯、三苯的过程如图 0–1 所示。

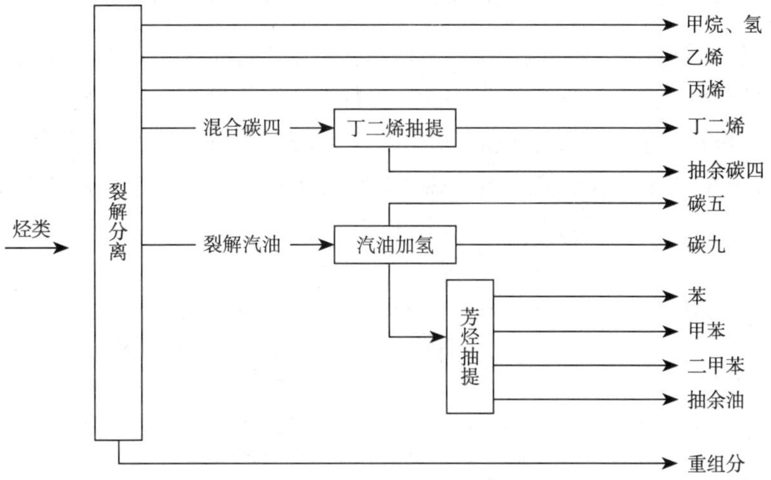


图 0–1　烃类裂解得到三烯、三苯的过程

裂解混合碳四需经丁二烯抽提才能得到丁二烯；裂解汽油需经汽油加氢和芳烃抽提才能得到苯、甲苯和二甲苯。

工业上采用的裂解气分离方法主要有油吸收法和深冷分离法。由于油吸收法能耗高、烯烃损失大等缺点，已被深冷分离法取代。深冷分离利用裂解气中各组分沸点相差较大，各组分相对挥发度不同，在不同温度下用精馏方法进行分离。在一定的压力下，碳三以上的馏分可在常温下分离，碳二馏分则需在 –40~–30℃条件下进行分离。用精馏方法将裂解气中甲烷和氢气分离出来，则需在 –90℃以下的低温进行分离。这种采用低温分离裂解气中甲烷和氢气的方法称为深冷分离法。深冷分离法能耗低、操作稳定，不仅能得到高质量的烯烃产品，还可获得高纯度的氢气和甲烷。因此，当今管式裂解炉生产乙烯，几乎都采用深冷分离法进行裂解气的分离和精制。

乙烯原料的来源主要有两个方面，一是天然气加工厂的轻烃，如乙烷、丙烷、丁烷和天然汽油等；二是炼油厂的加工产品，如炼厂气、汽油、煤油、柴油、渣油等，以及炼油厂二次加工油，如焦化加氢油、加氢裂化油等。

1）天然气

蕴藏在地层内的可燃性气体称为天然气，它的组成主要是甲烷，还含有乙烷、丙烷等低相对分子质量（以下简称分子量）的烷烃和少量 $CO_2$、$N_2$、$H_2S$ 等非烃成分。

依化学组成不同，天然气可分为干气和湿气两种，干气的主要成分是甲烷，含甲烷在90% 以上，湿气含 90% 以下的甲烷，其余的组分是乙烷、丙烷和丁烷等烷烃，之所以称为湿天然气，是因为 $C_2$~$C_5$ 这部分可以压缩冷却得到液态的凝缩汽油。

从矿藏不同分类，天然气可分为气井气、凝析气和油田气三种。

（1）气井气　开采时只出气不出油的井称为气井，开采出来的气体称为气井气，其中甲烷含量较高，乙烷、丙烷含量较少。

（2）凝析气　在开采气田凝析油的同时采出凝析气。凝析油的组成相当于轻石脑油或全沸程石脑油和粗柴油的混合物。

（3）油田气　油田气是伴随开采石油从油井中开采出来的气体，是与石油伴生的天然气，故又称为油田伴生气。油田气除了含有相当数量甲烷外，还含有一定量的乙烷、丙烷和丁烷等，经压缩分离出气体，得到的液体部分称为液化石油气（LPG）。在开采油田中，油田气的数量很大，我国天然气总量的 45% 左右为油田伴生气，气油比（$m^3$ 气 /t 原油）一般在 20~500 范围内。我国大庆、胜利油田的气油比为 40~60，大港油田为 150~200。

天然气经分离加工装置分离出的乙烷、LPG、天然汽油、加工厂凝析油，总称为天然气凝析液（NGL）。天然气的分离加工如图 0–2 所示。

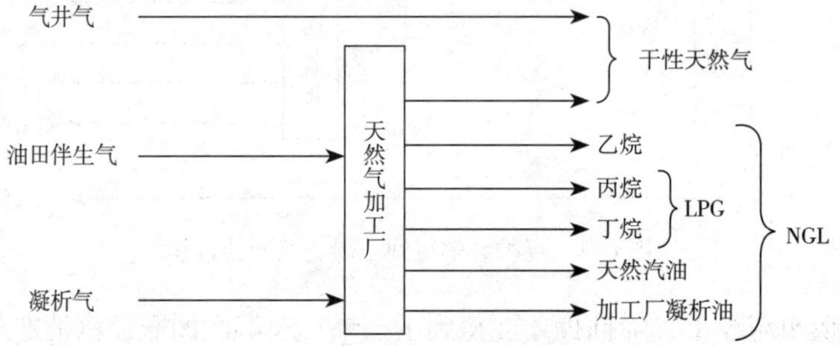


图 0–2　天然气分离加工示意图

2）炼厂气

炼厂气是炼厂在石油加工过程中所得到气体的总称，主要包括催化裂化气、加氢裂化气、焦化气和重整气等。这些气体经汽油吸收后可得干气、气态烃和液态烃，气态烃主要含有氢、甲烷、碳二等难凝气体，液态烃主要是碳三（$C_3$）和碳四（$C_4$）馏分。

炼厂气中除了含甲烷和氢气外，还含有乙烷、乙烯、丙烷、丙烯和 $C_4$ 等成分。我国炼厂干气主要由催化裂化干气组成，由于原料和工艺条件不同，催化裂化干气组成有一定的差别，一般乙烯体积分数在10%左右，同时含有一定数量的乙烷。由于已经经过粗气体分离，所以催化干气中 $C_3$ 馏分不是很多。

3）原油各馏分油

原油经过炼油装置得到的多种油品可作为乙烯生产的原料，炼油厂流程图如图0–3所示。

（1）轻油　轻油包括直馏汽油、抽余油、重整拔头油等含烷烃较多的低沸点馏分油，沸点范围从初馏点至160℃或初馏点至200℃的汽油馏分。

①拔头油。将初馏点至160℃的直馏汽油馏分进行拔顶，拔出初馏点至60℃的轻馏分，这就是拔头油，主要是 $C_3$~$C_6$ 的烃，其收率为原油处理量的0.4%~0.6%。

②抽余油。对经过拔顶后的直馏汽油60~160℃馏分进行重整，经过芳烃抽提，抽出芳烃以后剩下的馏分称之为抽余油，主要成分是 $C_6$~$C_8$ 烷烃和环烷烃。

③直馏汽油（石脑油）。原油经过常压蒸馏分馏出初馏点至200℃的馏分油称为全沸程石脑油，如果切取初馏点至160℃或以前馏分称为轻石脑油。

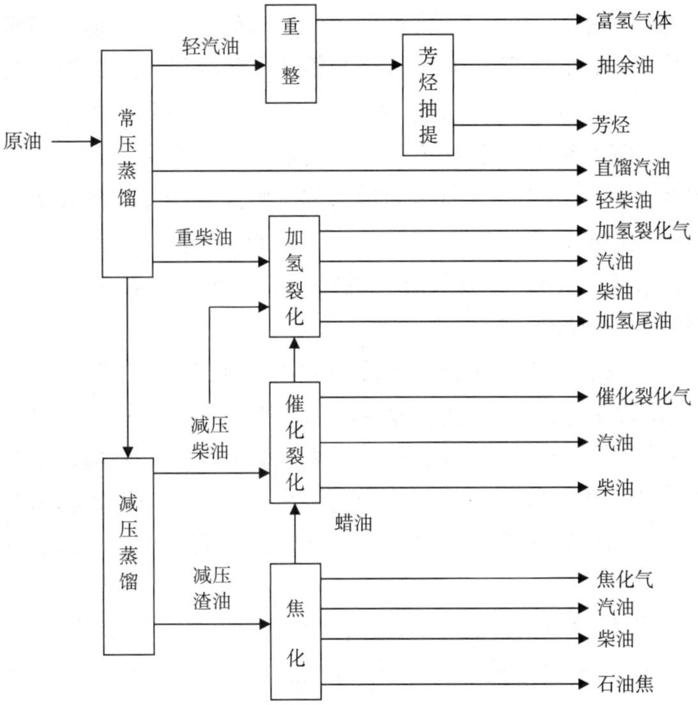


图0–3　炼油厂流程示意图

（2）煤油、轻柴油　煤油是160~300℃的直馏馏分油，200~300℃的直馏馏分油为常压柴油（AGO）。柴油可分为两种，200~350℃的馏分为轻柴油，250~400℃的馏分为重柴油。现在将145~360℃馏分油称为轻柴油。

（3）减压柴油　经减压蒸馏得到的350~500℃馏分称为减压柴油（VGO）。

制取乙烯的方法主要是管式炉裂解法。

裂解是指石油系的烃类原料在高温条件下，发生碳链断裂或脱氢反应，生成烯烃及其他产物的过程。裂解的目的是以生产乙烯、丙烯为主，同时还副产丁烯、丁二烯等烯烃和裂解汽油、柴油、燃料油等产品。裂解反应有四个重要特点：

①裂解反应是一个强烈吸热反应；

②反应温度高；

③停留时间要短；

④烃分压要低。

因此，工业上要实现上述裂解反应，应达到下述要求：

①要对反应物料供给大量热量；

②要使系统处在高温下进行反应；

③由于停留时间要短，所以要在很短时间内使反应物料得到所需的大量热量，并要在很短的时间内将反应物料迅速降温（急冷）；

④由于要求低烃分压，所以在原料烃中配入水蒸气或其他气体作为稀释剂。

石脑馏分裂解制取乙烯的方法很多，但管式炉裂解法具有技术成熟、结构简单、运转稳定性好以及烯烃收率高等优点，已成为乙烯生产的主流工艺。

管式裂解炉是在炉子中设置了一定排列形式的金属管子，管内通以裂解原料，管外用液体燃料或气体燃料来加热管外壁，通过管壁的传热，将热量传递给管内的反应物料。

烃类原料经高温裂解，可生成乙烯、丙烯、丁烯、丁二烯、炔烃和芳烃等组分。这些组分在裂解温度下，其化学热力学状态是很不稳定的。在高温区停留时间稍长，就要发生二次反应，使烯烃的收率降低，重质焦油量增加。因此，为了提高裂解反应目的产物的收率，并有利于裂解操作的正常进行，需要采取有效的工艺措施，使生成的裂解气迅速冷却，以防止二次反应的发生，并回收裂解气的热量，使裂解气在常温下进入裂解气压缩机，这个操作过程称为“急冷”。

除管式炉裂解法制取乙烯外，还有制取乙烯的其他方法，如甲醇制烯烃、催化裂解制乙烯、生物乙醇制乙烯、甲烷制乙烯和合成气制乙烯等。

制取乙烯的工艺流程一般以分离流程的特点来区分和命名。目前，乙烯装置裂解气的分离广泛采用深冷分离技术。裂解气的深冷分离流程有多种，根据各精馏塔在分离流程中的位置和顺序不同，可将深冷分离流程概括为顺序分离、前脱乙烷和前脱丙烷三大代表性流程。

顺序分离流程是指裂解气经压缩、脱除大部分重烃和水、脱除酸性气体并深度干燥后，进入脱甲烷塔系统，各组分按碳一、碳二、碳三……的顺序先后分离。前脱乙烷流程是指裂解气经压缩后，先将碳二及更轻的组分与碳三及更重的组分分开，然后再分别进行分离。前脱丙烷流程是指裂解气经三段压缩后，先将碳三及更轻的组分与碳四及更重的组分分开，碳三及更轻的组分进入压缩机高压段进行压缩，然后再按碳一、碳二、碳三的顺序先后分离出甲烷、氢、乙烯和丙烯等产品。三大代表性流程如图 0–4 所示。

任何一种流程都有其自身的特点，究竟选择何种工艺流程应根据具体情况来确定。表 0–1 对目前国内采用较多的三大代表性流程的技术特点进行了比较。

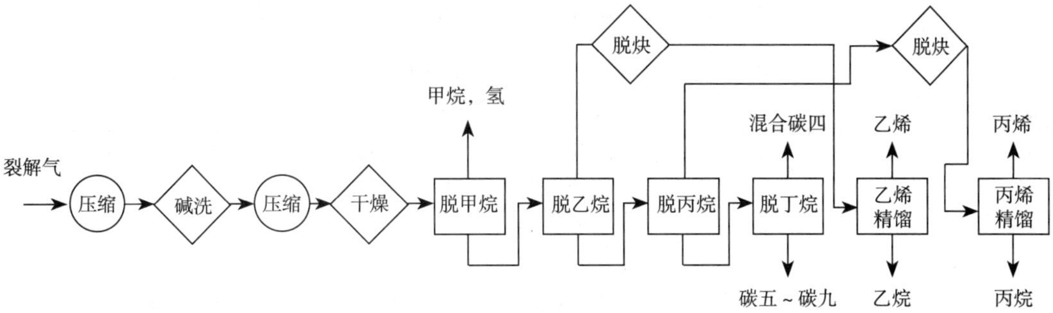


（a）顺序分离流程

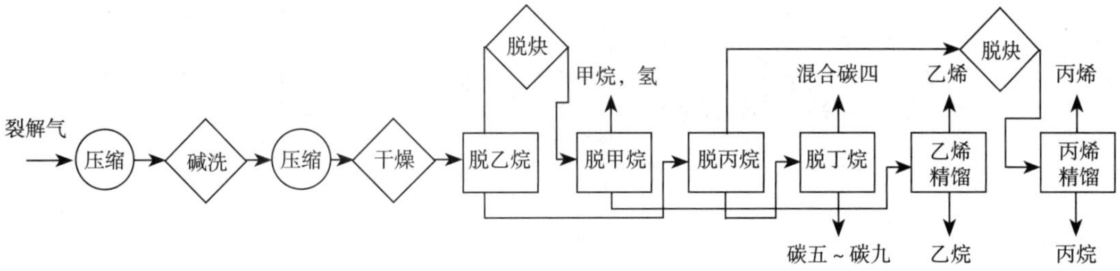


（b）前脱乙烷前加氢流程

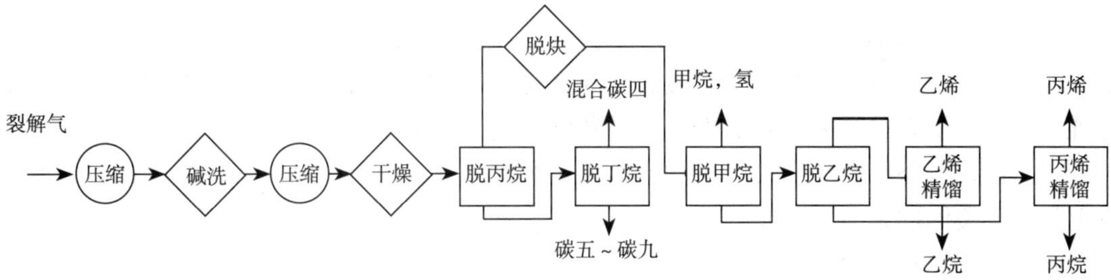


（c）前脱丙烷前加氢流程

图 0–4　深冷分离三大代表性流程图

**表 0-1　三大代表性流程的技术特点比较**

| 流程<br>类型<br>比较项目 | 顺序分离流程 | | 前脱丙烷流程 | | 前脱乙烷流程 | |
|---|---|---|---|---|---|---|
| 主要应用专利商 | 詹姆斯公司 | 凯洛格公司 | 斯通－韦伯斯特公司 | 布朗路特公司 | 林德公司 | 布朗路特公司 |
| 裂解炉型 | 采用 STR-Ⅵ型炉 | 采用毫秒炉 | 采用 USC 型炉 | 采用 KTI 公司的 GK-Ⅴ或 GK-Ⅵ型炉 | 采用 Pyrocrack 1-1 型或 Pyrocrack 2-2 型裂解炉 | 采用 KTI 公司的 GK-Ⅴ/Ⅵ型炉 |
| 裂解气压缩机段数 | 五段 | 五段 | 四段或五段 | 四段 | 五段 | 四段 |
| 脱酸性气体位置 | 三段出口碱洗 | 四段出口碱洗 | 四段出口碱洗 | 三段出口碱洗 | 四段出口碱洗 | 三段出口碱洗 |

续表

| 类型　流程<br>比较项目 | 顺序分离流程 | | 前脱丙烷流程 | | 前脱乙烷流程 | |
|---|---|---|---|---|---|---|
| 脱甲烷方案 | 前端低压脱甲烷 | 前端高压脱甲烷 | 采用ARS技术和预脱甲烷他，流程简单，设备投资少 | 前脱丙烷深冷分离脱甲烷或油吸收脱甲烷 | 按脱甲烷塔操作压力不同 | 低压脱甲烷 |
| 脱乙炔方案 | 后端加氢 | 后端加氢 | 前端加氢 | 前端加氢 | 前端乙炔的温和加氢 | 前端乙炔绝热加氢 |
| 其他技术 | 双塔双压脱丙烷；丙炔加氢采用催化精馏；采用多元混合制冷 | 裂解气压缩机段间采用特殊结构的一体化段间换热器和吸入罐 | 双塔双压脱丙烷；低压乙烯精馏、多段进料，乙烯精馏塔与乙烯制冷机构成开式热泵 | 双塔双压脱丙烷；前端丙炔加氢；乙烯精馏塔与乙烯制冷机构成开式热泵。油吸收脱甲烷流程无乙烯制冷压缩机 | 前端双塔双压脱乙烷；乙烯精馏塔单股进料与乙烯制冷机构成开式热泵 | 投资低；低压乙烯精馏并与乙烯制冷机构成开式热泵 |

乙烯是我国石油化工产业的核心，其产品占石化产品总量的75%以上，在国民经济中发挥着重要作用。乙烯是合成纤维、合成橡胶、合成塑料（聚乙烯及聚氯乙烯）、合成乙醇（酒精）的基本化工原料，也用于制造氯乙烯、苯乙烯、环氧乙烷、醋酸、乙醛、乙醇和炸药等。2017年，全球乙烯装置约有300套，年产能约为1.69亿吨，年产量约为1.54亿吨，全球年消费量约为1.58亿吨，整体供需呈现平衡的状态。

随着国民经济的快速发展，中国乙烯工业产能迅速增长，产品质量显著提高，成为世界上仅次于美国的第二大乙烯生产国。

1. 我国乙烯行业的发展历程

20世纪60年代，中国首套蒸汽裂解装置于兰州石化建成投产，历经半个世纪的发展，中国乙烯工业取得巨大进步。一方面，我国石化企业依托原有装置完成了第二轮扩能改造，另一方面，新建了12套规模在80万吨/年以上的裂解装置和一批煤制烯烃装置，年产能增长到2500万吨以上，约占全球乙烯产能的15%。

尽管我国的乙烯产能与产量均快速增长，但与市场需求量相比，仍有较大差距。我国每年乙烯衍生物净进口量折合乙烯当量占乙烯当量消费量的50%~60%。2017年，我国乙烯产量1824万吨，当量消费量约为4250万吨，仍需进口大量的聚乙烯和乙二醇等乙烯下游衍生物。其中，聚乙烯的进口量占总消费量的47%，特别是高密聚乙烯的进口比例高达59%；乙二醇的进口比例接近60%。

近几年来，面对国际油价低位震荡徘徊，石化市场起伏波动。乙烯行业坚持引进先进技术，以市场为导向，以效益为中心，向高端产品发展，把“稳生产、调结构、降成本、控风险”作为生产经营的出发点，把“生产技术多元化、裂解原料多样化、大型设备国产化、炼油化工一体化、安全环保标准化”作为发展方向，不断提升乙烯行业竞争力。

随着产业结构调整和转型升级步伐加快，我国乙烯产能快速增长的势头明显，不仅国有企业有多个炼化一体化项目处于建设和筹建阶段，一些大型民营企业也在向乙烯领域拓展，还有一些民营企业开始建设进口乙烷裂解制乙烯项目。与此同时，国外资本也在不断进入，埃克森美孚公司已经启动了在广东惠州建设 120 万吨 / 年“原油直接裂解制乙烯”化工联合体项目，巴斯夫启动了在广东湛江的石油化工项目。此外，一些煤（甲醇）制烯烃项目也在建设中。预计“十四五”末，我国乙烯产量将达到 4800 万吨 / 年。

从消费需求来看，随着我国经济增速放缓和乙烯当量消费量基数逐年增大，乙烯当量消费量增速将逐渐趋缓。尽管如此，我国乙烯产量仍不能满足市场需求，特别是高端产品短缺严重，预计到 2020 年，我国仍需进口 2000 万吨左右的高端聚乙烯和乙二醇等乙烯下游衍生物。

1）乙烯布局集约化

进入 21 世纪，我国乙烯项目建设充分体现了“布局基地化、原料优质化、工艺多样化、主体多元化”的特点。2015 年，国家发改委印发的《石化产业规划布局方案》，对今后一个时期石化产业布局进行了总体部署，要求新建乙烯项目布局在大连长兴岛、河北曹妃甸、江苏连云港、上海漕泾、浙江宁波、广东惠州、福建古雷七大石化产业基地。按照炼化一体化、装置大型化的要求建设，乙烯装置年生产能力达到 100 万吨以上。

国内乙烯下游产品市场将逐步形成煤化工、民营石化企业、地方石化企业、外商独资企业与中国石油、中国石化、中国海油、中化集团等国有大型石化企业和进口产品多主体互动的市场格局，竞争更加激烈。

随着浙江石化、大连恒力石化等大型炼化一体化项目陆续投产，以及个别规模小、盈利性差的装置关停，蒸汽裂解乙烯装置的平均规模还将继续提高。位于长三角、珠三角、环渤海湾的国家七大石化产业基地乙烯产能，将占我国总产能的 60% 以上。

2）装置规模大型化

乙烯装置规模是乙烯生产能力和生产成本的重要影响因素。20 世纪 60 年代我国首套乙烯装置产能仅为 0.5 万吨 / 年；70~90 年代，乙烯装置最大规模达到 30 万吨 / 年，通常由 10 台裂解炉和两台切换炉组成，单炉能力 3 万吨 / 年左右。自 2005 年以来，随着制造技术的日益进步，使设计和建设更大的乙烯装置成为可能，我国建成投产的大多数乙烯装置规模为 80 万 ~100 万吨 / 年，其中 2018 年投产的广东惠州中海壳牌 120 万吨 / 年乙烯装置是目前国内单套最大的运行装置，由 9 台裂解炉组成，单炉能力 15 万吨 / 年。到目前为止，我国共有蒸汽裂解乙烯生产装置 32 套，平均规模为 63.6 万吨 / 年。

3）产品质量高端化

新建乙烯项目选用的技术越来越先进。各大公司都在采用国际最先进的生产工艺及控制技术，例如 Lummus、S & W、KBR、SEI 等公司开发的乙烯裂解新技术。按照国际最先进的节能减排标准进行设计和建设，已建项目通过各种先进技术和流程的组合，乙烯装置运行水平大幅提升。

乙烯下游高性能树脂、特种橡胶及弹性体、高性能纤维及其复合材料、功能性膜材料等高端产品比例在持续增加，竞争力不断增强。

4）原料多样化，主体多元化

乙烯原料品种多样化与品质进一步优化仍是乙烯生产企业提升装置竞争力的重要举措。特别是炼化一体化企业，根据上下游装置配置及组分可利用性进行探讨分析，借助生产运行优化软件进行模拟，实现资源进一步优化配置。乙烯装置逐步由原来降低乙烯原料成本实现乙烯装置价值最大化，向炼化企业一体化、区域效益最优化转变，最终实现效益最大化与可持续发展。

裂解原料资源是影响乙烯裂解的关键因素。在 20 世纪 70~80 年代，由于我国原油资源有限且重多轻少，以及轻烃和石脑油价格过高等，乙烯原料重质化，轻柴油在乙烯原料构成中占 70% 以上，轻烃和石脑油仅占 13%，另有 10% 左右的原油闪蒸油及重油。到 90 年代初，乙烯原料轻质化、优质化工作有了进展，轻柴油比重大幅下降到 50% 左右，石脑油比例增至 30% 以上，还有 10% 以上的轻烃和加氢尾油。1996 年以后，随着对柴油的改质加工，轻烃资源的加大利用，以及国外进口原油的增加，乙烯原料不断向轻质化、优质化发展。轻柴油比重下降至 1/3 左右，石脑油比例提高至 45% 左右。进入 21 世纪，石脑油比例进一步提高至 60% 以上，轻柴油进一步下降至 10% 左右，还有 10% 左右的轻烃和 10% 左右的加氢尾油。总体来看，我国乙烯生产原料以石脑油为主，其他原料为补充。

近年来，乙烯生产企业在强化油田轻烃、凝析油及炼厂轻烃等轻质优质原料的组织利用方面有很大进步。同时，炼化结构调整使更多的优质原料流入乙烯裂解装置，轻烃和加氢尾油的比重提高至 1/3 以上，石脑油比例降为 55% 左右，轻柴油比例降至 10% 以下。

2. 乙烯建设和运营水平显著提高

我国乙烯产业已经进入一个新的发展时期，依靠技术进步，拓展乙烯原料来源，加大对外开放，吸引外资和技术，促进乙烯产业健康发展。

1）应用先进技术，提升产品竞争力

随着采用国际最先进的生产工艺及控制技术，按照国际最先进的节能减排标准进行设计和建设的新项目投产，以及已建项目通过各种先进技术和流程的组合，不断地进行整体优化，乙烯装置运行水平大幅度提升，推动了国内石化行业整体技术水平的提升。目前，各生产企业均以技术创新为突破口，聚焦提质增效，推进可持续发展。近年来，各生产企业积极拓展原料品种，优化原料结构，深入开展节能降耗，把控生产运行的关键点，实现装置长周期稳定运行。

国际上，乙烯裂解技术和下游装置工艺技术更新换代很快，技术发展越来越成熟可靠，高端产品不断诞生，智能化控制水平和本质安全水平进一步提高。120 万吨 / 年乙烯裂解装置三机组（裂解气压缩机、乙烯气压缩机、丙烯气压缩机）、裂解炉急冷换热器、分离系统冷箱等核心设备国产化取得突破，其中抚顺石化的 80 万吨 / 年乙烯装置实现了国内首台乙烯压缩机的国产化，镇海炼化的 100 万吨 / 年乙烯装置实现了国内首台丙烯压缩机的国产化，中沙（天津）石化的 100 万吨 / 年乙烯装置实现了国内首台裂解气压缩机的国产化，中韩（武汉）石化的 80 万吨 / 年乙烯装置实现了乙烯三机组全部国产化。国内自主开发的低温甲烷化催化剂具有反应温度低、高空速适应性、不使用高压蒸汽或超高压蒸汽等特点，操作成本和能耗降低，经济效益提高；裂解炉模块化制造安装能力大幅提升，建造标准提高；高效塔内件和低温材料应用，解决了大型塔器设备制造难题。

2）践行环保理念，履行社会责任

国家新一轮环保整治工作，助推乙烯生产企业加大改造投入，广泛采纳最新技术，开展专项技术攻关，全面开展安全环保风险识别、风险防控和环保治理工作。

裂解炉应用新一代低氮燃烧技术，烟气中的氮氧化物含量均小于100mg/m$^3$，达到了国家最新环保排放要求；废碱湿式氧化（WAO）总结操作与维护经验，攻克了高COD污水深度处理难关；建立挥发性有机物管理平台，利用LDAR技术（设备泄漏检测与修复），治理静密封点渗漏，储罐增设VOCs回收设施，采用蜂窝式全接液浮盘技术，将排放气体引入除臭系统处理，大幅度减少了排放；装置停工检修，精心优化各系统吹扫置换方案，实现排放气体冷却，最大限度地回收物料。

3）开展余热利用，降低装置能耗

裂解炉热效率是节能降耗的重要指标之一，各生产企业通过降低对流段末端物料入口温度，同时考虑防止烟气露点腐蚀，控制过剩空气系数，使用派罗块衬里降低炉体热损失，利用高声强中频声波除灰器等，有效控制排烟温度，有效提高了裂解炉的热效率，最高的裂解炉热效率达到95%以上。裂解气压缩机和乙烯制冷压缩机复水器实施在线清洗，汽轮机效率明显提升，降低了蒸汽消耗。采用蒸汽驱动大功率循环水泵，使各压力等级蒸汽实现了梯阶利用。采用CBL技术对裂解炉对流段取热流程改造，对原料进料及稀释蒸汽调节阀系统进行核算，辐射段炉管采用CBL-R技术对炉管进行更换并增加扭曲片，提高余热回收能力。低温热利用得到了普遍认可，结合换热流程调整、原料直供的措施，实现节能降耗。循环水系统通过严格的清洗预膜、降低压力损失、增设水轮机、控制供水回水温差等措施，实现节能使用。

4）化解装置操作瓶颈，实现长周期运行

针对裂解气压缩机运行点与防喘振控制曲线之间裕度过小，生产稍有波动，来不及打开防喘振阀即发生喘振联锁停车等问题，对机组控制系统进行优化改造，机组的喘振、入口压力、速度和抽气控制在此系统上实现。优化了压缩机的操作区间，提高了防喘振控制的及时性和安全性，实现了防喘振阀间的解耦控制。对急冷水系统的在线pH计进行相应结构改造，通过控制系统自动调整注碱量，保证急冷水pH值在可控范围内波动，提升了急冷水pH值的稳定性，保证了系统长周期运行。注重仪表联锁与报警管理，全员参与控制报警率，异常报警由专业高级工程师组织分析处理并落实相关行动，以仪表稳定助推装置长周期运行。高压阀门和大型换热器通过定力矩扳手紧固，保证预紧力，防止因操作波动或频繁开停产生静密封泄漏。

随着我国国民经济由高速增长向高质量发展转变，石化行业市场竞争进入白热化，特别是国内炼油产能过剩带来的严峻挑战，通过增产乙烯消化富余的炼油产品，延伸化工和精细化工产业链已经成为新的发展方向。乙烯作为重要的石化产品中间原料与国民生产、生活所需产品息息相关。各石油、石化企业都在加快转型升级步伐，以安全与环保为第一要务，坚持创新驱动，调整产业结构，聚焦提质增效，提升企业竞争能力，推进可持续发展。

# 第 1 章　裂解炉

裂解炉是用于烃类裂解的设备。石油烃裂解有多种方法，如蓄热炉裂解、流动床裂解、管式炉裂解等。前两种都因投资高、物耗能耗高、污染严重已被淘汰；而管式裂解炉具有技术成熟、结构比较简单、运转稳定性好和烯烃收率高等优点，目前，世界上约有 99% 的乙烯是由管式炉裂解法生产的。图 1.0–1 为 SRT- Ⅳ（HS）型裂解炉的布置示意图。

本章将主要介绍鲁姆斯公司的 SRT 型裂解炉、斯通 – 韦伯斯特（S&W）公司的 USC 型裂解炉、KTI 公司的 GK 型裂解炉、凯洛格公司的毫秒炉、林德公司的裂解炉、布朗路特公司的 HSLR 型裂解炉、SL– Ⅰ/ Ⅱ型裂解炉、国产 CBL 型裂解炉和裂解炉的附属设备，以及裂解炉的自控和联锁。

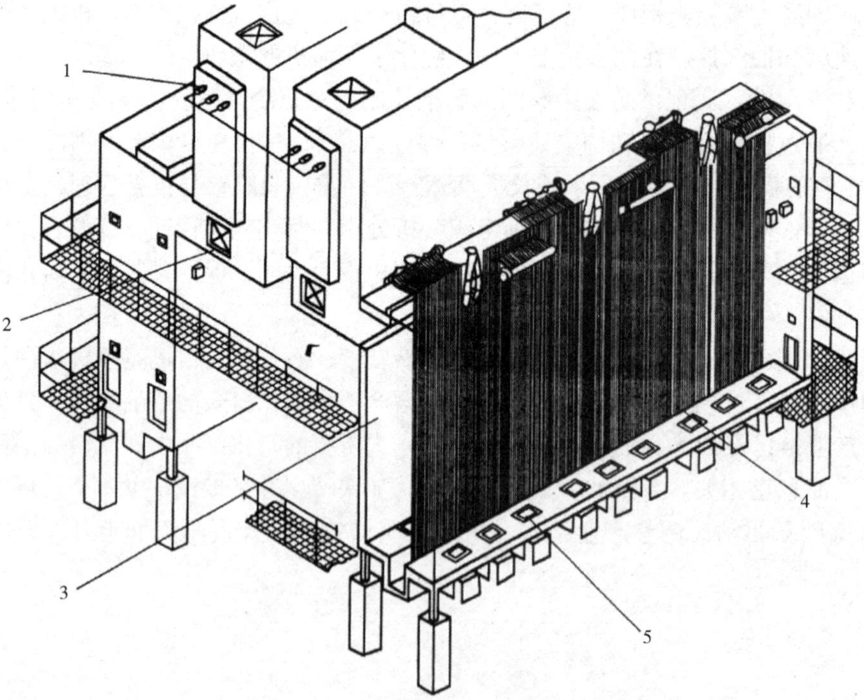


1—对流段；2—横跨段；3—辐射段；4—炉管；5—底部烧嘴

图 1.0–1　SRT- Ⅳ（HS）型裂解炉的布置示意图

管式裂解炉从外形看，可分为方箱式炉、立式炉、门式炉和梯台式炉等；按炉管布置方式，可分为横管式炉和竖管式炉；按燃烧方式，可分为直焰式炉、无焰辐射式炉和附墙火焰式炉；按烧嘴位置，可分为底部燃烧炉、侧壁燃烧炉和底部侧壁联合燃烧炉等方式。

1. 管式裂解炉的构成

管式裂解炉主要由对流段和辐射段两部分组成，对流段与辐射段之间用跨越管和跨越管管箱连接。

对流段为利用烟道气余热而设置，其作用主要是利用辐射段来的高温烟气，对裂解原料、稀释蒸汽以及锅炉给水进行预热。带超高压蒸汽过热段的裂解炉，汽包的蒸汽是对流段的超高压蒸汽过热盘管与高温烟气进行换热产生的。对流段对充分利用热量、提高炉子的热效率有很大作用。因此，大部分炉管通常设计成翅片管以提高传热面积。对流段内从上到下有水平放置的对流管束，对流段两端有弯头和跨越管与管束相连接，外面有钢板密封，该部位称作弯头箱，内部装有管束之间的连接弯头。在对流段侧墙上设有吹灰器。对流段上部通过两个烟道与引风机相连，引风机一般采用双吸双支承离心式，其出口接烟囱，烟囱排出口离地面高度一般为40m左右，引风机入口设有风门挡板，通过控制风门挡板开度，控制炉膛负压。也可以采用变频风机，由电机转速控制炉膛负压。

辐射段内有竖直排列的炉管，位于两侧墙中间，炉管进、出辐射段均穿过炉顶钢板。炉管悬挂在炉顶外部的弹簧吊架上，随着负载的变化弹簧吊架有0~120mm的位移量，以保证炉管自由地伸缩。每组炉管设有导向管，炉底钢板上开有导向孔，导向管无约束地置于导向孔中央，其间隙内填满陶瓷纤维，炉底导向孔外部安装了可随导向管移动的导向板，通过弹簧与炉底钢板相连，炉管受热后，可随导向管向下自由膨胀。两个端墙各安装两个人孔，过渡段端墙各有一个人孔，以便于炉内检修。侧墙和端墙上共设置了多个窥视孔，分布在辐射段炉墙上。

辐射段采用了大量的耐火材料砌筑炉墙、炉底和炉顶。一般在辐射段的侧壁和底部对称安装烧嘴，炉管竖直布置在炉膛中心，沿直线排列，采用双面炉墙辐射加热。辐射段的传热量约占全炉热负荷的70%~80%，是全炉的核心部位。裂解反应也主要在辐射段炉管内进行。

2. 辐射段炉管

裂解炉辐射段根据炉型不同配置了不同结构形式的炉管，炉管是裂解炉的重要部件之一，分为立式单排和双排。烃类裂解在高温、短停留时间、低烃分压的条件下进行，有利于烯烃的生产。因此，在考虑裂解炉辐射段炉管结构时，都从管径、程数和管长等方面来满足裂解反应的需要。

在反应初期，从压力降来看，由于反应转化率较低，管内流体体积增大不多，以致线速度提高不快，管径小而引起的压力降不严重；从热强度来看，由于原料升温，转化率增长快，需要大量吸热，故要求热强度大，管径小可使比表面积增大，可满足热强度的要求；从结焦趋势看，由于转化率较低，二次反应尚不能发生，不致结焦，允许管径小一些。

在反应后期，从压力降来看，由于此时转化率较高，管内流体体积增大较多，以致线速度提高较大，管径小而引起压力降严重，故采用较大管径为宜；从热强度来看，由于转化率较高，对热强度要求不高，管径大一些，对传热的影响不显著；从结焦趋势看，由于转化率较高，二次反应开始进行，结焦可能性较大，用较大管径可延长操作周期。

综上所述，反应初期时宜采用较小管径，反应后期时宜采用较大管径。辐射段炉管的结构如图 1.0–2 所示。

为了缩短停留时间，可采用缩短管长的办法。例如，鲁姆斯公司从 SRT–Ⅰ型炉发展到 SRT–Ⅲ型炉，管长由 73m 缩短至 51m，相应的停留时间由 0.6~0.7s 降低到 0.3~0.45s。毫秒炉管长仅 12m，停留时间在 0.1s 以下。缩短管长同时降低了炉管中物料的压降，由于烃分压下降，使裂解选择性提高。但缩短管长也带来传热面不足的问题，为此，一方面缩小管径以增加比表面积，另一方面，寻求耐更高温度的炉管材质，增加炉管的热强度。目前，炉管材质一般采用 KHR35CW（25Cr–35Ni+W+Nb），出口管也均采用 KHR45A 材料，炉管一律采用离心铸造，弯头采用静态铸造。KHR35CW 的化学成分如表 1–1 所示。

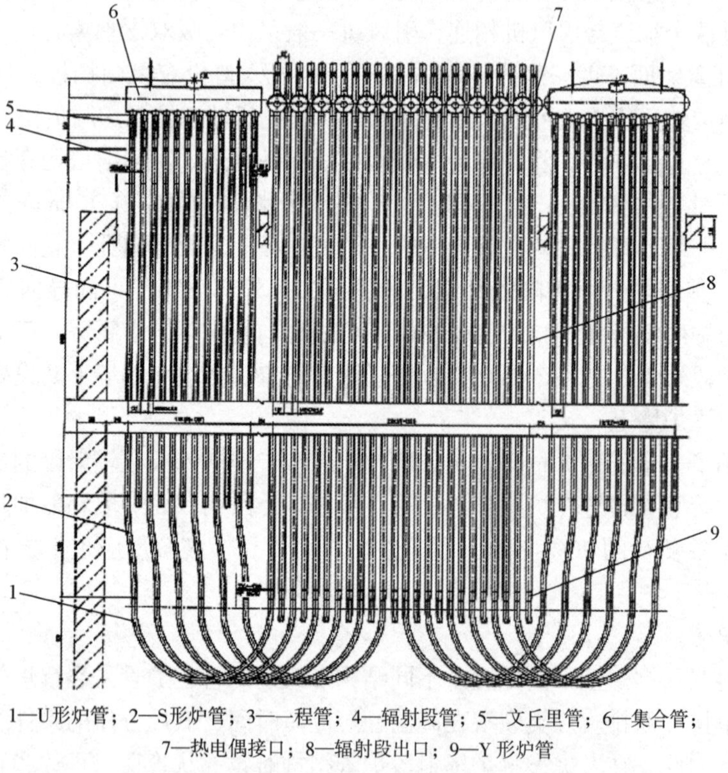


1—U形炉管；2—S形炉管；3—一程管；4—辐射段管；5—文丘里管；6—集合管；7—热电偶接口；8—辐射段出口；9—Y 形炉管

图 1.0–2 辐射段炉管结构图

**表 1-1 KHR35CW 化学成分表**

| KHR35CW | 化学成分 /% | | | | | | | |
|---|---|---|---|---|---|---|---|---|
| | C | Si | Mn | P | S | Ni | Cr | Nb+W |
| Min | 0.40 | 1.50 | — | — | — | 34.00 | 24.00 | — |
| Max | 0.50 | 2.00 | 1.25 | 0.03 | 0.03 | 37.00 | 28.00 | 微量 |

为了增大炉管的处理能力，同时合理地使管径和质量流速不超过允许范围，就要增加管子的路数和组数。炉管的组数、路数和程数定义如下：

①组是指一个独立的反应管系统，有自己的进出口。一个炉子内可设几组炉管，但各组之间在物料上各不相通。

②路也称列或股，在同一组内，物料分几股流动，就是几路。

③程在一组内，物料按一个方向流动，就是一程（不论路数多少，只要是一个方向，就按一程计），改变方向就是另一程。

20 世纪 70 年代，单台裂解炉的乙烯生产能力为 30~60kt/a。随着科学技术的进步，裂解炉规模向着大型化发展，目前，单台裂解炉的乙烯生产能力已达 100kt/a 以上。裂解炉的台数应根据装置生产能力、原料种类和工艺技术来选定。考虑到裂解炉的清焦周期和日常维修，原则上设置一台备用裂解炉。为保证装置的小时产量一定，安排裂解炉能力及操作有两种方式，一是设置一台备用炉，当一台裂解炉清焦或维修时，把备用炉投入运行；二是在一台裂解炉清焦或维修时，把其余裂解炉的负荷提高。

## 1.1 鲁姆斯公司 SRT 型裂解炉

鲁姆斯公司开发的 SRT（Short Residence Time）型裂解炉具有停留时间短、热强度高、烃分压低等特点，SRT 型裂解炉为单排双辐射立管式裂解炉，炉管构型已从早期的 SRT － Ⅰ型（多用于乙烷裂解）、SRT- Ⅱ型、SRT- Ⅲ型、SRT- Ⅳ（HC）型的多程炉管发展为近期 SRT- Ⅳ（ HS）型、SRT- Ⅴ型、SRT- Ⅵ型的两程炉管，炉管长度由原来 60 多米缩短至 20m，相应停留时间也由 0. 4s 左右缩短至 0.2s 左右。

SRT 型裂解炉通常一个对流段配置一个辐射段，对流段布置在辐射段上部的一侧，对流段顶部设置烟道和引风机。对流段内设置进料、稀释蒸汽和锅炉给水的预热。从 SRT- Ⅳ型炉开始，对流段还设置超高压蒸汽过热，由此取消了超高压蒸汽过热炉。在对流段预热原料和稀释蒸汽过程中，一般采用一次注汽的方式，当裂解重质原料时，也可采用二次注汽。SRT- Ⅳ（HS）型裂解炉的结构和系统如图 1.1-1 所示。

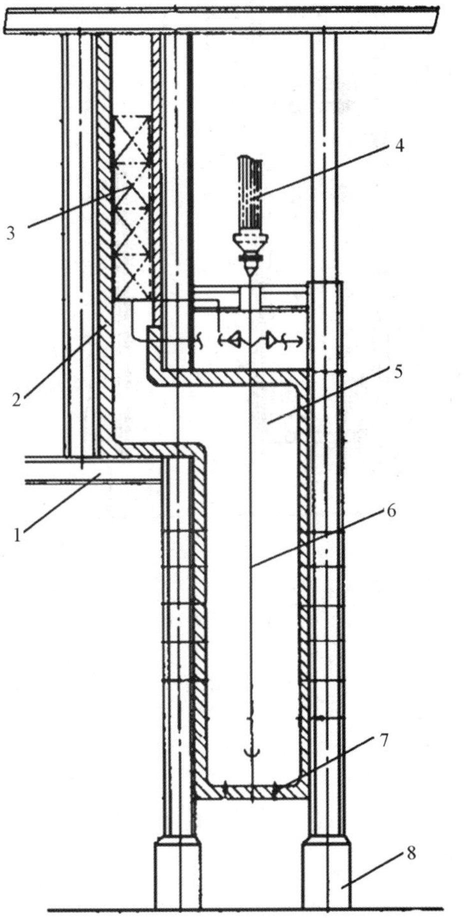

(a)

1—钢结构；2—耐火衬里；3—对流段；4—急冷换热器；5—横跨段；6—辐射段炉管；7—燃烧器；8—基础

图 1.1-1 SRT 型裂解炉结构图

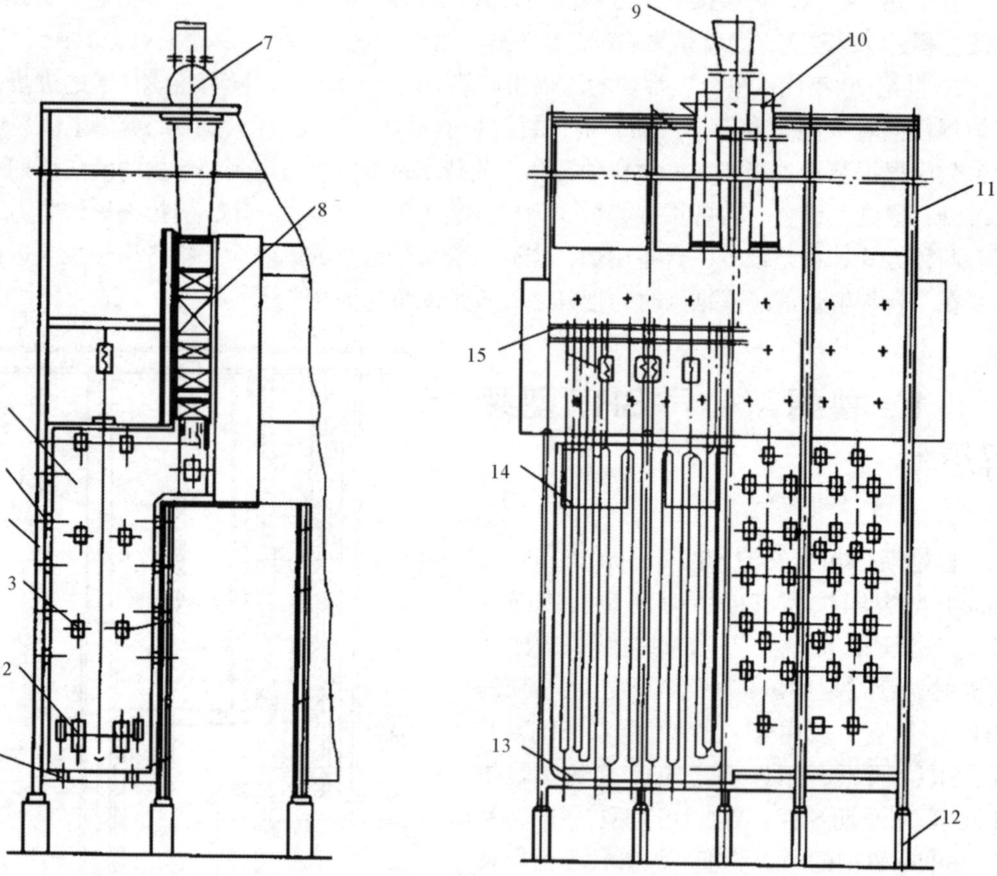


(b)

1—燃烧器；2—检查门；3—看火孔；4—炉墙；5—侧壁烧嘴；6—辐射段；7—引风机；8—对流段；9—烟囱；10—烟道；11—炉体；12—基础；13—导向管；14—辐射段盘管；15—弹簧吊架

图1.1-1 SRT型裂解炉结构图（续图）

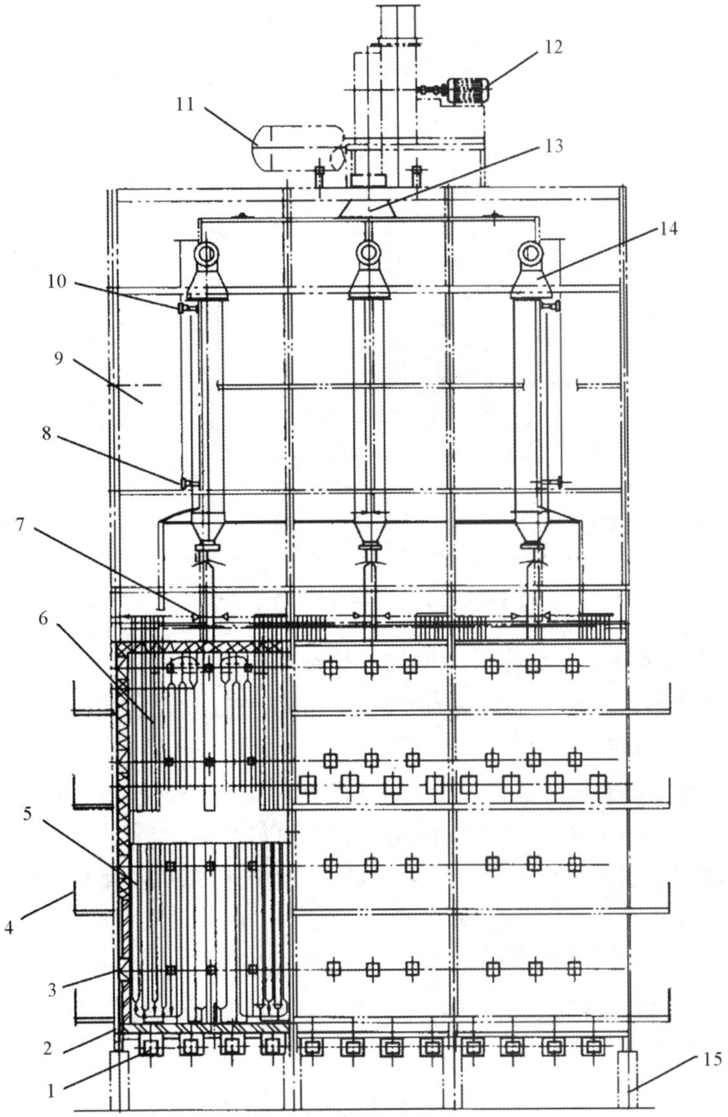


(c)

1—燃烧器；2—炉体；3—看火孔；4—平台；5—辐射段炉管；6—辐射段；7—集合管；8—水侧入口；9—对流段；10—水侧出口；11—汽包；12—引风机；13—烟道；14—急冷换热器；15—基础

图 1.1-1　SRT 型裂解炉（续图）

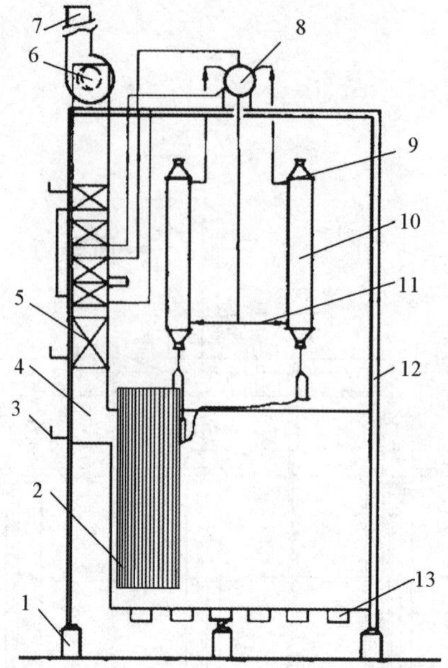


(d)

1—基础；2—辐射段盘管；3—平台；4—横跨段；5—对流段；6—引风机；7—烟囱；8—汽包；
9—水汽出口；10—包冷换热器；11—水汽入口；12—炉体；13—燃烧器

图1.1–1　SRT型裂解炉结构图（续图）

早期的SRT型裂解炉，大多采用侧壁无焰烧嘴烧燃料气，为适应裂解炉烧油、降低投资和减少维修费用，目前，多采用侧壁烧嘴与底部烧嘴联合的烧嘴布置方案。底部烧嘴最大供热量可占总热负荷的90%。

鲁姆斯裂解炉从SRT–Ⅱ型炉开始，辐射管为分支变径管结构。分支变径管是在入口段采用很多根并联小口径炉管，出口段则采用大口径炉管，沿管长流通截面大体保持不变。通常采用四大组或六大组进料，与之相对应，对流段预热原料和稀释蒸汽的管束排布通常为每排4根或8根、每排6根或12根。

锅炉给水或超高压蒸汽管束的布置则视对流段宽度而定，而废热锅炉的数量通常为2台（30~40kt/a）、3台或4台（45~60kt/a）、6台（80~100kt/a）。不同SRT型炉的结构参数及工艺参数如表1–2所示。

**表1-2　不同SRT型炉的结构参数及工艺参数**

| 项目 \ 炉型 | SRT–Ⅰ | SRT–Ⅱ | SRT–Ⅲ | SRT–Ⅳ（HC） | SRT–Ⅳ（HS）<br>SRT–Ⅴ | SRT–Ⅵ |
|---|---|---|---|---|---|---|
| 开发时间 | 1953~1964年 | 1972年 | 1974年 | 1984年 | 1985~1987年 | 1994~1999年 |
| 炉管构型 |  | 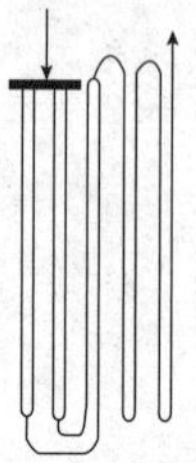 |  | 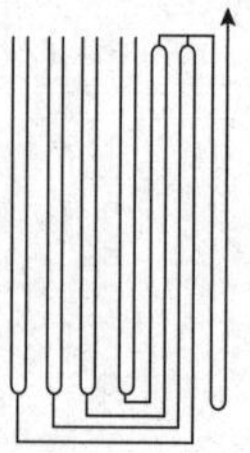 | 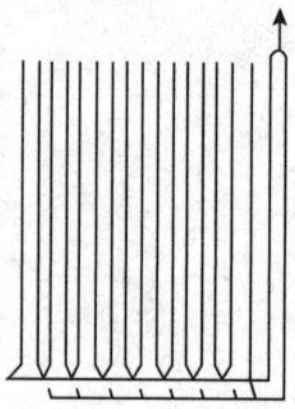 | 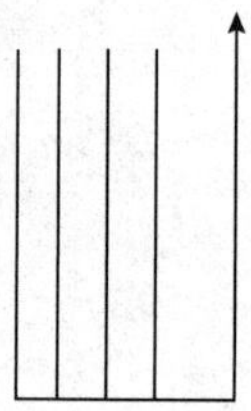 |

续表

| 项目 \ 炉型 | SRT-Ⅰ | SRT-Ⅱ | SRT-Ⅲ | SRT-Ⅳ（HC） | SRT-Ⅳ（HS）<br>SRT-Ⅴ | SRT-Ⅵ |
|---|---|---|---|---|---|---|
| 炉管内径 /mm | $\phi$75~133 | 一、二程<br>$\phi$64/96 | 一、二程<br>$\phi$64/89 | | 一、二程<br>$\phi$41.6/116 | 一、二程<br>$\phi$>50/>100 |
| | | | 三～六程 $\phi$152 | 三、四程 $\phi$146 | | |
| 炉管总长度 /m | 80~90 | 60.6 | 51.8 | | 21.9 | -21 |
| 程数 | 6P 或 8P | 6P33 | 4P40 | 4 程（8-4-1-1） | 2 程（16-2） | 2 程（4-1） |
| 每台炉炉管组数 | 4 | 6 | 6 | 4~6 | 4~6 | 16~24 |
| 每台炉废热锅炉台数 | 2（一级） | 3（一级） | 3（一级） | 3（一级） | 4~6（一级） | 6（一级） |
| 停留时间 /s | 0.6~0.7 | 0.47 | 0.38 | 0.33 | 0.21~0.3 | 0.2~0.3 |
| 适用原料 | 乙烷～石脑油 | 乙烷～柴油 | 乙烷～重柴油 | 乙烷～加氢尾油 | 乙烷～加氢尾油 | 乙烷～加氢尾油 |
| 最高允许温度 /℃ | 1100 | 1100 | 1100 | 1115 | 1115 | 1125 |
| 单台炉生产能力 /(kt/a) | 20~30 | 30~40 | 45~50 | 30~60 | 30~60 | 50~100 |

以 SRT-Ⅲ型裂解炉为例，简述其结构。

SRT-Ⅲ型裂解炉是由 SRT-Ⅱ型炉演变而来的，与 SRT-Ⅱ型炉相比较具有处理能力更大、效率更高的特点，炉体长 × 宽 × 高为 10368mm × 6322mm × 31040mm，主要由钢结构、烧嘴、炉管、耐火材料、吹灰器、平台、烟囱和引风机等组成。SRT-Ⅲ型裂解炉结构部件明细见表 1-3。

**表 1-3 SRT-Ⅲ型裂解炉结构部件明细表**

| 部件名称 | | 规格 | 材质 | 数量 |
|---|---|---|---|---|
| 辐射段 | 辐射段炉管 | $\phi$76 × 6.4 | KHR35CW | 6 组 × 4=24 根 |
| | 辐射段炉管 | $\phi$102 × 6.4 | KHR35CW | 6 组 × 4=24 根 |
| | 辐射段炉管 | $\phi$159 × 6.4 | KHR35CW | 6 组 × 4=24 根 |
| 对流段 | 上部原料预热器管 1 | $\phi$89 × 5.5 | CRIA | 42 根 |
| | 上部原料预热器管 2 | $\phi$89 × 5.5 | A106B | 42 根 |
| | 上部 BFW 预热管 | $\phi$114.3 × 8.76 | A106GrB | 60 根 |
| | 上部混合预热管 | $\phi$141.3 × 6.55 | A335P5 | 72 根 |
| | 下部 BFW 预热管 | $\phi$114.3 × 8.76 | A106GrB | 12 根 |
| | 下部混合预热管 | $\phi$141.3 × 6.55 | A312TP304H | 24 根 |
| 横跨段 | | $\phi$141.3 × 6.55 | A312TP304H | 6 |
| 炉墙钢板 | | 4.5mm | Q235A | — |
| 炉顶、炉底钢板 | | 6mm | Q235A | — |
| 辐射段底人孔门 | | 460 × 970 | Q235A | 4 个 |
| 辐射段顶人孔门 | | 460 × 460 | Q235A | 2 个 |
| 窥视孔 | | 165 × 190 | Q235A | 76 个 |
| 辐射段侧壁烧嘴 | | LUM-F | 组合件 | 117 台 |
| 辐射段炉底烧嘴 | | LFF-45 | 组合件 | 12 台 |
| 吹灰器 | | G9B | 组合件 | 36 台 |

炉子上部为对流段，下部为辐射段，中间为过渡段，辐射段和对流段两段相互错开，因为：

①因辐射段上部炉管出口直接连到废热锅炉的入口，对流段必须让出相应的位置。

②防止辐射段的高温烟气损伤对流段最下部炉管。

③便于辐射段炉顶和过渡段的检修。

辐射段内有6组单行竖直排列的炉管，位于两侧墙中间，分为1~6组，进、出辐射段的炉管均穿过辐射段炉顶钢板，炉管悬挂在炉顶外部的弹簧吊架上，随着负载的变化弹簧吊架有0~120mm的位移量，以保证炉管自由地伸缩。每组炉管设有两个导向管（水平导向管和180° 下弯头导向管），炉底钢板上开有导向孔，导向管无约束地置于导向孔中央，其间隙内填满陶瓷纤维，注意不能塞得太紧，应保证导向管可以自由地移动，炉底导向孔外部安装了可随导向管移动的导向板，通过弹簧与炉底钢板相连，其中间的开孔比炉底板导向孔小得多，其作用是防止过多的冷空气进入炉膛（过多的冷空气会降低炉子的热效率，同时对辐射段炉底弯头造成冷冲击，影响其使用寿命），炉管受热后，可随导向管向下自由膨胀。两个端墙（较短的炉墙）第一层平台处各安装两个人孔，过渡段端墙第五层平台处各有1个人孔，每台炉共6个人孔，以便于炉内检修。侧墙（较长的炉墙）和端墙上共设置了76个窥视孔（也称看火孔），分布在第1~5层平台炉墙上，窥视孔设置的要求为：

①通过窥视孔能够观察到辐射段各部位炉管、保温、燃烧器和导向管的运行情况；

②窥视孔应易于开、关；

③当窥视孔处于关闭位置时应严密。

开关窥视孔时应注意以下两点：

①特别注意裂解炉炉膛负压情况，防止炉内正压时，高温烟气窜出伤人；

②轻开轻放，以免损坏窥视孔内部保温材料。

SRT-Ⅲ型裂解炉侧墙上布置了117个侧壁气体烧嘴，每侧炉墙每排9个烧嘴，其中1个侧墙有6排，另1个炉墙7排（最上一排通常不使用），炉底布置12个油气联合烧嘴。

对流室内从上到下有5组水平放置的对流管束，对流室两端有弯头和跨越管与管束相连接，外面有钢板密封，该部位称作弯头箱，内部装有管束之间的连接弯头，辐射室与对流室下部混合预热管束之间用跨越管和跨越管管箱连接，在对流室侧墙上设有36台固定旋转式吹灰器，对流室上部通过两个烟道与引风机相连，引风机为双吸双支承离心式，其出口接烟囱，烟囱排出口离地面高度为40m，引风机入口设有风门挡板，通过控制风门挡板开度，可达到控制炉膛负压的目的。

炉体由基础桩和钢结构支承，周围布置10层平台，另外，还有锅炉给水阀平台和裂解气32″阀门平台，裂解炉四周设有直梯和斜梯，每台SRT-Ⅲ型裂解炉安装有3台废热锅炉、3台急冷器和1台汽包。

## 1.2 斯通－韦伯斯特公司 USC 型裂解炉

S&W 公司早期大多使用西拉斯裂解炉，1966 年在西拉斯裂解炉的基础上开发了 USC 型裂解炉（超选择性裂解炉）。USC 型裂解炉是根据停留时间短、裂解温度高和烃分压低条件的选择，使生成的产品中乙烷等副产品较少，乙烯收率较高而命名的。

S&W 公司的 USC 型裂解炉为单排双辐射立管式裂解炉，辐射盘管为 W 形或 U 形。由于采用的炉管管径较小，因而单台裂解炉盘管组数较多（16~18 组）。每 2 组或 4 组辐射盘管配一台 USX 型（套管式）一级废热锅炉，多台 USX 废热锅炉出口裂解气再汇总送入一台二级废热锅炉。近期开始采用双程套管式废热锅炉（SLE），将两级废热锅炉合并为一级。

USC 型裂解炉对流段设置在辐射段上部的一侧，对流段顶部设置烟道与引风机。对流段内设置进料、稀释蒸汽、锅炉给水和超高压蒸汽过热等热量回收设施。大多数 USC 型裂解炉为一个对流段对应一个辐射段，也有两个辐射段对应一个对流段的情况。

当装置燃料全部采用气体燃料时，USC 型裂解炉多采用侧壁无焰烧嘴；如果装置需要使用部分液体燃料时，则采用侧壁烧嘴与底部烧嘴联合布置的方案。底部烧嘴可烧气也可烧油，其热量可占总热负荷的 60%~70%。由于 USC 型裂解炉辐射盘管为小管径、短管长炉管，单管处理能力低，每台裂解炉盘管数较多。为保证对流段进料能均匀地分配到每根辐射盘管，在辐射盘管入口设置了文丘里喷管。

S&W 公司从 20 世纪 60 年代后期开发的 USC 型裂解炉，采用的炉管构型有 W 形、U 形和 M 形，其中 W 形与 U 形都是小管径、短管长炉管。W 形炉管相对较长，处理能力较大；U 形炉管管长较短，处理能力较小，但裂解选择性较高；近期多采用 U 形管。而 M 形炉管则采用较大口径的炉管，此种炉管多采用六程管，其处理能力大，停留时间长，通常用于乙烷、丙烷裂解。

20 世纪 80 年代中期，S&W 公司又推出了新式的 USC 型裂解炉，仍然是 W 形。但管径变细，以轻柴油为原料，裂解炉出口温度为 808℃，停留时间为 0.3s，乙烯收率（质量分数）为 27.7%，丙烯收率（质量分数）为 13.05%。20 世纪 80 年代末、90 年代初期该公司推出了 U 形裂解炉，第一程管径为 45mm，第二程为 56mm，每程长 10.5m，停留时间为 0.2~0.25s，乙烯收率进一步提高。图 1.2–1 所示为 USC 裂解炉 U 形盘管排列图。USC 型裂解炉不同炉管的数据比较如表 1–4 所示。USC 型裂解炉的结构如图 1.2–2 所示。

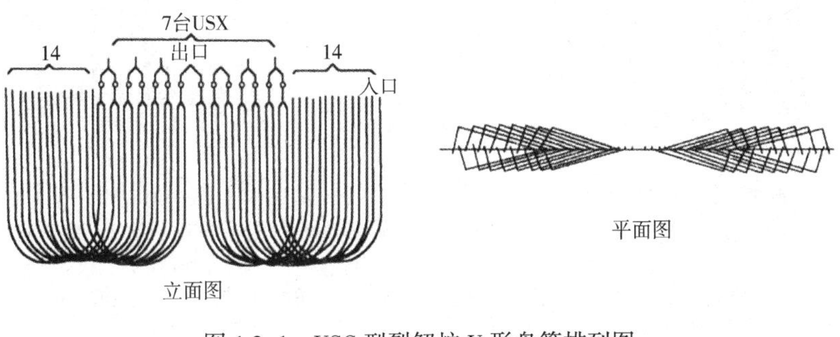


图 1.2–1　USC 型裂解炉 U 形盘管排列图

**表 1-4　USC 型裂解炉不同炉管的数据比较**

| 炉型 | 炉管构型 | 管内径 /mm | | | | 管长 /m | 停留时间 /s |
|---|---|---|---|---|---|---|---|
| | | 第一程 | 第二程 | 第三程 | 第四程 | | |
| USC-W | 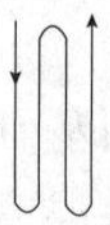 | 63.5 | 69.9 | 76.2 | 82.9 | 43.9 | 0.35 |
| | | 63.5 | 73.0 | 82.6 | 89.0 | 43.9 | 0.304 |
| USC-U |  | 51 | 63.5 | — | — | 26.9 | 0.2~0.25 |
| | | 35~65 | | | | 20~30 | 0.15~0.25 |
| USC-M | 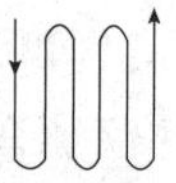 | 100~125 | | | | 60~80 | 0.5~0.6 |

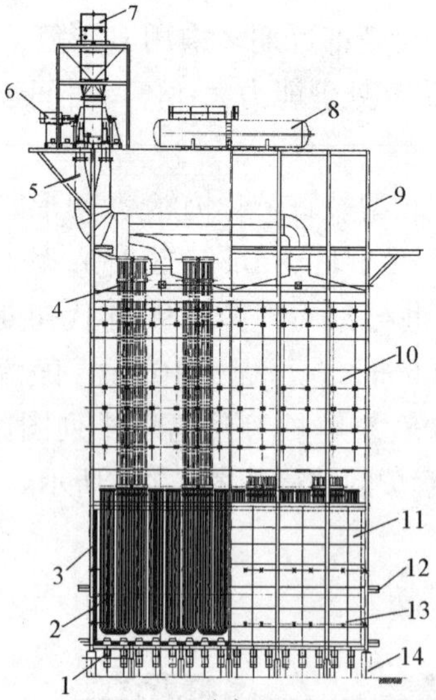


（a）

1—燃烧器；2—辐射段盘管；3—耐火衬里；4—换热器；5—烟道；6—引风机；7—烟囱；8—汽包；9—炉体；10—对流段；11—辐射段；12—平台；13—看火孔；14—基础

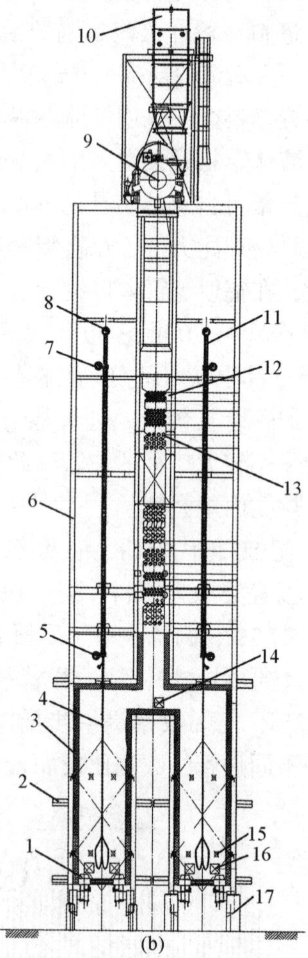


（b）

1—燃烧器；2—平台；3—耐火衬里；4—辐射段盘管；5—水侧入口；6—炉体；7—水侧出口；8—裂解气出口；9—引风机；10—烟囱；11—急冷换热器；12—对流室；13—对流段盘管；14—横跨段人孔；15—看火孔；16—检修门；17—基础

图 1.2-2　USC 型裂解炉结构图

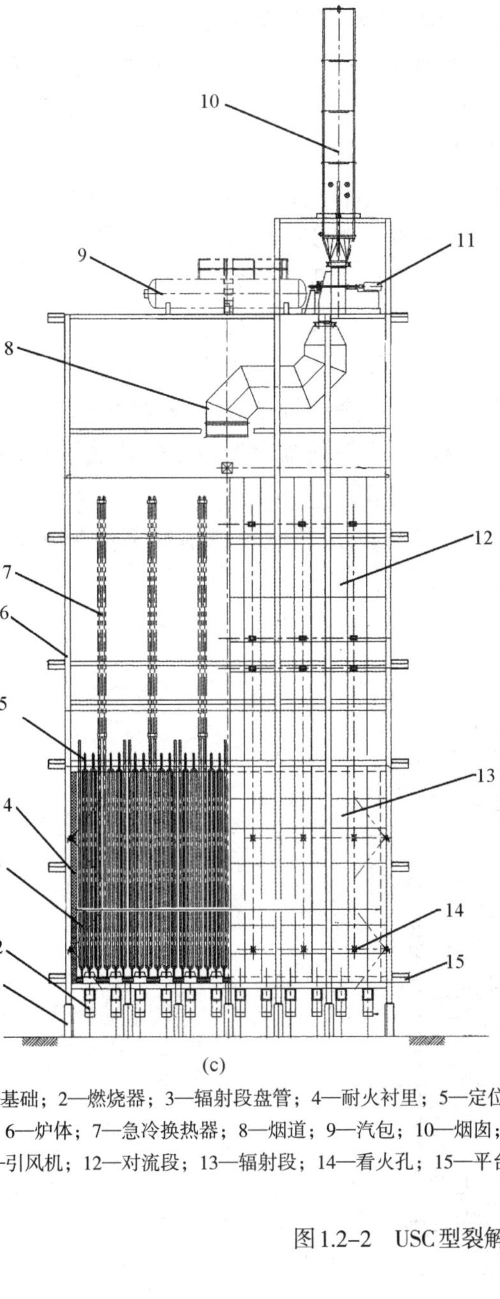


(c)

1—基础；2—燃烧器；3—辐射段盘管；4—耐火衬里；5—定位管；6—炉体；7—急冷换热器；8—烟道；9—汽包；10—烟囱；11—引风机；12—对流段；13—辐射段；14—看火孔；15—平台

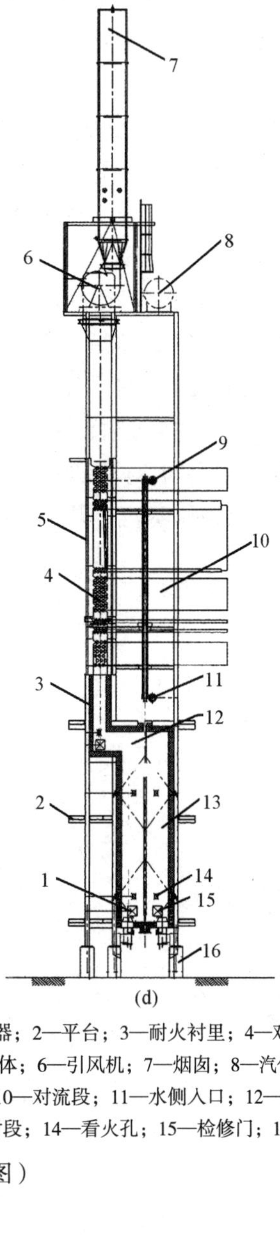


(d)

1—燃烧器；2—平台；3—耐火衬里；4—对流段盘管；5—炉体；6—引风机；7—烟囱；8—汽包；9—水侧出口；10—对流段；11—水侧入口；12—横跨段；13—辐射段；14—看火孔；15—检修门；16—基础

图 1.2-2　USC 型裂解炉结构图（续图）

## 1.3　KTI 公司 GK 型裂解炉

KTI 公司在 20 世纪 60 年代开发了 SD 型裂解炉，该炉型为 1 路 6 程或 8 程，管径为 50.8~88. 9mm（2~3.5in），裂解反应停留时间为 0 6~0. 8s。1963 年以前，SD 型炉辐射段炉管为水平直管，1963~1967 年发展为垂直单管程，1967~1970 年采用变径管。在 20 世纪 70 年代又发展了梯度动力学裂解炉。

GK 型炉为分列式炉管，1973 开发了 GK- Ⅰ型与 GK- Ⅱ型裂解炉，GK- Ⅰ型裂解炉，为双排立管式裂解炉，有 4 组炉管，出口设 1 台废热锅炉，乙烯生产能力为 30~40kt/a。GK- Ⅱ型裂解炉为混排（入口管为双排，出口管为单排）分支变径管，有 8 组炉管，反应停留时间为 0.4s，出口设 2 台废热锅炉，乙烯生产能力为 60~80kt/a。1975~1976 年，又开发了 GK- Ⅲ型炉，反应管每组 4 程，前 2 程为 2 路，后 2 程为 1 路，停留时间为 0.38s，每台炉有 4 组或 8 组炉管，每台炉只设 1 台废热锅炉。1985 年推出了 GK- Ⅳ型炉，反应管也为每组 4 程，前 2 程为 4 路，第 3 程为 2 路，最后 1 程为 1 路，停留时间为 0.3s，每台炉有 8 组炉管，设 2 台废热锅炉。

为进一步缩短停留时间，KTI 公司开发了 GK- Ⅴ型炉，该型炉为双程分支变径管，由于管程减少，管长缩短，停留时间可控制在 0.2s 以内。采用“2–1”型双程分支变径管，停留时间为 0.2s 左右，裂解选择性明显得到改善。由于辐射盘管入口段炉管数量变大，为保证进料流量均匀分配，在辐射盘管入口设置了文丘里管。

GK 型裂解炉对流段设置在辐射段上侧。对流段除预热原料、稀释蒸汽和锅炉给水外，还对超高压蒸汽过热。GK 型裂解炉的结构如图 1.3–1 所示。

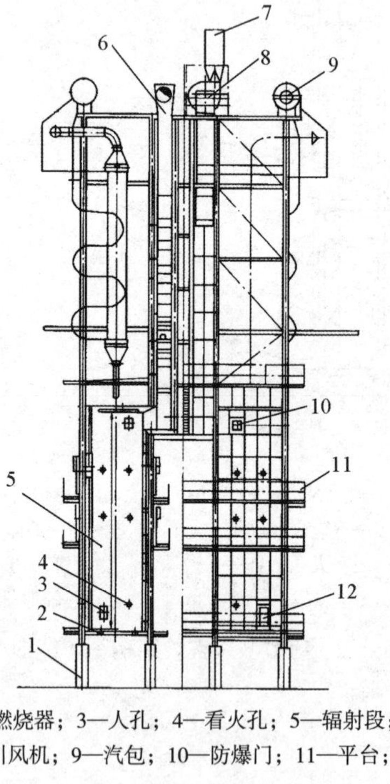


1—基础；2—燃烧器；3—人孔；4—看火孔；5—辐射段；6—烟道；
7—烟囱；8—引风机；9—汽包；10—防爆门；11—平台；12—检修门

图 1.3–1　GK 型裂解炉结构图

GK 型裂解炉采用侧壁烧嘴与底部烧嘴联合布置的方案。底部烧嘴可烧油也可烧气，其最大供热占总热负荷的 70%，侧壁烧嘴为无焰烧嘴。不同 GK 型裂解炉辐射段炉管的特性参数如表 1–5 所示。

表 1-5 不同 GK 型裂解炉辐射段炉管的特性参数

| 炉型 | GK-Ⅲ | GK-Ⅳ | GK-Ⅴ | GK-Ⅵ |
| --- | --- | --- | --- | --- |
| 炉管排列 | 4-4-2-2 | 4-4-2-1 | 2-2 | 1-1 |
| 炉管组数 | 8 | 8 | 32 | 48 |
| 废热锅炉台数 | 2 | 2 | 4 | 3 |
| 停留时间 /s | 0.428 | 0.296 | 0.193 | 0.22 |

## 1.4 凯洛格公司毫秒炉

美国凯洛格公司 20 世纪 70 年代着手开发毫秒裂解炉，首先，在日本出光石油化学公司建成了第一台年产乙烯 25kt 的毫秒炉。经过不断改进，毫秒炉于 20 世纪 80 年代广泛用于凯洛格公司设计的乙烯工厂。

凯洛格公司的毫秒炉为立管式裂解炉，其辐射盘管为单程直管，管内径为 24~38mm，管长为 10~13m。对流段设置在辐射段的上侧，对流段顶部设置烟道与引风机。图 1.4-1 为毫秒裂解炉结构图。原料和稀释蒸汽在对流段预热至横跨温度后，通过横跨管和猪尾管由裂解炉底部送入辐射管，物料由下向上流动，由辐射段顶部出辐射管而进入第一废热锅炉。裂解轻烃时，常设三级废热锅炉；裂解馏分油时只设两级废热锅炉。对流段还预热锅炉给水和过热超高压蒸汽。炉子热效率为 93%。

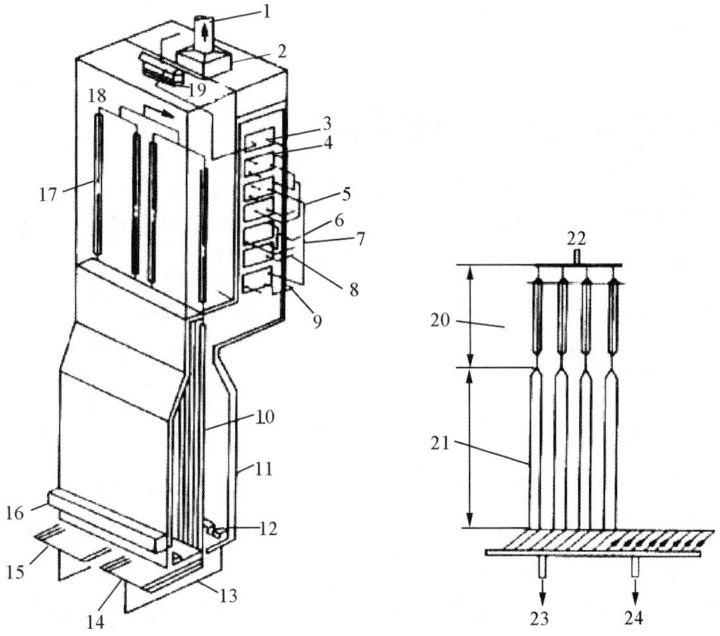


1、8 高压蒸汽；2—引风机；3、6—锅炉给水；4—原料油；5—稀释蒸汽；
7—过热高压蒸汽；9、13—横跨管；10—辐射炉管；11—炉体；12—燃烧器；
14、15—猪尾管；16—助燃空气管道；17—第一废热锅炉；18—裂解气；19—汽包；
20—第一急冷锅炉；21—反应管；22—至第二急冷锅炉；23、24—物料出口

图 1.4-1 毫秒裂解炉结构图

毫秒炉采用底部大烧嘴，可烧气也可烧油，燃烧火焰的喷射方向与工艺物流方向相同，炉膛上部向内倾斜为30°，使烟气形成活塞流，以此保证上部炉管两边的高温烟气流量均匀，炉膛下部为垂直侧壁，正常的回流保证了高热通条件下的均匀加热，使入口端有较高的热负荷。

毫秒炉的辐射管为并列直管，其长为10~13m，管内径为24~38mm。由于毫秒炉管径小，单台炉炉管数量大，为保证辐射管流量均匀分配，在辐射管入口设置了文丘里管。

毫秒炉的特点是停留时间极短，可控制在0.1s以内，故得名为毫秒炉。由于停留时间大幅度缩短，毫秒炉裂解产品的乙烯收率大幅度提高。对丁烷和馏分油而言，与0.3~0.4s停留时间的裂解过程比，毫秒炉裂解过程可使乙烯收率提高10%~15%。但是，由于裂解深度的提高，炔烃收率也高，增加了加氢脱炔的负荷。不同公司设计的毫秒炉炉管及数量比较如表1-6所示。

**表1-6　毫秒炉炉管规格及数量比较**

| 名称 | 出光公司“K”型炉 | 壳牌公司 | 出光公司“J”型炉 | 阿尔科公司 |
|---|---|---|---|---|
| 炉管内径 /mm | 20.8 | 26.9 | 26.9 | 30.5 |
| 炉管材料 | HK，800H | 800H | HP，HK，800H | 800H |
| 炉管根数 | 84 | 48 | 24 | 176 |
| 组数 | 7 | 1 | 2 | 4 |
| 每组炉管数 | 12 | 48 | 12 | 44 |

## 1.5　林德公司 Pyrocrack 型裂解炉

林德公司从20世纪60年代开始与西拉斯（Selas）公司合作从事裂解技术的开发，后来于20世纪70年代，林德公司自行开发自己的裂解产品。林德公司最早的裂解炉称为LSCC型（Linde-Selas-Combined Coil），现改称为Pyrocrack型。Pyrocrack型裂解炉通常由一个对流段和两个辐射段构成。Pyrocrack型裂解炉根据不同的原料选择不同的炉管构型，如Pyrocrack 4-2、Pyrocrack 2-2和Pyrocrack 1-1型。Pyrocrack型裂解炉对流段通常设有原料预热、稀释蒸汽过热、锅炉给水预热和高压蒸汽过热管束。为提高裂解炉对轻重裂解原料的适应性，Pyrocrack型裂解炉大多采用稀释蒸汽二次注入的方式。

Pyrocrack型裂解炉对流段通过2~4大组进料控制，对流段炉管排布通常为每排布置8~16根炉管。对流段的物料通过文丘里管均匀分配到每组辐射段炉管中。

Pyrocrack型裂解炉供热方式采用底部供热与侧壁供热相结合的供热方案，侧壁约占40%，底部约占60%。

Pyrocrack型裂解炉的辐射段炉管为分支变径管。20世纪80年代采用Pyrocrack 4-2（LSCC4-2）型炉管，这种炉管为6程混排分支变径管，前4程为2根内径64mm的双排管，第5和第6程为1根内径135mm的单排管。每组炉管长度为55m，停留时间为

0.4~0.5s。此种炉管每组炉管处理能力大，比较适合于重质原料及气体原料的裂解。

为进一步提高裂解温度，缩短停留时间，林德公司在 Pyrocrack 4–2 型炉管的基础上减少管程，缩短管长，经过改进开发出 Pyrocrack 2–2（LSCC2–2）型炉管。该型炉管为 4 程混排分支变径管，前两程为内径 78mm 的双排管，第 3 和第 4 程为内径 112 mm 的单排管，每组炉管长度为 36~42m。由于管长缩短，其停留时间为 0.25~0.30s，每组炉管的处理能力较 Pyrocrack 4–2 型要低一些。此种构型炉管同样可较好地裂解重质原料和气体原料。Pyrocrack 2–2 型裂解炉的结构如图 1.5–1 所示。

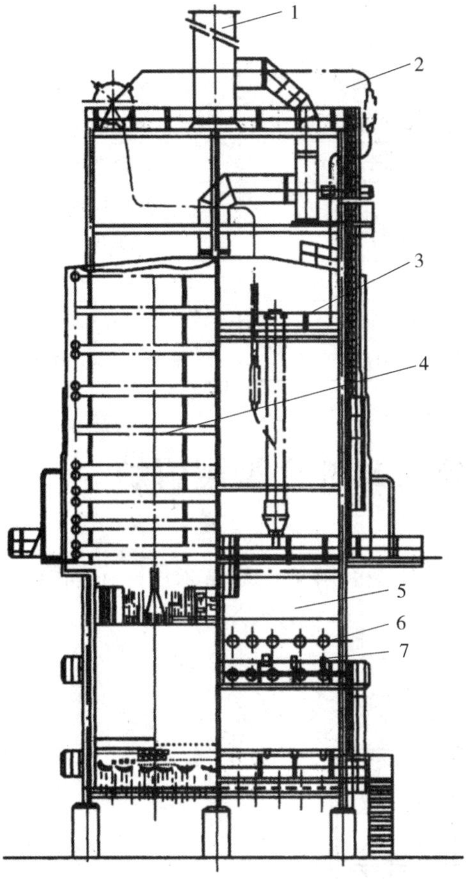


1—烟囱；2—汽包；3—废热锅炉；4—对流段；5—辐射段；6—侧壁烧嘴；7—看火孔

图 1.5–1　Pyrocrack 2–2 型裂解炉结构图

为了充分实现“高温、短停留时间、低烃分压”的目标，林德公司推出了两程高选择性炉管 Pyrocrack 1–1 型（LSCC1–1）。该种构型的炉管第 1 程为 2 根内径 43mm 的炉管，第 2 程为 1 根内径 62mm 的炉管，炉管总长约 17~19m，停留时间 0.15~0.20s。此种炉管比较适合液体原料的裂解。林德公司设计的不同炉型的结构参数及工艺参数如表 1–7 所示。

**表 1-7　林德公司不同炉型的结构参数及工艺参数**

| 项目 \ 炉型 | Pyrocrack 4–2 | Pyrocrack 2–2 | Pyrocrack 1–1 |
|---|---|---|---|
| 炉管构型 | 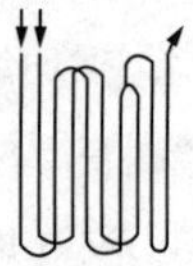 | 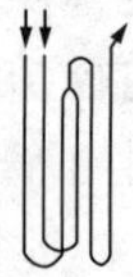 |  |
| 炉管直径 | $\phi$65 | 一、二程 $\phi$78mm（内） | 一程 $\phi$43mm（内） |
| | 五、六程 $\phi$135mm | 三、四程 $\phi$112mm（内） | 二程 $\phi$62mm（内） |
| 炉管总长度 /m | 55 | 36~42 | 17~19 |
| 每台炉炉管组数 | 8 | 16 | 48~64 |
| 每台炉废热锅炉台数 | 2（一级） | 4（一级） | 6~8（一级） |
| 在炉管内的停留时间 /s | 0.40~0.50 | 0.25~0.30 | 0.15~0.20 |
| 横跨温度 /℃ | — | 石脑油 604 | 石脑油 611 |
| | — | AGO 537 | AGO 545 |
| 炉管最高允许温度 /℃ | — | 1100 | 1100 |
| 炉出口温度 /℃ | — | 石脑油 853 | 石脑油 857 |
| | — | AGO 824 | AGO 828 |
| 对炉管的评述 | 能力最高 | 高能力、高选择性 | 选择性最高 |

## 1.6　布朗路特公司 HSLR 型裂解炉

布朗路特公司开发的 HSLR 型裂解炉，通常采用一个辐射段配置一个对流段，其结构如图 1.6–1 所示。

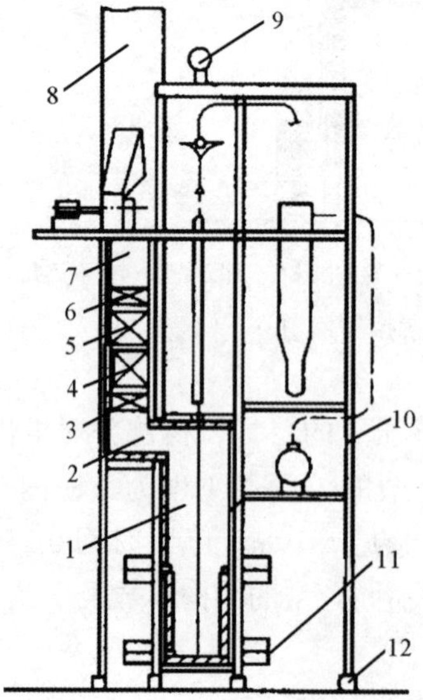


1—辐射段；2—横跨段；3—蒸汽过热器；
4—混合预热器；5—锅炉给水预热器；
6—原料预热器；7—对流段；8—烟囱；
9—汽包；10—炉体；11—燃烧器；12—基础

图 1.6–1　HSLR 型裂解炉结构图

## 1.7 SL–Ⅰ/Ⅱ型裂解炉

SL–Ⅰ/Ⅱ型裂解炉作为当今世界上最先进的炉型之一，它具有生产能力大、裂解选择性好、产品收率高、能耗低等特点，由中国石化北京石化工程公司（BEPC）设计，采用中国石化和美国 ABB LUMMUS 合作的专利技术。

SL–Ⅰ/Ⅱ型裂解炉对流段，包括上部原料进料预热盘管、锅炉给水预热盘管、下部原料进料预热盘管、上部混合物料预热盘管、蒸汽过热盘管、稀释蒸汽（DS）过热盘管和下部混合物料预热盘管等，其中，蒸汽过热盘管分为上部蒸汽过热盘管、中部蒸汽过热盘管和下部蒸汽过热盘管。SL–Ⅱ型重质油裂解炉为防止重质原料在对流段结焦，在上部原料混合预热盘管出口和下部混合物料预热盘管进口之间设有喷嘴混合器，一次 DS 注入下部原料进料预热盘管后，再进入上部混合物料预热盘管，二次 DS 在稀释蒸汽过热盘管中过热，进入喷嘴混合器。轻质油裂解炉因不需处理可能在对流段结焦的裂解原料，而没有安装喷嘴混合器，全部的 DS 一次注入下部原料预热出口，然后一起进入上部混合预热盘管。

辐射段炉管垂直布置在辐射段的中央，接受高温火焰的双面辐射。每台炉有 6 组进料管，SL–I 型炉辐射段共有 24 组“4–2”炉管，每组炉管包括 8 个“2–1”炉管结构。SL–Ⅱ型辐射段共有 24 组“4–1”炉管，每组炉管构型为“16–4”，均为两程异径分支管。每组炉管有 4 根出口管进入废热锅炉。每台炉辐射段第一程入口管上均安装一个文丘里喉管，它的作用是使通过第一程的 16 根炉管流量能均匀分布，以解决各炉管之间由于结焦状况差异、阻力降不同而造成流量分布不均的问题。采用 A、H 吊架（见图 1.7–1），可以消除热应力，减少炉管变形，延长使用寿命。辐射段炉管是一种压降低、反应停留时间短的炉管，辐射段炉管布局如图 1.7–2 所示。

SL–Ⅰ/Ⅱ型裂解炉辐射段出口的裂解气，在经过废热锅炉的快速急冷后，在急冷器中用急冷油喷淋进行二次冷却。轻质油炉 6 台废热锅炉出口的裂解气全部进入 1 台急冷器冷却，而重质油炉每两台废热锅炉出口的裂解气进入到 1 台急冷器。每台急冷器有 8 个喷嘴，分上下两层，每层 4 个。裂解炉从运行初期到运行末期，随着废热锅炉出口温度的上升，急冷油喷淋量也随之增加，运行初期只需投用急冷器上层 4 个喷嘴，末期根据需要再投用急冷器下层 4 个喷嘴，以保证急冷器出口温度在 210℃。

SL–Ⅰ/Ⅱ型裂解炉的燃烧器分为炉膛底部燃烧器和炉膛侧壁燃烧器，每台炉共有 36 台底部燃烧器和 48 台侧壁燃烧器，底部烧嘴在炉管两侧对称排列，每排 18 台，侧壁烧嘴在炉墙两侧，每侧 2 排，每排 12 台。正常运行时，炉膛底部燃烧器提供约 85% 总热负荷，其余约 15% 热负荷由侧壁燃烧器提供，这种组合优化了炉膛底部至拱顶的辐射热通量分布，确保炉内温度场分布均匀。SL–Ⅰ/Ⅱ型裂解炉主要性能参数如表 1–8 所示。

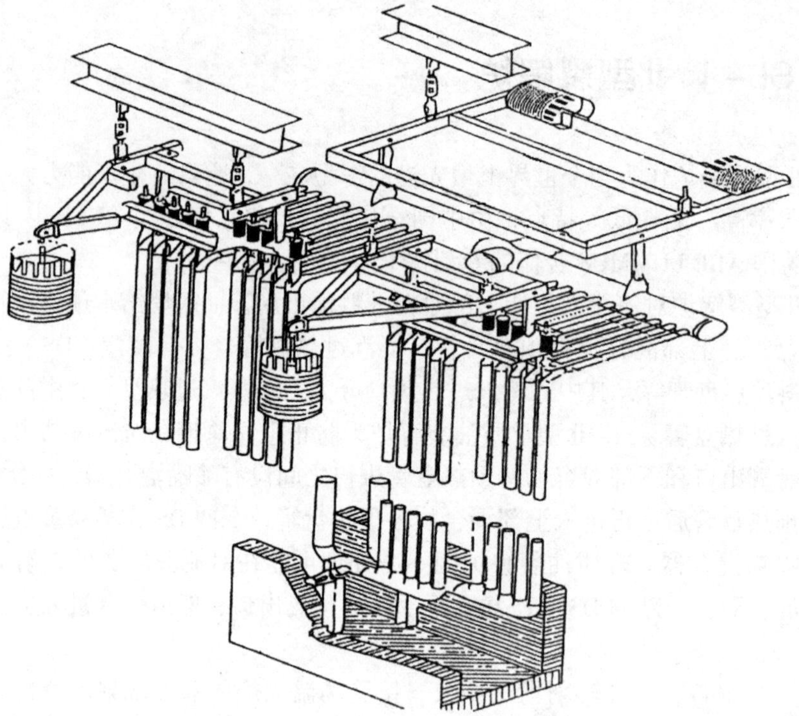

图 1.7–1　SL–Ⅱ型裂解炉 A、H 吊架

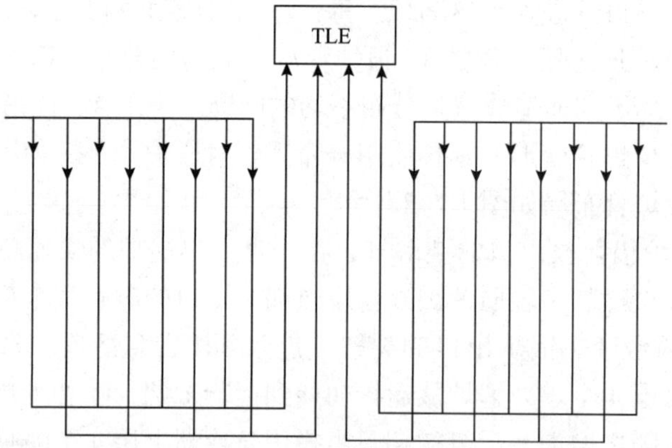


图 1.7–2　SL Ⅰ–Ⅱ型裂解炉辐射段炉管布置图

**表 1-8　SL-Ⅰ/Ⅱ型裂解炉主要性能参数**

| 项目 | 轻质油炉 | 重质油炉 |
|---|---|---|
| 单台炉生产能力 /（kt/a） | 100 | 100 |
| 裂解原料 | NAP/LNAP/ 乙烷 | HVGO/AGO/NAP |
| 专利商 | SINOPEC/LUMMUS | SINOPEC/LUMMUS |
| 注气方式 | 一次注气 | 二次注气 |
| 设计运转周期 /d | 50~70 | 60~65 |
| 热效率 /% | 94 | 93 |

## 1.8 国产 CBL 型裂解炉

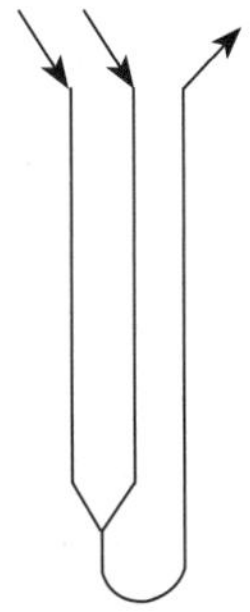

图 1.8–1 2–1 型炉管构型

CBL 型裂解炉（俗称北方炉）由中国石化工程建设公司、北京化工研究院和化工机械研究院共同研制开发而成。目前用于裂解液相原料设计的炉管类型有 2–1 型、改进 2–1 型和 4–1 型等高选择性两程炉管。一程采用小直径快速升温，二程采用较大直径炉管，以利于降低烃分压。2–1 型炉管构型如图 1.8–1 所示。

无论 2–1 型和改进 2–1 型，还是 4–1 型炉管，均有较大的比表面积。特别是第一程炉管的比表面积达 75~95m$^2$/m$^3$，加快了物料在入口端的升温速度，提高了炉管前端的管壁温度，缩小了整个炉管的管壁温差，有效利用整体炉管。其中 2–1 型和改进 2–1 型炉管可配置线性或 U 形废热锅炉。这几种高选择性炉管均能很好地体现高温、短停留时间、低烃分压的特点。炉管构型参数选择符合国际裂解技术发展趋势，其选择性相近，均具有良好的裂解选择性和适宜的运行周期。其特点有：①急冷方式：二级或一级；②稀释蒸汽注入方式：一次 / 二次（重质油）；③供热方式：底部和侧部联合供热，通常底部占 60%；④热效率：93%~94%；⑤引风机可采用变频调速。

用于裂解气体原料设计的炉管类型采用停留时间适中的四程炉管（2–1–1–1），其停留时间可根据实际情况在 0.4~0.8s 之间。设计的主要出发点为 1 组 2–1–1–1 型炉管与 1 台线性废热锅炉相连接，急冷方式可以是线性或 U 形废热锅炉，二级或者三级急冷。

在原料适应性方面，CBL 裂解技术已涵盖气体原料到加氢裂化尾油。裂解炉能力从 20kt/a 到 100kt/a。CBL– Ⅲ和 CBL– Ⅳ型裂解炉的主要技术经济指标如表 1–9 和表 1–10 所示。

**表 1-9 CBL- Ⅲ型裂解炉主要技术经济指标（裂解原料为 NAP）**

| 项目 \ 生产厂 | A 乙烯厂 | B 乙烯厂 | C 乙烯厂 |
|---|---|---|---|
| 主要产品收率（单程）（质量分数）/% | | | |
| 乙烯 | 29.21 | 31.0~31.71 | 29.36~30.06 |
| 丙烯 | 13.69 | 16.83~17.18 | 15.64~16.32 |
| 丁二烯 | 4.64 | 4.43~4.57 | 4.79~5.29 |
| 三烯收率总计 | 47.54 | 52.75~53.11 | 50.49~50.97 |
| 运转周期 /d | 60 | 60 | 60 |
| 热效率 /% | 94.43 | 93.69 | 94.35 |
| 排烟温度 /℃ | 105 | 114 | 100 |

表 1-10　CBL-Ⅳ型裂解炉主要技术经济指标

| 项目 \ 原料 | HVGO | NAP |
|---|---|---|
| 主要产品收率（单程，质量分数）/% | | |
| 乙烯 | 28.86 | 30.07~31.37 |
| 丙烯 | 16.05 | 15.93~16.35 |
| 丁二烯 | 6.25 | 4.73~5.42 |
| 三烯收率总计 | 51.16 | 50.91~52.46 |
| 热效率 /% | 93.60 | 94.11 |
| 排烟温度 /℃ | <120 | 96 |

# 1.9　裂解炉的附属设备

裂解炉的附属设备主要有汽包、急冷换热器、混合器和清焦罐等。

## 1.9.1　汽包

在裂解炉顶部平台上，每台炉子设置一个汽包，废热锅炉通过上升管和下降管与汽包相连，这个高度是由自然循环压头来决定的。

汽包也叫高压蒸汽罐，因其工作压力为 12.4MPa，所以它属于高压容器。

汽包基本上由三部分组成，即封头、筒体和支座，其结构如图 1.9-1 所示。

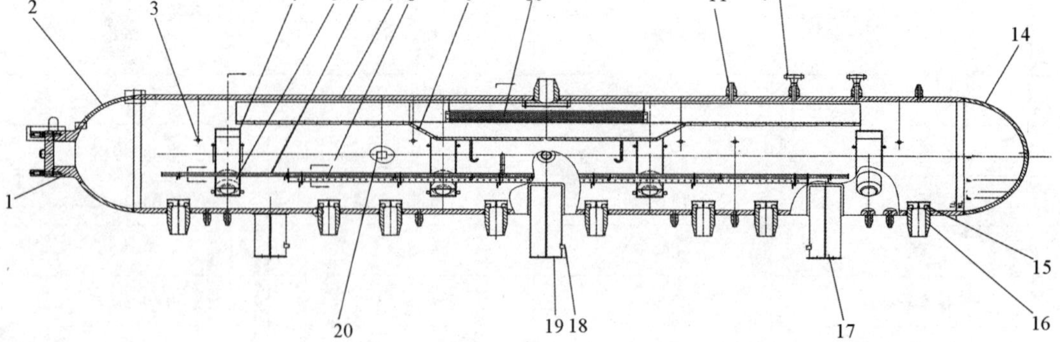


(a)

1—人孔；2—左封头；3、5、11、12—接管；4—上升管挡板；6、8—支承件；
7—筒体；9—汽水分离器；10—丝网除沫器；13—法兰；14—右封头；15—防涡流挡板；
16—下降管；17—滑动支座；18—接地板；19—固定支座；20—铭牌

图 1.9-1　汽包结构图

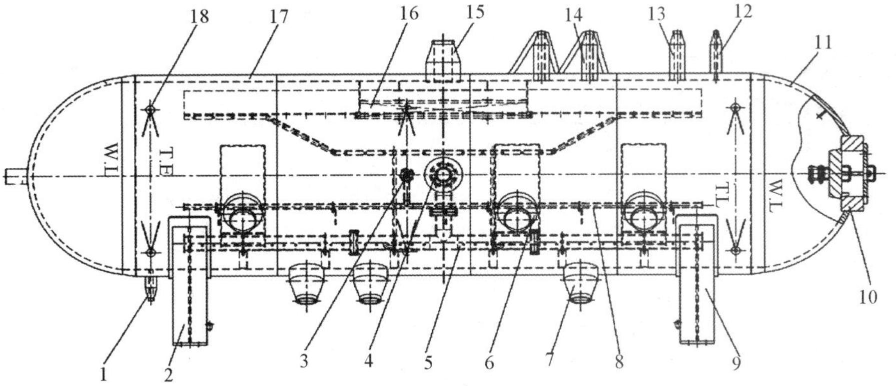


(b)

1—间断排污口；2—固定支座；3—连续排污口；4—给水管接口；5—给水分配管；6—上升管接口；7—下降管接口；8—排污分配管；9—滑动支座；10—人孔；11—右封头；12—压力表接口；13—放空管接口；14—安全阀接口；15—蒸汽出口；16—丝网除沫器；17—筒体；18—液位计接口

图 1.9–1　汽包结构图（续图）

在椭圆封头上开设了一个 18in 人孔，封头和人孔的材料均为 WB25，内部件为 SS41，另外，还有液位计、压力表、安全阀、进口管和出口管等各类接管和法兰，下部采用鞍式支座，一个固定支座，另一个为滑动支座，便于汽包温升后自由膨胀，汽包中心线距汽包平台 1200mm。

进出口接管采用接管补强，以抵消开孔对筒体强度的影响。焊后需对焊缝进行 100% 的 X 射线检验，再进行热处理，消除焊接热应力。

## 1.9.2　急冷换热器

急冷换热器的结构如图 1.9–2 所示。

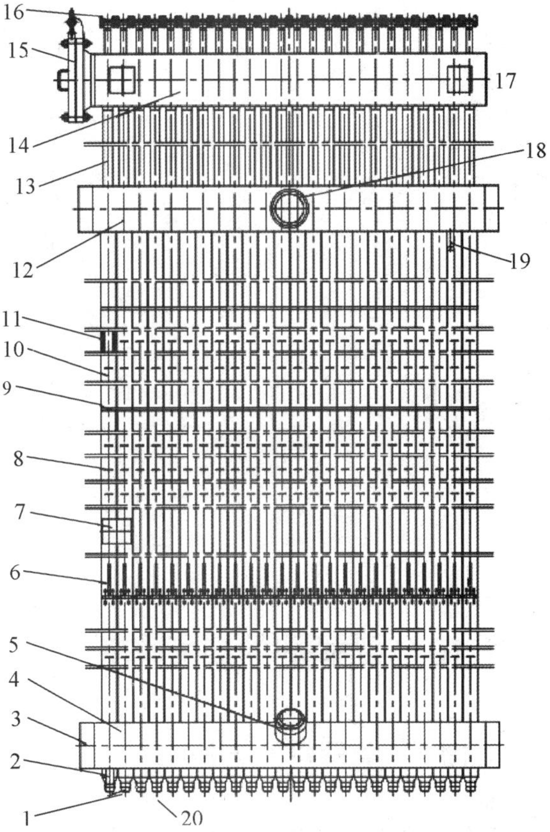


1—入口带叉椎体；2—排污管；3—联箱端盖；4—下联箱；5—给水入口；6—支座；7—铭牌；8—保温托板；9—固定夹；10—外管；11—内管；12—上联箱；13—裂解气外接管；14—裂解气联箱；15—裂解气联箱法兰；16—清焦接头；17—裂解气出口；18—蒸汽出口；19—排污管；20—裂解气入口

图 1.9–2　急冷换热器结构图

## 1.9.3　混合器

混合器的结构如图 1.9–3 所示。

## 1.9.4　清焦罐

清焦罐的结构如图 1.9–4 所示。

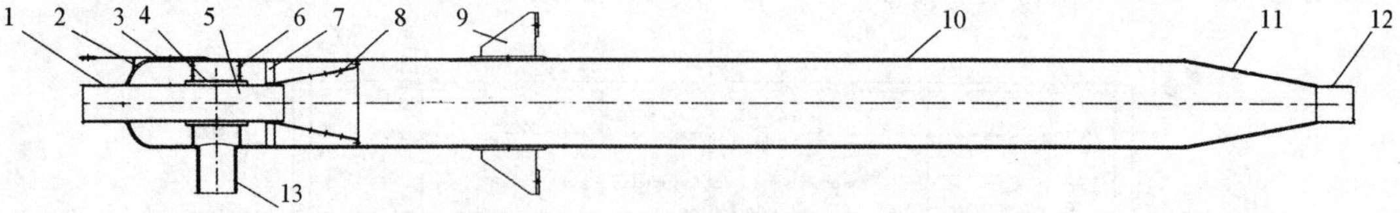


1—入口管；2—封头；3—吊耳；4—支承板；5—内部接管；6—环板；7—筋板；
8—扩散异径管；9—支座；10—筒体；11—锥体；12—出口管；13—蒸汽入口管

图 1.9–3　混合器结构图

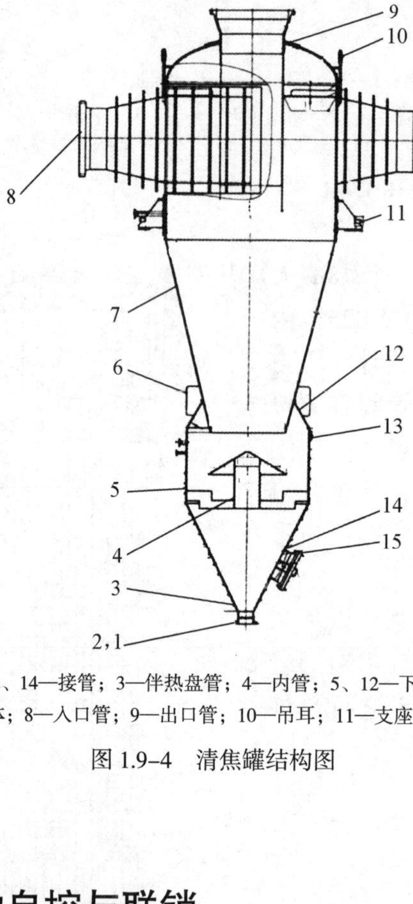


1、15—法兰；2、14—接管；3—伴热盘管；4—内管；5、12—下筒体；6—筋板；
7—上筒体；8—入口管；9—出口管；10—吊耳；11—支座；13—铭牌

图 1.9–4　清焦罐结构图

## 1.10　裂解炉的自控与联锁

### 1.10.1　裂解炉的自控

裂解炉在设计时带有一套自动控制系统。自动控制的目的是避免因操作条件变化而对裂解炉产生干扰，确保其平稳运转。下面以 SRT 型裂解炉为例进行介绍。

1. 进料量和稀释蒸汽比控制

原料经 6 组进料管线分别进行流量测量，流量信号经密度补偿后作为过程变量（PV）值进行控制。各组进料流量控制器的设定值（SV）相加，作为进料总量控制器的 PV，总量控制器的 SV 值由操作人员设定。进料总量控制器的输出与每组炉管出口温度（COT）偏差控制器的输出进行运算，其结果输送到各组进料控制器作为设定值（SV）。

稀释蒸汽和进料量调节器组成串级调节。各组进料调节器的设定值输出到稀释蒸汽比运算模块，与手动设定的稀释蒸汽比进行运算。运算的结果与最小稀释蒸汽设定值（一般为正常流量的 90%）进行高超弛控制，结果输出作为稀释蒸汽调节器设定值。

当所有的稀释蒸汽和进料量调节器变为串级和预设负荷时，操作人员根据原料 / 稀释蒸汽比选择固定的设定值。稀释蒸汽比按基于所选原料的斜线以 1 %/min 的速率变化至预设常数。装置工程师可以根据需要改变这些预设值。

二次注汽的蒸汽流量作为调节器的测量值，二次注汽温差控制器的输出与二次注汽最小蒸汽设定值进行高超弛控制，结果作为二次注汽调节器的设定值。

2. 出口温度（COT）控制

裂解炉每组炉管设有各自的出口温度调节器，6 组裂解气出口温度平均值作为设定值。该设定值与每组实际出口温度比较并送出一补偿信号，修正相应组的蒸汽和进料流量以达到设定的温度。如果一组炉管的流量改变，其他组流量相应改变以保持需要的总进料量不变。调节器的输出值限定在 ±5% 之间，相对应其正常的 45%~55% 输出，各组炉管的流量调节的变化限制在 ±5%。

维持各组出口温度接近相等，可使各组炉管内结焦均匀，延长裂解炉运行周期。在总进料量变化时，各组仍然跟踪同样的平均温度，避免出现扰动。

裂解炉平均出口温度调节器输出作为燃料流量调节器的设定值，调节烧嘴燃烧量。

3. 汽包液位三冲量控制

汽包液位控制为三冲量控制，即汽包液位、锅炉给水流量和高压蒸汽送出流量之间进行的补偿收缩和膨胀效应。汽包液位和高压蒸汽流量用于修正锅炉给水流量，以维持准确、稳定的汽包液位。一般锅炉给水流量调节器的设定值接近高压蒸汽流量测量值。

无磷锅炉给水注入量也用三冲量控制，修正高压蒸汽输出量。在计算时，汽包排污按固定的比例考虑。

4. 燃料系统控制

侧壁烧嘴的燃烧量通过手动设定侧壁烧嘴燃料气调节器的设定值进行控制。燃料气的流量经温度、压力补偿后与燃料气的热值进行运算。低负荷时，燃料气通过压力控制，当燃料气流量大于最小设定值时，自动选择燃料气流量调节器。

裂解炉出口平均温度控制器的输出作为底部燃烧的设定值，用以控制所需的热负荷。

5. 炉膛负压控制

炉膛负压是一个重要的控制变量。如果炉膛负压过高，火焰或燃烧物可能从窥视孔、管线穿过炉墙喷出，危及设备和人身安全；如果炉膛负压过低，漏风严重，降低了温度且氧含量不足，导致热效率降低。对炉膛负压进行控制，可提供稳定的正常燃烧所需要的空气量。为了避免仪表故障以及炉膛负压波动的影响，采用 3 个取压点及 3 个微差压变送器进行测量，取中间值用于调节引风机转速或烟道挡板开度来控制炉膛负压。

6. 超高压蒸汽温度控制

超高压蒸汽温度通常控制在 520℃。超高压蒸汽总管设计温度为 540℃，设计超高温度联锁保护，经 30s 延迟后裂解炉部分联锁停车，经 2min 延迟后裂解炉全部联锁停车。为避免超高压蒸汽温度过高，采用超高压蒸汽减温器调节注入的水流量，使超高压蒸汽温度得到稳定控制。

7. 急冷器出口温度控制

急冷器出口温度决定了汽油分馏塔的塔釜温度。急冷器出口裂解气温度一般比汽油分馏塔釜的液体温度高约 10℃。若控制汽油分馏塔的塔釜温度为 200℃，急冷器出口温度则应控制在 210℃。通过调节注入急冷器的急冷油流量来控制急冷器出口裂解气温度。

### 1.10.2 裂解炉的联锁

裂解炉设计通常带有一套安全联锁系统，在发生事故时，联锁系统会自动进行干预，防止事故状态不断恶化，甚至危害炉子和人身安全。它可根据具体情况和防护等级要求，利用逻辑方案来启动停车动作或其他功能。下面以 SRT 型裂解炉为例进行介绍。

（1）全部裂解炉和单台裂解炉手动停车按钮　在整个乙烯装置处于非常危险的情况下，按下装置全部裂解炉停车按钮，使所有裂解炉停车。在紧急情况下，按下单台裂解炉停车按钮，关闭烃进料与燃料电磁阀（底部、侧壁、长明灯）。稀释蒸汽保持当前的流量设定值或最小流量设定值（90% 正常流量），使裂解炉逐渐缓慢冷却。

（2）底部燃料气压力低　底部燃料气的压力低将使底部烧嘴火焰熄灭，燃料气的重新给入有可能引发爆炸，因此，裂解炉必须停车。

联锁关闭烃进料与燃料电磁阀（底部、侧壁），长明灯的燃料气继续保持燃烧状态，从而可获得最快的重新点燃。稀释蒸汽保持当前的流量设定值或最小流量设定值，使裂解炉逐渐缓慢冷却。引风机挡板切换至手控状态，继续保持炉膛的负压。

（3）引风机停车　引风机马达电流或转速低联锁，设定时间延迟可避免由电流或转速扰动引起的误触发。引风机停车将不能维持正常的炉膛负压，并使烟道气不能排出。

联锁关闭烃进料与燃料电磁阀（底部、侧壁、长明灯）。稀释蒸汽保持当前的流量设定值或最小流量设定值，使裂解炉逐渐缓慢冷却。引风机挡板全开，保持烟道气的最大自然通风能力。

（4）汽包液位低　当汽包液位降低时，会使辐射段炉管的温度升高，如发生汽包干锅，甚至会损坏废热锅炉及其出口管线，造成严重后果。操作人员在汽包液位低联锁前应采取适当措施降低炉温。

联锁切断所有进料阀、燃料阀（底部、侧壁、长明灯）。要求操作人员采用适当步骤手动切断稀释蒸汽，以保护废热锅炉不受到损伤。由于辐射段炉管和蒸汽过热段可能受到损伤，建议操作人员切断裂解气大阀并放空蒸汽系统。引风机挡板切换至手控状态，继续保持炉膛的负压。

（5）超高压蒸汽温度高　信号采用 3 取 2 联锁，减少因热偶损坏产生的假信号使仪表误动作。此处联锁一般由减温器的锅炉给水流量低引起。

联锁切断所有燃料气的进料阀、燃料阀（底部、侧壁）。长明灯继续保持燃烧状态，从而可获得最快的重新点燃。稀释蒸汽保持当前的流量设定值或最小流量设定值，使裂解炉逐渐缓慢冷却。引风机挡板切换至手控状态，继续保持炉膛的负压。

（6）长明灯燃料气低　裂解炉在“运行”状态时，长明灯燃料气压力低不会导致严重问题，联锁切断长明灯燃气阀。裂解炉在“清焦”“热备”状态时，长明灯燃料气低会导致底部烧嘴点火失败引发爆炸，联锁切断所有燃料气阀。

（7）进料压力低　进料压力低会导致裂解炉辐射段炉管过热，因此联锁切断所有进料阀、燃料阀（底部、侧壁）。长明灯的燃料气不被切断并继续保持燃烧状态，从而可获得最快的重新点燃。稀释蒸汽保持当前的流量设定值或最小流量设定值，使裂解炉逐渐缓慢冷却。引风机挡板切换至手控状态，继续保持炉膛的负压。当裂解炉从其他状态切换到运行状态时，进料压力低联锁应有60s延迟，以保证原料的引入。

（8）锅炉给水流量低　锅炉给水流量低联锁用来保证正常的汽包液位，避免锅炉给水预热段的过热。由于汽包有一定的液位存储，因此，锅炉给水流量低联锁可以有60s延迟。

联锁切断所有进料阀、燃料阀（底部、侧壁）。长明灯的燃料气不被切断并继续保持燃烧状态，从而可获得最快的重新点燃。稀释蒸汽保持当前的流量设定值或最小流量设定值，使裂解炉逐渐缓慢冷却。引风机挡板切换至手控状态，继续保持炉膛的负压。

（9）急冷器出口温度高　急冷器出口温度高联锁，可在急冷油系统故障时，保护急冷器下游管线和工艺的安全。信号采用3取2联锁，减少因热偶损坏产生的假信号使仪表误动作。

联锁切断所有进料阀、燃料阀（底部、侧壁）。长明灯的燃料气不被切断并继续保持燃烧状态，从而可获得最快的重新点燃。稀释蒸汽保持当前的流量设定值或最小流量设定值，使裂解炉逐渐缓慢冷却。引风机挡板切换至手控状态，继续保持炉膛的负压。

（10）侧壁燃料气压力低　侧壁烧嘴提供20%的热量，侧壁燃料气压力低联锁不会造成严重危害，联锁切断侧壁燃料气阀。侧壁烧嘴的重新点火工作必须由操作人员现场确认，现场电磁阀联锁手动恢复后方可进行。

（11）限制联锁　主要有以下几个限制联锁：①进料阀未完全关闭将联锁，使裂解气大阀禁关，避免碳氢物料输送到清焦系统，使裂解炉升压；②裂解气大阀未完全打开将联锁，使进料阀禁开；③裂解炉切换至“清焦”“热备”状态将自动联锁，切断所有进料阀；④裂解炉切换至“运行”状态时进料阀允许开启，并使裂解气大阀联锁禁关；⑤裂解气大阀未完全关闭将联锁，使清焦大阀禁开；⑥清焦大阀未完全关闭将联锁，使裂解气大阀和进料阀处于禁开状态。

### 1.10.3　裂解炉的先进控制

裂解炉的先进控制（APC）系统一般包括：炉出口平均温度控制、炉出口温度均衡控制、总进料烃量控制、汽烃比控制以及裂解深度控制等。控制的目标主要是，保持炉出口温度稳定、保证汽/烃比、总投料量和裂解深度达到要求。

1. 炉出口平均温度控制

该控制系统是将裂解炉各组炉管平均出口温度（COT）温度作为关键的被控变量，通过修整自身的各组烃进料流量的控制器，确保炉出口平均温度保持在设定值。

由于烃进料流量、燃料流量采用串级控制有滞后问题存在，故一般采用热值前馈控制，以便及时克服烃进料流量、燃料热值带来的干扰。

2. 汽 / 烃比控制

汽 / 烃比值控制的目的是，控制裂解炉原料烃和蒸汽的质量流量比值。该控制系统是建立质量流量和一些工艺参数的关系式，通过测量稀释蒸汽的压力、温度以及烃进料的密度，在线计算出原料烃和蒸汽的质量流量，实现汽 / 烃质量流量比值控制。对设有二次注汽的裂解炉，除了汽 / 烃总比值外，操作人员还必须设定二次注汽汽 / 烃比，这个比率决定着一次注汽量和二次注汽量的分配。

3. 炉管出口温度均衡控制

裂解炉正常运行时，要求各组炉管出口温度之间的差值不得超过某个上限值，即要求各组炉管的出口温度保持平衡。该控制系统是以各组炉管的平均温度为基础，对每组炉管液体烃进料调节器的设定点进行再分配，实现进料流量再调节，使每组炉管出口温度与平均炉管出口温度之差最小。

4. 总进料烃量控制

总进料烃流量的目标值由操作人员设定，该控制系统是通过求和模块，求出烃进料总量，作为总量控制器的过程变量值（ PV ），通过与其设定值做比较，自动调整烃的总进料量，从而达到控制烃进料总量平稳趋向给定值的目的。

5. 裂解深度控制

裂解炉有一套裂解气取样系统，直接接到在线气相色谱仪上，可提供裂解气中甲烷、乙烯、乙烷、丙烯和丙烷等物质的相对含量。裂解深度控制是基于在线分析仪表的分析数据，调节裂解炉出口温度以保持裂解气所要求的组分。这里裂解深度有两种定义方法，对于液体原料，裂解深度定义为：裂解产物裂解气中的丙烯与裂解气中的乙烯比；对于气体原料，则使用转化率来定义：气体进料的转化部分与气体进料的比。影响裂解深度的主要因素为进料类型及组分、蒸汽与进料比和裂解炉出口温度等。深度控制系统中可调变量为炉出口温度，其他均为操作人员设置。操作人员通过进料选择开关选择一种进料，在进料量和稀释蒸汽超前 - 滞后比值控制中，通过控制器设定烃进料流量和稀释蒸汽比，通过深度控制器设定所需的裂解深度或转化率。对于液体进料来说，不同类型的原料，分别对应不同的操作参数。

当裂解炉出口温度调节器设在串级时，深度控制才起作用。每次用分析数据计算的实际裂解深度与设定的裂解深度相比较，每次比较产生一个偏差，偏差信号限制在一定范围内。通过偏差信号调整裂解炉出口温度的设定值，直到实际的裂解深度等于所要求的裂解深度。裂解深度控制是在进料量和稀释蒸汽恒定的前提下，由 DCS 完成的。如果进料量或稀释蒸汽比变化，则需要建立动态目标模型，以适应原料组分、流量、稀释比变化，这些复杂的计算需由上位机实现。

在一般情况下，如果直接利用在线色谱仪的分析值对裂解深度进行控制是不可行的，因为在线色谱仪在运行中存在两个问题：一是稳定性差，运行期间经常出现跳跃变化，分析值异常；二是存在滞后，在线分析仪每 10~30min 一个值，而裂解反应时间仅有零点几秒，因此不能适时反映裂解深度实际值的变化。因此，必须建立裂解深度软件测量模型，对裂解深度进行在线估算，利用在线色谱仪分析值进行校正后，作为模型的输出对裂解深度进行控制。其控制方案如图 1.10–1 所示。

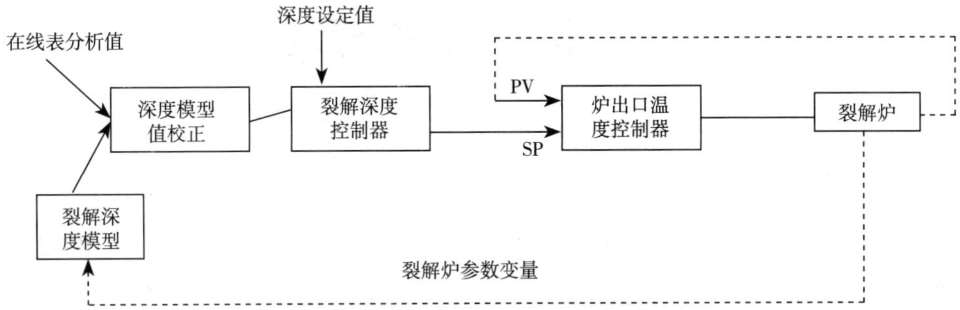


图 1.10–1　裂解深度控制方案图

# 第 2 章　急冷锅炉

急冷锅炉是回收余热的一种换热设备，从在工艺流程中的作用出发，有时也被称为“急冷器”或“激冷器”。

以石脑油或轻柴油等油品为原料的碳氢化合物与水蒸气一起在裂解炉中加热，在高温作用下裂解成乙烯、丙烯和芳香烃等馏分。为了防止已裂解的气体因二次反应使乙烯、丙烯等的收率降低，因此就需要在极短时间（约 0.05s）内将裂解气急冷到 400~500℃左右。

使裂解气急冷的方法很多，以往采用比较简单的油淬冷或水淬冷方法。这两种方法的共同缺点是，在急冷处结焦速度增长很快，影响裂解炉深度裂解，同时又使裂解气稀释，以致增加分离费用。其次，采用油淬冷，在裂解炉附近使用大量的冷却用油，存在火灾的危险性；采用水淬冷，淬冷后的水无法处理，只能作为污水排放，既损失热能，又引起公害，甚不合理。

鉴于以上两种方法的不合理性，发展了采用高压水蒸发吸热以间接冷却裂解气的方法，就是采用急冷锅炉。此锅炉所产生的蒸汽用来作为带动压缩机的动力和裂解工艺蒸汽。在装置中，急冷锅炉所产生的高压蒸汽可以满足全部装置所需高压蒸汽量的 50%~70%。此法既避免了油淬、水淬冷却的缺点，并能有效、经济地回收热能。但是，正如前面所述，由于裂解气的高温和含焦，而且要求急速冷却，一般需在约 0.05s 内冷却，所以给设计带来了一些困难，这些困难随着科学和工业技术的发展，现在已基本解决。

引进的 300kt/a 乙烯装置中有 22 台急冷锅炉，其中 20 台是轻柴油裂解急冷锅炉，每台轻柴油裂解炉配 2 台急冷锅炉，其余 2 台是乙烷急冷锅炉，它们与 1 台乙烷裂解炉相配，每 2 台急冷锅炉配 1 个汽包。

从裂解炉出来的高温裂解气体，通过急冷锅炉迅速降低温度而终止化学反应，并用来回收高温热量以发生高压蒸汽。因此，急冷锅炉运行情况的好坏，直接影响乙烯装置的蒸汽平衡。另外，由于急冷锅炉的运行周期和裂解炉的运行周期是互为牵制的，所以延长急冷锅炉运行周期，可以提高乙烯产量，并减少升温过程，从而可提高炉管寿命。

急冷锅炉一般要求具有如下性能：

①结焦少，能长期连续运转；

②可回收高压蒸汽，热效率高，经济性能优良；

③结构简单，机械问题少，稳定性好；

④投资低。

根据裂解气在冷却过程中容易产生二次反应和容易结焦的特点，要求急冷锅炉必须具

备如下几点:

（1）高质量流速　裂解气体很快地通过急冷锅炉，以避免重组分和二次反应物在炉壁上沉积，使结焦轻微。日本有关资料介绍，质量流速一般为 50~120kg/（$m^2$·s），最好为 60~110kg/（$m^2$·s）。当裂解重质油时，质量流速约为 40kg/（$m^2$·s）。

（2）高压力水　水和蒸汽压力高，这样在换热过程中，使管壁温度不致降到裂解气的露点温度以下，同时可使结焦轻微。国外目前采用的压力一般在 8.33~11.8MPa 之间。

（3）短停留时间　这个指标是和高的质量流速相一致的，但在保证质量流速的同时，管子也不能无限制的长，使出口温度太低。管子太长，阻力降太大，可影响裂解深度，所以停留时间一般控制在 0.05s 左右。

（4）低压力降　低烃分压有利于提高裂解的选择性。通常裂解气压缩机入口压力为一定值，因此，急冷锅炉的压力降低有利于降低辐射段炉管出口的压力，从而提高裂解的选择性。通常急冷锅炉的最大压降（末期）为 0.10MPa 左右。

高温裂解气的急冷主要采用两种方式，即一级急冷、二级急冷。对于气体原料有时也采用三级急冷。

1. 一级急冷锅炉

一级急冷锅炉主要有传统双套管急冷锅炉、Borsig 加强薄管板急冷锅炉、OLMI 急冷锅炉、浴缸式急冷锅炉、快速急冷锅炉，以及目前极为推崇的线性急冷锅炉等。

（1）传统双套管急冷锅炉　传统双套管急冷锅炉，也称为 Schmidt 急冷锅炉或 SHG 型急冷锅炉，最早由德国 Frima Schmidt ScheHeissdampf-Gaselleechaft（SHG 公司）设计生产。传统双套管急冷锅炉其换热单元为椭圆形集流管、内管和外管。内管走裂解气，高压给水通过下降管引入到双套管急冷锅炉下部的椭圆形集流管，而后进入外管和内管之间的环隙，与裂解气进行换热，形成的汽水混合物由上部的椭圆形集流管引出，通过上升管进入高压汽包。其主要特点是以椭圆形集流管代替管板，可以在一定程度上吸收内管和外管之间的温差应力，同时避免了高压高温条件下使用厚管板和厚壁容器。其结构简单、制造方便、应用广泛。

传统双套管急冷锅炉工艺参数见表 2-1。

**表 2-1　传统双套管急冷锅炉工艺参数**

| 项目 | 传统双套管急冷锅炉 | |
|---|---|---|
| | 管间 | 管内 |
| 介质 | 水、蒸气 | 裂解气 |
| 流体总流速 /（kg/h） | | 11700 |
| 操作压力 /MPa | 12.4 | 0.109 |
| 急冷锅炉入口温度 /℃ | 326 | 789 |
| 急冷锅炉出口温度 /℃ | 326 | 412 |
| 总阻力降 /kPa | | <7 |
| 传热面积 / ㎡ | 58.83 | 58.83 |
| 管内径 /mm | 61 | 41 |

在急冷锅炉中，高温裂解气流经管子中的气量对传热和相应的热膨胀有决定性的影响。良好的气体分布可保证每根管子中的流量基本相同，并能减少管内的结焦。因此，必须设计合理的气体分配器。由于输送管横截面小于管板面积，因此，必须注意使进入的气体尽可能均匀分布在管板上，以保证所有管子里的气体流量相同。

传统双套管急冷锅炉存在入口封头因气流返混造成的裂解气在高温下停留时间较长的缺点。其停留时间大约为60ms，其中入口封头处的停留时间约为40ms，相对乙烯裂解炉辐射盘管停留时间降至0.1~0.2s的情况下，急冷锅炉入口封头处停留时间的影响显然更为敏感。

（2）浴缸式急冷锅炉　为了解决传统双套管急冷锅炉流量分配不均匀的缺点，鲁姆斯公司和SHG公司合作开发了浴缸式急冷锅炉，因入口封头形似浴缸，故称为浴缸式急冷锅炉。浴缸式急冷锅炉的换热单元与传统双套管急冷锅炉相同，仍由椭圆形直排集流管、内管和外管组成。为了解决传统双套管急冷锅炉入口封头因气流返混造成裂解气在高温下停留时间较长和流量分布不均的问题，浴缸式急冷锅炉在裂解气入口处进行了改进，将传统双套管急冷锅炉采用的单头进料方式改为多头进料，一般每台浴缸式急冷锅炉有2个或4个裂解气入口。裂解气入口通道主要由扩压器、分配空间、分配板（防焦挡板）等组成，大大减少了裂解气入口区域的流动死区，使裂解气可以更均匀地分配到每一根换热管中，提高了换热管的利用率，并减少了裂解气在绝热段的停留时间，与单入口传统双套管急冷锅炉相比，流量分配均匀，延长了运行周期，乙烯损失少。

（3）快速急冷锅炉　快速急冷锅炉也是为了克服传统双套管急冷锅炉流量分配不均匀的缺点，由鲁姆斯公司和SHG公司合作开发完成。其特点是具有4个裂解气入口，在每个入口各有一个“掌形”分布器，裂解气通过“掌形”分布器被分配到4~5根换热管中。为了使裂解气能均匀地分配到4~5根换热管中，将流动通道设计成先将裂解气减速增压，然后再加速进入换热管中，在流动方向上“掌形”分布器的截面变化是平滑的，避免了死区（即流动分离区），并且可使压力损失达到最小。由于结构的改进，快速冷却急冷锅炉由入口法兰至换热段的停留时间可缩短到1.2ms左右，仅为传统SHG型急冷锅炉入口封头停留时间的25%。除停留时间缩短以外，快速冷却急冷锅炉的压力降也小，可以控制在10kPa以内。从缩短停留时间和降低烃分压来看，快速冷却急冷锅炉均有利于改善裂解选择性。快速冷却急冷锅炉首先应用于鲁姆斯公司的SRT–Ⅵ型裂解炉，急冷锅炉换热管内管为$\phi$73mm × 8.8mm，外管为$\phi$102mm × 8.0mm，管长约为13m，共16根双套管换热管。每台快速急冷锅炉共有4根入口管，与一组第1程为16根内径50.8mm、第2程为4根内径101.6mm的双程辐射盘管连接。该组辐射盘管的乙烯生产能力（石脑油裂解）约为12kt/a，一台76 kt/a乙烯生产能力的裂解炉配置6台快速冷却急冷锅炉。国内乙烯装置中，赛科项目的乙烯裂解炉采用了快速冷却急冷锅炉。

（4）U形套管式急冷锅炉　U形套管式急冷锅炉为双程换热结构，分前段和后段两部分，采用二级急冷锅炉的设计原理，但由于U形套管式急冷锅炉为一台完整的设备，因此，往往将其划分到一级急冷锅炉范围内。U形套管式急冷锅炉由若干个套管式换热单元组成，每个套管式换热单元的入口均与一个裂解炉出口管相连，不存在裂解气流量分配问题。U形套管式急冷锅炉工艺参数见表2–2。

**表 2-2　U 形套管式急冷锅炉工艺参数**

| 项目 | 参数 | |
|---|---|---|
| 负荷 | 100% | |
| 炉管 | 36 组 2–1 | |
| 每炉投油量 /（kg/h） | 20000 | |
| 稀释蒸汽比 | 0.6 | |
| 急冷锅炉形式 | U 形套管式急冷锅炉 | |
| | 前段 | 后段 |
| 入口温度（初期）/℃ | 843 | 476 |
| 入口压力（初期）/MPa | 0.122 | 0.1170 |
| 急冷锅炉台数 | 2 | 2 |
| 换热管内径 /mm | 81.6 | 81.6 |
| 传热面积 /$m^2$ | 68.2 | 49.7 |
| 质量流速 /[kg/（$m^2$·s）] | 47.2 | 47.2 |
| 出口温度（初期）/℃ | 476 | 388 |
| 急冷锅炉压降（初期）/MPa | 0.0072 | |

（5）Borsig 型急冷锅炉　Borsig 型急冷锅炉是德国 Borsig GmbH 公司开发的一种固定管板管壳式换热器。它的基本构型是一种管壳式换热器，由壳体、换热管和管板等组成。管内走裂解气，管外为高压沸腾水。其特殊性在于入口端管板为加强型薄管板，它被设计成薄而断面系数较大的栅板，这样就避免了在进口处由于热负荷较大，而引起厚管板温度梯度较大造成的破裂。

从对裂解气的冷却效果来要求，管板应当薄。但从能经受水侧的高压来要求，管板应当厚。Borsig 公司开发的加强型薄管板管壳式急冷锅炉兼顾了这两方面的要求，如图 2.0–1 所示。厚度只有 10~15mm 的薄管板是用厚的拉桩板来加强，作用在薄管板上的压力载荷是经过厚管板的拉筋和厚管板传到管壳上，拉筋和厚管板是由一个整体锻件机械加工出来的。这些拉筋与薄管板焊接，在圆截面上隔成了若干直通流道，使水从一端流向另一端。其特点是：①进气段管板是薄的，冷却效果很好，金属的温度低；②进气段管板是加强的，由拉筋保持管板不会变形，在任何运行条件下薄管板都保持为平面，水侧的压力不受限制；③管子不再起拉筋作用，管子与管板焊接处应力很小（由于水侧的压力经拉筋和厚管板传到管壳上，使得壳体由承受拉力和温度变化的伸长量与管子热膨胀的伸长量几乎相同）；④进口管板和管子端部的金属温度低，允许使用含钼为 0.5% 的碳素钢，这种材料不需焊后热处理。

垂直放置的急冷锅炉的进口管板处于水系统的最低位置，为了避免出故障，流经进气段管板的水的流速要高。除了有很好的冷却效果外，还要使水中可能存在的小固体颗粒被水流冲走，而不能滞留在管板上，否则会降低传热效果而导致事故。

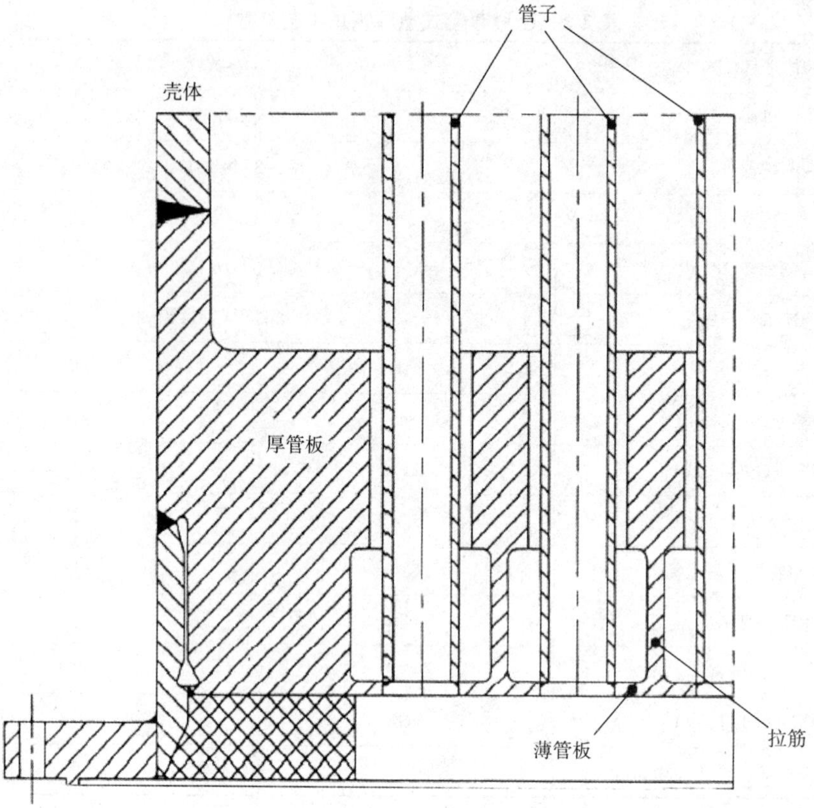


图 2.0–1　Borsig 急冷锅炉加强型薄管板结构

Borsig 型急冷锅炉还在入口端管子和管板处采用了深孔焊，这是一种全熔透对接焊接结构，避免了间隙腐蚀。由于焊缝位于管板的水侧，使得温度接近于饱和水的温度，改善了焊缝的应力分布。

Borsig 型急冷锅炉在出口端热负荷较小，采用的是厚管板结构，有的厚度达 180mm，这种厚管板就决定了该急冷锅炉不能用于重质油品为原料的裂解装置。当使用较重质油品（如轻柴油）时，因为裂解气中重组分较多，冷却后温度不能太低，要控制在 450~550℃左右，这样管板本身的热应力较大，长期操作有可能导致管板破坏。

Borsig 型急冷锅炉也存在入口封头因气流返混造成裂解气在高温下停留时间较长的缺点，Borsig 公司为了减少回流引起的无法控制的绝热停留时间，对急冷锅炉入口锥体进行了改进。在传统的急冷锅炉入口锥体中，速度分布极不均匀，壁面附近速度低，中心轴线处速度高。流动的不均匀带来的另一个问题是，裂解气中焦粒的不均匀，焦粒主要集中在中心轴线附近，并导致管板和管子的冲蚀。Borsig 公司在急冷锅炉的入口锥体中加入了锥形排列的同心圆环插件，见图 2.0–2，它不仅能使流体均匀分布，而且可以保护管板不受冲蚀。

（6）环形椭圆集流管的双套管急冷锅炉　为了满足大容量裂解炉管的需要，鲁姆斯公司和 SHG 公司还合作开发了环形椭圆集流管的双套管急冷锅炉，以增大单台急冷锅炉的处理量和进一步降低裂解气出口温度。它可用于具有 6 大组炉管，出口管内直径为 165mm

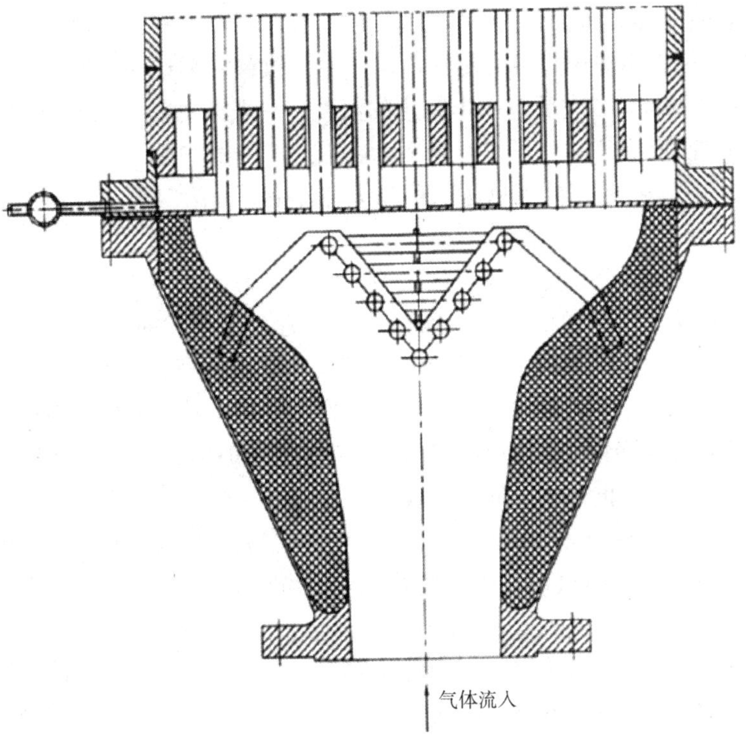


图 2.0–2　Borsig 急冷锅炉入口气体分布器

的裂解炉，从一组大容量炉管出来的裂解气可以在一台急冷锅炉中迅速冷却，这种急冷锅炉的典型的换热管是 18 根，换热管内径为 48mm。为了将裂解气均匀分配到每一根换热管中，急冷锅炉入口有一个专门设计的流体分布器。裂解炉经过流体分布器的锥形扩散段和径向扩散段之后被减速增压，然后再加速进入换热管中，整个流道是平滑的，避免了流体的分离，使流动死区和结焦量都最小，并使流体能均匀分配到每一根换热管中，甚至当换热管中结焦后，流体均匀分布的偏差也可以被大大减小。采用这种空气动力学光滑的分支 / 集中通道代替传统 SHG 型急冷锅炉入口，可以大大减少入口停留时间，使流体均匀分布，减小结焦趋势，因而，可以增加收率和延长运转周期。

2. 二级急冷锅炉

随着裂解炉向小管径短管长的方向发展，单台裂解炉辐射盘管数相应增多。由于小管径短管长辐射盘管大幅度缩短了停留时间并提高了裂解温度，使裂解选择性明显改善。但是，随着辐射盘管停留时间的缩短（0.1~0.2s）和盘管数量的增加，由辐射盘管出口至急冷锅炉入口连接管，以及急冷锅炉入口封头处的停留时间长的矛盾显得更为突出。为克服这个矛盾，斯通 – 韦伯斯特公司针对 USC 裂解炉的特点首先开发了二级急冷锅炉的技术。近年来，凯洛格公司的毫秒炉、布朗路特公司的 HSLR 裂解炉、凯洛格公司和布朗路特公司合并后的 KBR 公司的 SCORE 型裂解炉、TECHNIP 公司的裂解炉也相继采用二级急冷锅炉。

采用二级急冷锅炉的基本出发点是，用一台套管式急冷锅炉与辐射盘管出口直接连接，尽可能缩短出口连接管长度，同时避开管壳式换热器入口封头气流分布不佳形成的返混而造成停留时间长的问题。由此，使裂解气在高温区停留时间大幅度缩短，在尽可能短的停留时间内将裂解气由炉出口温度尽快冷却，由此改善裂解选择性。第一急冷锅炉出口温度原则上应降到裂解气二次反应基本终止的温度。一般认为裂解气冷却至 600~650℃左右时，裂解气的二次反应甚微，可以忽略不计。因此，一般均用第一急冷锅炉将裂解气冷却至 600~650℃左右，然后，再汇总送入第二级急冷锅炉，第二级急冷锅炉一般采用管壳式急冷锅炉。

（1）斯通 - 韦伯斯特公司的二级急冷锅炉　斯通 - 韦伯斯特公司的二级急冷锅炉中，第一急冷锅炉是一种结构简单的套管式换热器，称为 USX 急冷锅炉，第二急冷锅炉为一般的管壳式急冷锅炉，称为 TLX 急冷锅炉。裂解气高速通过第一急冷锅炉，使裂解气温度迅速降低，减少二次反应。裂解气第二急冷锅炉系卧式，采用挠性薄板结构。通常若干台并联的套管式第一急冷锅炉与一台列管式第二急冷锅炉串联使用，其特点是裂解气在 USX 中能很快冷却，并终止裂解气的二次反应。

每两组 USC 裂解炉辐射盘管出口连接一台 USX 急冷锅炉，由于辐射段出口连接管线短，加之 USX 急冷锅炉入口气流基本保持活塞流而无气流返混，由此使急冷锅炉的绝热停留时间大幅度缩短，可控制在 15ms 左右。

USX 急冷锅炉为一套管换热器，由于管径大，因而压力降小，生成的焦垢对阻力降影响甚微。在裂解炉烧焦的同时可将入口端管壁上的焦垢烧掉，因此其清焦周期较长。石脑油裂解时一般可在一年内不必停炉进行水力或机械清焦。

（2）凯洛格公司的二级急冷锅炉　凯洛格公司毫秒炉的第一急冷锅炉是与 USX 急冷锅炉类似的套管式换热器。4 根辐射管出口的裂解气并入一台第一急冷锅炉，第一急冷锅炉出口的裂解气汇总进入一台第二急冷锅炉。第二急冷锅炉可用管壳式急冷锅炉，也可采用特殊设计的插入式双套管管壳式换热器。

（3）KBR 公司的二级急冷锅炉　国内某裂解装置采用了 KBR 公司的专利技术，裂解炉为 SCORE 型，全炉共有 224 根辐射炉管，双排布置。急冷锅炉为二级急冷锅炉（PQE-SQE），每两根辐射炉管合并后进入第一急冷锅炉的一个换热单元，每 14 个换热单元并联在一起，形成一台第一急冷锅炉（PQE）。第二急冷锅炉（SQE）是一台立式管壳式换热器。

（4）TECHNIP 公司的二级急冷锅炉　国内某裂解炉改造项目采用了 TECHNIP 公司的专利技术，裂解炉为 GK- Ⅵ型，采用二级急冷锅炉技术，急冷锅炉由国内设计制造。每组辐射炉管出口进入第一急冷锅炉的一个换热单元，每 16 个换热单元并联在一起，形成一台第一急冷锅炉。所有第一急冷锅炉出口的裂解气汇总后进入一台第二急冷锅炉，第二急冷锅炉是一台卧式管壳式换热器。

（5）CBL 炉用二级急冷锅炉　CBL 炉开发初期采用二级急冷锅炉技术，第一急冷锅炉采用单套管式换热器，第二急冷锅炉采用卧式管壳式换热器。随着 CBL 炉生产能力的不断扩大，60kt/a CBL 炉配置 2 台立式双套管第二急冷锅炉，裂解气从第二急冷锅炉上部进入，下部引出。表 2-3 为 CBL 炉用二级急冷锅炉工艺参数。

3. 三级急冷锅炉

轻烃裂解时有时还设置第三急冷锅炉，利用裂解原料进料冷却裂解气，相应对裂解原料进行预热。第三急冷锅炉一般为卧式管壳式换热器。

表 2-3 CBL 炉用二级急冷锅炉工艺参数

| 项目 | 加氢尾油 | | 石脑油 | |
|---|---|---|---|---|
| | 第一急冷锅炉 | 第二急冷锅炉 | 第一急冷锅炉 | 第二急冷锅炉 |
| 入口温度（初期）/℃ | 826 | 576 | 838 | 570 |
| 入口压力（初期）/MPa | 0.084 | 0.064 | 0.078 | 0.062 |
| 换热管规格 /mm | $\phi146\times22$ | $\phi51\times5$ | $\phi146\times22$ | $\phi51\times5$ |
| 换热管根数 | 1（单台） | 108（单台） | 1（单台） | 108（单台） |
| 换热管长度 /mm | 10500 | 4800 | 10500 | 4800 |
| 每台里换热面积 / ㎡ | 4.8 | 83 | 4.8 | 83 |
| 质量流速 /［kg/（$m^2$・s）］ | 70.1 | 48.2 | 60.5 | 41.6 |
| 出口温度（初期）/℃ | 580 | 407 | 574 | 399 |
| 急冷锅炉总压降初期 /MPa | 0.015 | | 0.012 | |

4. 线性急冷锅炉

采用二级急冷锅炉虽然可以缩短裂解气在高温下的停留时间，以及第一急冷锅炉无流量分配问题，但系统复杂，压力降大，不利于降低烃分压，第二急冷锅炉仍存在流量分配问题，且投资较大。为了解决传统双套管急冷锅炉和 Borsig 型急冷锅炉入口封头气流返混造成裂解气在高温下停留时间长和二级急冷锅炉系统复杂，压力降大的问题，国外乙烯专利技术商与急冷锅炉制造商联合推出了线性急冷锅炉，如 Borsig 公司的 BLQ 线性急冷锅炉、KBR 公司的线性急冷锅炉、Alstom 公司（德国 SHG 公司被法国 Alstom 公司收购）的线性急冷锅炉等。国内经过多年的研究，也推出了具有自主知识产权的线性急冷锅炉，并得到了大量工业应用。

线性急冷锅炉有如下工艺和结构特点：

①绝热段停留时间短，能迅速急冷，降低了二次反应的发生；

②无裂解气流量分配问题；

③流线形设计，不存在局部区域因返混和涡流而引起的二次反应结焦；

④大换热管内径，从辐射段剥落的焦块可通过大管径换热管，因此无大焦块堵塞换热管而引起压降突升问题；

⑤换热面积较大，运转周期长；

⑥线性急冷锅炉换热单元的布置方式与辐射段炉管构型有直接关系；

⑦在两次离线清焦之间，具有多次运行周期的可能性；

⑧结构简单，使得清焦比较容易。使用蒸汽 – 空气进行在线烧焦，工艺间断不超过 24h。

（1）Borsig 公司的 BLQ 线性急冷锅炉　Borsig 公司的 BLQ 线性急冷锅炉，它的锅炉给水经过下联箱后，分别沿切线进入相互之间分离的环形小空间内，然后通过内外管环隙，进入上部的环形分离小空间内，再进入上联箱。这种结构除了具有线性急冷锅炉的优点之外，由于其水汽分离小、空间下部壁厚较薄，冷却介质可以对其进行良好的冷却，避免了下部过热，另外冷却介质在环隙中的分布较好。由于锅炉给水沿切线方向进入环形小空间内，旋转流动的冷却介质不仅改善了冷却效果，而且阻止了冷却介质中固体颗粒的沉积。

国内某裂解装置采用了 BLQ 线性急冷锅炉，每台急冷锅炉由 20 个换热单元并联组成，全炉共 4 台线性急冷锅炉。

（2）KBR 公司的线性急冷锅炉　KBR 公司在其 SCORE 型裂解炉中采用了线性急冷锅炉技术，既可采用一级急冷方式，也可作为二级急冷锅炉中的第一急冷锅炉使用。其入口段采用了一种内部带有陶瓷材料的热保护结构，陶瓷材料的长度为内管内径的 3~4 倍。这种设计在正常操作、误操作或裂解气温度突变时均有良好的可靠性，消除了原油蒸汽保护结构当蒸汽带水时对裂解气的热冲击，或因误操作而使保护蒸汽切断时引起结焦的问题，并减少了入口段的热应力。

（3）ALSTOM 公司的线性急冷锅炉　斯通 – 韦伯斯特公司和 SHC 公司合作开发了适用于 U 形炉管的 U 形套管式急冷锅炉，又叫 SLE。此外，还开发了如图 2.0–3 所示的线性急冷锅炉。

（4）国内开发的线性急冷锅炉　国内开发的线性急冷锅炉如图 2.0–4 所示，由进口连接部件、双套管换热元件、联箱、水力清焦孔和集气管等组成，其换热元件由内管和外管组成。每组换热元件的进口都设有进口连接部件，分别与一根辐射段炉管出口连接，可根据炉管出口的排列要求，设置成单排或双排。进口连接部件上设有连接件，连接件的进口端面上端为一过渡锥体，其上端设有内环、外环，内环出口端面为一自由端，内环与外环之间为一环隙，其中填有隔热模块、耐热合金和陶瓷纤维。

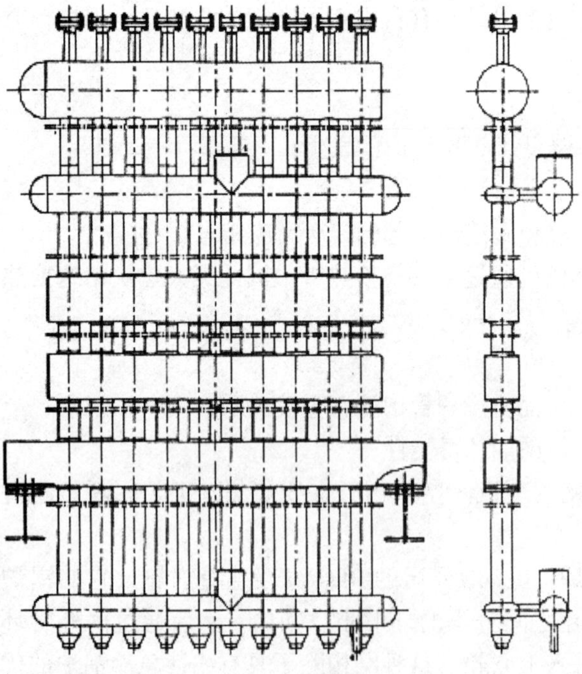

图 2.0–3　ALSTOM 线性急冷锅炉

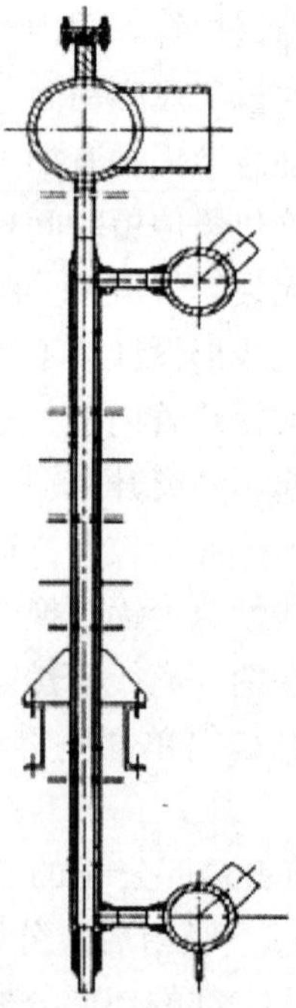

图 2.0–4　国内开发的线性急冷锅炉

乙烯装置上使用的急冷锅炉主要为管壳式废热锅炉，在结构上与管壳式换热器相同，其特点是：结构紧凑，与其他形式的急冷锅炉相比，其单位换热面积金属耗量较少，适应的介质和操作条件较为广泛。随着工艺条件的要求不同，它具有多种形式，例如双套管式急冷锅炉、列管式急冷锅炉和盘管式急冷锅炉等。

## 2.1 双套管式急冷锅炉

双套管式急冷锅炉主要用于石油裂解制乙烯的装置中。该装置所使用的急冷锅炉，一般都在高温高压下操作。装置中的裂解原料油通过裂解炉，被加热到 750~850℃，并在该温度下进行裂解反应，其反应速度很快，在不到 1s 的时间内裂解原料油被转化成乙烯、丙烯和其他副产品。为了尽可能减少其他不必要的副产品，防止主要产品的质量恶化，并减少后续管道系统及设备的积垢，必须把从裂解炉出来的 750℃以上的裂解气速冷到裂解反应基本停止的温度。

双套管式急冷锅炉就是为了解决上述苛刻条件而问世的。双套管是该急冷锅炉结构中的一种形式，它使用高压水与裂解气在锅炉内间接进行热交换，使高压水产生高压蒸汽，经过汽水分离、过热，用来作为透平压缩机的动力。

双套管的结构是由直立的内管（也称蒸发管）与外管组成的。高温的反应气通过内管，冷却介质在两管间的环形空间内蒸发汽化。双套管的端部焊到椭圆形［图 2.1-1（a）或图 2.1-2］或圆形的集流管上［图 2.1-1(b)］，装配成一个集管器。集管器可以吸收内、外套管间的热膨胀差。

双套管急冷锅炉目前在国内主要有两种形式，斯密特型急冷锅炉和三菱型急冷锅炉。

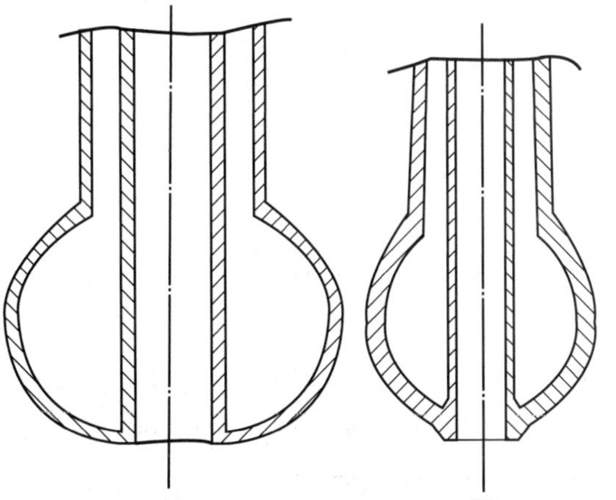


图 2.1-1 集流管截面图

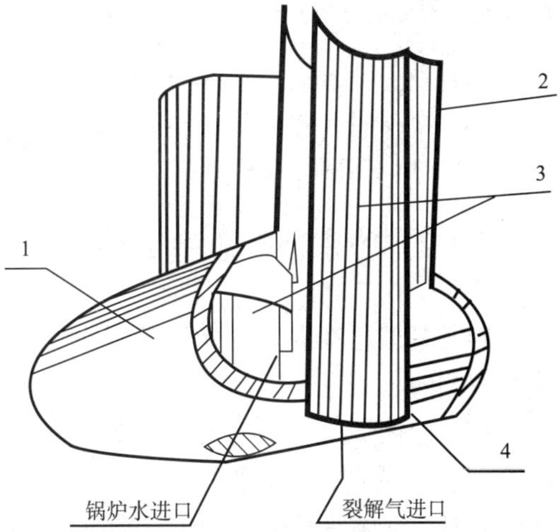


1—椭圆形集流管；2—外管；3—内管；4—角焊缝

图 2.1-2 椭圆形集流管立面图

### 2.1.1 三菱型急冷锅炉

三菱型急冷锅炉可以分为轻柴油裂解急冷锅炉和乙烷裂解急冷锅炉两种，其结构如图 2.1–3 所示。

三菱型急冷锅炉是一个立式的热交换器外形的火管炉，由位于上部的汽水分离汽包 11、中部贯穿整个壳体的螺旋形结构的蒸发管 8、下部的双套管组 4 和气体入口分配器 1 等组成，汽包和锅炉结合在一起，直接置于裂解炉炉顶，使操作平台和基础非常简单，并简化了安装工作，省工省时。与裂解炉炉管出口之间采用与炉管相同材质的短直管连接，可以消除有害的应力。

双套管式急冷锅炉由于采用了螺旋状的蒸发管，可以吸收较大的温差应力，使清焦时裂解炉与急冷锅炉之间的连接不必断开，进行不拆卸除焦，免除了设备全部降温和升温，在操作状态下，就能对裂解炉和急冷锅炉同时进行清焦。整个清焦过程约为 1d（25h），每年烧焦 3 次，每次之后可运转 40d 左右，即 120d 之后才进行一次机械的或水力的清焦，既节省了人力又增加了产量。

三菱型急冷锅炉由于在使用管子、重要零部件的材质和结构上作了考虑，在发生意外和事故时，有充裕的处理时间，不致使管子受到损坏。

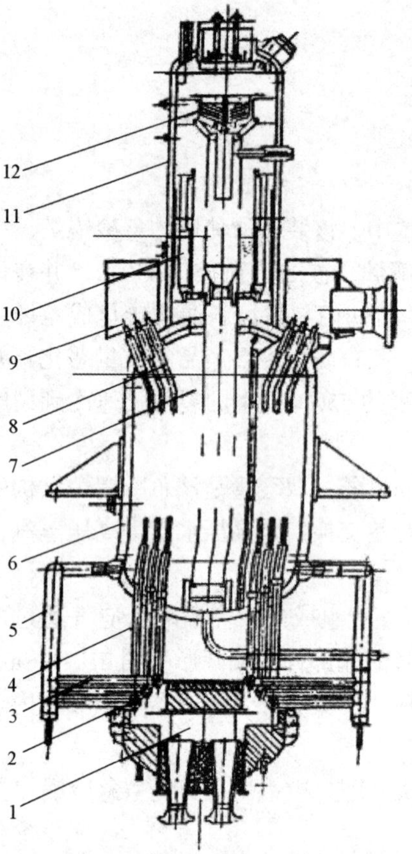


1—气体入口分配器；2—环形集流管；3—联络管；
4—双套管；5—下降管；6—锅炉本体；
7—中央降水管；8—螺旋蒸发管；9—集气管；
10—汽水分离器；11—汽包；12—丝网捕集器

图 2.1–3 三菱型急冷锅炉结构图

### 2.1.2 施密特型急冷锅炉

施密特型急冷锅炉也分轻柴油裂解急冷锅炉和乙烷裂解急冷锅炉两种，它们的结构形式基本相同。

该急冷锅炉是一个用截面为椭圆的集流管（也称长扁管）来代替耐压耐热厚管板的双套管型急冷锅炉。集流管上的外侧焊有外套管，内管是从裂解炉出来的高温裂解气，内管和外套管的环隙是从旁边的集流管分配来的高压水，在环境中被加热汽化，上升到顶部的椭圆集流管被引入上升管进入汽包，其结构如图 2.1–4 所示。

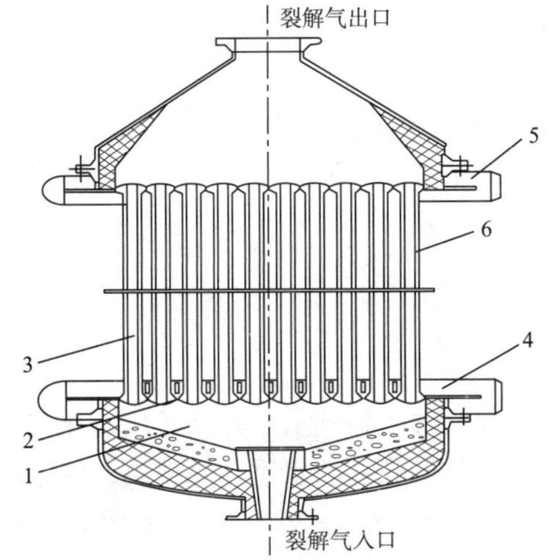


(a)正视图

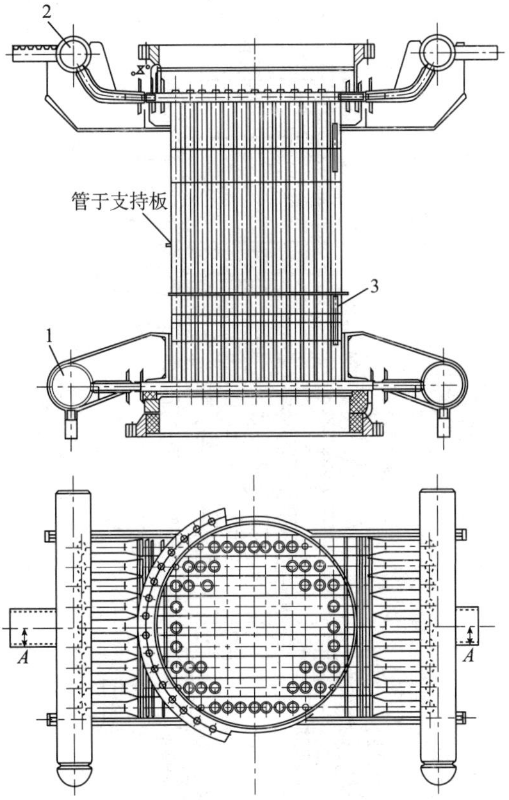


(b)剖视图

1—气体分配器；2—集流管；3—内加热管；4—下联箱；5—上联箱；6—外套管

图 2.1-4　施密特型急冷锅炉结构图

## 2.2 列管式急冷锅炉

普通列管式急冷锅炉，相当于普通列管式固定管板换热器，它一般采用火管型，即高温工艺气体流经管内，锅炉水流经管外，吸热后沸腾汽化。其特点是：阻力小，结构简单，制造方便和管内结垢时便于清洗等。

### 2.2.1 立式急冷锅炉

这种锅炉采用直立式，如图 2.2–1 所示。它是某厂转化气第二废热锅炉，593℃的转化气从底部进入该设备的管程，与壳程的水进行热交换，气体被冷却至 371℃左右，壳程产生 10.6MPa 的汽水混合物，经上升管进入汽包，经汽水分离后产生 10.6MPa 的蒸气。其技术特点见表 2–4。

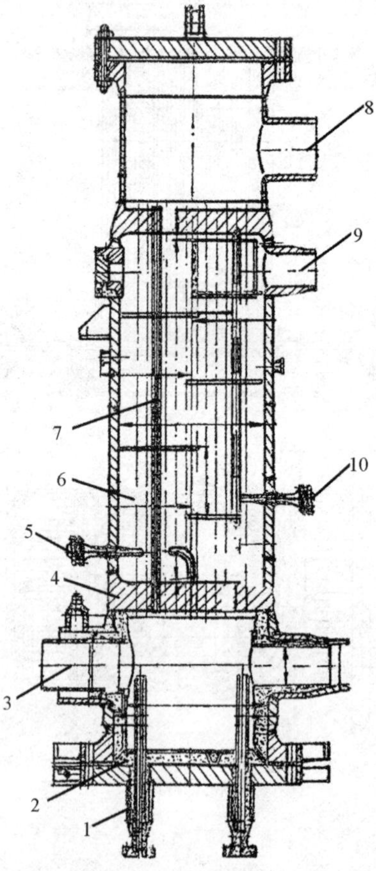


1—支腿；2—耐热衬里；3—工艺气入口；4—管板；5—排污口；
6—换热管；7—拉杆；8—工艺气出口；9—蒸汽出口；10—工艺水入口

图 2.2–1 立式急冷锅炉结构图

**表 2-4　立式急冷锅炉技术特性表**

| 名称 | 壳程 | 管程 | 备注 |
|---|---|---|---|
| 设计压力 /MPa | 11.8 | 3.4 | |
| 操作压力 /MPa | 10.6 | 3.06 | |
| 设计温度 /℃ | 329 | 593~386 | |
| 操作温度 /℃ | 314 | 593~371 | |
| 介质 | 水、汽 | 转化气 | |
| 换热面积 /$m^2$ | 147.5 | | |
| 产汽量 /（t/h） | 26.3 | | |

## 2.2.2　卧式急冷锅炉

卧式急冷锅炉是把列管式固定管板急冷锅炉水平放置，除具有列管式换热器的共同特点外，与立式急冷锅炉相比，操作方便，便于维修，但占地面积大。

图 2.2–2 是某厂转化气急冷锅炉，它置于二段转化炉后，转化气不经急冷直接进入该设备进行热交换。转化气入口温度为 860℃，出口温度为 400℃左右。其技术特性见表 2–5。

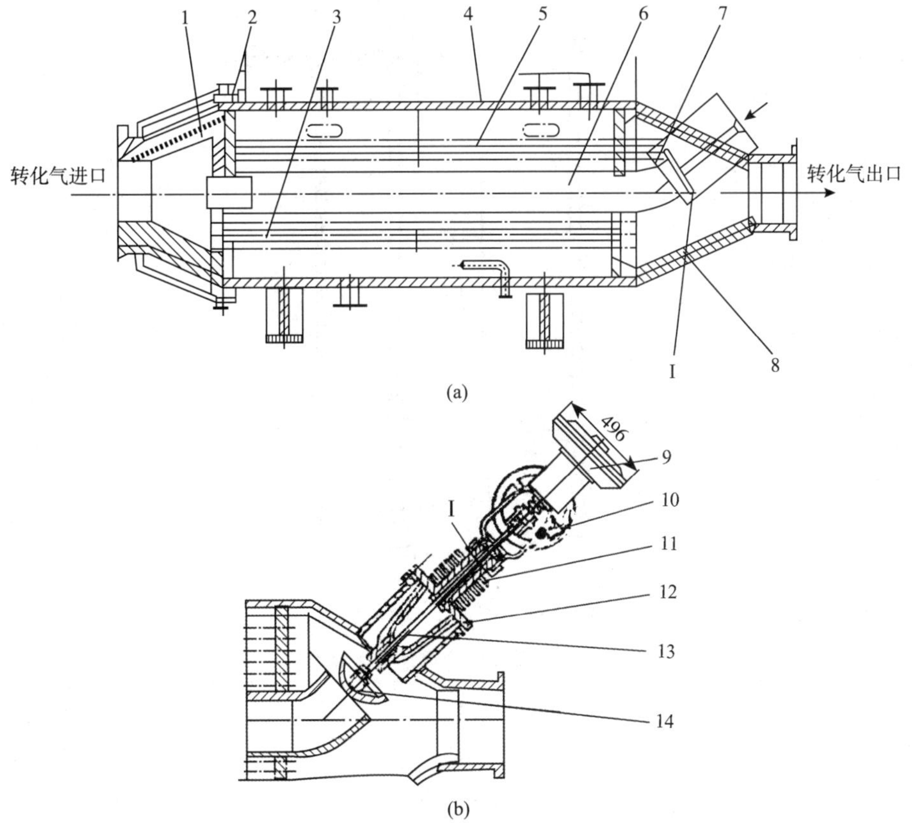


1—耐热混合土；2—管板；3—换热管；4—壳体；5—拉杆；6—中心管；7—弯管；8—锥形封头；9—气筒薄膜执行机构；10—手轮机构；11—散热片；12—阀盖中盖板；13—阀杆；14—阀头

图 2.2–2　卧式急冷锅炉

**表 2-5　卧式急冷锅炉技术特性表**

| 名称 | 壳程 | 管程 | 备注 |
|---|---|---|---|
| 设计压力 /MPa | 2.5 | 1.6 | |
| 设计温度 /℃ | 225 | 80~393 | |
| 介质 | 水、汽 | 转化气 | |
| 换热面积 /$m^2$ | | | |
| 产汽量 /（t/h） | 12.9 | | |

## 2.2.3　斜置式急冷锅炉

图 2.2–3 所示是斜置式急冷锅炉，它属于火管型废热锅炉，列管倾斜角度一般取 5°~7°，有倾角的目的在于减少汽水混合物的停滞，以消除蒸汽引出管与管板之间的空间形成“死气层”，使管板免于过热而造成损坏，其技术特性见表 2–6。

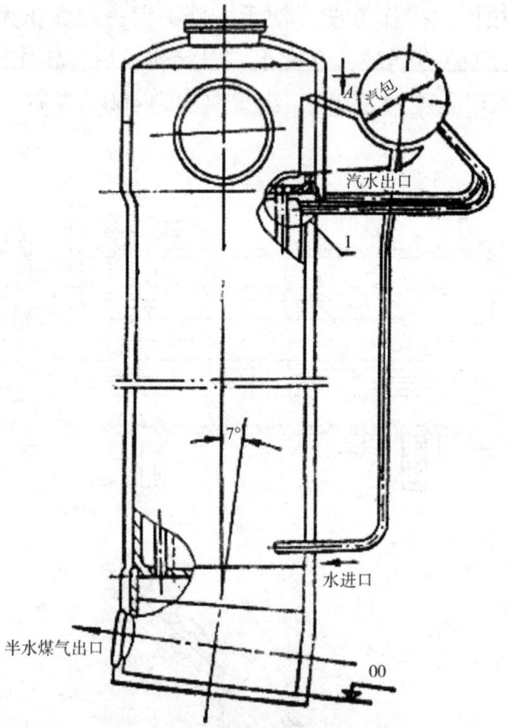


图 2.2–3　斜置式急冷锅炉

**表 2-6　斜置式急冷锅炉技术特性表**

| 名称 | 壳程 | 管程 | 备注 |
|---|---|---|---|
| 工作压力 /kPa | 12 | 常压 | |
| 工作温度 /℃ | 187 | 670~550 | |
| 介质 | 水、汽 | 半水煤气 | |
| 换热面积 /$m^2$ | 480 | | |
| 蒸汽产量 /（t/h） | 2~4（在间隙操作下） | | |

## 2.3 盘管式急冷锅炉

盘管式急冷锅炉又称螺旋管急冷锅炉，这种锅炉一般采用火管型，它的换热管采用单根的很少，而是由一组换热管组成，每根盘管的规格、长度（指当量长度）要大致相同，使之阻力相同，以确保气体分布均匀。盘管式急冷锅炉有四头单层和四头双层两种型式。

### 2.3.1 四头单层盘管急冷锅炉

图 2.3-1 所示为四头单层盘管急冷锅炉的结构图，其技术特性见表 2-7。

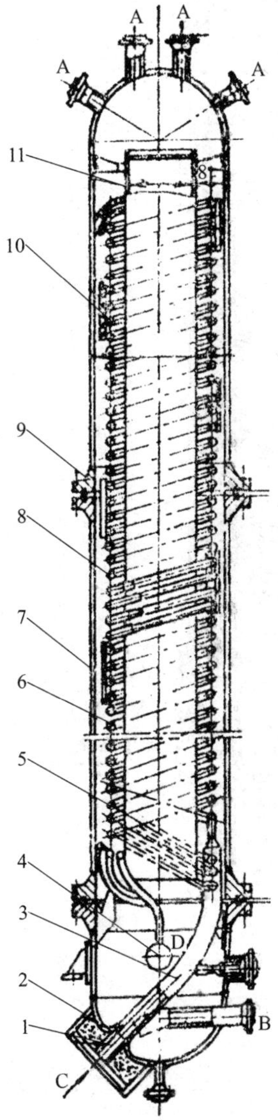


A—汽水混合物出口；
B—水进口；C—气体进口；
D—气体出口；1—套管；
2—加强凸缘；3—进气总管；
4—出气总管；
5、6、8、10—换热管；
7—壳体；9—壳体法兰；
11—中心管

图 2.3-1 四头单层盘管急冷锅炉结构图

表 2-7　四头单层盘管急冷锅炉技术特性表

| 名称 | 壳程 | 管程 | 备注 |
|---|---|---|---|
| 操作压力 /MPa | 5 | 3.3 | |
| 操作温度 /℃ | 262 | 1355~350 | |
| 介质 | 水、汽 | 转化气 | |
| 产汽量 / (t/h) | 147.5 | | |
| 换热面积 /$m^2$ | 26.3 | | |

## 2.3.2　四头双层盘管急冷锅炉

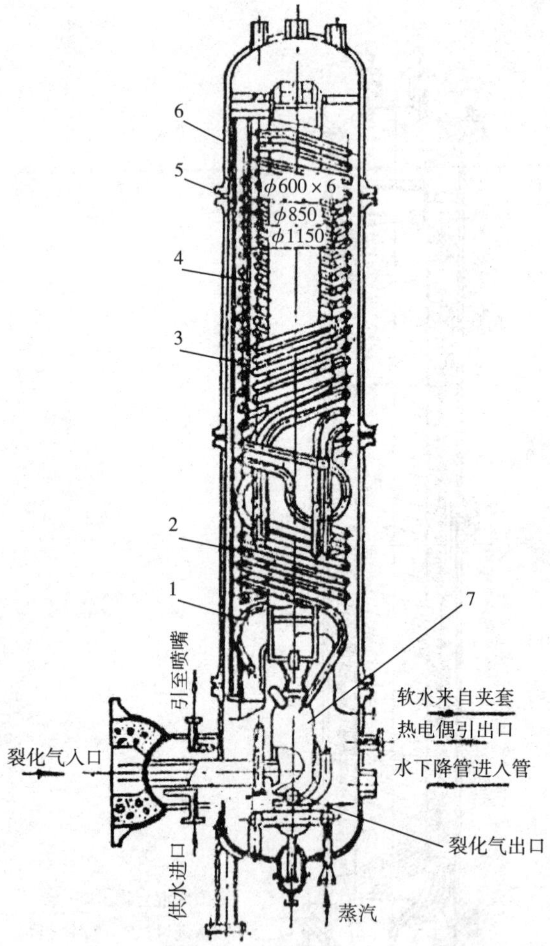


1、2、3、4—换热管；5—法兰；6—壳体；7—分离罐

图 2.3–2　四头双层盘管急冷锅炉结构图

图 2.3–2 所示为壳体内设有分离罐的四头双层盘管急冷锅炉的结构图，其技术特点见表 2–8。

表 2-8　四头双层盘管急冷锅炉技术特性表

| 名称 | 壳程 | 管程 | 备注 |
|---|---|---|---|
| 操作压力 /MPa | 3.9 | 1.8 | |
| 操作温度 /℃ | 249 | 1300~300 | |
| 介质 | 水、汽 | 裂化气（CO、$H_2$） | |
| 换热面积 /$m^2$ | ~62 | | |
| 负荷 /（t/h） | 3.75 | | 重油 |

# 第3章 反应器

乙烯装置中的反应器主要有碳二加氢反应器、碳三加氢反应器、甲烷化反应器和废碱氧化反应器等。

## 3.1 碳二加氢反应器

碳二加氢反应器的作用是脱除碳二组分中的乙炔，以满足乙烯装置目标产品聚合级乙烯对乙炔含量的要求。

### 3.1.1 碳二加氢反应器的结构

碳二加氢反应器为单层绝热固定床式反应器，由壳体、催化剂、筛网和惰性球等组成，反应类型为气固非均匀相连续式反应。固定床反应器多用于大规模气相反应，参加反应的气体通过静止的催化剂进行反应。反应流体的组成沿流动方向而变化，在与流动垂直的方向上，组成也由于温度梯度而变化。

碳二加氢反应器物料的处理量较小，采用单层固定床式，结构简单，造价低，相对空间利用率较高。由于选用操作温度范围较宽的催化剂，故可采用较为经济的绝热反应器。由于碳二加氢反应器使用的催化剂需定期再生，故需有备用反应器交替操作，使生产处于连续运行状态。碳二加氢反应器能适应在加氢与再生时温差变化较大的情况下工作。

碳二加氢反应器的结构较为简单，上下封头为球形封头，在反应器顶部外壁设置了吊柱，以备更换催化剂及检修时用。反应器上部有一根工艺气体进料管，在进料管内部接管上开有4个长条形孔，孔口朝上，使气流得到均匀分布，内管的另一端用盲板封死并用U形螺栓固定。在进料管的下方为单层钯基催化剂床，工艺气体自上而下通过。催化剂床由底部格栅支承，格栅上布有10目筛网，网目及钢丝直径的大小完全由催化剂尺寸大小来确定。格栅由若干块钢板条及圆钢焊接而成，上部的三块筛网重叠放置，再用钢丝固定在格栅上，格栅由横梁及支承圈支承。碳二加氢反应器的结构如图3.1–1所示。

在乙烯生产技术中，通常采用催化选择加氢的方法脱除裂解气中微量的炔烃。所谓选择加氢，就是尽量对原料气中的炔烃进行加氢，而目的产物乙烯尽量少被加氢。

影响催化加氢的因素很多，如进料温度、接触时间、炔烃分压、氢炔比、CO浓度、

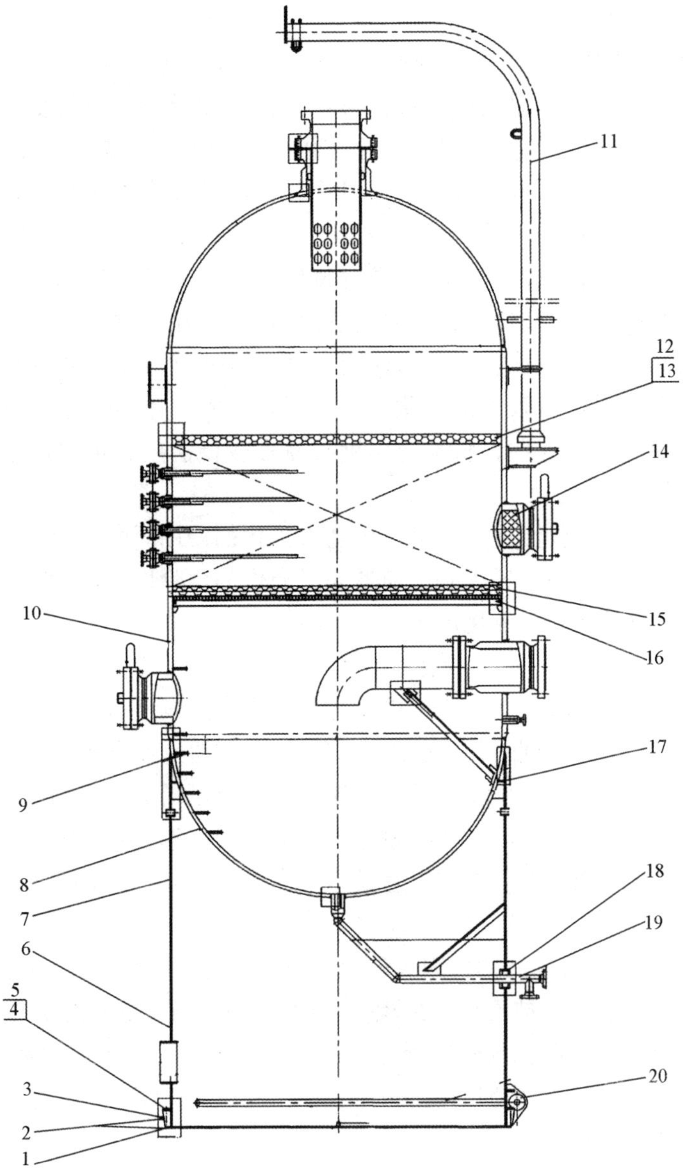


1—基础环板；2—筋板；3—接地板；4—盖板；5—垫板；6—铭牌；
7—裙座；8—球形封头；9—梯子；10—筒体；11—吊住；12—支承架；13—不锈钢丝网；
14—人孔；15—瓷球；16—填料支承；17—隔气圈；18—补强板；19—接管；20—尾部吊耳

图 3.1-1　碳二加氢反应器结构图

硫浓度及催化剂使用时间的长短等。但对固定的反应器，进料量及进料组成基本稳定，反应接触时间基本不变。炔烃分压与炔烃自聚生成的聚合物（绿油）生成量有关，对催化剂的活性无直接影响，但若炔烃分压过高，生成的绿油可将催化剂表面覆盖住，而使催化剂活性减小。硫可使催化剂中毒，影响催化剂的活性和选择性，但在酸性气体脱除系统已被除去，故对催化剂的活性也不会有大的影响。所以，进料温度、氢炔比、CO 浓度、催化剂使用时间是对催化剂的活性有直接影响的四大因素。

1. 进料温度的影响

乙炔加氢反应中无论是主反应还是副反应，其平衡常数 $K$ 均很大，反应均为放热反应，即平衡常数随着反应温度的升高而减小，故要使反应进行得更完全，应尽可能地将反应温度控制得低些。但从动力学考虑，由于反应平衡常数很大，可将反应看作不可逆反应，因此，对一定的催化剂，温度升高，反应速度常数越大，反应速度越快。为了加速反应，应将温度提高一些。另一方面，在乙炔加氢时，主副反应同时发生，温度直接影响反应速度常数，故温度对反应选择性影响非常显著。当温度提高后，虽然主反应的反应速度常数提高了，但副反应的反应速度常数也相应提高。由于副反应的活化能较大，所以温度高对副反应速度常数影响更大些，这样就会增加乙烯损失。加氢反应为放热反应，在高温下操作有较大的危险，且温度高，乙炔本身的聚合反应速度会加快，生成的绿油量也会增多。因此，将反应温度控制在较低温度，可提高乙烯收率，减少副产物。

对于新催化剂，其操作温度可较低，但随着催化剂使用时间的增长，催化剂活性不断下降，操作温度可相应提高。考虑到反应器高温操作的危险性和催化剂的选择性，当进料温度提高到一定值时，必须将催化剂床层切出进行再生。

2. 氢炔比的影响

氢炔比增大，氢气量增加，反应速度增加，有利于加氢反应的进行，但同时也使副反应速度加快，选择性下降。同时，主、副反应速度的加快使反应放出的热量增加，反应温度升高。在高温下，炔烃易发生聚合反应，使绿油生成量增加，影响催化剂的活性。副反应加剧的同时减少了主反应所需的氢气量，导致加氢产品不合格。因此，要控制适当的氢炔比，使反应过程尽可能发生乙炔加氢生成乙烯的反应，提高乙烯收率。

3. CO 的影响

CO 是乙炔加氢的重要抑制剂，因为催化剂对乙炔的吸附性最强，CO 其次，而对乙烯的吸附最弱。当催化剂表面被乙炔全部覆盖满时，CO 就优先被吸附，而将乙烯排除在活性位置之外，从而提高了催化剂的选择性。一般对于比表面大的催化剂，CO 的注入量相对较大些。CO 的配入量与催化剂的使用时间及反应初始温度等有关。

4. 催化剂使用时间的影响

在催化剂使用过程中，由于炔烃自聚生成的聚合物（绿油）覆盖在催化剂表面上，将催化剂孔隙堵塞而使催化剂活性表面下降，因而使催化剂活性受到影响。随着使用时间的增加，催化剂活性越来越差，不得不相应提高反应器入口温度，但温度的提高又将使绿油生成量增加，使催化剂活性变得更差。因此，达到一定条件时，为了使催化加氢反应正常进行，就必须对催化剂床层进行再生。一般催化剂床层再生主要由反应器入口温度来决定，即入口温度达到一定值后必须对催化剂床层进行再生。碳二加氢反应器若有备用设备，并不一定要等反应器入口温度达到一定值才切下再生，可根据生产周期或利用年度检修来切换使用。这样可使催化剂不进入末期，保持较好的活性、选择性和经济性，又可使生产连续稳定进行。

### 3.1.2 碳二加氢反应器使用注意事项

在乙烯装置中，由于采用加氢工艺，在设计中已考虑操作的安全性及可靠性。但是如果操作不当，尤其是温度控制不严时发生飞温，则会降低催化剂的活性和寿命，危及设备安全，影响产品质量。

碳二加氢反应器使用过程中要在安全的前提下，达到工艺的要求，并且使其保持高的选择性，尽量延长其运行周期。在正常运行期间，碳二加氢反应器要控制尽量低的入口温度和氢炔比，以减少绿油的生成，延长使用周期。注意保证仪表指示的准确性，达到反应器出口乙炔含量低于 5 mL/ $m^3$ 的控制目标，并使产品乙烯损失最小，反应过程平稳，催化剂再生周期长。

运行安全要求反应器在设计的压力和温度下进行，尤其要注意温度上升很快的情况，因为加氢反应是强放热反应，当温升很快时，有可能形成局部热点而发生非接触式反应，失去控制，造成严重后果。

在反应器重新投用时，要注意当进料组分合格后方可进料，以防止毒物进入引起反应器催化剂中毒，防止过多碳三的带入，因为其中的甲基乙炔（MA）和丙二烯（PD）加氢后易生成绿油。反应器进料时要缓慢充压，防止对设备的冲击。进料后方可缓慢通入氢气，进料前应检查氢气注入阀的上游阀及旁路阀是否关闭，以防止注入阀内漏造成氢气过量注入而引起飞温。

碳二加氢反应器可以在线切换操作，在切换之前必须做好相应的准备工作。例如，分析待切换反应器床层露点合格，管线低点排凝，防止水分被带入乙烯精馏塔，引起乙烯精馏塔冻塔，影响该塔的正常操作。床层充压时动作要慢，床层物料流通时动作更要慢，防止碳二加氢反应器床层飞温，导致乙炔加氢不合格。

催化剂再生采用蒸汽 – 空气烧焦方法，催化剂在再生过程中，要严格控制空气量以防催化剂床层飞温使催化剂失效，床层温度太高时，要立即切断空气进入床层，待催化剂床层温度下降后再缓慢通入空气继续烧焦。

### 3.1.3 碳二加氢反应器的自控与联锁

现以某乙烯装置为例，介绍碳二加氢反应器的自控和联锁。该装置碳二加氢反应器共设置 3 台，两台串联运行，分别进行一段、二段加氢反应；另一台则处于备用状态，当反应器运行到末期切出再生时，备用台投入使用。

1. 碳二加氢反应器的自动控制

（1）进料温度控制　系统进料设置温度控制的目的是，保证反应器有一定的催化反应起点温度，以达到控制其转化率，克服进料温度对反应器床层温度及稳定操作的干扰。碳二加氢反应器设有进料温度分程调节系统。

一段加氢反应物料入口温度的控制为分程调节控制，该调节器为反作用。分程控制用的 A 阀（气开阀）装在进料加热器的低压蒸气入口管线上，B 阀（气关阀）装在进出料换热器和进料加热器的旁路上。

正常生产时，碳二馏分进料经进出料换热器即可加热至所需温度。此时，只需改变旁路进料（冷物料）量 B 阀开度，即可维持进料温度的恒定。当进、出料温差不大时，仅靠进出料换热器加热物料就不能达到所需温度，这时就需打开蒸汽加热器入口蒸汽阀，即 A 阀，用蒸汽来进一步加热物料，开大 A 阀，关小 B 阀，直至所需反应温度。

（2）反应器氢气进料量比值控制　进入碳二加氢反应器的碳二馏分量与加入的氢气总量构成单闭环定比值调节系统，碳二馏分为主物料流，氢气为从物料流，氢气的量根据碳二馏分的流量按设定的比值进行变化，使两者维持在一定的比值，保证加氢反应中各物料的平衡关系。该控制回路在 DCS 中实现的原理框图如图 3.1–2 所示。

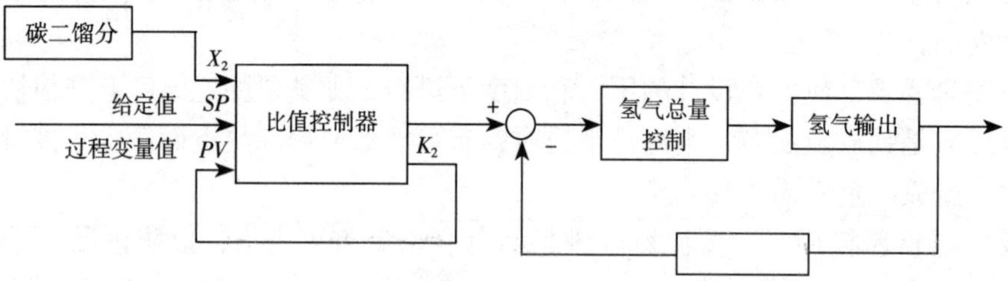


图 3.1–2　碳二馏分量与氢气总量构成的比值调节框图

比值控制器的给定值 $SP$ 由手工给定，碳二馏分的量作为其控制输入（$X_2$ 项），其 $PV$ 项为比值控制器的 $K_2$ 参数，值为 1，仅起指示作用，不参与运算。比值控制器的输出为其 $SP$ 值乘以 $X_2$ 项后除以 100，该输出值将作为氢气总量控制器的给定值，即氢气量为碳二馏分量的百分之几，以实现比值控制。这里，比值控制器的 $SP$ 值实际上就是比值系数，一般不改动。当反应器运行周期较长，造成催化剂活性下降时，需提高这一比值系数，以增加参与反应的氢气量，保证反应器的转化率。

二段加氢反应注入的氢气量由单回路控制，根据一段加氢反应出口物料中乙炔含量的分析值，人为决定在这股物料中需加入的氢气量，以满足二段加氢反应的需要。

2. 碳二加氢反应器的联锁

碳二加氢反应器设有备用台，当备用台切入时，切出的反应器通过操作台上的选择开关来选择。例如，当需要切出 A 台反应器时，将选择开关置于 A 位置即可。对于切出的反应器，即使存在参数越限的情况，也不会使联锁系统动作。若选择开关不置于任何一台反应器的位置时，则任一台反应器的参数越限，都将造成反应器联锁动作。

当投用的反应器出现下列情况之一时，碳二加氢反应器系统停车，电磁阀失电，反应器氢气进料切断阀关闭，以切断反应器氢气进料：①在线的任一台反应器出口温度或反应器催化剂床层温度（上、中、下）中的任一温度超过 280℃；②按下手动停车按钮；③按下手动紧急停车按钮。

每台反应器均设置了一个联锁旁路开关。当上述第①项条件满足并且联锁不处于旁路位置，同时，在选择开关未选中对应设备的情况下，联锁系统才能动作。

氢气进料阀中的任一个阀关闭后，都将点亮带灯复位按钮上的指示灯，这意味反应器已发生联锁，需进行复位。当前述联锁条件均消失的情况下，按下该复位按钮，指示灯熄灭，氢气进料阀将重新励磁打开。

此外，碳二加氢反应器还设置了隔离联锁，用于将碳二加氢反应器从装置中隔离出来。具体逻辑关系为：按下手动停车按钮或手动紧急停车按钮之一时，碳二加氢反应器出口放火炬阀失电打开，碳二加氢反应器入口进料阀失电关闭，碳二加氢反应器出料至碳二绿油吸收塔的切断阀失电关闭，同时，脱乙烷塔顶至碳二加氢反应器物料采出调节阀失电关闭，从而起到切断碳二加氢反应器进出料，将反应器内原有物料放空，使反应器从装置中隔离出来的作用。

## 3.2 碳三加氢反应器

碳三加氢反应器的作用是脱除碳三馏分中的甲基乙炔和丙二烯。工艺上一般采用单台操作，设置一台备用反应器，当催化剂活性降低或中毒时可以在线切换。

碳三加氢反应与碳二加氢反应一样都是非均相反应，一般采用气固反应或液固反应。气相加氢需将碳三馏分加热汽化，呈气态通过催化剂床层；而液相加氢时，碳三馏分以液态通过反应器催化剂床层，催化剂的空速大，与气相加氢相比，催化剂用量可以大大减少，则反应器体积相应减小。由于液相加氢的反应热容易被带走，所以，液相加氢可在较低的温度下进行，反应容易控制而且安全。与气相法相比，液相法不易发生副反应，绿油生成量少。同时，液相加氢时，反应物料以液态流经催化剂床层，反应产生的聚合物也容易被带走，不易在催化剂表面积聚，使催化剂使用寿命大大延长。此外，液相加氢还有流程简单，节省能耗，投资省，操作维修方便，运转稳定等优点。因此，目前大多数乙烯厂均采用液相加氢法脱除丙二烯和甲基乙炔。

### 3.2.1 碳三加氢反应器的结构

碳三加氢反应器的结构比较简单，由壳体、进口分配器、带升气管筛板塔盘、出口收集器和催化剂排放口等组成，碳三加氢反应器的结构如图 3.2–1 所示。

由于反应器内径较小，壳体上部采用法兰连接，以便于壳体内件分布器、塔盘的装拆及催化剂和铝球的装填。反应器顶部进口管外壁焊接在外管法兰上，内管底部与进口分配器相连。整个分配器形成 3 个流道，使物料均匀分布在下方筛板塔盘上。筛板上有均匀分布的升气管，液相经筛板小孔落下，使物料尽量均匀分布在整个截面上，而气相则经升气管进入催化剂床层。出口收集器安装在反应器底部出口管处，周围开有若干条长孔的短圆筒，外部覆盖不锈钢丝网，以防止催化剂及氧化铝球随液体排出时带走。在出口收集器强度设计时考虑了三个因素：①反应器压降；②催化剂层重量；③铝球的重量。

催化剂排放口是卸出催化剂及铝球时使用的，它由内管和外管组成。外管焊于下封头上，内管插入外管内一定深度，管顶部与催化剂底层平齐，并用四块固定板将内管焊在下封头上。

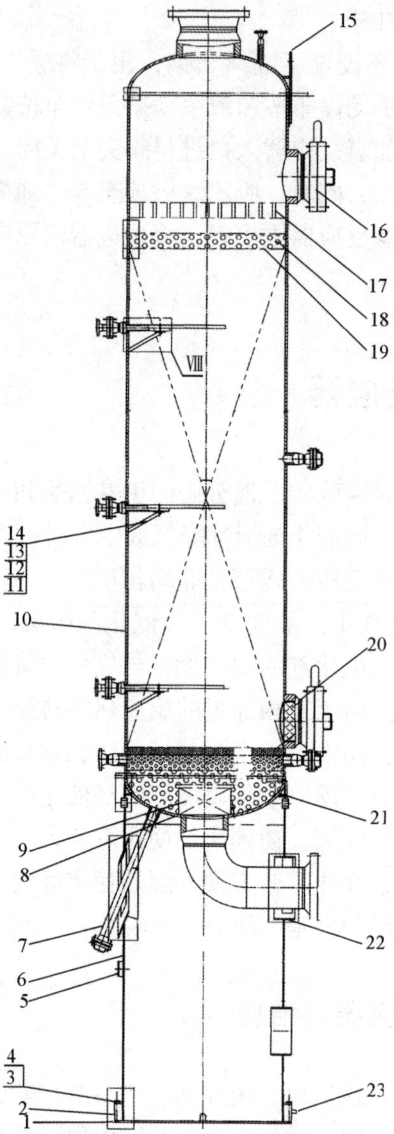


1—基础环板；2、14—筋板；3—盖板；4—垫板；5—铭牌；6—裙座；7—接管；8—封头；9—收集器；10—筒体；11—连接板；12—U 形螺栓；13—螺母；15—吊耳；16、20—人孔；17—分布器；18—瓷球；19—不锈钢丝网；21—隔气圈；22—引出管；23—接地板

图 3.2-1 碳三加氢反应器结构图

### 3.2.2 碳三加氢反应器使用注意事项

碳三加氢反应的目的是将碳三组分中的 MAPD［为丙炔（Methyl acetylene，MA）和丙二烯（Propadiene，PD）混合物］通过选择加氢的方式去除，以达到安全的目的，同时，可以增加丙烯的产量。由于 MAPD 的性质很不稳定，在其浓度超过一定值后，就会发生无需氧参与的爆炸。因此，当碳三反应器由于某种原因未投用，采用精馏法脱除 MAPD 时，

为防止 MAPD 在丙烯精馏塔塔釜积聚，必须加大塔釜丙烷采出，并定期对塔釜物料取样分析，而塔顶丙烯中的 MAPD 可以用加大回流的方法去除，这是因为 MAPD 的相对挥发度与丙烷接近，低于丙烯。

由于 MAPD 的加氢是强放热反应，其含量越高，总反应热越大，若不能及时有效地移出反应热，就会使催化剂床层产生较大的温升，促使副反应的速度加快。因此，在反应过程中，应控制较低的反应温度并控制好床层温升。碳三加氢反应器相对碳二加氢反器的运行周期要长很多，由于反应器采用液相加氢工艺，操作相对安全可靠。但是，如果操作不当，尤其是温度控制不严导致飞温，也会降低催化剂的活性和寿命，危及设备安全，影响产品质量。

在反应器重新投入使用时，在进料后方可缓慢通入氢气，进料前应检查氢气注入阀的上游阀和旁路阀是否关严，以防止注入阀内漏造成氢气过量注入而导致飞温。

碳三加氢反应器正常运行期间要控制尽量低的入口温度和氢炔比，以提高反应的选择性，提高丙烯产量。在操作过程中，需要特别关注反应器的温升、最高床温和床层压差。温升代表反应热的多少，这与进料量、稀释量、氢气量、进料温度、稀释物料温度以及催化剂的活性有着直接的关系。当反应进料等条件没有大的改变时，发现床层温升持续下降，就意味着催化剂的活性下降了，这时需要仔细查找原因。在正常情况下，催化剂的活性随着使用时间的延长而下降，而进料中毒物的存在对催化剂有很大的影响，需要特别注意。

碳三加氢反应器与碳二加氢反应器一样，催化剂再生采用蒸汽－空气烧焦方法，催化剂在再生过程中，要严格控制空气量以防止催化剂床层飞温使催化剂失效，床层温度太高时，要立即切断空气进入床层，待催化剂床层温度下降后，再缓慢通入空气继续烧焦。

### 3.2.3 碳三加氢反应器的自控与联锁

现以某装置为例，介绍碳三加氢反应器的自控和联锁系统，该装置采用的是液相加氢法。

碳三加氢反应器运行中需要控制的参数有反应器进料量、氢气量、循环物料量、床层温度、中间罐液位和压力等，控制的目的在于保证丙二烯和甲基乙炔全部转化，并提高催化反应的选择性，尽可能多地生成丙烯，少生成丙烷。

1. 碳三加氢反应器的自控

碳三加氢反应器的自控并不复杂，其入口温度没有像甲烷化反应器和碳二加氢反应器那样设置成分程调节控制，而其两段进料均设有流量比值调节系统。一般的流程设置为氢气在进料管线内注入，氢气量与进料成比例调节，可以根据催化剂活性和所需的反应完全程度调节比例系数。稀释量的大小主要由反应温升及选择性来调节，用来保证反应器的最高床温在可控的范围内。反应器中间罐的压力调节采用分程方式，压力偏低时，氢气调节阀打开，向罐内补入氢气，提高压力；压力偏高时，泄压阀打开，将罐内物料送入裂解气压缩机段间，返系统处理。反应器中间罐液位由反应器向下游送出的物料量调节。

2. 碳三加氢反应器的联锁

该装置设有 3 台碳三加氢反应器，两台并联操作，一台备用，其催化剂床层温度和出口温度正常值为 57℃（二段反应器出口温度正常值为 55℃）。当温度超过 110℃时，报警系统发出报警信号；如果温度继续升高，达到或超过 150℃时，温度开关动作，经联锁系统切断反应器 $C_3$ 进料和 $H_2$ 进料，同时开大循环量至预定开度，使温度恢复原值。如果温度还不回降到正常值时，超高报警即发出报警信号，以使操作人员采取紧急措施。当需要紧急停车时，可通过按手动停车按钮切断反应器 $C_3$ 进料和 $H_2$ 进料，同时开大循环量至预定开度，使温度恢复到正常值。

## 3.3 甲烷化反应器

甲烷化反应器是在镍基催化剂作用下加氢脱除来自冷箱系统粗氢中所含的 CO，因为 CO 对下游流程及装置而言是毒物。CO 主要来源于裂解过程中发生的水煤气反应。甲烷化反应常采用镍基催化剂，在压力为 2.95MPa、温度为 300℃左右的条件下进行反应，富氢经过甲烷化反应器后，富氢中的 CO 含量可降低至 1mL/m³ 。

### 3.3.1 甲烷化反应器的结构

甲烷化反应器的结构比较简单，它是高径比不大的圆筒体，下部装有格栅，格栅上均匀堆置着催化剂，上下封头为 2：1 标准椭圆封头，在反应器顶部外壁设置有吊柱，以便更换催化剂及检修时使用。甲烷化反应即一氧化碳的加氢反应，其目的是除去氢气中的一氧化碳，得到合格的氢气产品。

反应器上部有一根工艺气体进料管，在进料管内部的接管上开有长条形孔，孔口朝上，使气流得到均匀分布，内管的另一端用盲板封死并用 U 形螺栓固定。在进料管的下方为单层镍催化剂床层，工艺气体自上而下通过。催化剂床层由底部格栅支承，格栅上布有筛网，网目及钢丝直径的大小由催化剂尺寸大小来确定。经过反应后的气体由底部出口管排出。

在催化剂层底部的壳体上备有手孔，用来更换催化剂和氧化铝球。另外，在催化剂层上均匀设有热电偶套管，以控制反应温度，特别是当反应器达到极限温度的情况下，热电偶能输出联锁信号，自动切断氢气进料并及时报警，使反应器处于正常的操作条件下工作。甲烷化反应器的结构如图 3.3–1 所示。

### 3.3.2 甲烷化反应器使用注意事项

影响甲烷化反应的主要因素有进料温度、进料中的 CO 浓度和乙烯浓度等。甲烷化反应是强放热、体积减少的反应，加压、低温对反应有利。每转化 1% 的 CO 和 $CO_2$，温升分别为 75℃和 60℃，因此，对于绝热反应器，富氢中的 CO 和 $CO_2$ 含量不宜过高，以确

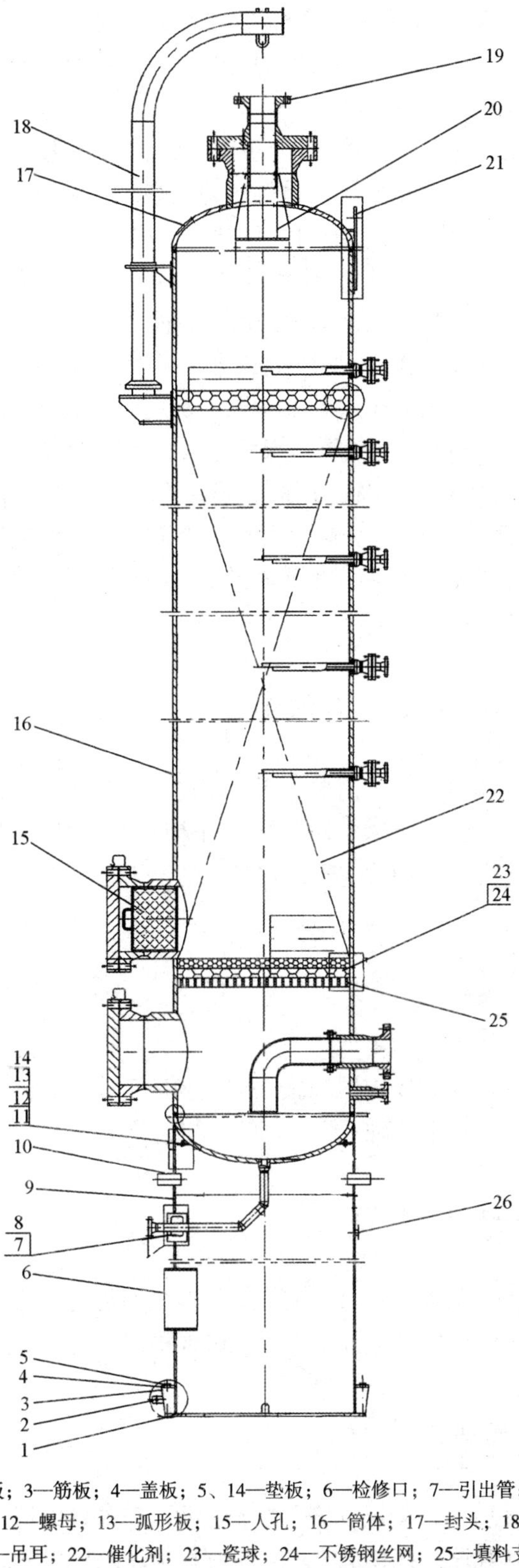


1—基础环板；2—接地板；3—筋板；4—盖板；5、14—垫板；6—检修口；7—引出管；8—支承板；9—裙座；10—排气管；11—螺栓；12—螺母；13—弧形板；15—人孔；16—筒体；17—封头；18—塔顶吊住；19—接管；20—缓冲板；21—吊耳；22—催化剂；23—瓷球；24—不锈钢丝网；25—填料支承件；26—铭牌

图 3.3-1　甲烷化反应器结构图

保操作安全。由于乙烯和氢在 Ni 作用下加氢生成乙烷，放出大量的热，易产生飞温，使催化剂性能下降，所以，要严格控制原料中的乙烯含量。一般情况下，甲烷化反应器进料（粗氢）中的乙烯浓度必须小于 1000mL/m³ 。

甲烷化反应器在使用过程中，应注意的事项为：①甲烷化反应器超过一定温度后，催化剂会受损而不能使用。甲烷化反应是强放热的反应，乙烯加氢生成乙烷也是强放热反应，所以，进料中的乙烯含量要严格控制。日常操作中要非常注意甲烷氢的分离，保证甲烷化反应器有合格的进料，确保氢气纯度。②由于 Ni 在一定温度下可与 CO 反应生成剧毒的羰基镍 [$Ni(CO)_4$]，不但会使催化剂失去活性，而且易使卸催化剂人员和检修人员中毒，还会污染下游产品。因此，操作时应注意，使甲烷化反应器（高温甲烷化反应）入口温度在 204℃以上运行，在催化剂床层升温阶段，从室温到 200℃，升温速度要快（一般升温速率在 100~150℃ /h），尽量避免羰基镍的生成，并减少催化剂活性组分镍的损失。当入口温度低于 200℃时，必须将物料切出，改用氮气升温或降温。③硫、砷、氯等是甲烷化催化剂的毒物，贮存时，不要将这些毒物与甲烷化催化剂放在一起。④对催化剂进行氧化处理后，要待催化剂床层温度下降至常温，再用水冲湿以后才能开人孔，将催化剂卸出。

### 3.3.3 甲烷化反应器的自控与联锁

甲烷化反应器的自控相对来说较简单，入口温度为分程调节方式，即分别调节入口加热器的蒸汽量和旁路量。入口设有紧急切断阀，当床层最高温度超过设定值时，联锁发生动作，切断进料。反应器设有手动放空阀，在紧急情况下，可将物料快速泄出。

## 3.4 脱砷反应器

脱砷反应器有碳二加氢脱砷反应器和碳三加氢脱砷反应器，砷是催化剂的毒物，脱砷反应器的作用就是去除反应物中的砷。

### 3.4.1 碳二加氢脱砷反应器

碳二加氢脱砷反应器的结构如图 3.4–1 所示。碳二加氢反应器前设置了碳二加氢脱砷保护床，以防反应器因含砷使钯催化剂中毒。脱砷保护床还可以去除痕量的羰基硫。

### 3.4.2 碳三加氢脱砷反应器

碳三加氢脱砷反应器的结构如图 3.4–2 所示。碳三加氢反应器前设置了碳三加氢脱砷保护床，以防反应器因含砷使钯催化剂中毒。脱砷保护床还可以去除痕量的羰基硫。

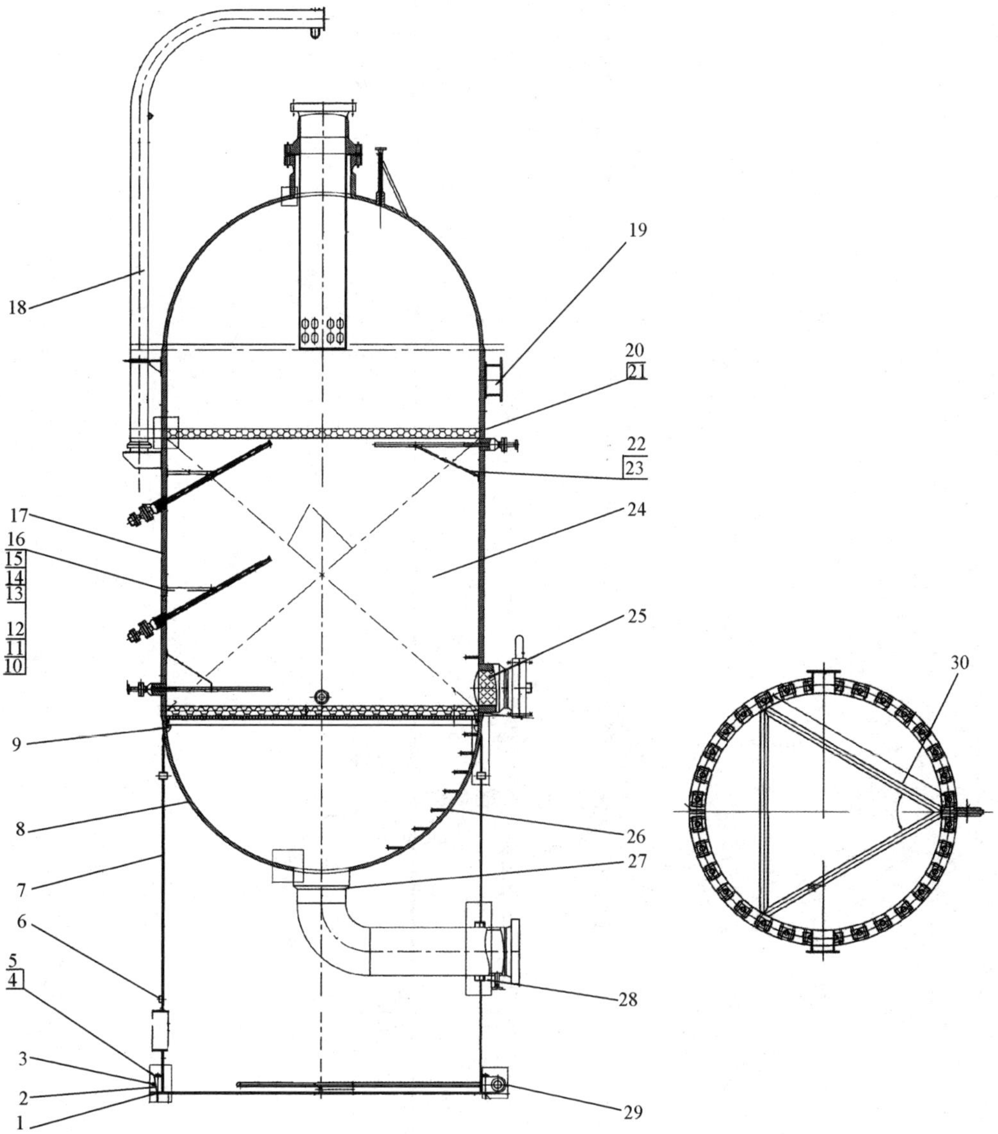


1—基础环板；2、14—筋板；3—接地板；4—盖板；5、10、13、23—垫板；6—铭牌；7—裙座；8—封头；9—支承件；11—支承圆钢；12—半圆管；15—U 形螺栓；16—螺母；17—筒体；18—塔顶吊住；19、27—接管；20—瓷球；21—不锈钢丝网；22—钢支承座；24—催化剂；25—人孔；26—梯子；28—引出管；29—尾部吊耳；30—支承管

图 3.4–1　碳二加氢脱砷反应器结构图

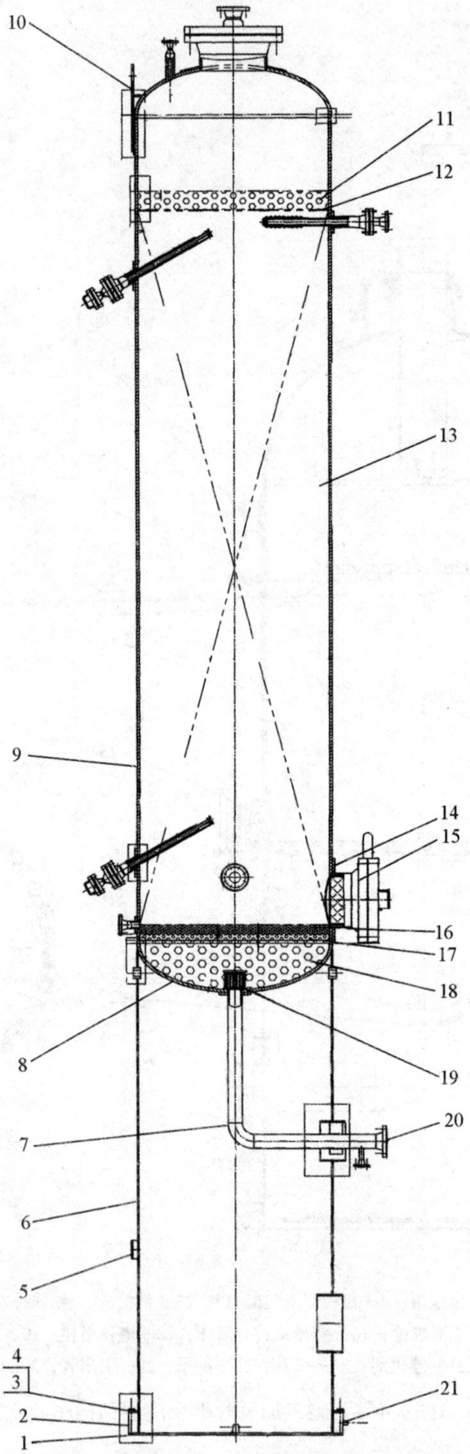


1—基础环板；2—筋板；3—盖板；4—垫板；5—铭牌；6—裙座；7—接管；
8—封头；9—筒体；10—吊耳；11、16、17、18—瓷球；12—不锈钢丝网；
13—催化剂；14—补强圈；15—人孔；19—出口捕集器；20—引出管；21—接地板

图 3.4-2　碳三加氢脱砷反应器结构图

## 3.5 废碱氧化反应器

废碱氧化反应器的结构如图 3.5-1 所示。将乙烯单元的碱洗塔中的废碱，采用湿空气氧化法，将废碱中的 $Na_2S$ 氧化成 $Na_2SO_4$，然后再将废碱液排放到水处理系统。

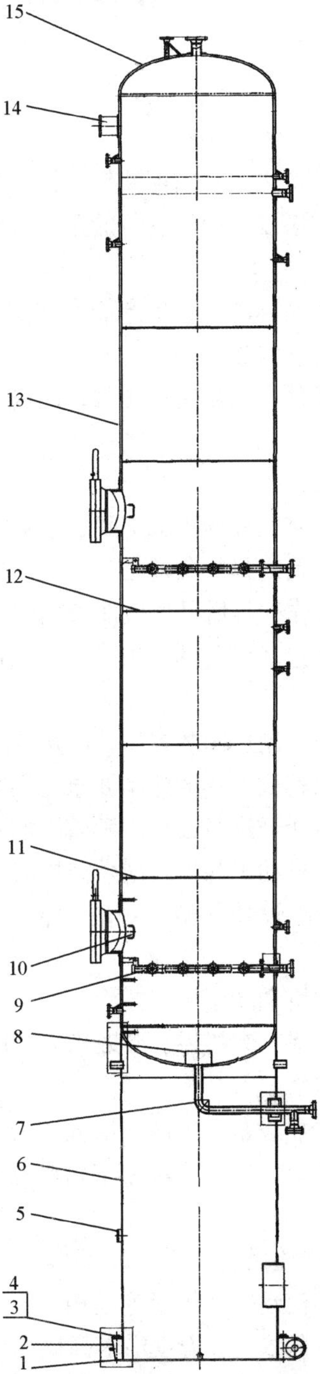


1—基础环板；2—筋板；
3—盖板；4—垫板；
5—铭牌；6—裙座；
7—引出管；8—防涡器；
9—空气分布器；10—人孔；
11、12—塔盘；13—筒体；
14—吊耳；15—封头

图 3.5-1 废碱氧化反应器结构图

# 第 4 章　塔设备

塔设备是乙烯生产中最重要的设备之一。它可使气（汽）液或液液相之间进行充分接触，达到相际传热和传质的目的。在塔设备中能进行的单元操作有：精馏、吸收、解吸、气体的增湿和冷却等。

塔设备的性能对于整个装置的产品、产量、生产能力和消耗定额，以及“三废”处理和环境保护等各个方面，都有重大的影响。

塔设备除了应满足特定的工艺条件（如温度、压力及耐腐蚀）外，为了满足工业生产的需要还应达到下列要求：

①生产能力大，即气液处理量大；

②高的传质、传热效率，即气液有充分的接触空间、接触时间和接触面积；

③操作稳定、操作弹性（最大负荷对最小负荷之比）大，即气液负荷有较大波动时仍能在较高的传质效率下进行稳定的操作，且塔设备应能长期连续运转；

④流体流动的阻力小，即流体通过塔设备的压力降小，以达到节能、降低操作费用的要求；

⑤结构简单可靠，材料耗用量小，制造安装容易，以达到降低设备投资的要求。

事实上，任何一个塔设备能同时达到上述的逐项要求是困难的，因此，只能从生产需要及经济合理的要求出发，抓住主要矛盾进行设计。随着人们对于增大生产能力、提高效率、稳定操作和降低压力降的追求，推动了各种新型塔结构的出现和发展。

塔设备的种类很多，为了便于比较和选型，对塔设备应进行分类，常见的分类方法有：

①按操作压力分有加压塔、常压塔和减压塔；

②按单元操作分有精馏塔、吸收塔、解析塔、萃取塔、反应塔和干燥塔等；

③按内件结构分有板式塔和填料塔。

板式塔是一种逐级接触的气液传质设备。塔内以塔板作为基本构件，气体自塔底向上以鼓泡或喷射的形式穿过塔板上的液层，使气 – 液相密切接触而进行传质传热，两相的组分浓度呈阶梯式变化。

填料塔属于微分接触型的气液传质设备。塔内以填料作为气液接触和传质的基本元件。液体在填料表面呈膜状自上而下流动，气体呈连续相自下而上与液体逆向流动，并进行气液两相间的传质传热。两相的组分浓度和温度沿塔高呈连续变化。

板式塔和填料塔的结构分别如图 4.0–1 和图 4.0–2 所示。

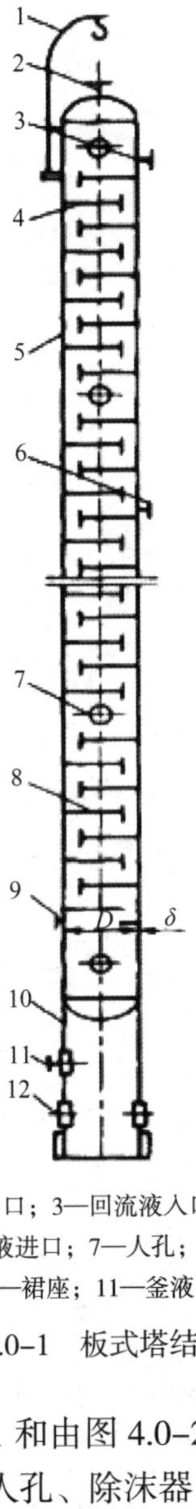


1—吊柱；2—气体出口；3—回流液入口；4—精馏段塔盘；5—塔体；6—料液进口；7—人孔；8—提留段塔盘；9—气体入口；10—裙座；11—釜液出口；12—出入口

图 4.0–1　板式塔结构图

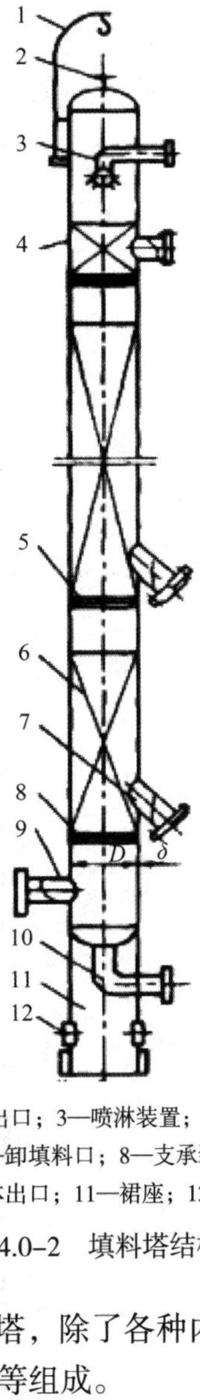


1—吊柱；2—气体出口；3—喷淋装置；4—塔体；5—液体分配器；6—填料；7—卸填料口；8—支承装置；9—气体入口；10—液体出口；11—裙座；12—出入口

图 4.0–2　填料塔结构图

由图 4.0–1 和由图 4.0–2 可见，无论是板式塔还是填料塔，除了各种内件之外，均由塔体、支座、人孔、除沫器、接管、吊柱、扶梯和操作平台等组成。

## 4.1　急冷塔

急冷塔按其冷却介质分为急冷油塔和急冷水塔。

### 4.1.1　急冷油塔

急冷油塔的结构如图 4.1–1 所示。急冷油塔的作用是给裂解炉分离出来的裂解气降温，回收裂解气的中位热能发生稀释蒸汽并进行最初步的分离，分出重质燃料油。

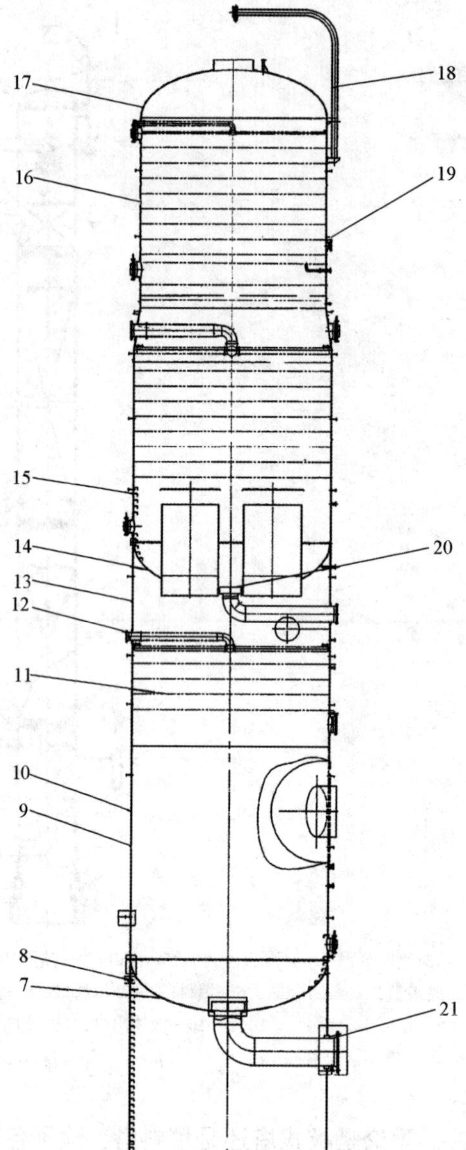


1—基础环板；2—筋板；3—盖板；
4—垫板；5—接地板；6—裙座；
7、17—封头；8—排气管；
9—保温支承圈；10、13、16—筒体；
11—塔盘；12、19—接管；14—集油器；
15—梯子；18—塔顶吊柱；20—防涡器；
21—引出管；22—铭牌；23—裙座检修口

图 4.1-1　急冷油塔结构图

### 4.1.2　急冷水塔

急冷水塔的结构如图 4.1-2 所示。急冷水塔的急冷水一部分为乙烯装置分离单元的一些再沸器和加热器提供热源，回收热量；另一部分送至稀释蒸汽发生器产生裂解炉用的稀释蒸汽。

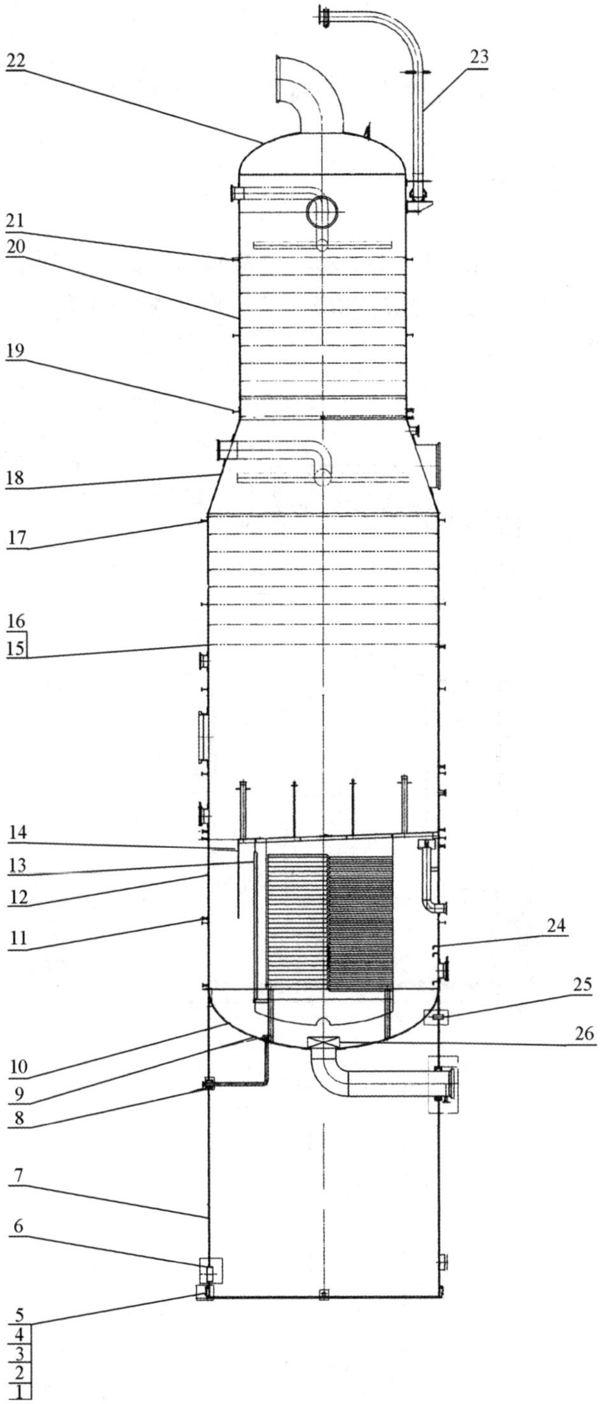


1—基础环板；2—筋板；3—盖板；4—垫板；5—接地板；6—检查口；7—裙座；8—引出管；
9、26—防涡流挡板；10、22—封头；11—接管；12、20—筒体；13—油水分离器；14—顶部挡板；
15—支承件；16—塔盘；17、19、21—保温支承圈；18—锥体；23—塔顶吊柱；24—梯子；25—排气管

图 4.1-2 急冷水塔结构图

## 4.2 汽提塔

汽提塔有重燃料油汽提塔、轻燃料油汽提塔、汽油汽提塔和工艺水汽提塔等。

### 4.2.1 重燃料油汽提塔

重燃料油汽提塔的结构如图 4.2-1 所示。重燃料油汽提塔，利用循环乙烷炉的裂解气汽提急冷油，将中馏程的产物返回急冷油塔，从而降低急冷油塔底的黏度，进而有效地控制急冷油塔的塔釜温度。

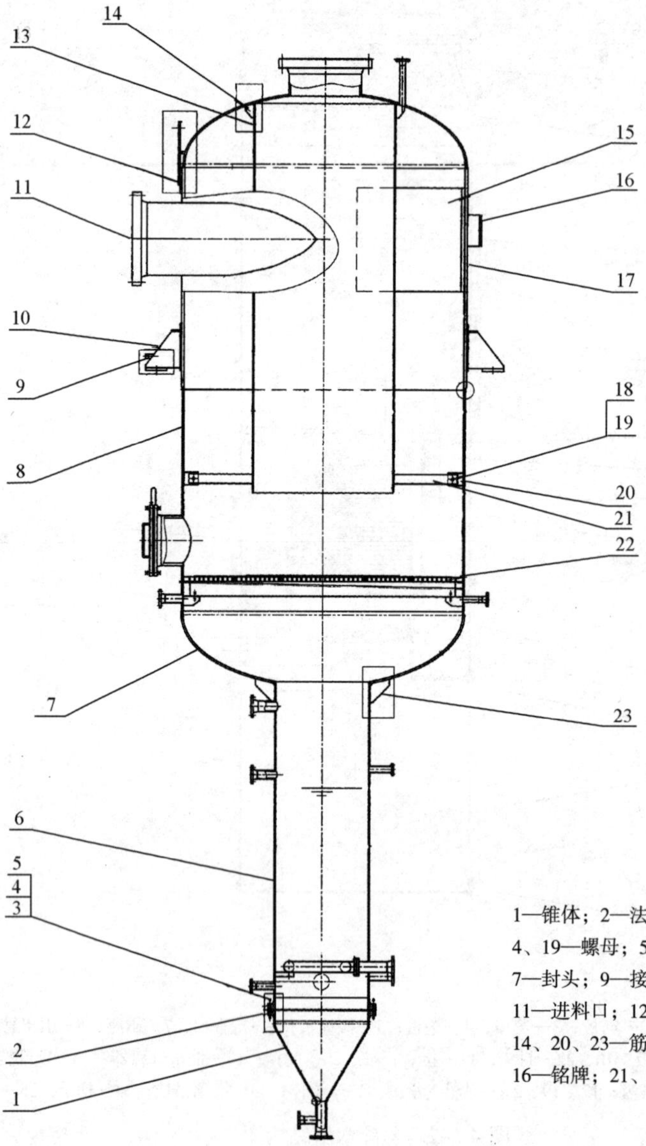


1—锥体；2—法兰；3、18—螺柱；
4、19—螺母；5—垫片；6、8、17—筒体；
7—封头；9—接地板；10—支座；
11—进料口；12—吊耳；13—导流筒；
14、20、23—筋板；15—防冲挡板；
16—铭牌；21、22—连接板

图 4.2-1　重燃料油汽提塔结构图

## 4.2.2 轻燃料油汽提塔

轻燃料油汽提塔的作用是从供料中除去轻质馏分，以生产轻质燃料油。轻质组分的汽提通过注入稀释蒸汽来完成。轻燃料油汽提塔的结构如图 4.2-2 所示。

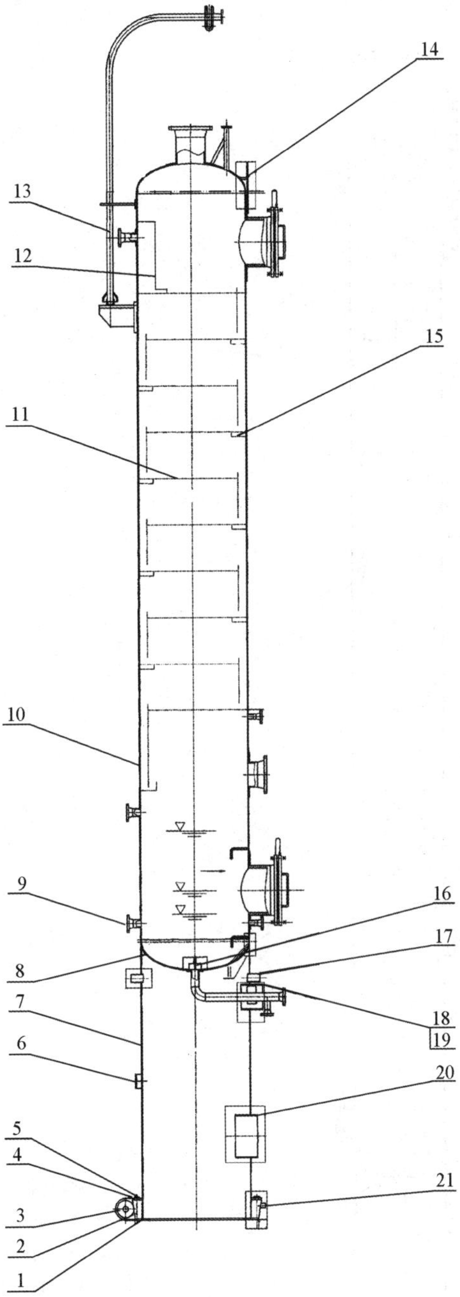


1—基础环板；2—筋板；3—吊耳；4—盖板；5—垫板；6—铭牌；7—裙座；8—封头；
9—接管；10—筒体；11—塔盘；12—防冲挡板；13—塔顶吊柱；14—吊耳；15—塔盘支承；
16—防涡流挡板；17—排气管；18—引出口加强管；19—补强板；20—检修口；21—接地板

图 4.2-2 轻燃料油汽提塔结构图

## 4.2.3 汽油汽提塔

汽油汽提塔的结构如图 4.2–3 所示。汽油汽提塔的作用是脱除急冷水塔底部区段和裂解气体压缩的第 2、3、4 级中收集的汽油，然后将它供应到加氢单元进行加氢，或者送到界区外作为原始热解汽油产品。

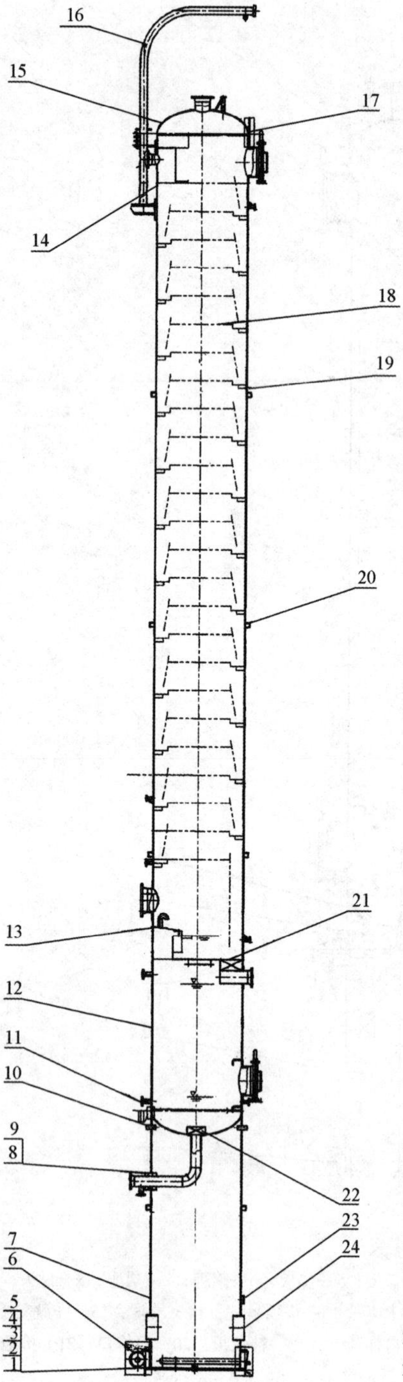


1—基础环板；2—筋板；3—盖板；
4—垫板；5—接地板；6—尾部吊耳；
7—裙座；8—引出管；9—被强板；
10—排气管；11—接管；12—筒体；
13—挡板；14—防冲挡板；15—封头；
16—塔顶吊柱；17—板式吊耳；
18—塔盘；19—塔盘支承；
20—保温支承圈；21—受液盘；
22—防涡流挡板；23—铭牌；24—检修口

图 4.2–3 汽油汽提塔结构图

## 4.2.4 工艺水汽提塔

工艺水汽提塔的结构如图 4.2–4 所示。工艺水汽提塔用于汽提急冷水中夹带的挥发烃，用来作为稀释蒸汽的原料。

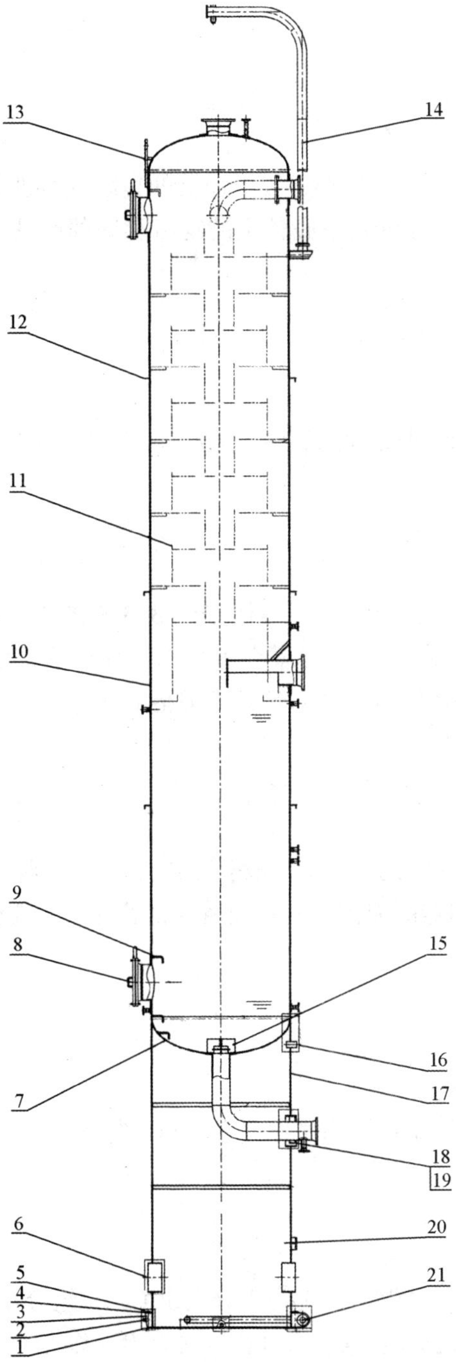


1—基础环板；2—接地板；3—筋板；
4—盖板；5—垫板；6—检修口；
7—封头；8—接管；9—梯子；
10—筒体；11—塔盘；12—保温支承圈；
13—吊耳；14—塔顶吊柱；15—防涡流挡板；
16—排气管；17—裙座；18—引出管；
19—补强板；20—铭牌；21—吊耳

图 4.2–4　工艺水汽提塔结构图

## 4.3 精馏塔

精馏塔有高压脱丙烷塔、低压脱丙烷塔、脱甲烷塔、脱乙烷塔、脱丁烷塔、脱辛烷塔、脱戊烷塔、乙烯塔和丙烯塔等。

### 4.3.1 高压脱丙烷塔

高压脱丙烷塔的结构如图 4.3–1 所示。来自裂解气干燥器的裂解气体进入高压脱丙烷塔。塔顶气相组分基本上没有 $C_4$；另一部分是塔底较重的物料和底部产品，基本上没有 $C_2$ 及以下组分。

### 4.3.2 低压脱丙烷塔

低压脱丙烷塔的结构如图4.3–2所示。低压脱丙烷塔实现 $C_3$ 组分和 $C_3$ 以上组分的分离。

### 4.3.3 脱甲烷塔

脱甲烷塔分为脱甲烷塔和预脱甲烷塔，其结构分别由图 4.3–3 和图 4.3–4 所示。预脱甲烷塔的作用是将供料分离成基本上没有 $C_3$ 的塔顶蒸气和没有甲烷的底部液体。脱甲烷塔的作用是从供料中除去甲烷和其他轻质组分，然后送到乙烯精馏塔。

### 4.3.4 脱乙烷塔

脱乙烷塔的结构如图 4.3–5 所示。脱乙烷塔用于分离 $C_2$ 和 $C_3$ 组分。脱乙烷塔塔顶物流主要含有乙烯和乙烷，作为乙烯分裂器的液体进料；而塔底部物流被供应到 $C_3$ 加氢单元。脱乙烷塔再沸器由急冷水加热。

### 4.3.5 脱丁烷塔

脱丁烷塔的结构如图 4.3–6 所示。脱丁烷塔用于分离 $C_4$ 和 $C_5$ 组分。

### 4.3.6 脱辛烷塔

脱辛烷塔的结构如图 4.3–7 所示。脱辛烷塔一是用于分离出 $C_5$~$C_8$ 组分及 $C_9^+$，其中塔顶采出的 $C_5$~$C_8$ 组分作为二段汽油加氢的原料，$C_9^+$ 组分在塔底采出，作为产品送出界区；二是其侧线抽出部分作为洗油供裂解气压缩机使用。

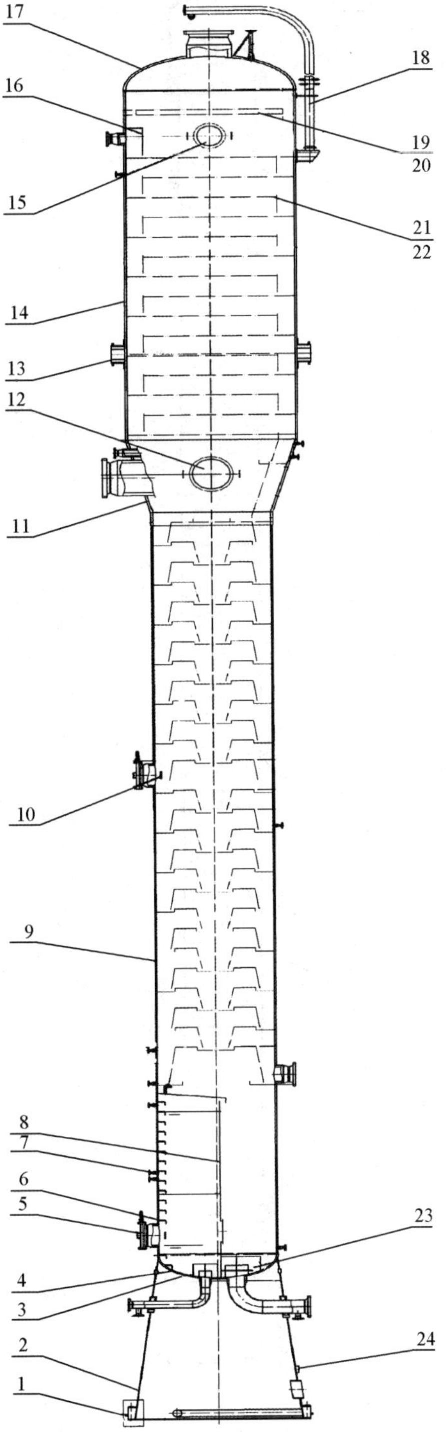


1—接地板；2—裙座；3、23—防涡流挡板；4—下封头；5、10、12、15—人孔；6—梯子；7—接管；8—塔釜挡板；9、14—筒体；10—把手；11—锥体；13—吊耳；16—防冲挡板；17—上封头；18—塔顶吊柱；19—丝网除沫器；20—丝网除沫器支承；21—塔盘；22—塔盘支承；24—铭牌

图 4.3-1　高压脱丙烷塔结构图

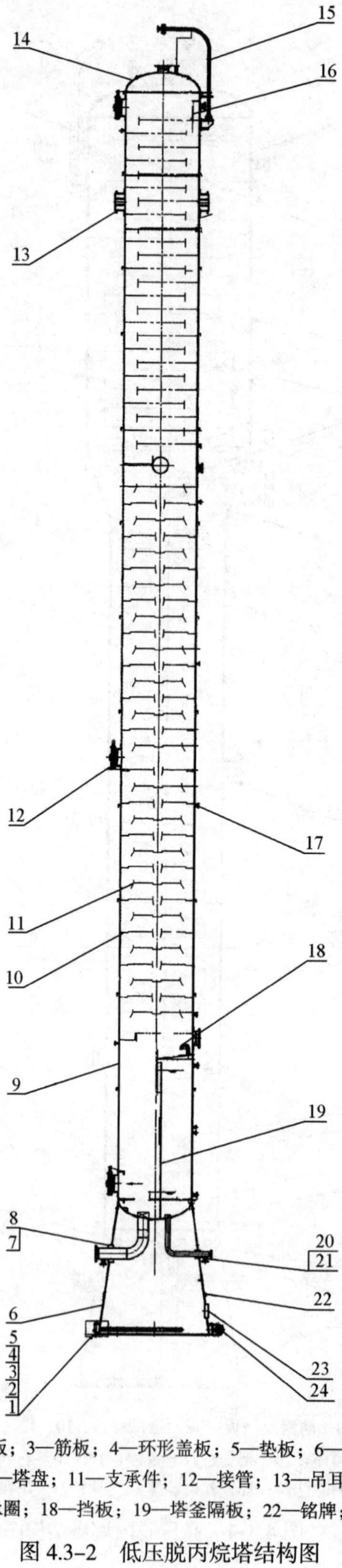


1—基础环板；2—接地板；3—筋板；4—环形盖板；5—垫板；6—裙座；7、20—引出管；
8、21—补强板；9—筒体；10—塔盘；11—支承件；12—接管；13—吊耳；14—封头；15—塔顶吊柱；
16—防冲挡板；17—保温支承圈；18—挡板；19—塔釜隔板；22—铭牌；23—检修口；24—尾部吊耳

图 4.3-2　低压脱丙烷塔结构图

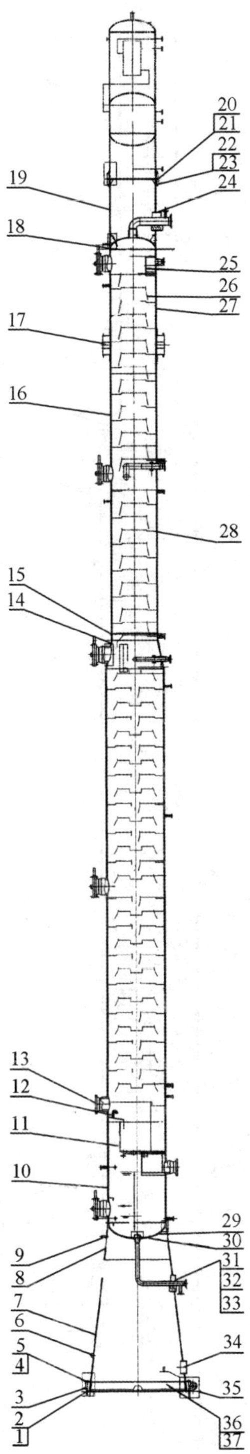


1、20—基础环板；2、21—筋板；3—接地板；4、22—盖板；5、23、36—垫板；6—铭牌；7—裙座；
8、19—裙座筒体；9—排气管；10、15、16、27、28—筒体；11—受液盘；12—挡板；13—接管；14—变径段；
17—吊耳；18、30—椭圆封头；24、32—引出管；25—防冲挡板；26—塔盘内件；29—塔内件支承；31—防涡流挡板；
33—垫块；34—螺钉；35—检修口；36—尾部吊耳；37—底座

图 4.3-3　脱甲烷塔结构图

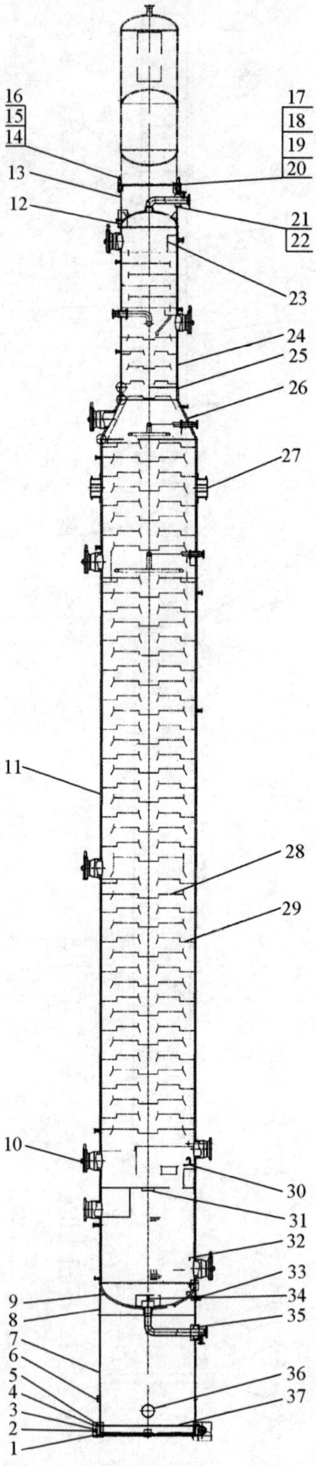


1、17—基础环板；2—接地板；3、18—筋板；4、19—盖板；5、20—垫板；6—铭牌；7、8、13—裙座；11、24、25—筒体；9、12—封头；10—接管；14—螺柱；15—螺母；16—垫圈；21—引出管；22—补强板；23—防冲挡板；26—变径段；27—吊耳；28—塔盘；29—塔盘支承；30—挡板；31—受液盘；32—梯子；33—排气管；34—防涡流挡板；35—引出管；36—检修口；37—底座

图 4.3-4　预脱甲烷塔结构图

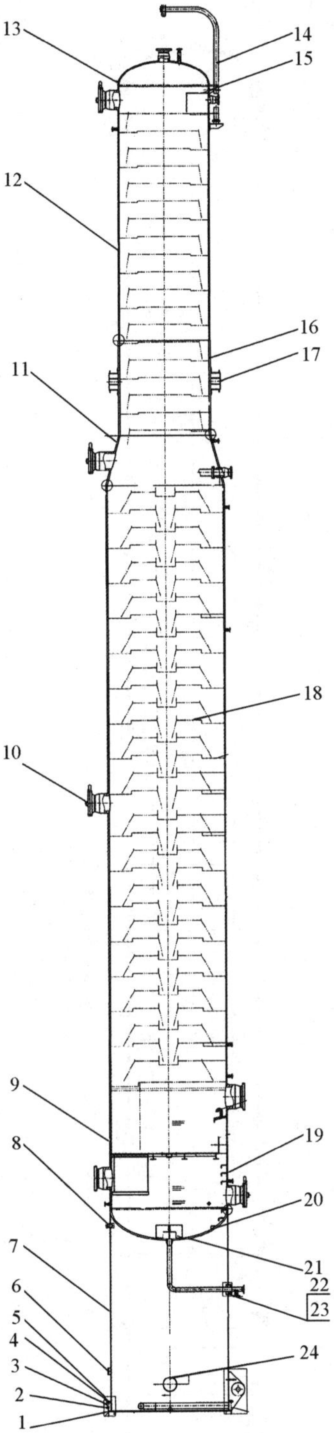


1—基础环板；2—接地板；3—筋板；4—盖板；5—垫板；6—铭牌；7—裙座；
8—排气口；9、12—筒体；10—接管；11—变径段；13—上封头；14—塔顶吊柱；
15—防冲挡板；16—筒节；17—吊耳；18—塔盘；19—梯子；20—下封头；
21—防涡流挡板；22—引出管；23—补强板；24—检修口

图 4.3-5　脱乙烷塔结构图

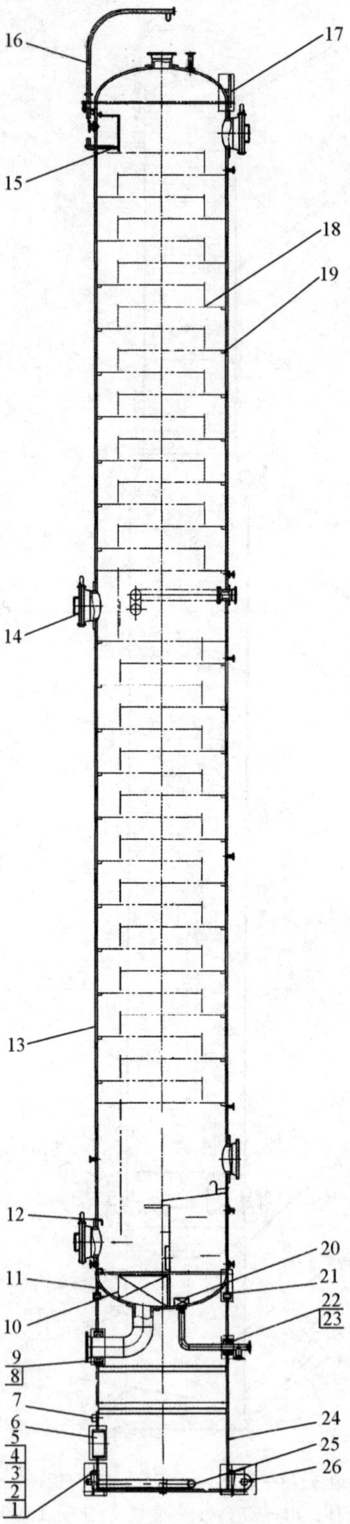


1—基础环板；2—接地板；3—筋板；4—盖板；5—垫板；6—检修口；7—铭牌；8、22—引出管；9、23—补强板；10、20—防涡流挡板；11—封头；12—梯子；13—筒体；14—人孔；15—防冲挡板；16—塔顶吊柱；17—板式吊耳；18—塔盘；19—保温支承圈；21—排气管；24—裙座；25—支承管；26—尾部吊耳

图 4.3-6　脱丁烷塔结构图

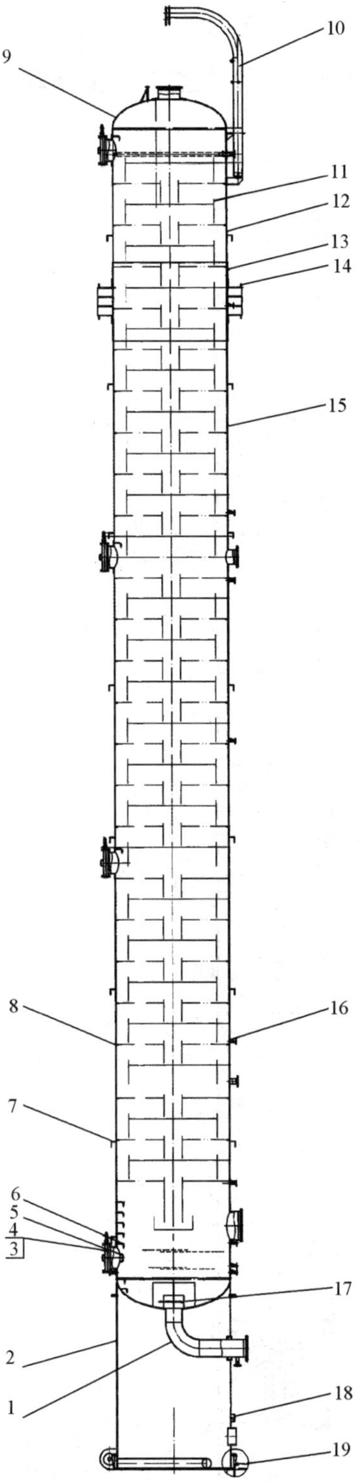


1、16—接管；2—裙座；3—人孔；4—补强圈；5—把手；6—梯子；7—保温支承圈；8—塔盘支承；
9—封头；10—塔顶吊柱；11—塔盘；12、13、15—筒体；14—吊耳；17—防涡流挡板；18—铭牌；19—接地板

图 4.3-7　脱辛烷塔结构图

### 4.3.7 脱戊烷塔

脱戊烷塔的结构如图 4.3–8 所示。脱戊烷塔用于分离送往界区外富含芳香烃的 $C_6$~$C_8$ 中的加氢 $C_4$~$C_5$ 组分。

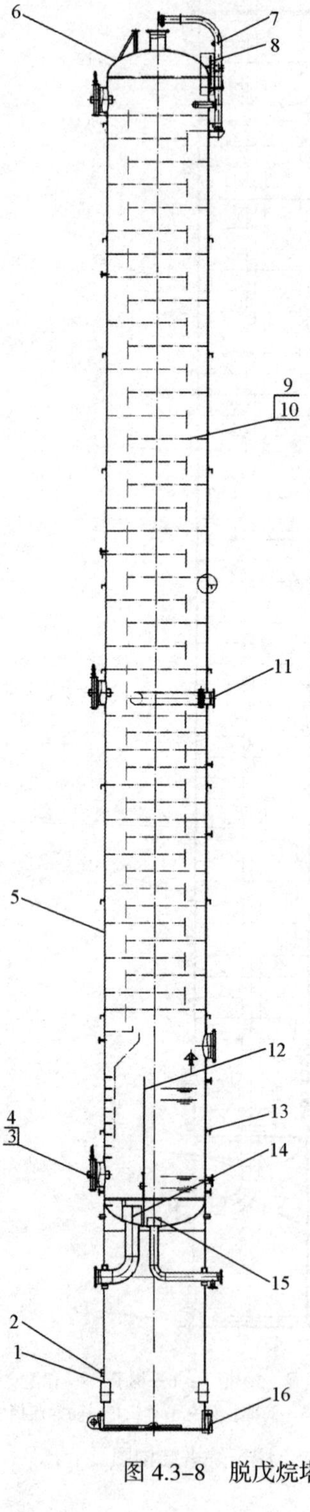


1—裙座；2—铭牌；3—人孔；4—补强圈；
5—筒体；6—封头；7—塔顶吊柱；8—吊耳；
9—塔盘；10—塔盘支架；11—接管；
12—塔釜隔板；13—保温支承圈；
14、15—防涡流挡板；16—接地板

图 4.3–8 脱戊烷塔结构图

### 4.3.8 乙烯精馏塔

脱乙烷塔气相经乙炔系统脱除乙炔和绿油后，再流经与裂解气干燥系统类似的乙烯干燥器进入乙烯精馏塔。

乙烯精馏塔是生产 99.95% 乙烯产品的关键设备，它有一台中间再沸器，回收冷却系统中温度级别比主再沸器更低的冷量。顶部拔头段用来脱除由于乙炔加氢而带入精馏塔进料中的 $H_2$ 和 $CH_4$。

在塔顶 10 块板即拔头段中，轻组分被提浓作为气态产品，经过一台尾气冷凝器以降低乙烯温度，然后用丙烯冷剂重新加热，循环返回裂解气压缩机，乙烯产品从拔头段底部抽出。

乙烯精馏塔塔顶冷凝器采用最低温度级（–40℃）丙烯冷剂。主再沸器采用温度级为 2℃的丙烯冷剂的蒸汽来加热。

乙烷从精馏塔塔底抽出，在深冷系统中汽化以回收冷量，然后循环返回乙烷裂解炉。液态乙烯产品直接送入储罐。

乙烯精馏塔的结构如图 4.3–9 所示。

### 4.3.9 丙烯精馏塔

丙烯精馏塔是生产 99.6% 高纯度丙烯的关键设备，丙烯精馏塔的结构如图 4.3–10 所示。

## 4.4 洗涤塔

乙烯生产中的洗涤塔主要有碱洗塔和废碱氧化水洗塔等。

### 4.4.1 碱洗塔

在压缩机第三段与第四段间，裂解气依次通过酸性气体吸收塔和碱洗塔，以除去裂解中的 $H_2S$、$CO_2$ 等酸性气体。

碱洗塔的作用是确保酸性气体吸收塔出来的裂解气中酸性气体全部脱除。碱洗塔顶有一水洗段以防止夹带的碱液污染压缩机系统，经碱洗与水洗后的裂解气返回压缩机四段入口。碱洗塔结构如图 4.4–1 所示。

### 4.4.2 废碱氧化水洗塔

废碱氧化水洗塔的结构如图 4.4–2 所示。废碱氧化反应器的排放气在废碱氧化水洗塔中水洗、冷却，以除去水滴，并溶解氧化反应时进入排放气的钠盐。

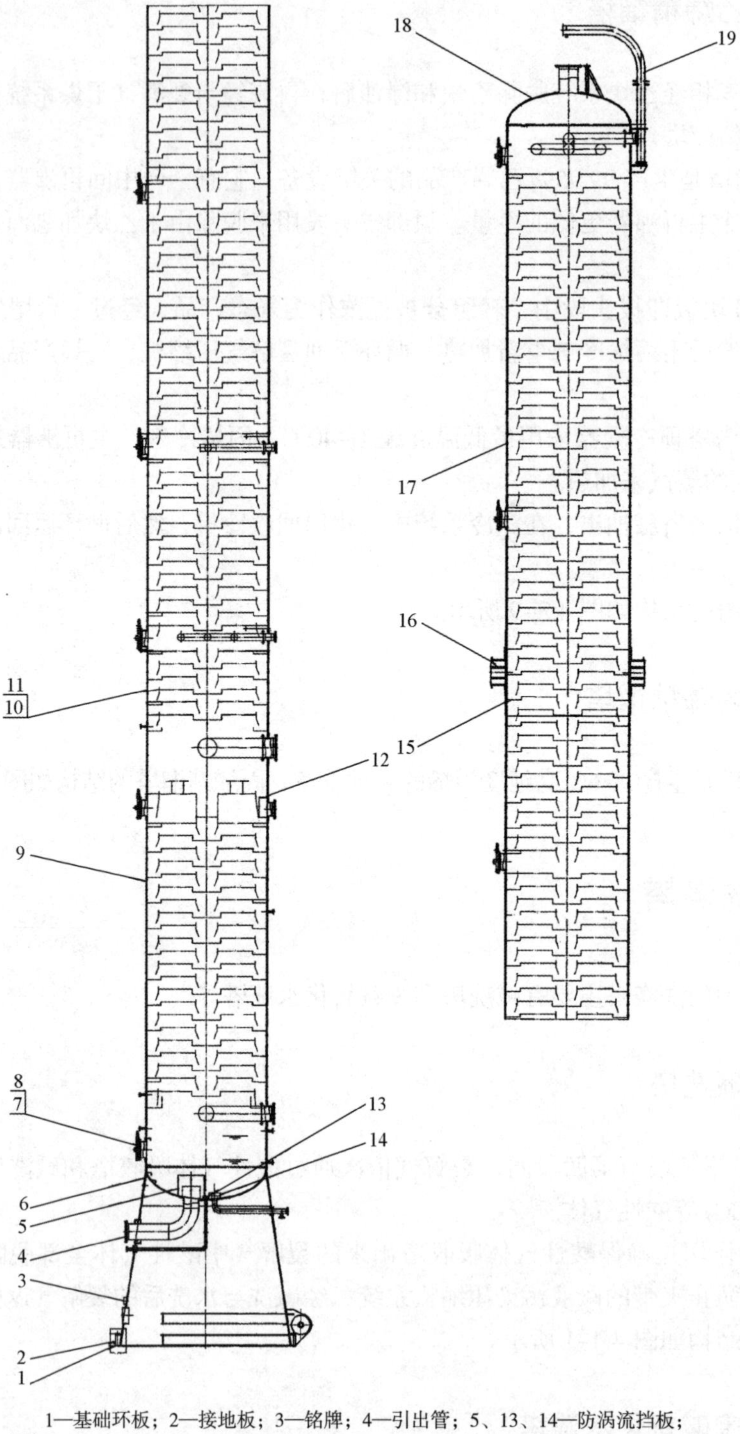


1—基础环板；2—接地板；3—铭牌；4—引出管；5、13、14—防涡流挡板；
6、18—封头；7—人孔；8—补强圈；9、15、17—筒体；10—塔盘；11—塔盘支承件；
12—防冲挡板；16—吊耳；19—塔顶吊柱

图 4.3-9　乙烯精馏塔结构图

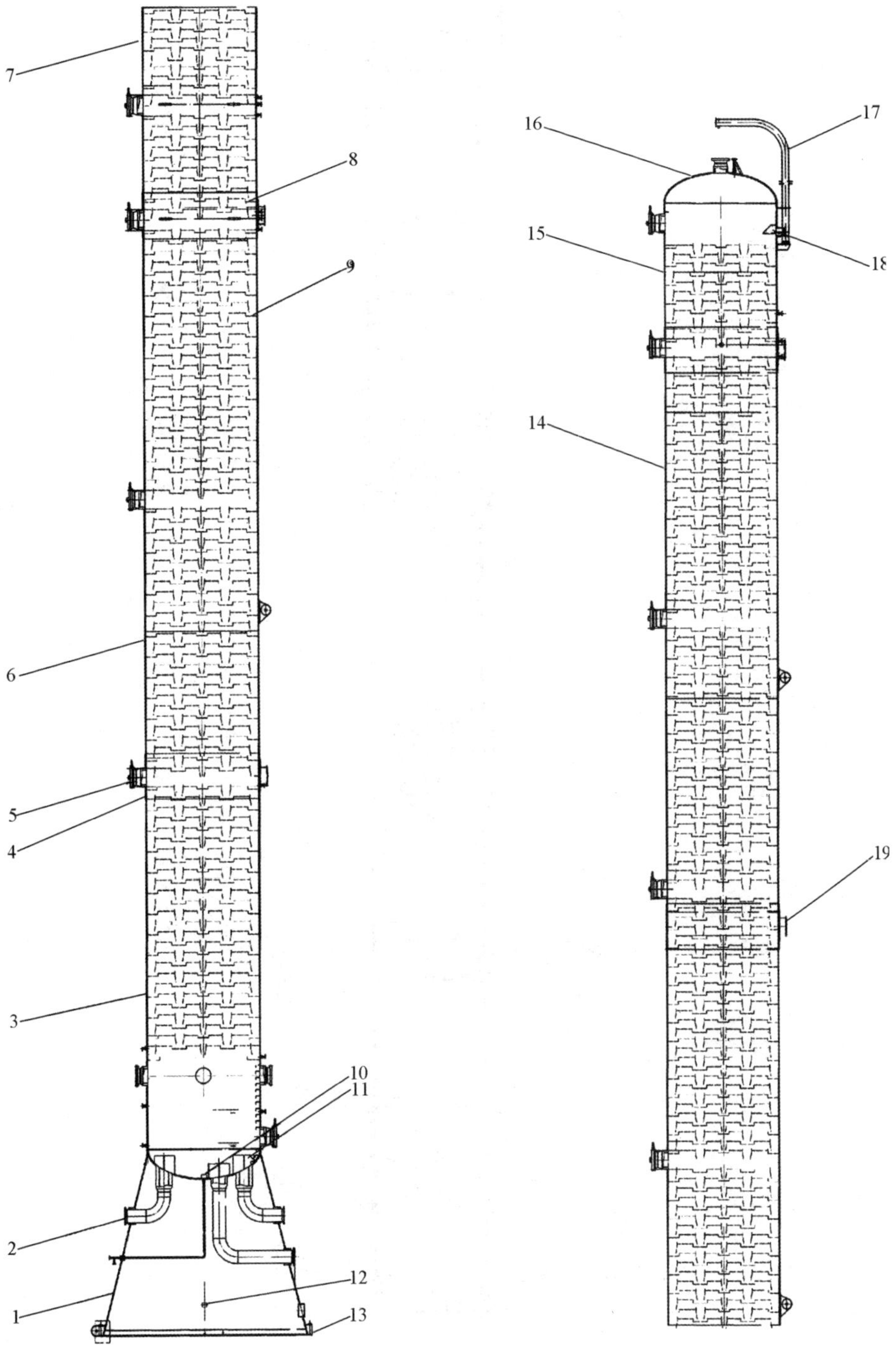


1—裙座；2—引出管；3、4、6、7、14、15—筒体；5—人孔；
8、9—塔盘支承件；10、11—防涡流挡板；12—铭牌；13—接地板；
16—封头；17—塔顶吊柱；18、19—接管

图 4.3-10　丙烯精馏塔结构图

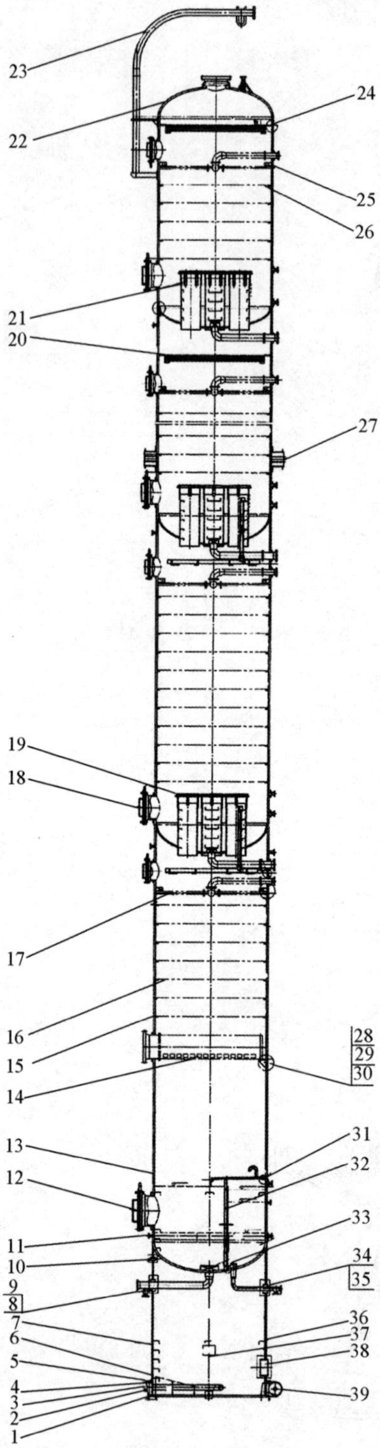


1—基础环板；2—接地板；3、40—筋板；4—盖板；5—垫板；6—三角支承；7—裙座；8、34—引出管；9、35—补强板；10—排气管；11—接管；12、18—人孔；13—筒体；14—进气管；15、26—塔盘支承件；16—塔盘；17—物料分布器；19、21—烟囱；20—丝网除沫器；22—封头；23—塔顶吊柱；24—丝网除沫器支承；25—分布器支承；27—吊耳；28—进气管；29、30—支撑垫板；31—罩板；32—隔板；33—防涡流挡板；36—梯子；37—铭牌；38—检修口；39—尾部吊耳

图 4.4–1　碱洗塔结构图

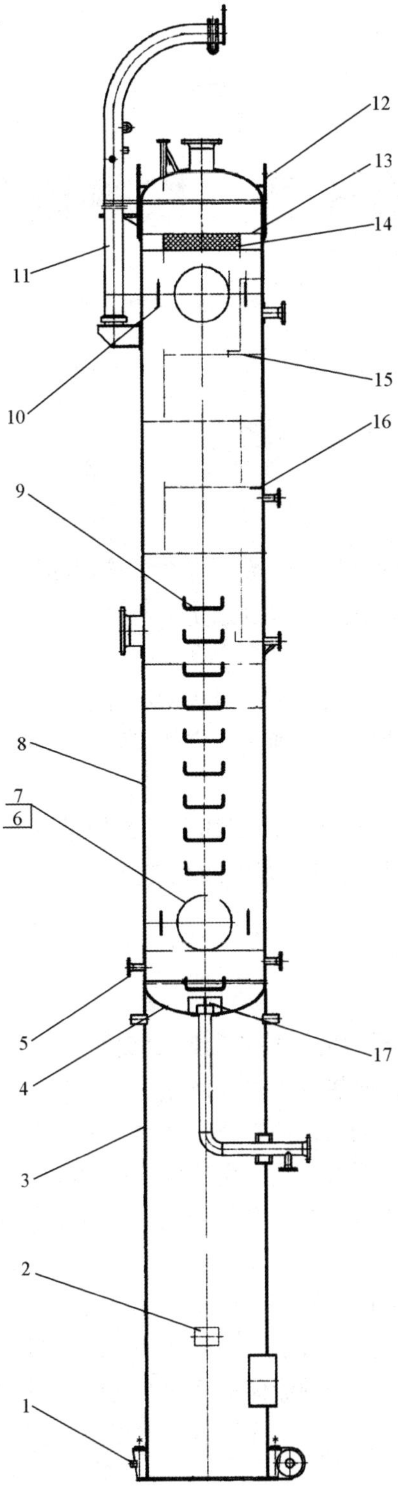


1—接地板；2—铭牌；3—裙座；4—封头；5—接管；6—人孔；7—补强圈；8—筒体；
9—梯子；10—把手；11—塔顶吊柱；12—吊耳；13—丝网除沫器支承；14—丝网除沫器；
15—塔盘；16—塔盘支架；17—防涡流挡板

图 4.4–2　废碱氧化水洗塔结构图

# 第 5 章　换热设备

## 5.1　换热器

换热器是广泛用于物料的蒸发、冷凝、加热、冷却和深冷等过程的主要工艺设备，换热器的性能对产品质量、能源利用率以及系统的经济性和可靠性起着重要的作用。在发达的工业国家热量回收率已达 96%。

在石油化工生产中，绝大多数的工艺过程都有加热、冷却和冷凝的过程，这些过程总称为传热过程。传热过程的进行需要通过一定的设备来完成，这些使传热过程得以实现的设备称之为换热设备。

使用换热设备是为了达到加热或冷却的目的，如果将那些需要加热的流体与需要冷却的流体，经过换热设备互相换热，即可回收热量，又可降低冷却水的消耗，可谓一举两得。

换热器可按如下方法分类：

1. 按用途分类

（1）换热器　两种温度不同的流体进行热量交换，使一种流体降温而另一种流体升温，以满足各自的需要，这种换热设备称为换热器。

（2）冷凝器　两种温度不同的流体在进行热量交换过程中，有一种流体是从气态被冷凝成为液态，但其温度变化并不大，这种换热设备称为冷凝器。

（3）重沸器　重沸器也叫再沸器，其工作过程与冷凝器相反，即有一种流体被加热蒸发成为气体。

（4）冷却器　凡是热量不回收利用，而单纯只是为了使一种流体被冷却的设备称为冷却器。根据其所用冷流体的不同，有水冷却器和空气冷却器。

（5）加热器　凡是单纯为了一种流体被加热升温的设备称为加热器。

以上是从工艺用途区分，若按其工作过程，习惯上都称为换热器。

2. 按换热方式分类

（1）混合式换热设备　这种换热设备是使温度不同的两种流体直接接触与混合来进行热量交换的。如凉水塔、蒸汽直接加热的反应器、气流干燥器等，都属于两种流体直接混合换热。图 5.0–1 所示的搁板式冷却塔就是一种最简单的混合式换热设备。

（2）蓄热式换热设备 这种换热设备是让不同温度的两种流体先后分别流过某一种固定填料（多孔格子砖、卵石等）的表面，首先是让高温流体流过固定填料，把热量传递给填料并蓄积在其中，然后停止高温流体，再让低温流体流过固体填料，并将蓄积在填料中的热量带走，这样在填料被反复加热和冷却的过程中，使不同温度的两种流体进行热量交换，如图 5.0–2 所示。这种换热设备必须成对联合使用，即一台通入高温流体时，另一台则通入低温流体，并靠自动阀进行交替切换，以维持生产的连续进行。蓄热式换热设备结构紧凑、造价低，单位体积传热面积大；但不可避免地出现两种流体的少量混合，造成相互污染。适用于气–气间的热量交换。

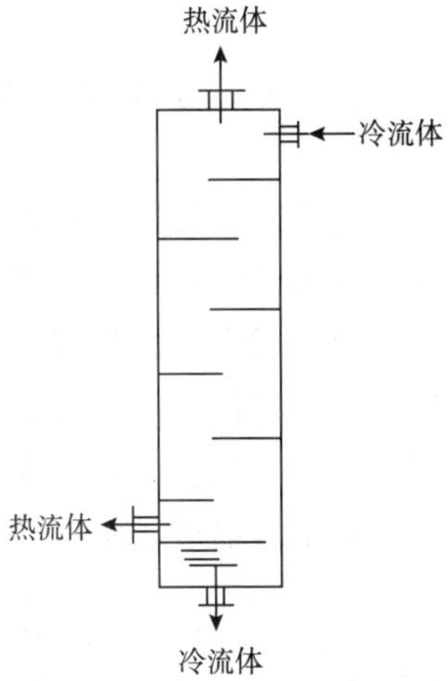


图 5.0–1 搁板式冷却塔

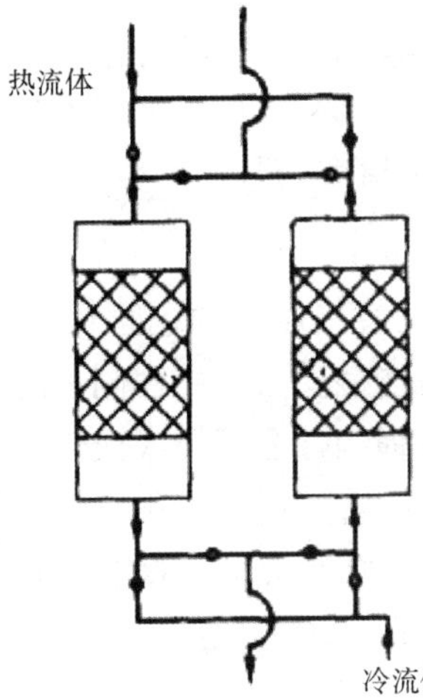


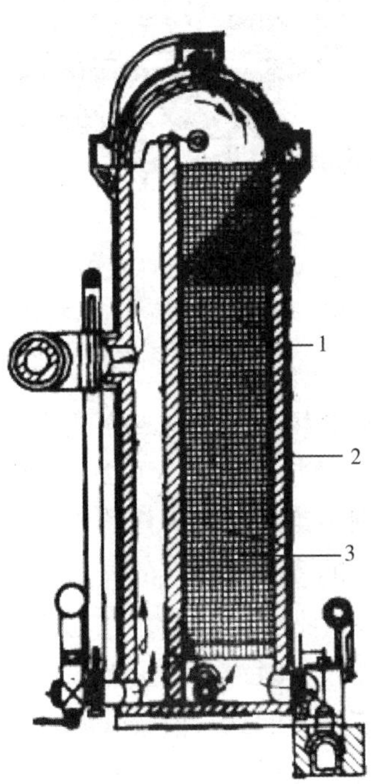


1—外壳；2—耐火炉衬；3—耐火砖格子

图 5.0–2 蓄热式换热设备

（3）间壁式换热设备 这种换热设备是石油化工生产中应用最普遍的一种，其特点是不同温度的两种流体被一固体壁面隔开，热量的传递是通过固体壁面进行。按传热面的形状和结构特征，又可分为“管式和板面式”两类。如套管式、螺旋管式、管壳式都属于管式；板片式、螺旋板式、板壳式等都属于板面式。应用最多的是管壳式换热器。

乙烯生产中的换热设备主要有管壳式换热器、冷箱、加热器、冷却器、再沸器和汽化器等。

## 5.1.1 管壳式换热器

管壳式换热器也叫管束式换热器或列管式换热器，是由焊接或胀接在管板上的管束装于圆筒形外壳内组成，如图 5.1–1 所示。一种流体由管程进口进入管箱，沿管束的管内流动，再经过管箱由管程出口排出；另一种流体由壳程进口进入，穿过装满管束的壳体空间经壳程出口排出。两种流体在换热器内通过管束的管壁传送热量。管壳式换热器具有结构牢固、易于制造、生产成本较低、适应性强、处理量大等优点，特别在高温、高压和大型换热器中占绝对优势。

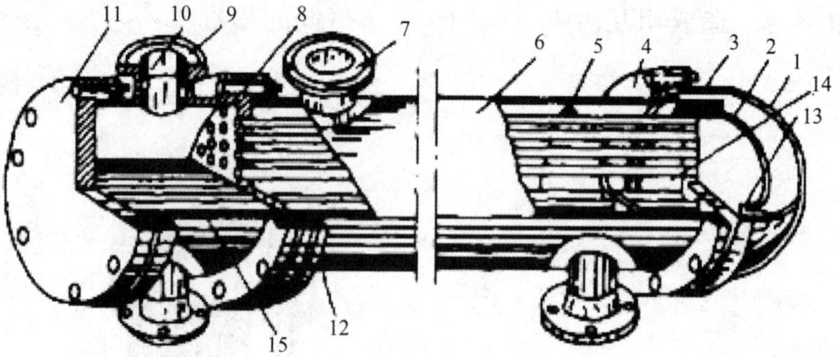


1—头盖；2—浮头；3—浮头压圈；4—法兰；5—折流板；6—壳体；7—壳程进出口接管；8—固定端管板；9—管程进出口接管；10—管箱；11—管箱盖；12、13—法兰；14—浮动端管板；15—隔板

图 5.1–1　管壳式换热器结构图

1. 管壳式换热器按其结构特点分类

（1）固定管板换热器（图 5.1–2）　固定管板换热器的两端管板用焊接的方法固定在壳体上，换热管则采用胀接、焊接等方法与管板连接。由于壳程侧不能采用机械法进行清洗，故一般将较脏的或有腐蚀性的介质安排走管程侧。在管壳式换热器中，固定管板换热器的结构相对简单、造价也较低，在乙烯生产中有着广泛的应用。但是，当壳程侧与管程侧两种介质的温差较大时，或者虽然温差不大，但如因壳体和换热管材料热膨胀系数差别较大，而使其热膨胀差的绝对值较大时，应考虑在壳体上加设膨胀节，可补偿部分热膨胀量，以减少由于管、壳程温差引起的热应力。

（2）浮头式换热器（图 5.1–3）　浮头式换热器有时也被称作浮头管板换热器。它的突出特点是，当换热器壳体与换热管之间存在温差而热膨胀量不同时，管束可以在壳体内沿壳体轴线自由伸缩移动。其次，由于不需要在壳体上设置膨胀节，故它所承受的压力可以比带膨胀节的固定管板换热器高。所以，浮头式换热器能在壳体与换热管之间有较高温差和较高压力的情况下工作。同时，由于管束可以抽出壳体之外，便于进行机械清洗。因此，浮头式换热器也适用于管、壳程介质都比较脏，即管、壳程都需要进行机械清洗的场合。

（3）填料函式换热器（图 5.1–4）　填料函式换热器一般为单壳程，但为强化壳程的传热性能有时也采用双壳程。管束可以在壳体内自由伸缩。而内浮头或内管板在壳体内伸缩

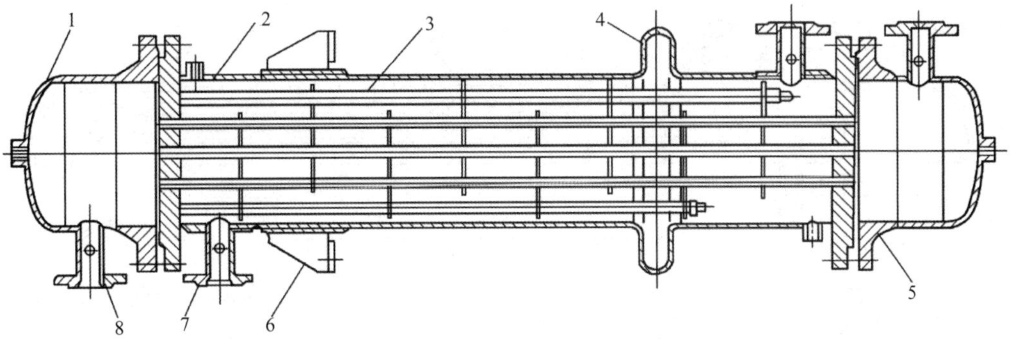


1—前管箱；2—壳体；3—管束；4—膨胀节；5—后管箱；6—支座；7—壳程接管；8—管程接管

图 5.1–2　固定管板式换热器结构图

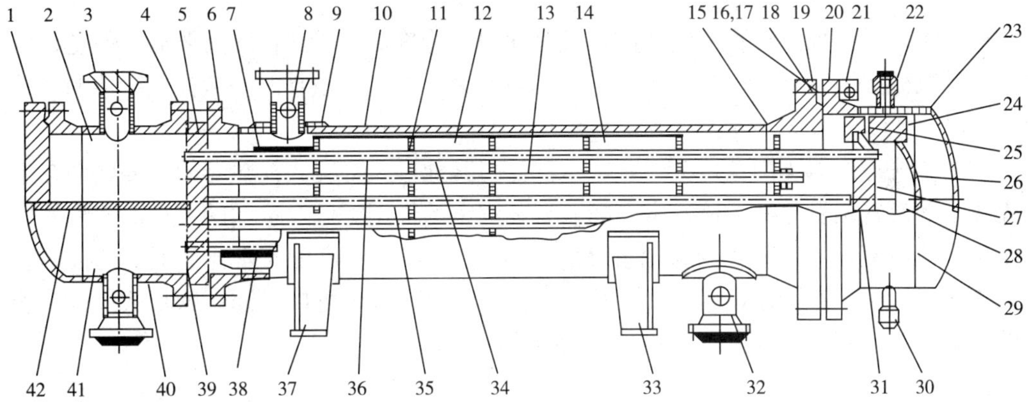


1 —平盖；2 —平盖管箱；3 —接管法兰；4 —管箱法兰；5—固定管板；6 、19—壳体法兰；7 —防冲板；8 —仪表接口；9 —补强圈；10—壳体；11—折流板；12—旁路挡板；13—拉杆；14—定距杆；15—支持板；16—双头螺柱或螺栓；17—螺母；18—外头盖垫片；20—外头盖法兰；21—吊耳；22—放气口；23—凸形封头；24—浮头法兰；25—浮头垫片；26—球冠形封头；27—浮动管板；28—浮头盖；29—外头盖；30—排液口；31—钩圈；32—接管；33—活动鞍座；34—换热管；35—挡管；36—管束；37—固定鞍座；38—滑道；39—管箱垫片；40—管箱圆筒（短节）；41—封头管箱；42—分程隔板

图 5.1–3　浮头式换热器结构图

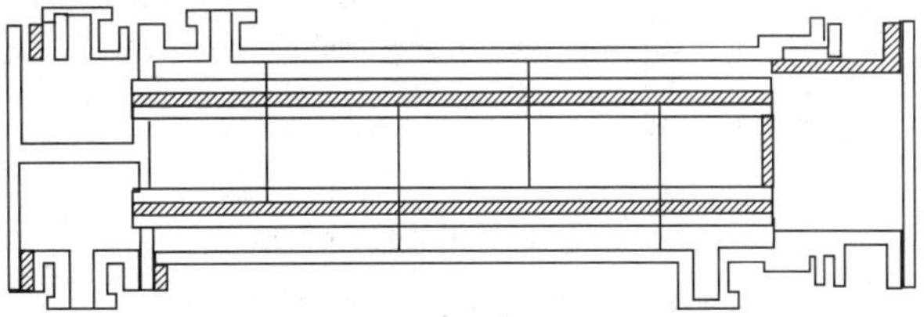

图 5.1–4　填料函式换热器结构图

时，是靠填料函与周边壳体的滑动摩擦来密封的，填料函式换热器即由此得名。其结构比浮头式简单，填料处如有泄漏能被及时发现。由于外漏的可能性较大，故壳程操作压力不宜过高，且不宜处理易挥发、易燃、易爆、有毒和贵重介质。

（4）U 形管式换热器（图 5.1–5） U 形管式换热器的换热管呈“U”形。因此，U 形换热管两端是装在同一块管板上的，其管束的热膨胀由 U 形弯管部分的变形来吸收，不受

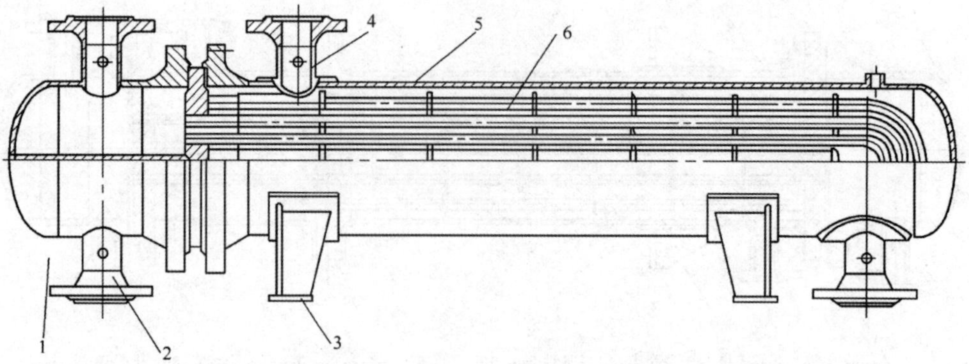


1—管箱；2—管程接管；3—支座；4—壳程接管；5—壳体；6—U 形管束

图 5.1-5　U 形管式换热器结构图

壳体的约束。还可抽出进行清洗，结构较为简单，造价比浮头式换热器要低。但是，换热管管内用机械法清洗十分困难，尤其是 U 形弯管区。故工艺设计时一般让较清洁的介质走管程。

（5）釜式重沸器（图 5.1-6）　釜式重沸器与其他形式管壳式换热器的主要区别在于它的壳体上部设有蒸发空间。该蒸发空间兼有蒸汽室的作用。蒸发空间的大小由蒸汽的性质决定，一般取蒸汽室的直径为管箱直径的 1.5~2 倍。液面的高度通常比最上部的换热管至少高 50mm。因其结构简单，在余热锅炉中使用广泛。管束可以是固定管板式、U 形管式或浮头式。对较脏的、压力较高的介质也能适用。

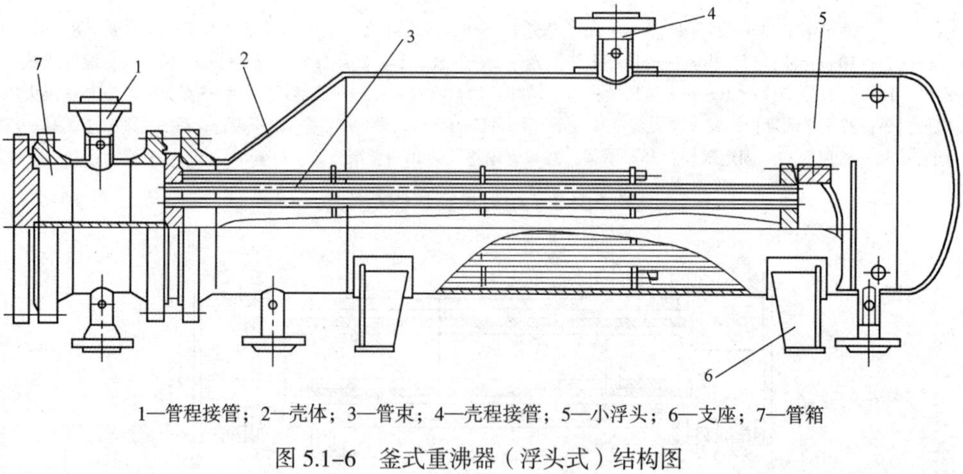


1—管程接管；2—壳体；3—管束；4—壳程接管；5—小浮头；6—支座；7—管箱

图 5.1-6　釜式重沸器（浮头式）结构图

2. 管壳式换热器的结构特点

（1）管子与管板　管子与管板的连接形式有胀接、焊接和胀焊联合连接。膨接法工艺较简单，管子更换和修补方便，但严密性较差，适用于管、壳程压差不大的场合。当对管子与管板连接紧密性有严格要求时，可采用焊接连接。由于焊接工艺简单，在换热器制造中所占比重日益增加。焊接连接的缺点是产生焊接残余应力，且管板孔与管子存在间隙，易引起应力腐蚀等。因此，对高温高压换热器可采用胀焊联合的方法。该连接方法不仅能提高连接强度，还可以避免应力腐蚀和间隙腐蚀，提高使用寿命。这种方法已得到广泛地应用。

（2）管板与壳体　管板与壳体的连接与换热器的形式有关，分可拆和不可拆两大类。固定管板式换热器的管板兼做法兰，与壳体间采用不可拆的焊接连接［图 5.1–7（a）］，也可以不兼做法兰［图 5.1–7（b）、（c）］；而浮头式、填料函式和 U 形管式换热器的固定端管板被夹持在壳体法兰和管箱法兰之间，是可拆连接［图 5.1–7（d）、（e）、（f）］，因此，管束可以抽出进行清洗和检修。各结构的密封形式可根据使用压力、温度、介质特性、气密性要求等条件决定。

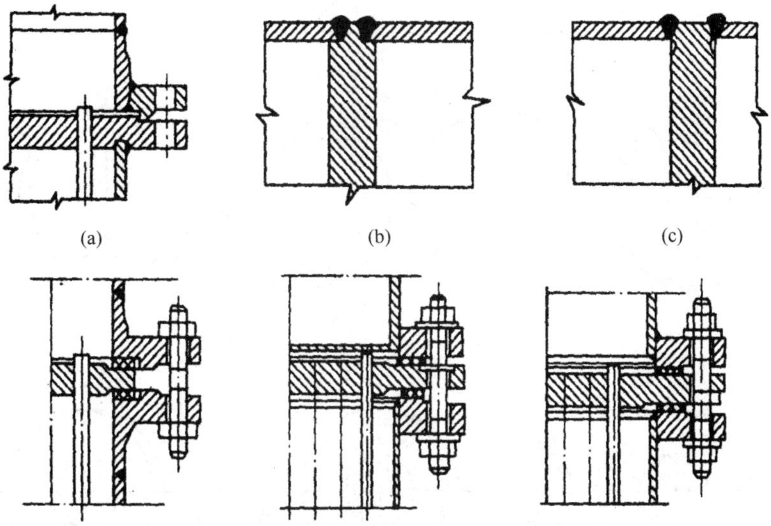

(a)　(b)　(c)　(d)　(e)　(f)

图 5.1–7　管板与壳体的连接结构

（3）管束的分程　换热器的换热面积较大而管子又不是很长时，就得排列较多的管子。为了提高流体在管内的流速，增大管内传热膜系数，就需将管束分程。为此在换热器的管箱内设置隔板，将全部管子平均分隔成若干组，使流体在管内依次往返多次，从而提高管程流速，改善传热效果。通常把流体在管束内由管箱到另一端（如浮头），或由另一端到管箱的流动次数叫管程数。管程数太多，流体的阻力增加，平均温差降低，不利于传热过程的进行。一般管程数为 2、4、6。分程隔板的布置方法有平行布置法和 T 形布置法，见表 5–1。

（4）折流板　壳程的横截面积一般比管程的横截面积大，为增加流速，并使流体垂直于管子流过，通常在壳程设置折流板，如图 5.1–1 所示。这不仅提高了传热效果，也起到了支承管束的作用。常用的折流板有弓形和圆形环，如图 5.1–8 所示。折流板背后接近壳体处，会造成液体停滞，形成对传热不利的“死区”。为了消除这一缺陷，可采用双弓形折流板。此时流体分为两股流动，在折流板之间的流速相同时，其间距只是单弓形的一半，不仅减少死区，还有利于防止流体诱发的振动。同样，也可采用三弓形的折流板，如图 5.1–9 所示。

表 5-1　管束分程隔板布置

| 管程数 | 1 | 2 | 4 | | 6 | | |
|---|---|---|---|---|---|---|---|
| 流动顺序 | | 1 2 | 1 2 3 4 | 1 2 4 3 | 1 2 3 4 | 1 2 3 5 4 6 | 2 1 3 4 6 5 |
| 管箱隔板 | | | | | | | |
| 介质返回侧隔板 | | | | | | | |

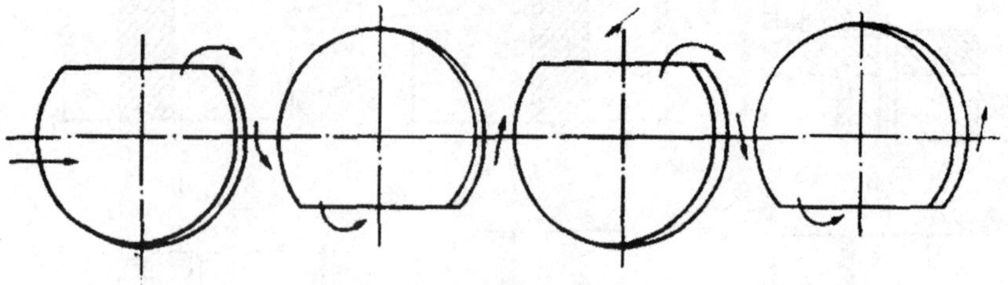

(a) 弓形折流板

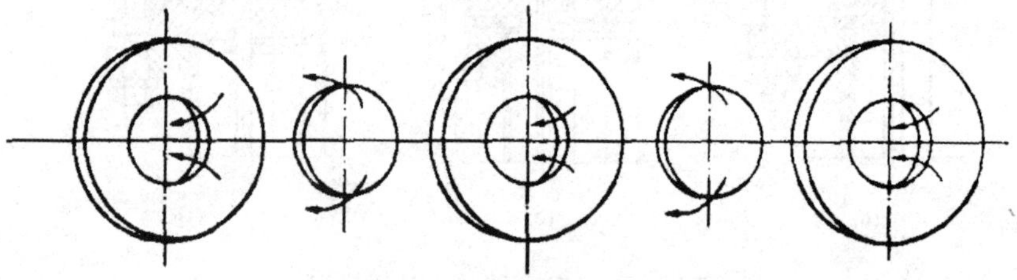

(b) 圆环形折流板

图 5.1–8　折流板形状

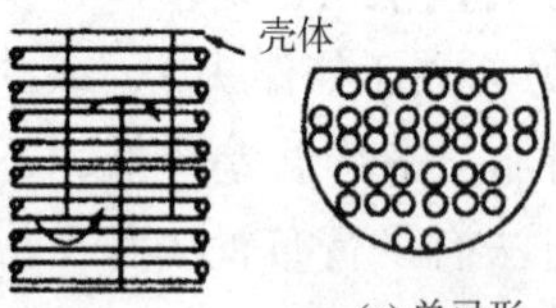


(a) 单弓形

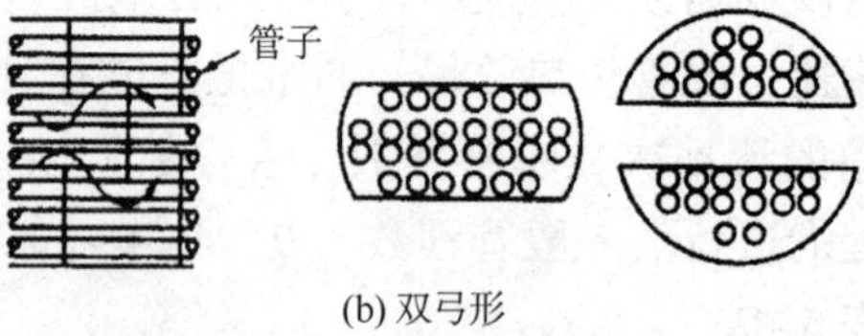


(b) 双弓形

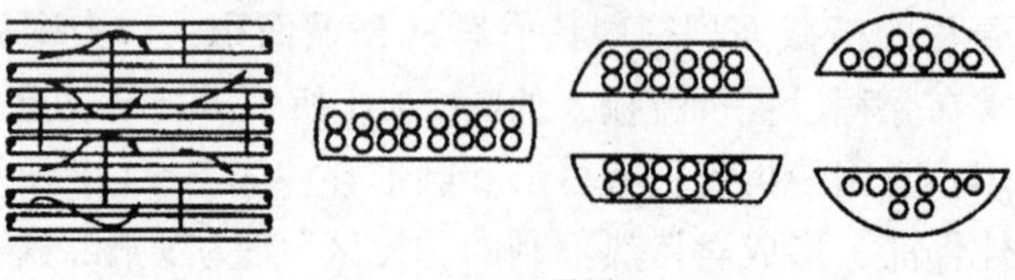

(c) 三弓形

图 5.1–9　各种弓折流板

（5）浮头结构　浮头是浮头式换热器的热补偿结构，由浮头管板、浮头端盖和两个半圆形压圈（钩圈）组成。浮头和壳体不固定，管束可以自由胀缩并可抽出，由此避免管束和壳体因温差产生的热应力。浮头处于壳程介质中，为保证管程和壳程两种介质隔离，要求浮头处的密封结构工作可靠。不同浮头结构如图 5.1–10 所示。

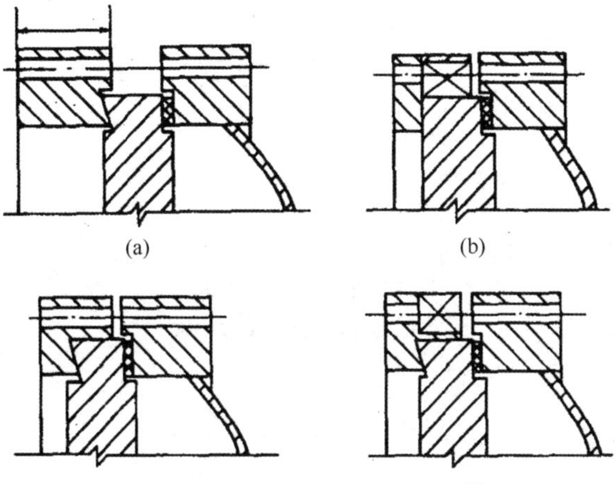

(a)　(b)　(c)　(d)

图 5.1–10　各种浮头结构

（6）假管　为减少流体沿隔板槽两侧管间短路，使壳程介质有效地换热，提高传热效率，在管束内设置“假管”，如图 5.1–11 所示。“假管”实际上是一种两头堵死的盲管，它不起换热作用，而是像旁路挡板一样强制介质流向改变。“假管”位于两管板的隔板槽之间，但不穿过管板，一般每隔 4~6 排管布置一根，也可安装定距管代替“假管”。

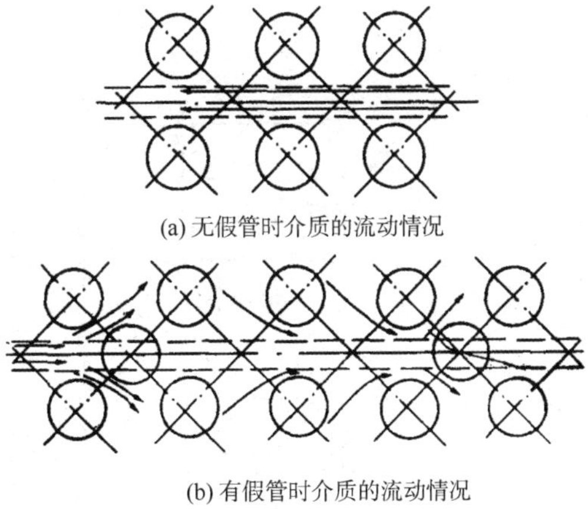

(a) 无假管时介质的流动情况

(b) 有假管时介质的流动情况

图 5.1–11　假管

3. 管壳式换热器型号

GB/T 151—2014 中对管壳式换热器型号的表示方法如下：

结构型式用 3 个拉丁字母依次表示前端结构、壳体和后端结构（包括管束）3 部分。详细分类型式及代号见图 5–2。

**表 5-2 管壳式换热器结构型式及代号**

| 前端结构型式 | | 壳体型式 | | 后端结构型式 | |
|---|---|---|---|---|---|
| A | 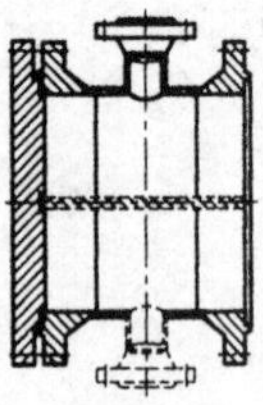<br>平盖管箱 | E | 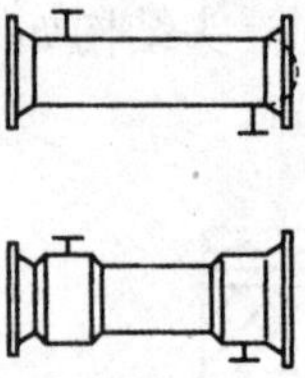<br>单程壳体 | L | 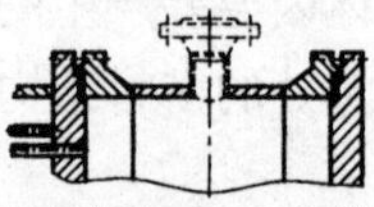<br>固定管板与 A 相似的结构 |
| | | | | M | 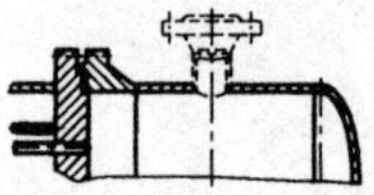<br>固定管板与 B 相似的结构 |
| B | 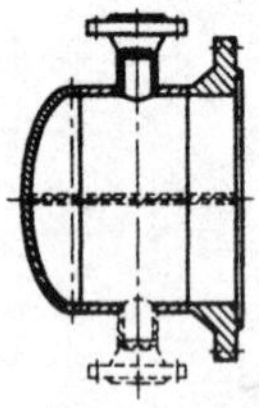<br>封头管箱 | F | 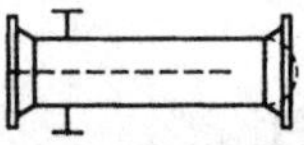<br>带纵向隔板的双程壳体 | N | 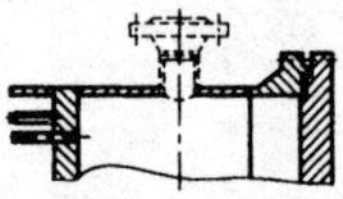<br>固定管板与 N 相似的结构 |
| | | G | 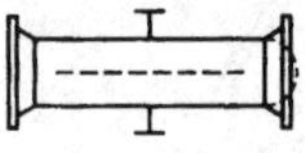<br>分流壳体 | P | 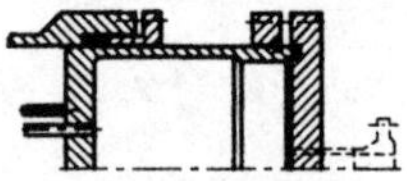<br>外填料函式浮头 |
| C | 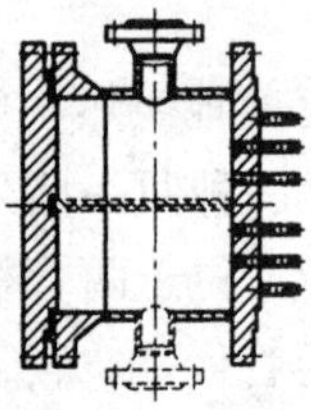<br>可拆管束与管板制成一体的管箱 | H | 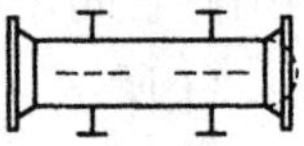<br>双分流壳体 | S | 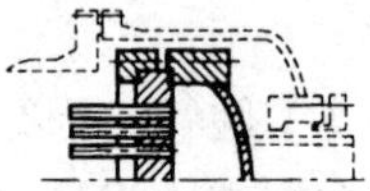<br>钩圈式浮头 |
| | | | | T | 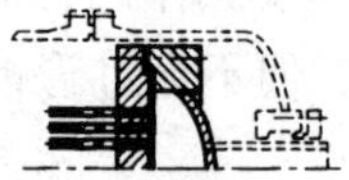<br>可抽式浮头 |
| N | 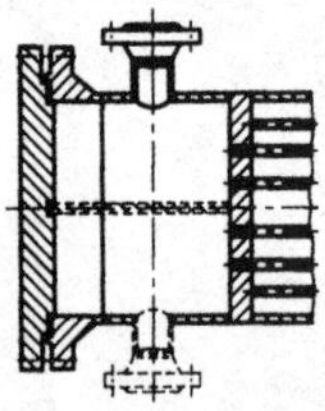<br>与固定管板制成一体的管箱 | J | 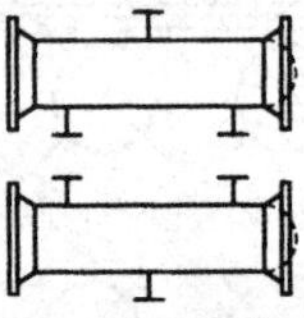<br>无隔板分流壳体 | U | 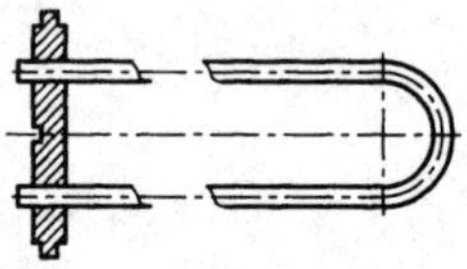<br>U 形管束 |
| D | 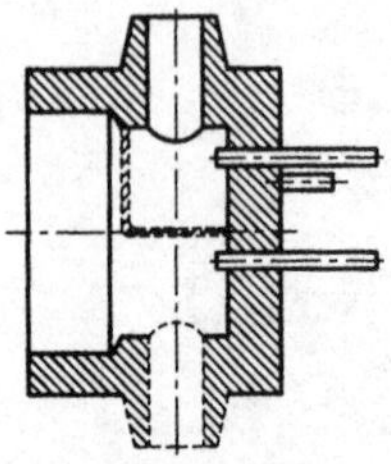<br>特殊高压管箱 | K | 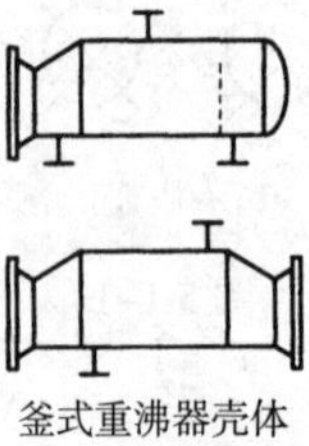<br>釜式重沸器壳体 | W | 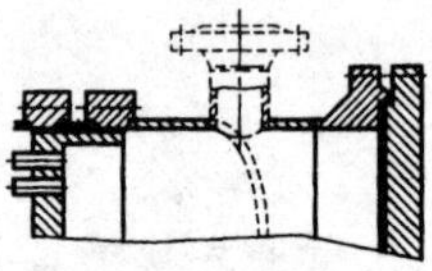<br>带套环填料函式浮头 |
| | | X | 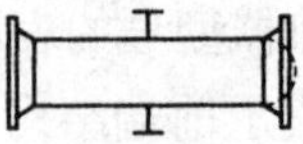<br>穿流壳体 | | |

型号由结构型式、公称直径、设计压力、公称换热面积、公称长度、换热管外径、管 / 壳程数、管束等级等字母代号组合表示。示例如下：

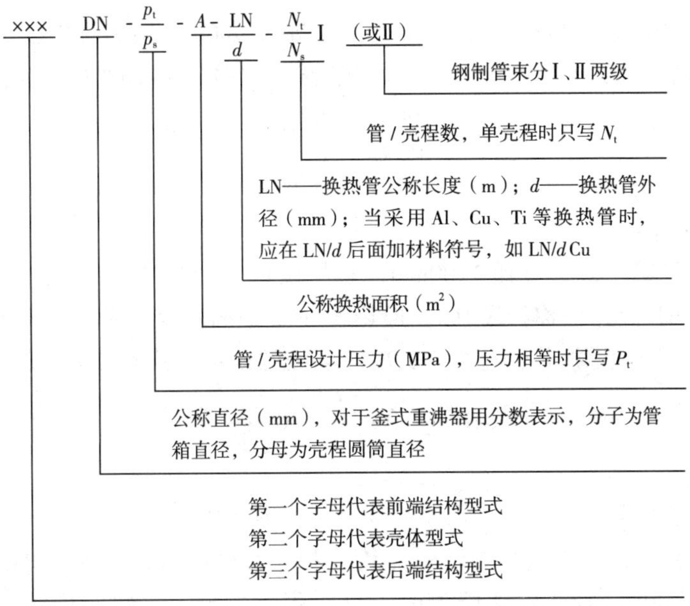


示例 1：

浮头式热交换器

可拆平盖管箱，公称直径 500mm，管程和壳程设计压力均为 1.6MPa，公称换热面积 54m$^2$，公称长度 6m，换热管外径 25mm，4 管程，单壳程的钩圈式浮头热交换器，碳素钢换热管符合 NB/T 47019 的规定，其型号为：

$$\text{AES500–1.6–54–}\frac{6}{25}\text{–4 I}$$

示例 2：

固定管板式热交换器

可拆封头管箱，公称直径 700mm，管程设计压力 2.5MPa，壳程设计压力 1.6MPa，公称换热面积 200m$^2$，公称长度 9m，换热管外径 25mm，4 管程，单壳程的固定管板式热交换器，碳素钢换热管符合 NB/T 47019 的规定，其型号为：

$$\text{BEM700–}\frac{2.5}{1.6}\text{–200–}\frac{9}{25}\text{–4 I}$$

示例 3：

U 形管式热交换器

可拆封头管箱，公称直径 500mm，管程设计压力 4.0MPa，壳程设计压力 1.6MPa，公称换热面积 75m$^2$，公称长度 6m，换热管外径 19mm，2 管程，单壳程的 U 形管式热交换器，不锈钢换热管符合 GB13296 的规定，其型号为：

$$\text{BEU500–}\frac{4.0}{1.6}\text{–75–}\frac{6}{19}\text{–2 I}$$

示例 4：

釜式重沸器

可拆平盖管箱，管箱内径 600mm，壳程圆筒内径 1200mm，管程设计压力 2.5MPa，壳程设计压力 1.0MPa，公称换热面积 $90m^2$，公称长度 6m，换热管外径 25mm，2 管程，单壳程的可抽式浮头釜式重沸器，碳素钢换热管符合 GB 9948 高级的规定，其型号为：

$$\mathrm{AKT}\frac{600}{1200}-\frac{2.5}{1.0}-90-\frac{6}{25}-2\,\mathrm{II}$$

示例 5：

浮头式冷凝器

可拆封头管箱，公称直径 1200mm，管程设计压力 2.5MPa，壳程设计压力 1.0MPa，公称换热面积 $610m^2$，公称长度 9m，换热管外径 25mm，4 管程，无隔板分流壳体的钩圈式浮头冷凝器，碳素钢换热管符合 GB 9948 高级的规定，其型号为：

$$\mathrm{BJS1200}-\frac{2.5}{1.0}-610-\frac{9}{25}-4\,\mathrm{II}$$

示例 6：

填料函式热交换器

可拆平盖管箱，公称直径 600mm，管程和壳程设计压力均为 1.0MPa，公称换热面积 $90m^2$，公称长度 6m，换热管外径 25mm，2 管程，2 壳程（带纵向隔板的双程壳体）的外填料函式浮头热交换器，低合金钢换热管符合 NB/T 47019 的规定，其型号为：

$$\mathrm{AFP600-1.0-90}-\frac{6}{25}-\frac{2}{2}\,\mathrm{I}$$

示例 7：

固定管板式铜管热交换器

可拆封头管箱，公称直径 800mm，管程和壳程设计压力均为 0.6MPa，公称换热面积 $150m^2$，公称长度 6m，换热管外径 22mm，4 管程，单壳程固定管板式热交换器，高精级 H68A 铜合金换热管符合 GB/T 1527 的规定，其型号为：

$$\mathrm{BEM800-0.6-150}-\frac{6}{22}\mathrm{Cu-4}$$

除管壳式换热器 5 种结构形式外，还有套管式换热器、板式换热器、螺旋板式换热器和板翅式换热器等。

### 5.1.2　套管式换热器

套管式换热器的结构如图 5.1–12 所示

### 5.1.3　板式换热器

板式换热器的结构如图 5.1–13 所示。

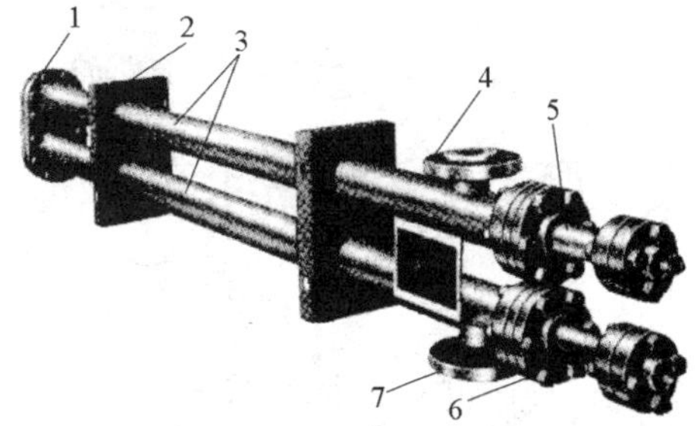


1—管箱法兰；2—支座；3—外管；4、6、7—接管法兰；5—内管

图 5.1-12　套管式换热器结构图

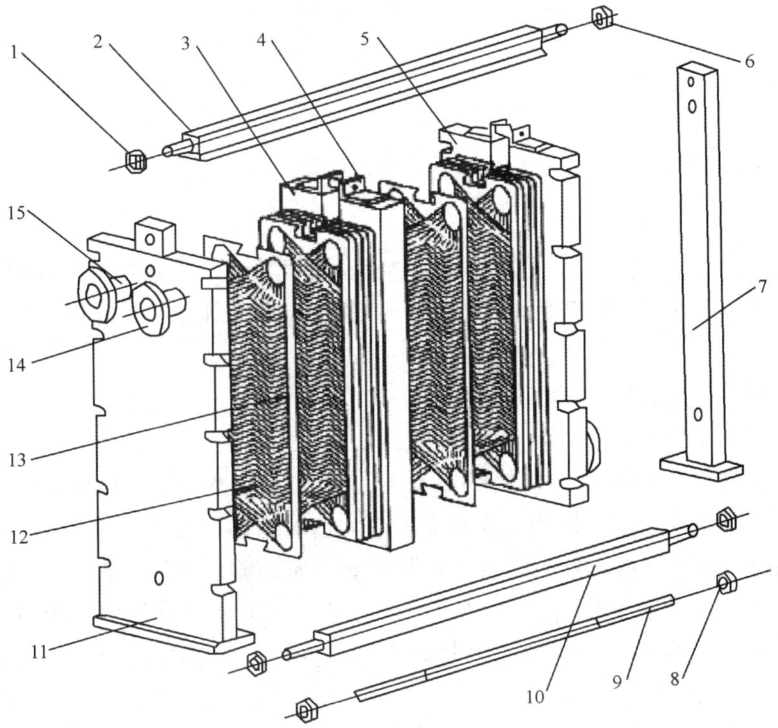


1—螺母；2—上导杆；3—中间隔板；4—滚动机构；5—活动压紧板；6—螺母；7—立柱；8—螺母；9—夹紧螺柱；10—下导杆；11—螺母；12—固定压紧板；13—垫片；14—法兰；15—接管

图 5.1-13　板式换热器结构图

## 5.1.4　板翅式换热器

板翅式换热器的结构如图 5.1-14 所示。

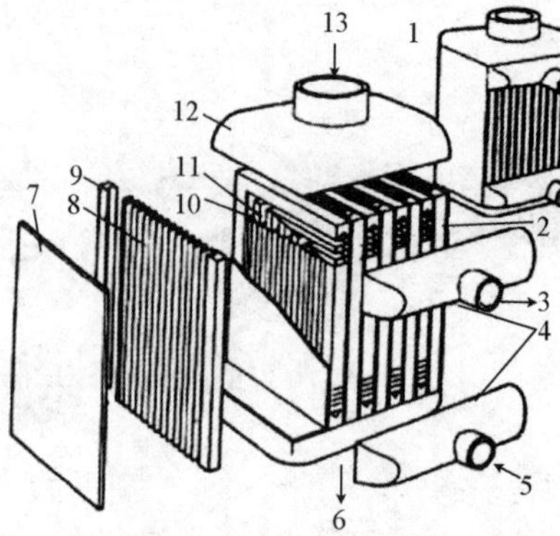


1—外形；2—板束；3—壳程出口；4、12—封头；5—壳程入口；6—管程出口；
7—侧板；8—换热翅片；9—封条；10—导流片；11—分配段；13—壳程入口

图 5.1-14　板翅式换热器结构图

## 5.2　冷箱

冷箱是指将多台单只板翅式换热器用铝合金管道串联或并联起来所组成的大型板翅式换热器的组装体。因为其经常在低温下工作（可达 -100℃以下），因此称之为冷箱。

### 5.2.1　冷箱的结构

冷箱是将几台钎焊铝制板翅式换热器和配管放置在密闭的钢制箱体内，并在箱体与箱内设备之间充填满珠光砂。板翅式换热器内部为密闭结构，外部结构由型钢和碳钢板制成，这一组装过程在制造厂内进行，并经过耐压和气密试验后出厂。在箱体的顶部和底部各设一人孔，以便检修和充填珠光砂时使用。另外，箱顶还设有压力调节盒。在板翅式换热器与支承梁相接触的部位，放置隔热材料。珠光砂在安装现场充填，以达到保冷的目的。

图 5.2-1 和图 5.2-2 为冷箱的结构图。冷箱内部板翅式换热器由钎焊方法制作，所有受压部件均采用焊接相连，而不采用法兰和螺纹连接。外部管道与冷箱采用铝法兰形式连接。板翅式换热器的基本结构是由翅片、隔板和封条的单元体叠积而成。板翅式换热器的外形和零部件分别如图 5.2-3 和图 5.2-4 所示 。波纹翅片置于两块平隔板之间，并由侧封条封固，许多单元体进行不同组叠并用钎焊整体焊牢就可得到常用的逆流、错流或逆错流布置的组装件，称为板束或芯体。图 5.2-5 为错（逆）流布置的芯体。冷、热流体在相邻的单元体的通道中流动，通过翅片和与其连成一体的隔板进行热交换。一般情况下，从换热器的强度、绝热和制造工艺等要求出发，板束的顶部和底部还有若干层假翅片层，又称强度层。在板束两端配置适当的流体进出口集流箱，集流箱外填充保温材料，即构成板翅式换热器。

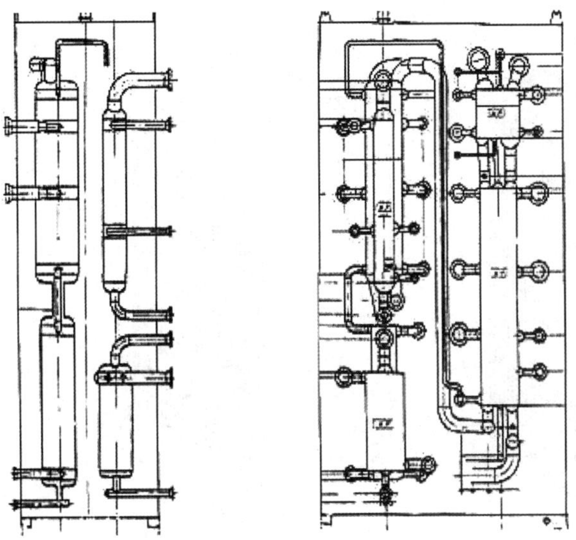

右侧面　　正面　　左侧面

图 5.2–1　冷箱结构图

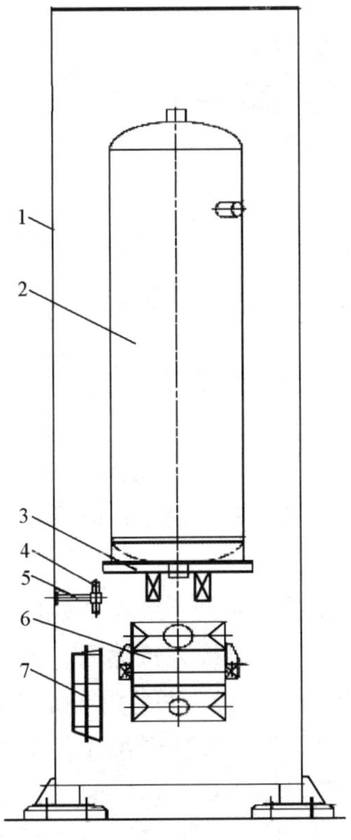


1—冷箱；2—闪蒸罐；3—支架；4—内管；
5—内管架；6—蒸发器；7—梯子

图 5.2–2　冷箱结构图

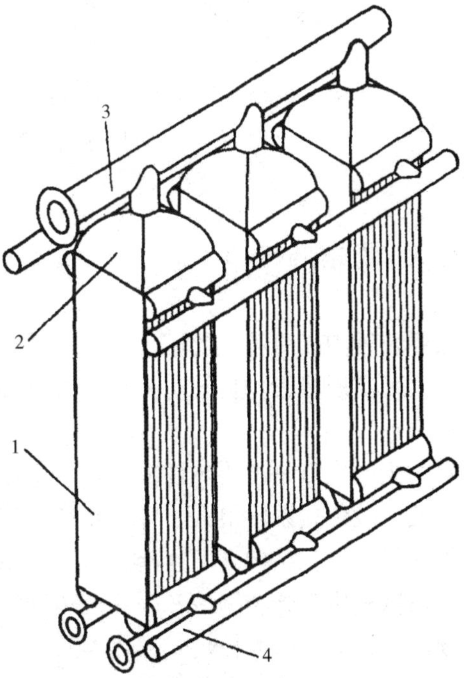


1—板束体；2—封头；3、4—接管

图 5.2–3　板翅式换热器外形图

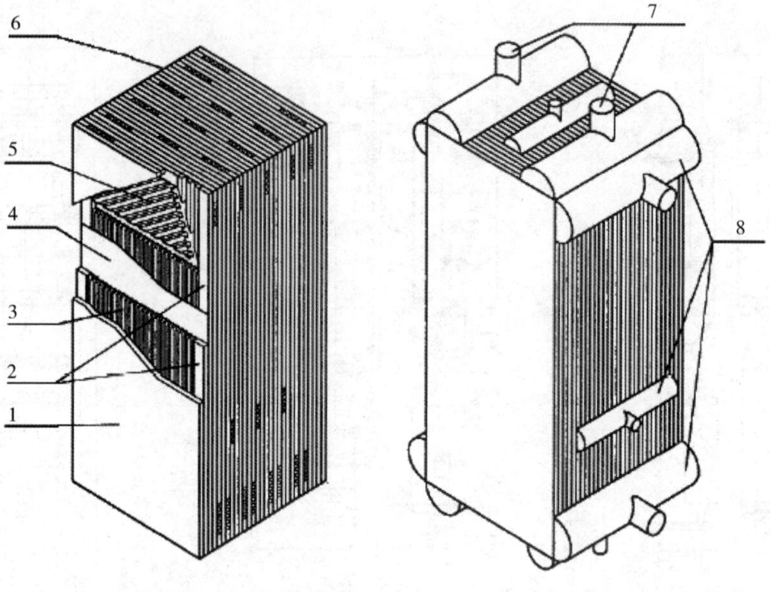


1—侧板；2—封条；3—翅片；4—隔板；5—分配段；6—多板束单元；7—接管；8—封头

图 5.2–4　板翅换热器结构图

（a）冷箱板翅换热器单元体示意图　　（b）单元组装图

图 5.2–5　冷箱芯体示意图

## 5.2.2　冷箱的作用

在乙烯装置中，冷箱主要用于回收低位冷量以分离沸点极低的甲烷和氢气。利用其传热效率高，可实现多股物料同时换热，可以最大限度地利用余热和余冷，降低能耗，提高产品收率。

冷箱的主要优点是：传热性能好。由于翅片在不同程度上促进了湍流并破坏了传热边界层的发展，故传热系数很大。冷、热流体间的传热不仅仅以隔板为传热面，大部分热量是通过翅片传递的，结构高度紧凑，传热面积可达 $2500m^2/m^3$，最高可达 $4300m^2/m^3$。通常板翅式换热器采用铝合金制造，因此换热器的重量轻。由于铝合金在低温条件下的延展性和抗拉强度均很高，因此板翅式换热器适用于低温和超低温操作场合；同时，由于翅片对隔板的支承作用，其允许的操作压力也较高，可达 5MPa。此外，板翅式换热器还可用于多种不同介质在同一换热器内进行多股流换热。冷箱是全钎焊结构，安全可靠性高，冷箱的换热效率高，占地面积小，重量轻，操作成本低。

冷箱的主要缺点是：结构复杂、造价高，流道尺寸小、容易堵塞，而且检修和清洗困难，因此所处理的物料应洁净或预先净制。另外，由于隔板和翅片均由薄铝板制成，一旦腐蚀造成内漏很难发现和检修，故要求换热介质对铝材无腐蚀性。

### 5.2.3 冷箱使用的注意事项

冷箱具有高效、结构紧凑、适用于多相流等特点，但其流道小，易堵塞。在使用中要注意入口流体的组分和纯度，在入口按设计要求安装一定目数的过滤网或过滤器；并在冷箱进出口安装精密压力表，定期监测，当压差增大到一定程度时即需要将冷箱切出清理滤网，或者需要注入甲醇等物质解冻。跑冒滴漏也是板翅式换热器使用中常见的现象，这是因为板翅式换热器在低温下收缩，有可能引起某些法兰处气体泄漏，因此，对于在 -100℃以下操作的法兰，应进行螺栓冷把紧。通常是当板翅式换热器逐步降温至 -30℃以下时，拧紧所有的法兰螺栓。当达到正常操作温度而法兰未发现泄漏时，就不要将法兰螺栓拧得太紧，以免损坏垫片。当产生结霜现象影响冷把紧时，常用的办法是在螺栓上注以甲醇溶液。

除此之外，还应注意做到以下几点：①操作人员必须严格按照操作规程进行操作；②在开车初期，应逐渐缓慢地向冷箱系统增加裂解气流量，确保脱甲烷及冷箱系统温度下降是均匀的，并使操作人员容易监控冷箱系统的压力；③对于采用 S&W 工艺的装置来说，初次开车冷却分凝分离器的降温速率应限制在规定范围内（一般为 170℃/h）；④当发生异常情况时，要迅速查明原因，及时处理，在保护操作人员和设备安全的原则下，尽可能避免停车事故；⑤冷箱出口设有低温联锁保护装置，如发生联锁动作，外操人员要对被隔离的管线进行必要的泄压处理；⑥系统在投用前要仔细检查导淋阀、安全阀的旁路是否已全部关闭。必须勤于检查系统物料泄漏的情况，发现问题及时与相关人员联系。

### 5.2.4 冷箱的防腐防冻

冷箱正常使用时，在箱体内保持微正压的氮封，以防止湿空气的进入。对进入冷箱的物料要严格控制，防止对铝有腐蚀的物质进入。对于停用的冷箱，其敞口部分要用塑料布扎紧，以防潮湿空气进入，如果长期停用，则要在冷箱流道内通以氮气，保持微正压。再次使用时，要对流道用露点低于 -70℃的氮气连续吹扫，防止有液体留存于冷箱内，并对出口氮气的露点进行检测，确保露点低于 -70℃，氧含量低于 0.02% 后方可通入物料。

## 5.3 加热器

加热器有浮头式加热器、固定管板式加热器和 U 形管式加热器等几种型式。浮头式加热器的结构和管束结构分别如图 5.3-1 和图 5.3-2 所示。

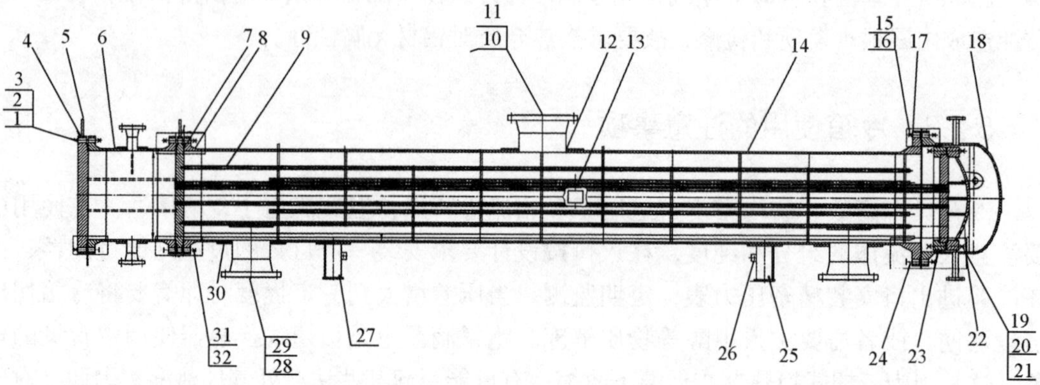


1、19—螺母；2、15、20、31—螺柱；3—垫片；4—平盖；5—吊耳；6—管箱；7、16—筒体侧垫片；8—筒体法兰；9—管束；10、28—法兰；11、29—接管；12、30—补强圈；13—铭牌；14—筒体；17—筒体盖侧法兰；18—外头盖；21—浮头垫片；22—浮头盖；23—钩圈；24—顶丝；25、27—鞍式支座；26—接地板；32—带肩螺柱

图 5.3–1　加热器结构图

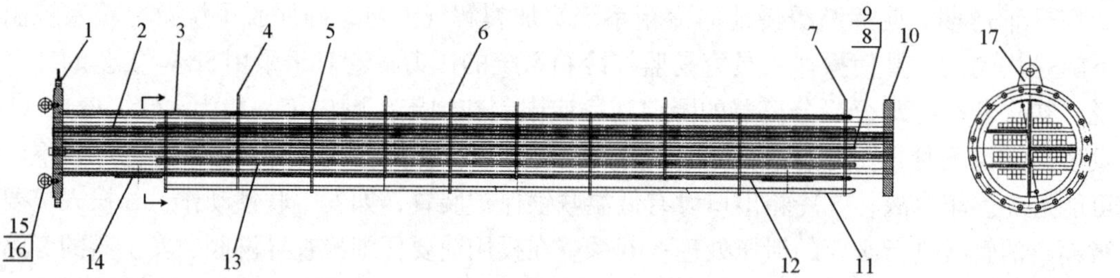


1—固定管板；2—换热管；3、11—拉杆；4、5、6—折流板；7—支承板；8、9—旁路挡板；10—浮动管板
12—定距管；13—挡管；14—防冲挡板；15—环首螺钉；16—丝堵；17—吊耳

图 5.3–2　加热器管束结构图

## 5.3.1　固定管板式加热器

固定管板式加热器的结构如图 5.3–3 所示。

## 5.3.2　U 形管式加热器

U 形管式加热器的结构如图 5.3–4 所示。

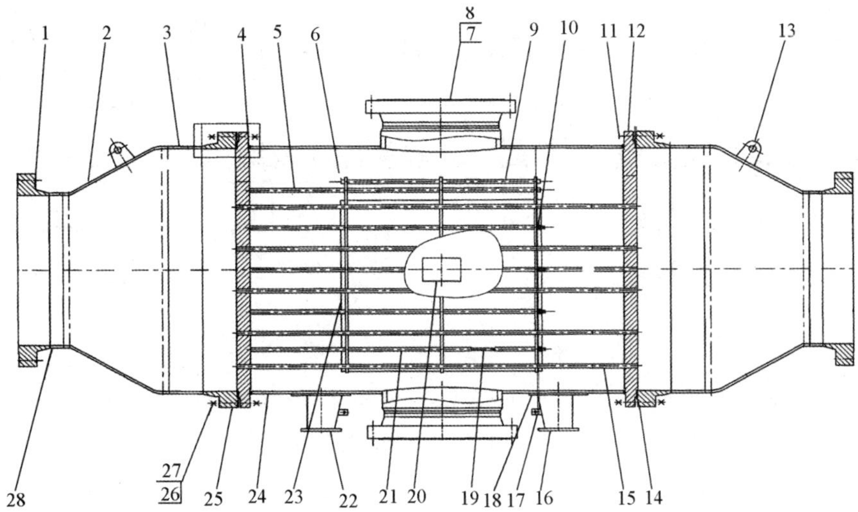


(a)

1、7、25—法兰；2—锥形封头；3、28—短节；4—左管板；5—定距管；6—堵板；8—接管；9—防冲管；10、27—螺母；11—顶丝；12—右管板；13—吊耳；14—垫片；15—换热管；16—滑动支座；17—接地板；18—支撑板；19、21—拉杆；20—铭牌；22—固定支座；23—挡板；24—筒体；26—双头螺柱

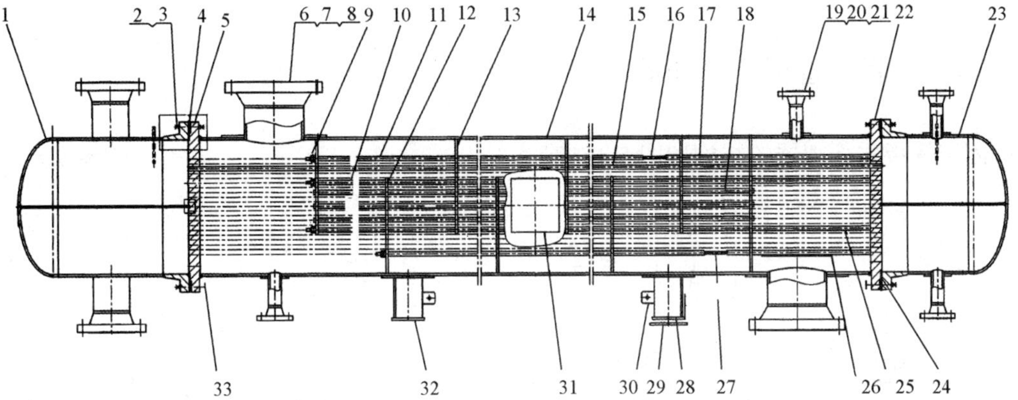


(b)

1—左管箱；2—双头螺柱；3—螺母；4、24—缠绕垫；5—左管板；6、19—法兰；7、20—接管；8、21—补强圈；9—螺母；10、11、17、25—定距管；12、13—折流板；14—筒体；15—换热管；16、27—拉杆；18—挡管；22—右管板；23—右管箱；26—防冲挡板；28—滑动支座；29—滑板；30—接地板；31—铭牌；32—固定支座；33—顶丝

图 5.3-3 固定管板式加热器结构图

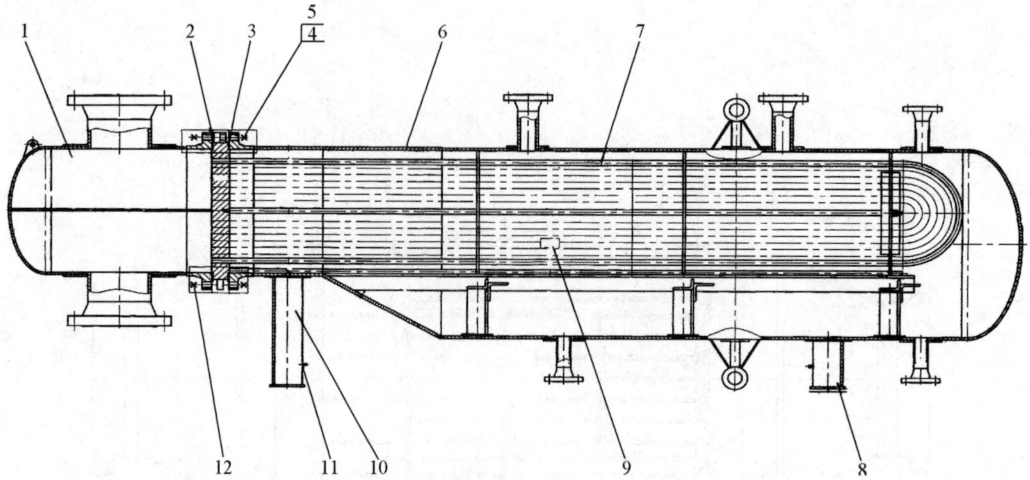


1—管箱；2、3—垫片；4—带肩螺柱；5—螺母；6—筒体；7—管束；8、10—支座；9—铭牌；11—接地板；12—顶丝

图 5.3–4　U 形管式加热器结构图

## 5.4　冷却器

冷却器有固定管板式冷却器、浮头式冷却器和 U 形管式冷却器等几种型式。

### 5.4.1　固定管板式冷却器

固定管板式冷却器的结构如图 5.4–1 所示。

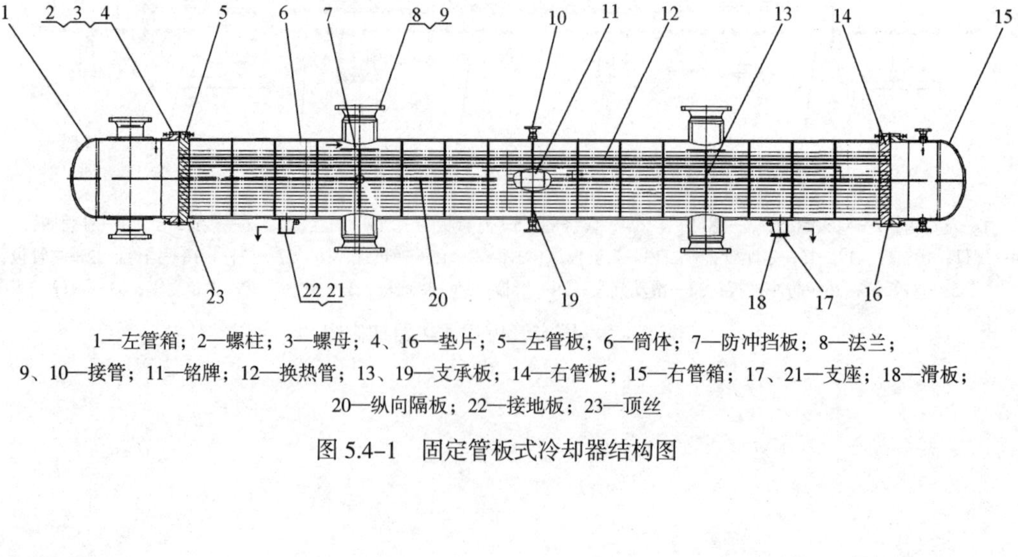


1—左管箱；2—螺柱；3—螺母；4、16—垫片；5—左管板；6—筒体；7—防冲挡板；8—法兰；
9、10—接管；11—铭牌；12—换热管；13、19—支承板；14—右管板；15—右管箱；17、21—支座；18—滑板；
20—纵向隔板；22—接地板；23—顶丝

图 5.4–1　固定管板式冷却器结构图

## 5.4.2 浮头式冷却器

浮头式冷却器的结构如图 5.4–2 所示。

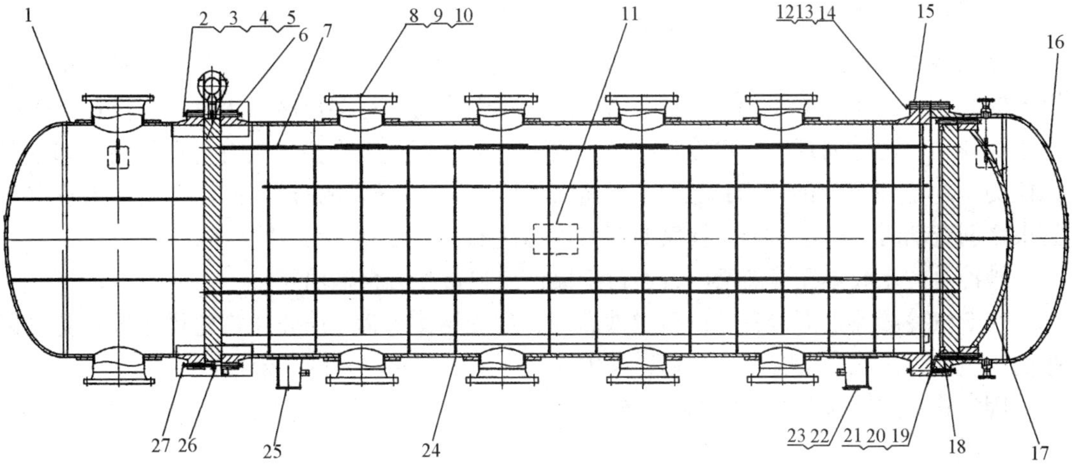


1—管箱；2、12、19—螺柱；3、13、20—螺母；4、5、14、21—垫片；6、9、15—法兰；7—管束；8—接管；10—补强圈；11—铭牌；16—外头盖；17—浮头盖；18—钩圈；22—滑动支座；23—接地板；24—筒体；25—固定支座；26—带肩双头螺柱；27—顶丝

图 5.4–2 浮头式冷却器结构图

## 5.4.3 U 形管式冷却器

U 形管式冷却器的结构如图 5.4–3 所示。

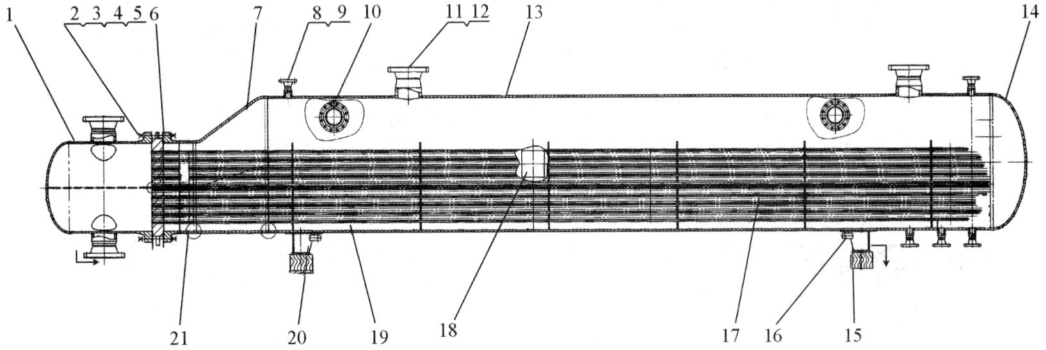


1—管箱；2—双头螺栓；3—螺母；4—带肩螺柱；5—管箱垫片；6、11—法兰；7—锥体；8—接管；9、12—补强圈；10—防冲挡板；13—筒体；14—封头；15、20—支座；16—接地板；17—管束；18—铭牌；19—导轨；21—短节

图 5.4–3 U 形管式冷却器结构图

## 5.5 蒸汽冷凝器

蒸汽冷凝器是用循环冷却水来冷凝从汽轮机末级叶轮排出的蒸汽，从而保证汽轮机排气室内的高真空度，并将汽轮机中的蒸汽有效热力参数提高到最大限度。

蒸汽冷凝器的结构由壳体、前后水箱、管板与管束、受液槽和闪蒸室等几部分组成。图 5.5–1 为固定管板式蒸汽冷凝器的结构图。在壳体内装有多根冷却水管，蒸汽在管子的外表面流动，通过内管冷却水冷却。冷却管的材质为铝黄铜合金，具有优良的耐冷却水腐蚀能力。为了使蒸汽的压力损失降低到最低限度，将冷却管的排列分为 10 组，当蒸汽在管束之间流动时，以达到每一管束的蒸汽均匀接触。

被冷凝的水收集在受液槽内，通过冷凝液出口被冷凝泵输出。

在蒸汽冷凝器上部接有不锈钢弹性软管，这种结构是为了防止由汽轮机排气管受热膨胀而产生推力，底部设有 4 只支腿，其中壳体上还焊有冷凝器的受液槽。

固定管板式冷凝器的结构如图 5.5–1 所示。

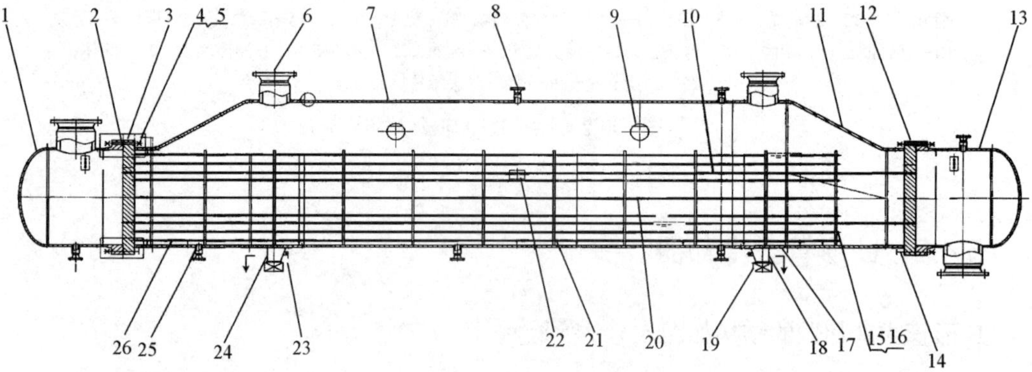


1—左管箱；2—垫片；3—左管板；4—双头螺柱；5、16—螺母；6、8、9、25—接管；7、17—筒体；10—换热管；11—锥体；12—右管板；13—右管箱；14—顶丝；15—拉杆；18—滑动支座；19—绝热层；20、26—定距管；21—支持板；22—铭牌；23—接地板；24—固定支座

图 5.5–1 固定管板式冷凝器结构图

## 5.6 再沸器

再沸器主要有浮头式再沸器、固定管板式再沸器和 U 形管式再沸器等几种型式。它们的结构图分别如图 5.1–6、图 5.6–1、图 5.6–2 所示。

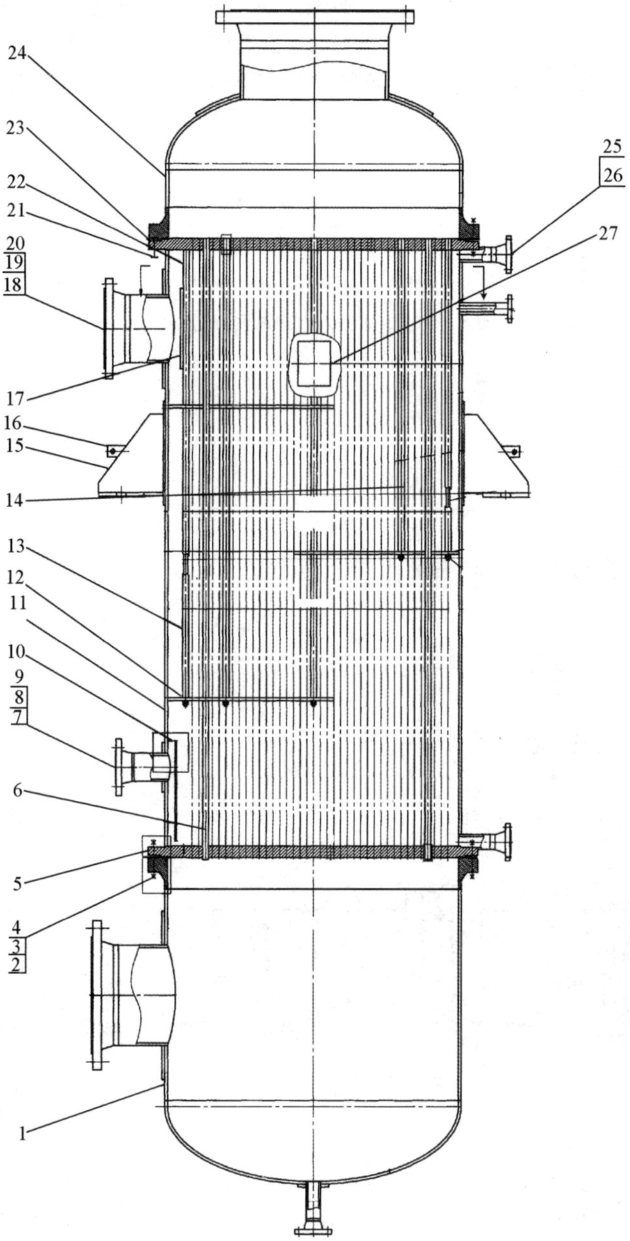


1—下管箱；2—双头螺柱；3、23—螺母；4—垫片；5—下管板；6—换热管；7、18、25—法兰；8、19、26—接管；9、20—补强圈；10、17—防冲挡板；11—筒体；12—折流板；13、22—定距管；14—拉杆；15—支座；16—接地板；21—顶丝；23—上管板；24—上管箱；27—铭牌

图 5.6-1　固定管板式再沸器结构图

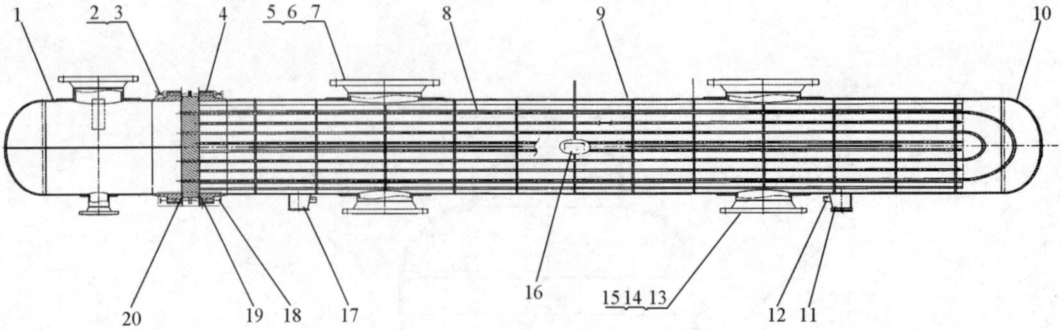


1—管箱；2—双头螺丝；3—螺母；4、5、13—法兰；6、14—接管；7、15—补强圈；8—管束；9—筒体；10—封头；11、17—支座；12—接地板；16—铭牌；18—顶丝；19、20—垫片

图 5.6-2 U 形管式再沸器结构图

## 5.7 汽化器

汽化器有冷火炬排放汽化器和循环丙烷蒸发器等。

### 5.7.1 冷火炬排放汽化器

冷火炬排放汽化器的结构如图 5.7-1 所示。

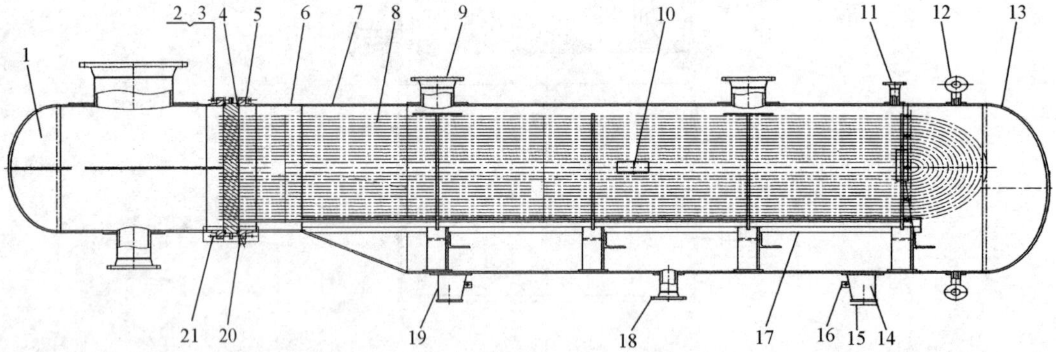


1—管箱；2—双头螺柱；3—螺母；4—垫片；5—法兰；6—加强段；7—筒体；8—管束；9、11、12、18—接管；10—铭牌；13—封头；14、19—支座；15—滑板；16—接地板；17—导轨；20—挡块；21—顶丝

图 5.7-1 冷火炬排放汽化器结构图

### 5.7.2 循环丙烷蒸发器

循环丙烷蒸发器的结构如图 5.7-2 所示。

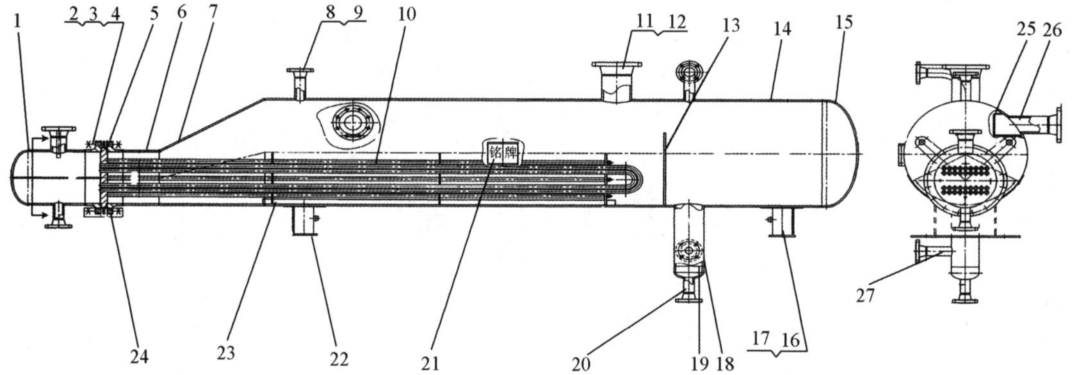


1—管箱；2—双头螺柱；3—螺母；4—管箱垫片；5—筒体垫片；6、14—筒体；7—锥体；
8、12、18、20、26、27—接管；9、11、24—法兰；10—管束；13—挡板；15—封头；16—接地板；
17—滑动支座；19—管帽；21—铭牌；22—固定支座；23—导轨；25—防冲挡板

图 5.7-2　循环丙烷蒸发器结构图

# 第 6 章　罐

在乙烯生产中，罐主要有分离罐、缓冲罐、闪蒸罐、回流罐和储罐等。

## 6.1　分离罐

在乙烯生产中，分离罐有气－液分离罐、液－液分离罐和热火炬分离罐等。

### 6.1.1　气－液分离罐

气－液分离罐的结构如图 6.1–1 所示。

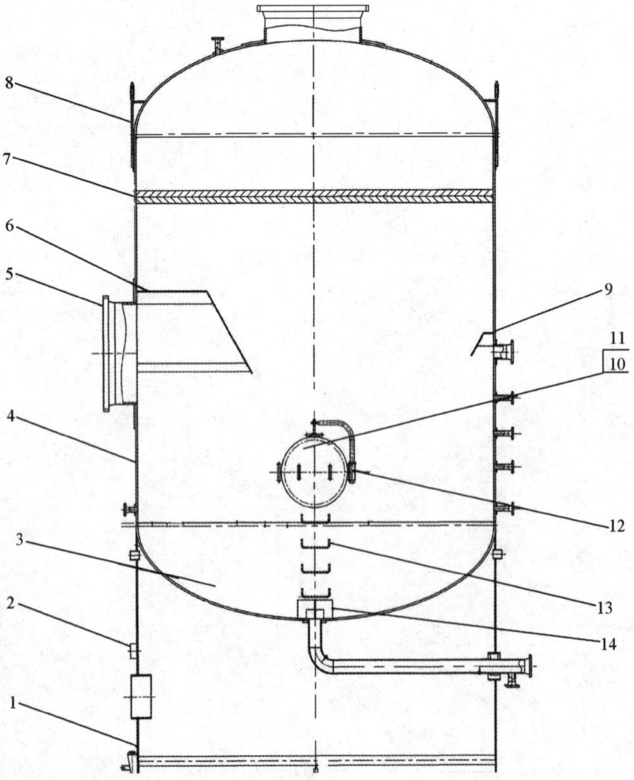


1—裙座；2—铭牌；3—封头；4—筒体；5—接管；6、9—防冲挡板；7—丝网除沫器；8—吊耳；10—人孔；11—补强圈；12—把手；13—梯子；14—防涡流挡板

图 6.1–1　气－液分离罐结构图

## 6.1.2 液 – 液分离罐

液 – 液分离罐的结构如图 6.1–2 所示。

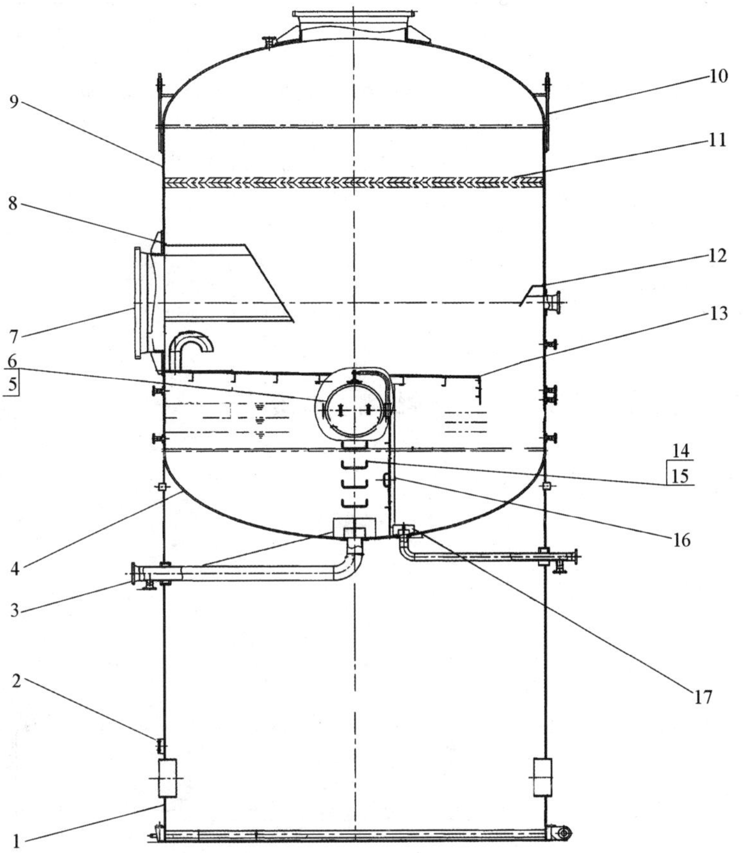


1—裙座；2—铭牌；3、17—防涡流挡板；4—封头；5—人孔；6—补强圈；
7—接管；8、12—防冲挡板；9—筒体；10—吊耳；11—丝网除沫器；
13、16—隔板；14—梯子；15—把手

图 6.1–2 液 – 液分离罐结构图

## 6.1.3 热火炬分离罐

热火炬分离罐的结构如图 6.1–3 所示。

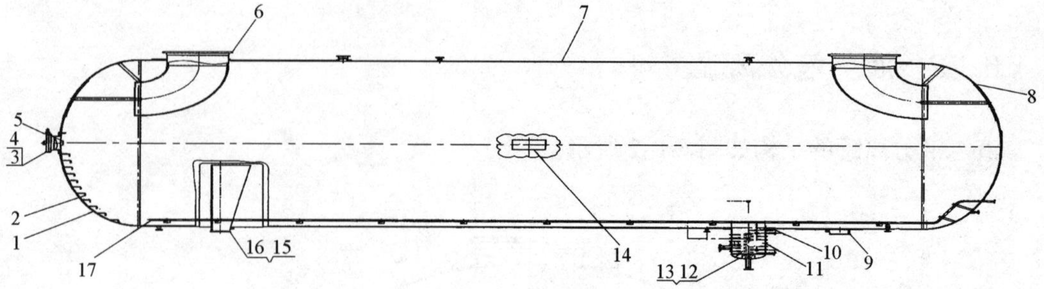


1、8、12—封头；2—梯子；3—人孔；4、10—补强圈；5—把手；6—接管；7、11—筒体；9—固定支座；
13—防涡流挡板；14—铭牌；15—滑动支座；16—接地板；17—直管

图 6.1-3 热火炬分离罐结构图

## 6.2 缓冲罐

缓冲罐按罐的摆放形式分为卧式缓冲罐和立式缓冲罐。

### 6.2.1 卧式缓冲罐

卧式缓冲罐的结构如图 6.2-1 所示。

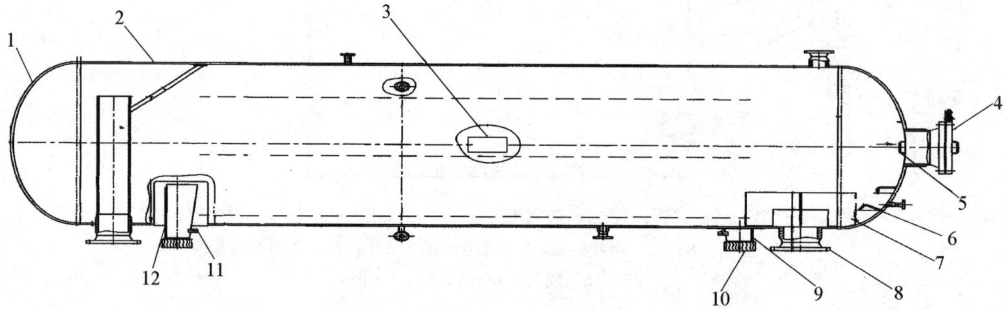


1—封头；2—筒体；3—铭牌；4—人孔；5—把手；6—梯子；7—防涡流挡板；8—接管；
9—固定支座；10—保冷垫木；11—接地板；12—滑动支座

图 6.2-1 卧式缓冲罐结构图

### 6.2.2 立式缓冲罐

立式缓冲罐的结构如图 6.2-2 所示。

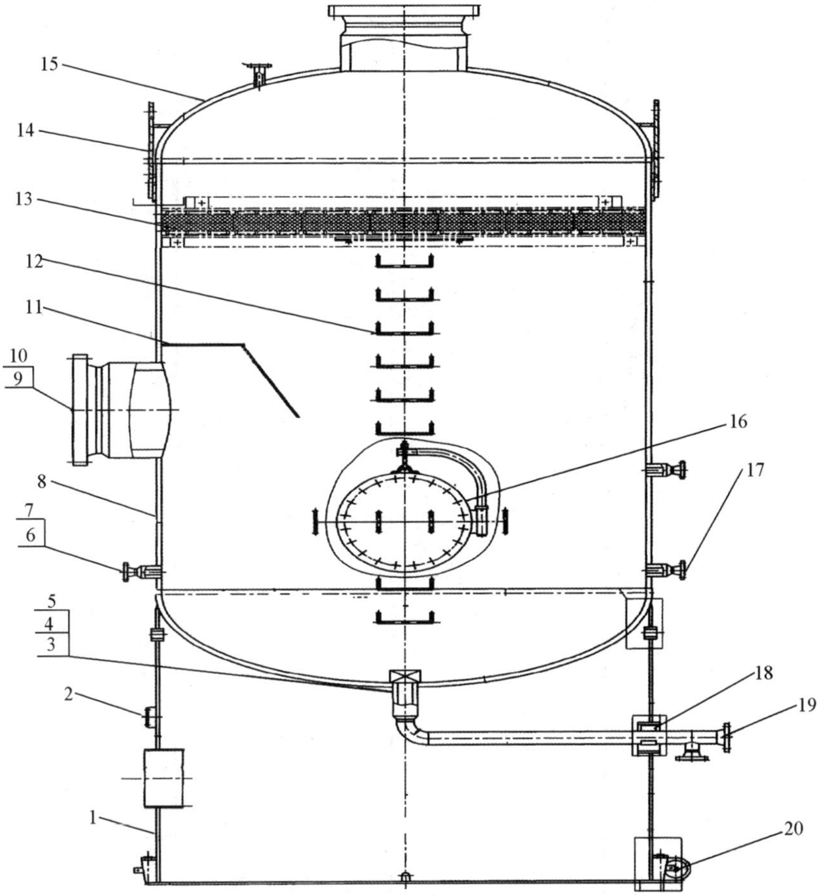


1—裙座；2—铭牌；3—弯头；4、7、10、17、19—接管；5—防涡流挡板；6、9—法兰；
8—筒体；11—防冲挡板；12—梯子；13—丝网除沫器；14、20—吊耳；15—封头；
16—人孔；18—补强板；20—尾部吊耳

图 6.2-2　立式缓冲罐结构图

## 6.3　闪蒸罐

闪蒸罐的结构如图 6.3-1 所示。

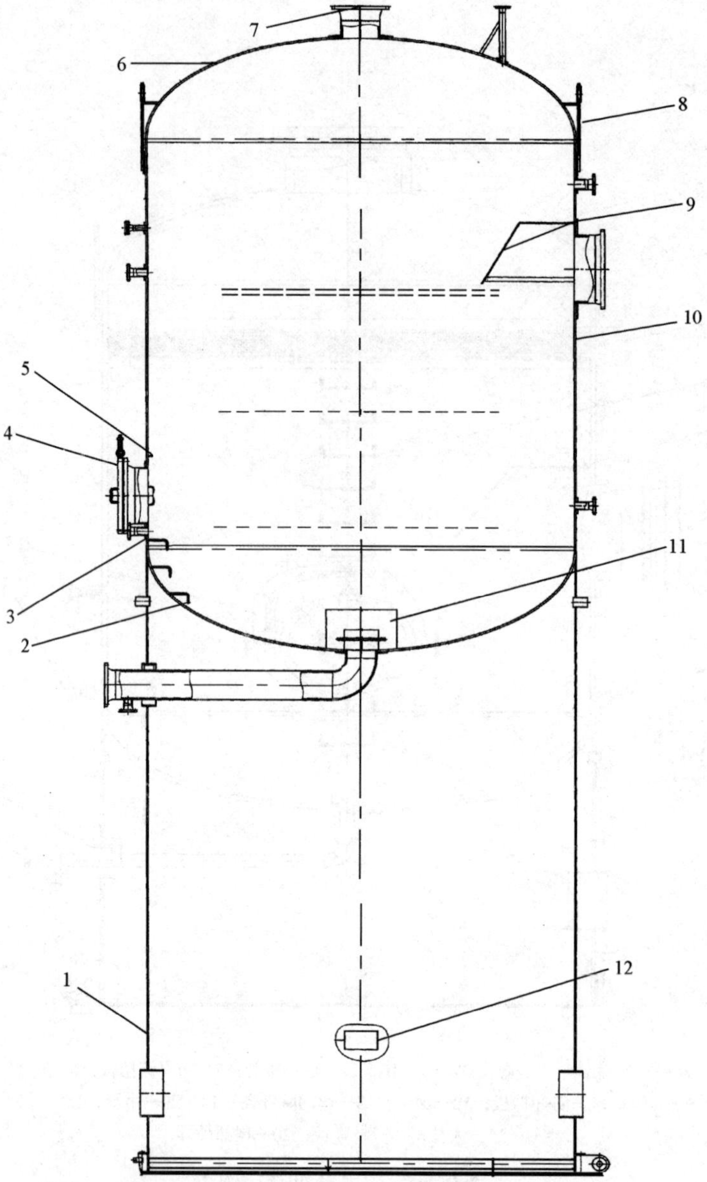


1—裙座；2—梯子；3—人孔；4—补强圈；5—把手；6—封头；7—接管；
8—吊耳；9—防冲挡板；10—筒体；11—防涡流挡板；12—铭牌

图 6.3–1　闪蒸罐结构图

## 6.4　回流罐

回流罐有立式回流罐和卧式回流罐两种型式。

### 6.4.1 立式回流罐

立式回流罐的结构如图 6.4–1 所示。

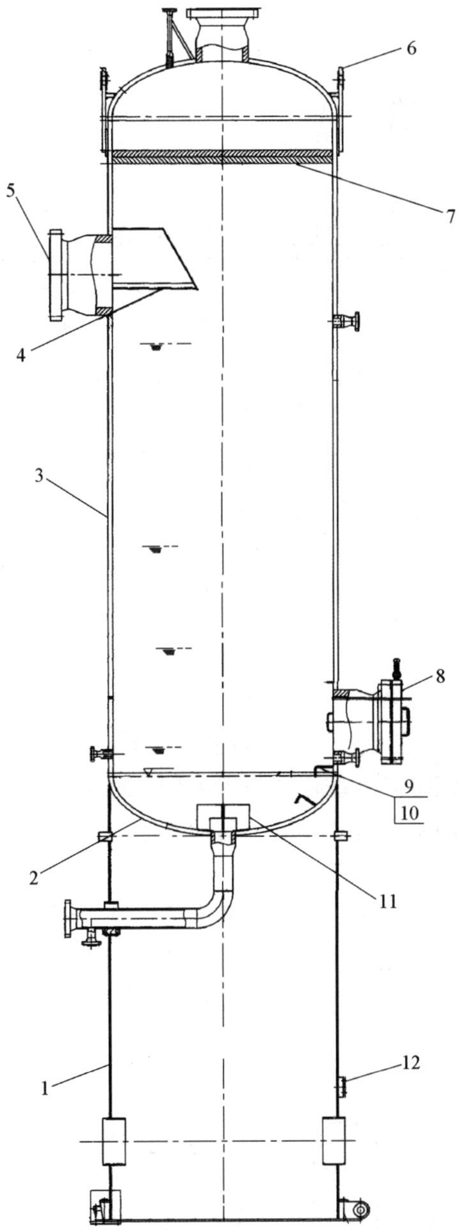


1—裙座；2—封头；3—筒体；4—防冲挡板；5—接管；6—吊耳；7—丝网除沫器；
8—人孔；9—梯子；10—把手；11—防涡流挡板；12—铭牌

图 6.4–1 立式回流罐结构图

### 6.4.2 卧式回流罐

卧式回流罐的结构如图 6.4–2 所示。

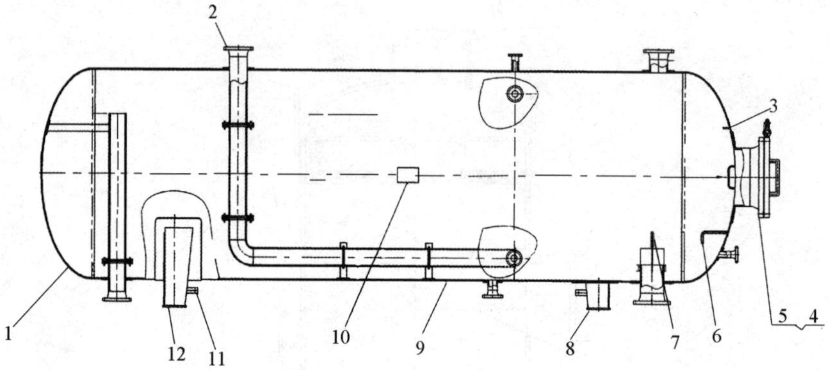


1—封头；2—接管；3—把手；4—人孔；5—补强圈；6—梯子；7—防涡流挡板；
8、12—支座；9—筒体；10—铭牌；11—接地板

图 6.4–2 卧式回流罐结构图

## 6.5 储罐

储罐指用以储存液体或气体的密闭容器，是石油化工厂和炼油厂的主要设备之一。

储罐按制作材料可分为金属储罐，如钢储罐、铅储罐等，非金属储罐，如砌砖储罐、预应力混凝土储罐、塑料储罐等；按建造位置可分为地上储罐、地下储罐和半地下储罐；按形状和结构可分为立式储罐、卧式储罐、球形储罐、扁平椭球形储罐和液滴形储罐等。常见的储罐如图 6.5–1 所示。

立式储罐使用最多，主要用于存储数量较大的原油、轻质油和润滑油；卧式储罐用于储存少量的油品、氨、酸、碱、液化石油气等；球形储罐主要储存液化石油气、丙烷、丁烷、丙烯等；液滴形储罐适用于储存易挥发的油品，但其结构复杂、制作困难、成本高，故用得很少。

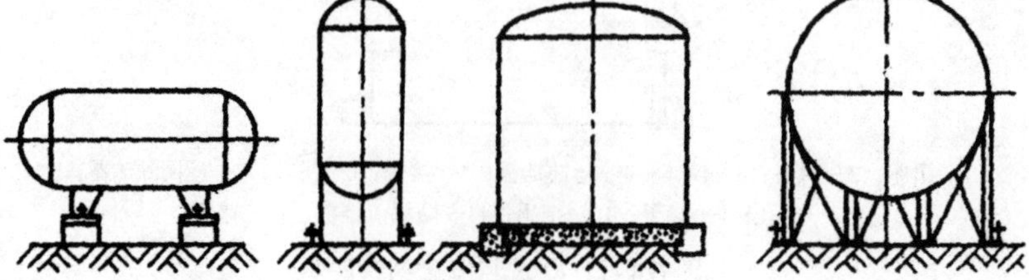

(a)卧式罐　　(b)立式罐　　(c)球形罐

图 6.5–1 常见的储罐类型

各种金属储罐虽然结构和用途都不尽相同，但总体而言都是能够承受一定压力（大多数为常压或低压）的密闭容器，所充装的介质基本上都是易燃、易爆、有腐蚀性和有一定的毒害性，这些介质都具有一定的压力和温度，从储罐的受力状况看都相当于一般的压力容器，其壳体可按一般压力容器进行选材和分析计算。金属储罐常用的材料为碳钢和低合金钢钢板，如 Q235A、20R、16MnR、15MnVR 等，厚度大都在 4~16mm 之间，罐壁厚最大不超过 32mm，罐壁材料的强度、焊接性、冲击韧性是三项基本要求。公称容量小于 $10000m^3$ 的储罐可选 Q235A，公称容量在 $10000 \sim 50000m^3$ 的储罐，由其强度决定的罐体及罐底边板采用 16MnR，公称容量大于 $50000m^3$ 的储罐，由其强度决定的罐体及罐底边板采用 15MnVR，由刚度决定的罐体可采用 Q235A。

无论哪种储罐，都是以钢板卷制、焊接而成，小型立式罐和卧式罐壳体筒节间采用对接结构，两端通常用椭圆形封头或平封头连接；大型立式圆筒形储罐的罐体也是采用钢板卷制焊接而成筒节，筒节之间可采用对接焊接，也可采用搭接焊接；球形罐是用钢板冲压成若干片，再组对焊接而成。

## 6.5.1 立式储罐

立式储罐由基础、罐底、罐壁、罐顶及附件组成。按罐顶结构不同分为拱顶罐、外浮顶罐、内浮顶罐、锥顶罐及无力矩罐，其中锥顶罐和无力矩罐由于制造困难、易损坏等原因，目前已不再采用。

拱顶油罐的罐顶为球面的一部分，由 4~6mm 厚的钢板和加强筋组成。这种罐顶可承受较高的压力，采用气顶法制造，施工容易、造价低。外浮顶油罐的罐顶直接放在油面上，随油品的进出而上下浮动，在浮顶与罐体内壁的环间隙有随浮顶上下移动的密封装置，这种罐几乎全部消除了气体空间，使油品蒸发损耗大大减少。内浮顶罐是拱顶与浮顶的结合，外部为拱顶，内部为浮顶，内部浮顶可减少油耗，外部拱顶可避免雨水、尘土等异物进入罐内。

无论哪种类型的立式储罐，其基础、罐底、罐壁的构造和制作是基本相同的。

1. 储罐基础

储罐的基础是储罐本身和其所储存的介质重量的直接承载体，并将其传递给地基土壤。储罐装载后，在自重和所装油品重力作用下，地基土壤被压实并产生少量的均匀沉陷，这是必然的也是允许的，储罐基础起到补偿这种自然沉陷的作用，从而保证沉陷稳定后基础仍能高出附近地坪 200~400mm，一般要求基础要高出附近地坪 500mm 左右；储罐基础的另一作用是保证储罐安装精度和隔绝地下水，保持罐底干燥，防止底板被腐蚀。所以，储罐基础质量的好坏直接影响到储罐能否正常投入生产，如储罐基础出现过大的不均匀沉陷，对浮顶储罐往往会出现罐体圆度改变，呈椭圆形，影响浮顶的升降；对拱顶罐则造成罐壁局部失稳，使罐壁产生翘曲，将直接威胁油罐的安全。

2. 罐底

储罐的罐底是由若干块钢板焊接而成，直接铺在基础上，其直径略大于罐壁底圈直径，伸出底圈壁板外缘的宽度一般为罐底边板厚度的 6 倍且不小于 40mm。罐底排板如图 6.5-2 所示，中幅板与中幅板之间、中幅板与边缘板之间采用搭接焊接，边缘板与边缘板之间采用对接焊接。中幅板一般采用 Q235A、边缘板材料应与壁板材料一致。

因为储罐的底板直接铺放在基础上，罐内液体重量是通过罐底传到基础上，所以，底板基本上不受液体静压力的影响，但考虑到腐蚀问题、焊接工艺及底板不易检修等因素，底板不宜太薄，一般中幅板厚度 4~6mm，大型油罐底板厚度达 8mm；边缘板由于罐壁钢板重量直接坐落在上面，造成较大的压力，故边缘板应加厚一些，一般不小于罐壁最底圈壁板厚的 60%

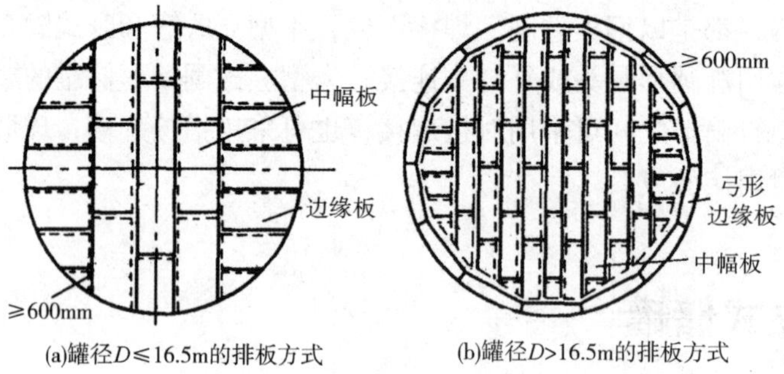


图 6.5-2　储罐底板排列

3. 罐壁

罐壁是储罐的主要受力部件，在罐内压力（主要是液体静压力）作用下，承受环向拉力，液体静压力随液面高度的变化而呈线性变化，故下部壁板所受环向拉力大于上部。在工程上，一般是按变壁厚等强度的原则确定壁板的厚度，自下而上壁板厚度依次减小，但若完全按等强度则靠近顶部的壁板就太薄而不能满足刚度和焊接的要求，所以壁板的最小厚度依照油罐容量不同有相应的限制，$3000m^3$ 以下罐，最小壁厚 4~5mm，$5000\sim10000m^3$ 的罐，最小壁厚为 6~7mm，$20000\sim50000m^3$ 的罐，最小壁厚 8~10mm。考虑到储罐钢板焊后热处理比较困难，我国有关规范规定，储罐最大壁厚不得超过 32mm。

罐壁板的各纵焊缝采用对接焊，环焊缝则采用套筒搭接式或直线对接式，也有采用搭接、对接混合式连接的，如图 6.5-3 所示。

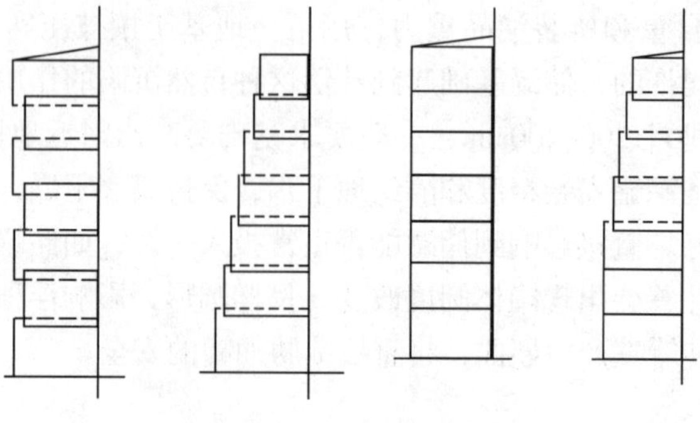

图 6.5-3　储罐壁板配置图

4. 拱顶储罐罐顶

拱顶储罐的罐顶近似于球面，按截面形状分为准球形拱顶和球形拱顶两种，如图 6.5–4 所示。

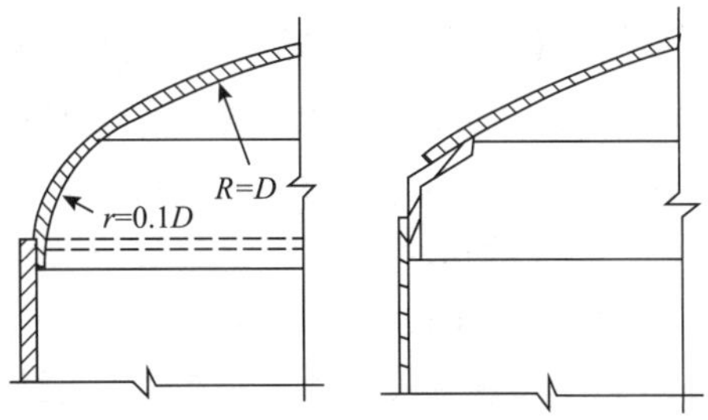


（a）球形拱顶　　（b）准球形拱顶

图 6.5–4　拱顶形状

准球形拱顶截面是呈光滑连接的三圆弧拱，整个拱顶由一块中心盖板、若干块大圆弧条板和若干块小块弧板组成。中心盖板与大圆弧条板之间、大圆弧条板之间、大圆弧条板与小块弧板之间、小块弧形板之间均采用搭接焊接。这种拱顶与罐壁连接处是相切的，受力状况较好，能承受较高的压力，但制造和施工比较困难，在工程实际中采用很少。

球形拱顶截面为单圆弧形，整个拱顶由一块中心盖板和若干块弧形条板及包边角钢组成，各板之间都采用搭接焊接，为增加罐顶的刚度，常在顶板内部焊加强筋。这种拱顶与罐壁连接处没有公切线，受力状况不如准球形拱顶，但由于其制造施工方便，实际采用较多。我国建造的拱顶储罐绝大多数都是球形拱顶结构，如图 6.5–5 所示。

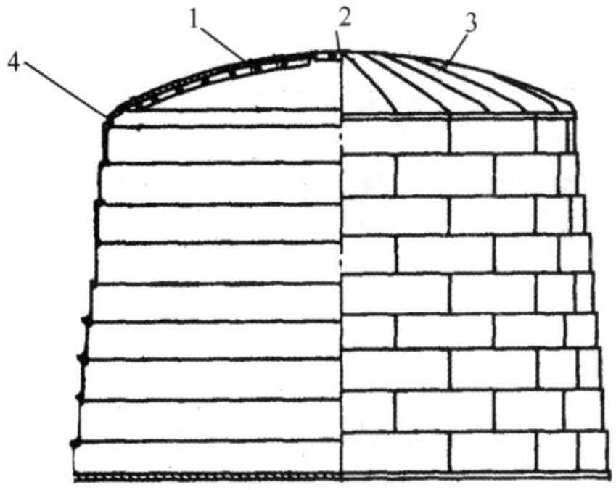


1—加强筋；2—罐顶中心板；3—扇形顶板；4—角钢环

图 6.5–5　球形拱顶储罐

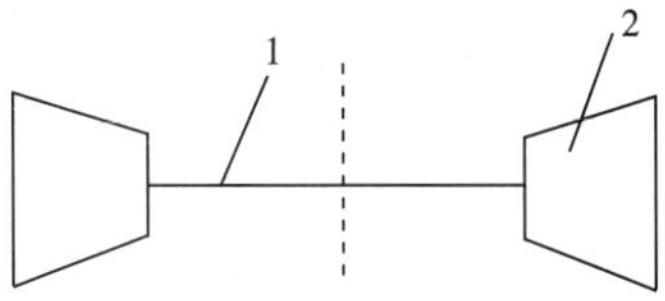


1—单层钢板（5mm 以上）；2—截面为梯形的圆环形浮舱

图 6.5–6　浮盘结构

5. 外浮顶储罐

外浮顶储罐上部是敞开的，所谓的罐顶只是漂浮在油罐内油面上，随油面的升降而升降的圆形浮盘，如图 6.5–6 所示。浮舱外径比罐壁内径小 400~600mm，用以装设密封装置，以防止这一环状间隙的油面产生蒸发损耗，同时，还具有防止风沙雨雪对油品污染的作用。密封装置的形式很多，目前，我国除一些老式浮顶罐采用机械密封外，一般都使用弹性填料密封或管式密封装置，如图 6.5–7 和图 6.5–8 所示。弹性填料密封是采用涂有耐油橡胶的尼龙袋，作为与罐壁接触的滑行部件，其下端浸没在油中，上端高于浮船顶板，从而消除了密封装置下面的环状空间，减少了油品蒸发损耗，而且浮顶上下移动灵活，但是，弹性填料随浮顶上下移动时常受到挤压，长时间使用材料老化，失去弹性而影响密封效果。为解决这一问题，在一些大型浮顶油罐中采用管式密封装置，这种装置是用由耐油尼龙橡胶布制成的与浮舱和罐壁之间的环状间隙尺寸相同的环状圆管作为滑行部件，圆管内充以水或轻柴油作为填充物，当浮顶沿罐壁上下移动时，挤压环状圆管，管内液体可自由流动以适应环状空间发生的不规则变化。

外浮顶储罐当罐顶随油面下降至罐底时，油罐就变为上端敞开的立式圆筒形容器，若此时遇大风，罐内易形成真空，如真空度过大，罐壁有可能被压瘪，为此，在罐壁靠近顶部的外侧设置一道抗风圈，如图 6.5–9 所示。由于浮顶沿罐内壁上下浮动，故罐壁板不能搭接焊接而只能采用对接焊接，并且罐内壁一定要平整。外浮顶储罐由于罐顶与油面之间基本上没有气相空间，油品没有蒸发的条件，因而没有因环境温度变化而产生的油品消耗，也基本上消除了因收、发油而产生的损耗，能保证轻质油品的质量，避免油气对环境的污染，减少发生火灾的危险性。外浮顶储罐的总体结构如图 6.5–10 所示。

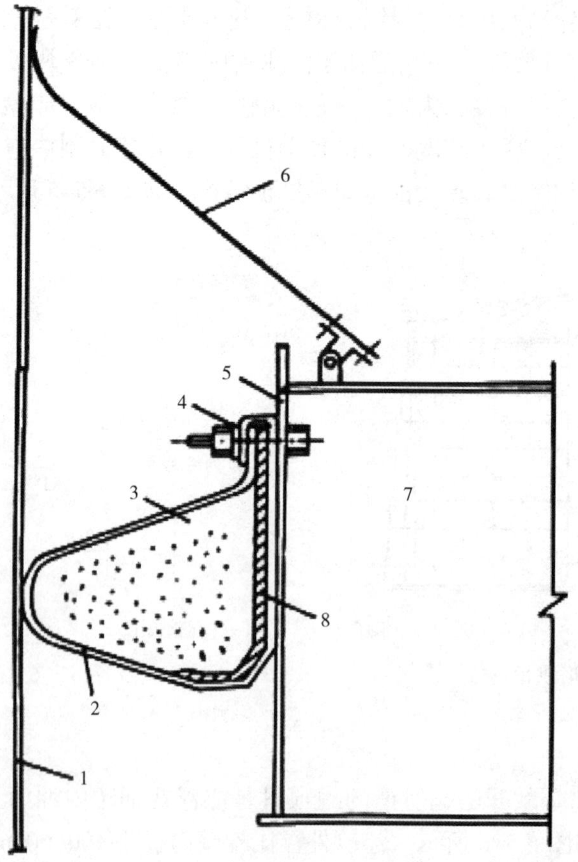


1—罐壁；2—橡胶袋；3—填料；4—压条；5—外边缘板；6—挡雨板；7—浮船；8—支承板

图 6.5–7　弹性填料密封装置

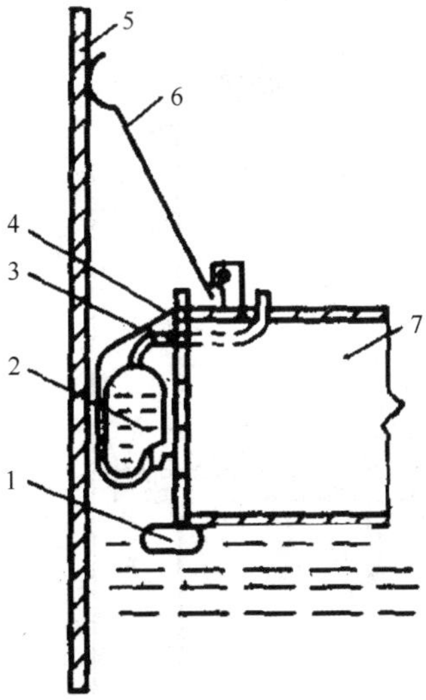


1—限位板；2—密封管；3—充溢管；
4—吊带；5—油罐壁；6—防护板；7—浮盘

图 6.5-8　管式密封装置

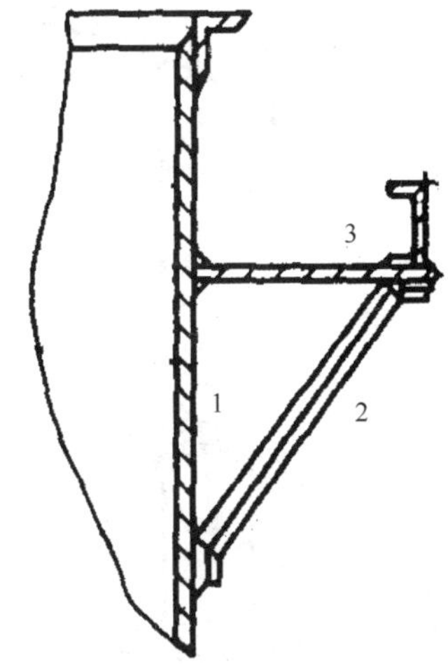


1—罐壁；2—支托；3—抗风圈

图 6.5-9　抗风圈断面结构

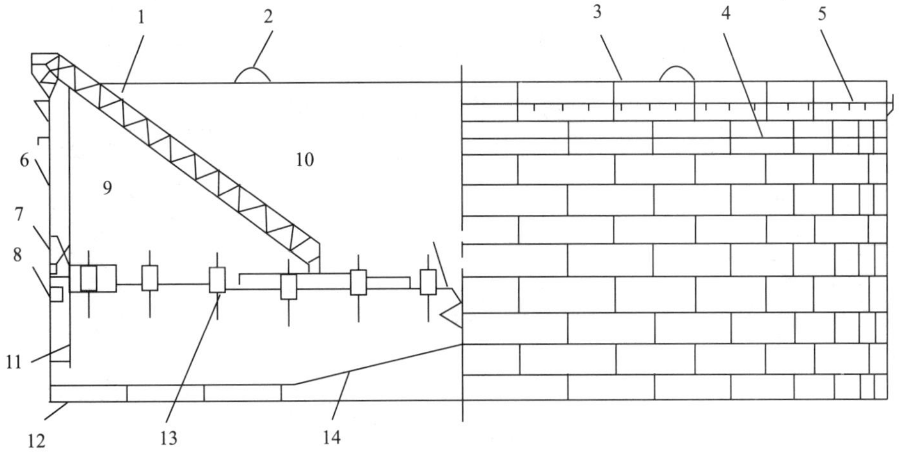


1—转动浮梯；2—消防泡沫挡板；3—包边角钢；4—加强圈；5—抗风圈；6—罐壁；7—密封装置；
8—刮蜡板；9—浮船；10—单盘板；11—量油管；12—罐底板；13—浮顶立柱；14—中央排水管

图 6.5-10　外浮顶罐结构图

6. 内浮顶储罐

内浮顶储罐是在拱顶罐内增加一个浮顶。这种储罐有两层，外层为与罐壁焊接连接的拱顶，内层为能沿罐壁上下浮动的浮顶。其结构如图 6.5-11 所示。内浮顶储罐的拱顶和浮顶与拱顶储罐的拱顶和外浮顶储罐的浮顶在结构上基本一致，只是在个别部位和附件的配置上有所不同。如以罐顶中心通气孔代替了拱顶罐罐顶的机械呼吸阀和液压安全阀，以量油管取代拱顶罐的量油孔；不需要在浮顶上设置中央排水管、紧急排水口，也不需要在罐壁上设置转动扶梯和抗风圈；为使检修人员能进入浮盘上部空间，增设了不同于一般人孔的带芯人孔（这种人孔不妨碍浮盘的升降）。内浮顶罐与外浮顶罐的结构比较见表6-1。

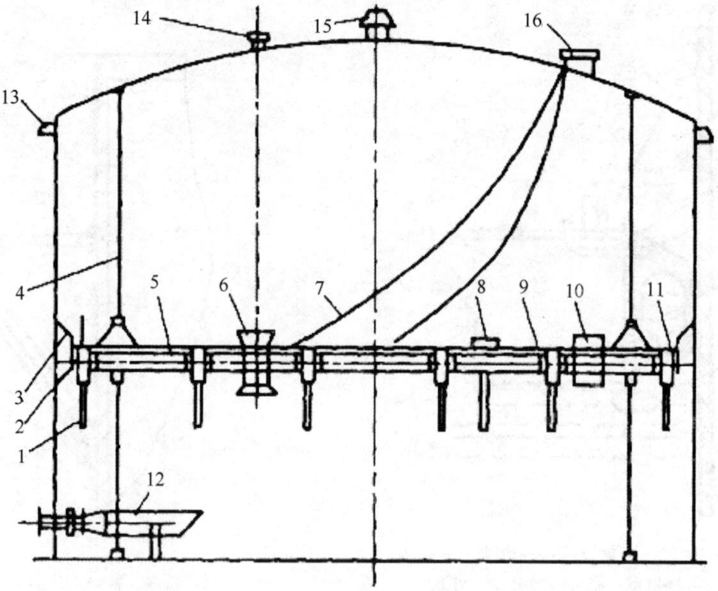


1—支柱；2—滑动件；3—舌形密封；4—防旋转装置；5—浮顶；6、14—量油孔；
7—静电导出装置；8—真空阀；9—铺板；10—人孔；11—消防泡沫挡板；
12—油品入口扩散管；13—罐壁通气孔；15—罐顶通气孔；16—罐顶人孔

图 6.5–11　内浮顶罐结构图

**表 6-1　内浮顶储罐与外浮顶储罐比较**

| 结构名称 | 外浮顶储罐 | 内浮顶储罐 |
|---|---|---|
| 油罐拱顶 | 无 | 有 |
| 浮顶 | 有 | 有 |
| 抗风圈 | 有 | 无 |
| 活动扶梯 | 有 | 无 |
| 密封装置 | 有 | 有 |
| 量油管 | 有 | 有 |
| 浮顶立柱 | 有 | 有 |
| 泡沫消防装置 | 有 | 有 |
| 浮顶排水折管 | 有 | 无 |
| 罐顶通气孔 | 无 | 有 |
| 罐壁通气孔 | 无 | 有 |
| 罐顶人孔 | 无 | 有 |
| 罐体加强环 | 有 | 无 |

内浮顶储罐是综合了拱顶罐和外浮顶罐的优点而发展起来的一种新型储罐，既有拱顶罐的优点也有外浮顶罐的优点；解决了拱顶罐气相空间大，油品蒸发耗损量大，且污染环境又不安全的缺点，又避免了外浮顶罐承压能力差、易受雨水、风沙等的影响，使浮顶过载而沉没和罐内可能形成真空的问题。内浮顶可用轻型钢材或铝合金板制作，特别是铝

制内浮顶，重量轻、浮力大、抗腐蚀、省钢材，成本相对较低。需要注意的是，铝制浮顶的内浮顶罐不宜储存含碱性大的汽油半成品，国内已有因碱严重腐蚀浮顶而发生沉船的事例。

7. 立式储罐的主要附件

储罐附件种类较多，每一台具体的储罐需要配置哪些附件及其数量、规格等，要根据储罐的类型、功能、油品特性对作业的工艺要求等来确定。储罐附件的作用各不相同，有的是完成正常收发作业，有的是保障储罐的安全，有的是为节能降耗，有的是用于储罐的清理和检修，有些附件兼有两种功能。下面按各附件的主要作用归类介绍。

1）正常作业及节能附件

（1）进出油接合管。进出油接合管是焊在最底圈罐壁上直径与油罐进出支管相同的短管，在管壁下缘距罐底一般不小于200mm，以防罐底的积水和杂质随油品排出。接合管外侧用法兰与进出储罐的支管相连，并用阀门控制储罐与管网的联系，其内侧与保险活门相连（有时也可不连接其他附件），接合管结构如图6.5–12所示。

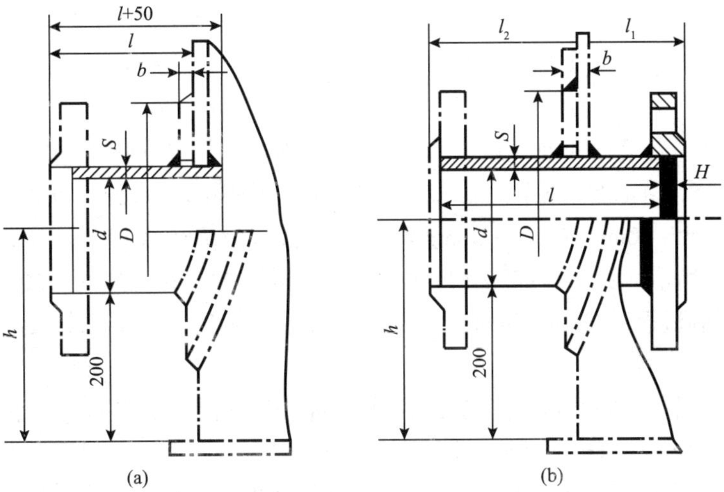


图6.5–12　进出油接合管

（2）量油孔、量油管　量油孔是为人工检尺时测量油面高度、取样、测温而设置的。每一台拱顶储罐设置一个量油孔，安装在罐顶平台附近，量油孔直径150mm，孔中心线距罐壁一般不小于1000mm。量油孔的结构如图6.5–13所示，为防止关闭孔盖时撞击出火花，也为了增强孔盖的严密性，在孔盖内侧密封槽内镶嵌软金属（铜、铝、铅）、塑料或耐油橡胶制成的垫圈。量油孔内壁的一侧装有铝或钢制的导向槽，以便人工检尺时由导向槽下尺，既可减少测量误差，又可防止下尺时钢卷尺与孔壁摩擦产生火花。量油孔盖平时是关闭的，计量和取样时轻轻打开，以防油品蒸发损耗。

在浮顶油罐上安装量油管，其作用与量油孔类同，同时还起防止浮盘水平扭转的限位作用。量油管的结构如图6.5–14所示。

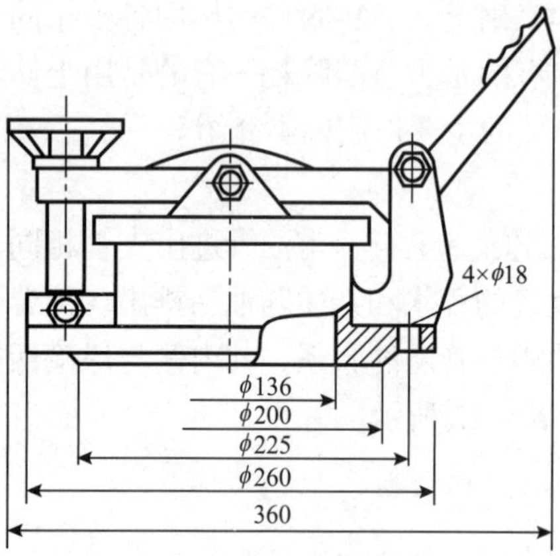


图 6.5–13 量油孔

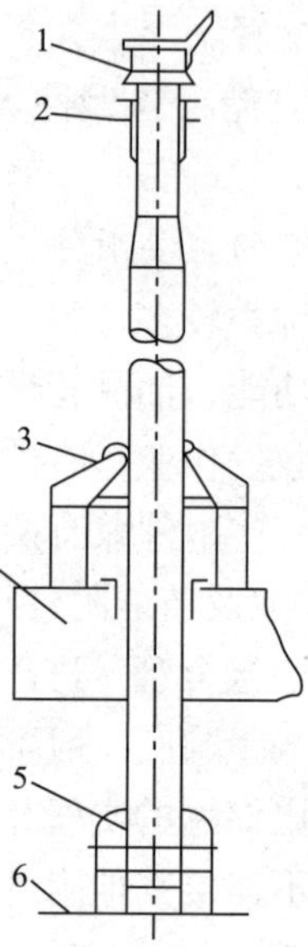


1—量油孔；2—罐顶；3—导向轮；
4—浮盘；5—固定肋板；6—罐底

图 6.5–14 量油管

（3）加热器　当储存介质黏度较大时，常需要加热介质以降低黏度，为此在这类储罐上需设置加热器。储罐加热常用蒸汽作为热载体，采用间接式加热方式。常用的加热器是，用公称直径 15~50mm 和 50~100mm 的无缝钢管作为传热管和汇总管焊接成梳状加热元件，图 6.5–15 所示为若干组加热元件再经过串、并联的方式在罐内组成完整的加热器。加热器距罐底的高度为 200~600mm，为便于冷凝水的排出，冷凝水管要有 1/50~1/150 的坡度。

（4）呼吸阀挡板　呼吸阀挡板是为了减少油品蒸发损耗而设置的一种节能装置，其结构如图 6.5–16 所示，安装在防火器的下面并伸入罐内，它的作用是改变气流方向，削弱气流对罐内油气浓度的冲击和对流，使罐内油气产生分层现象。当新鲜空气被吸入罐内时，挡板可将气流挡住并折向与挡板成水平方向扩散，使空气均匀分布在罐内顶层空间；当罐内油气向外排时，首先是顶层的低浓度油气向外排放，这样就降低了油品的蒸发损耗。据测试，在相同条件下，安装呼吸阀挡板的油罐比不安装挡板的油罐可减少油品蒸发损耗 20%~30%。近年来，在已投资的拱顶油罐上大多增设了呼吸阀挡板，以减少损耗，提高效益。

2）安全附件

（1）机械呼吸阀　机械呼吸阀是易挥发性油品储罐的专用附件，安装在拱顶储罐顶部，其作用是自动控制储罐气体通道的启闭，对油罐起到超压保护作用，同时也可减少油品蒸发损耗。机械呼吸阀就其工作原理而言是压力控制阀和真空控制阀的组合体，当储罐由于进油或罐内油品受热蒸发，使罐内气体空间压力升到储罐设计压力时，压力阀盘被打开，油罐呼出气体，卸压后阀盘靠自重回落至阀座；当储罐由于发油或油温下降，罐内气体空间油气压力降低到储罐设计真空度时，真空阀盘被打开，储罐从罐外吸入空气。

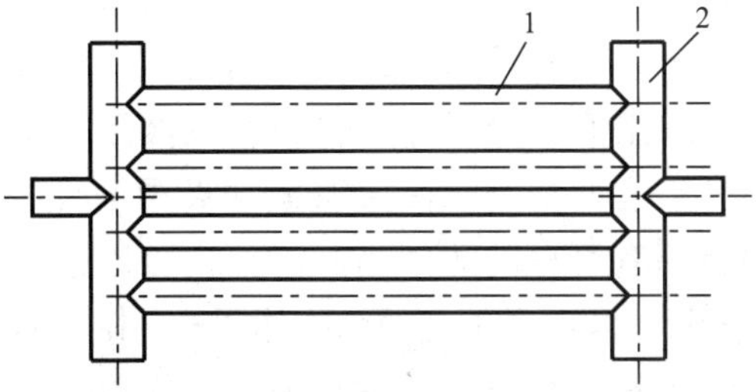


1—加热管；2—汇总管

图 6.5–15　梳状管束加热器

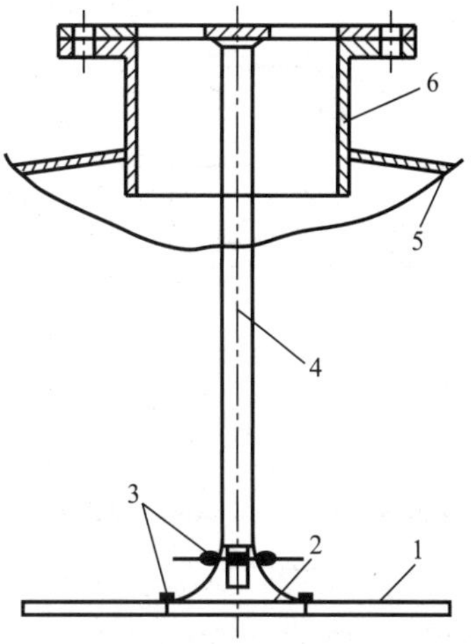


1—翼板；2—中心板；3—铰接销；
4—吊杆；5—罐顶；6—防火器接合管

图 6.5–16　折叠式呼吸阀挡板

机械呼吸阀按其结构和压力控制方式有重力式和弹簧式两种。立式油罐以前都使用重力式呼吸阀，但这种阀在寒冷地区使用时，有时会发生阀盘被冻结的现象，而且密封性不够理想，体积也较庞大。为克服以上缺点，近年来，一种新型的全天候机械呼吸阀被广泛采用，其结构如图 6.5–17 所示。这种阀采用重叠式结构，体积小、重量轻，在阀盘与阀座之间采用空气垫的软接触，因而气密性好，不易结霜、冻结。试验表明，将该阀置于空气湿度 70%、温度 –40℃条件下，经 24h 仍无冻结现象。因此，这种阀不仅适用于一般地区，而且也适用于寒冷地区，称为全天候机械呼吸阀。

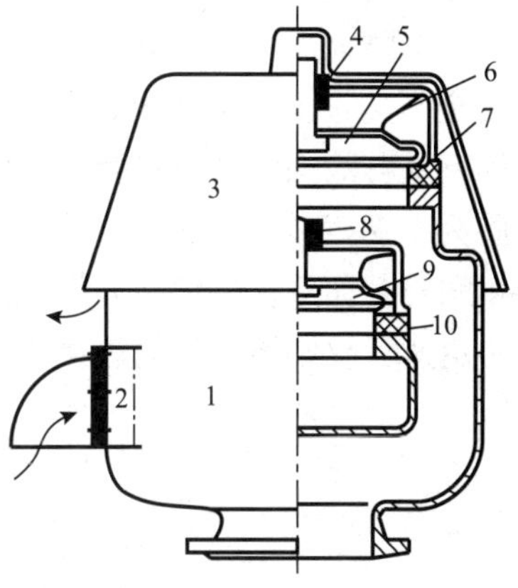


1—阀体；2—空气吸入口；3—阀罩；
4—压力阀导架；5—压力阀阀盘；6—接地导线；
7—压力阀阀座；8—真空阀导架；
9—真空阀阀盘；10—真空阀阀座

图 6.5–17　全天候机械呼吸阀结构图

机械呼吸阀的配置数目、规格与储罐的收发作业量有关，可参照表 6–2 选配。机械呼吸阀还必须与直径相同的防火器配套使用。

**表 6-2　机械呼吸阀选用标准**

| 储罐最大进（出）油流量 /（$m^3/h$） | 个数 × 公称直径 /mm | 储罐最大进（出）油流量 /（$m^3/h$） | 个数 × 公称直径 /mm |
|---|---|---|---|
| <50 | 1 × 80 | 251~300 | 1 × 250 |
| 51~100 | 1 × 100 | 301~500 | 2 × 200 |
| 101~150 | 1 × 150 | >500 | 2 × 250 |
| 151~250 | 1 × 200 | | |

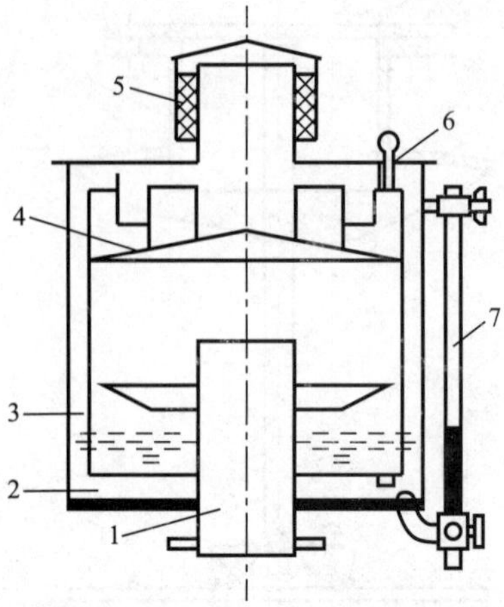


1—接合管；2—盛液槽；3—悬式隔板；4—罩盖；5—带钢网的通风短管；6—装液管；7—液面指示器

图 6.5–18　液压安全阀结构图

（2）液压安全阀　液压安全阀是利用阀中的密封液体的静压力来控制储罐内的压力，从而保证储罐安全的附件。密封液一般为沸点高、黏度小、不易挥发、凝固点低的液体，如 –10 号柴油、–20 号柴油或 20 号变压器油等。液压安全阀与机械呼吸阀是配套使用的，安装在机械呼吸阀的旁边，平时是不动作的，只有当机械呼吸阀由于锈蚀、冻结而失灵时才工作，所以液压安全阀压力和真空度的控制都高于机械呼吸阀 10%。若机械呼吸阀有可靠的防冻措施时，也可以不安装液压安全阀。液压安全阀的结构如图 6.5–18 所示。

对液压安全阀应定期进行清洗，盛液槽内的液封油的高度要经常检查，不足应及时补充，液封油每年应更换一次。液压安全阀的选配方法与机械呼吸阀相同，见表 6–2。

（3）防火器　防火器是防止罐外明火向罐内传播的附件，串联安装在机械呼吸阀或液压安全阀的下面。防火器的结构如图 6.5–19 所示，主要由壳体和滤芯两部分组成。壳体应具有足够的强度，以承受爆炸时产生的冲击压力；滤芯是防止火焰传播的主要元件，用材质为不锈钢或铜 – 镍合金，厚度 0.05~0.07mm、宽 10mm 的平滑薄金属带和波纹薄金属带相间绕制而成，外形为方形或圆形。当外来火焰或火星通过呼吸阀进入防火器时，金属滤芯迅速吸收燃烧物质的热量，使火焰熄灭，达到防火的目的。

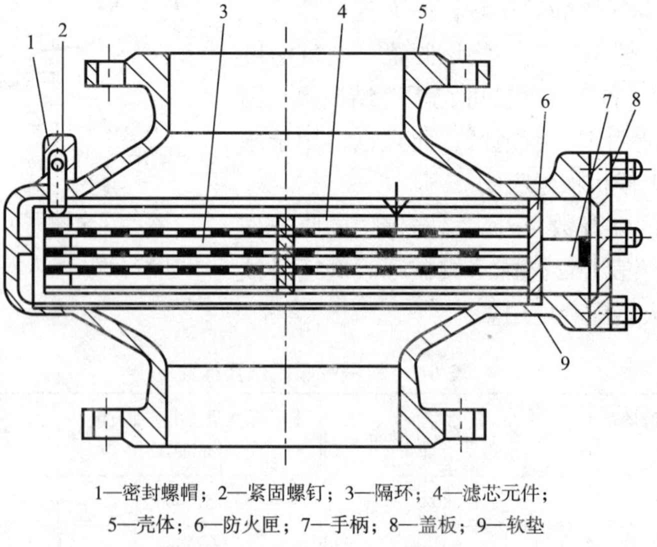


1—密封螺帽；2—紧固螺钉；3—隔环；4—滤芯元件；5—壳体；6—防火匣；7—手柄；8—盖板；9—软垫

图 6.5–19　防火器结构图

（4）泡沫发生器　泡沫发生器是固定在储罐上的灭火装置，其一端与泡沫管线相连，另一端在储罐顶层壁板上与罐内连通。图 6.5–20 所示是常用的一种泡沫发生器的结构图。

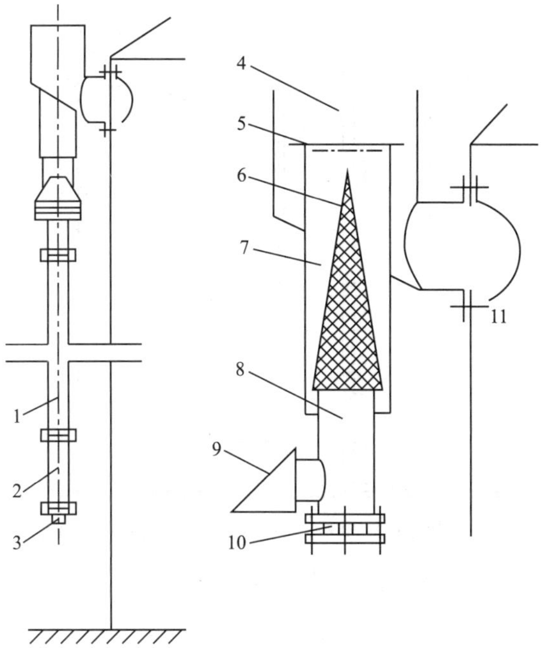


1—混合液输入管；2—短管；3—闷盖；4—泡沫室盖；5—玻璃盖；6—滤网；
7—泡沫室本体；8—发生器本体；9—空气吸入口；10—孔板；11—导板

图 6.5-20 泡沫发生器结构图

主要由发生器、泡沫室及导板等组成。泡沫混合液（一般压力不低于 0.5MPa，但也不宜过高）通过孔板节流，使发生器本体室内形成负压吸入大量空气，混合成空气泡沫并冲破隔离玻璃经喷射管段进入罐内，隔绝空气窒息火焰，达到灭火的目的。

（5）通气孔、自动通气阀　通气孔是设置在内浮顶储罐上的专用附件。内浮顶储罐由于内浮盘盖住了油面基本消除了油气空间，因此油品蒸发损耗很少，所以罐顶不设机械呼吸阀和液压安全阀。但在实用中，由于浮顶与罐壁的环隙或其他附件接合处微小的泄漏等原因，使浮顶与拱顶间仍有少量油气，为避免其积聚达到危险程度，在拱顶和罐壁上部设置通气孔。罐顶通气孔安装在拱顶中心，直径不小于 250mm，上部有防雨罩，在防雨罩与通气孔短管的环形空间中安装金属网，通气孔短管通过法兰和与拱顶焊接连接的短管相连。罐壁通气孔安装在最上一层罐壁四周，距罐顶边沿 700mm 处，每个储罐开孔总数不少于 4 个，并应对称布置，孔口为长方形，孔口上也设有金属网。

自动通气阀是外浮顶油罐的专用附件，安装在浮盘上，其作用是当浮盘在距罐底较低处于支承位置（被浮盘立柱支承）而不能继续下浮时，罐内浮盘以下进出油料时仍能正常呼吸，防止浮盘以下部分出现抽空导致浮盘破坏。自动通气阀的结构如图 6.5-21 所示，当浮盘正常升降时，靠阀盖和阀杆自身的重量使阀盖紧贴阀体，这时阀杆的绝大部分在浮盘下油层中，在浮盘下降到立柱的支承高度之前，阀杆首先触及罐底，使阀盖脱离阀体，随着油面的下降阀的开启度逐渐增大，直到浮盘完全由浮盘立柱支承时达到全开状态，使浮盘上下气压保持平衡；当浮盘上升时，阀体随之上移，自动通气阀被逐渐关闭，直至阀杆离开罐底时达全闭态。

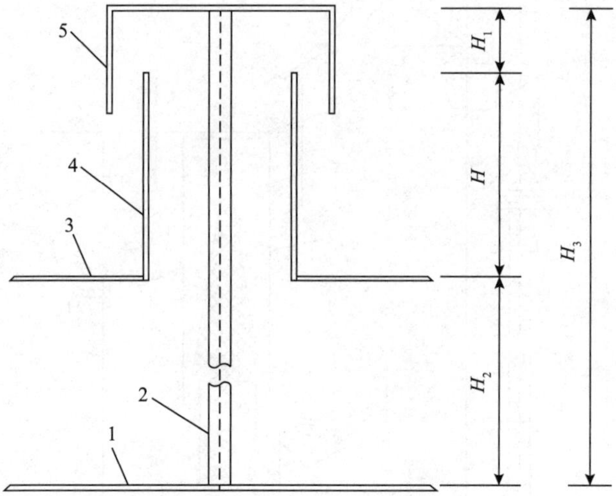


1—罐底板；2—阀杆；3—单盘板；4—阀体；5—阀盖

图 6.5-21　自动通气阀结构示意图

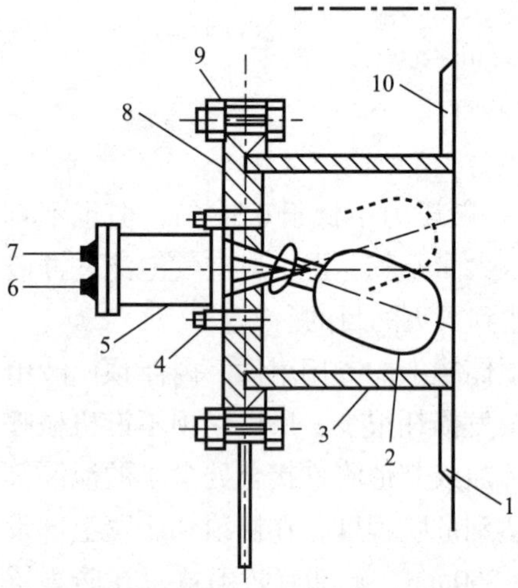


1—罐壁；2—浮子；3—接管；4—密封垫圈；
5—气动液位信号器；6—出气管；7—进气管；
8—法兰盘；9—密封垫圈；10—补强圈

图 6.5-22　气动液位报警器结构图

（6）液位报警器　液位报警器是用来防止罐内液面超高或超低的一种安全报警装置，以便操作人员在规定的时间内完成切换储罐操作，避免发生溢油或抽空事故。一般来说，任何油罐都应安装高液位（防止液面超高）报警器和低液位报警器（防止液面超低），一般只安装在炼油装置的原料罐上，以保证装置的连续运行。

图 6.5-22 所示是气动液位报警器结构图，它是靠浮子升降启闭气源，再通过气电转换元件发出报警信号。液位报警器的安装高度应满足从报警开始 10~15min 内油品不会从油罐内溢出，或者 10~20min 内输油泵不会抽空。

（7）保险活门　保险活门是安装在储罐进出油接合管罐内一侧的备用安全装置，其作用是防止进出油接合管或阀门损坏时罐内油品外流，保险活门的结构如图 6.5-23 所示。平时活门在自重和罐内油品静压力作用下处于关闭状态，发油时通过罐壁外面的操纵机构打开活门，为防止操作机构失灵无法打开活门，在活门上引出一根钢索接到透光孔处，必要时打开透光孔盖利用此钢索人工开启活门。储罐较深时，作用在活门上的液体静压力很大，为开启方便设置旁通管，打开旁通管上的阀门使活门两侧压力相通，便于开启。进油时，油品可以自动顶开活门而不需专门开启保险活门。在收发油频繁时段，若能确保进出油管阀门完好的情况下，为减少进油阻力和发油时开启活门麻烦，活门可用钢丝绳吊起，使其处于全开状态，一旦进出油管阀门毁坏，松开钢丝，活门自动落下关闭。

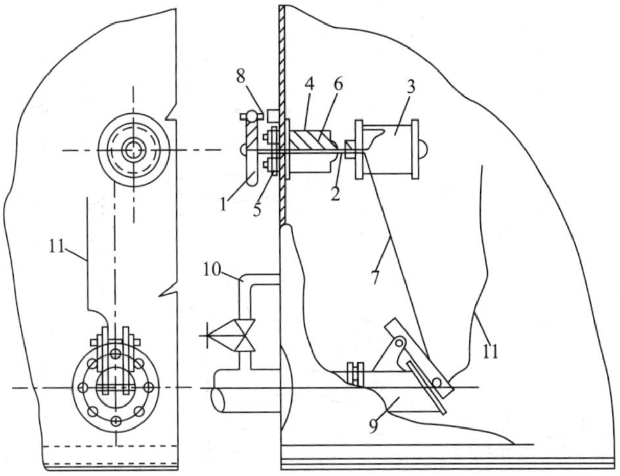


1—操纵盘；2—升降机轴；3—鼓筒；4—填料函；5—填料函盖；6—填料；7—钢丝绳；
8—制动器；9—保险活门；10—旁通管；11—接在透光孔盖上的备用钢丝绳

图 6.5-23　保险活门结构图

3）清罐及检修附件

（1）放水管与排污、清扫孔　放水管是为了排放储罐底水，保证原料油的加工要求或产品质量而设置的。放水管可以单独设置，也可附设在排污孔或清扫孔的封堵盖板上。单独设置的放水管主要用于轻质油罐，其结构如图 6.5-24 所示，放水管的直径视储罐的容积确定，当公称容量小于 2000m$^3$ 时，多采用公称直径 50mm 或 80mm 的放水管，公称容量 3000~100000m$^3$ 时，宜采用公称直径 100mm 的放水管。

排污孔和清扫孔都是为了清除罐底的淤渣、污泥而设置的，多用在原油及重质油品罐上，安装在罐底下面，在孔盖上装有放水管及阀门，平时可用来排放储罐底水，如图 6.5-25 所示。清扫孔主要用于大型原油罐或燃料油罐，设置在罐壁底部，其下缘与罐底持平。清扫孔的形状有圆形和门形两种，在盖板上有时也可设置放水管，清扫孔的结构如图 6.5-26 所示。

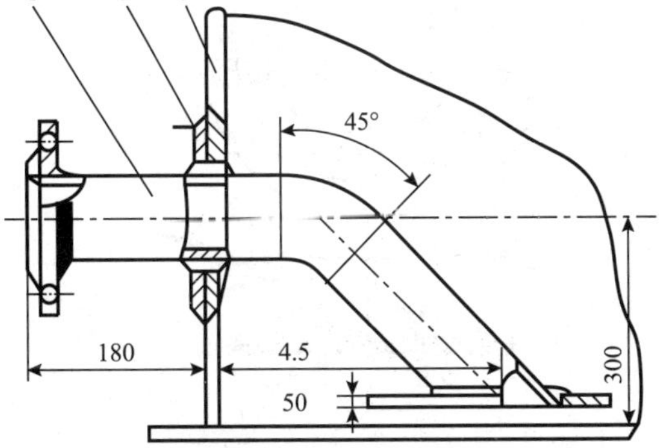


1—放水管；2—加强圈；3—罐壁

图 6.5-24　放水管

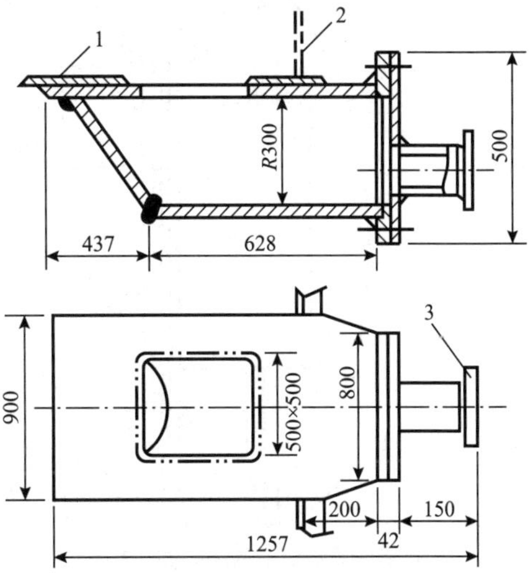


1—罐底；2—罐壁；3—法兰

图 6.5-25　带放水管的排污孔

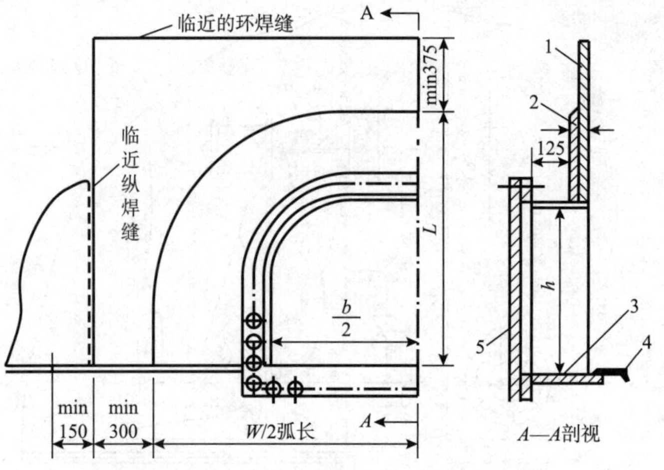


1—罐壁；2—加强板；3—清扫孔；4—底板；5—盖板

图 6.5–26　清扫孔

（2）人孔、透光孔　人孔是每种油罐都不可缺少的，是为检修人员、材料、安装工具进出油罐而设置的，一般设置在最底圈壁板上，人孔中心距罐底 750mm，人孔直径 600mm，每台储罐设置人孔数量及周向安装位置视罐的容量而定，公称容量 3000$m^3$ 以下时，设 1 个人孔，在进出油管的对面。公称容量 3000~10000 $m^3$ 时，设 2 个人孔，其中一个仍在进出油管对面，另一个与第一个错开圆心角 90° 以上。公称容量大于 10000$m^3$ 时，设 3 个人孔，其中一个设在进出油管对面，另外两个对称并与第一个圆心角错开 90° 以上，人孔的结构如图 6.5–27 所示。对内浮顶储罐在浮盘上下浮动范围内罐壁上设置人孔时，为防止人孔接合管伸入罐内影响浮盘的升降，则应采用带芯人孔（也称隔舱人孔），这种人孔与罐壁连接的短管未伸入罐内，而是在人孔盖内加设一层与罐壁弧度相等的芯板，并与罐壁平齐，如图 6.5–28 所示。

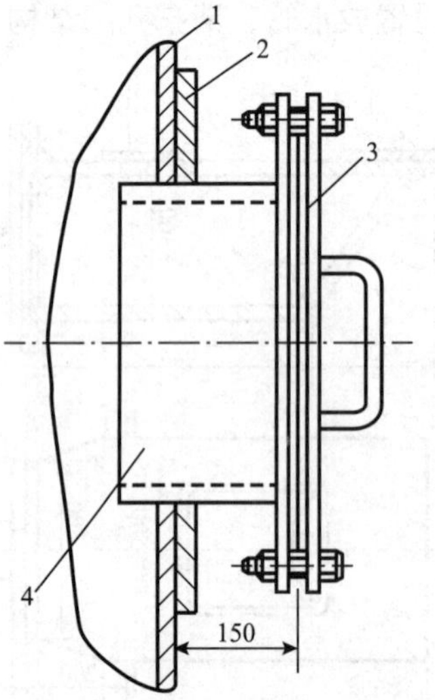


1—罐壁；2—人孔补强圈；3—人孔盖；
4—人孔接合管

图 6.5–27　人孔结构图

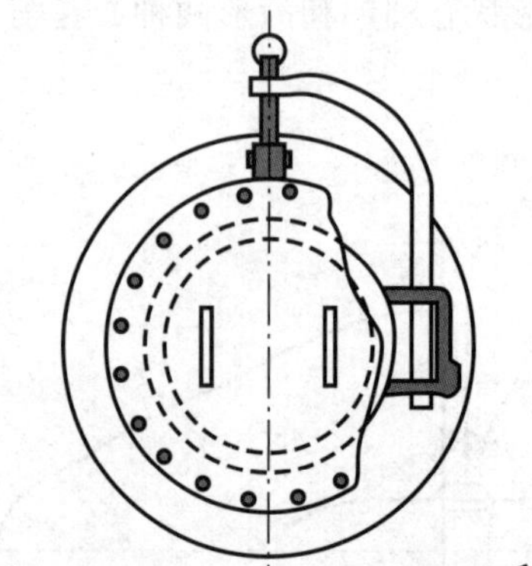


1—立板；2—筋板；3—盖；4—密封圈；
5—筒体；6—补强圈

图 6.5–28　带芯人孔结构图

透光孔是为储罐安装、检修、清洗时采光和通风而设置的，透光孔直径500mm。若配置一个透光孔可设在罐顶，其外缘距罐壁800~1000mm；若配置数个透光孔则安装位置与人孔相同，但周向应设在人孔的对面。透光孔的结构如图6.5-29所示。

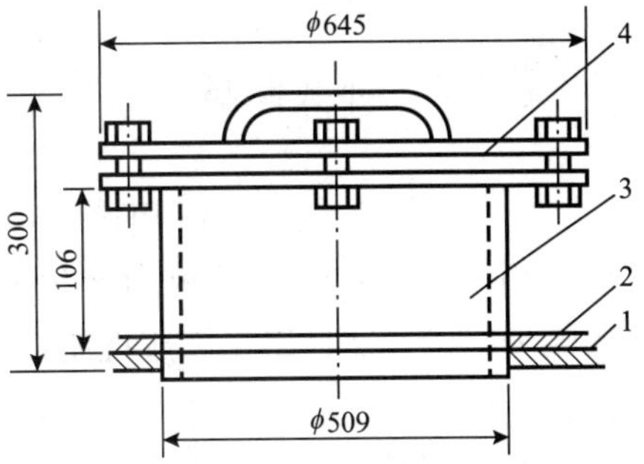


1—储罐顶板；2—补强板；
3—透光孔接气管；4—透光孔盖

图6.5-29 透光孔结构图

以上介绍了储罐的主要附件。储罐附件还有：供操作用的梯子、栏杆、起落管；为调合和搅拌油品用的调气喷嘴、搅拌器；为保障安全的防雷击、防静电装置；浮顶罐的浮盘立柱、中央排水管及紧急排出口等。

乙烯生产中使用的立式储罐的结构如图6.5-30所示。

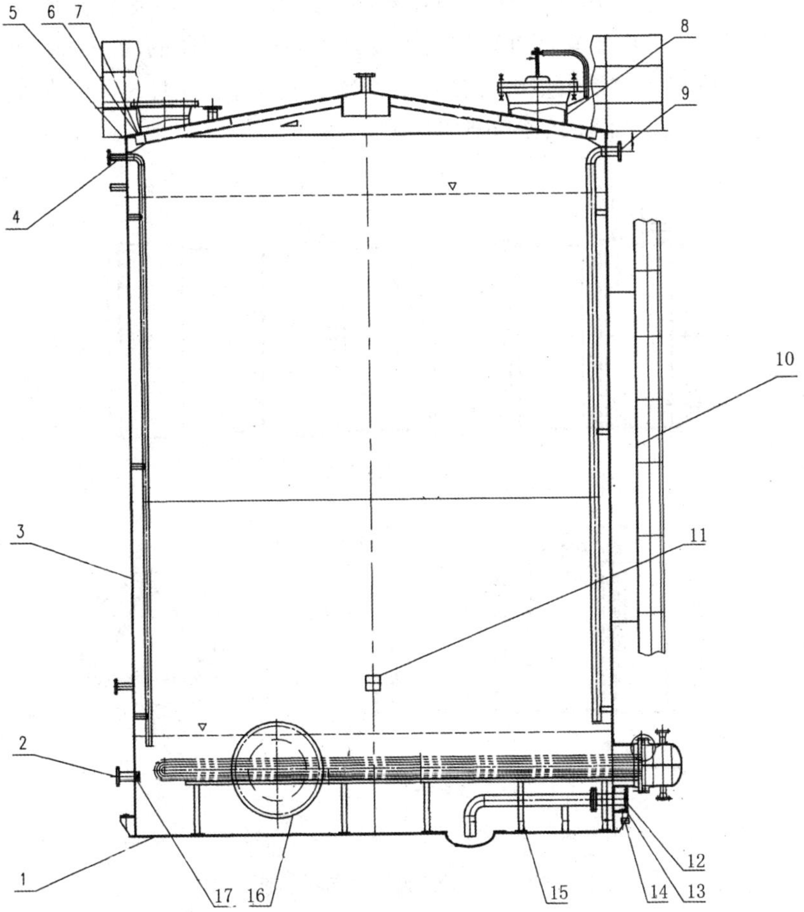


1—底板；2、4、9、12—接管；3—筒体；5—顶部角钢；6—罐顶支撑；7—顶板；8、16—人孔；
10—梯子；11—铭牌；13—地脚螺栓座；14—接地板；15—换热器支架；17—防涡流挡板

图6.5-30 立式储罐结构图

### 6.5.2 卧式储罐

卧式储罐和立式储罐相比，容量小，最大容量 400m$^3$，实际使用一般不超过 120m$^3$，最常用的是 50m$^3$，承压能力变化范围宽，从内压 4MPa 到负压 0.49kPa。适宜在各种工艺条件下工作，适合于工厂成批制造，成本相对较低，便于搬运和安装，机动性强。卧式储罐广泛用于储存液化石油气、丙烯、拔头油等低沸点的石油化工气体，各种工艺性储罐也大多用小型卧式罐。在中小型油库卧式罐用于储存汽油、柴油和数量较小的润滑油。另外，汽车罐车和铁路油罐车也大多用卧式储罐。

卧式储罐由罐体、支座及附件等组成。罐体包括筒体和封头，筒体由钢板拼接、卷板、组对焊接而成。各筒节间的环缝可以是对接连接也可以是搭接连接。封头常用椭圆形、碟形及平封头。卧式储罐的支座有鞍式支座、圈式支座和支承式支座。大中型卧式罐通常设置在两个对称布置的鞍式支座上，其中一个固定在地脚螺栓上是不动的，称为固定支座；另一个其底板上与地脚螺栓配套的孔采用长圆形，当罐体受热膨胀时可沿轴向移动，避免产生温差应力。由于鞍座处罐体受力复杂，为提高罐体的局部强度和刚度，一般在鞍座处筒体内壁设置用角钢煨成的加强环。当罐直径大于 3m 时，还应在加强环上设置三角支承。卧式储罐的罐体结构如图 6.5-31 所示。

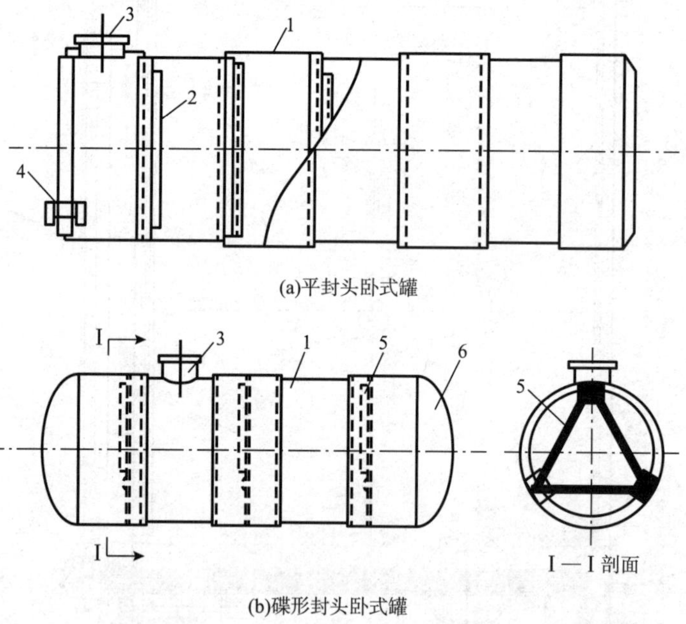


1—筒体；2—加强环；3—人孔；4—进出油管；5—三角支承；6—碟形封头

图 6.5-31 卧式储罐罐体结构图

卧式储罐的附件，根据其所充装的介质、压力、用途等不同有较大差异，一般油品储罐或工艺罐，主要有进出油管、人孔或手孔、量油孔、排污放水管、通气孔等。液化石油气储罐的结构如图 6.5-32 所示。

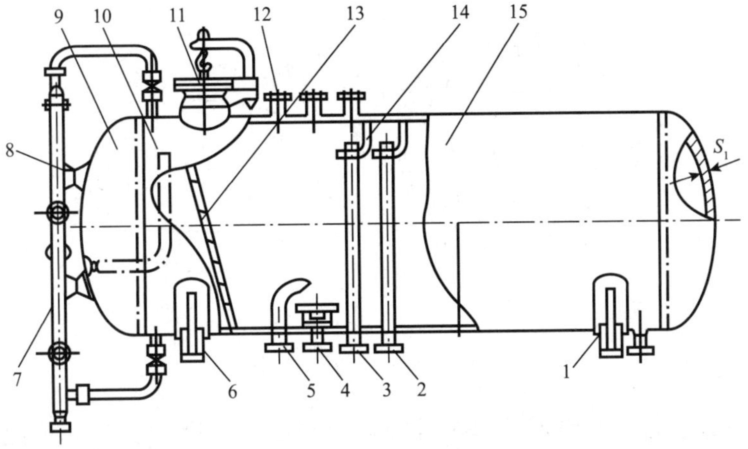


1—活动支座；2—气相平衡引入管；3—气相引入管；4—出液口防涡器；5—进液口引入管；6—固定支座；7—液面计连通管部件；8—支承；9—椭圆封头；10—压力表气相引入管；11—水平吊盖对焊法兰人孔；12—锻制法兰接管；13—内梯；14—管托架；15—筒体

图 6.5-32 液化石油气卧式储罐结构图

## 6.5.3 球形储罐

球形储罐与圆筒形储罐相比，具有容积大、承载能力强、节约钢材、占地面积少、基础工程量小、介质蒸发损耗少等优点，但也存在制造安装技术要求高、焊接工程量大、制造成本高等缺点。球罐主要用于储存液化石油气及其他低沸点的石油化工原料。球罐按公称容量，常见规格有 $400m^3$、$650m^3$、$2000m^3$、$2500m^3$、$3000m^3$ 等几种。球罐的罐体材料常用 Q245R、Q345R、08MnNiR、08Ni3DR 等压力容器专用钢。用于乙烯生产中的球形储罐主要有乙烯产品球罐、聚丙烯产品球罐、混合 $C_4$ 球罐和 $C_4$ 抽余液球罐等。

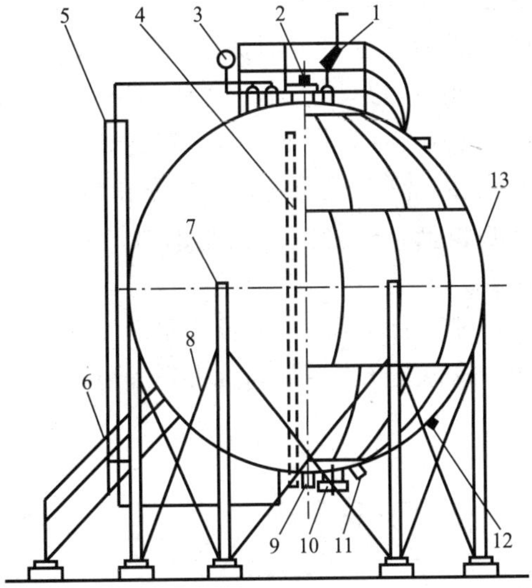


1—安全阀；2—上人孔；3—压力表；4—气相进出口接管；5—液位计；6—盘梯；7—赤道正切柱式支座；8—拉杆；9—排污管；10—下人孔及液相进出口接管；11—温度计连接管；12—液面指示计连接管；13—球壳

图 6.5-33 球形储罐结构图

球罐由球形壳体、人孔、接管及支座等组成，如图 6.5-33 所示。球壳是球形储罐的主体，由许多块在工厂预制成一定形状的钢板，运到建造施工现场组装、焊接成完整的球壳。根据小块球壳板的排列方式，球形储罐的壳体可分为瓜瓣式球壳和足球式球壳，如图 6.5-34 所示。瓜瓣式球壳板规格尺寸较多、工厂预制较麻烦，但现场组装方便。足球式球壳是按足

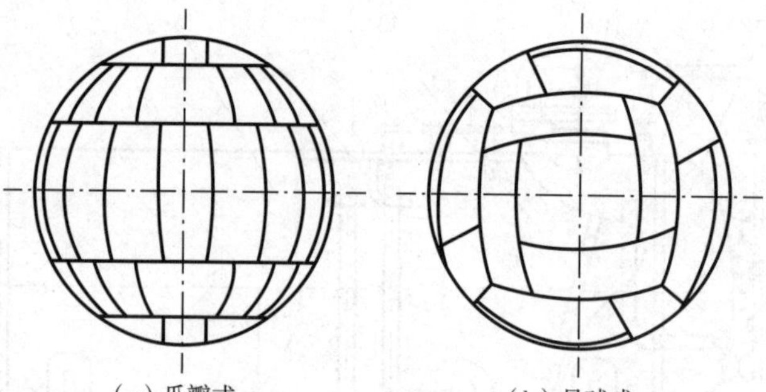


图 6.5-34　球壳排板方式

球分瓣的方法分成若干块形状尺寸完全相同的球壳板，预制方便，但组装较困难。目前，我国大多采用瓜瓣式球壳，这种球壳是在不同高度上用水平面分割为奇数个环带，然后通过球心的垂直面将各环带分割为若干块瓜瓣状球壳板，各环带分别按地球的分区来命名，以 5 带球壳为例，从上至下依次为北极板、北温带、赤道带、南温带和南极板。

球罐常用支座有柱式和裙式两种。柱式支座又分为赤道正切式、V 形柱式、三柱合一式等形式，如图 6.5-35 所示。其中应用最普遍的是赤道正切式支座。这种支座是由 $\phi 159\times 6\sim\phi 529\times 8$ 的无缝钢管制成，每根支柱都有其独立的基础，它们对球壳的支承点在赤道带的水平球径上，并与球壳相切，在连接点的球壳上焊有加强板。支柱的数目一般为赤道带分瓣数的一半，支柱间有拉杆，以增强其稳定性，支柱高度按使球罐底距地面的距离不小于 1.5m 来确定。根据拉杆的结构有可调式和固定式两种，具体结构见图 6.5-36~ 图 6.5-38。赤道正切式支座受力状态好，壳体具有热膨胀和承载变形的可能性，便于现场安装、操作和检修，一般用于大容量的球罐。裙式支座较低，故球壳重心也低，较稳定，支座钢材消耗少，但这种支座的球罐操作、检修不便，所以应用较少。

球罐的附件主要有操作平台及扶梯、安全阀、放空阀、压力表及液位自动检测引出装置、罐顶环状布置的喷淋水降温设施、人孔、脱水阀、进出油管和阀门等。

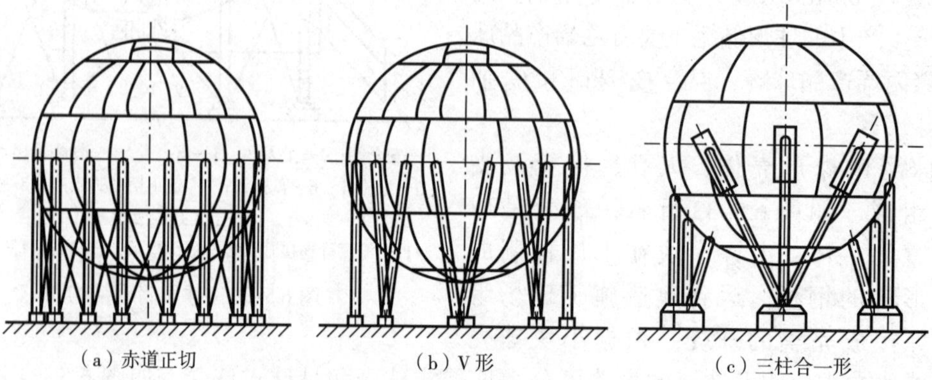


图 6.5-35　球罐柱式支座

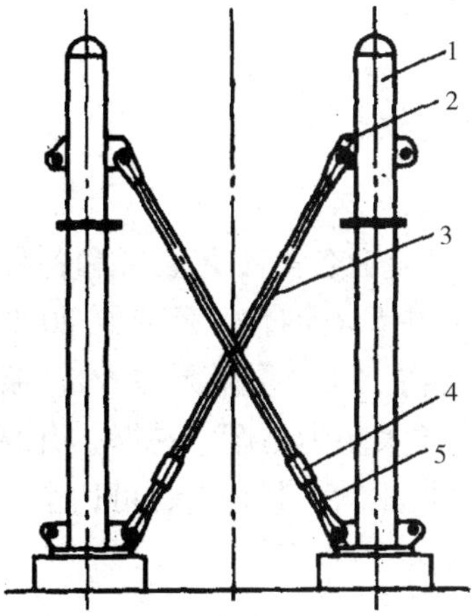


1—支柱；2—支耳；3—长拉杆；
4—调节螺母；5—短拉杆

图 6.5-36　单层交叉可调式拉杆

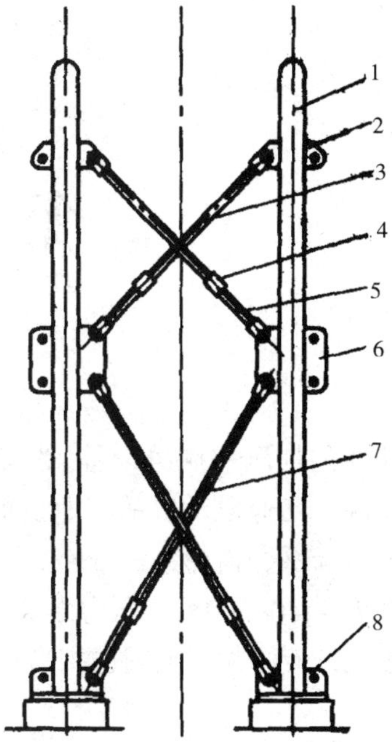


1—支柱；2—上部支耳；3—上部长拉杆；4—调节螺母；
5—短拉杆；6—中部支耳；7—下部长拉杆；8—下部支耳

图 6.5-37　双层交叉可调式拉杆

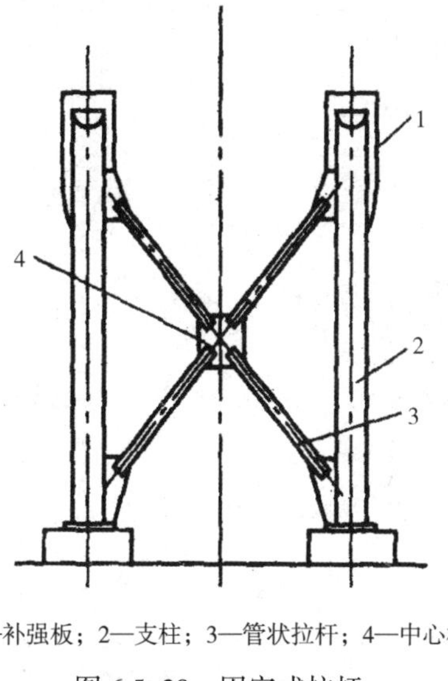


1—补强板；2—支柱；3—管状拉杆；4—中心板

图 6.5-38　固定式拉杆

# 第7章　泵

泵是液体的加压和输送设备，广泛应用于乙烯生产企业各类工艺装置和各种辅助设施中，是仅次于工业电动机的工业机械。据统计，一座中型石油化工厂有泵2000多台，其中离心泵占45%，齿轮泵占23%，往复泵和螺杆泵各占12%，屏蔽泵占6%。泵送的液体介质温度为 -140~500℃，压力由真空至350MPa，介质大多为易燃、易爆、有腐蚀性以及含固体颗粒，液体黏度范围也相当宽。泵一般由电动机驱动，其耗电量可达全厂用电的40%~50%。

泵可按工作原理和运动方式进行分类。

1. 按工作原理分类

按工作原理分为容积式泵和叶片式泵。

1）容积式泵

容积式泵是依靠工作单元在泵缸（壳）内作往复或回转运动，使工作容积交替增大和缩小，实现液体的吸入和排出。

容积式泵的分类如图7.0-1所示。

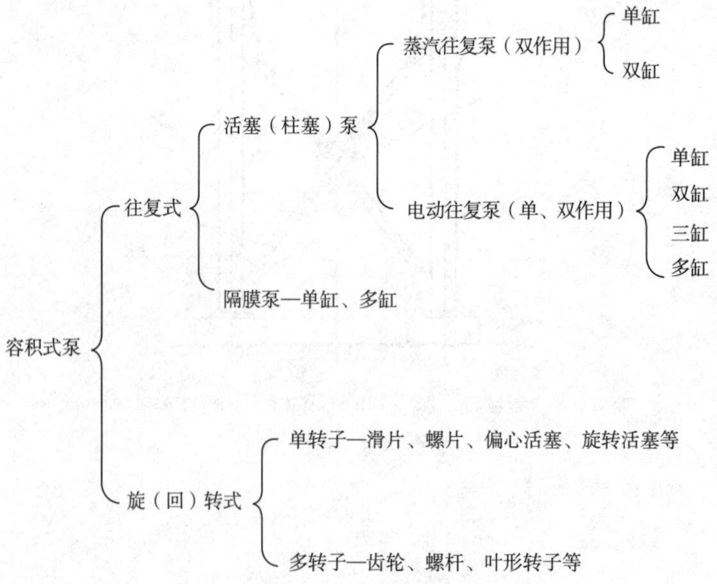


图7.0-1　容积式泵的分类

2）叶片式泵

叶片式泵是靠快速旋转的叶轮对液体的作用力将机械能传递给液体，使其动能和压力能增加，再通过泵缸将大部分动能转换为压力能而实现输送。

叶片式泵的分类如图 7.0–2 所示。

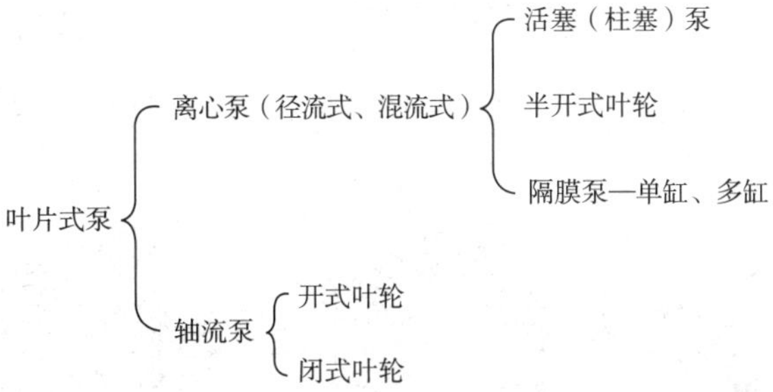


图 7.0–2　叶片式泵的分类

2. 按运动方式分类

按运动方式分为往复式泵、旋（回）转式泵和特殊作用泵。

1）往复式泵

依靠活塞、柱塞或隔膜在泵缸内往复运动，使缸内工作容积交替增大或缩小来输送液体、使之增压的容积式泵称为往复式泵。根据往复原件不同分为活塞泵、柱塞泵和隔膜泵三种类型。

2）旋（回）转式泵

利用齿轮、螺杆、叶轮或滑片等工作元件的旋转作用，迫使液体从吸入侧转移到排出侧的容积式泵称为回转式容积泵。

依靠径向和轴向配置在转子上的多个柱塞在转子回转过程中，各自在泵缸内作往复运动来完成吸排作用的径向和轴向回转柱塞泵，可被看作是特殊类型回转泵。

依靠叶轮旋转时产生的离心力来输送液体的离心泵和轴流泵都是动力式泵。

3）特殊作用泵

（1）射流泵　依靠一定压力的工作流体通过喷嘴高速喷出带走被输送流体的泵。

（2）水锤泵　水锤泵是利用流通中的水被突然制动时所产生的能量，使其中一部分水压升到一定高度的一种泵。

（3）电磁泵　处在磁场中的通电流体在电磁力的作用下向一定方向流动的泵。主要用于核动力装置中输送作为载热体的液态金属（钠或钾），也可以用于铸造生产中输送熔融的金属，其流量可达 13000$m^3$/h，温度可达 1200℃。

（4）气体升液泵　通过导管将压缩空气或其他压缩气体送到液体的最底层处，使之形成较液体轻的气液混合流体，再借管外抽吸的压力将混合流体压升上来的泵。

图 7.0–3 表示了不同类型泵的工作原理。

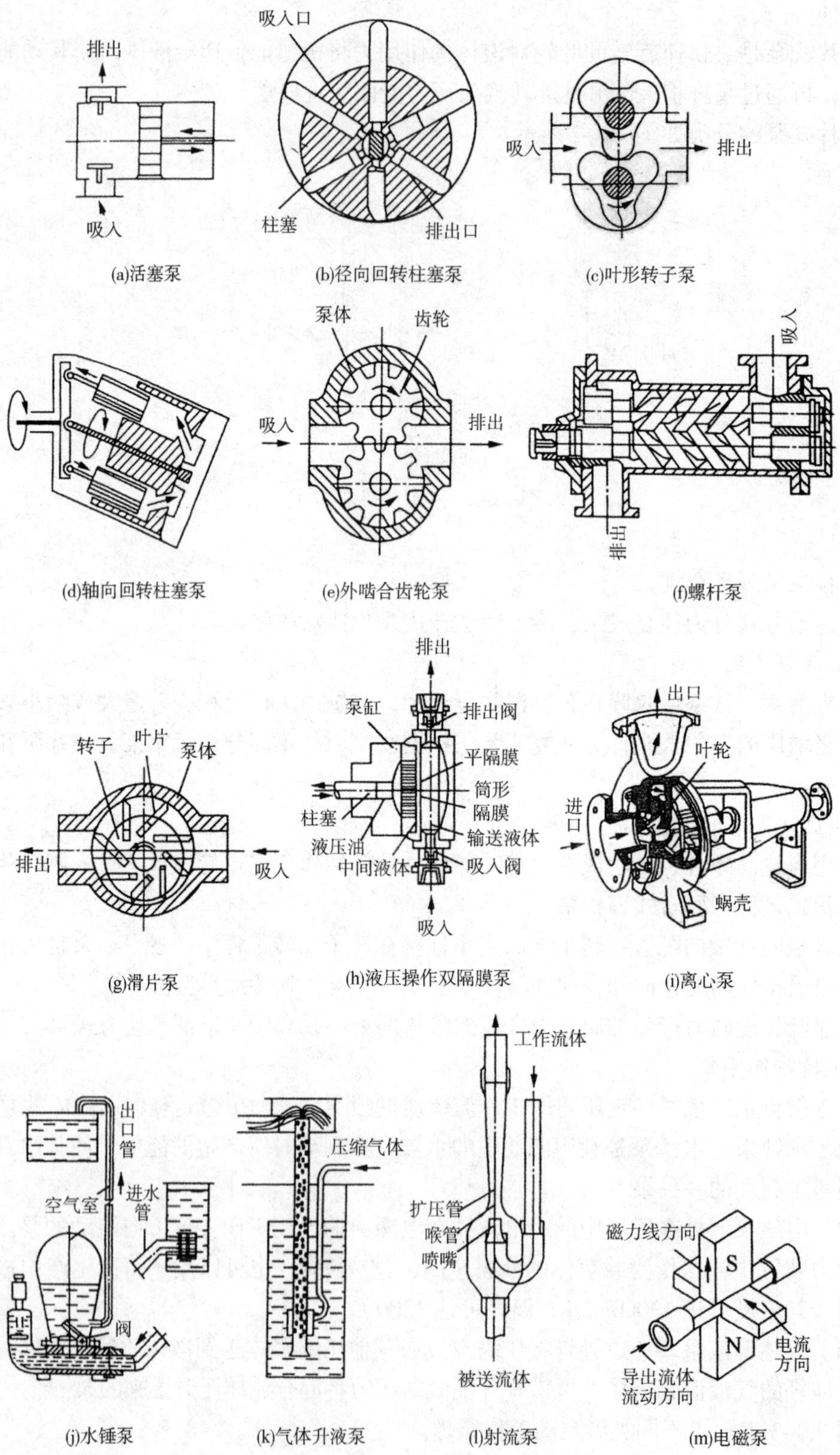


图 7.0-3　各种泵的工作原理

# 7.1 离心泵

离心泵可按下列方式进行分类。

1. 按叶轮数目分类

（1）单级泵　泵内只有一个叶轮，通常扬程较低，一般扬程最不超 150m。

（2）多级泵　泵内有两个以上叶轮，扬程较高，可达数百米。

2. 按叶轮吸入方式分类

（1）单吸式泵　叶轮只有单侧吸入口。

（2）双吸式泵　叶轮两侧均有吸入口，相当于两个单吸式叶轮，因此，流量为单吸式的两倍。

3. 按叶轮构造分类

（1）开式叶轮泵　叶轮没有前后轮板，用于输送污水。

（2）半开式叶轮泵　叶轮只有后轮板，用于输送黏性液体或含有固体颗粒的液体。

（3）闭式叶轮泵　叶轮有前后轮板，输送清洁流体，石油化工厂油泵采用较多。

4. 按泵体结构分类

（1）蜗壳泵　泵的壳体呈螺旋形，炼厂油泵多为此种。

（2）透平泵　即分段式多级泵，叶轮外缘还有一个导轮，类似透平机的结构，故名透平泵。

5. 按泵轴位置分类

（1）立式泵　泵轴立放。

（2）卧式泵　泵轴平放。

6. 按输送介质分类

（1）水泵　输送清洁冷热水，如锅炉给水泵。

（2）油泵　输送各种油品，按油品温度高低分冷油泵（≤200℃）和热油泵（≥200℃）。

（3）耐腐蚀泵　输送酸、碱等各种腐蚀性液体。

（4）砂浆泵　输送带固体颗粒的液体，如泥浆泵等。

## 7.1.1 离心泵的工作原理

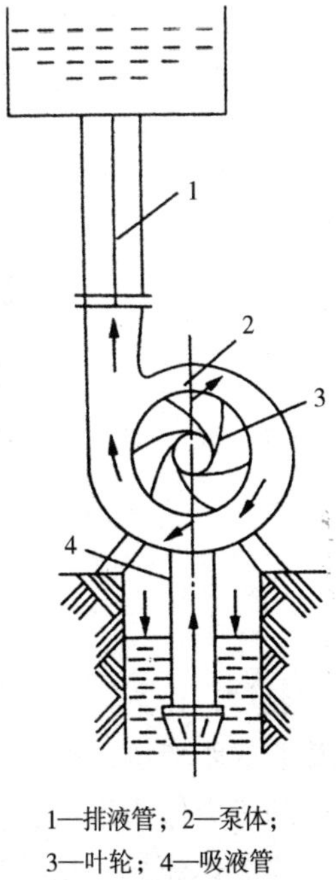

1—排液管；2—泵体；
3—叶轮；4—吸液管

图 7.1–1　离心泵的工作原理

离心泵的工作原理如图 7.1–1 所示，其主要工作部件是叶轮。泵启动前要将泵灌满液体，这样泵启动后，叶轮内的液体受离心力作用被甩向叶轮外围蜗壳，在叶轮中心附近形成一定的真空，储槽内的液体便在大气压力作用下经吸液管流入叶轮，而被叶轮甩出的液体由于是在流通截面逐渐扩大的流道中流动，流速沿流动方向在降低，压力沿流动方向在提高，于是液体不但能从排液管排出，并且还能输送到一定的高度。如果离心泵在启动前，没有在泵体中灌满液体，则泵启动后是不能输送液体的，这是因为离心泵的吸排液口是相通的，叶轮中充满空气时，由于空气的密度比液体的密度小得多，叶轮旋转时产生的离心力不足以将叶轮内的空气甩出，叶轮进口处形不成较高的真空，因此，泵吸不上液体。所以，离心泵在启动前必须灌泵或将叶轮内的空气抽出后才能启动。

离心泵是由原动机（电动机或汽轮机）通过轴带动叶轮进行高速旋转（一般转速为1450r/min 或 2950r/min），使液体获得能量而完成输送任务的机械设备。

图 7.1–2 所示为一台装在管路上的离心泵。在泵启动前，先在泵壳内充满被输送的液体。当叶轮旋转时，液体也跟着做圆周运动。

这时，液体与叶片的摩擦力充当了做圆周运动的向心力，向心力大小为：

$$F=\frac{m\omega^2}{R} \tag{7–1}$$

将此式稍做变形，则有

$$R=\frac{m\omega^2}{F} \tag{7–2}$$

式中　$R$——圆周运动的半径。

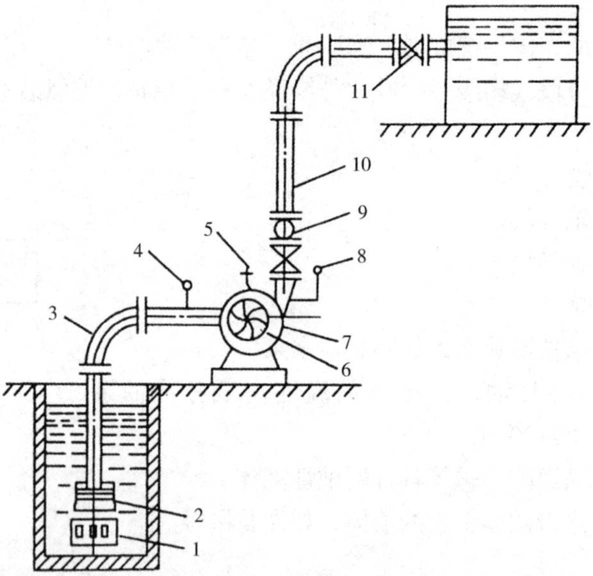


1—吸入口；2、9—止逆阀；3—吸入管；4—真空表；5—漏斗；
6—叶轮；7—泵壳；8—出口压力表；10—出口管；11—闸阀

图 7.1–2　离心泵装置图

显然，作为向心力的摩擦力 $F$ 是十分有限的。当转速足够大时，液体就不能维持原来到圆心的距离 $R$，而要逐渐远离圆心趋向壳体，这就产生了离心现象，此时，则以泵壳对液体的压力作为维持圆周运动的向心力。

当流体流到出口管时，由于失去泵壳给予的压力（即向心力），液体就会从出口管流出。这时，泵壳中靠近转动轴的部位由于液体的流出而形成局部真空，于是储罐中的液体在大气压力的作用下，被迫通过吸入管进入泵壳内补充此空间。叶轮不断转动，泵轴附近的液体不断离开中心而从出口管排出，泵外的液体不断通过吸入管进入泵壳，这就是离心泵的工作原理。从能量转换的观点可以更清楚地解释离心泵为什么能够吸液和排液。

叶轮带动液体高速旋转时，使得液体获得大量的机械能，由于泵壳内的空间较小，这些机械能除一部分转换为动能外，另一部分转变为静压能。液体离开叶轮进入泵壳后，由于泵壳中流道逐渐加宽，流体流速逐渐降低，又有部分动能转变为静压能，至泵出口处，液体的静压强进一步提高而冲入排出管中。这就是离心泵为什么能够排液的道理。

离心泵在启动前如不充满液体，则泵内就会积存空气，由于空气的密度比液体小得多，在离心泵既定的转速下，$\omega^2$ 虽然较大，但由式$R=\dfrac{m\omega^2}{F}$可看出，因 $m_{气}<m_{液}$，所以，$R_{气}<R_{液}$，即气体在泵内产生离心现象趋向叶轮周边时，混在液体中的空气便乘虚而入，集中于泵轴周围，使得叶轮中心处真空度很低，储槽液面与泵入口处的压强差很小，无力推动液体流入泵内。这种由于泵内存气而使离心泵打不上液体的现象，称为“气缚”现象。

## 7.1.2　离心泵的结构

泵是把原动机的机械性能转换成液体的势能和动能的机械。

按使用要求不同，离心泵有不同的类型。按叶轮进液方式可分为单吸式（图 7.1–3）和双吸式（图 7.1–4）；按叶轮数目可分为单级泵和多级泵（图 7.1–5）；按泵壳接缝形式可分为水平剖分式泵和垂直剖分式泵；按泵壳的结构还可分为蜗壳式泵和透平式泵。此外，按泵扬程的大小分为低压泵（扬程小于 $20mH_2O$）、中压泵（$20\sim160mH_2O$）和高压泵（高于 $160mH_2O$）。按输送介质不同又分为清水泵、油泵和耐腐蚀泵等。

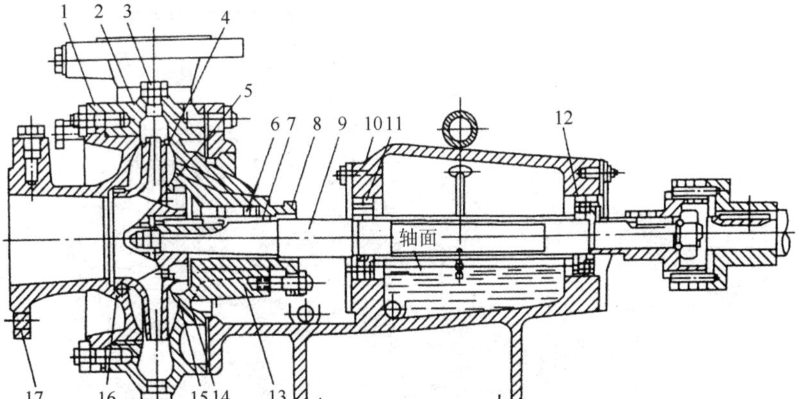


1—泵盖；2—泵壳；3—放气孔；4—叶轮；5—螺母；6—填料函；7—填料；
8—填料压盖；9—泵轴；10—泵架；11、12—滚珠轴承；13—液封圈；
14、16—承磨环；15—平衡孔；17—吸液管法兰

图 7.1–3　单级单吸卧式离心泵结构图

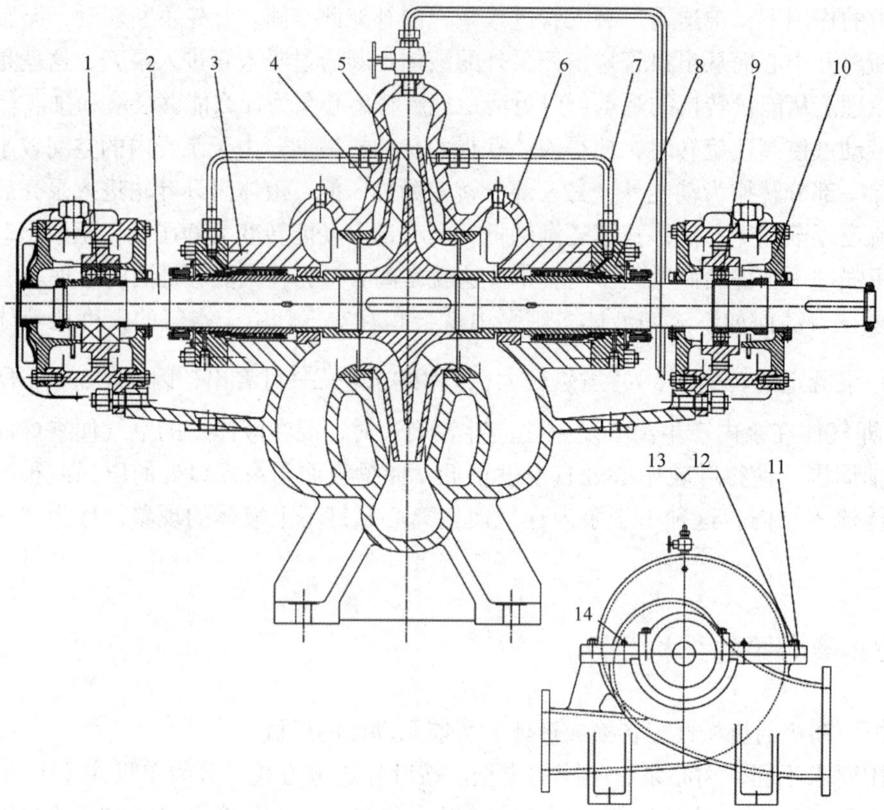


1—推力球轴承；2—轴；3—泵体；4—叶轮；5—双吸口环；6—泵盖；7—冲洗管；
8—机械密封部件；9—深沟球轴承；10—轴承压盖；11—垫片；12—螺柱；13—螺母；14—锥销

图 7.1–4 单级双吸卧式离心泵

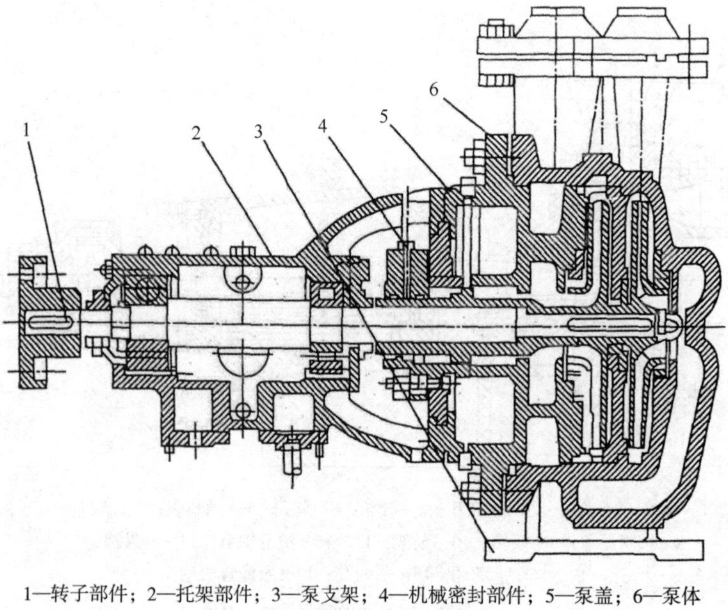


1—转子部件；2—托架部件；3—泵支架；4—机械密封部件；5—泵盖；6—泵体

图 7.1–5 双级单吸泵结构图

离心泵的基本结构如图 7.1–6 所示，该图是结构最简单的单级单吸悬臂式离心泵，除了图示主要构件（如叶轮、转轴、吸液室、压液室、扩压管、密封环以及轴承）以外，有些离心泵还装有专门的能量转换装置（导轮）、平衡叶轮轴向推力的平衡装置和提高抗泵气蚀性能的诱导轮等。

单吸泵的叶轮只有一侧有吸入口，液体从叶轮一侧进入。见图 7.1–3。双吸泵的叶轮两侧都有吸入口，见图 7.1–4，双吸泵适用于排液量较大的场合。

按叶轮级数可分为单级泵和多级泵。多级泵是在同一根泵轴上串联了两个以上叶轮，图 7.1–5 所示为一台双级单吸泵。级数增多时，泵的扬程提高，可以达到的压力也随之提高。级数更多的泵体一般制成分段式，其结构特点是壳体分为吸入段、中段和压出段，各段之间用拉紧螺栓紧固，见图 7.1–6。

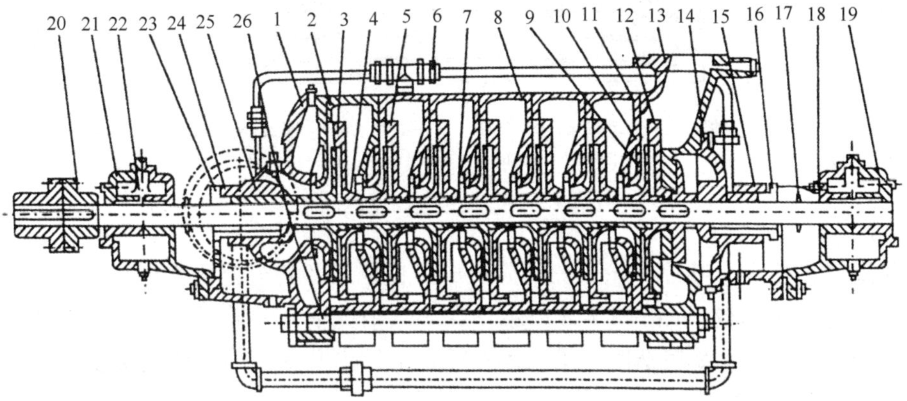


1—吸入段；2—中段；3—叶轮；4—泵轴；5—导轮；6—密封环；7—叶轮挡套；8—导轮；9—平衡盘；10—平衡套；11—平衡板；12—压出段导轮；13—压出段；14—尾盖；15—轴套乙；16—紧锁螺母；17—挡水圈；18—平衡盘指针；19—轴承乙；20—联轴器；21—轴承甲；22—油杯；23—轴套甲；24—填料压盖；25—液封环；26—拉紧螺栓

图 7.1–6　多级离心水泵结构图

图 7.1–7 所示是一台分段式多级高压热油泵，其结构上的显著特点是有双层壳体，以保证使用的安全。

## 7.1.3　离心泵的主要零部件

离心泵的主要零部件有叶轮、泵轴、吸入室、泵体、轴向力平衡装置、径向力平衡装置和密封等。

1. 叶轮

叶轮是离心泵中唯一的能量传递组件。叶轮和轴以及固定在轴上的所有零件统称为转子。当原动机带动泵轴旋转时，固定在轴上的叶轮也随之旋转，通过叶片把原动机的能量传递给液体，使液体提高压力。液体压力的升高值 $\Delta p$（Pa）与扬程 $H$（J/kg）和液体的密度 $\rho$（kg/m$^3$）有关，$\Delta p=\rho H$（MPa）。

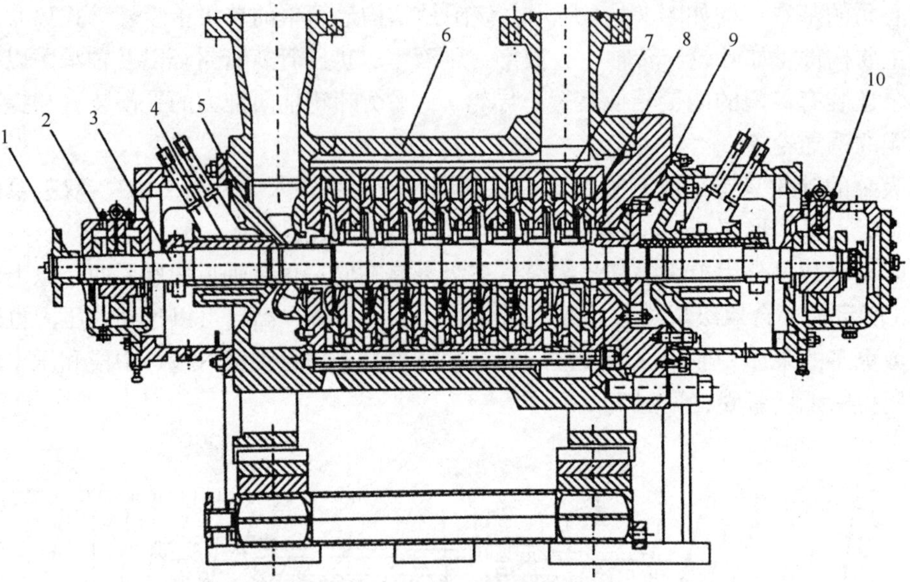


1—联轴器；2—滑动轴承；3—泵轴；4—密封填料；5—端盖；6—泵外壳；
7—中间导叶；8—叶轮；9—平衡盘；10—轴承架

图 7.1–7　分段式多级高压热油泵

叶轮通常由轮盘、叶片和轮盖三部分组成。根据三者的组合情况可有闭式、半开式、开式和双吸叶轮等结构，如图 7.1–8 所示。在多数情况下，叶轮是用铸造或精密铸造法整体制成。当流道很窄不易铸造时，可采用在轮盘上铣出叶片后的焊接或铆接结构。

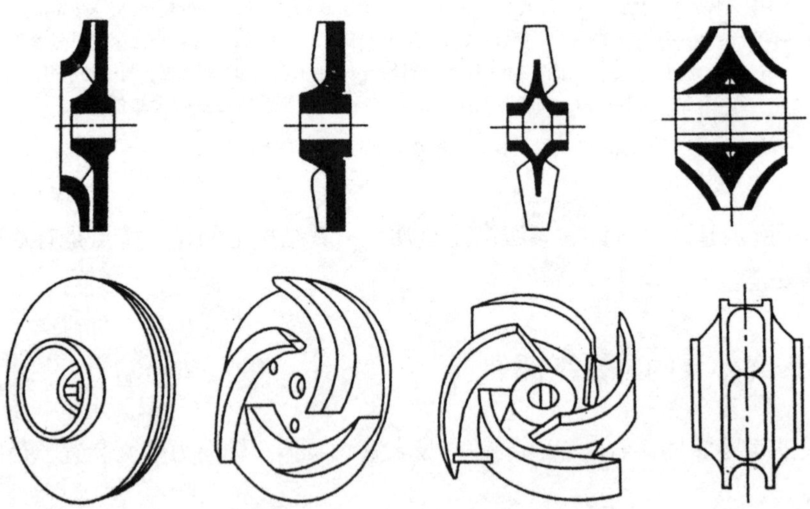

(a) 闭式叶轮　(b) 半开式叶轮　(c) 开式叶轮　(d) 双吸叶轮

图 7.1–8　离心泵叶轮形式

叶片有前弯叶片、径向叶片和后弯叶片之分，如图 7.1–9 所示。离心泵中大多采用后弯叶片，即叶片的弯曲方向与叶轮转动方向相反。

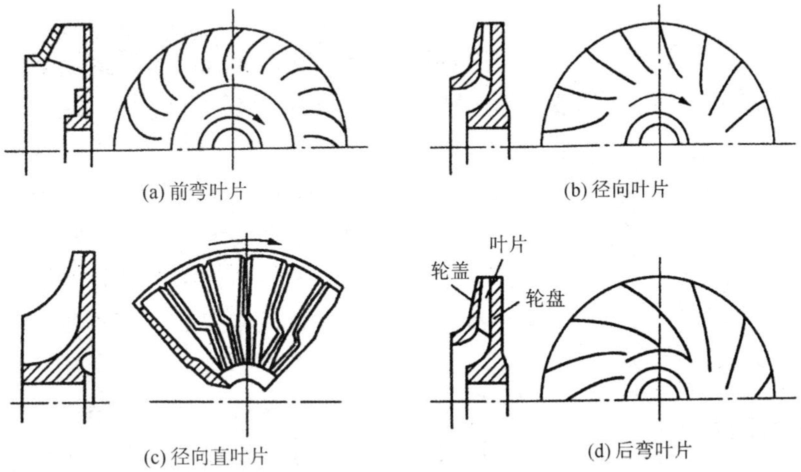


图 7.1–9　叶片弯曲形式

2. 吸入室

吸入室位于叶轮入口之前，其作用是将吸入管中液体以最小的能量损失导入叶轮。吸入室一般有三种形式，如图 7.1–10 所示。锥形吸入室用于小型单级悬臂式离心泵中，螺旋形吸入室多用于悬臂式离心泵和中开式多级蜗壳泵中，圆环形吸入室常用于多级分段式离心泵中。

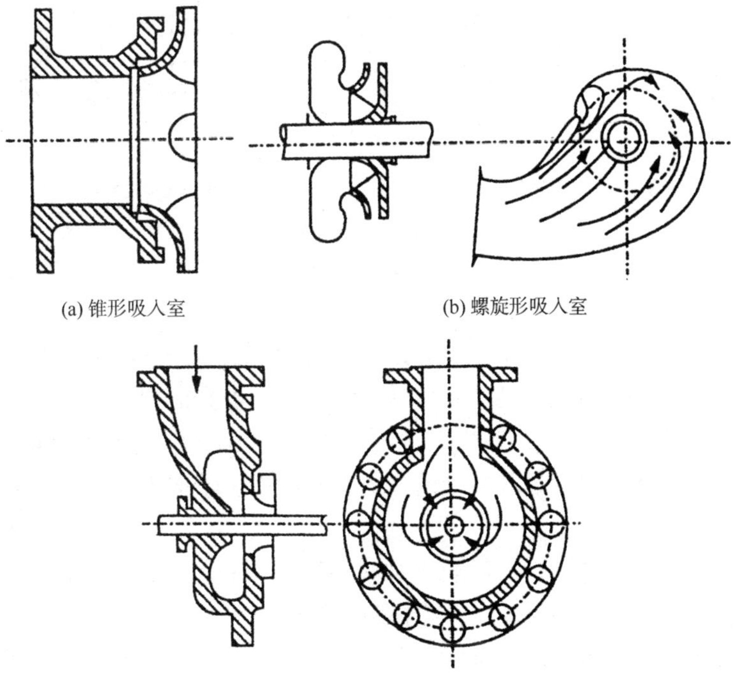


图 7.1–10　吸入室形式

3. 泵体

泵体主要是压液室，压液室的作用是收集液体和转换能量，即把从叶轮排出的液体收集起来导向排出管，同时降低液体的速度，使动能转化为压力能。压液室是指叶轮出口到泵出口法兰（对分段式多级泵是到下一级叶轮入口）的过流部分，常见的有蜗壳和导叶（也称导轮）两种形式。

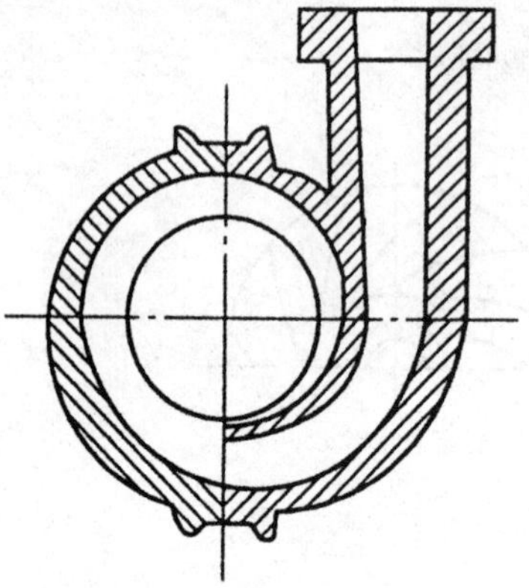

图 7.1–11　蜗壳

蜗壳因流道做成螺旋形而得名，如图 7.1–11 所示。液体沿螺线流动，随着流道截面的扩大而降低速度。螺壳后有一扩压段，该段主要起降速扩压作用。对分段式多级泵，为了使结构简单紧凑，每级叶轮和下一级叶轮之间的能量转换采用导叶（导轮）结构，导叶有径向导叶和流道式导叶两种，如图 7.1–12 所示。径向导叶流动性能稍差，流道式导叶流动性能较好，但制造较困难。离心油泵与一般分段多级泵多采用径向式导叶，而分段多级高压热油泵则采用流道式导叶。

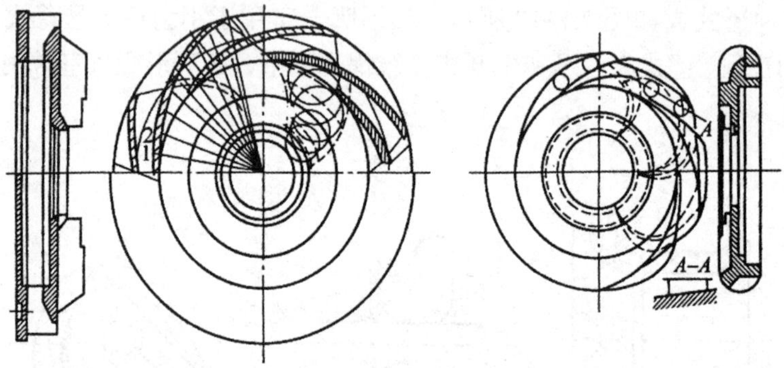


（a）径向式导叶　　（b）流道式导叶

图 7.1–12　导叶

4. 轴向力平衡装置

离心泵运转时，转子受到一个与轴心线平行的轴向力，其产生原因可做如下解释：液体流经叶轮后压力升高，因此，在叶轮前后两侧压力的分布不同，如图 7.1–13 所示。在轮盖侧 $r_1$ 范围内的压力为 $p_1$，轮盘侧 $r_2$ 范围内的压力为 $p_2$（呈抛物线分布）。显然轮盖侧压力低，轮盘侧压力高，这就是产生轴向力的主要原因。轴向力一般自叶轮背面指向叶轮入口。

由于轴向力相当大（特别是当叶轮级数较多时），除个别单级小型离心水泵利用滚动轴承承受轴向力外，一般都需要采取平衡轴向力的措施。

单级泵常用的平衡轴向力措施有以下几种：

（1）采用双吸叶轮　双吸叶轮两侧对称，轴向力相互抵消，这种叶轮一般适用于流量较大的场合。

（2）开平衡孔或接平衡管　在叶轮轮盘上相当于吸入口直径范围内开若干平衡孔，使

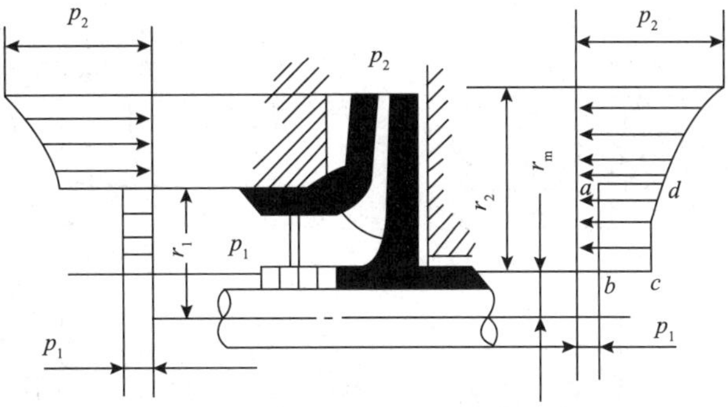


图 7.1–13　叶轮两侧压力分布图

轮盘前后空间相通，液体从平衡孔流到进口，使叶轮两侧压力分布基本相同。这种结构的叶轮在叶轮背后与泵壳间增设密封环，其直径与轮盖入口处的密封环的直径相同，如图 7.1–14 所示。

（3）采用平衡叶片　此法是在叶轮轮盘背面装有若干径向叶片，如图 7.1–15 所示。当叶轮旋转时，叶片推动叶轮与泵壳间的液体旋转，使叶轮背面靠叶轮中心部分的压力下降，使轴向力减小。此法还具有减小轴封负荷，防止固体颗粒进入轴封的作用。

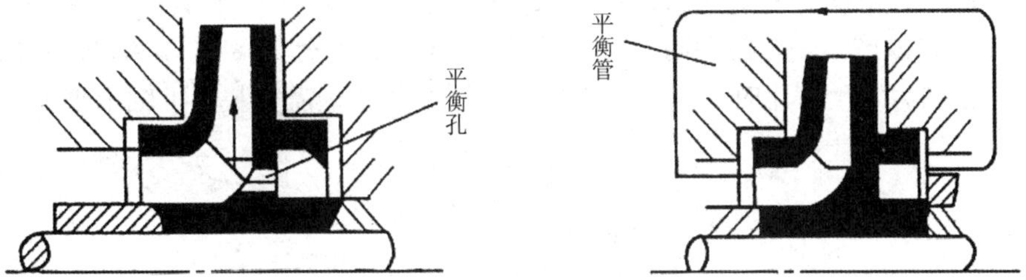


图 7.1–14　平衡孔和平衡管

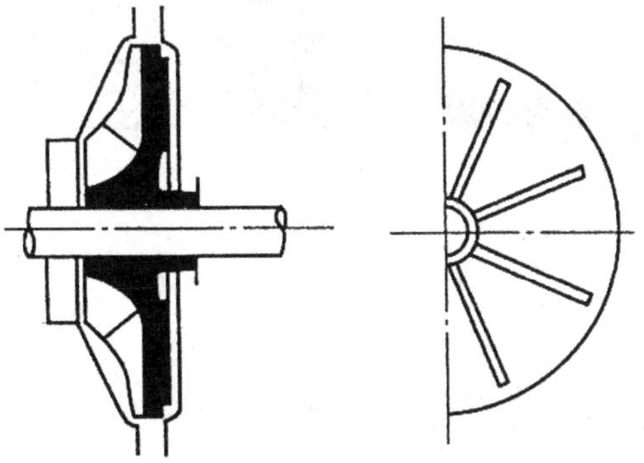

图 7.1–15　平衡叶片

多级泵常用的轴向平衡措施有以下几种：

（1）叶轮对称布置　叶轮对称布置一般用于叶轮数为偶数的中开式多级蜗壳泵，如果级数为奇数时，第一级叶轮要做成双吸叶轮。图 7.1–16 为叶轮对称布置的几种形式。叶

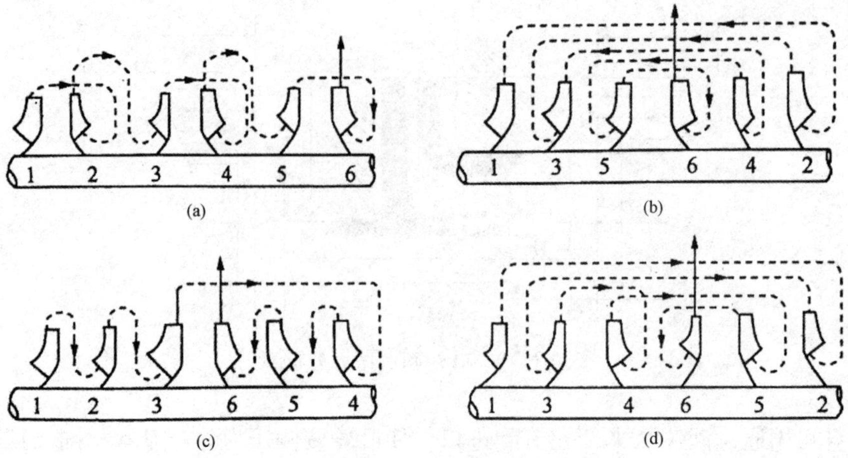


图 7.1–16　叶轮对称布置形式

轮对称布置的要求是轴封所受压力较小；级间泄漏量要小，即相邻级间的压差应尽量小；同时流道应尽量简单。

（2）平衡鼓　如图 7.1–17 所示，在多级分段泵的末级叶轮后装一个圆柱形平衡鼓（也称卸荷盘），平衡鼓左面的压力为末级叶轮出口压力 $p_2$，平衡鼓与泵壳有间隙密封，平衡鼓右面是平衡室，平衡室通过平衡管与泵入口连通，其压力为（稍高于一级入口压力）。因为 $p_2$ 大于 $p_0$，故产生一个与轴向力方向相反的平衡力 $p_{平}=\pi(r_1^2-r_m^2)(p_2-p_0)$，使轴向力得到平衡。当轴向力发生变化时，平衡鼓不能调整平衡力，仍需安装止推轴承来承受残余的轴向力。

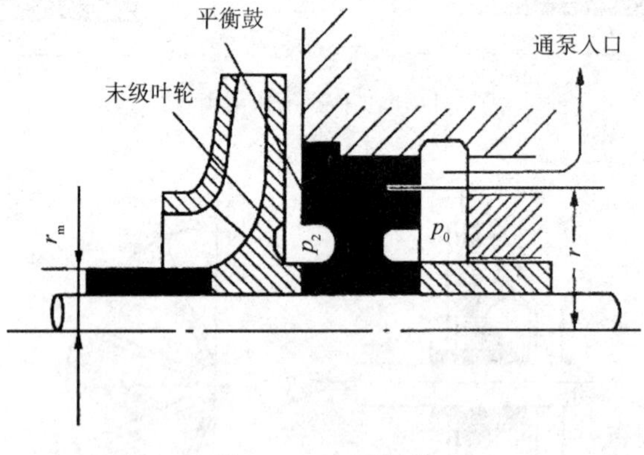


图 7.1–17　平衡鼓

（3）采用自动平衡盘　在多级泵中，为适应轴向力的变化自动调整轴向力的平衡，采用如图 7.1–18 所示的自动平衡盘装置。在此装置中，末级叶轮后的压力为 $p$，液体流过径向间隙 $b$ 后压力下降为 $p'$，再经轴向间隙 $b_0$ 后的压力变为 $p_0$，$p_0$ 是平衡盘后的压力，与泵入口连通，压力稍高于泵入口压力，基本不变化。通过径向间隙 $b$ 和轴向间隙 $b_0$ 的泄漏量 $q$ 相同。平衡盘前后压差（$p'-p_0$）与平衡盘工作面积的乘积是平衡力，其方向与轴向力方向相反。

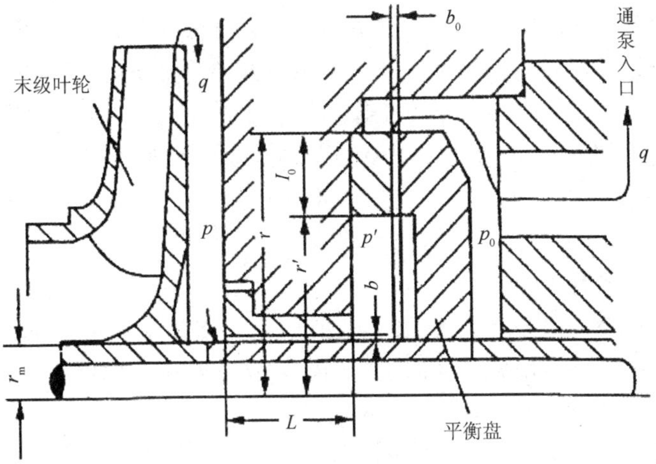


图 7.1–18　自动平衡盘装置

在这种装置中，靠转子左右移动，不断调整平衡力大小，以达到轴向力与平衡力的平衡。平衡性能的好坏除正确设计平衡盘尺寸外，正确选取径向间隙 $b$ 是一个重要因素，一般取 $b$=0.2~0.4mm。当液体黏度大或含泥沙等杂质时，可适当加大径向间隙 $b$，以免间隙过小致使液流不通畅造成平衡盘失效。

（4）采用平衡盘与平衡鼓组合装置　这种装置兼有平衡盘与平衡鼓的综合效果，多用于大容量高参数分段式多级泵中，如图 7.1–19 所示。

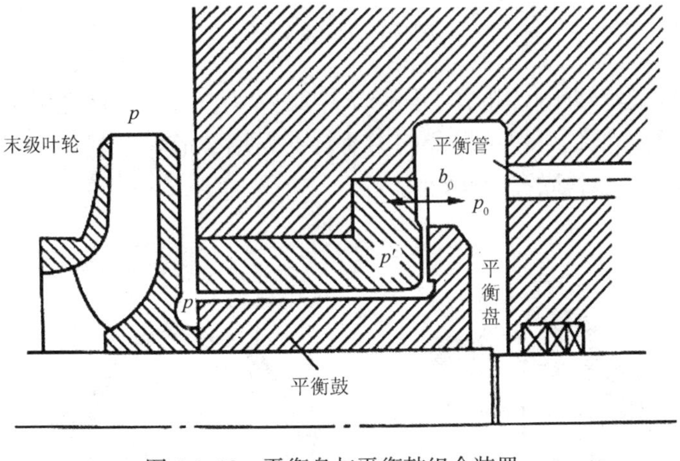


图 7.1–19　平衡盘与平衡鼓组合装置

5. 径向力平衡措施

径向力的不平衡主要出现在蜗壳式泵中。通常认为液体从叶轮中均匀流出，并在蜗室中作等速运动，因此，螺旋形蜗室是在一定的设计流量下配合一定的叶轮而设计的。蜗室基本保证叶轮周围液体作均匀的等速运动，此时，轮周围压力大体上是均匀分布的，叶轮与蜗室协调工作，不产生径向力。

当流量发生变化，在大于或小于设计流量下工作时，叶轮与蜗室的协调性被破坏，在叶轮周围产生速度和压力的不均匀。当流量小于设计流量时，蜗室压力从泵舌开始逐渐上升。在流量大于设计流量时，蜗室内压力从泵舌开始逐渐下降。离心泵并不能总在设计流量下工作，启动和停车时在零流量下工作，生产中产量的变化也直接影响泵的流量，因此径向力是不可避免的。径向力的合力使轴和轴承受到额外的负荷。多级分段泵的导叶相当于叶轮周围有多个蜗室，因此，蜗室产生的径向力互相抵消，可不考虑径向力平衡问题。

径向力平衡的措施有：

（1）采用双层蜗室或双蜗室　如图 7.1-20 所示，将蜗室分成对称的两部分，虽然在每个蜗室中压力分布仍是不均匀的，但由于两蜗室相互对称，作用在叶轮上的径向力互相平衡。

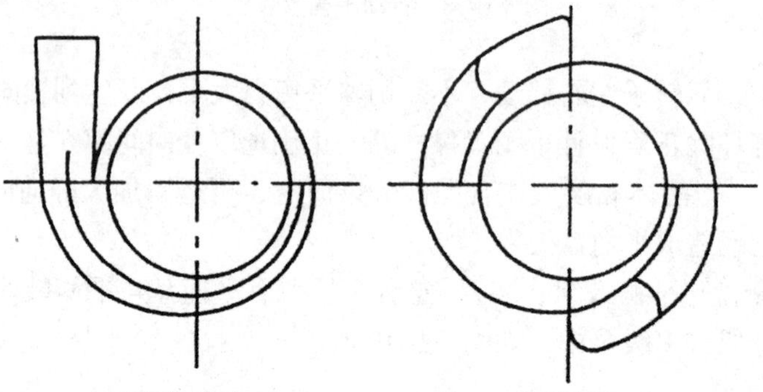

(a) 双层蜗室　　(b) 双蜗室

图 7.1-20　双蜗室

（2）相邻两蜗室旋转 180° 布置　如图 7.1-21 所示，在多级蜗壳泵里，采用相邻两蜗室旋转 180° 布置的办法，可以减弱径向力对轴的作用，但轴上剩有一个力矩，由于两叶轮间距很小，所以力矩对轴的影响较小。

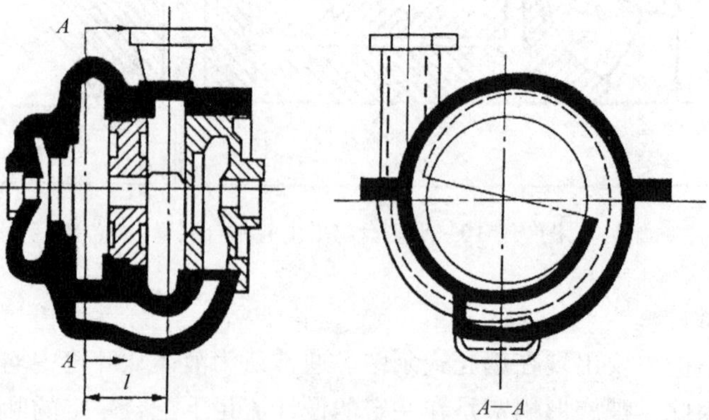


图 7.1-21　相邻两蜗室旋转 180° 布置

6. 密封

为了避免泵的转子与固定壳体相碰，转子与固定不动的壳体之间应有一定的间隙，为了防止外泄漏，即防止液体通过泵轴贯穿泵壳时的间隙漏出泵外或空气进入泵内，在泵轴贯穿处装设轴封。此外，泵内叶轮入口和泵壳之间有间隙，多级泵的级与级间也有间隙，由于液体易从压力高处向压力低处泄漏，因此也要考虑密封。

1）轴封

轴封有机械密封和填料密封两种。

（1）机械密封　图 7.1–22 所示为一机械密封结构图。不论何种类型的机械密封，都由四类部件组成。

① 主要密封件　主要由动环、静环、动环密封圈、静环密封圈组成。要求动环、静环密封面紧密贴合，两环应具有良好的耐磨性；动环可以轴向灵活移动，自动补偿密封面的磨损，并要求与静环良好的贴合；静环具有浮动性，起缓冲作用，为此要求密封面应有良好的加工质量。密封圈有 O 形环、V 形环、U 形环、楔形环等形式，主要起辅助密封作用，同时也起到浮动和缓冲作用。其材料应耐热、耐寒、与介质不溶和不起化学反应。

② 压紧件　弹簧、波纹管、推环等。

③ 传动件　传动销、传动螺钉、弹簧座、紧固螺钉等。

图 7.1–22 的机械密封中有 4 个密封点：端盖与箱体之间的泄漏点 4 是静密封；动环与轴之间的泄漏点 2、静环与端盖之间的泄漏点 3 基本上是静密封，但要保证动、静环的浮动性和追随性，对有轴套的机械密封，存在轴与轴套间泄漏点；动环为镶嵌结构时，镶嵌结合面也是密封点：泄漏点 1 是动、静环之间的动密封，靠摩擦副端面的紧密贴合达到密封，所以，机械密封也称端面密封。端面间的贴合靠介质压力和弹簧力作用而达到。

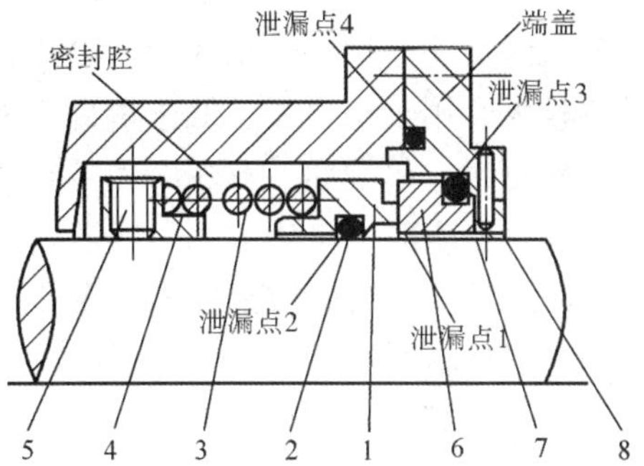


1—动环；2—动环辅助密封圈；3—弹簧；4—弹簧座
5—紧固螺钉；6—静环；7—静环辅助密封圈；8—防转销

图 7.1–22　机械密封结构图

机械密封的形式很多，图 7.1–23 列出了机械密封的基本类型。根据弹簧处于被密封介质内、外可分为内装式与外装式，常用的是内装式结构，外装式适用于介质压力较低、强腐蚀、高黏度、易结晶的场合。内流型与外流型是针对流体在密封面上的流动方向而言，向心流动为内流，离心流动为外流，因内流型流动方向与离心力方向相反，因此既可阻止流体泄漏，又可防止固体颗粒进入密封面。静止式与旋转式是指弹簧是否随轴转动，

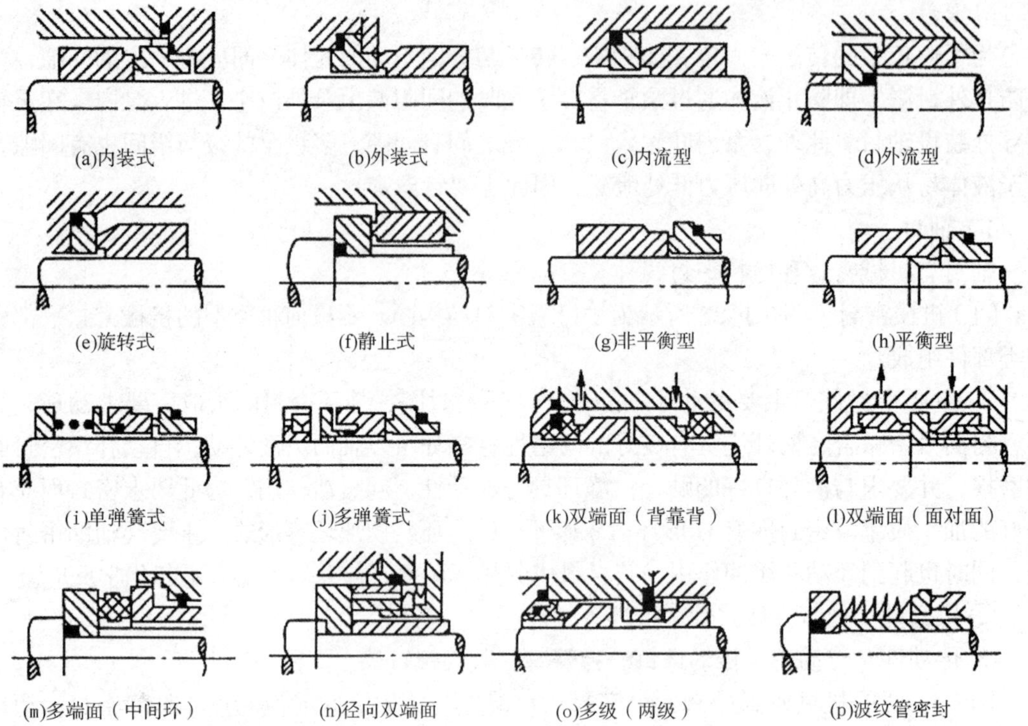


图 7.1–23　机械密封的基本类型

静止式弹簧不随轴旋转，不受离心力影响，常用于高速机械密封。非平衡型与平衡型是根据密封面上所受介质压力的状况来区分的，介质压力全部作用在密封端面上为非平衡型，适用于低压场合；部分介质压力作用在密封面上为平衡型，适用于高压场合。单弹簧式与多弹簧式是指机械密封用一个大弹簧还是用多个小弹簧，单弹簧受力不均匀，离心力使弹簧偏移或变形，同时轴向尺寸较大，用于小直径、低速密封；小弹簧（多弹簧）使端面受力均匀，多用于大直径高速机械密封。单端面、双端面和多端面机械密封是指一组密封中摩擦副的个数，当单端面不能满足要求时，采用双端面或多端面机械密封。此外，还有径向双端面机械密封、多级机械密封及波纹管机械密封等结构形式。

机械密封常用的材料：动、静环材料为硬质合金和浸渍树脂或金属的石墨，一般为一硬一软配对。在一些特殊场合，也有都用硬质合金作动、静环的硬对硬配对。密封圈常用耐油橡胶、聚四氟乙烯等材料。

机械密封与填料密封相比的优点是泄漏少、寿命长，轴的磨损和功耗均小，所以在油泵及石油化工产品泵上广泛使用。但是，机械密封结构复杂，制造安装精度要求较高，造价也高，所以，在密封要求不高的水泵上，仍大量使用填料密封。

为确保机泵的运行安全，近些年以来，石油化工企业根据输送的物料性质，提出了“高危泵”的概念，高危泵主要包括：①高温热油类，输送介质最高运行温度大于或等于自燃点或介质温度大于 200℃的机泵；②轻烃类，输送介质在大气压力下容易挥发的烃类物质（一般是指 $C_5$ 或更轻的烃类物质的单体或其混合物）的机泵；③有毒有害类，输送毒性程度在重度及重度以上介质的机泵。并对高危泵采用双端面机械密封（即两套单端面机械密封串联使用)，依据 API 682，乙烯装置中的“高危泵”通常采用 Plan32+53A、Plan11+52、Plan21+53A 等密封方案。

Plan32+53A 方案(高温热油泵：乙烯装置急冷油泵所采取的密封方案)：采用 5-15# 工业白油为 PLAN53A 辅助系统提供缓冲液，外接氮气为储液罐提供压力；装置内的柴油为 PLAN32 系统提供外冲洗液，为机械密封降温、冲洗结焦物，如图 7.1-24 所示。该方案的特点是：封液压力高于介质压力，保证高温工艺介质零排放；储液罐配置液位及压力报警开关，可实时监控机封运转情况，提高了安全等级；机封为串联波纹管密封，在一级密封失效时二级密封实现主密封功能，提高设备运行安全等级。

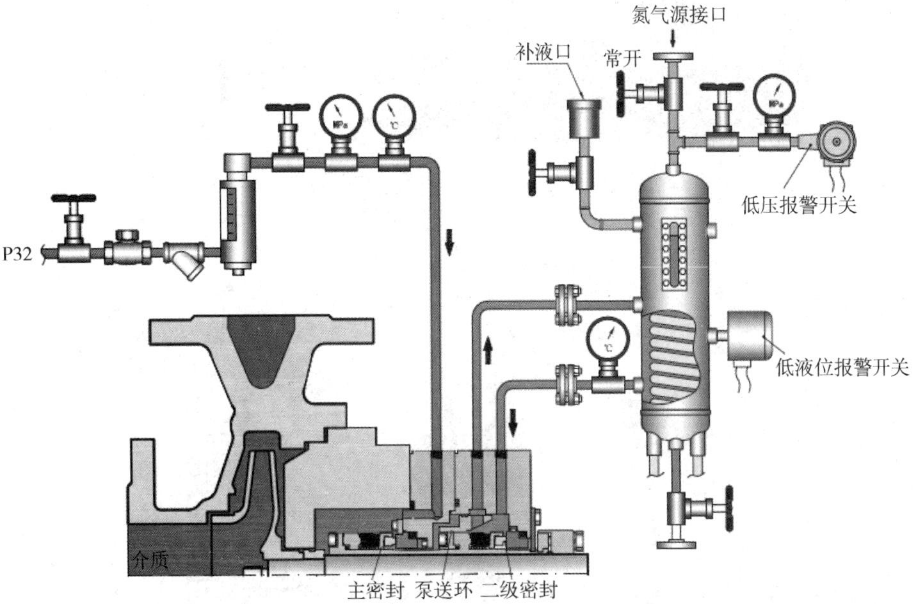

图 7.1-24　Plan32+53A 密封方案示意图

Plan11+52 方案(轻烃泵：乙烯装置低压脱丙烷塔回流 / 产品泵所采取的密封方案)：利用自身介质作为冷却、冲洗液，主密封泄漏的轻烃类介质通过外密封的泵送环被输送到储液罐内，在罐内蒸发经罐顶部管线进入排空(火炬)系统，如图 7.1-25 所示。该方案的特点是：实现了密封运行状态的远程监控，解决了极端情况出现时泵的安全问题，可靠性最高；介质侧完全失去密封功能情况下(比如动静环碎裂、波纹管断裂)，外密封可继续担任主密封工作 8h 以上，使得现场管理人员有足够的反应时间切换和停泵。

Plan21+53A 方案(有毒有害介质泵：脱戊烷塔底泵所采取的密封方案)：增加换热器，将泵输送的工艺介质降温后注入密封腔，改善密封工作的温度环境；Plan53A 系统的阻封液对泵输送的工艺介质进行封堵，外接气源为储液罐提供压力，密封处泵送提供阻封液的循环动力，气源通常从氮气管网接入。如图 7.1-26 所示。该方案的特点是：环保——可实现工艺介质零排放；节能——该方案运行中介质和大气侧密封每天各消耗 50~100mL 左右的阻封液，氮气在加压完成后基本无消耗；技术可靠——从密封现阶段的发展技术上看，波纹管密封性能可靠。

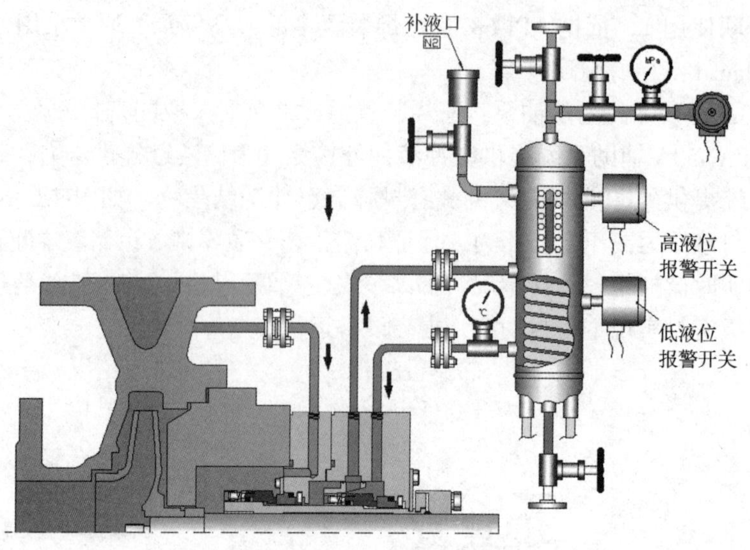


图 7.1–25　Plan11+52 方案示意图

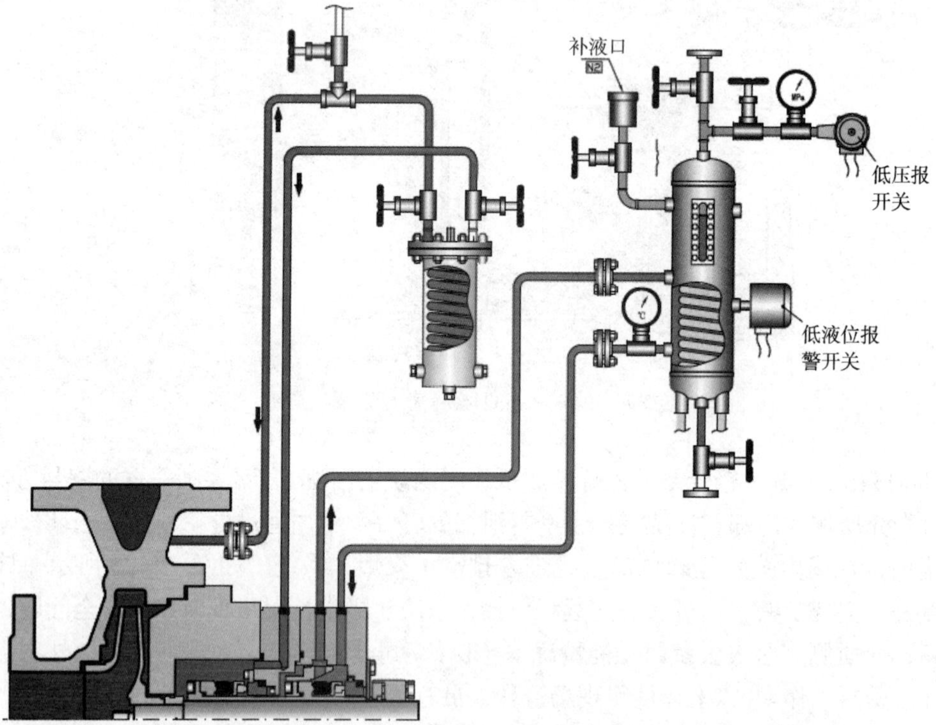


图 7.1–26　Plan21+53A 方案示意图

（2）填料密封　填料密封的结构如图 7.1–27 所示，一般由填料套、填料环、填料、填料压盖、长扣双头螺栓及螺母组成。拧紧螺栓使填料压盖沿轴向移动，压紧填料，使填料产生弹性和塑性变形，与填料箱和轴贴紧以达到阻止介质泄漏的目的。在填料中间往往加一个填料环（也称液封环），向填料环中不断输入封液，可起到冷却和润滑作用。在填料前常装一个填料套（也称节流套），使介质压力降低，以减轻填料的负荷。

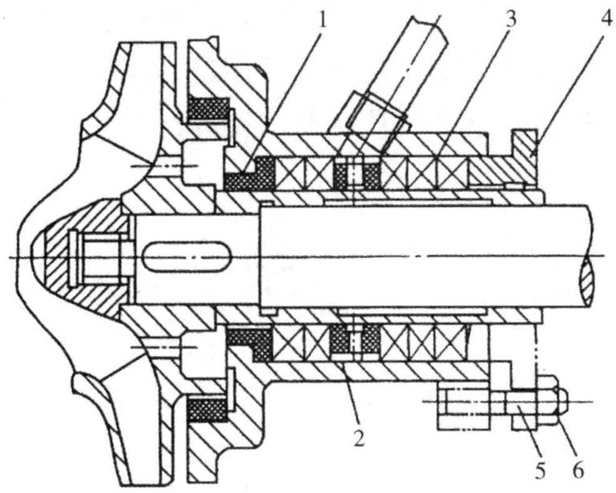


1—填料套；2—填料环；3—填料；4—填料压盖；5—长扣螺栓；6—螺母

图 7.1–27　填料密封结构图

输送高温液体时，填料箱外有冷却水套进行冷却，在压盖中有冷却冲洗液，冷却和冲洗漏出的液体，如图 7.1–28 所示。

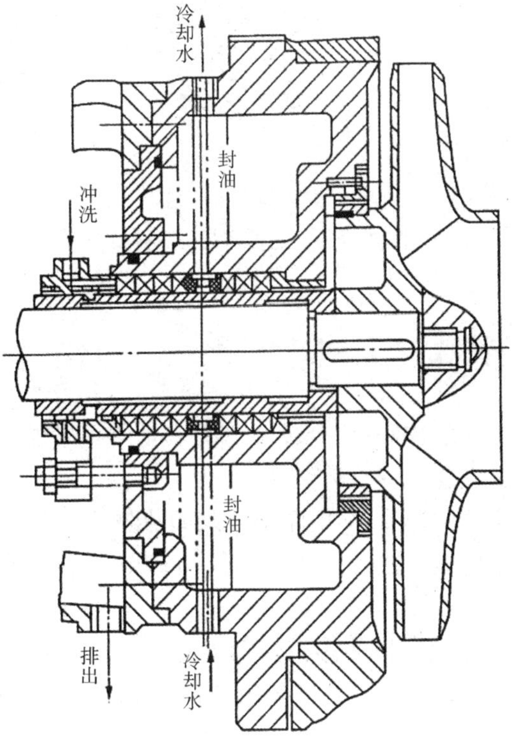


图 7.1–28　带冷却和冲洗的填料密封

填料压盖的松紧程度要适当，过紧虽能减少介质泄漏，但填料与轴套的摩擦损失增加，会降低填料和轴套的使用寿命，严重时还会造成发热、冒烟，甚至将填料和轴套烧毁。如果压盖太松，泄漏量增加。填料密封合理的泄漏量是液体从填料箱中滴状渗漏，每分钟约 60 滴。所以，易燃、易爆、有毒、腐蚀及贵重介质不宜采用填料密封。

叶轮入口周围与泵体之间一般采用间隙密封，也称密封环。图 7.1–29 是各种密封口环的形式，其中平口环结构简单、安装方便，使用最广泛，但密封效果较差。角式、迷宫式及凹槽式口环密封效果较好，但结构较复杂，安装不方便。

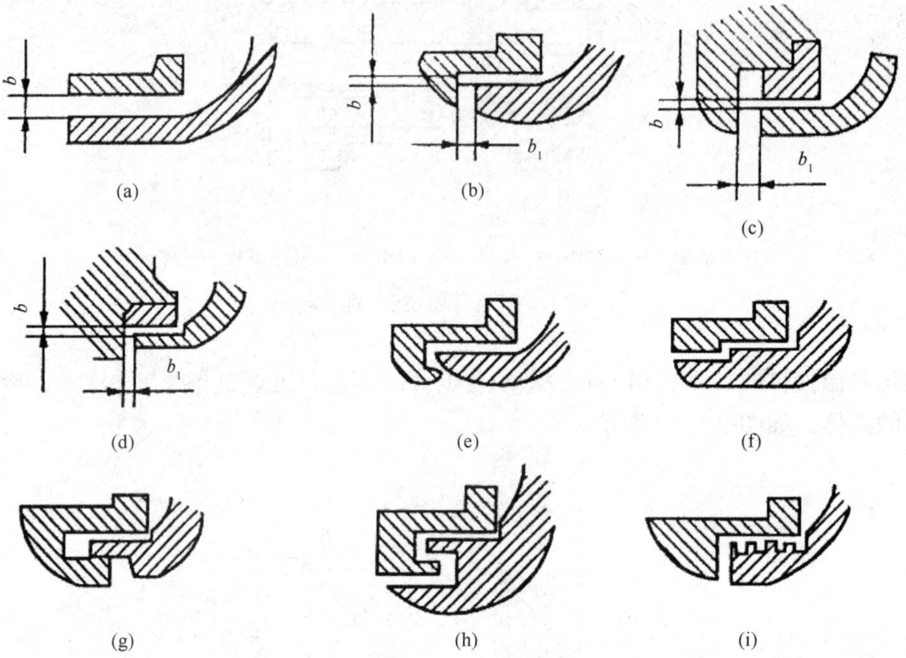


（a）平密封环；（b）、（c）、（d）、（e）角式密封环；（f）、（g）、（h）迷宫式密封环；（i）凹槽式密封环

图 7.1–29　各种密封环的形式

## 7.1.4　离心泵的特性

为了正确选择、使用和维护好离心泵，必须对离心泵的特性有所了解。

1. 离心泵的性能参数

在泵的铭牌或产品说明书里，都标注出该泵的流量、扬程、功率、效率和转速等参数，这就是离心泵的基本性能参数，它可以表明一台离心泵的基本性能。

1）流量（$Q$）

离心泵在单位时间内排出液体的体积称为该泵的流量，其单位是 $m^3/h$ 或 $m^3/s$。一台离心泵的流量大小取决于泵的结构、尺寸（主要是叶轮的直径和宽度）、转数、级数以及密封装置可靠程度等。

2）扬程（$H$）

泵的扬程又称压头，它是指离心泵对于单位重的液体所提供的能量，亦即液体在泵出口处和泵入口处的总压头差。这个称为扬程的能量用于补充液体在输送过程中因位置、压力、流动速度的变化及管道摩擦阻力损失所消耗的能量。通常用被输送的液体液柱高度表示，单位为 m，即米液柱。

用泵将液体从低处送往高处的高度称为升扬高度。升扬高度与泵的扬程、管路特性有关，但不等于扬程。泵不工作时无升扬高度可言，泵在运转时，其升扬高度一定小于扬程，如图 7.1–30 所示。

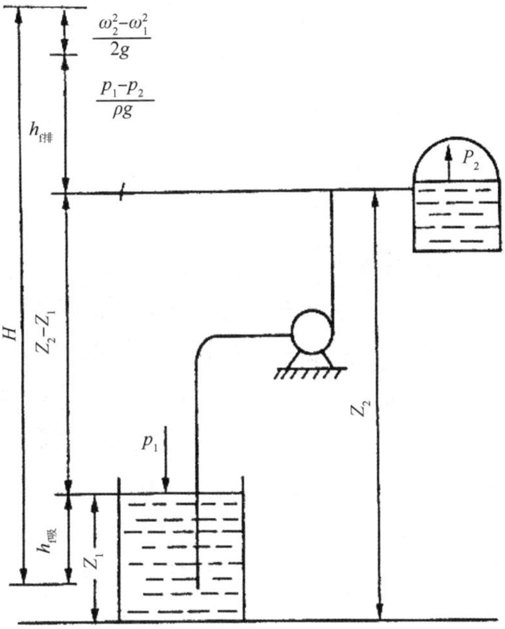


图 7.1–30　扬程与升扬高度的关系

图中 $H$ 表示输液系统中泵的扬程。$Z_2-Z_1$ 表示泵在该系统中的升扬高度。$H_{f吸}$和 $H_{f排}$分别为吸入管路与排除管路中的阻力损失。

离心泵扬程的大小与泵的结构、转速 $n$ 和流量 $Q$ 等有关。对一台确定的泵而言，在转速一定和正常的工作范围内，流量越大，扬程越小。

离心泵的扬程目前只能用实验来测定，如图 7.1–31 所示。

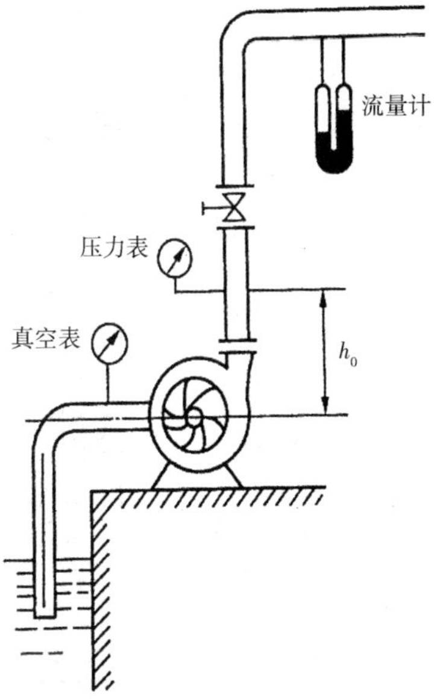


图 7.1–31　离心泵实际扬程测定

3）功率（$N$）

泵在一定流量和扬程下，原动机单位时间内给予泵轴的功率称为轴功率，以 $N_{轴}$表示；除去机器本身损失和消耗的能量，使液体实际获得的功率称有效功率，以 $N_{有}$表示。两种功率的计算公式如下：

$N_{有}=QH\rho g$　　　J/s 或 W

$N_{轴}=QH\rho g/\eta$　　　J/s 或 W

式中　$Q$——泵的输液流量，$m^3/s$；

$H$——泵的扬程，m；

$\rho$——被输送液体的密度，kg/ m³ ；

$\eta$——泵的效率，% ；

$g$——重力加速度，m/s² 。

4）效率（$\eta$）

离心泵在运转中，机器部件之间、机器与液体之间总会发生摩擦、冲击和漏损等现象而损耗能量，因此，泵的轴功率不能全部传给液体，通常用效率来反映这一损失的程度，一般离心泵的效率都在 60%~80% ；大型离心泵的效率可达 90%。效率可由下式计算：

$$\eta=\frac{N_{有}}{N_{轴}}\times 100\% \tag{7-3}$$

2. 离心泵的特性曲线

各种型号的离心泵在一定转数 $n$ 下，其扬程 $H$、功率 $N$、效率 $\eta$ 与流量 $Q$ 之间有一定的关系，把这些关系在一张坐标纸上绘成曲线称为离心泵的特性曲线。它反映了上述几个参数之间的内在联系，是选择和使用离心泵的重要参考依据。

每种型号的离心泵的特性曲线，一般都由泵生产厂在出厂前通过实验测定，标绘在泵的产品说明书上。离心泵的四条特性曲线中，$H$–$Q$ 曲线表明扬程与流量之间的关系；$N$–$Q$ 曲线表明泵的轴功率 $N$ 轴与流量 $Q$ 之间的关系；$\eta$–$Q$ 曲线表明泵的效率与流量之间的关系。

效率是判断泵工作经济性能好坏的依据，它包括了泵内所有的损失，因此，泵的操作区应选在最高效率点左右。

1）离心泵特性曲线分析

图 7.1–32 为 100Y120×2 型油泵的特性曲线。

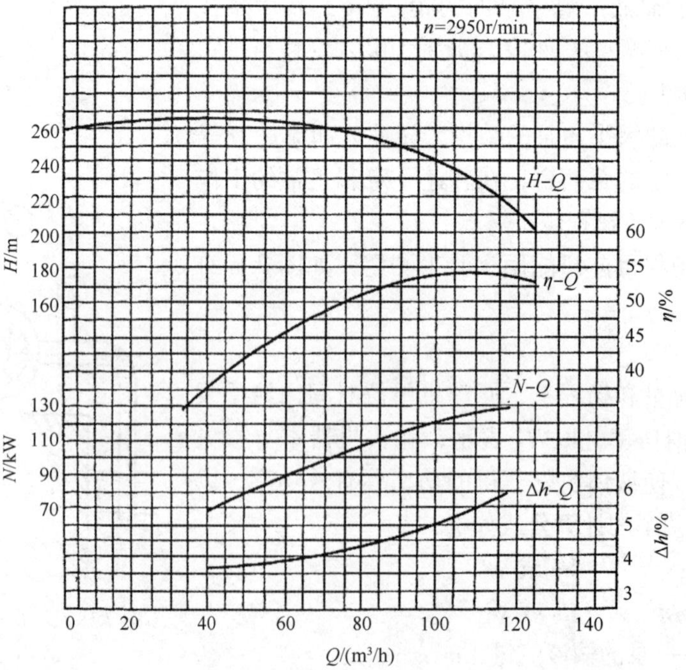


图 7.1–32　100Y120×2 型油泵特性曲线

从 $H-Q$ 曲线看出，泵的扬程在较大流量范围内是随流量的增大而减小的。为了保证泵有足够的扬程，流量不能任意增大。离心泵一般都有这一重要特性，但有的曲线形状比较平坦，适用于流量变动范围较大的场合；而曲线特性比较陡的，则适用于压头即扬程变动大而流量较小的情况。

从 $N-Q$ 曲线得知，泵的轴功率一般随流量增大而增大，当流量为零时，轴功率最小。因此，泵在启动时为防止电机过载而烧坏，应将出口阀关闭，待启动后再打开。

从 $\eta-Q$ 曲线得知，泵的效率 $\eta$ 有一最高点，即为设计点。特性曲线上与该点相应的 Q、H、N 值，分别称为额定流量 $Q_s$、额定扬程 $H_s$ 和额定功率 $N_s$ 标在泵的铭牌上。由于 $\eta-Q$ 曲线有一最高点，因此，流量过大或过小，效率都将降低。

2）离心泵参数改变时特性的变化

上述 $H-Q$、$N-Q$ 和 $\eta-Q$ 三条曲线是一定型号的离心泵在一定转速下的特性曲线。若转速 n 有变化或叶轮直径经切削而改变，这时离心泵各参数之间的关系，仍可用原来的曲线进行推算，作为近似估算之用。其推算关系为：

（1）转速由 $n$ 改变为 $n'$ 时，

$$\frac{Q}{Q'}=\frac{n}{n'};\frac{H}{H'}=\left(\frac{n}{n'}\right)^2;\frac{N}{N'}=\left(\frac{n}{n'}\right)^3 \tag{7-4}$$

式中 $Q'$、$H'$、$N'$——分别为转速 $n'$ 时的流量、扬程和轴功率。

式（7-4）称为比例定律。至于离心泵的效率，基本上不随转速而变，即 $\eta\approx\eta'$。

（2）叶轮直径由 $D$ 改变为 $D'$ 时，

$$\frac{Q}{Q'}=\frac{D}{D'};\frac{H}{H'}=\left(\frac{D}{D'}\right)^2;\frac{N}{N'}=\left(\frac{D}{D'}\right)^3 \tag{7-5}$$

式中 $Q'$、$H'$、$N'$——分别为叶轮直径 $D'$ 时的流量、扬程和轴功率。

式（7-5）称为切割定律，并认为效率基本不变，即 $\eta\approx\eta'$。

应特别注意，泵的产品说明书上所给的特性曲线是用 20℃的清水，且将密度看作 1000kg/m$^3$ 做介质试验得到的，当输送黏度较大的油品时，由于流动阻力增加，$Q$、$H$ 和 $\eta$ 都将下降，而 $N$ 增加，所以 $Q-H$、$Q-\eta$ 曲线将下移，而 $Q-N$ 曲线则上移，所以，输送水的特性曲线，还须经过修正换算才能适用于输送油品。

被输送液体的密度对扬程没有影响，但密度 $\rho$ 越大，功率 $N$ 越大。

3. 离心泵的比转数

从上述分析可知，离心泵的特性与叶轮结构尺寸有关，通常用比转数 $n_s$ 来表示这一关系。泵的比转数是一个表示同一类型泵性能差别的指标，表示泵的结构与其性能的关系。凡几何结构相似，比转数就相同，泵的性能也相似，即泵的特性曲线相似。

比转数 $n_s$ 与泵的实际转速 $n$、压头 $H_s$、流量 $Q_s$ 之间的关系可由下式表示：

$$n_s=3.65\frac{n\sqrt{Q_s}}{H_s^{1/4}} \tag{7-6}$$

式中 $n$——泵的转速，r/min；

$Q_s$——泵的额定流量，m$^3$/s；

$H_s$——泵的额定扬程，m。

可见，比转数并非泵的实际转速，而是表明泵性能的一个指标。

比转数小的泵，叶片细长，相对地具有小流量、高扬程的性能；反之，比转数大的泵，叶片粗短，则流量较大而扬程较低。因此，比转数也是根据生产要求选用泵的一个参数指标。

### 7.1.5 离心泵的汽蚀与安装高度

1. 离心泵的汽蚀

在泵运转时，在它的吸入系统中压强最低的地方一般在叶轮内缘背面附近 *K–K'* 截面处（如图 7.1–33 所示），在液面压强、管路和流量一定时，*K–K'* 截面处的压强 $p_K$ 越小，安装高度 *Z*（泵吸入口与吸液面间的垂直距离）越大，但到 $p_K$ 小到等于液体饱和蒸气压 $p_t$ 时，就会有蒸汽及溶解在液体中的气体从液体中大量逸出，形成许多蒸汽与混合气体的小气泡。这些小气泡随着液体进入叶轮中压强较高的高压区时，由于气泡周围液体的压力大于气泡内的饱和蒸气压力，就使得气泡被击碎而重新凝聚。这时周围液体就以极高的速度向这个空穴冲来，产生水力冲击及液体质点撞击，产生相当大的局部压力，冲击频率可达每秒几万次之多，使金属表面产生一种机械剥蚀，见图 7.1–34。如果所产生的气泡中还有些活泼气体（氧气），则这些气体借助气泡凝结时所放出的热量（冷凝潜热）还会对金属起化学腐蚀作用。在化学和机械剥蚀共同作用下，加速了金属的损坏速度。这些汽化、凝结、冲击与腐蚀的综合现象，就称为离心泵的汽蚀现象。

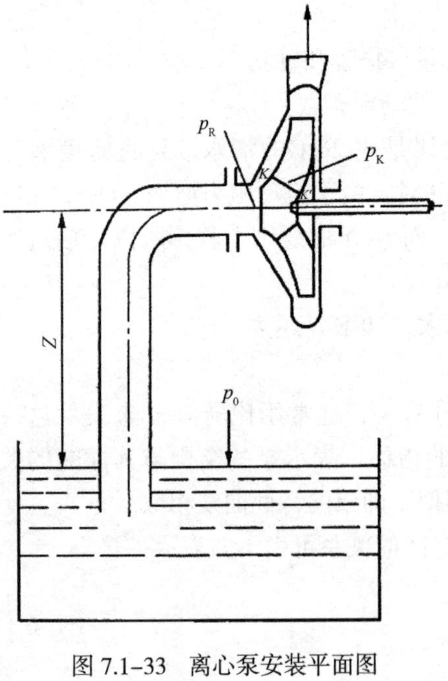


图 7.1–33 离心泵安装平面图

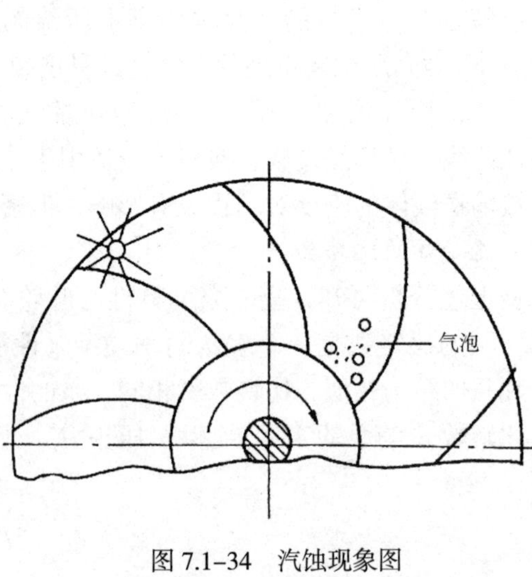


图 7.1–34 汽蚀现象图

汽蚀现象对离心泵正常运转的危害是严重的。当汽蚀发展到一定程度时，气泡大量产生，影响液体的正常流动，甚至造成液流间断，发生震动和沉闷的噪声；同时泵的流量、扬程和效率都明显下降，从而使泵的工作受到破坏，以致不能吸排液体。对于泵本身，汽蚀现象严重时，往往几天，甚至几小时就可使叶轮产生蜂窝或海绵状麻坑，以致最后被穿透，使泵的寿命大大缩短。为了不产生上述破坏性的后果，除了制造厂在泵的构造、材质方面采取措施外，使用者应在安装、操作方面避免汽蚀的发生。

1）离心泵的允许汽蚀余量

根据上述分析，为了防止汽蚀，必须使 $p_k>p_t$，由于 $K-K'$ 截面位置难以确定，因此，实际上用控制吸入管口 $R-R'$ 处截面的液体能量来防止汽蚀。并定义吸入管口截面的静压头与动压头之和超过流体在操作温度下的饱和蒸气压的富余能量称为允许汽蚀余量，用 $\Delta h_{允}$表示，即

$$\Delta h_{允}=\frac{p_R}{\rho g}+\frac{\omega_R^2}{2g}-\frac{p_t}{\rho g} \tag{7-7}$$

式中 $p_R$——吸入管口处的压强；

$p_t$——在操作条件下被输送液体的饱和蒸气压。

离心泵的有效汽蚀余量表示为 $NPSH_a$，离心泵的必需汽蚀余量表示为 $NPSH_r$，离心泵是否发生汽蚀上午判别式可归纳为：

$NPSH_a>NPSH_r$，泵不发生汽蚀；

$NPSH_a=NPSH_r$，泵开始发生汽蚀；

$NPSH_a<NPSH_r$，泵严重汽蚀。

2）离心泵的允许吸入真空度

为了防止汽蚀现象，另一种方法是限制泵吸入管口处的真空度。由于泵入口处绝对压强 $p_R$ 低于大气压强 $p_0$，所以常把 $p_R$ 表示为以米液柱为单位的真空度，即 $p_R$（真空度）/ $\rho g$，称为离心泵的吸入真空度，也称吸入真空高度。如离心泵入口处的绝对压强 $p_R$ 降到 $p_0$ 时，泵则会发生汽蚀现象，测得吸入真空度为最大吸入真空高度，即

$$H_{max}=\frac{p_{真空度}}{\rho g}=\frac{p_0-p_R}{\rho g} \tag{7-8}$$

此时 $p_0$ 为大气压强，为了防止汽蚀现象，确保离心泵正常运转，必须使泵入口处最低压强也要比 $p_t$ 大，通常采用 $H_{smax}$ 减去 0.3m 的安全余量，以保证泵入口处的允许最低压强 $p_R$，此时泵的吸入真空高度称为允许吸入真空高度，以 $H_{s允}$表示，即

$$H_{s允}=H_{smax}-0.3m=\frac{p_0-p_R}{\rho g} \tag{7-9}$$

2. 离心泵的安装高度

1）允许汽蚀余量表示的安装高度

由图 7.1-30 得到的伯努利方程为：

$$Z=\frac{p_0}{\rho g}-\frac{p_t}{\rho g}-\sum h_{0-1}-\Delta h_{允} \tag{7-10}$$

式中 $Z$——泵的允许安装高度，m；

$p_0$——吸液面上的压强，Pa；

$p_t$——输送液体在操作温度下的饱和蒸气压，Pa；

$\sum h_{0-1}$——泵吸入管路阻力损失，m；

$\rho$——液体的密度，kg/m³ ；

$g$——重力加速度，m/s² 。

应当特别注意，当输入其他液体时，$\Delta h_{允}$应用 $\Delta h'_{允}$代入。

2）允许吸入真空度表示的安装高度（见图 7.1-35）

$$Z = H_{s允} - \frac{\omega_R^2}{2g} - \sum h_{0-1} \tag{7-11}$$

式中 $Z$——泵的允许安装高度，m ；

$H_{s允}$——泵的允许吸入真空高度，m ；

$\omega_R$——泵吸入口处流速，m/s ；

$\sum h_{0-1}$——泵吸入管路阻力损失，m ；

$g$——重力加速度，m/s² 。

应当注意，当条件变化后，$H_{s允}$应用 $H'_{s允}$代入，同时，计算可以忽略动压头。

## 7.1.6 离心泵的操作

1. 管路特性

离心泵的操作总是在一定的管路中进行的，所以在生产中要确定泵的工作状况，除了要了解作为供给能量的一方——泵本身的特性之外，还必须了解需要能量的一方——管路的特性。只有通过分析这两方面的联系和制约才能正确解决这个能量供需的问题，从而保证生产的顺利进行。

图 7.1-36 所示是一个简单的有泵管路。

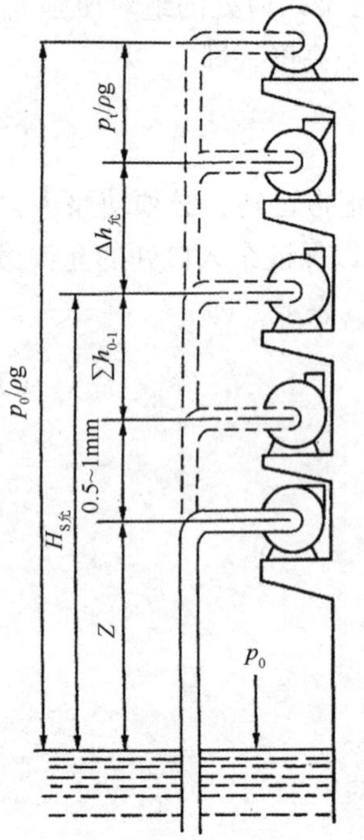


图 7.1-35 泵安装高度示意图

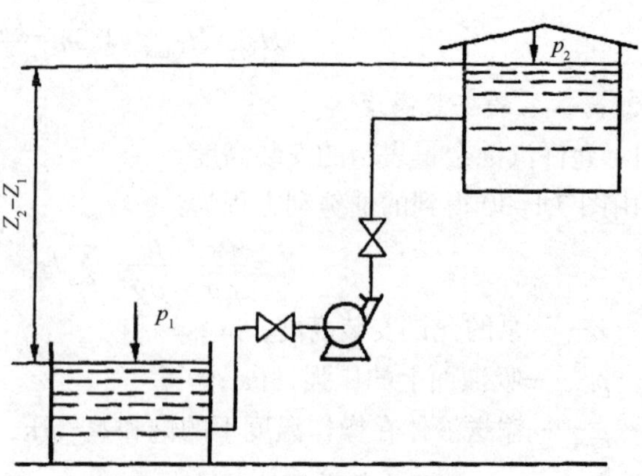


图 7.1-36 简单的有泵管路

当操作条件与管线配置确定以后，$H_n$ 可视为常数与流量 $Q$ 无关。而当流量变化不大时，$K$ 也变化不大，这是因为在常用流速下，雷诺数 $Re>10^5$。由 $\lambda$–$Re$ 曲线可知，$\lambda$ 随 $Re$ 数变化很小，阻力系数 $\zeta$ 亦近乎常数。于是，可得到一条如图 7.1–37 所示的曲线，即管路特性曲线，说明管路中流量愈大，所需的压头也越大。

很显然，管路的特性曲线与泵的特性曲线是截然不同的。

管路特性曲线显示整个管路系统在不同流量下需要离心泵提供的实际压头大小；而离心泵的特性曲线则显示出在不同流量下所能提供的实际压头。因此泵在工作时，必须既符合泵的特性，也应符合管路特性。如果把泵的 $H$–$Q$ 曲线与管路的 $H$–$Q$ 曲线画在同一个坐标系上，两条曲线必交于一点，该交点表示管路所需要的能量与离心泵提供的能量达到了统一，称此点为离心泵在管路上的工作点，如图 7.1–38 的 $G$ 点。显然，当泵和管路某一方面的特性改变时，工作点将随之改变。

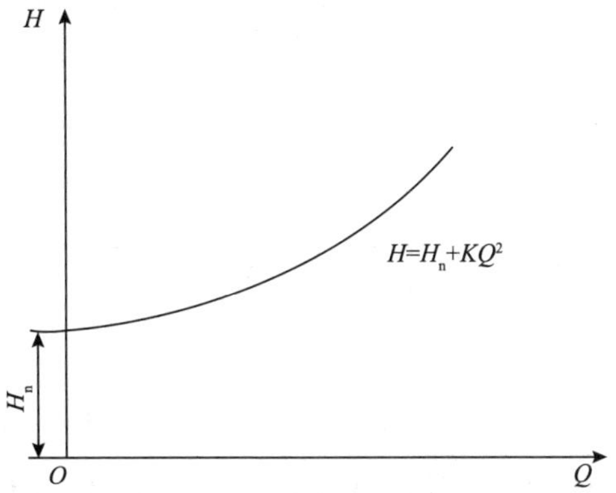


图 7.1–37　管路特性曲线

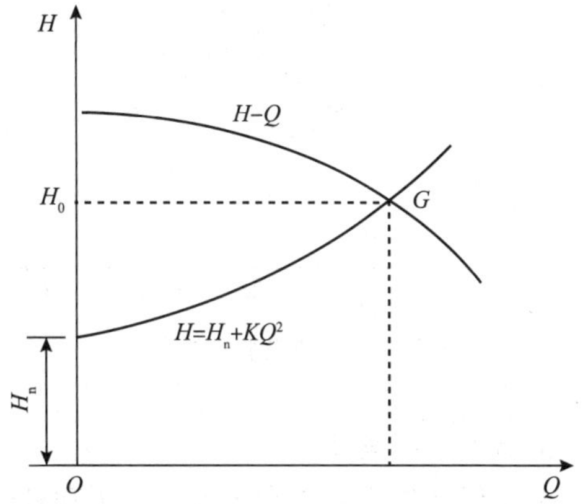


图 7.1–38　离心泵的工作点

2. 管路的流量调节

在生产实践中，有泵管路中的液体流量经常需要调节，但流量的变化必然要影响泵的工作点以及功率消耗量。

1）改变管路特性

要调节系统的流量，就要改变泵的工作点。泵的工作点是由泵和管路两种特性曲线共同决定的，因此，改变一方的特性就可达到改变工作点、调节流量的目的。

在设备条件一定的情况下，改变管路特性是操作工人常用的方法，就是调节离心泵出口阀的开度，以改变管路的流体阻力，从而达到调节流量的目的。

$$K=\frac{\lambda\frac{L}{d}+\sum\zeta}{2gS^2} \tag{7–14}$$

如图 7.1–39 所示，当关小阀门时，管路局部阻力增大，因为 $K$ 值增大，所以管路特性曲线 $H=H_n+KQ^2$ 变陡，泵的工作点由 $G_0$ 移至 $G_1$，流量也相应由 $Q_0$ 减小到 $Q_1$；当开大阀门时，则局部阻力减小，管路特性曲线变缓，工作点移至 $G_2$，从而流量也由 $Q_0$ 增大至 $Q_2$。显然，用关小阀门来减小流量的方法，使一部分能量额外消耗于克服阀门的局部阻力上，这样操作并不经济，但这种调节方法简单，便于连续调整（即调整流量时无须停机），所以在生产中被广泛采用。

2）改变泵的特性

改变离心泵特性的方法有两种，改变叶轮转速或改变叶轮的直径。如图 7.1–40 所示，当叶轮的转速为 $n_1$ 时，其特性曲线下移，工作点由 $G_0$ 移至 $G_1$，流量就相应减少。如转速增至 $n_2$，则工作点移到 $G_2$，流量相应增加。这种改变转速的方法不增加管路系统的阻力，因此是经济的。

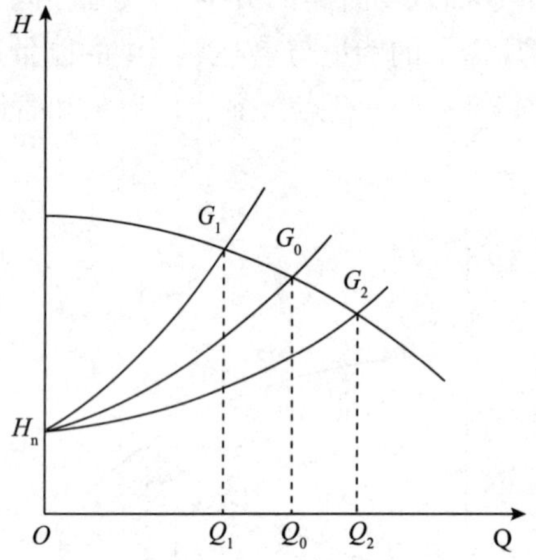


图 7.1–39　改变管路特性图

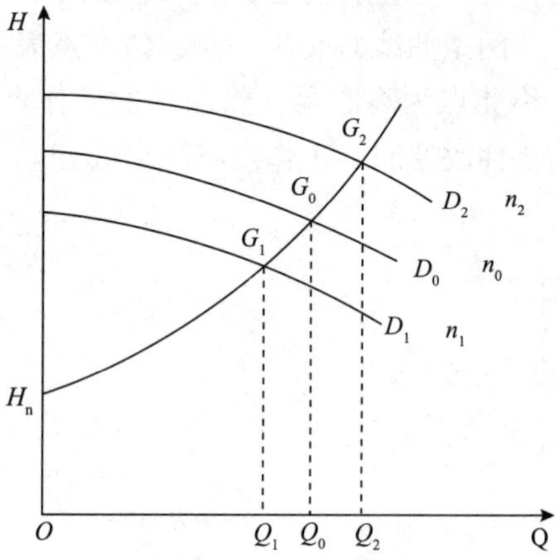


图 7.1–40　改变泵特性图

3. 离心泵的操作

为了保证生产的正常进行，减少和杜绝事故的发生，延长泵的运转寿命，操作工人必须正确地使用和维护好离心泵，应在切实了解离心泵性能的基础上，在生产中认真掌握泵的实际操作。下面介绍离心泵操作的一般注意事项和开停泵的步骤。

1）开泵前的准备工作

（1）检查泵体及出入口管线，检查阀门、法兰、地脚螺栓等是否把紧，联轴器是否接好，各测量仪表是否灵敏。

（2）用手扳动联轴器几圈（也称盘车），观察泵轴转动是否灵活，有无不正常声响。

（3）轴承内按操作规定加注润滑油。乙烯厂常用离心泵轴承润滑油见表 7–1。

**表 7-1　离心泵常用轴承润滑油表**

| 转数极限 /（r/min） | 润滑油牌号 | 转数极限 /（r/min） | 润滑油牌号 |
|---|---|---|---|
| 1000 | 30# 机械油 | 3000 | 10# 机械油 |
| 1500 | 20# 机械油 | | |

（4）加注封油，给上冷却水，并检查其循环系统是否畅通。

（5）离心泵开泵前，应用被输送液体灌泵，并打开放空阀把泵内气体排净。

（6）对热油泵进行预热（亦称暖泵），其标准是：泵壳温度不得低于 40℃，预热速度不得超过 50℃ /h。

2）启动运转

（1）上述准备工作全部进行完好之后，关好放空阀，打开进口阀。

（2）启动电动机，运转 1~2min 后缓慢打开出口阀调节流量。不得用入口阀调节流量，否则易发生抽空，关闭出口阀连续运转时间不得超过 3min，否则因泵内液体温度升高，会造成抽空。当启动透平泵时，用改变转速调节流量时应注意，转速不得靠近临界转数附近运转。当转速要超过临界值时，应使转速在临界值附近快速越过，否则会使转子产生强烈振动而发生设备事故。

（3）检查泵进出口压力表及电流表指示是否正常。

（4）运转过程中定期检查有无振动、声响，压力表、电流表指示值是否正常，检查轴承润滑、冷却情况，以及密封装置是否泄漏。

3）停泵

（1）先关闭出口阀，后停电动机。

（2）关闭进口阀，冬季应排净泵内液体，以防液体凝结或冰冻。

（3）如是切换泵停车，应先启动备用泵，其出口阀慢慢开大，被切换泵的出口阀慢慢关小，直至被切换泵出口阀完全关死，尽量减少因切换引起的流量波动。

（4）泵冷却后，停冷却水及油封。

## 7.2 冷泵

冷泵是在较低温度下工作的泵，主要在乙烯装置分离单元和压缩单元使用。分离单元使用的冷泵主要有脱甲烷塔塔釜送出泵、脱甲烷塔回流泵、脱乙烷塔回流泵、绿油洗涤塔塔釜送出泵、乙烯精馏塔回流泵和乙烯产品外送泵；压缩单元使用的冷泵主要有丙烯制冷系统一段吸入罐导液泵等。

### 7.2.1 冷泵的结构

冷泵在结构上与普通的离心泵基本相同，有卧式泵、立式泵、单级泵和多级泵。但由于工作条件的不同，在材质上要采用耐低温的，并采用了氮封或密封液等结构阻止湿空气进入泵内，以防结冻，而且，当泵体发生微漏时，泵内的易燃易爆物料不易直接泄漏到大气。冷泵输送的介质一般都较轻，往往需要较高的压头，因此，常见的冷泵一般为立式泵。由于输送的物料易燃易爆，有些冷泵采用屏蔽泵。

脱甲烷塔塔釜送出泵和高压乙烯输送泵是乙烯装置比较典型的冷泵，下面以某装置使用的脱甲烷塔塔釜送出泵和高压乙烯输送泵为例，介绍冷泵的结构组成。

1. 脱甲烷塔塔釜送出泵

脱甲烷塔塔釜送出泵是乙烯装置使用温度最低的泵，其密封也最为复杂。它采用双端面机械密封，外加甲醇密封液，其密封系统流程如图 7.2–1 所示，泵的密封如图 7.2–2 所示。该泵密封系统由甲醇罐（内设盘管水冷却）、安全阀、带有孔板的放空管等组成。正常运转时，系统是不带压的。甲醇从甲醇罐的下部管线流入机械密封，冷却机械密封并吸收热量，使机械密封的温度保持在0℃以上，不影响泵的低温状态。因系统中有带孔板的放空管线，所以甲醇罐内气体可以通过此管线泄压放空。正常时，该罐压力计指示为零，当机械密封泄漏较大，放空管线来不及排放时，压力表才有指示。当甲醇罐内压力达到安全阀的设定压力时，安全阀即起跳，以保护甲醇罐。而控制室内压力开关启动声光显示的高压报警信号，提醒操作人员及时处理。当然，只有机械密封大量泄漏时，才会发生这种情况，此时必须停车检修。

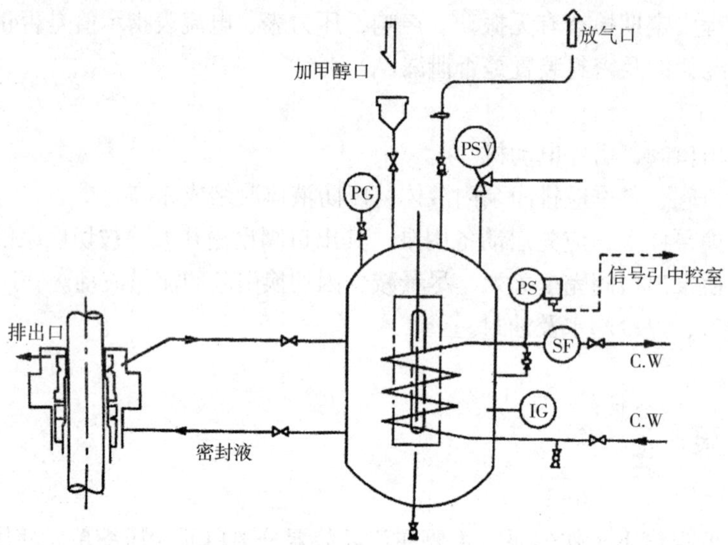


图 7.2–1　脱甲烷塔塔釜送出泵密封系统（Plan11+52）流程图

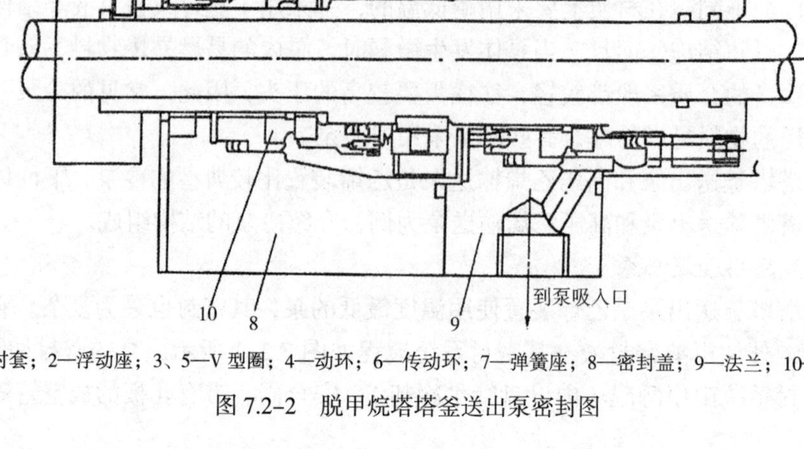


1—衬套；2—浮动座；3、5—V 型圈；4—动环；6—传动环；7—弹簧座；8—密封盖；9—法兰；10—静环

图 7.2–2　脱甲烷塔塔釜送出泵密封图

2. 高压乙烯输送泵

高压乙烯输送泵的作用是将乙烯球罐内的乙烯增压后送往下游装置。该泵属立式、多级、竖直剖分、单端吸入、封闭式叶轮离心泵，其结构如图 7.2-3 所示。

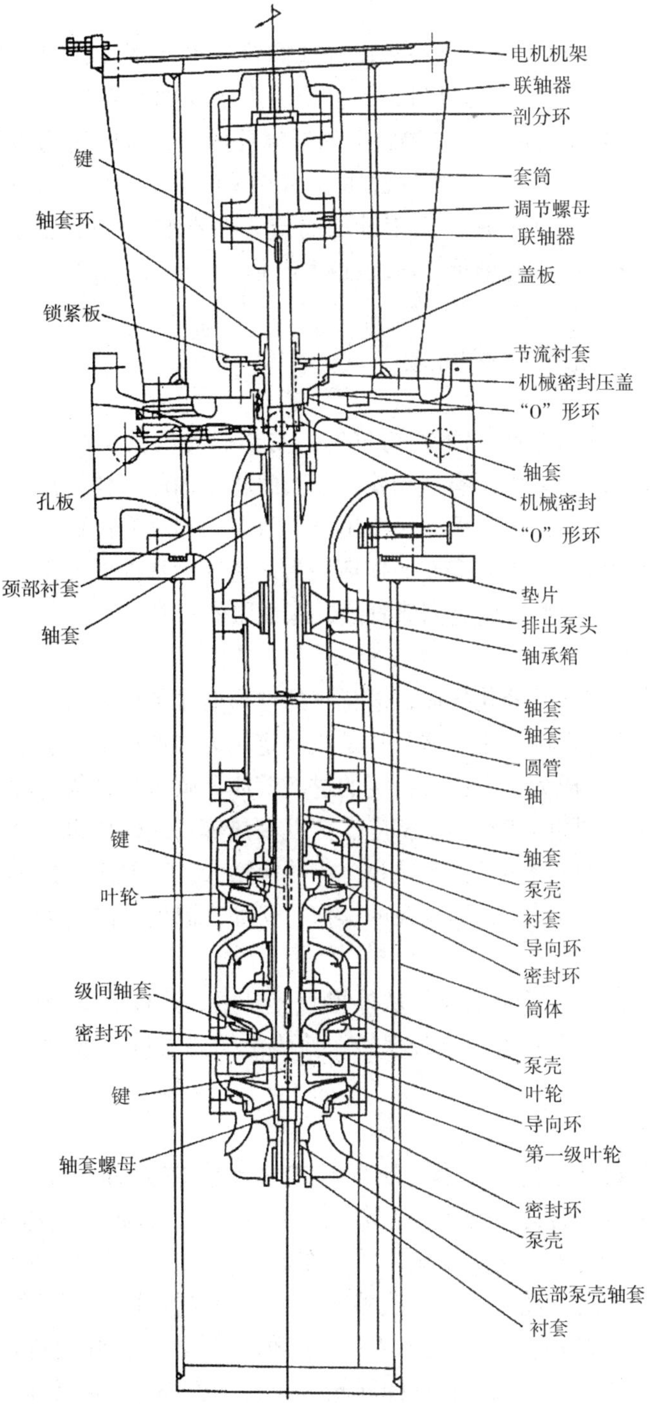


图 7.2-3 高压乙烯输送泵结构图

高压乙烯输送泵的整个泵体装在充满输送介质的筒体内，这样可使整个泵体温度均匀，并可防止当输送介质温度高于或低于常温时，水汽、空气等通过密封漏入泵体内；另外，筒体保冷方便，可减少冷量损失，有利于输送低温介质。从筒体上部进液，可预先分离出夹带的气体；泵在筒体底部吸液，就不会吸入夹带的气体而影响泵的输送效率，同时可防止汽蚀现象的发生。

泵体由多级泵壳组装成，各级泵壳设计成圆锥形的双蜗壳，使叶轮径向推力趋于平衡。出口呈喇叭状，作为次级的进口，其上配有可更换的耐磨环和石墨制成的中间轴短套。用 SUS304 制的泵壳可用于 –51℃以下的低温环境。各级叶轮均为单端吸入封闭型，并开有平衡孔，以平衡轴向力。叶轮材质为 SCS13（含 Ni 11%，Cr21%）的不锈钢，可在 –51℃以下的低温环境中使用。由于轴细而长，除要求各级叶轮的径向推力趋于平衡外，各级均装有石墨制的中间轴承，以增强稳定性。

## 7.2.2 冷泵的几个特殊问题

由于冷泵输送的介质在常温下均为气态，受热极易汽化，在入口容易发生气缚、汽蚀而影响正常操作，故冷泵均设有气相线，以及时将泵内的气体排出。在某种情况下，冷泵的出口管线会堵塞，泵体内介质无法流出，导致泵内温度升高而使介质汽化发生汽蚀现象，甚至使有些自润滑泵得不到润滑而损坏，为避免这种情况的发生，冷泵在出口管线上均设有最小回流管线，有些还设有回流管线，保证泵的正常运行。

1. 输送介质的特点

冷泵输送的介质多数是液化气体，液化气的性质对泵的性能有很大影响。液化气与一般液体不同，它在常温常压下是气体，只是在一定压力和低温下才会液化成为饱和液体，进一步加压或者降温，成为状态比较稳定的过冷液体。碳氢化合物饱和液体的蒸气压力随温度的变化非常显著，同时比热容、密度、蒸发潜热等物理性质也都会发生变化。例如，温度上升时，蒸气压急剧增高，密度减小，比热容增大，蒸发潜热减小，这样就使液化气更易汽化，导致进口压力增高，影响泵的操作；又如，温度下降过多时，吸液槽内蒸气压力随之降低，

而且，在流经吸入管段时也容易从外界吸热升温，这样会使净吸入压头即汽蚀余量下降，因此必须对吸入管路进行充分保冷，使吸液槽内温度不波动，以防止汽蚀现象的发生。

2. 提高汽蚀余量

由于液化气多数处于饱和状态，所以对汽蚀余量（*NPSH*）的反映特别敏感。众所周知，泵运转的重要条件之一就是 $NPSH_{有效}>NPSH_{必需}$，否则，液体压力就可能低于饱和压力，液体蒸发成气体，充塞流道，并且在流经高压区时又突然凝结成液体，对机件造成液压冲击，产生汽蚀现象。为了改善冷泵的 *NPSH* 性能，常从两方面着手：一方面是，提高泵本身的抗蚀能力，即减小 $NPSH_{必需}$值，例如，在叶轮进口处加装导流扭曲叶片或螺旋式诱导轮，以及采用超汽蚀叶轮等；另一方面是，从安装、保冷、配管等着手来提高泵的 $NPSH_{有效}$值，从而增大泵的汽蚀余量，例如，降低泵的安装标高，尽量把

泵装在地下，提高吸入罐的高度或液面，缩短吸入管路长度并充分保冷。乙烯装置采用的WY型冷泵（如脱甲烷塔塔釜送出泵）竖立安装在地坑内，就是为了降低泵的安装标高。

3. 材料问题

多数金属材料在相应的低温下，都会产生低温应力脆性破坏问题。这种破坏的特点是破坏应力较低，一般都低于屈服强度；破坏之前只有极小的局部塑性变形；断口平直光亮，上有人字形纹路，其尖端指向裂源，且裂纹方向与主应力垂直；破坏后材料的机械性能仍符合规范要求。影响材料低温脆性的因素很多，例如，工作温度、形变速率、加载条件、应力水平、裂纹尺寸、方向和缺陷的尖锐度、构件的几何外形、材料断裂韧性等。因此，冷泵的材料选择是非常重要的问题。

### 7.2.3 冷泵使用的注意事项

鉴于以上阐明的冷泵特殊问题，冷泵在使用过程中，要特别注意以下几点：

（1）冷泵初次投入使用时，可用甲醇作介质进行试运转，试运转后要排净甲醇并用氮气彻底干燥管道。

（2）在正常操作情况下，泵启动前应确认氮气置换合格，测量露点小于 -70℃，关闭泵体和相关管线上的导淋和放空阀；确认润滑油油位正常，氮气密封打开；确认密封液液面正常，密封罐压力正常；手动盘车，确认盘车状况良好。低温下工作的泵内部不得有油和水，启动前将排气阀打开，由吸入管线注入液体，排出泵内、机械密封和吸入缸内的空气及蒸气。

（3）启动前首先应进行气相预冷，气相预冷充分后（泵体挂霜）进行液相预冷，液相预冷充分后（泵体挂重霜）方可启动。预冷速度不可过快，预冷过程中必须不断地用手盘动转子，以防轴与轴承套咬死或损坏，并检查有无泄漏；同时要充分排气，启动后应及时打开出口阀。

（4）加强运行泵的日常检查和维护，检查泵的振动、声音和泄漏有无异常，发现异常应及时处理。检查泵出入口压力是否稳定，流量是否稳定，密封腔温度是否正常，冷泵的保温、保冷情况是否正常，发现问题及时处理。检查确认密封油及隔离液液位，必要时补充或更换。同时，应检查备用泵的备用状态，每班应手动盘车一次，保证冷却水和密封液畅通，备用泵在待用期间应将吸入阀、平衡阀和排出阀完全打开。

（5）确保入口罐的罐位、温度和组分正常，保证不低于泵的最小流量。最后采用旁路来减少排出量，用排出阀调节时，应注意不能使泵液过热。

（6）轴承温度应控制在55℃以下，所使用的润滑脂及润滑油性能必须符合要求。

（7）切换冷泵时必须严密注意流量变化，正确处理泵不上量等问题，切换过程中需认真检查泵的运行状况，发现问题及时处理。停车时要立即关闭排出阀，保持泵内的液体量，防止运动部件卡住。

## 7.3 其他泵

除离心泵、冷泵外，乙烯生产中的其他泵还有急冷油泵、水泵、烯烃泵、碱泵、润滑油泵、注剂泵、蒸汽喷射泵、屏蔽泵、磁力泵和计量泵等。

### 7.3.1 油泵

油泵有重质油泵和轻质油泵两种，其结构分别如图 7.3–1 和图 7.3–2 所示。在乙烯装置中，重质油泵主要包括重油产品泵、急冷油泵、盘油泵。急冷油泵是乙烯裂解装置急冷单元的关键设备，通过急冷油泵从急冷油塔底抽出急冷油送往后续流程，实现裂解气的急冷、热量的回收以及产生稀释蒸气，其结构与急冷水泵类似，属于单级双吸两端支承径向剖分式离心泵；盘油泵的作用是，给部分盘油用户提供热源，然后返回急冷油塔中部，作为中段回流。乙烯装置重质油泵的密封方案大都采用 Plan32+62，在很多企业也将急冷油泵密封方案改为 Plan32+53A、Plan32+53B 或 Plan32+53A+62。

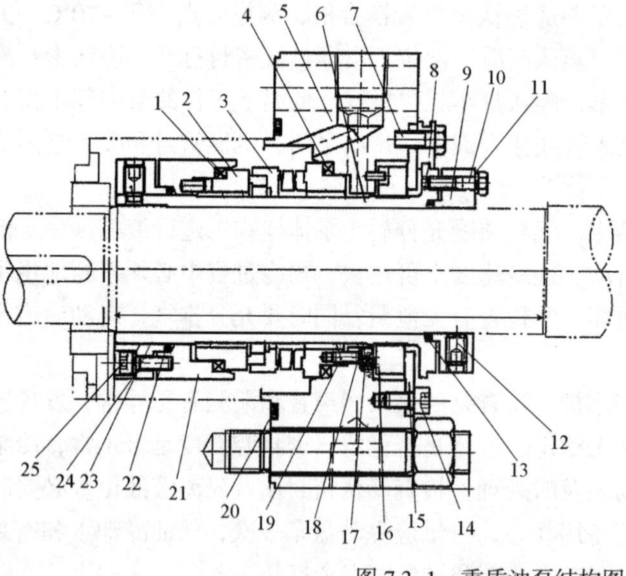


1—防转销；2、21—静环；3—波纹管；4、13、22—O 形密封圈；5—卡环；6—轴套；7、10—螺栓；8—定位块；9—驱动块；18、24—弹簧垫圈；12—顶丝；14、19、25—圆柱头螺钉；15—压板；16—节流衬套；17—弹簧；20—垫片；23—压紧环

图 7.3–1 重质油泵结构图

### 7.3.2 水泵

水泵有锅炉给水泵、急冷水泵、自吸泵和液下泵等。

1. 锅炉给水泵

乙烯装置超高压锅炉给水泵的作用，是将除氧器来的超高压锅炉给水增压供给裂解炉，用之发生超高压蒸汽，产生的超高压蒸汽供给裂解气压缩机透平使用。锅炉给水泵的结构如图 7.3–3 所示。

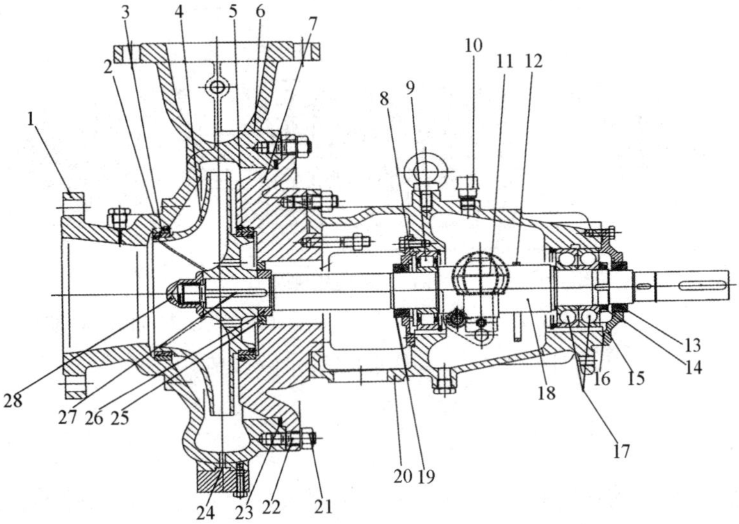


1—吸入口；2、5—壳体密封环；3—叶轮密封环；4—叶轮；6—排出口；7—泵盖；8、15—轴承压盖；9、17—轴承；10—放空口；11—油杯；12—甩油环；13、19—迷宫密封；14、21、28—螺母；16—O 形密封圈；18—轴；20—轴承架；22—螺栓；23、24、26—垫片；25—轴套；27—键

图 7.3-2　轻质油泵结构图

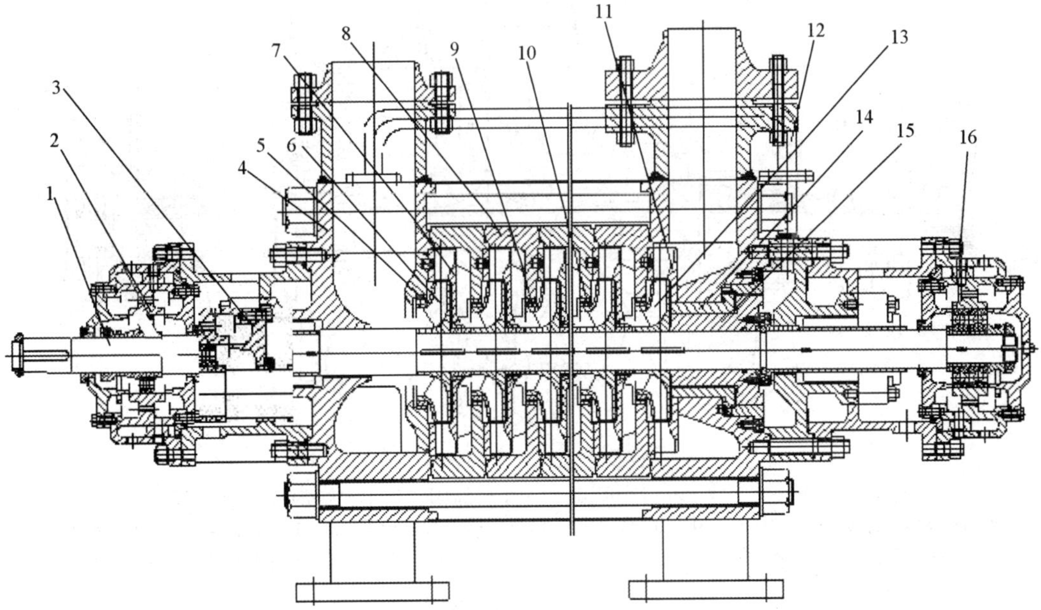


（a）节段式锅炉给水泵

1—轴；2—轴承；3—机械密封；4—吸入段；5—首级叶轮密封环；6—首级叶轮；7—导叶；8—隔板；9—叶轮密封环；10—壳体密封环；11—末级导叶；12—平衡管；13—末级叶轮；14—平衡座；15—平衡盘；16—推力轴承

图 7.3-3　锅炉给水泵结构图

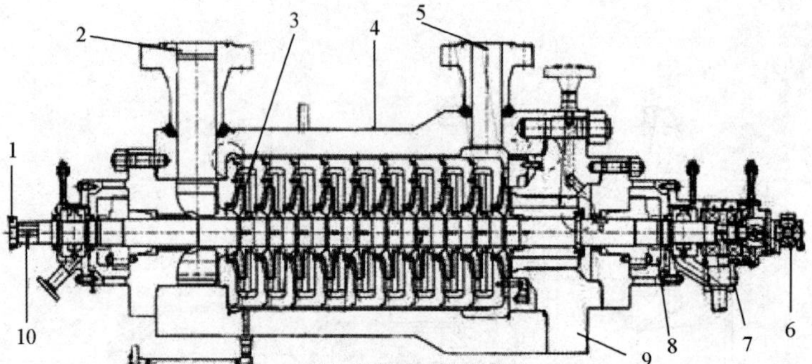


（b）筒袋式锅炉给水泵

1—联轴器；2—吸入口；3—叶轮；4、9—壳体；5—排出口；6—轴头油泵；7—轴承；8—机械密封；10—键

图7.3-3 锅炉给水泵结构图（续图）

2. 急冷水泵

乙烯装置急冷水泵的功能是输送急冷水，给部分急冷水用户提供热源，降温后的急冷水返回急冷油塔顶部，作为回流。此外，泵出口部分急冷水汽提轻质烃后称为工艺水，用之发生稀释蒸汽，供裂解炉使用。急冷水泵的结构如图 7.3-4 所示。

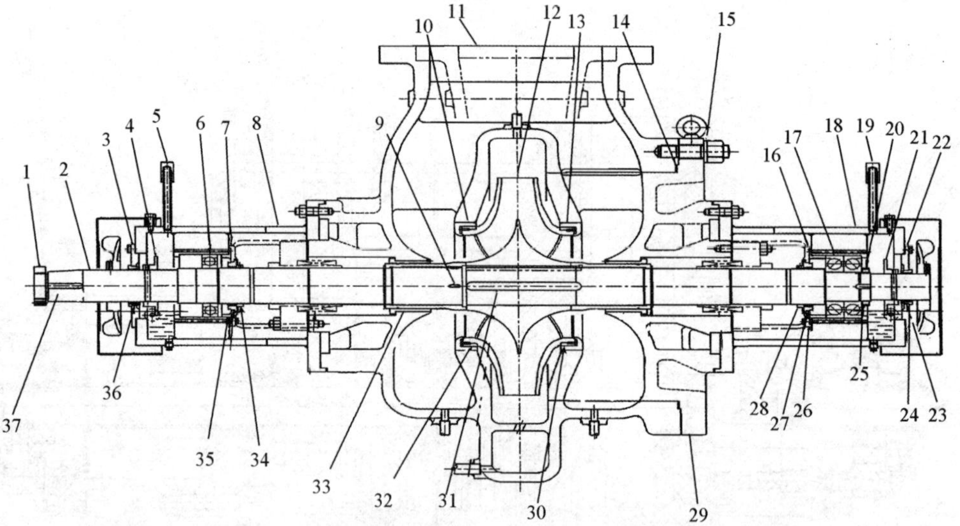

1—联轴器；2—轴；3、7、16、22—压盖；4、21—甩油环；5、19—放空口；6、17—轴承；
8、18—轴承箱；9、31、37—键；10、13—壳体密封环；11—排出口；12—叶轮；14、15、24、25、26—垫圈；
20—螺母；23、27、35、36—轴承压盖；28、34—导流板；29—泵壳；30、32—叶轮密封环；33—轴套

图 7.3-4 急冷水泵结构图

3. 自吸泵

自吸泵的结构如图 7.3-5 所示。

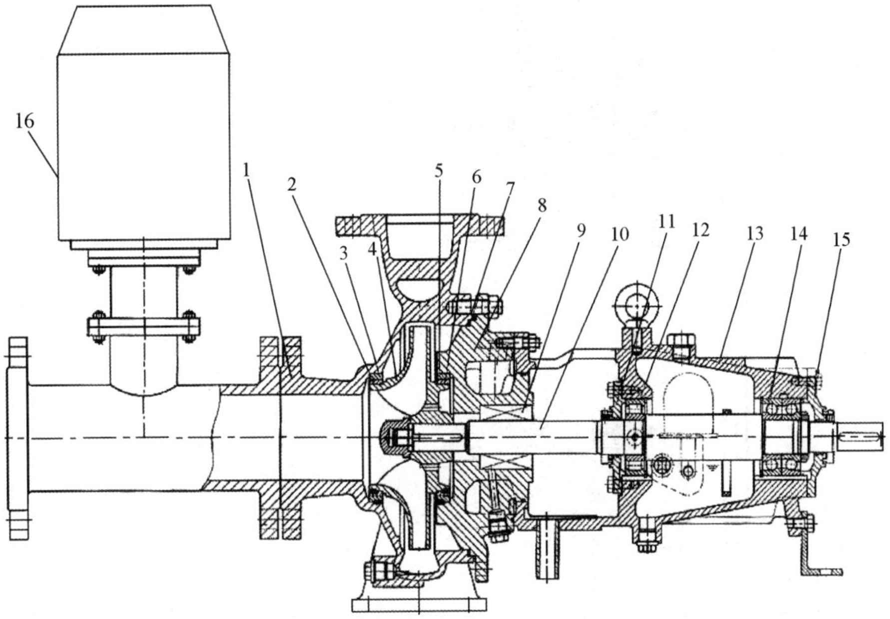


1—泵壳；2、6—叶轮密封；3、5—壳体密封；4—叶轮；7—螺栓；8—泵盖；9—机械密封；
10—泵轴；11、15—轴承压盖；12、14—轴承；13—轴承箱；16—抽真空罐

7.3–5　自吸泵结构图

4. 液下泵

液下泵的结构如图 7.3–6 所示。

## 7.3.3　烯烃泵

烯烃泵的结构如图 7.3–7 所示。

## 7.3.4　碱泵

碱泵的结构如图 7.3–8 所示。

## 7.3.5　润滑油泵

润滑油泵有单螺杆泵、双螺杆泵、三螺杆泵和齿轮泵等。

1. 螺杆泵

螺杆泵主要用于输送各种黏性液体，在各种机械的液压传动系统或调节系统中常被采用。螺杆泵与齿轮泵相比，运转无噪声，寿命长，流量均匀，效率也比齿轮泵高。在泵内流道表面存在液膜的情况下启动时，不用灌泵，并且也可以输送含少量杂质颗粒的液体。

双螺杆泵的结构如图 7.3–9 所示，主动螺杆由电机驱动，从动螺杆与主动螺杆相啮合，当电机驱动主动螺杆转动时，从动螺杆与主动螺杆反向旋转，两螺杆相互啮合的空间

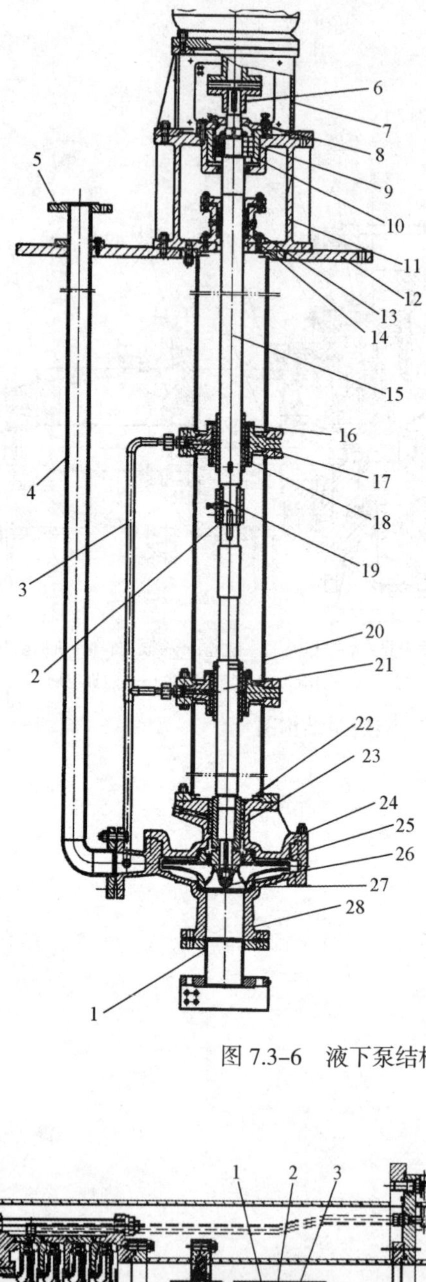


1—吸入管；2—联轴键；3—自冲洗管；4—出液管；5—出液口；6、19—联轴器；7—电机支架；8—轴承压盖；9—轴承箱；10—轴承；11—轴承架；12—底板；13—水封环；14—填料函；15—上轴；16—中间轴套；17—滑动轴承箱；18—中间轴衬；20—支承管；21—下轴；22—下轴衬；23—下轴套；24—泵盖；25—叶轮；26—叶轮螺母；27—叶轮密封环；28—泵壳

图 7.3–6　液下泵结构图

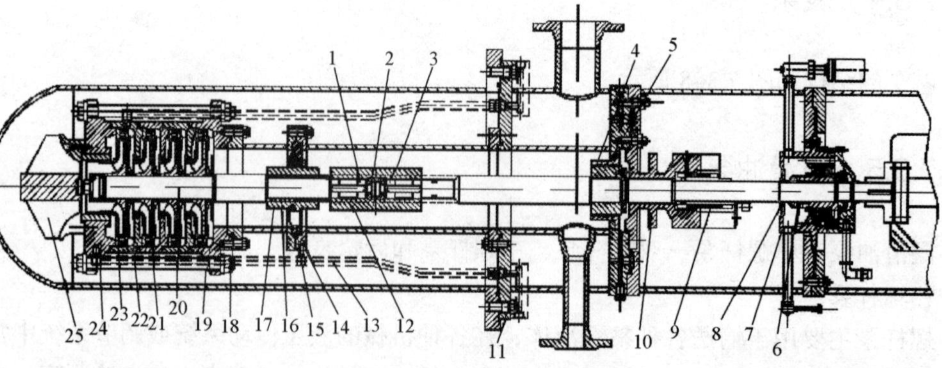


1、20—泵轴；2—定位环；3—驱动轴；4—平衡鼓套；5—平衡鼓；6—轴承套；7—轴承箱；8—压盖；9—机械密封；10—密封箱体；11—进出口段；12—连接箱；13—软管；14、18—圆柱管；15—支承板；16—下轴套；17—滑动轴承；19—出口端盖；21—导叶；22—中段壳体；23—叶轮；24—入口端盖；25—扩散管

图 7.3–7　烯烃泵结构图

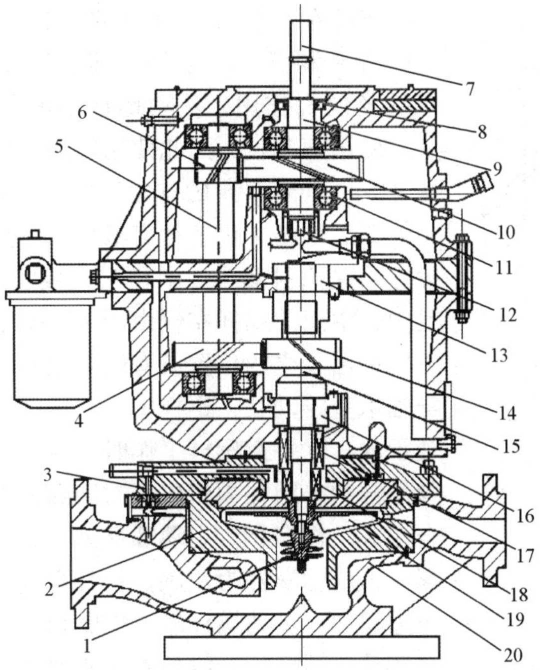


1—诱导轮；2—扩压器；3—分离器；4、6—传动齿轮；5—惰性油；7—连接轴；8—轴封；9—驱动油；10—驱动齿轮；11、16—轴承；12—内部润滑泵；13—轴颈轴承；14—从动齿轮；15—从动轴；17、18—机械密封；19—叶轮；20—泵体

图 7.3–8　碱泵结构图

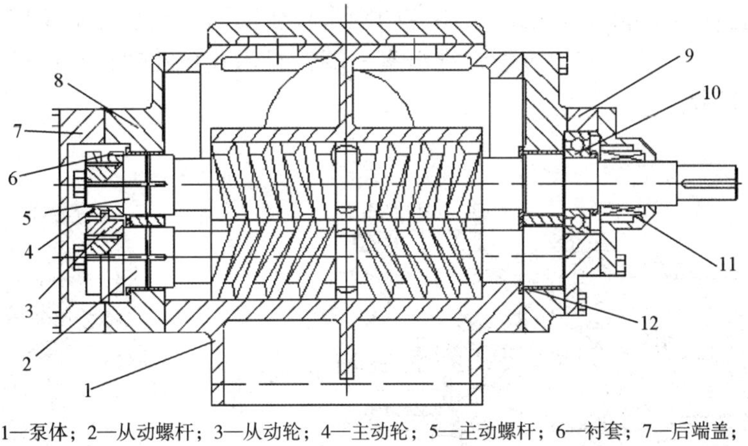


1—泵体；2—从动螺杆；3—从动轮；4—主动轮；5—主动螺杆；6—衬套；7—后端盖；8—后盖；9—轴承座；10—轴承；11—机械密封；12—衬套

图 7.3–9　双螺杆泵结构图

容积产生变化，靠吸入室一侧的啮合空间打开，与吸入室容积连通，吸入室容积增大，压力降低，吸入管内液体流入螺杆槽中，在螺杆的推动下产生轴向移动。螺杆泵中液体的轴向移动类似于螺母在螺杆上的移动，如图 7.3–10 所示，螺母不转，螺杆转动时，螺母在螺杆的推动下产生轴向移动。在螺杆中从动螺杆的螺纹与主动螺杆螺纹相啮合，起到防止液体随螺杆旋转的挡板作用。当螺杆不断旋转时，液体便从吸入室连续地沿着泵体轴向移动到排出室。

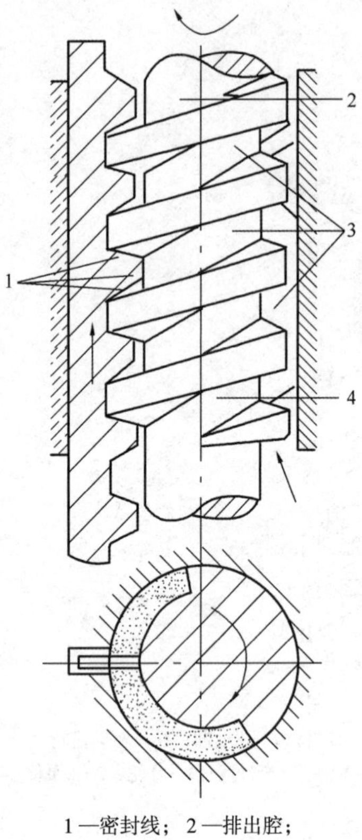


1 —密封线；2 —排出腔；
3 —密封腔；4 —吸入口

图 7.3–10　螺杆泵工作原理图

螺杆泵根据互相啮合的螺杆数目可分为单螺杆泵、双螺杆泵和三螺杆泵等。其中三螺杆泵由于主动螺杆不承受径向力作用，从动螺杆不承受扭矩作用，受力情况好，使用寿命长，因此使用较为广泛。三螺杆泵的结构如图 7.3–11 所示，泵的排出管位于上方，并高于泵轴，目的是停车后螺杆中仍能存有液体，以免下次启动时产生干摩擦。泵壳内衬套为 3 个相互连接的圆柱孔，3 根螺杆置于其中，中间的螺杆左侧由固定在侧盖上的止推轴承支承，右端伸出泵壳的位置设有轴封填料，两从动螺杆左侧的止推轴承呈浮动状，螺杆中心有通孔，将排出压力引入止推轴承内，以平衡螺杆工作时产生的轴向力。泵壳内的衬套与螺杆的外圆柱面形成密封间隙，主动螺杆与从动螺杆啮合形成工作容积。主动螺杆为右旋，具有双头等螺距的凸螺纹，从动螺杆为左旋，具有双头等螺距的凹螺纹。在工作过程中，主动螺杆靠电机驱动，从动螺杆与主动螺杆啮合转动。螺杆啮合线把主、从动螺杆的螺纹槽分割成若干个封闭容积，当主动螺杆带动从动螺杆转动时，由于啮合线的移动，使封闭容积沿轴向移动，在主动螺杆转一圈的过程中，各封闭容积正好移动一个导程的距离。吸入室一端的封闭空间随螺杆转动而打开，并不断扩大，完成吸液过程，排出室一端的封闭容积随螺杆转动打开后，不断缩小，完成排液过程。

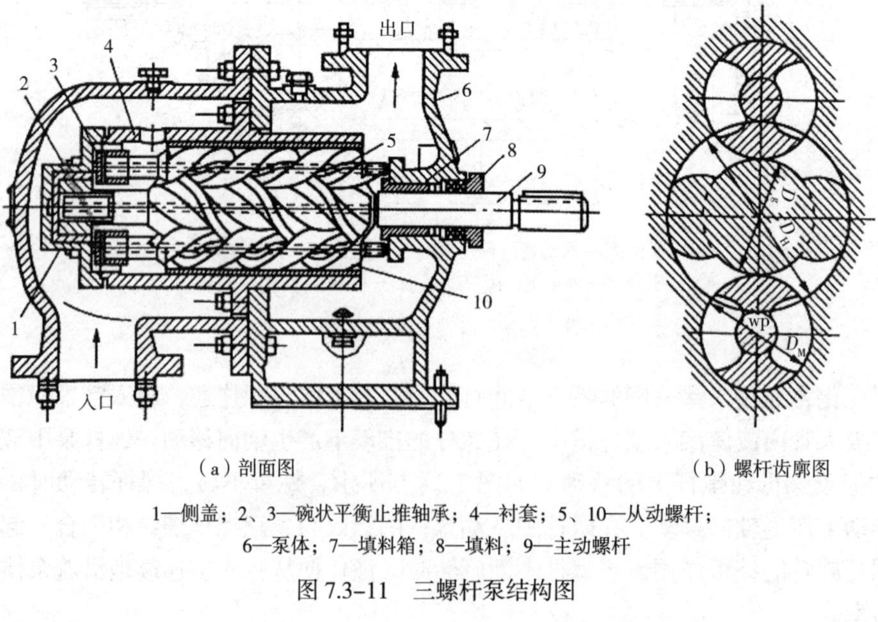


（a）剖面图　　　　（b）螺杆齿廓图

1—侧盖；2、3—碗状平衡止推轴承；4—衬套；5、10—从动螺杆；
6—泵体；7—填料箱；8—填料；9—主动螺杆

图 7.3–11　三螺杆泵结构图

螺杆泵也是一种容积式泵，具有自吸能力。在泵启动前，要把排液管路中的阀门全部打开，其安装高度须低于允许值，在缺乏安装高度数据的情况下，可根据吸上真空高度计算，方法同离心泵。由于螺杆泵的流量与排出压力无关，因此，流量调节也采用旁路调节法。

螺杆泵的转速一般为 3000r/min，最高可达 18000r/min，流量范围为 1.5~500$m^3$/h，排出压力可达 20MPa，并且由于螺杆的转动惯量小，启停不延时，应用于各种机械的液压系统或调节系统时，能保证机械操作的准确性和灵敏性。

螺杆泵具有下列特点：

（1）排量均匀，压力脉动小。当螺杆旋转工作时，螺母（液体）作相对的直线运动，且是连续不断的，各瞬时排出的液体量基本相同。实验证明，螺杆泵比齿轮泵、柱塞泵的流量都均匀。

（2）螺杆受力情况良好。主动螺杆只受扭转力矩，不受径向力和轴向力，从动螺杆仅受侧面径向力，不受扭转力矩作用，因此泵的使用寿命较长。

（3）泵的工作转速较高，运动件无往复运动的零件，零件受力良好。

（4）运转平稳，噪声小，输送液体不受搅拌作用。螺杆凹槽空间较大，输送含杂质颗粒液体时不易卡住。

（5）良好的自吸能力。螺纹密封性好，可以输送气体，启动时不需要灌泵，且可用作气液混相介质输送。

因此，螺杆泵的转速高，并且可以在较高的压力（30.0MPa）下工作。

单螺杆泵的结构如图 7.3–12 所示。

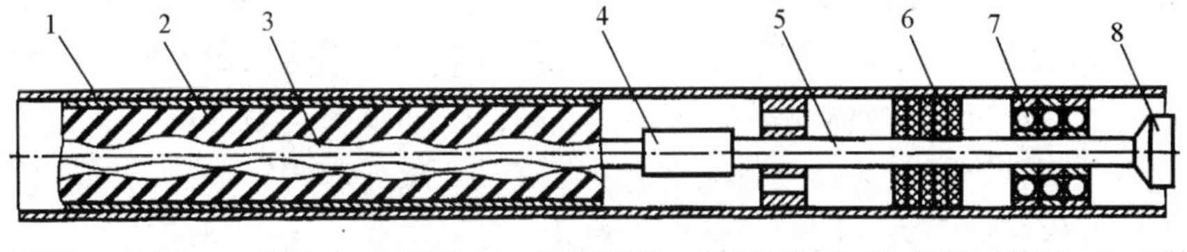


1—泵壳；2—衬套；3—螺杆；4—联轴节；5—中间传动轴；6—密封装置；7—径向止推轴承；8—联轴器

图 7.3–12　单螺杆泵结构图

2. 齿轮泵

齿轮泵的主要工作部件是一对相互啮合的齿轮，可分为内啮合、外啮合、直齿、斜齿等多种形式，其中应用较多的是外啮合圆柱直齿齿轮泵。在乙烯生产中，为加热炉输送燃料的油泵和为机泵装置输送润滑油或密封油用的油泵，多为齿轮泵。

图 7.3–13 所示为外啮合直齿的齿轮泵。当电动机带动主动齿轮旋转时，主动和从动的一对啮合齿在逐渐脱开侧，齿间容积逐渐增大，形成局部真空，此时，吸入罐中的流体压力大于齿间容积逐渐增大侧的压力，在压力差的作用下流体进入齿轮泵的吸入腔，填满齿间空间。齿轮继续旋转，将吸入的流体沿齿轮圆周与泵体所形成的空间输送到齿轮泵的另一侧腔室中。在主、从动齿轮进入啮合的过程中，齿间容积减小，流体压力增加与排出腔产生压力差，流体在此压力差的作用下被压出压油腔，进入排出罐或进入工作装置。

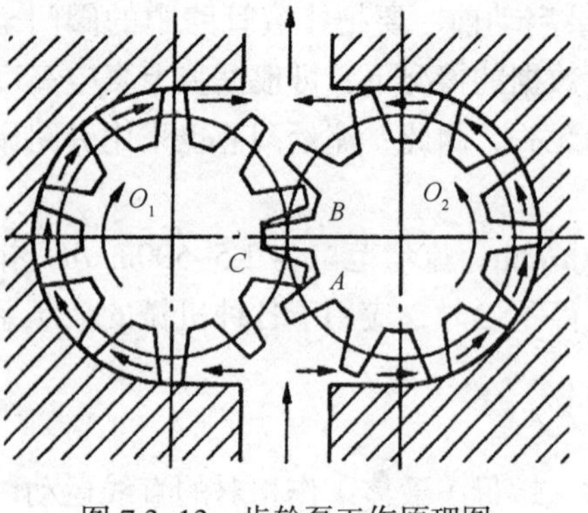


图 7.3-13　齿轮泵工作原理图

齿轮泵是依靠一对互相啮合的齿轮脱离啮合和进入啮合时的容积变化来达到吸入液体和排出液体的，具有容积式转子泵的特点：

（1）流量基本上与排出压力无关；

（2）由于齿轮啮合时齿间容积变化不均匀，流量也是不均匀的，产生流量和压力的脉动；

（3）与往复泵比较，在结构上不需要吸、排油阀，结构简单，运转可靠；

（4）适用于不含固体杂质的高黏度的液体，一般用于液压传动装置、润滑装置、密封装置的液体输送。

齿轮泵除有一般转子泵的特点外，还存在下列特殊问题。

1）困油现象

由于齿轮泵是容积式泵，在工作过程中，齿间空间的容积必须是封闭的，封闭曲线是不断地由小变大，又由大变小的过程。变化中分别和吸油腔或压油腔相连，才能产生吸油和压油两个过程。在某些泵中，封闭容积在一段时间既不和吸油腔连通，又不和压油腔连通，此时封闭容积的实际体积却在发生变化，一般把这部分容积叫“闭死容积”。“闭死容积”变小时油被压缩产生很大压力，变大时产生低压引发汽蚀，这种现象叫做“困油”现象，它对齿轮泵的工作带来不利影响。图 7.3-14（a）所示为齿轮啮合齿多于一对，新的一对齿在 *A* 点啮合时，旧的一对齿在 *B* 点还未脱开，这一密闭容积与吸、排油腔隔绝，形成“闭死容积”。随着齿轮旋转，此容积逐渐缩小，到图 7.3-14（b）时，即啮合点 *D* 和 *E* 与节点 *P* 对称时，“闭死容积”最小；齿轮继续旋转，啮合齿脱开时“闭死容积”最大。“闭死容积”变小时，液体受压缩使压力升高，使轴承受到附加的径向力，导致泵工作不稳定，寿命降低，并且发生噪声和油发热现象。“闭死容积”变大时，产生真空，使溶解在油中的气体分离出来，同时液体发生汽化，形成汽蚀，使流量不均匀，引起噪声。前一种现象可能性大，后一种现象因存在间隙而不至于形成真空。

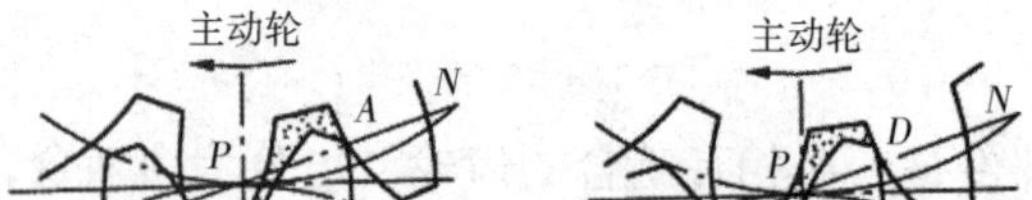


图 7.3-14　齿轮泵的困油容积

为了消除困油现象，可以采用卸荷的办法，使“闭死容积”与吸油腔或压油腔连通。但为了提高泵的容积效率，最好在压油时与压油腔连通，在吸油时与吸油腔连通。

一般卸荷措施如下：

（1）开卸荷槽　如图 7.3-15 中虚线及剖面 *C*–*C* 所示，在前、后盖上各铣两条卸荷槽。因“闭死容积”变小时影响较大，且发生在靠油腔一侧，为使容积变小时“闭死容积”中的油畅通地流入压油腔，卸荷槽应向吸油腔侧偏移。卸荷槽的距离由实际试验得出。

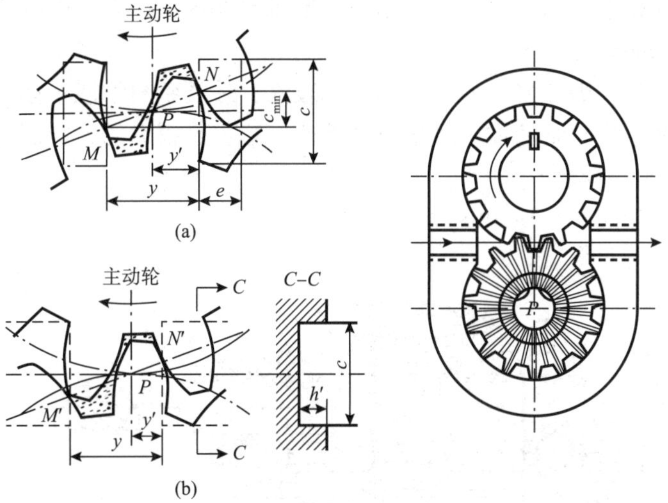


图 7.3–15　齿轮泵的卸荷槽和卸荷孔

（2）开卸荷孔　如图 7.3–15 所示，从动轮在轴上空转时，在从动轮轴上铣出中间由筋隔开的两个凹槽 $P_1$ 及 $P_2$。在从动齿轮的每个齿谷底部和顶部开卸荷孔。当闭死容积变小时，卸荷孔与连通压油腔的凹槽 $P_1$ 接通；当“闭死容积”变大时，卸荷孔与连通吸油腔的凹槽 $P_2$ 接通。这样就可以消除困油观象。

（3）其他措施　可采用选择合适的齿轮啮合条件，使闭死空间逐渐增大来消除困油现象。此外，斜齿轮泵封闭容积几乎不变，困油现象就不严重。

2）径向力及其平衡措施

由于齿轮泵内存在高压压油腔和低压吸油腔，沿齿轮外圆与泵体之间的油压是从吸油压力顺着转动方向而增加到排油压力的。此压力差对齿轮产生不平衡的径向力。此外，齿轮与泵体间有间隙，存在压力损失，也会形成径向力。径向力的合力使轴承受到很大径向负荷造成泵轴变形，使齿轮与泵体接触而导致泵体磨损。

消除径向力的平衡措施如下：

(1) 使压油腔孔道尺寸比吸油腔小和加大径向间隙。前者是减小液压，后者是补偿径向力引起的轴变形。采用较大间隙似乎增大漏损，但齿轮总是被压向吸油腔一侧，单向间隙是很小的，同时漏损方向与流动方向相反，实际上漏损不大。

（2）在轴承座圈上开压力平衡槽，将压油腔的油引到对称的位置一边，平衡掉一部分径向力，使作用在齿轮外圆的径向力减小。这种方法会使高压油靠近吸油腔而增加漏损，影响泵的容积效率。

（3）在泵体上开压力平衡槽。

对于斜齿轮泵，应该注意轴向力的作用，采取相应的自平衡措施。

3）密封问题

由于齿轮泵存在高、低压腔，所以存在串漏的问题。为了保证密封，必须适当选择间隙。间隙大了，漏损增加，但不易卡死，机械效率高。漏损可能发生在径向间隙和轴向端面间隙，其中轴向端面间隙是主要的，因为大多数漏损是从轴向间隙中漏掉的，因此，漏损增大时，首先应检查轴向间隙是否合适。一般轴向间隙应该在 0.04~0.10mm 范围内，径向间隙在 0.10~0.15mm 范围内。

由于齿轮泵密封间隙较多，而且密封面积较大，故其密封性能不如往复泵，所能达到的压力也要低一些。齿轮泵的加工质量对其性能影响也是很大的，在制造和装配时应加以注意。

齿轮泵的结构如图 7.3-16 和图 7.3-17 所示。

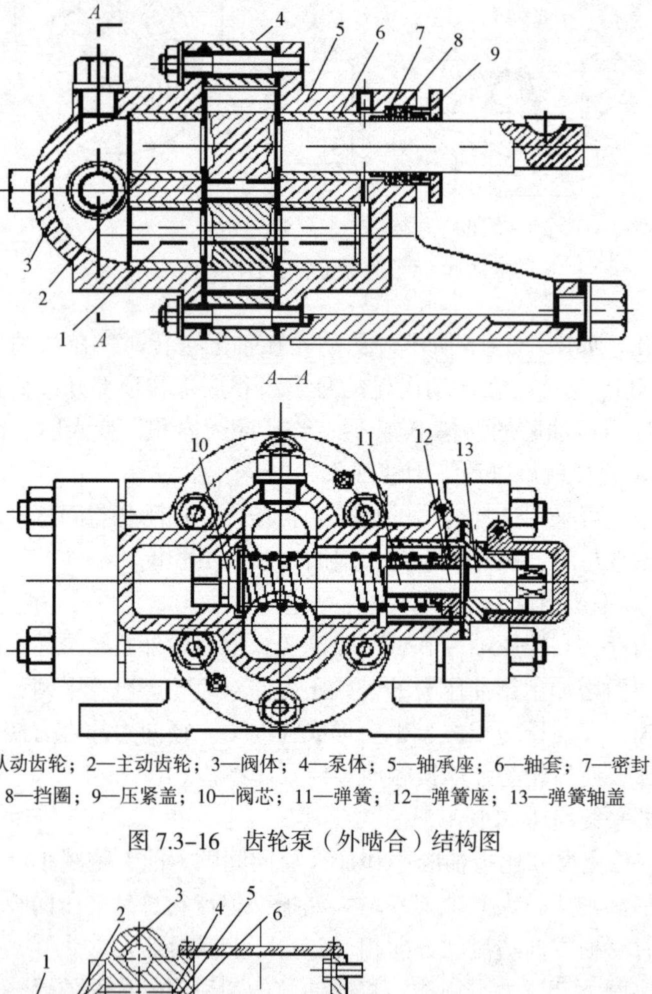


1—从动齿轮；2—主动齿轮；3—阀体；4—泵体；5—轴承座；6—轴套；7—密封；8—挡圈；9—压紧盖；10—阀芯；11—弹簧；12—弹簧座；13—弹簧轴盖

图 7.3-16　齿轮泵（外啮合）结构图

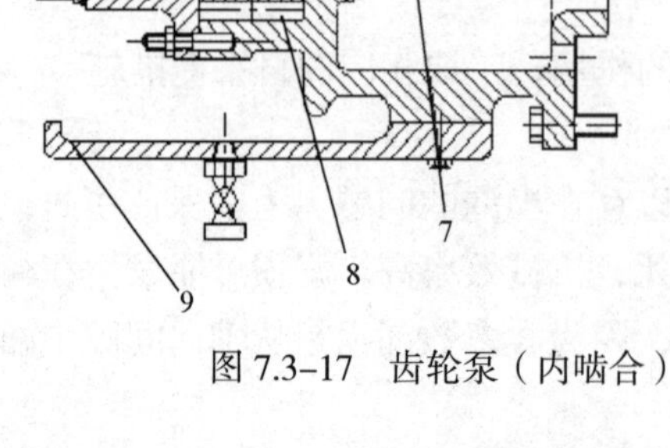


1—盖型螺母；2—泵盖；3—泵体；4—从动齿轮；5—轴套；6—小轴；7—主轴；8—主动齿轮；9—集油托盘

图 7.3-17　齿轮泵（内啮合）结构图

## 7.3.6 注剂泵

注剂泵有隔膜式和柱塞式两种，其结构分别如图 7.3–18 和图 7.3–19 所示。

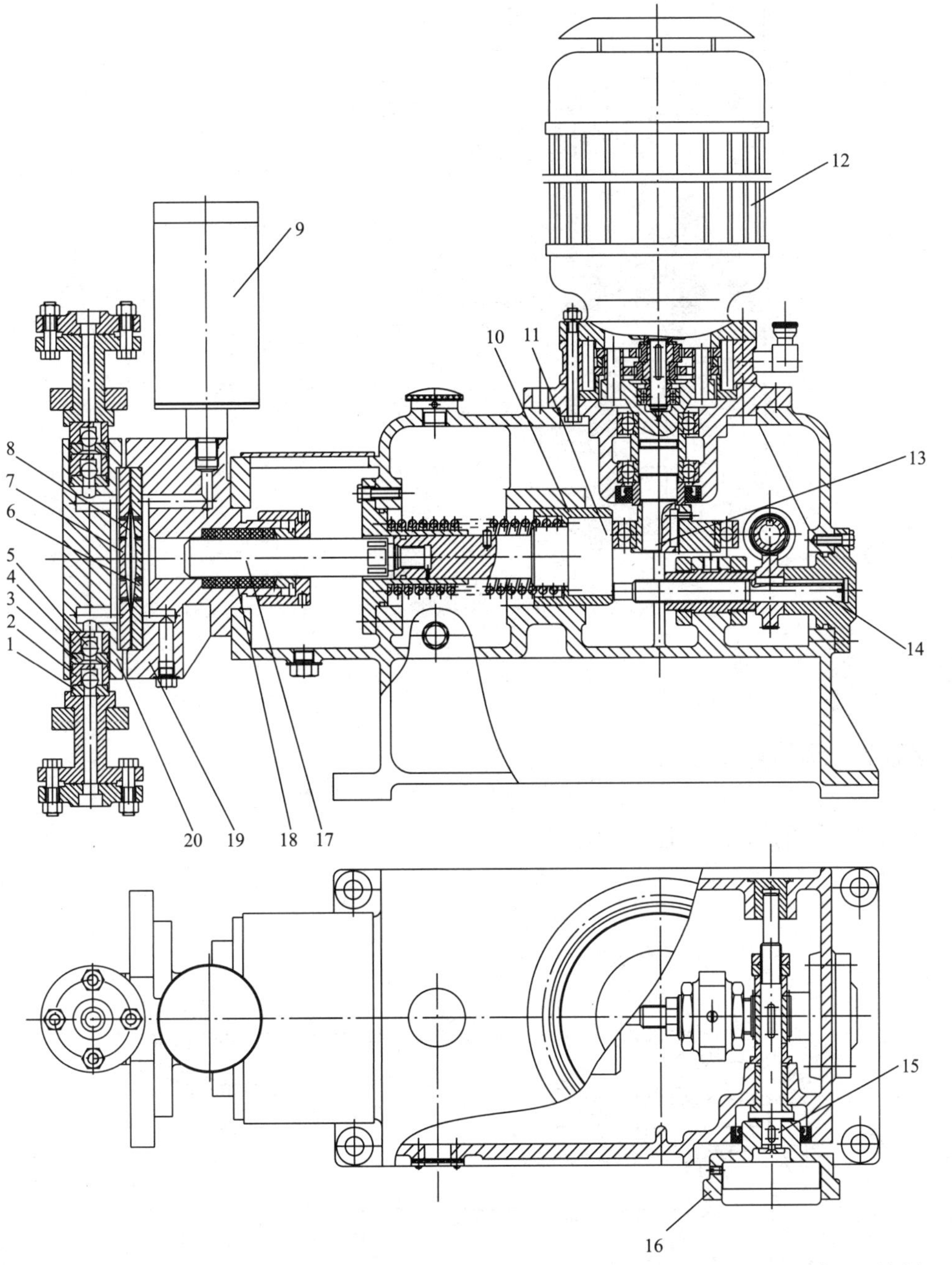


1—下阀座；2—下导向套；3—上阀座；4—上导向套；5—阀球；6—前限制板；7—后限制板；8—隔膜；9—补油阀；10—导向套；11—十字头；12—电机；13—输出轴；14—调节杆；15—调节轴；16—调节转盘；17—柱塞；18—密封环；19—前缸头；20—后缸头

图 7.3–18　隔膜式注剂泵结构图

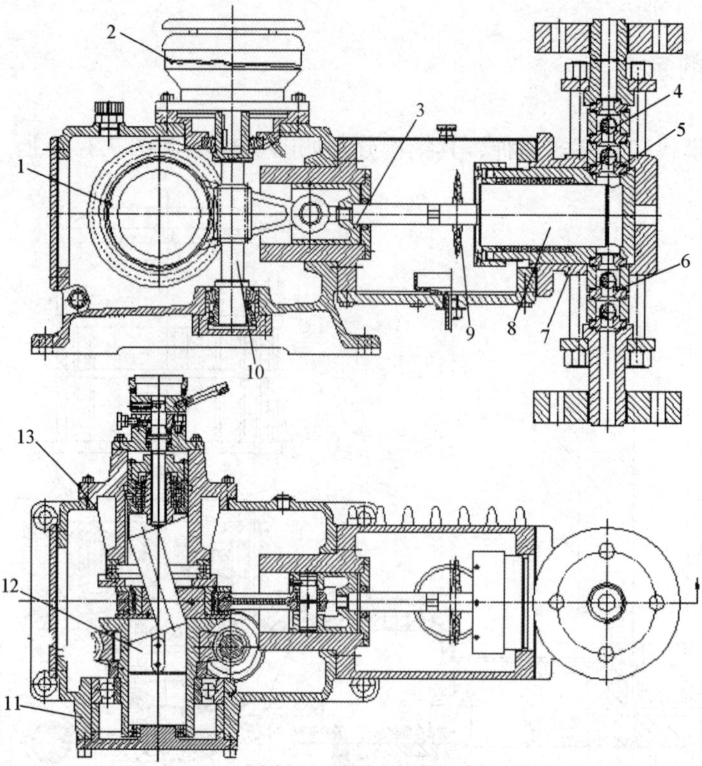


1—涡轮；2—电机；3—十字头；4—阀球；5—排阀座；6—吸阀座；7—液缸体；8—柱塞；9—挡液环；10—蜗杆；11—传动箱；12—涡轮箱；13—上套筒

图 7.3-19　柱塞式注剂泵结构图

## 7.3.7　蒸汽喷射泵

蒸汽喷射泵的结构如图 7.3-20 所示。

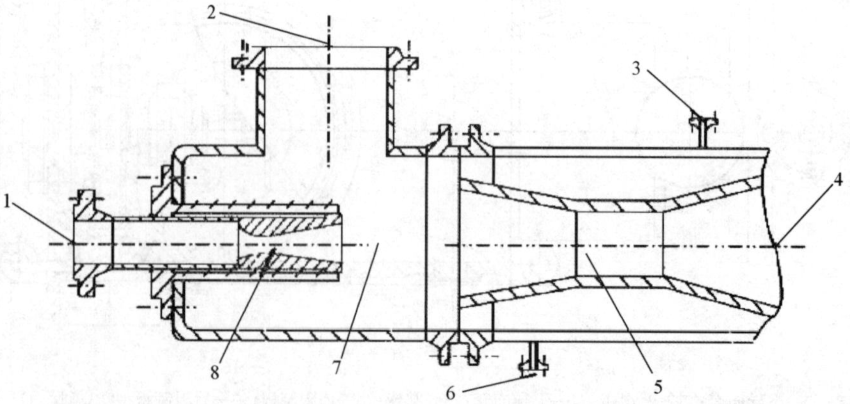


1—喷射蒸汽进口；2—吸入口；3—保温蒸汽进口；4—排气口；5—扩压器；6—保温蒸汽出口；7—喷嘴室；8—喷嘴

图 7.3-20　蒸汽喷射泵结构图

## 7.3.8 屏蔽泵

屏蔽泵主要构件是泵的叶轮和蜗壳，但由于泵的主体和驱动机都封闭在一个被泵送介质所充满的压力容器内，该压力容器有静密封，但却没有传统的旋转泵动密封。而静密封比动密封更容易实现完全密封，所以，屏蔽泵可以实现完全无泄漏。

屏蔽泵主要用来输送易燃、易爆、具有剧毒等石油化工液体，以便提高石油化工装置运行的安全可靠性。

图 7.3–21 为典型的屏蔽泵结构图。

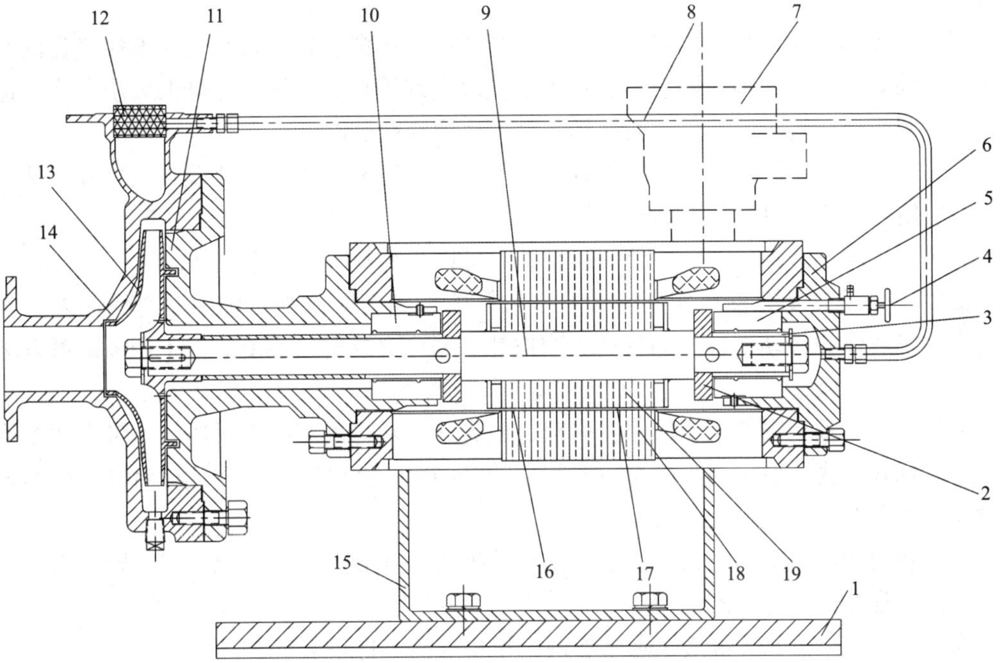


1—底座；2—推力盘；3—轴套；4—排气阀；5—轴承；6—压盖；7—接线盒；8—循环管；9—轴；10—轴承；
11—端盖；12—过滤器；13—叶轮；14—泵体；15—机架；16—定子屏蔽套；17—转子屏蔽套；18—定子；19—转子

图 7.3–21 屏蔽泵结构图

屏蔽泵是用同一根轴将电机的转子和泵的叶轮固定在一起，然后用屏蔽套将这一组转子屏蔽住。而电机的定子围绕在屏蔽套的四周，屏蔽套是由金属制成的，因此动力可以通过磁力场传递给转子。而整个转子都在被泵送液体中运转。而屏蔽的端部靠法兰或焊接的结构实现静密封。屏蔽套实际上是一个压力容器。

除了屏蔽套之外，还有一个部件是循环管。利用泵送液体对轴承润滑与冷却，有时也对电机冷却。

图中定子的内表面和转子的外表面装有耐腐蚀金属薄板制造的定子屏蔽套和转子屏蔽套。各自端面用耐腐蚀金属薄板与它们焊接。与被输送液体分隔，使定子绕组铁芯和转子铁芯不受侵蚀。

循环管一般是从泵排出口引入少部分被输送液体（约 1%~3% 总流量），经过滤后，通过循环管先润滑冷却后轴承，通过定子屏蔽套与转子屏蔽套之间的间隙进行冷却，然后再润滑冷却前轴承，最后经叶轮平衡孔回流到叶轮进口。

屏蔽泵的屏蔽套，即定子屏蔽套与转子屏蔽套，用来防止输送介质进入定子绕组和转子铁芯。由于屏蔽套的存在，使电机定子和转子之间的间隙加大，造成屏蔽套中产生涡流，造成电机性能下降，功率损耗加大。

为了减少功率损耗，屏蔽电机定子内径通常比较小，屏蔽套壁厚尽可能薄，屏蔽套材料选用非导磁材料。所以屏蔽电机通常是细长式结构。屏蔽套材料多为 304、304L、316、316L 不锈钢。哈氏合金 C、钛材料虽然涡流损失小，但成本高，因此较少被选用。屏蔽套厚度一般为 0.2~1mm。

屏蔽泵的轴承通常是滑动轴承，用泵送介质进行润滑。轴承常用自润滑性优良的石墨制成。而轴套采用表面堆焊钨、铬、钴等硬质合金或等离子喷涂氮化硅的硬质合金。这一类石墨与硬质合金组成的轴承一般使用寿命可达到 8000h 以上。

有时也可以选用硬对硬的摩擦副轴承，例如硬铬对氧化锆、碳化硅对碳化硅。这一类轴承一般使用寿命可以达到 16000h 以上。

有时选用碳化硅轴承上再覆盖一层石墨，可以承受短时间的干运转。

被输送介质黏度对轴承使用寿命有很大影响，黏度太低则对轴承润滑性能差。若黏度太高，则液体和转动部件之间将产生摩擦热。通常介质黏度在 0.1~2mPa·s 都可以运转良好。

屏蔽泵滑动轴承只能承受较小径向载荷，为此通常采用双蜗壳泵体，即带有两个错开 180° 的对称式蜗壳，使之产生两个方向相反的径向力，达到减少径向载荷对轴承的伤害。有时也采用圆形泵体减少径向载荷。

屏蔽泵的轴向力平衡方式，通常采用自动推力平衡装置。有时也选用叶轮背面装有径向叶片，即背叶轮推力平衡机构。

为了运行安全可靠，屏蔽泵通常有两个重要监测和保护装置。

轴承磨损监测器有机械式和电气式两种。

屏蔽泵在无液情况下干运转，会造成轴承损伤。当负载过大或过小，电流增加或减少时，电流保护器根据预先设定的阈值可以自动切断电流，使电机停止运转，防止事故发生。

有时还有电机内压保护器、液面监测器、热交换能力监测器等。

屏蔽泵的性能与离心泵基本相同，但效率则比离心泵低。另外，对最小连续流量的限定比较严格，因为小流量时效率低，会导致泵发热，流体蒸发引起泵干运转，因此必须按说明书的规定来确定最小连续运行流量。

屏蔽泵的优点主要是密封性能好，运行可靠性高，由于没有电机风扇，噪声通常低于 65dB。

屏蔽泵扬程一般为 10~150m，最小流量大约为 0.1~6m³/h。如果装有诱导轮，必需的净吸入压头 $NPSH_r$ 可达到 0.3m。

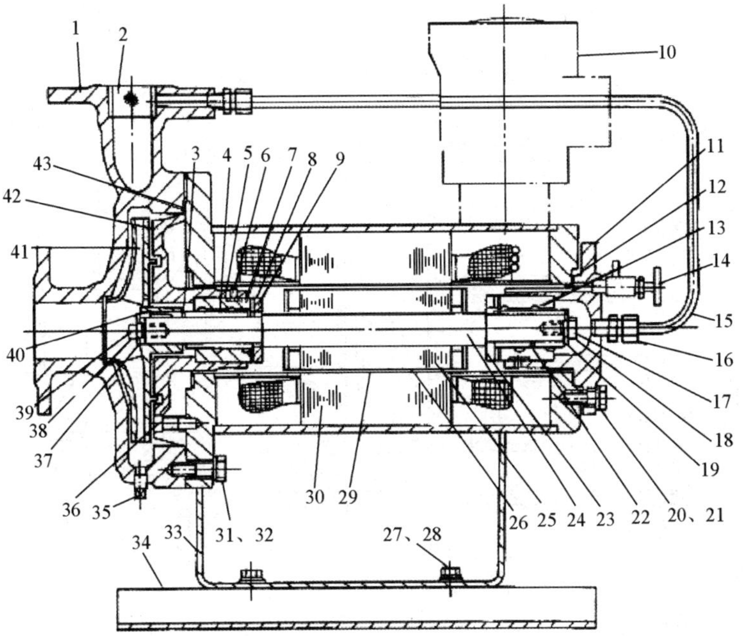


1—泵体；2—过滤器；3—调整垫片；4—轴套；5—垫片；6—紧定螺钉；7、13—轴承；8、23—推力环；9—销；10—接线盒；11、42—端盖；12、43—密封垫片；14—排气阀；15—循环管；16—活接头；17、21、28、31、36、39—螺钉；18、38—止推螺母；19、20、27、32、37—垫片；22—轴套；24—轴；25—转子；26—转子屏蔽套；29—定子屏蔽套；30—定子；33—机架；34—底座；35—丝堵；40—键；41—叶轮

图 7.3–22　屏蔽泵结构图

## 7.3.9　磁力泵

磁力泵与屏蔽泵一样，结构上只有静密封没有动密封，所以在输送液体时无泄漏。用于输送易燃、易爆、易挥发、有毒、有腐蚀及贵重液体等。

磁力泵主体结构还是离心泵，但驱动则采用磁传动原理，其结构如图 7.3–23 所示。

电动机通过联轴器和外磁钢联在一起。叶轮则与内磁转子联在一起。在内外磁转子之间设有全密封的隔离套，将内外磁转子完全分隔开，使内磁转子处于介质之中，而电动机的轴通过磁钢间的磁极的相吸直接带动叶轮同步转动。

磁力泵主要构件是泵体、叶轮、内磁转子、外磁转子、隔离套、泵内轴、泵外轴以及滑动轴承、滚动轴承和联轴器等。

关键部件是“磁性联轴器”，是由内磁钢（含导环和包套）、外磁钢（含导环）及隔离套组成，如图 7.3–24 所示。

内外磁转子的材料对磁力泵效率和可靠性有重大影响。目前常用材料如下：

稀土钴是一种新型永久磁钢。如钐钴、铝镍钴、镨钴、混合稀土钴和稀钴铜等。其磁能积可以达到 80~240kJ/m³，磁传动效率高，并具有极强的抗退磁能力。其矫顽力 *HCT* 为 360~1200kA/m，使用温度可达 300℃。

钕铁硼也是稀土类永久磁铁。基本性能和钐钴相似，但磁能积却高于钐钴，缺点是使用温度仅为 120℃，而且磁稳定性相对较差。

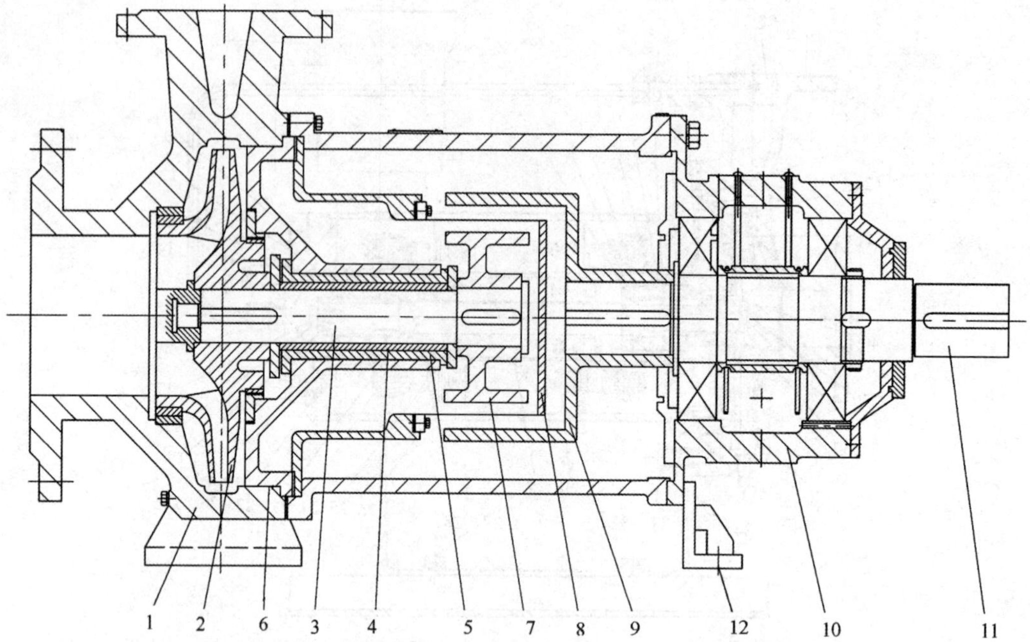


1—泵体；2—叶轮；3—泵轴；4—轴套；5—滑动轴承；6—泵盖；7—内磁转子；8—隔离套；9—外磁转子；10—轴承悬架；11—驱动轴；12—辅助支架

图 7.3-23　磁力泵结构图

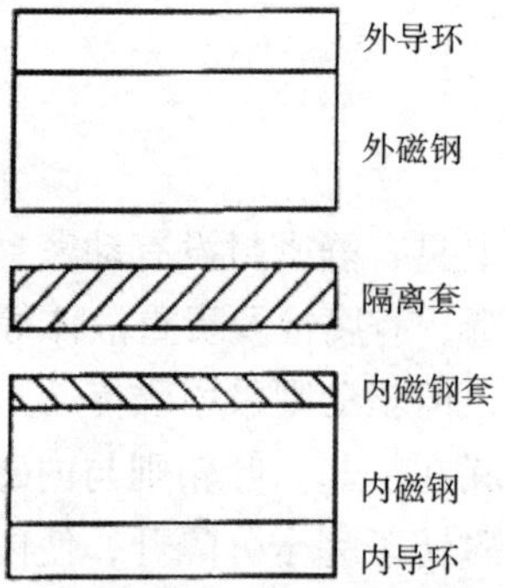


图 7.3-24　磁性联轴器结构图

早期曾选用铁氧体作为磁力泵材料，但由于磁能积仅 10~30kJ/m³，使用温度仅 85℃，磁传动损失也大，目前已较少使用。

金属隔离套由于套内存在电涡流损失，为了减少电涡流损失，提高传动效率，通常选用高电阻材料，如哈氏合金 C（Hascelloy C），此时电涡流损失约占总传动效率的 15%~25%。

非金属隔离套由于套内不存在电涡流损失，可提高传动效率，但不耐高温，一般仅为 100~120℃。

磁力泵性能和离心泵相似，只是效率较低。

磁力泵运行中一旦操作温度高于磁钢许用温度，将发生退磁作用。国产磁力泵一般使用温度为 100℃。

磁力泵输送介质中不允许含有铁磁性的杂质或硬质杂质。

为了防止轴承和隔离套过热或烧坏，切忌空运转，不允许在小于额定流量 30% 下运行。

由于磁力泵根本消除了轴封泄漏，同时在动力传递中有自动过载保护作用，在石油化工行业中，当驱动功率不大时，已在逐步扩大应用。

目前，金属磁力泵性能大体如下：

流量为 0.2~200m³/h，扬程 <125m，电机功率≤75kW，温度为 -20 ~100℃。

磁力泵的外形如图 7.3-25 所示。

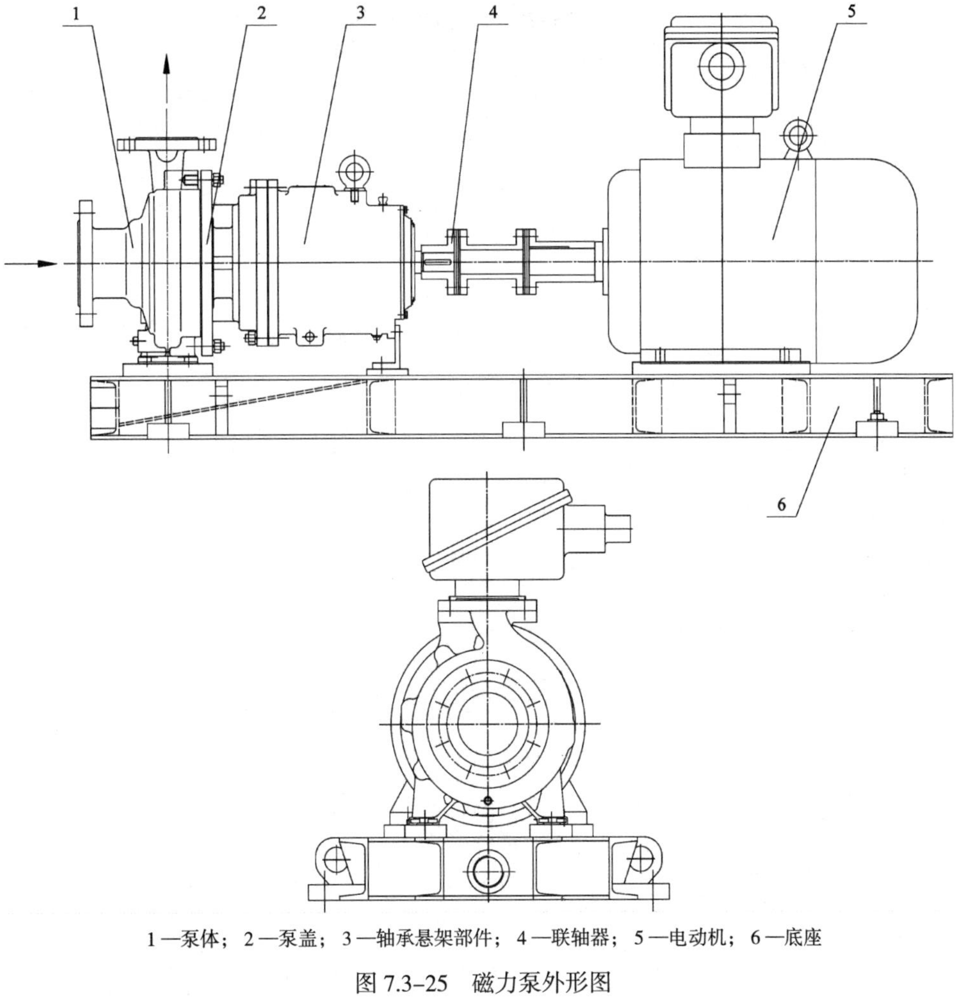


1 —泵体；2 —泵盖；3 —轴承悬架部件；4 —联轴器；5 —电动机；6 —底座

图 7.3-25　磁力泵外形图

## 7.3.10　计量泵

计量泵的结构如图 7.3-26 所示。

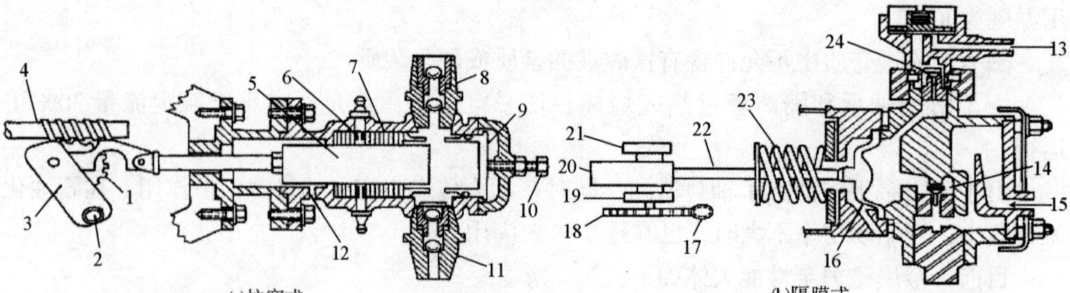


(a)柱塞式　　(b)隔膜式

1—齿轮；2—驱动轴；3—摇摆臂；4—电机轴；5—柱塞；6—灯笼环；7—填料；8—出口阀座；9—填料压盖；10—填料压紧螺栓；11—吸入阀座；12—填料液排出孔；13—出口；14—吸入阀；15—入口；16—隔膜；17—带蜗杆的电机轴；18—驱动蜗轮；19、21—轴承；20—偏心轮；22—推杆；23—复位弹簧；24—排出阀

图 7.3-26　计量泵结构图

# 第 8 章　压缩机

用于气体压缩及输送的设备称为压缩机。在乙烯生产过程中，压缩机的使用十分普遍。另外，有些单元操作如过滤、蒸发、蒸馏等要求在一定的真空度下进行，需要从设备中抽气，石油气和天然气的管道输送为了克服输送过程中的流动阻力，需要用压缩机提高气体的压力，还有些工艺流程为了使系统内未发生化学或物理变化的气体再循环，需要用压缩机对这部分气体加压循环。除此以外，压缩机还广泛应用于动力工程和制冷工程。在动力工程中，使用压缩机供给的压缩空气驱动风动机械和某些自动化装置中的启动仪表；在制冷工程中，使用压缩机对气体加压，使气体液化，然后利用液化气体蒸发时吸收热量的性质，对需要制冷的空间制冷。压缩机和泵一样也是一种通用机械。

由于气体和液体都是流体，压缩机和泵都是用于对流体加压及输送的设备，所以两者在工作原理和结构上有很多相似之处，其类型基本相同。压缩机可以根据工作原理、用途以及排气终压等进行分类。

1. 根据工作原理分类

根据工作原理的不同，可将压缩机分为容积式和速度式两大类，每一类又可分为若干种。

1）容积式压缩机

容积式压缩机的工作原理类似于容积式泵，依靠工作容积的周期性变化吸入和排出气体。根据工作机构的运动特点可分为往复式压缩机和回转式压缩机两种类型。

（1）往复式压缩机　往复式压缩机的典型代表是活塞式压缩机，其结构与往复泵有相似之处，由气缸和活塞构成工作容积，依靠曲柄连杆机构带动活塞在气缸内作往复运动压缩气体，根据所需压力的高低，可以制成单级压缩机和多级压缩机，也可以制成单列压缩机和多列压缩机。

（2）回转式压缩机　回转式压缩机主要由机壳与绕定轴转动的一个或几个转子组成，依靠转子转动过程中产生的工作容积变化压缩气体，属于这种类型的螺杆式压缩机在结构和原理上类似于螺杆泵，机壳内装有两个螺杆，主动螺杆为凸螺纹，从动螺杆为凹螺纹，两螺杆依靠轮齿传动。工作时，凸螺纹挤压凹螺纹内的气体，使工作容积产生变化，实现气体的吸入与排出。这种压缩机常作为动力用空气压缩机使用，此外，还应用于制冷。

2）速度式压缩机

速度式压缩机的工作原理类似于叶片式泵，依靠一个或几个高速旋转的叶轮推动气体流动，通过叶轮对气体做功，首先使气体获得动能，然后使气体在压缩机流道内作减速流动，再将动能转变为气体的静压能。根据气体在压缩机内的流动方向，将速度式压缩机分为离心式和轴流式两类。

（1）离心式压缩机　在离心式压缩机中，气体作径向流动，其叶轮的形状与离心泵相似，但由于气体的密度小，为了对气体产生足够大的离心力，压缩机的叶轮直径比离心泵叶轮要大得多，转速也比离心泵要高得多，加工精度要求也高。离心式压缩机在现代大型石油化工生产中应用非常广泛。

（2）轴流式压缩机　在轴流式压缩机中，转鼓上所装的螺旋桨式叶片推动气体作轴向流动，机壳上装置的静叶片起减速导流作用。由于在轴流式压缩机中气流路程短，阻力损失小，因此其效率比离心式压缩机高，但排气终压较低，一般只作为大型鼓风机使用。

2. 根据用途分类

这种分类方法是以被压缩气体的名称或依其在工艺流程中的用途进行分类，如压缩氢气的称为氢气压缩机，压缩石油气的称为石油气压缩机，压缩空气的称为空气压缩机，还有如二氧化碳压缩机、乙烯压缩机等。根据在工艺流程中的用途命名的有循环压缩机，用于对循环气体加压，冰机用于工艺系统的制冷等。

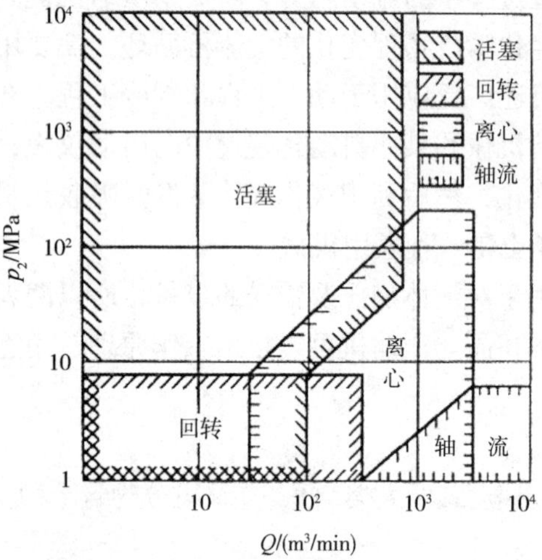


图 8.0–1　各类压缩机的适用范围

3. 根据排气终压分类

排气终压即压缩机的最终排气压力，常用单位是 kPa 或 MPa。根据排气终压可将压缩机分为通风机、鼓风机和压缩机。

压缩机由于在原理和结构上的差别，使得在性能特点方面各有不同，各类压缩机的适用范围如图 8.0–1 所示。活塞式压缩机在高压或超高压领域具有不可替代的优势，离心式压缩机因其流量大，特别适合于大型石油化工生产，回转式压缩机适合于中小气量的场合使用。

## 8.1　离心式压缩机

离心式压缩机在乙烯装置内有裂解气压缩机、乙烯制冷剂压缩机、丙烯制冷剂压缩机等。

### 8.1.1　离心式压缩机的工作原理

图 8.1–1 是一台离心式压缩机的结构图。主轴上装有 7 个叶轮，叶轮随轴旋转时，气体由吸入室沿轴向进入叶轮，叶片推动气体高速向外圆流动，在离心力的作用下提高了压力。高速气流离开叶轮后立即进入扩压器流道，在扩压器内随着流动截面的扩大，气流速度降低，部分动能转化为压力能。气流从扩压器进入弯道，气流方向由离心流动变为向心流动，再经回流器进入下一级叶轮，重复上述流动过程，这样一级接一级直至末级。末级

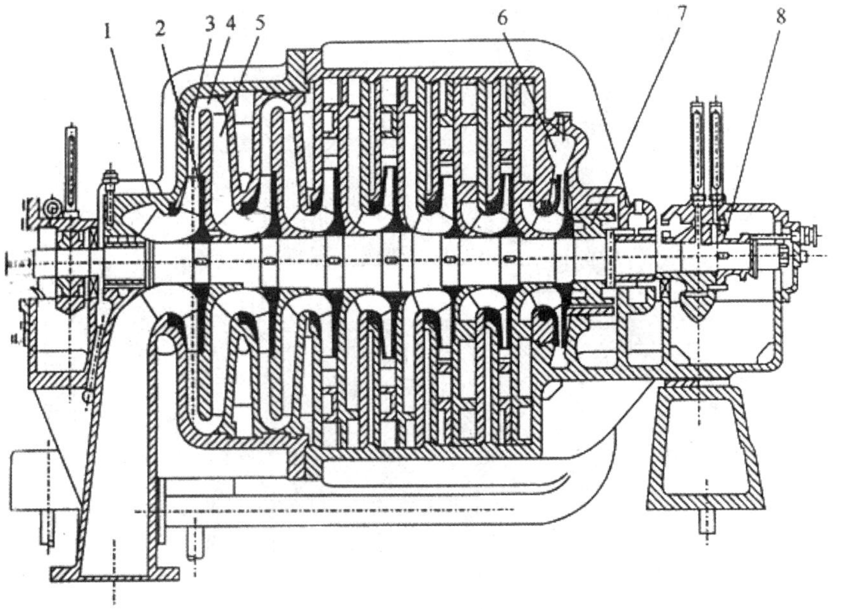


1—吸入室；2—叶轮；3—扩压器；4—弯道；5—回流器；6—蜗壳；7—平衡盘；8—推力盘

图 8.1–1　离心式压缩机结构图

叶轮的出口可以直接通向蜗壳，有些压缩机的末级叶轮出口先进扩压器再进蜗壳，气体由蜗壳汇集后经排出管排出。

由此可见，离心压缩机的结构和工作原理与离心泵相似，都是依靠高速旋转的叶片推动流体流动，从而增加流体的动能和压力能。但是，离心式压缩机压缩的是气体介质，介质的密度小，所产生的离心力小，因而依靠离心力做功获得的能量少。为使气体获得更多的能量以提高气体的压力，离心式压缩机都采用很高的转速，转速往往高达每分钟近万转或每分钟万转以上。转速越高，压缩机流道内气流的流速也越高，这就使得离心式压缩机的结构有其特点，设计和制造要求比普通离心泵更为严格，难度更大。

国产离心压缩机的型号表示为：

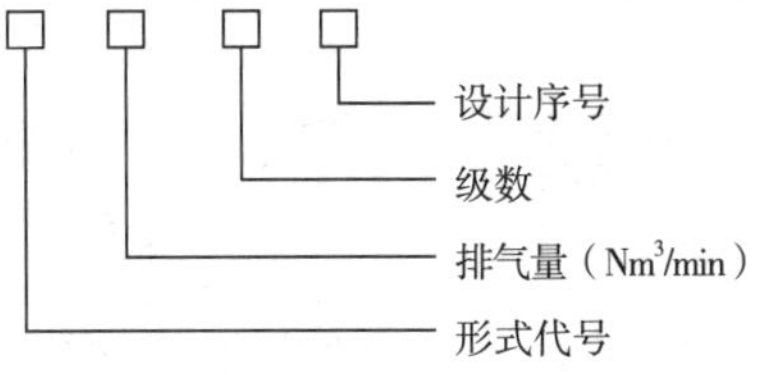


## 8.1.2　离心式压缩机的结构

离心式压缩机由转子和壳体两大部分组成。转子包括转轴以及安装在其上的叶轮、轴套、平衡盘以及联轴器等转动元件，壳体包括扩压器、弯道、回流器、蜗壳、轴承以及吸气室和排气室等固定件。

水平剖分型压缩机和垂直剖分型压缩机的结构如图 8.1–2 和图 8.1–3 所示。

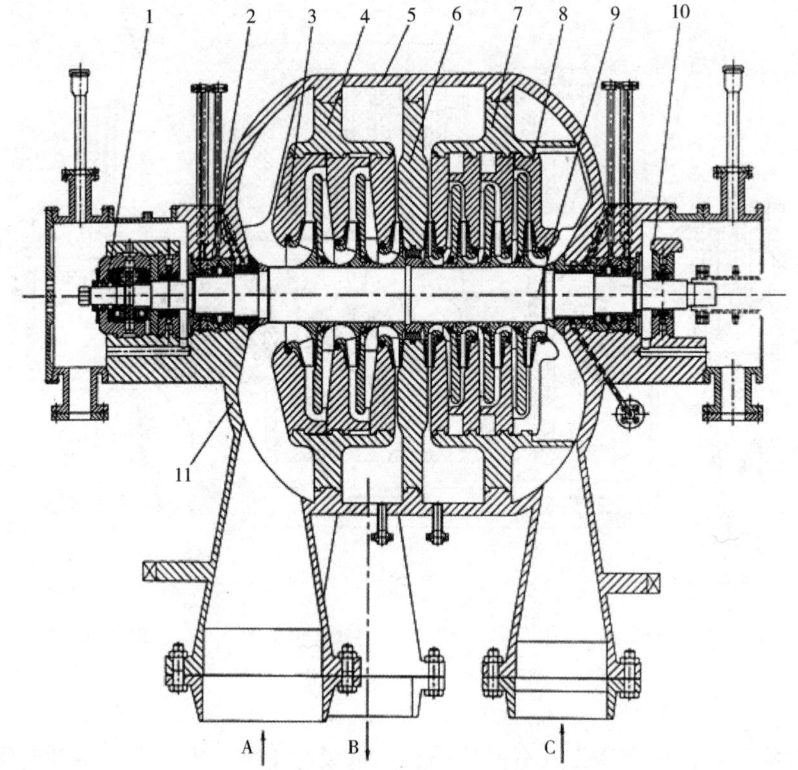


1—推力轴承；2—干气密封部件；3—进口隔板；4—一级支持隔板；5—上机壳；6—中间隔板；7—二级支持隔板；8—进口隔板；9—转子；10—可倾瓦轴承；11—下机壳；A—一级入口；B—一级出口；C—二级入口

图 8.1-2　水平剖分型离心式压缩机结构图

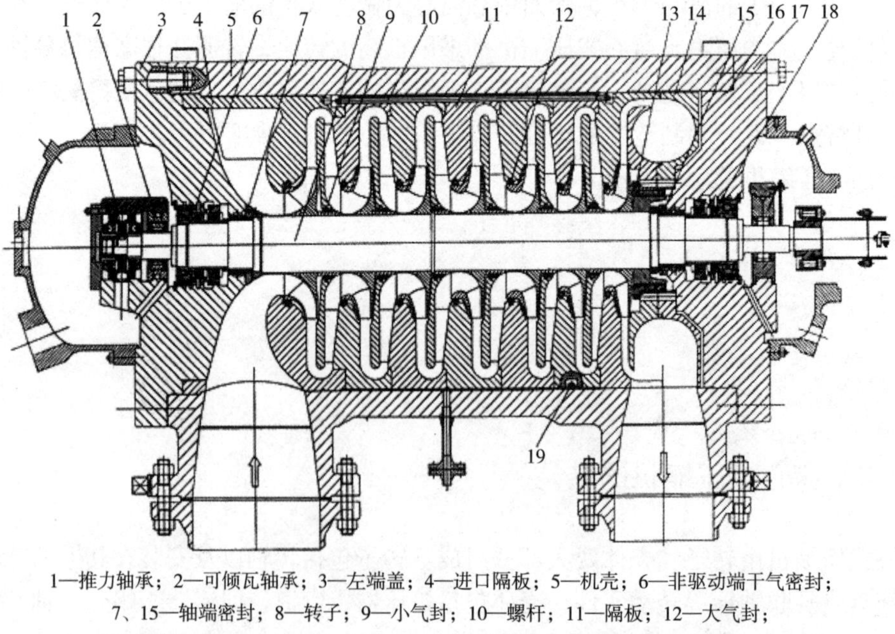


1—推力轴承；2—可倾瓦轴承；3—左端盖；4—进口隔板；5—机壳；6—非驱动端干气密封；7、15—轴端密封；8—转子；9—小气封；10—螺杆；11—隔板；12—大气封；13—平衡盘密封；14—出口隔板；16—O 环；17—右端盖；18—驱动端干气密封；19—小轴

图 8.1-3　垂直剖分型离心式压缩机结构图

## 8.1.3 离心式压缩机的主要零部件

为研究问题方便，将离心式压缩机主要零部件分为转子、固定元件和其他元件。转子是主轴及固定在主轴上随轴一起转动的所有零件的总称。固定元件是气流经过的流道中固定不动的元件。其他元件主要是密封、轴承等零部件。

1. 转子

如图 8.1–4 所示，转子上的主要零件是主轴、叶轮、平衡鼓、推力盘、联轴器、轴套和隔套等。

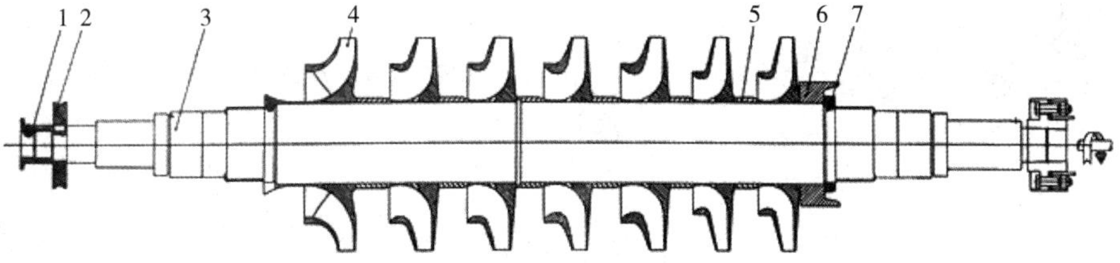


1—螺母；2—推力盘；3—主轴；4—叶轮；5—隔套；6—平衡鼓；7—螺母

图 8.1–4 转子

（1）叶轮 叶轮是压缩机唯一的做功元件，是最重要的核心元件，其结构如图 8.1–5 所示。由于离心式压缩机叶轮中的气流速度很高，故对叶轮的尺寸精度、表面粗糙度要求很高，必须用精加工加以保证。离心式压缩机叶轮一般不采用铸造叶轮，而是先在轮盘上铣出叶片后与轮盖铆接成一整体，或是先冲压出叶片，再与轮盘、轮盖焊接或铆接成一体。另外，由于叶轮转速高、离心力大，为保证连接安全可靠，叶轮与轴的装配除用键固定外，还采用过盈配合。

（2）平衡鼓 平衡鼓位于末级叶轮之后，用来平衡转子所受的轴向力。离心式压缩机转子产生轴向力的原理与离心泵相同，其方向也是从叶轮背面指向入口。平衡鼓的结构如图 8.1–6 所示。

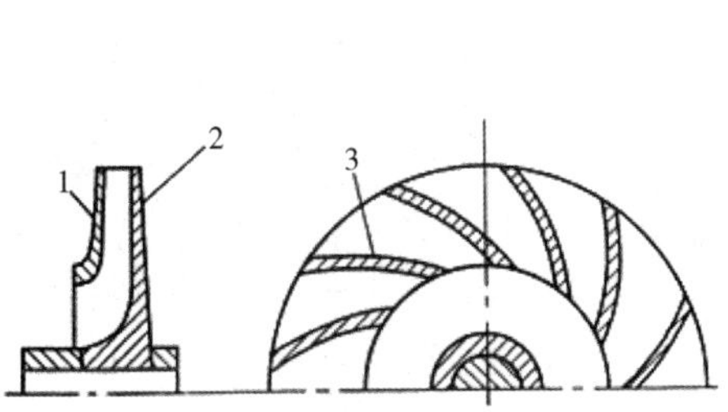


1—轮盖；2—轮盘；3—叶片

图 8.1–5 叶轮

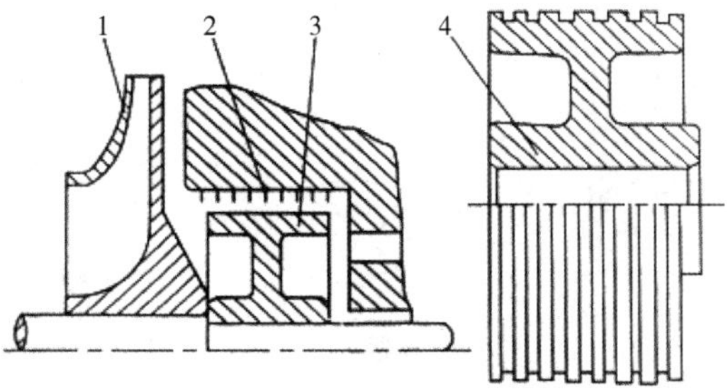


1—末级叶轮；2—平衡鼓气封；3、4—平衡鼓

图 8.1–6 平衡鼓结构图

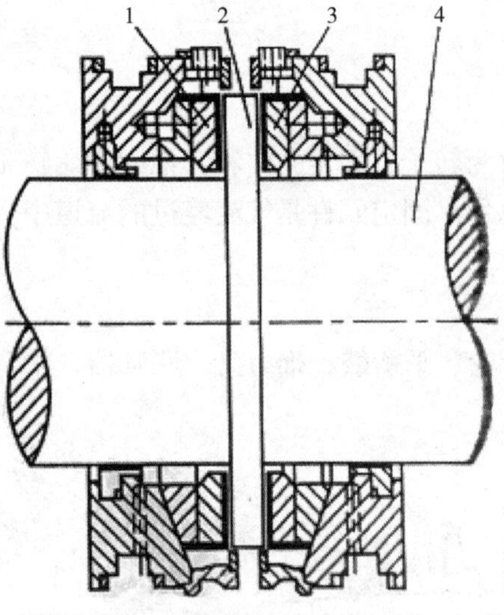


1—副推力瓦块；2—推力盘；3—主推力瓦块；4—轴

图 8.1–7　推力盘结构

（3）推力盘　推力盘的作用是将剩余的轴向力传递给止推轴承，其工作面为端面。通常推力盘与轴采用过盈配合并用键固定。如前所述，离心式压缩机的轴向力在正常运转时指向入口，但在启动时压力尚未建立起来，起作用的是气流冲力，气流冲力的方向与正常工作时轴向力的方向相反。为传递该冲力还需要个副推力面。有的压缩机推力盘的两个端面都工作，分别为主、副推力面，如图 8.1–7 所示，用以传递正常工作时及启动时的轴向力。

2. 固定元件

固定元件包括吸入室、扩压器、弯道、回流器和蜗壳等。

（1）扩压器　扩压器相当于离心泵中的导叶（或导轮），起转换能量的作用。从叶轮排出的气流在扩压器内随截面的扩大而降速，将动能变为压力能。扩压器可分为无叶扩压器、叶片扩压器和直壁扩压器 3 种。无叶扩压器通常有两个平行壁面组成的环形通道，气体在无叶扩压器中按一定方向角作对数螺旋线轨迹运动，随扩压器直径的增大流道面积增大，达到使气体降速增压的目的，其结构如图 8.1–8 所示。叶片扩压器是在环形通道内装有叶片，如图 8.1–9 所示。由于叶片的导流作用，气流速度降低快，与无叶扩压器相比，具有扩压程度大而尺寸小的优点。另一种特殊的叶片扩压器是直壁扩压器，其扩压器叶片前一小段形成接近对数螺旋线的曲壁通道，后一段是接近直线的直壁流道，这种扩压器中叶片的形成与一般叶片扩压器不同，是由所需的通道形式来确定通道的两个壁面，由相邻两通道的侧壁构成叶片，这种扩压器看成是一个单独通道，故又称为通道形扩压器。由于这种扩压器的通道数仅为 4~12 个，也称为少通道扩压器，如图 8.1–10 所示，其弯道和回流器连成一个整体。

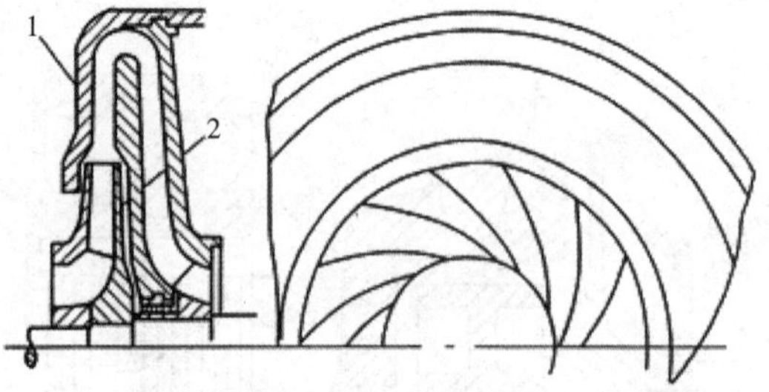


1—扩压器；2—叶轮

图 8.1–8　无叶扩压器

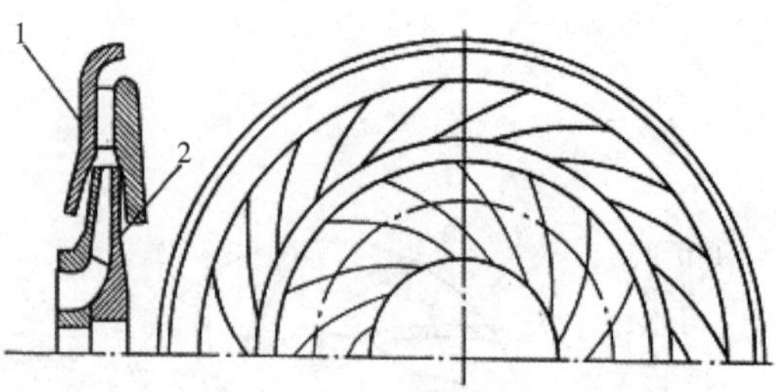


1—扩压器；2—叶轮

图 8.1–9　叶片式扩压器

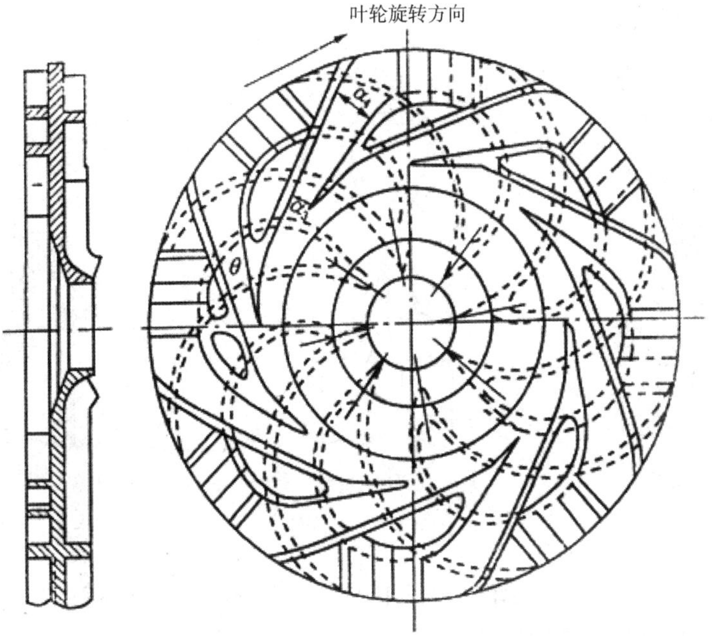


图 8.1–10　直壁扩压器

（2）弯道和回流器　弯道位于扩压器之后，其作用是使气体进入下一级叶轮，将扩压出口流出的离心流动的气体作 180° 的转向，变为向心流动。回流器紧接弯道之后，它的作用是使气体沿叶片流道流动，以 90° 方向流出回流器，沿轴向平缓进入下一级叶轮，如图 8.1–11 所示。

（3）蜗壳　蜗壳的作用是将末级叶轮排出的气体引出压缩机。蜗壳截面积沿气流方向逐渐扩大，形状有圆形、梯形、梨形和矩形等。蜗壳可以直接与叶轮出口连通［见图 8.1–12（b）］，也有的气体先进扩压器再到蜗壳［见图 8.1–12（a）］，有些蜗壳做成不对称的内蜗壳形式［见图 8.1–12（c）］。

3. 密封

离心式压缩机密封有很多种形式，例如机械密封、迷宫密封、浮环密封、抽气密封和干气密封等。

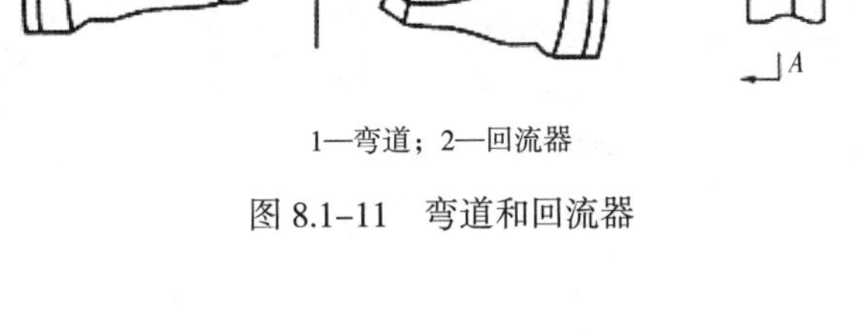


1—弯道；2—回流器

图 8.1–11　弯道和回流器

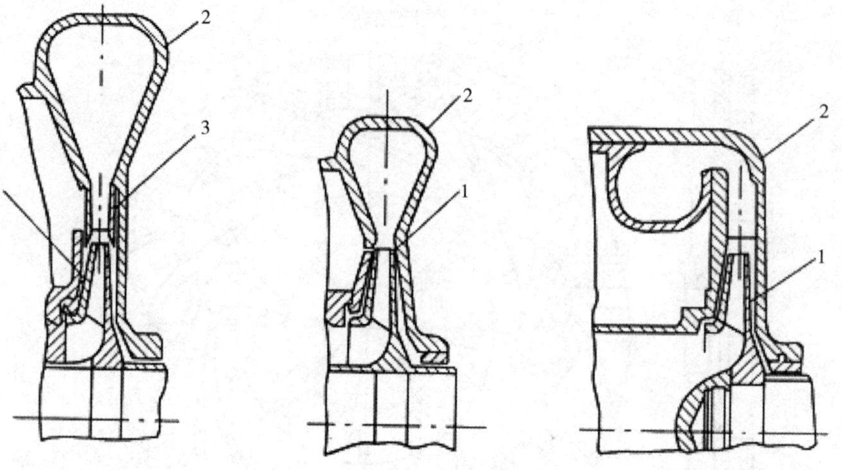


(a) 蜗壳前为扩压器　(b) 蜗壳前为叶轮　(c) 不对称内蜗壳

图 8.1–12　蜗壳

（1）机械密封　因离心式压缩机的工作介质为气体且转速很高，故常采用静止式双端面机械密封，静止式结构弹簧不随轴转动，消除了弹簧变形造成的影响。双端面机械密封中间可打入封油起冷却、润滑、密封作用。近年来，有些压缩机采用了特殊结构的密封面，形成流体动压密封，如气膜式机械密封。

（2）迷宫密封　迷宫密封的轴线断面呈梳齿状，也称为梳齿密封。迷宫密封既用作轴封，也用于叶轮入口与壳体之间的密封及平衡盘与壳体之间的密封，是离心式压缩机上使用最广泛的一种密封形式。图 8.1–13 所示是几种常用的迷宫密封结构，其中阶梯形多用于叶轮入口外圆与壳体之间的密封；蜂窝密封多用于平衡盘外圆与壳体之间的密封；径向排列密封用于轴封；平滑形与曲折形密封既可用作叶轮轮盖密封，也可用于轴封。平滑形密封的制造较简单，但密封效果不如曲折形密封。密封齿片可以制成镶嵌式结构，也可以与密封体制成整体结构。齿片材料应比轴软，一般采用铝、青铜等，以免因摩擦而损伤轴。蜂窝密封用 0.2mm 厚的不锈钢片焊成蜂窝状密封环，再与密封体焊成整体。

迷宫密封和轴之间有一定的间隙，所以只能减少泄漏而不能完全避免泄漏，故当用于轴时，必然有一部分气体泄漏到大气中。对于无毒无害的气体，压力又不高的情况下，

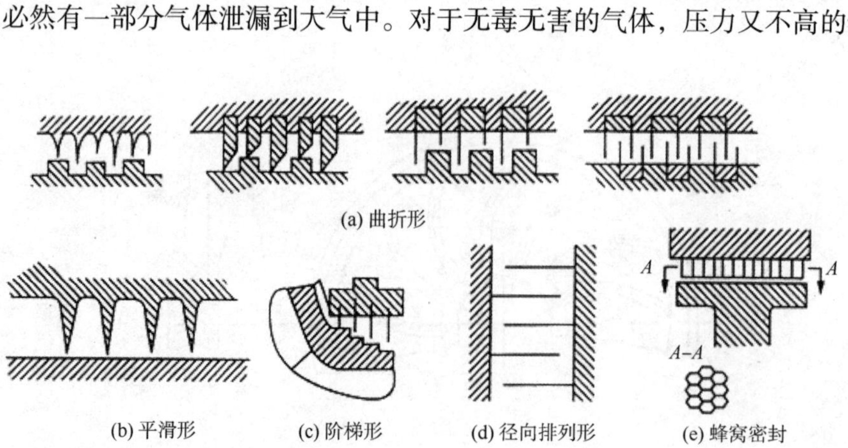


(a) 曲折形

(b) 平滑形　(c) 阶梯形　(d) 径向排列形　(e) 蜂窝密封

图 8.1–13　迷宫密封结构

允许气体少量泄漏时可采用迷宫密封，但对于输送易燃易爆、贵重或有害于人体健康的气体，不宜采用该密封形式作轴封。

（3）浮环密封　如果运转良好，浮环密封可以做到气体绝对不漏到大气中，它特别适合于高压、高速及压缩危险气体的压缩机。乙烯生产中的乙烯压缩机等都采用浮环密封。

浮环密封的结构如图 8.1–14 所示，由几个浮动环组成，浮环能在轴上、下浮动，但受销钉限制不能随轴转动。浮环密封需要专门的密封液，一般为润滑油。封油从进油口注入，通过浮环和轴之间的间隙，沿轴向左右两端流动。封油压力仅比轴封前机体内压力高约 $0.5 \times 10^5$kPa，所以向机内泄漏的封油量很少。流至高压测的封油与气混合，排出到油气分离器，经分离后封油继续使用。流至低压侧（即大气侧）的封油没有被气体污染，可以返回油箱循环使用。浮环密封利用了轴承工作原理，当轴转动且有封油存在时，磨得很光的浮环端面在压力油和弹簧作用下紧贴在 L 形固定环上，防止泄漏。同时因浮环不能转动，环与轴之间形成油楔，油的流体动压将浮环托起，轴与环之间形成油膜，不仅避免了轴和环的直接接触磨损，而且阻止了机内气体的外漏。由于轴与环的间隙很小，也大大降低了封油的泄漏量。

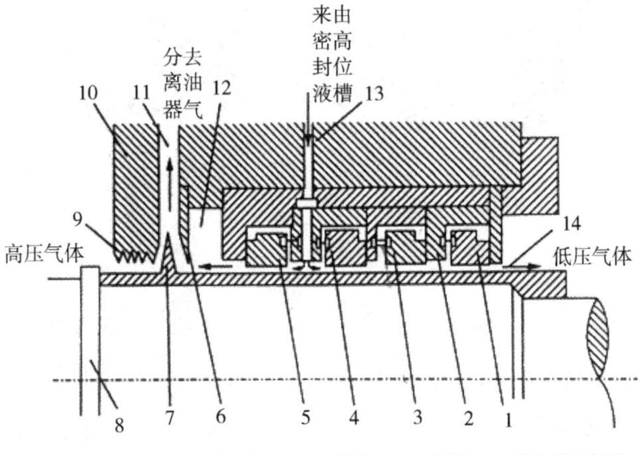


1—低压侧浮环；2—L 形固定环；3—销钉；4—弹簧；5—高压侧浮环；
6—挡油环；7—甩油环；8—轴；9—高压侧预密封梳齿；10—梳齿座；
11—高压侧回油孔；12—泄油腔；13—进油口；14—低压侧回油腔

图 8.1–14　浮环密封结构图

一般高压侧浮环只有一个，低压侧浮环数量由介质压力与大气压力的压差而定，压差大时则用两个甚至三个浮环。

浮环密封安全可靠，在离心式压缩机上使用比较广泛。但是，这种密封有一套较复杂的压力控制系统，包括封油循环系统、高压罐及控制仪表等。

（4）抽气密封　抽气密封是在迷宫密封的基础上发展的一种密封，它是在两段迷宫密封之间增加一段环形空间，利用抽气器（气体喷射器）在环形空间造成低压，同时把泄漏气体抽出，如图 8.1–15 所示。

抽气密封结构简单，操作方便，但仅适用于低压介质的密封。

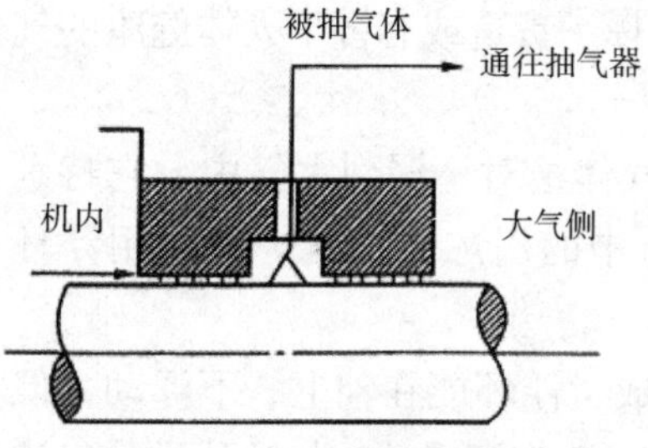

图 8.1-15　抽气密封

（5）干气密封　即干运转气体密封，是一种新型非接触式机械密封。机械密封一直不能干运转，但干气密封利用表面改性技术，利用表面蚀刻的流体动压槽在运转过程中产生的流体动压效应，使两个密封环分离，在运转过程中不接触，使被密封介质泄漏量很少，从而实现了既能密封气体又能干运转操作。

干气密封和普通平衡型机械密封结构相似，也由静环和动环组成，如图 8.1-16 所示。端面材料可采用碳化硅、氮化硅、硬质合金或石墨。干气密封与液体普通平衡型机械密封的区别在于，动、静环密封端面较宽；在动环或静环端面上加工出特殊形状的流体动压槽，如螺旋槽，槽深一般在 3~10μm 之间；端面间必须有洁净的气体，以保证在两个端面之间形成一个稳定的气膜，使密封端面完全分离，气膜厚度一般为几微米。

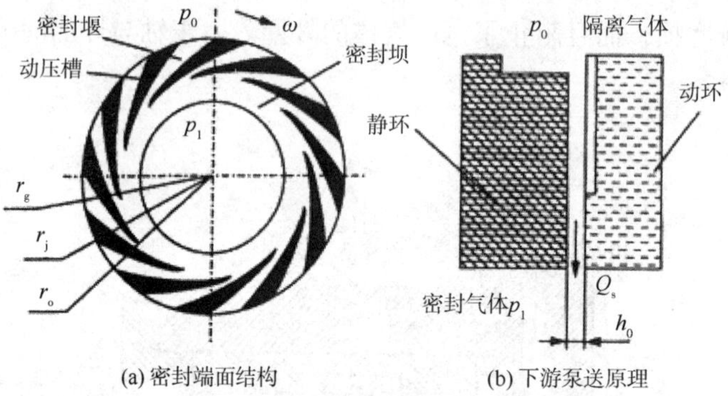

图 8.1-16　干气密封工作原理图

4. 轴承

离心式压缩机的轴承属高速轻载，多采用滑动轴承，这与离心泵中广泛使用的滚珠轴承不同，该类轴承不是标准件，不成批生产，须由压缩机制造厂配套供应。压缩机运转的良好与否和轴承有密切关系，轴承也是压缩机检修的重点项目，应高度重视。

根据轴承的作用可分为径向轴承和止推轴承，径向轴承承受径向载荷，止推轴承承受由推力盘传递的剩余轴向力。

图 8.1-17 是一种径向轴承，该轴承由上半瓦和下半瓦组成，由螺钉连接，销钉保证上、下瓦对中。轴瓦内孔浇铸巴氏合金起减摩作用。轴瓦和轴颈之间应保持一定间隙，润滑油由下瓦垫块孔进入轴瓦，并由轴颈带动在瓦与轴之间形成油膜，避免金属直接接触以减少磨损。

图 8.1-18 所示为径向止推轴承结构图。止推轴承有很多个止推块，它们支持在支持螺钉上并可绕螺钉的圆头摇摆。轴旋转时，止推块倾斜，在推力盘与止推块之间形成油楔。止推块与推力盘的工作面上也浇铸巴氏合金。图 8.1-19 所示为一活支五瓦块径向轴承的结构图，工作时瓦块沿轴承套滚动，所以称活支瓦（也称可倾瓦）。

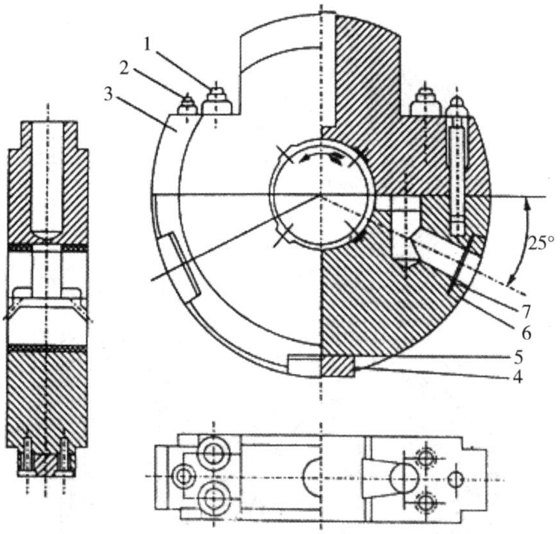


1—连接螺钉；2—销钉；3—轴承钉；4、6—垫块；5、7—垫片

图 8.1–17　径向轴承结构图

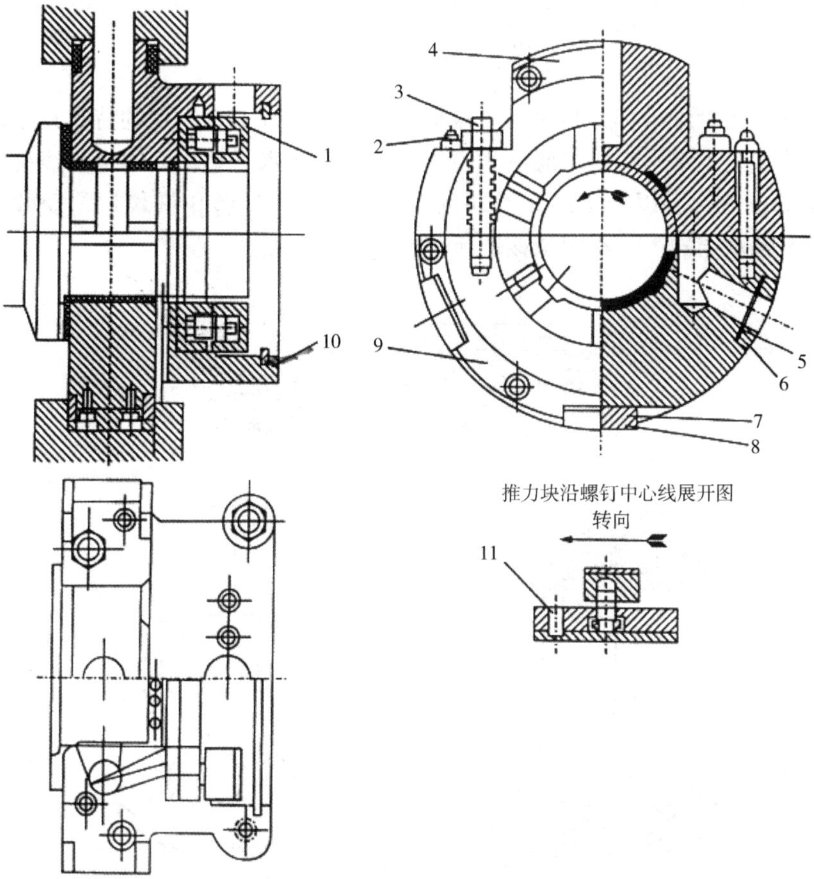


1—止推块；2—销钉；3、11—螺栓；4、9—垫环；5、8—垫块；6、7—垫片；10—密封环

图 8.1–18　径向止推轴承结构图

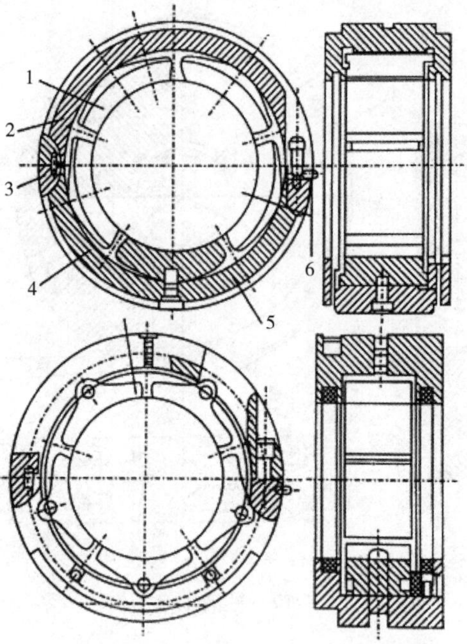


1—瓦块；2—上轴承套；3—圆柱销；4—下轴承套；5—进油节流圈；6—定位销

图 8.1-19　活支五瓦块径向轴承结构图

有一种新型止推轴承称为垫块式（也称错叠式）止推轴承，它的特点是止推块下面有上、下两层垫块，下水平垫块与底盘为线接触，上、下水平垫块之间也为线接触，借助上下水平垫块的摇摆。可以调整各止推块的高低位置，保证各止推块均匀受载。图 8.1-20 为垫块式止推轴承结构图，右图是该轴承块的周向展开图。

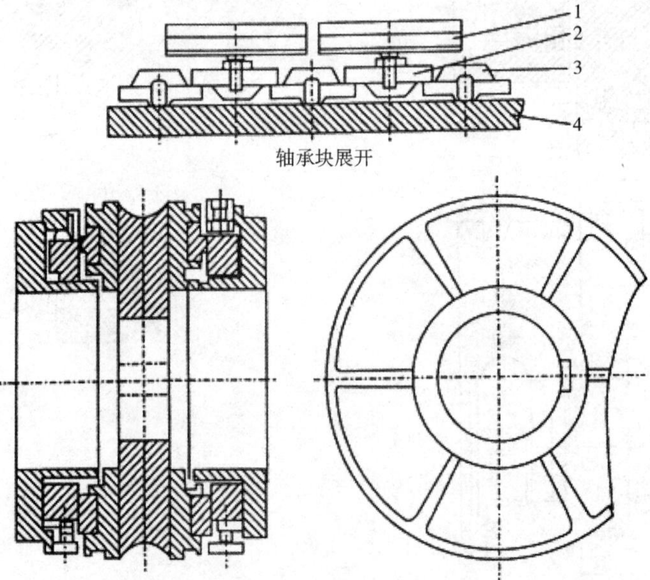


1—止推块；2—上水平垫块；3—下水平垫块；4—底盘

图 8.1-20　垫块式止推轴承结构图

## 8.1.4 离心式压缩机的性能

1. 性能参数

1）压缩机的功率

（1）叶轮的结构参数 离心式压缩机一般都采用后弯式叶轮，叶片出口安装角 $\beta_{A1}$=15° ~30° 的后弯式叶轮称为水泵型叶轮，$\beta_{A2}$=30° ~60° 的后弯式叶轮称为压缩机型叶轮，叶轮的叶片形状大部分为圆弧形。后弯式叶轮的结构如图 8.1–21 所示，其主要结构参数如下：

$D_1$—叶轮叶片的进口直径；

$D_2$—叶轮外径；

$D_0$—叶轮进口直径；

$d$—叶轮进口的轮毂直径；

$b_2$—叶轮叶片的出口宽度；

$b_1$—叶轮叶片的进口宽度；

$\delta$—叶片的折边宽度；

$\beta_{A1}$—叶片进口安装角；

$\beta_{A2}$—叶片出口安装角。

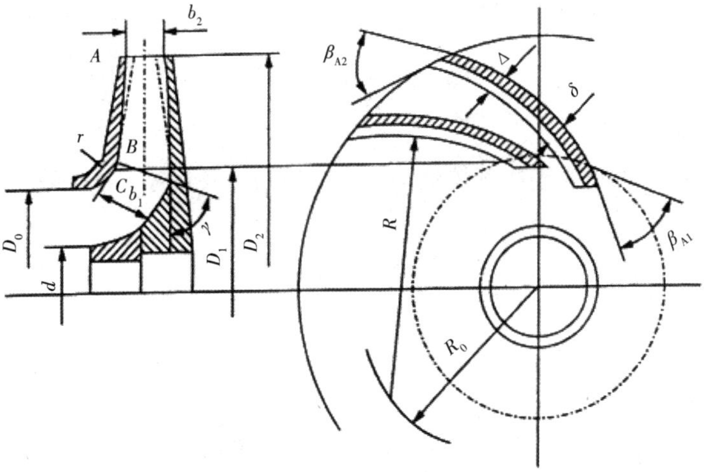


图 8.1–21 后弯式叶轮的结构图

（2）压缩机的轴功率 压缩机的总耗功率称为压缩机的内功率，等于各级总耗功率之和，记作$\sum N_{tot}$。如果在压缩机中，由于在轴承等处的机械摩擦而消耗的功率为 $N_m$，则压缩机的轴功率 $N=\sum N_{tot}+N_m$。压缩机的机械效率为内功率与轴功率之比：

$$\eta_m=\frac{\sum N_{tot}}{N} \tag{8-1}$$

机械效率 $\eta_m$ 随内功率增大而提高，当内功率$\sum N_{tot}>2000$kW 时，$\eta_m\geqslant$97%~98%。

2）压缩机的效率

已知级的总耗功包括理论叶片功、漏气损失功和轮阻损失功三部分，理论叶片功是作用于有效气体的功，其中的大部分用于提高气体的压力（$H_{pol}$），小部分用于提高气体的流速（$H_{hyd}$），还有一小部分用于克服流动阻力（$H_m$）。由于在离心式压缩机的级中，气体压力升高的过程一般为吸收热量的多变过程，因此理论叶片功中用于提高气体压力的那部分功又称为多变功。级的总耗功包括五部分，即

$$H_{tot}=H_{pol}+H_m+H_{hyd}+H_1+H_{df} \tag{8-2}$$

式中 $H_1$——漏气损耗功；

$H_{df}$——轮阻损耗功。

在总耗功 $H_{tot}$ 中，真正用于压缩气体的功只有多变功 $H_{pol}$ 一项，为了反映实际总耗功的有效利用程度，将多变功 $H_{pol}$ 与总耗功 $H_{tot}$ 之比称为多变效率，记作 $\eta_{pol}$：

$$\eta_{pol}=\frac{N_{pol}}{N_{tot}} \tag{8-3}$$

在离心式压缩机的设计计算中，级的多变效率通常用模型实验测定，在级的设计工况点附近，多变效率一般为 0.70~0.84，采用后弯式叶轮的级，多变效率在 0.76~0.84 之间。石油气压缩机的多变效率一般为 0.72~0.74，而用高压缩比、小流量的级，其多变效率有时仅为 0.6 左右。对于同一台压缩机的各段，前段的多变效率高于后段，对于已知压缩尺寸、工作转速、进气状态以及进气量的校核性计算，多变效率一般凭经验选取。

在离心式压缩机中，还将多变功与理论叶片功的比值称为流动效率，记作 $\eta_{hyd}$：

$$\eta_{hyd}=\frac{N_{pol}}{N_{th}} \tag{8-4}$$

式中 $N_{th}$——理论叶片功。

流动效率是反映压缩机流道中气体流动阻力损失的主要指标，流动效率与多变效率的关系如下：

$$\eta_{hyd}=(1-\beta_1+\beta_{df})\,\eta_{pol} \tag{8-5}$$

式中 $\beta_1$——漏气损失系数，$\beta_1=\dfrac{H_1}{H_{th}}$；

$\beta_{df}$——轮阻损失系数，$\beta_{df}=\dfrac{H_{df}}{H_{th}}$。

在流动效率一定的条件下，漏气损失系数和轮阻损失系数越大，多变效率就越低。

2. 性能曲线

1）单级压缩机的性能曲线

在进气状态一定、转速不变的条件下，输送或压缩某种气体时，压缩机的压缩比 $\varepsilon$（或排气压力 $p_c$）、轴功率 $N$ 和多变效率 $\eta_{pol}$ 随压缩机排气量 $Q_j$ 变化的关系曲线称为压缩机的性能曲线。性能曲线是选择、使用压缩机的主要依据，通过对性能曲线与工艺条件的比较，可以选择压缩机的规格型号，借助于性能曲线，可以了解压缩机的运行工况，解决压缩机操作运行以及流量调节中遇到的各种问题。

由于气体在压缩机内流动的复杂性，各项流动损失目前还难以精确计算，所以大

多数现有压缩机的性能曲线都是依靠实验测定。对于新设计的压缩机，则是先测出模型机的性能曲线后，再利用相似理论换算出实型机的性能曲线。

图 8.1–22 所示为单级离心式压缩机的性能曲线，图中自上而下分别为轴功率曲线 $N$–$Q_j$、效率曲线 $\eta_{pol}$–$Q_j$ 和压力比曲线 $\varepsilon$–$Q_j$，从图中可以看到单级离心式压缩机的性能曲线有以下特点：

①随着排气量减小，压缩机提供的压缩比存在对应关系，最小流量对应的压缩比最大；

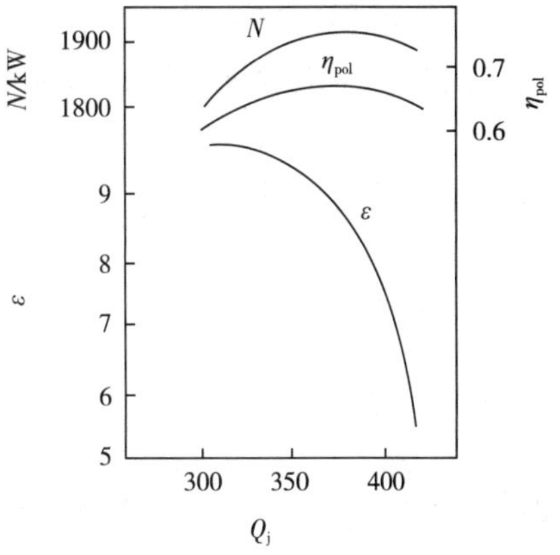

图 8.1–22　单级离心式压缩机的性能曲线

②压缩机的流量有最小流量和最大流量两个极限值，最小流量对应的工况称为喘振工况，最大流量对应的工况称为堵塞工况，喘振工况与堵塞工况之间为压缩机的稳定工作范围；

③效率曲线有一最高点，称为最高效率点，此点一般为压缩机的设计工况点，离开此工况点后效率下降较快；

④轴功率开始时随流量增加而上升，但在流量增加到某一点后，则随流量增加而下降。

2）喘振工况与堵塞工况

（1）喘振工况　离心式压缩机的最小流量对应的工况称为喘振工况，压缩机产生喘振工况的直接原因就是排气管路中的压力过高。当调节阀关小时，排气管内压力由于调节阀的节流作用而升高。由于离心式压缩机在一定转速下对气体所能提供的压力是有限的，因此当压缩机提供的压力不足以克服气体在排气管中流动所遇到的阻力时，气体在机器内的流速就自然下降，流量减小，气流方向改变，引起对扩压器叶片和叶轮叶片冲击加剧，冲击损失急剧增大，在叶片的非工作面区域，产生气流边界层严重分离，造成压缩机进出口气流参数，如压力、速度及流量等产生剧烈的脉动，机器噪声明显增大，如果流量进一步减小，则压缩机的性能就将出现突变，排气压力会大幅度下降。

在正常使用条件下，压缩机是串联在管路中工作的，管路由于具有一定的容积，而且气体具有可压缩性，所以管路压力不会很快下降，管路压力就会反大于压缩机的排气压力。于是，管路中的气流开始向压缩机倒流，直到管路压力低于压缩机排气压力时为止，压缩机重新向管路供气，管路压力又重新升高，压缩机流量又逐渐减小，重复以上的倒流现象。压缩机出现周期低频、高振幅的气流振荡，其频率和振幅的大小与管路的气体储量有关，储量愈大、频率愈低、振幅愈大。这种由于管路压力过高，引起压缩机流量减小而出现的周期性气体倒流现象称为喘振工况，当离心式压缩机进入喘振工况时，机器还会出现周期性的噪声及振动，如不及时采取措施加以解决，则会对压缩机的轴承、密封造成破坏。

（2）堵塞工况　离心式压缩机的最大流量对应的工况称为堵塞工况，也称为最大流量工况。压缩机在达到最大流量后，无论管路系统压力如何降低，其流量也不会再增加。因为根据气体动力学理论，流道中气流的最大体积流量存在极限值，这一极限等于流道中的最小通流面积与当地音速的乘积。但是，从实验测量到的最大流量往往低于这个极限，这是因为压缩机的排气压力随流量增大在降低，流速与流量成正比，流动阻力损失与流速平方成正比，当压缩机的流量增大到某最大值时，流道内的气流速度已经很高，叶轮对气体所做的功仅够用来克服气体在排气管路中流动中遇到的阻力，所以流量不会再增大了。

（3）稳定工况　离心式压缩机的最小进气量（$Q_j$）$_{min}$ 与最大进气量（$Q_j$）$_{max}$ 之间的工况是机器的稳定工况，这个工况范围的大小一般用比值$K_Q=\dfrac{(Q_j)_{max}}{(Q_j)_{min}}$来表示，有时也用比值$K'_Q=\dfrac{(Q_j)_{max}-(Q_j)_{min}}{(Q_j)_{opt}}$来表示，式中（$Q_j$）$_{opt}$ 是对应于效率最高点的流量，比值 $K_Q$ 或 $K'_Q$ 的值愈大，说明压缩机的稳定工况范围愈宽。

此外，还可以用比值（$Q_j$）$_{min}$/（$Q_j$）$_{max}$ 来衡量最高效率工况是否远离喘振工况，其值愈小愈好。

压缩机的性能优劣反映在性能曲线上，性能好的压缩机不仅在对应的工作流量下具有较高的效率，而且高效区和稳定工况范围都较宽，并且工作点离喘振点比较远。

3）影响压缩机性能曲线的因素

离心式压缩机在进气状态、转速以及压缩介质改变时，其性能曲线会随之发生改变，下面以压缩比曲线为例进行说明。

（1）进气状态的影响　在转速以及压缩介质不变的条件下，改变压缩机的进气温度时，压缩比曲线 $\varepsilon$–$Q_j$ 的变化如图 8.1–23 所示。进气温度提高时，压缩比曲线向下移动，进气温度降低时，压缩比曲线向上移动。进气压力虽然不会对压缩比曲线产生影响，但对排气压力曲线 $p_c$–$Q_j$ 会产生影响，进气压力降低时，排气压力曲线向下移动，进气压力升高时，排气压力曲线向上移动。

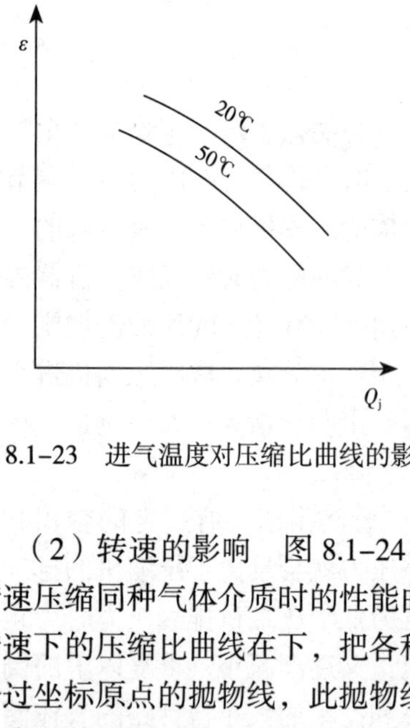

图 8.1–23　进气温度对压缩比曲线的影响

（2）转速的影响　图 8.1–24 所示为一台压缩机在进气状态不变的条件下，采用不同转速压缩同种气体介质时的性能曲线。可以清楚地看到，高转速下的压缩比曲线在上，低转速下的压缩比曲线在下，把各种转速下的压缩比曲线的左端点连接起来，所得连线为一条过坐标原点的抛物线，此抛物线称为机器的喘振界限。在坐标平面上喘振界限右面的区域为压缩机的稳定工况区，左面的区域为喘振工况区。图 8.1–24 上方的两组曲线分别为压缩机在不同转速下工作时的轴功率曲线和多变效率曲线。

（3）气体介质的影响　在进气状态和转速不变的条件下，用同一台压缩机压缩分子量较大的气体介质时，同等体积流量下气体获得的压缩比较分子量小的气体高。所以，分子量大的气体的压缩比曲线在坐标平面的上方，分子量小的气体的压缩比曲线在坐标平面的下方。

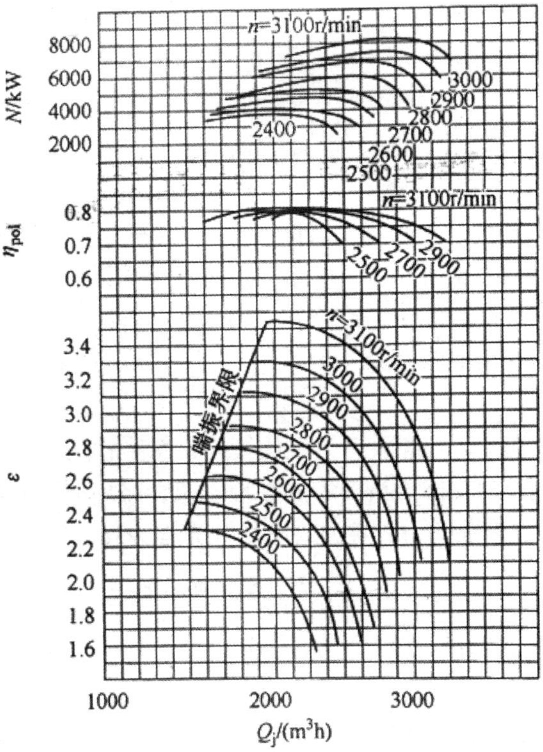


介质：空气

$R$=287.05J/(kg · K)；$T_j$=288K；$p_j=1.0\times10^5$Pa；相对湿度 80%

图 8.1-24　不同转速下的性能曲线

## 8.1.5　离心式压缩机的流量调节

离心式压缩机的工作点是压缩机的排气压力曲线与管路特性曲线的交点，压缩机的流量调节就是通过各种方法改变这一交点的位置。

1. 管路特性曲线

离心式压缩机和离心泵一样，也是串联在管路中工作的，与离心泵装置不同的是，压缩机的管路只取压缩机后的排气管路及其装置，因为这样选取管路可以使问题得到简化。

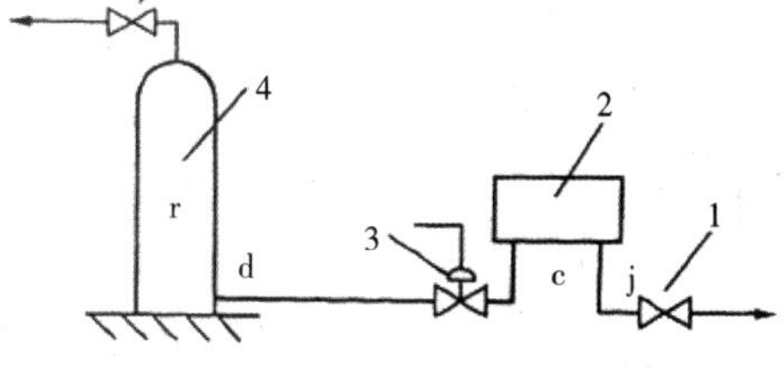


1—吸气节流阀；2—离心式压缩机；3—排气控制阀；4—容器；5—容器出口阀

图 8.1-25　离心式压缩机的管路

离心式压缩机的管路系统如图 8.1-25 所示，气体经吸气节流阀进入压缩机增压，然后从排气口经排气控制阀和排气管路进入缓冲容器，最后经容器出口阀送往工艺系统。由于作压缩机的管路特性曲线时，只取压缩机的排气管路及其装置，因此管路特性曲线就是管路进口压力随管路进口流量变化的关系曲线。

对于图 8.1-25 所示管路，当管路情况一定时，将气流在管路中的流动过程看作是多变过程，同时忽略气流在管路中的动能变化，则管路进口压力随管路进口流量变化的关系式为：

$$p_c=p_r+\rho_c\sum h_{tub}\ \text{Pa} \tag{8-6}$$

式中 $p_c$、$p_r$——分别为管路进、出口压力，Pa；

$\rho_c$——管路进口气体的密度，kg/m$^3$；

$\sum h_{tub}$——管路阻力损失，包括沿程阻力损失和局部阻力损失，J/kg。

对用压缩机以提高气体压力为主的管路，由于从压缩机出口到容器的管路很短，阀门又全开，管路的进口压力近似等于缓冲容器内的压力，管路阻力损失可忽略不计，所以，以提高气体压力为主的管路特性方程为：

$$p_c=p_r \tag{8-7}$$

对于用压缩机以克服 $i$ 处局部阻力为主的管路，忽略管路中的沿程阻力损失，并根据稳定流动时流道内各截面的气体流量相等的原理以及管路局部阻力损失与管路进气量之间的关系，可得以克服 $i$ 处局部阻力为主的管路特性方程为：

$$p_c^2-p_r p_c-RT_c\frac{\xi_i}{F_i^2}\rho_j^2Q_j^2=0 \tag{8-8}$$

式中 $p_c$、$p_r$——分别为管路进、出口压力，Pa；

$R$——气体常数，J/（kg·K）；

$\xi_i$——$i$ 处的局部阻力系数；

$F_i$——$i$ 处的流通面积，m$^2$；

$T_c$——管路的进口温度，K；

$\rho_j$——压缩机进口的气体密度，kg/m$^3$；

$Q_j$——压缩机进口 的体积流量，m$^3$/s。

管路特性曲线为一条与气体流量无关的水平线。

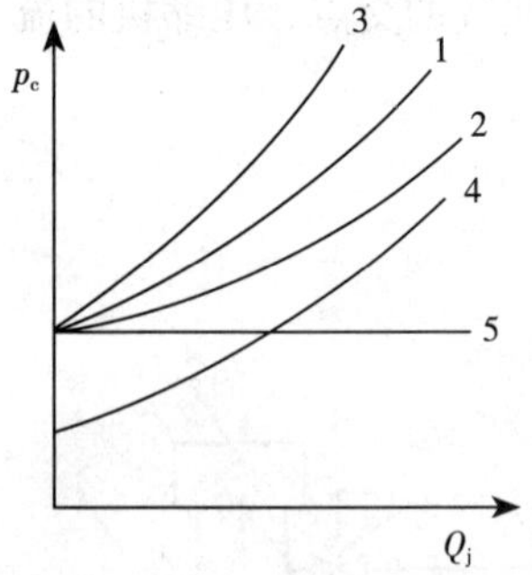


图 8.1-26 管路特性曲线

在管路情况一定、压缩机进气状态不变，并且经过容器供给工艺系统的气量等于压缩机的排气量时，$i$ 处的阻力系数 $\zeta_i$、流通截面积 $F_i$ 以及容器内的压力 $p_r$ 均为常数，压缩机的进气密度 $\rho_j$、进口温度也不改变，此时，按式（8-9）作出的管路特性曲线是一条开口向上的三次抛物线，如图 8.1-26 中的曲线 1 所示。如果将管路中的局部阻力加以改变，例如将排气控制阀开大或关小，则式（8-9）中的局部阻力系数 $\zeta_i$ 和局部流通截面积 $F_i$ 将发生改变，引起管路特性曲线的斜率变化，如图中曲线 2 和 3 分别表示阀门开大或关小时的管路特性曲线。此外，如管端容器内压力 $p_r$ 发生变化时，将引起管路特性曲线在图中的位置发生上下变化，图中曲线 4 为容器内压力 $p_r$ 下降后的管路特性曲线，水平线 5 则表示阀门全开、管路阻力忽略不计时的管路特性曲线。

2. 离心式压缩机的工作点

离心式压缩机的工作点是压缩机的排气压力曲线 $p_c$–$Q_j$ 与管路特性曲线 $p_c$–$Q_j$ 的交点，在此交点压缩机的排气量等于管路的进气量（均为换算到压缩机进气状态下的体积流量），压缩机的排气压力等于管路的进口压力，压缩机和管路性能协调。当压缩机在此交点工况下工作时，气体流量和排气压力都相当稳定，处于稳定操作状态。而当压缩机的排气压力曲线与管路特性曲线同时变动或其中任意一条变动时，就会引起压缩机的工作点变动。值得注意的是，压缩机在运行过程中有时会因为生产系统或驱动机的干扰而引起工作点的变动。如图 8.1–27（a）所示，压缩机原来的进气温度为 30℃，工作点在 $A$ 点，现因生产中冷却器出现故障，使进气温度上升到 70℃，这时压缩机的排气压力曲线因进气温度上升而下移，使压缩机的工作点由 $A$ 变动到 $A'$。图 8.1–27（b）所示为压缩机原来在工作点 $B$ 正常工作，后因进气管被杂物堵塞而使进气压力下降，引起排气压力曲线下移，使工作点从 $B$ 变动到 $B'$。图 8.1–27（c）所示为压缩机原来在工作点 $C$ 正常工作，后因生产中蒸汽压力不足，使作为驱动机的蒸汽轮机转速下降，引起压缩机的排气压力曲线下移，工作点由 $C$ 变动为 $C'$。

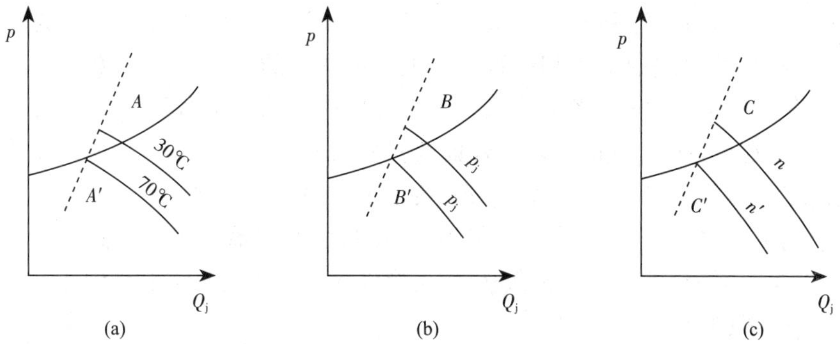


图 8.1–27　因为干扰而引起的工作点变动

以上三种情况压缩机的工作点都在向小流量方向变动。如果变动后的工作点流量等于或小于机器的喘振流量（图中虚线即为喘振界限），则将使机器发生喘振。

3. 离心式压缩机的流量调节

由于压缩机是通过缓冲容器向工艺系统供气的，当缓冲容器的送气量与压缩机的排气量相等时（同一状态下的体积流量），容器内的压力保持不变。由容器压力和容器送气量在坐标平面上所确定的点称为压缩机的供应点，如图 8.1–28 所示。当压缩机在 $A$ 点工作时，供应点 $g$ 为过 $A$ 点的垂线与表示容器压力的水平线的交点。离心式压缩机的流量调节就是通过改变压缩机的排气压力曲线或改变管路特性曲线而改变工作点，从而改变压缩机供应点的位置，以满足工艺系统对流量和压力的要求。

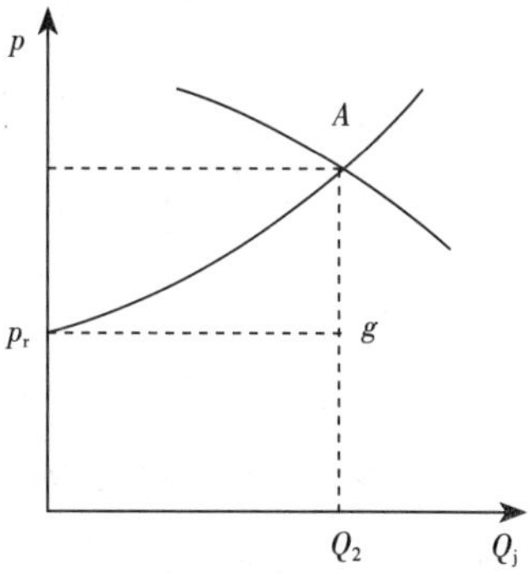


图 8.1–28　压缩机的工作点与供应点

对离心式压缩机进行流量调节常用的方法有以下三种：

（1）进气节流调节　这种方法是通过调节安装在压缩机进气管上的节流阀开度，改变压缩机的进气压力，而进气压力的改变影响到排气压力，会引起压缩机的排气压力曲线上下变动，并且当排气压力曲线的变动影响到缓冲容器内的压力时，管路特性曲线也会随之发生变化。如图 8.1–29 所示，压缩机原来在 $A_1$ 点工作，供应点为 $g$，当工艺系统需要将供应点从 $g$ 改变到图中 $g'$ 位置时，采用进气节流调节，关小进气节流阀，使排气压力曲线从 1 下降到 2，压缩机的工作点从 $A_1$ 沿着管路特性曲线向左下移到 $A_2$，由于在 $A_2$ 点工作时，压缩机的排气量 $Q_{A2}$ 大于工艺系统所要求的新供应点流量 $Q_g'$，引起缓冲容器压力升高，结果使管路特性曲线上移，压缩机的工作点再次沿着排气压力曲线向左上移到 $A_3$，工作点 $A_3$ 对应的供应点是 $g'$，这样就完成了压缩机流量从 $Q_g$ 到 $Q_g'$ 的调节。如果工艺系统重新需要把压缩机的供应点从 $g'$ 调节到 $g$ 时，只要开大进气节流阀，排气压力曲线从 2 上升到 1，工作点从 $A_3$ 移动到 $A_4$，由于在 $A_4$ 点工作时，压缩机的排气量 $Q_{A4}$ 小于系统所要求的供应点 g 的流量 $Q_g$，引起容器压力下降，结果使管路特性曲线下移，压缩机的工作点回到 $A_1$，供应点回到 g。

进气节流调节设备简单，操作方便，流量可调范围大，虽然在关小节流阀时也要造成一些能量损失，但较其他方法要小，因此在离心式压缩机的流量调节中应用较普遍。

（2）排气节流调节　这种调节方法是通过调节安装在压缩机排气管上的排气控制阀开度，改变管路特性曲线的斜率和位置，实现流量调节的。如图 8.1–30 所示，压缩机原来在 $A_1$ 点工作，供应点为 $g$，当工艺系统要求把供应点从 $g$ 调节到 $g'$ 时，采用排气节流调节，将排气控制阀关小，这时管路特性曲线斜率增大，开口减小，由曲线 1 改变为曲线 2，压缩机的工作点从 $A_1$ 沿排气压力曲线向左上移到 $A_2$，由于在 $A_2$ 点工作时压缩机的排气量 $Q_{A2}$ 大于系统所要求的新供应点流量 $Q_g'$，结果引起容器内压力升高，管路特性线平行上移为曲线 3，压缩机的工作点再次从 $A_2$ 起沿排气压力曲线向左上移到 $A_3$，对应的供应点是 $g'$，至此完成调节。

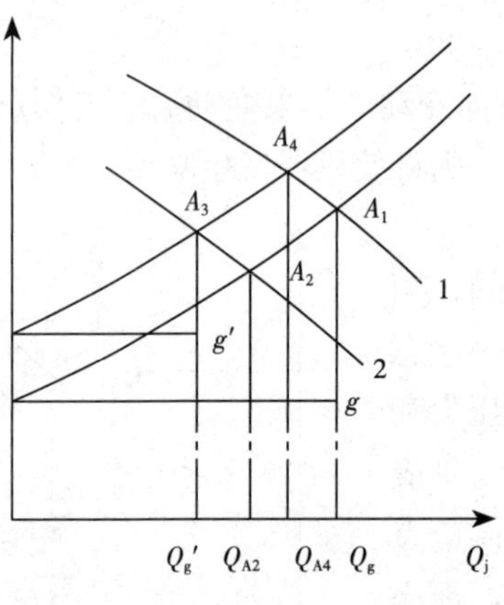


图 8.1–29　压缩机进气节流调节

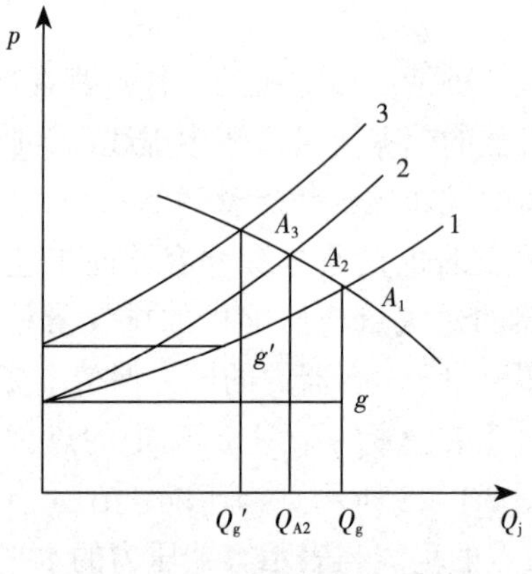


图 8.1–30　压缩机的排气节流调节

排气节流调节同样设备简单，操作方便，但由于排气控制阀关小时，消耗的能量高，很不经济，因此只有小型离心式压缩机才采用这种调节方法。

（3）改变转速调节　由于转速降低时压缩机的排气压力曲线将向左下方移动，因此采用改变转速的方法也可以调节压缩机的流量。如图 8.1–31 所示，压缩机原来在 $A_1$ 点工作，供应点为 $g$，现要求把供应点改变为 $g'$，则只要降低压缩机的转速，使排气压力曲线下移，压缩机的工作点从 $A_1$ 变动到 $A_2$，对应的供应点为 $g'$，即调节完成。

变转速调节不增加能量损失，但是如果是提高转速进行调节，则必须考虑增加转速后转子的强度、临界转速以及轴承的寿命等问题，并且这种调节方法还受到驱动机调速的限制，因此实际应用很少。

4. 防止离心式压缩机喘振的方法

（1）使部分气流放空　已知压缩机产生喘振的直接原因是排气管路中的压力过高，因此只要在排气管路中装设防喘振放空阀，在排气管路中压力提高到接近机器发生喘振的压力时，通过自动控制装置使防喘振放空阀及时打开放空，降低排气管路压力，就可以避免机器发生喘振。这种方法简单可靠，但由于压缩机已经对被放空的气体做了功，所以不够经济。

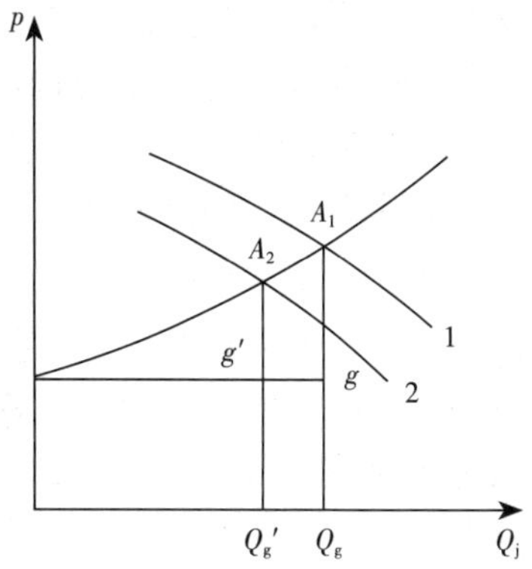

图 8.1–31　压缩机的变速调节

（2）使部分气流回流　这种方法的原理与使部分气流放空相同，区别只是把要放空的气流引入吸气管循环使用，主要用于输送有毒有害或经济价值较高不宜放空的气体，当回流量较大时，应在回流管路中安装冷却器，以减小回流气温对机器的排气温度和功耗的影响。

（3）使压缩机脱离供气系统　在供气系统容量很大或有几台压缩机并联工作的情况下，可以用使压缩机脱离供气系统的方法防止喘振发生。方法是在压缩机的排气管路中安装止逆阀，并同时在止逆阀前安装防喘振放空阀，在机器即将发生喘振时，由于自动控制装置的作用，防喘振放空阀自动打开放空，机器的进气节流阀同时关小，机器出口压力下降，导致管路中安装的止逆阀关闭，这时机器已与供气系统脱离，只有少量的气体流入压缩机再经防喘振放空阀流出。而当供气系统压力下降到一定值时，在自动控制装置的作用下，防喘振放空阀关闭，进气节流阀开大，压缩机出口压力升高，止逆阀打开，机器又开始向系统正常供气。

## 8.1.6　多级离心式压缩机

离心式压缩机的压缩比一般为 3~3.5，当压缩比很高时，甚至超过 30，通常需由多级组成，而且在压缩过程中，一般需要进行中间冷却，即将气体分段，把每段排出的气体引入段间的冷却器，经过冷却后再进入下一段继续压缩。一个 $n$ 段的压缩机就有 $n$–1 次中间冷却。每段由单级或若干级串联而成。有时在某个中间压力下，要求把气体引出或加入压缩机（即所谓抽、加气），虽然不是为了冷却，也需单设一个段。离心式压缩机的段实质上相当于往复式压缩机的一个级。

1. 离心式压缩机的段数

离心式压缩机段数的确定原则，首先是考虑省工，因压缩机的段数愈多，整个压缩过程愈接近于等温过程，总消耗功就愈小；反之，段数少则压缩功消耗相对较大。段数的确定还与排气温度密切相关，如果段数少，每段的压力比过大，可能会使段的排气温度过高，这对压缩机的运转是不利的，特别是对于易燃、易爆气体更不允许。例如，氧气压缩机就要求每段的排气温度不能超过130℃。石油化工生产中某些气体，为防止高温下产生聚合等化学反应，要求每段的终温更低。例如，丁二烯压缩机每段的终温应小于90℃，对这类压缩机来说，其段数的确定首先要考虑的就是排气温度的限制。此外，段数的确定还要顾及压缩机的具体结构、级的形式以及冷却器的布置等具体方案。

但是，如果压缩机段数太多，也会使机器结构复杂庞大，冷却器数量增加，这样不仅大大提高设备的成本，而且增加气体在冷却器及管路系统中的阻力损失，反过来又会降低多段压缩机的效率。所以，离心式压缩机段数的选择，应在对上述各种因素综合分析比较后才能确定。经验证明，以空气压缩机为例，一般当压缩比$\varepsilon$=3.5~5时，以采用一次中间冷却为宜；当$\varepsilon$=5~9时，以采用2~3次中间冷却为宜；对于$\varepsilon$=10~20，则采用3~5次中间冷却；对于$\varepsilon$=20~35，可采用4~7次中间冷却。

压缩机各段压缩比的分配，以所有段的总消耗最小为原则。这是单纯从省功原则得出的最佳压缩比，实际上压缩机各段的压缩比通常并不完全相等，一是因为各段的进气温度和多变效率并不完全相等，二是因为各段压缩比的分配还应按各级叶轮的形式、叶轮的直径及级数等进行调整，结果就必然和所得的最佳压缩比有出入。据资料介绍，在压缩机分段数比较合适的情况下，各段压缩比与最佳压缩比之间的差异若不超过15%，则压缩机总耗功的增大不会超过1%。

2. 每段的级数

每个段由多少级串联而成，主要取决于各段需要的压缩功$H$以及每级的叶轮能提供多大的压缩能量头$h$。例如，已知某段的压缩功为$H$，如果假设采用同样外径和转速的叶轮，每个叶轮能提供的压缩能量头约为$h=u$，则该段的级数大致为：

$$Z=H/h \tag{8-9}$$

将$Z$取为整数，即为该段的初定级数。

至于级的压缩能量头$h$的大小，主要取决叶轮的圆周速度$u$，$u$愈大，$h$也愈大，需要的级数就可减少。但$u$不能任意选择，它首先受叶轮材料强度的限制，材料强度愈高，允许的圆周速度$u$愈大。其次，$u$允许值与叶轮的结构形式也有一定关系，对于普通合金钢制作的一般叶轮，通常允许$u$=300~320m/s，半开式叶轮的$u$可高达450~ 540m/s。

在某些情况下，例如压缩机处理某些重气体时，叶轮的$u$值不是受限于叶轮材料的强度，而是受限于叶轮入口的气体马赫数。

3. 多级离心式压缩机的总功率

多级离心式压缩机的总内功率$N$为所有各级的内功率之和，即

$$\sum N_i = N_1 + N_2 + \cdots + N_n$$

离心式压缩机的轴功率$N$为：

$$N = \frac{\sum N_i}{\eta_m} \tag{8-10}$$

式中　$\eta_m$——离心压缩机的机械效率，$\eta_m$=0.98~0.99。

# 8.2 活塞式压缩机

活塞式压缩机的构造、工作原理与往复泵相似，依靠活塞在气缸内往复运动造成的工作容积变化吸入和压缩气体。排气终压取决于压缩前后气体的体积比，气体在机器内流速低，阻力损失小。活塞式压缩机与其他类型压缩机相比较，其效率也较其他类型压缩机高。但是，由于其排气量与气缸容积和转速成正比，转速的提高又受到惯性力的限制，排气量大的压缩机气缸尺寸大，机器笨重，占地面积大，并且存在气阀、活塞环、填料等易损件。

## 8.2.1 活塞式压缩机的工作原理

压缩机工作时，电动机通过联轴器或皮带轮带动曲轴旋转，再通过曲柄连杆机构将曲轴的旋转运动变成十字头的往复运动。十字头带动活塞杆，使活塞在气缸内做往复运动。曲轴旋转一周，活塞在气缸内往复一次，压缩机完成一次工作循环。一个工作循环有膨胀、吸气、压缩、排气四个过程。电动机带动曲轴不断旋转，工作循环不断重复，从而不断吸入并压缩排出气体。

现取一个气缸的一侧（盖侧），考察活塞的运动及气缸内气体的状态变化来分析活塞式压缩机的实际工作循环，如图 8.2-1 所示。

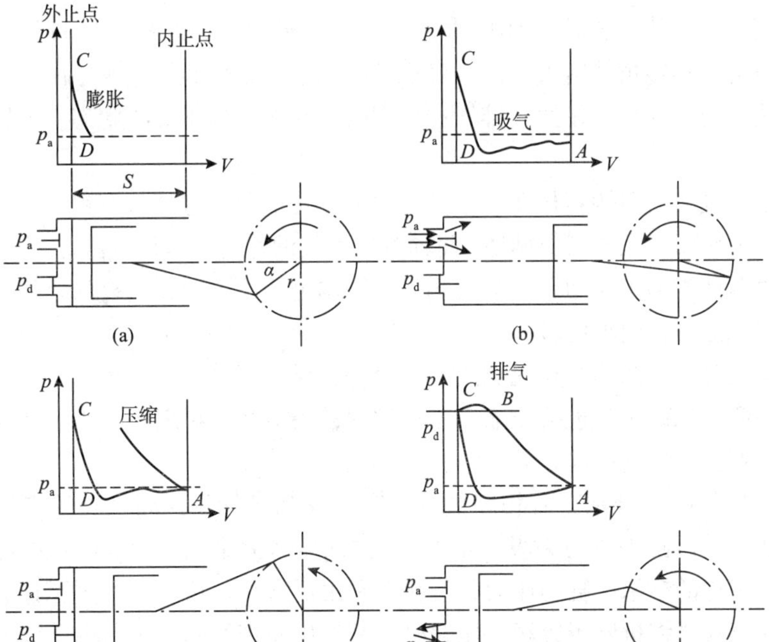


图 8.2-1　活塞式压缩机实际工作循环

曲轴的曲柄半径为 $r$，则活塞从汽缸的盖侧（外止点）到轴侧（内止点）间的移动距离称为活塞行程 $S=2r$。曲柄和汽缸中心线的夹角为曲柄转角 $\alpha$，当 $\alpha$ 从 0° 到 180° 时，活塞从外止点向内止点移动，活塞从左向右移动一个行程 S=2r；当 $\alpha$ 从 180° 到 360° 时，活塞从内止点向外止点移动，活塞从右向左移动一个行程 $S=2r$，返回到原来的位置。曲轴旋转一周，活塞移动两个行程，对汽缸内气体完成了一个工作循环，即完成了膨胀、吸气、压缩、排气四个过程。

（1）膨胀过程　曲柄转角从 0° 逐渐增大，活塞从外止点向内止点移动，汽缸的容积逐渐增大，缸内上一个循环中被压缩而没有排尽的残余气体，随之膨胀降压（由于结构原因，这部分残余气体必然存在）。活塞自左向右开始移动时排气阀已关闭，但因缸内压力高于吸气管道压力，吸气阀无法打开。随着活塞的右移，缸内气体不断膨胀降压，这就是膨胀过程。膨胀过程从 $\alpha$=0° 开始，直到汽缸内压力低于吸气管道内压力，吸气阀被顶开时结束，如图 8.2-1（a）所示。

（2）吸气过程　吸气阀被顶开后，新鲜气体被吸入汽缸。此时因缸内吸气压力低于排气管道中压力，排气阀处于关闭状态。随 $\alpha$ 增大，活塞右移，新鲜气源源不断地进入汽缸，直到 $\alpha$=180°，即活塞到内止点时为止，这就是吸气过程，如图 8.2-1（b）所示。

（3）压缩过程　曲柄转角 $\alpha$ 从 180° 继续增加，活塞自内止点向外止点方向移动，汽缸体积缩小，吸入汽缸的气体被压缩而升压。此时，由于汽缸内压力高于吸气管道内压力，所以吸气阀被关闭。另一方面，汽缸内压力仍低于排气管道内压力，所以排气阀未打开。在此种情况下，随着曲柄转角的增大，汽缸容积变小，缸内气体压力升高，称为压缩过程。压缩过程一直持续到汽缸内气体压力高于排气管道内压力，排气阀被顶开为止，如图 8.2-1（c）所示。

（4）排气过程　当汽缸内气体压力大于排气管道内压力时排气阀打开，被压缩气体开始排出。随着曲柄转角的增大，汽缸容积继续缩小，气体经排气阀不断排入排气管道，直到活塞到达外止点为止。显然，排气过程中吸气阀一直处于关闭状态，如图 8.2-1（d）所示。

以上讨论了气缸的盖侧容积在一个循环内的变化情况，这种只有盖侧容积作为气缸的一个面（作为工作面）完成工作循环，而轴侧通大气的称为单作用气缸。

如果活塞两面均为工作面，气缸盖侧与轴侧均为工作容积，这样的气缸称为双作用气缸。在双作用气缸中，曲轴旋转一周，活塞往复一次，盖侧与轴侧容积各自完成一个工作循环。不过同一时刻，两侧容积完成的过程恰好相反：即当盖侧容积增大，进行膨胀、吸气过程时，轴侧容积缩小，进行压缩、排气过程；当盖侧容积缩小，进行压缩、排气过程时，轴侧则为膨胀、吸气过程。

盖侧与轴侧气缸上分别布有相同数量的吸气阀和排气阀，而气阀的启闭是依靠缸内外的压差来实现的。缸外压力为吸气压力 $p$，缸内压力为排气压力 $p_d$，缸内外压力差的形成是缸内压力变化的结果。缸内压力的变化又是由活塞往复运动使汽缸工作容积变化引起的。所以，活塞式压缩机属于容积式压缩机，其作用原理可归纳为：由于活塞在缸内的往复运动与气阀的开闭相配合，使汽缸工作容积作周期性变化，依次实现气体的膨胀－吸气－压缩－排气四个过程，从而将低压气体升压后源源不断地输出。

### 8.2.2 活塞式压缩机的结构

活塞式压缩机的结构包括压缩机形式、结构特征、主要结构参数和压缩机驱动方式等。活塞式压缩机的形式及结构特征主要包括：压缩机汽缸轴线在空间的位置、级数、曲轴曲拐错角的分布、列数及列的布置、级在列中的配置方案、运动机构的构造等。

气缸轴线在空间的位置是活塞式压缩机形式的基本特征。根据气缸轴线在空间的位置，活塞式压缩机可分为立式、卧式和角度式三种。

1. 立式压缩机

立式压缩机气缸轴线在空间呈直立布置。其主要优点是：

（1）活塞作上下垂直运动，活塞重量不作用在汽缸镜面上，活塞与气缸磨损较小且均匀。

（2）气缸在中心线方向的变形不受附加约束，可以省去气缸的辅助支承装置，有利于气缸的受力条件。

（3）压缩机往复运动惯性力沿气缸轴线方向垂直作用于基础，基础受力条件好，基础小。机身主要承受拉压载荷，受力情况较小，机身较轻便。

（4）由于气缸是直立放置，易于使润滑油沿气缸摩擦面均匀分布，有利于改善润滑条件。

（5）气缸拆装较方便。

（6）结构紧凑、占地面积小。

立式压缩机的主要缺点是：列与列之间气缸间距小，气阀与级间管道布置较拥挤，维护管理不便；整个机器空间高度较高，不利于操作维护；曲轴箱及传动机构位于机器下部，维修较困难。立式压缩机多为中小型，级数也不宜过多。图 8.2–2 为立式压缩机的结构图。

2. 卧式压缩机

卧式压缩机的结构如图 8.2–3 所示。

卧式压缩机的主要优点是：机器空间高度低，布置宽敞、整齐，管路配置方便，便于维护管理，传动机构拆装较方便。其主要缺点是：惯性力平衡性较差，转速低，一般为 100~300r/min，机器及驱动装置较笨重，基础较大且受力条件也较立式差，当级数较少时，气缸及活塞结构装置复杂，制造及装配工艺也较麻烦。这种压缩机除延用下来的老产品之外，现在很少生产，目前只在小型高压场合仍被采用。

3. 角式压缩机

角式压缩机各列气缸轴线呈一定夹角布置。按气缸轴线夹角布置形式，角式压缩机包括 V 形、W 形、L 形和 S 形等不同形式，它们的特点介于立式和卧式压缩机之间。机器结构比较紧凑；气缸间配管及检修空间也较宽阔；角式压缩机各列共用一个曲轴，曲轴简单，可用滚动轴承；惯性力平衡情况较好，一阶往复惯性可用加平衡重方法予以部分或全部平衡。在角度式压缩机中，L 形更具有优点，基础受力较好，切向力也较均匀，机器转速较高，整机紧凑，便于管理。角式压缩机多为中、小型压缩机，图 8.2–4 是 L 形压缩机的结构图。

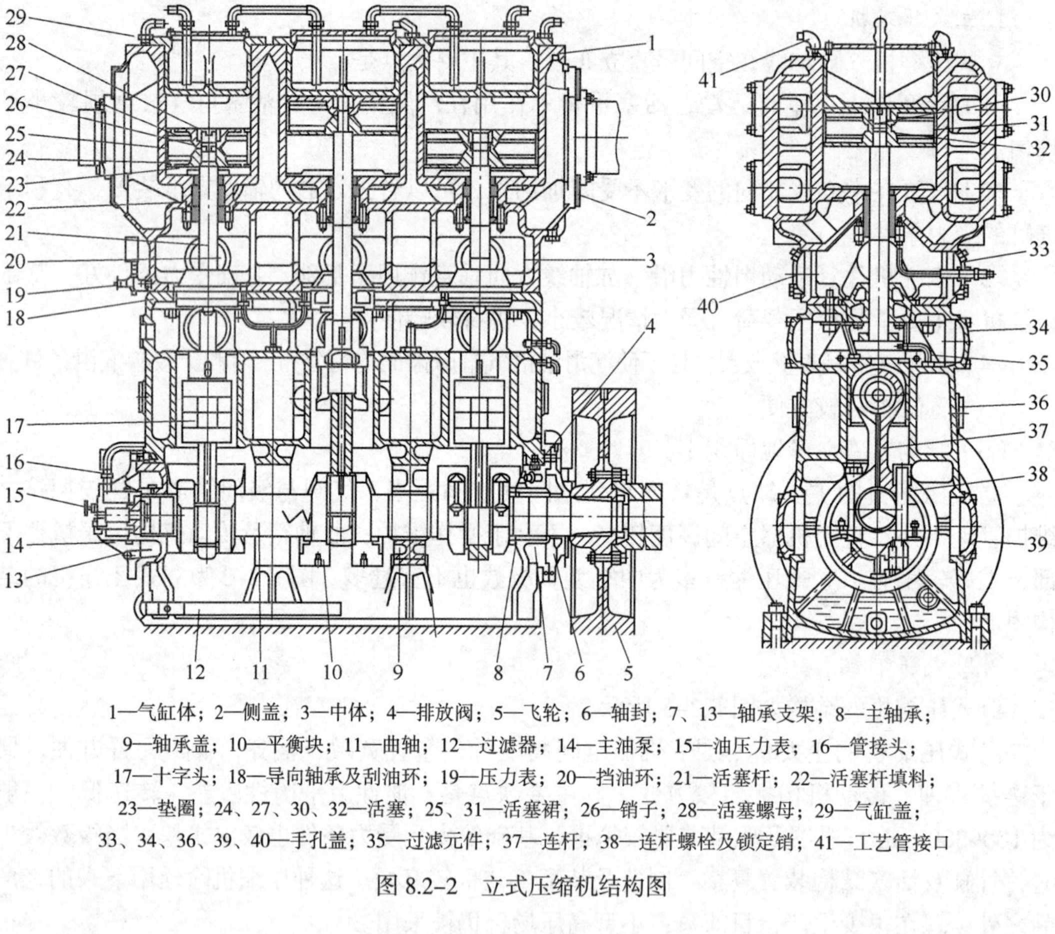


1—气缸体；2—侧盖；3—中体；4—排放阀；5—飞轮；6—轴封；7、13—轴承支架；8—主轴承；9—轴承盖；10—平衡块；11—曲轴；12—过滤器；14—主油泵；15—油压力表；16—管接头；17—十字头；18—导向轴承及刮油环；19—压力表；20—挡油环；21—活塞杆；22—活塞杆填料；23—垫圈；24、27、30、32—活塞；25、31—活塞裙；26—销子；28—活塞螺母；29—气缸盖；33、34、36、39、40—手孔盖；35—过滤元件；37—连杆；38—连杆螺栓及锁定销；41—工艺管接口

图 8.2-2　立式压缩机结构图

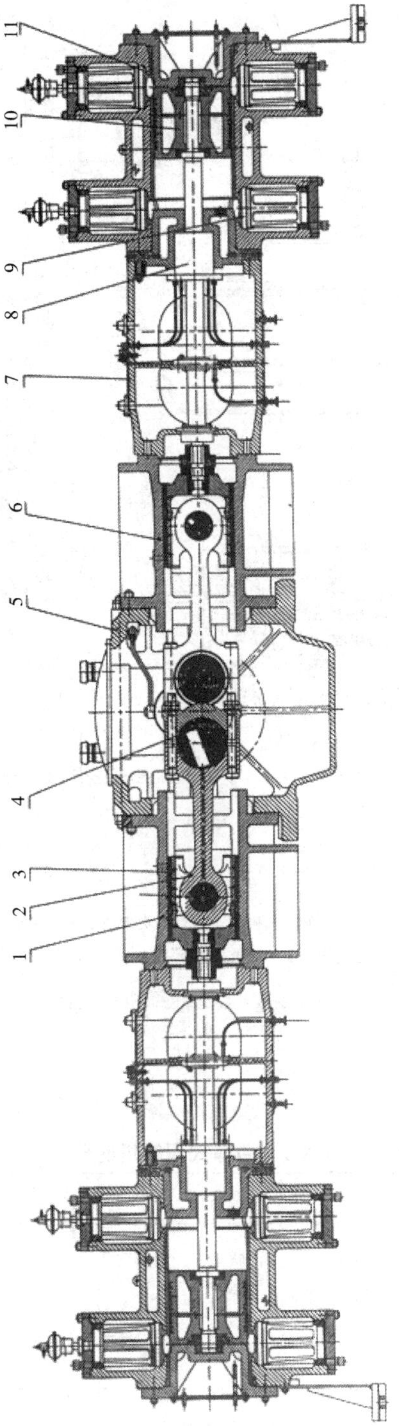


1、6—中体部件；2—连杆部件；3—十字头部件；4—曲轴部件；5 机身部件；
7—接筒部件；8—填料部件；9—排气阀部件；10—活塞部件；11—吸气阀部件

图 8.2-3　卧式压缩机结构图

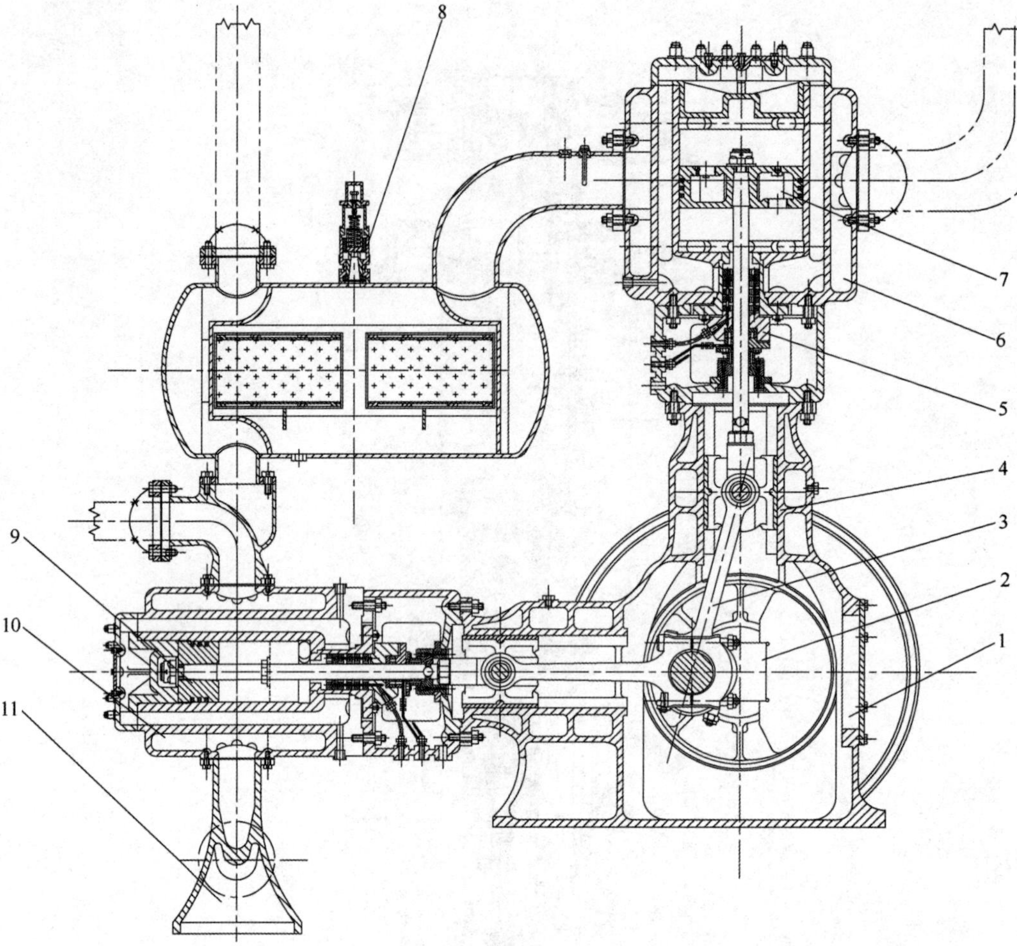


1—机身部件；2—曲轴部件；3—连杆部件；4—十字头部件；5—填料部件；6—一级气缸部件；7—一级活塞部件；8—安全阀；9—二级活塞部件；10—二级气缸部件；11—二级排气管

图 8.2-4　L 形压缩机结构图

活塞式压缩机的分类见表 8-1。

**表 8-1　活塞式压缩机的分类**

| 分类方法 | 类型名称 | 参数范围或结构特点 |
|---|---|---|
| 按排气量 $V_d$ 分类（吸气压力为大气压） | 微型<br>小型<br>中型<br>大型 | $V_d \leqslant 1m^3/min$<br>$1m^3/min < V_d \leqslant 10m^3/min$<br>$10m^3/min < V_d \leqslant 100m^3/min$<br>$V_d > 100m^3/min$ |
| 按排气压力 $p_d$ 分类 | 低压压缩机<br>中压压缩机<br>高压压缩机<br>超高压压缩机 | $0.2MPa < p_d \leqslant 1$ Mpa<br>$1MPa < p_d \leqslant 10$ Mpa<br>$10MPa < p_d \leqslant 100$ Mpa<br>$p_d > 100$ MPa |

续表

| 分类方法 | 类型名称 | 参数范围或结构特点 |
|---|---|---|
| 按气缸的排列方式分类 | 立式<br>卧式<br>对称平衡式<br>角式 | 气缸中心线垂直于地面<br>气缸中心线平行于地面<br>属于卧式，气缸对称排列，活塞对称运动<br>气缸中心线互成一定角度 |
| 按气缸容积的作用方式分类 | 单作用式<br>双作用式<br>级差式 | 仅活塞一侧气缸容积工作<br>活塞两侧气缸容积交替工作<br>同一列中有两个以上活塞组装在一起工作 |
| 按压缩级数分裂 | 单级压缩机<br>双击压缩机<br>多级压缩机 | 气体经一次压缩达到排气终压<br>气体经二次压缩达到排气终压<br>气体经多次压缩达到排气终压 |

## 8.2.3 活塞式压缩机的主要零部件

活塞式压缩机的零部件很多，现对气缸、活塞、气阀、填料函、曲轴、连杆和十字头等主要零部件分别做简要介绍。

1. 气缸

气缸是活塞式压缩机零部件中最复杂的一个，它承受气体压力，活塞在缸中作往复运动；气缸上要安装气阀和填料，有些还要安装调节机构；气缸要进行冷却，要有水套或散热片，气缸上还开有油孔及指示器孔等。几种典型气缸的结构如图 8.2-5~ 图 8.2-9 所示。

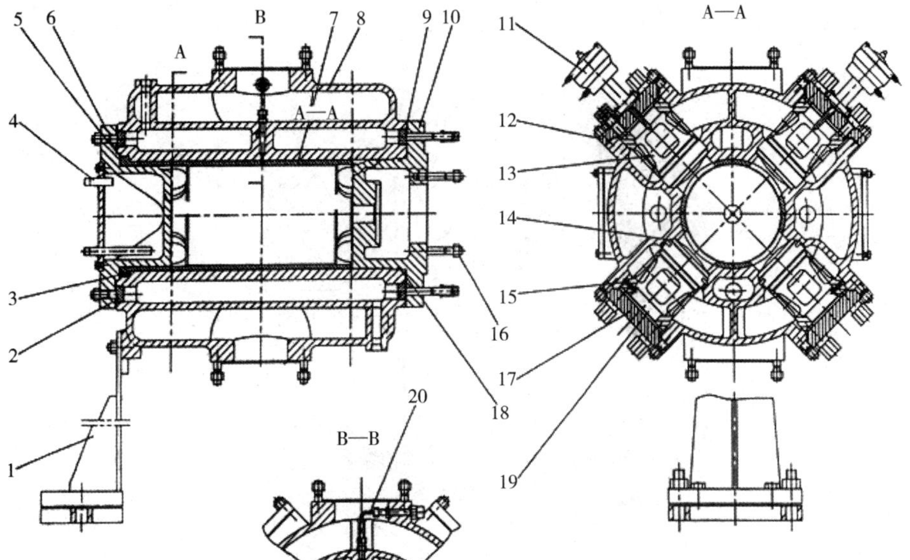


1—支承；2—方头螺堵；3—圆柱销；4—水盖部件；5—垫片；6—缸盖；7—缸套；8—缸体；9—垫片；10—缸座；11—气量调节阀；12、17—阀孔盖；13、19—压阀罩；14—垫圈；15—压阀罩卡；16—螺柱；18—0 形圈；20—接管

图 8.2-5　三层壁气缸结构图

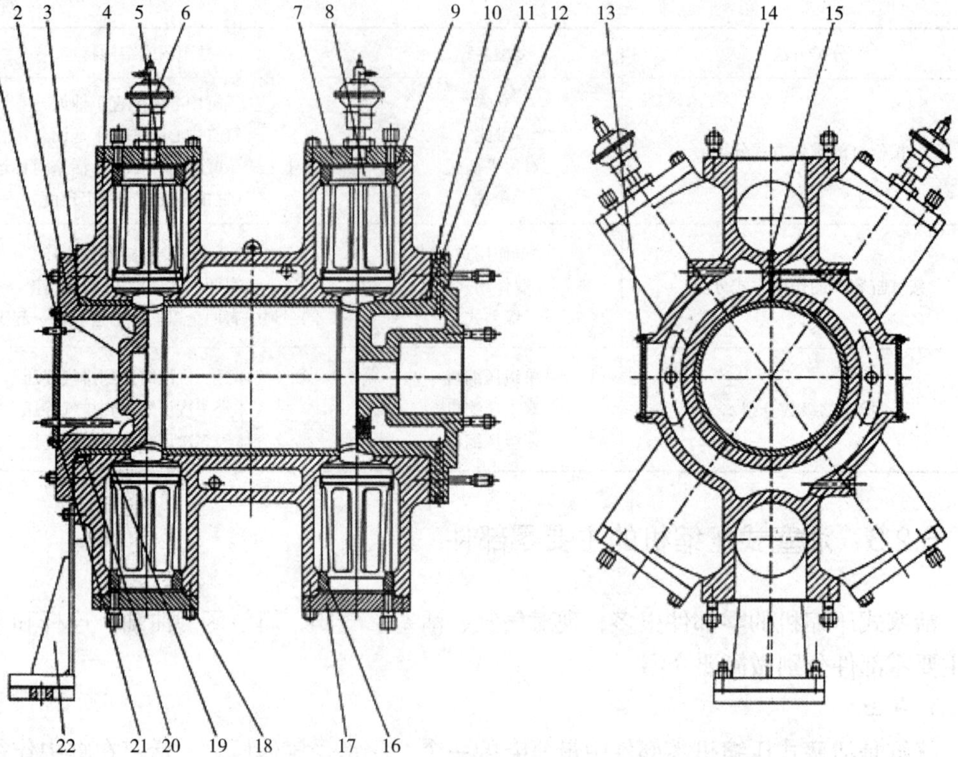


1—水盖部件；2—缸盖；3、11、21—垫；4—缸体；5—缸套；6—气量调节阀；7、17—阀孔盖；8、16—压阀罩；9、19—垫片；10—O 形圈；12—缸座；13—水盖；14—缠绕垫；15—螺堵；18、20—圆柱销；22—支承

图 8.2-6　双层壁气缸结构图

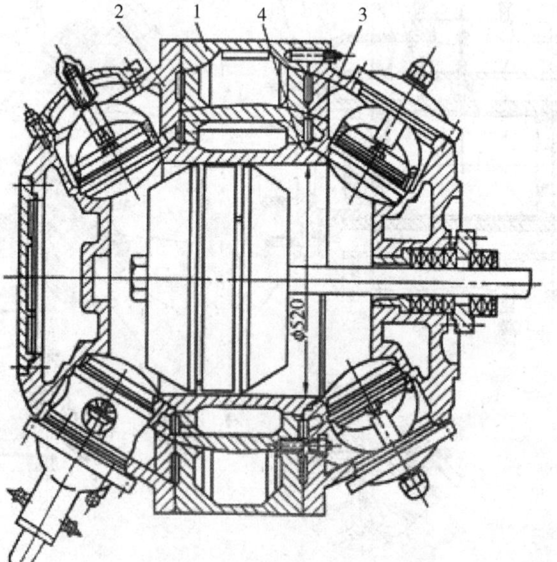


1—气缸；2—前盖；3—后盖；4—气缸套

图 8.2-7　组合式铸铁气缸结构图

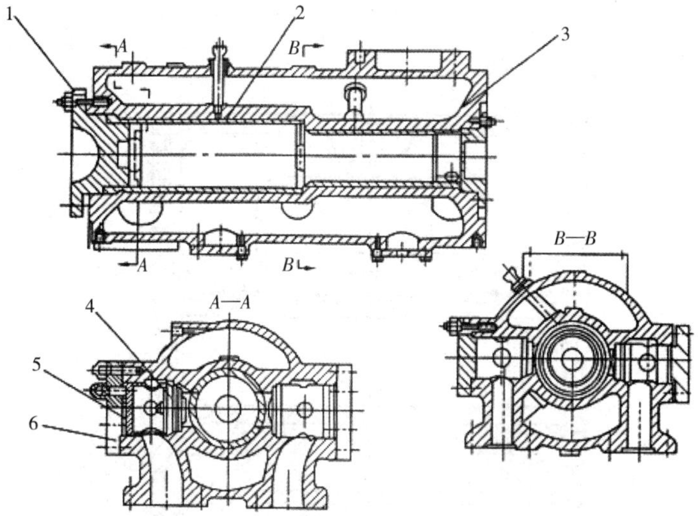


1、6—气缸盖；2—缸套；3—气缸；4—气阀；5—压阀罩

图 8.2-8　整体级差式铸铁气缸结构图

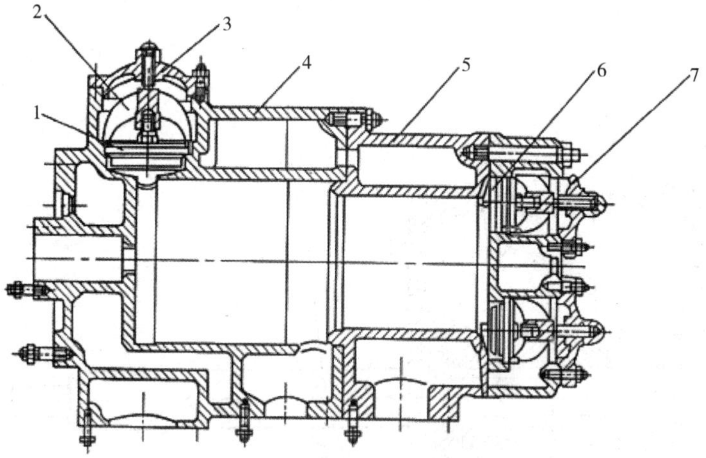


1、6—气阀；2—压阀罩；3、7—汽缸盖；4、5—气缸

图 8.2-9　分段级差式铸铁气缸结构图

2. 活塞

常见的有筒形活塞、盘（鼓）形活塞和级差活塞三种。

1）筒形活塞　筒形活塞用于小型、无十字头的单作用压缩机，因呈圆筒形，故称筒形活塞（见图 8.2-10），常用灰铸铁或铝合金铸造。

2）盘（鼓）形活塞　盘形活塞用于中低压双作用气缸中，它通过活塞杆与十字头相连，如图8.2-11 所示。为了减轻活塞质量，一般铸成空心结构，两端面间用加强筋连接，以增加刚性。为避免铸造应力、产生缩孔以及防止工作中因受热不均而造成不规则变形，铸铁活塞的筋不能与毂部和外壁相连。在活塞端面，每两筋之间开清砂孔，为支承型芯及清砂用，清砂后用螺塞封闭，并采取防止泄漏与松动的措施。

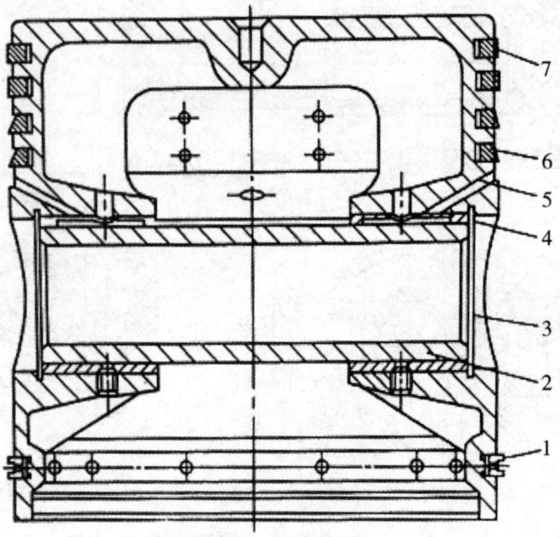


1、6—刮油环；2—活塞销；3—挡环；4—衬套；5—活塞体；7—活塞环

图 8.2-10　筒形活塞

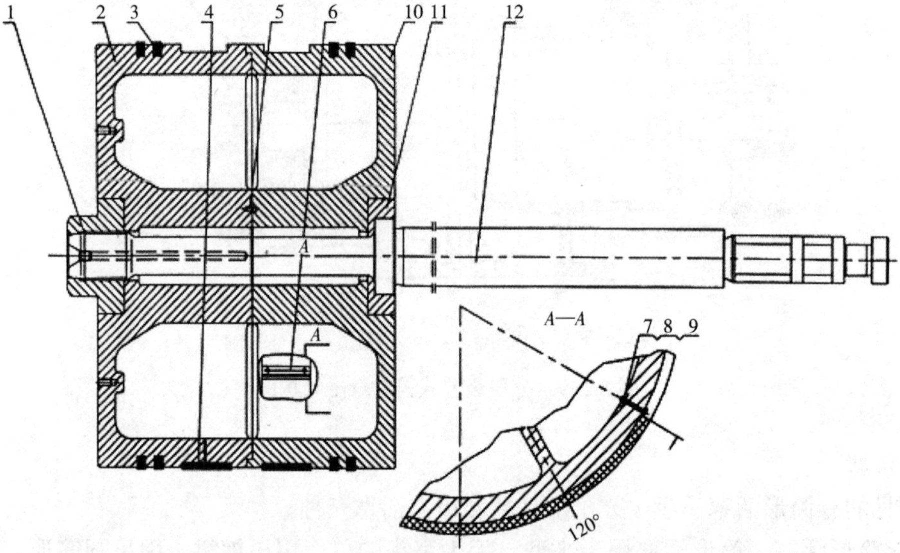


1、8—螺母；2—前半活塞体；3—活塞环；4—支承环；5—圆柱销；6—定位块；
7—螺钉；9—垫圈；10—后半活塞体；11—承压块；12—活塞杆

图 8.2-11　盘（鼓）型活塞

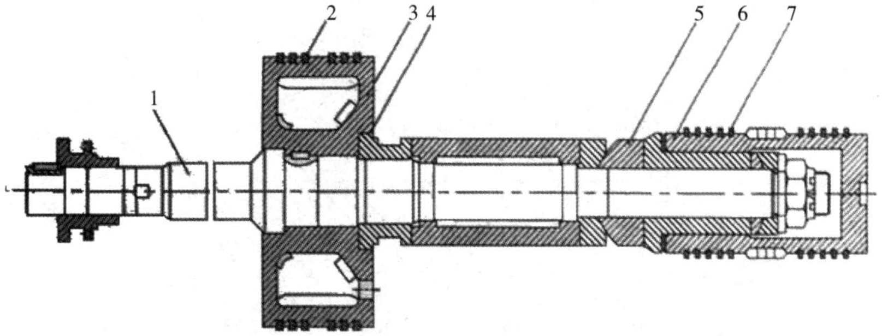


1—活塞杆；2—低压级活塞环；3—低压级活塞；4—装配后翻边；
5—球形关节；6—高压级活塞；7—高压级活塞环

图 8.2–12　级差活塞

3）级差活塞　在串联两个以上压缩机级差式气缸中，应采用两个不同直径活塞组合的级差活塞。图 8.2–12 是对称平衡 H 形压缩机中的级差活塞。

4）活塞环　典型的活塞环是一个具有弹力的开口环，在自由状态下有开口间隙，装入气缸后被迫合拢成圆环状，如图 8.2–13 所示。

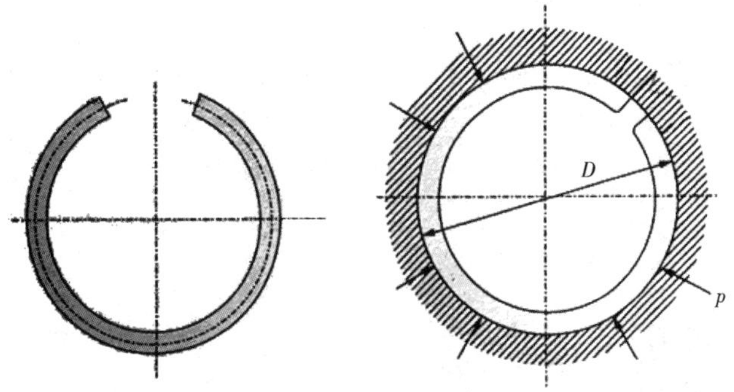


(a) 自由开口状态　　(b) 装入气缸后状态

图 8.2–13　活塞环

活塞环数随活塞两侧压差的增大而增多，使压差负荷由各环负担。实际上，各活塞环所受压差并不均匀，前 2~3 个环压差最大，磨损最快。所以，当前面的环磨损失效后由后面的环起主要作用，以延长使用寿命。装配活塞环时为减少泄漏量，各环的切口应相互错开。

3. 填料函

气缸与活塞杆之间的间隙用填料密封。填料的整体组合称为填料函。图 8.2–14~ 图 8.2–16 是低、中、高压填料函的结构图。

4. 气阀

气阀是压缩机中的重要部件，并且是易损件。压缩机气阀是自动阀，其启闭由阀片两边的压力差与弹簧力实现。气阀结构简单，且能适应压缩机的变工况要求。

吸气阀和排气阀的组成基本相似，只是排气阀的阀座位于近汽缸侧，而吸气阀的弹簧和升程限制器位于近汽缸侧。图 8.2–17 是排气阀，图 8.2–18 是吸气阀。前者使用了圆柱形小弹簧，每个阀片上作用有若干个；后者使用了环形大弹簧，每个阀片只有一个。

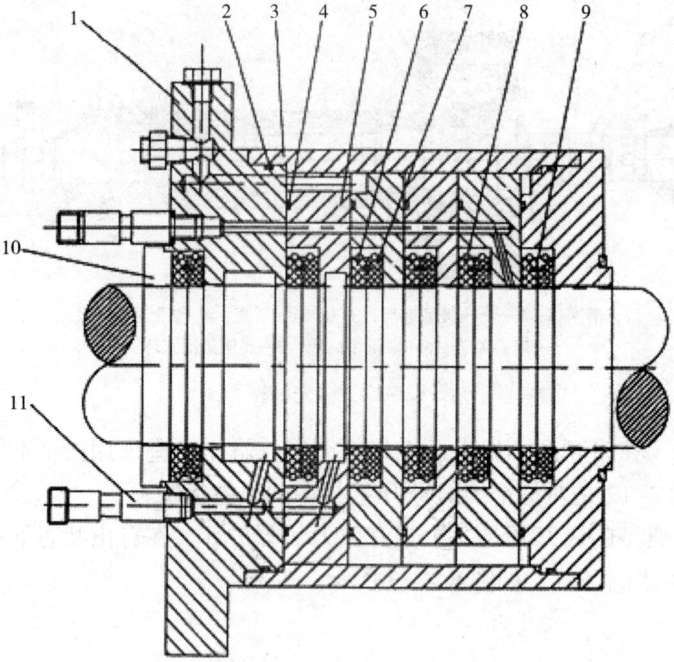


1—法兰；2、4—O 形密封圈；3—水套；5—填料盒；6—切向环；7—径向环；
8—弹簧；9—圆柱销；10—端盖；11—接头

图 8.2-14　低压填料函结构图

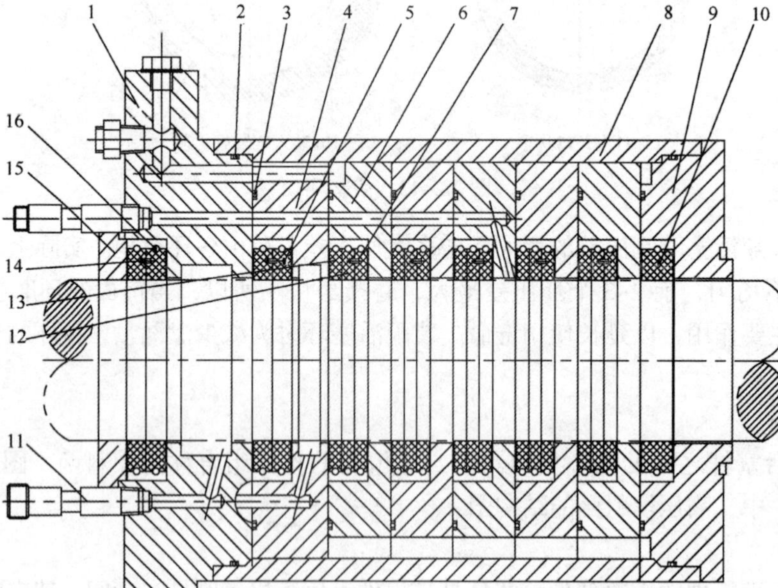


1—填料法兰；2、3—O 形密封圈；4、6、9—填料盒；5、12—切向环；7—径向环；8 水套；
10—节流环；11—接头；13—阻流环；14—圆柱销；15—端盖；16—弹簧

图 8.2-15　中压填料函结构图

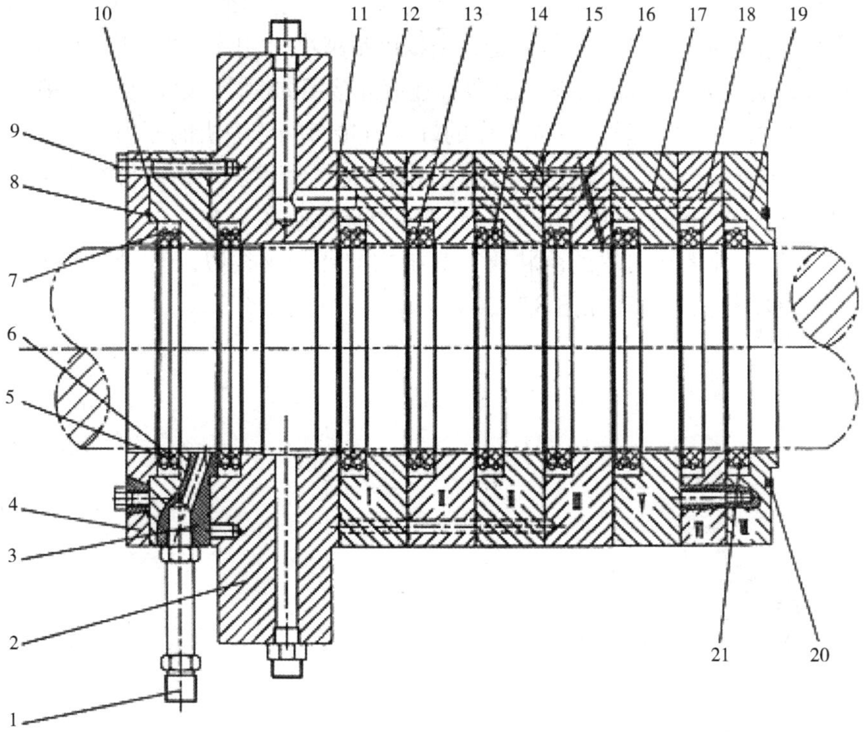


1—充氮接头；2—填料法兰；3—充氮盒；4—端盖；5—切向环；6—圆柱销；7—弹簧；8、10、11—O 形密封圈；9—螺栓；12、15、16、17、18、19—填料盒；13—阻流环；14—密封环；20—垫；21—节流环

图 8.2-16　高压填料函结构图

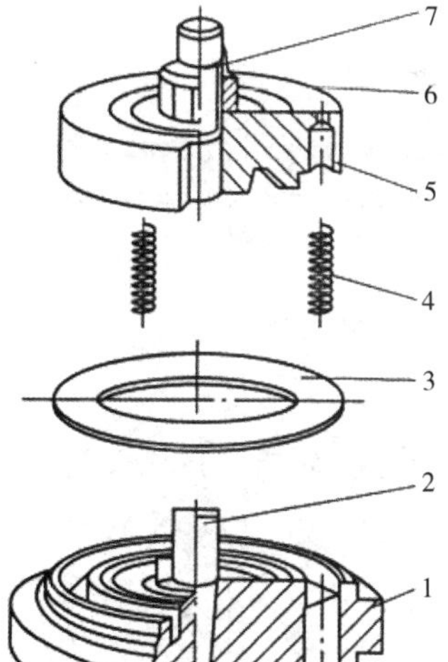


1—阀座；2—连接螺栓；3—阀片；4—弹簧；5—升程限制器；6—螺母；7—开口销

图 8.2-17　环状阀（排气阀）

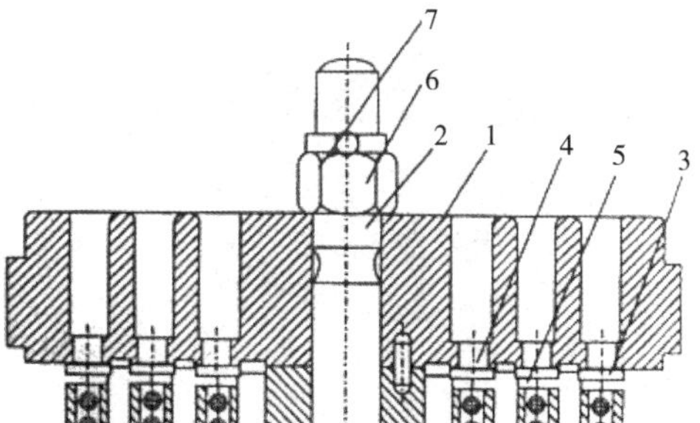


1—阀座；2—连接螺栓；3—阀片；4—弹簧；5—升程限制器；6—螺母；7—开口销

图 8.2-18　环状阀（吸气阀）

阀座 1 具有由阀片覆盖的环形气体通道，能与阀片一起闭锁进气或排气；阀片 3 是启闭气阀通道的组件；弹簧 4 与气流顶推力配合用以控制阀片的启闭动作；升程限制器 5 用来限制阀片的升起高度，兼作弹簧支承座；此外，还有连接用的螺栓、螺母及开口销等零件。

气阀是压缩机的咽喉要道，气阀工作的好坏直接影响压缩机的压力、温度、排气量等工况参数。检修时应注意其质量并检查阀片与阀座的严密性。严密性检查常采用煤油试漏法，即将煤油注入装配好的气阀阀座，只允许滴状渗漏现象存在。

图 8.2–19 是一种无导向块的网状阀，其结构与环状阀类似，但阀片各环间用筋条连成一个整体。网状阀工作原理如图 8.2–20 所示。

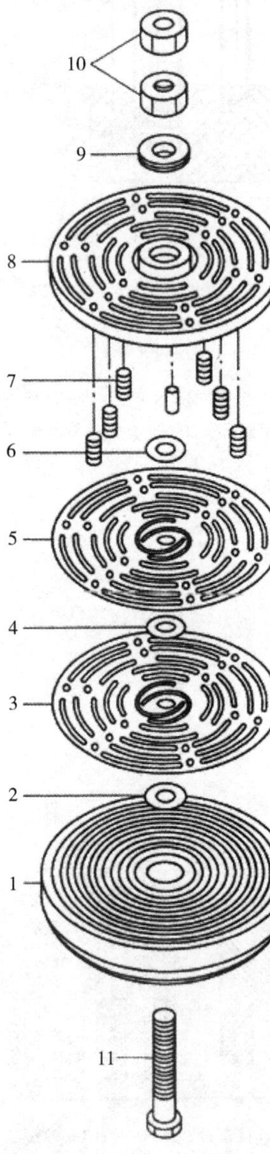


1—阀座；2、4、6—垫块；3—阀片；5—缓冲片；
7—弹簧；8—升程限制器；9—垫圈；10—螺母；11—螺栓

图 8.2–19　网状阀

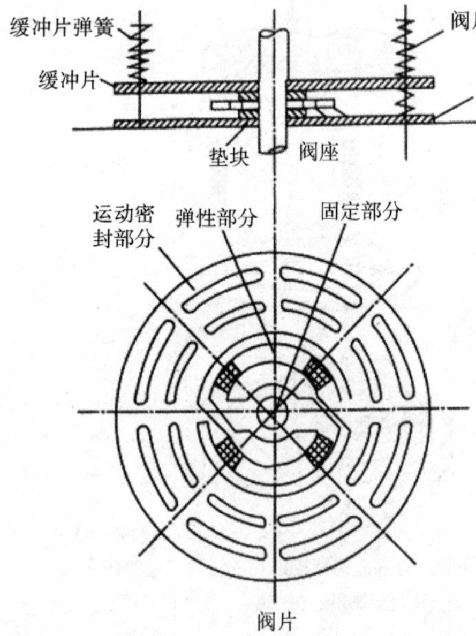


图 8.2–20　网状阀工作原理示意图

此外还有直流阀、孔阀、条状阀及进、排气阀装在一起的组合阀结构。

5. 曲轴

曲轴是传动机构中最重要部件之一，典型的曲轴结构如图 8.2–21 和图 8.2–22 所示。每个曲轴由主轴颈、曲柄及平衡铁组成。根据汽缸数目的多少及各列配置情况的不同，曲轴可以是单曲拐结构（见图 8.2–21），也可以是多曲拐结构（见图 8.2–22）。

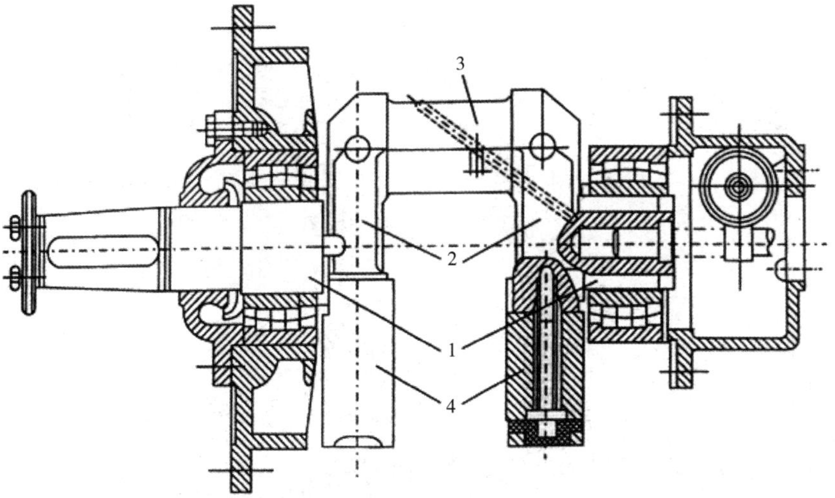


1—主轴颈；2—曲柄；3—曲轴销；4—平衡铁

图 8.2–21　单拐曲轴（铸造）

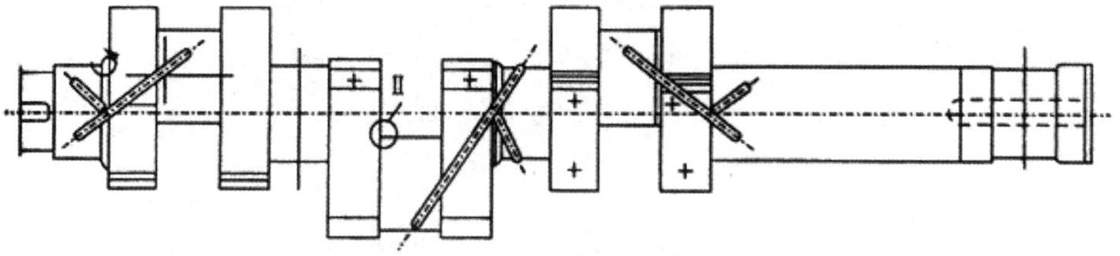

图 8.2–22　多拐曲轴（锻造）

6. 连杆

连杆结构如图 8.2–23 所示，连杆可看作由连杆大头、连杆小头和杆体三部分组成。

7. 十字头

十字头一边与往复运动的活塞杆相连，一边与作平面运动的连杆相连，其本身作往复运动，具有导向作用，图 8.2–24 是十字头的结构图。

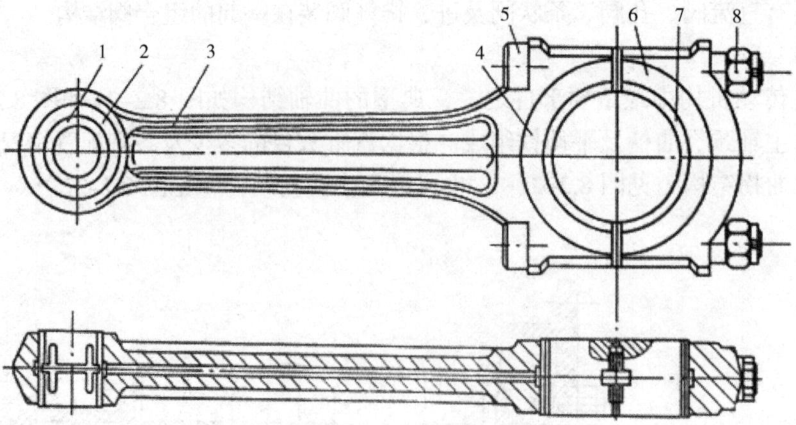


1—小头瓦；2—小头；3—杆体；4—大头；5—连杆螺栓；6—大头盖；7—大头瓦；8—螺母

图 8.2–23　连杆结构图

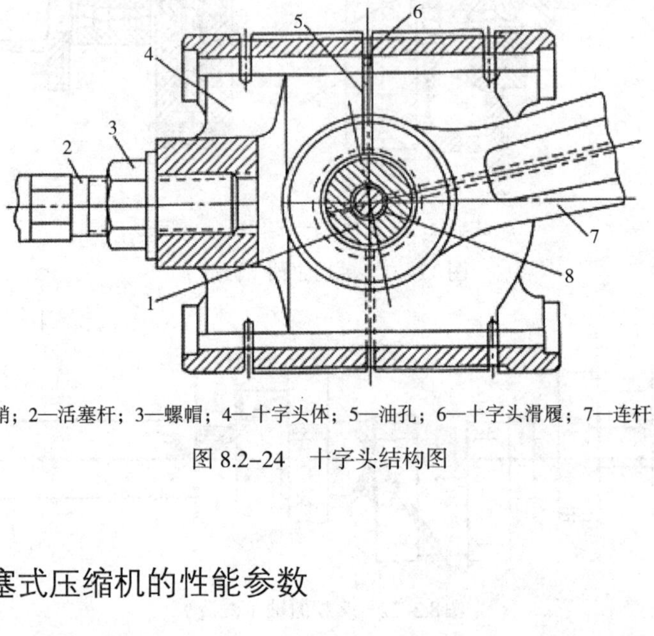


1—十字头销；2—活塞杆；3—螺帽；4—十字头体；5—油孔；6—十字头滑履；7—连杆；8—螺栓

图 8.2–24　十字头结构图

## 8.2.4　活塞式压缩机的性能参数

1. 排气温度

压缩机的排气温度可在紧挨排气阀室的排气管段上直接用温度计测得。对于有油润滑的固定式空气压缩机，为防止高温下润滑油积炭，规定排气温度须低于 160℃，移动式空气压缩机低于 180℃。石油化工用压缩机的排气温度主要受被压缩气体性质的限制。例如，石油气在温度过高时会聚合成胶状物易堵塞气阀、卡住活塞环，故规定排气温度不得超过 100℃；乙炔气在温度过高时易产生爆炸，故规定排气温度不得超过 100℃；氯气在高温下易对气缸造成腐蚀，故规定干燥氯气排气温度不得超过 130℃，湿氯气不得超过 100℃。在压缩机的设计计算中，汽缸的排气温度一般按下式计算：

$$T_2 = T_1 (\frac{p_2}{p_1})^{\frac{K-1}{K}} \tag{8-11}$$

式中 $T_1$，$T_2$——汽缸吸、排气口温度，K；

$p_1$，$p_2$——汽缸吸、排气口压力，Pa；

$K$——理想气体的绝热过程指数。

2. 排气量

在单位时间内，压缩机排出的气体体积量称为压缩机的排气量。由于质量相同的气体在不同状态下体积大小不同，因此又规定排气量为压缩机吸气状态下的体积。

（1）理论排气量　对于理论工作循环，由于假定了排气结束时气缸内气体能够全部排尽，气缸无余隙容积，吸气过程中气体的温度、压力与吸气管中相同，气缸不存在泄漏，因此，气缸的吸入容积等于行程容积，吸气量等于排气量。

对于单级双缸压缩机，行程容积应按两个气缸计算，对于多级压缩机，行程容积应按第一级气缸计算。

（2）实际排气量　对于实际工作循环，由于排气结束时气缸内气体不能全部排尽，在吸气开始前，残留在余隙容积中的气体首先膨胀，占去了气缸内部分有效容积，使气缸内可供吸气的容积减小，而吸入气缸的气体由于在通过吸气阀时要产生流动阻力降，压力较吸气管中低，并且在吸入气缸的过程中受气缸壁加热，温度较吸气管中高，当把气缸内的压力较低、温度较高的气体换算到压力较高、温度较低的吸气状态时，气缸的吸入容积将进一步减小。

在实际循环中，吸入气缸的气体还会通过气阀、活塞环及填料向外泄漏，因此，实际的排气量比吸气量要低。

3. 压缩机的功率

（1）指示功率　压缩机的实际工作循环功也称作指示功，压缩机在单位时间内消耗的指示功称作指示功率，如已知压缩机每分钟转速为 $n$，则压缩机的指示功率为：

$$N_i = \frac{n}{60} p_s \lambda_V V_h \frac{K}{K-1} [(\frac{p_d}{p_s})^{\frac{K-1}{K}} - 1] \quad \text{W} \tag{8-12}$$

式中 $p_s$，$p_d$——汽缸的实际吸、排气压力，Pa；

$\lambda_V$，$K$——汽缸的容积系数及气体的绝热过程指数；

$V_h$——汽缸的行程容积，$m^3$；

$n$——压缩机的转速，r/min。

双作用压缩机的指示功率等于汽缸两侧工作容积的指示功率之和，多级压缩机的总指示功率等于各级汽缸的指示功率之和。

在转速和气缸尺寸一定的条件下，影响压缩机指示功率的主要因素为气体通过气阀时产生的阻力降和气体的绝热过程指数。阻力降使气缸的压缩比增大，引起指示功率增大，压缩绝热过程指数较大的气体时，消耗的指示功率也较大。

（2）轴功率　轴功率是驱动机传给压缩机曲轴的功率。轴功率绝大部分为压缩气体消耗掉的指示功率，另外一小部分用于克服曲柄连杆机构的运动摩擦。指示功率与轴功率之比称作机械效率，记为 $\eta_m$。已知指示功率 $N_i$ 和选定机械效率 $\eta_m$ 以后，轴功率 $N_z$ 为：

$$N_Z = \frac{N_i}{\eta_m} \tag{8-13}$$

机械效率 $\eta_m$ 与压缩机的结构形式、制造装配质量及润滑条件有关，常见压缩机的机械效率见表 8-2。

**表 8-2　常见压缩机的机械效率**

| 机器类型 | 机械效率 $\eta_m$ | 机器类型 | 机械效率 $\eta_m$ |
|---|---|---|---|
| 大中型有十字头压缩机 | 0.90~0.95 | 小型无十字头压缩机 | 0.80~0.85 |
| 卧式单级压缩机 | 0.85~0.93 | 高压循环压缩机 | 0.80~0.85 |

（3）驱动功率　考虑驱动机将功率传给曲轴的过程中存在传动损失，驱动功率应比轴功率大一些，轴功率与驱动功率之比称作传动效率，记作 $\eta_c$。对于皮带传动 $\eta_c$=0.96~0.99，齿轮传动 $\eta_c$=0.97~0.99，联轴器传动 $\eta_c$=1。为了避免传动损失，大多数压缩机将曲轴与电动机用联轴器直联。此外，考虑到压缩机运转过程中负荷的改变、进气状态和冷却水温度的变化，会引起功率增加，因此选择驱动机时还应有 5%~15% 的功率储备，所以，驱动机功率 $N_g$ 为：

$$N_g = (1.05 \sim 1.15)\frac{N_z}{\eta_c} \tag{8-14}$$

4. 压缩机的效率

（1）等温指示效率　等温指示效率为压缩机的等温压缩循环功 $W_{is}$ 与实际工作循环功 $W$ 之比，记作 $\eta_{is}$。由于等温压缩循环功是压缩机压缩一定量气体所必需的最小功，因此等温指示效率 $\eta_{is}$ 常作为经济性指标，用来评价水冷式压缩机的经济性能，$\eta_{is}$ 一般在 0.6~0.75 之间。

（2）绝热指示效率　绝热指示效率为压缩机的绝热压缩循环功 $W_{ad}$ 与实际工作循环功 $W$ 之比，记作 $\eta_{ad}$。由于大多数压缩机气缸内的压缩过程接近绝热过程，造成实际工作循环功大于绝热压缩循环功的主要原因就是气阀的阻力损失及压缩机内部的气体泄漏，因此绝热指示效率常作为技术性指标，用来评价压缩机的技术性能。$H_{ad}$ 一般在 0.85~0.97 之间。

（3）比功率　比功率是压缩机的轴功率 $N_Z$ 与排气量 $Q_d$ 之比，反映同类型压缩机在进排气条件相同的情况下，单位排气量所消耗的轴功率，常用来评价动力用空气压缩机的综合性能。据统计，一般动力用空压机排气量小于 10m³/min 时，其比功率 $N_r$=5.4~6.3kW/（m³/min），排气量为 10~100m³/min 时，比功率 $N_r$=5.0~5.3kW/（m³/min）。

## 8.2.5　活塞式压缩机的运行

1. 排气量调节

压缩机的排气量是根据工艺系统所需的最大气量选定的，但在实际运转过程中，系统的耗气量是变化的，当系统耗气量小于排气量时，系统压力就会升高，此时，若不及时对压缩机的排气量调节，则可能出现各种故障甚至事故。压缩机的排气量调节方法一般有以下几种：

（1）停转调节　采用压缩机停转的方法调节排气量。当压缩机出口储气罐压力升高到警戒值时，通过压力继电器及时切断电动机电源，使压缩机停转，直到储气罐压力下降到规定值时，再通过压力继电器接通电动机电源，启动压缩机供气。这种方法的优点是易于自动控制调节，经济性好，缺点是频繁启动、停机，增加零部件磨损，并影响电网电压的稳定，一般只用于小型压缩机的气量调节。

（2）切断吸气调节　采用在气缸吸气口上加装停止吸气阀调节排气量，停止吸气阀如图 8.2–25 所示。当系统压力升高到警戒值时，来自储气罐的高压气推动阀内的小活塞关闭停止吸气阀，使压缩机的吸气量在一段时间内为零，当系统压力下降，需要恢复供气时，压力调节器会自动控制打开停止吸气阀。阀体上的手轮用于压缩机空载启动。这种调节方法简单可靠，功耗低，但是停止吸气后，气缸内的气体温度升高，影响润滑油的润滑性能，并且气缸内会出现负压，因此这种方法主要用于空气压缩机的气量调节。

（3）回流调节　将压缩机的排气管与吸气管连通，并在连通管路中装设旁通阀，需要降低压缩机排气量时打开旁通阀，使排出气体部分或全部回流到吸气管中，可实现排气量的连续调节。这种调节方法的优点是装置简单，操作方便可靠，缺点是调节功耗大，且节流阀在高速气流的冲击下易损坏，主要用于大型压缩机启动时的减荷和中小型压缩机的排气量调节。

（4）顶开吸气阀调节　在压缩机运转过程中，将吸气阀完全顶开，使气体只通过吸气阀进出气缸，机器空转，排气量为零。完全顶开吸气阀的装置如图 8.2–26 所示，当储气罐内压力升高到警戒值时，压力调节器自动将罐内气体引至吸气阀压盖，推动压盖上的小活塞将压叉压下，顶开吸气阀阀片。当储气罐内压力下降到需要压缩机供气时，由于压力调节器的作用，活塞上部的气体放空，压叉在弹簧作用下升起，进气阀关闭，压缩机恢复

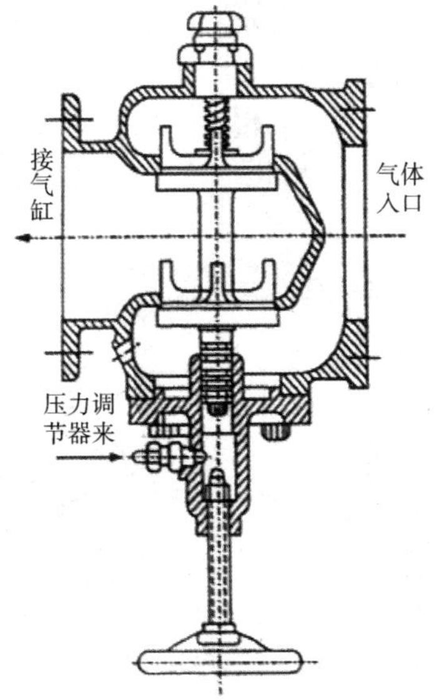


图 8.2–25　停止吸气阀

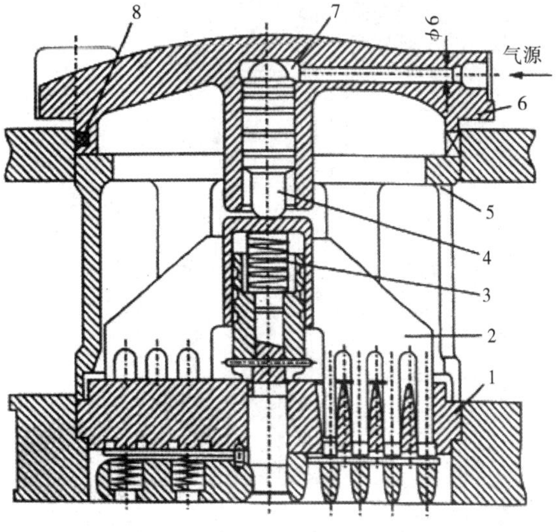


1—阀座；2—压叉；3—弹簧；4—小活塞；5—压罩；
6—气阀压盖；7—密封槽；8—密封圈

图 8.2–26　完全顶开吸气阀装置

正常工作。完全顶开吸气阀调节属于间歇调节，若只在双作用气缸的一侧装上完全顶开吸气阀装置，则可以实现50%气量的调节要求。

如果只在部分行程顶开吸气阀，则可以实现排气量的连续调节。图8.2–27所示为部分行程顶开吸气阀装置。旋转丝杆，弹簧压向压叉产生对阀片的顶开力，使吸气阀在吸气结束时仍保持开启状态，活塞开始压缩后，气缸内的部分气体倒流回吸气管。由于气流经过吸气阀时产生的流动阻力对阀片有推动作用，当此推动力大于调节装置中的弹簧力时，吸气阀关闭，气缸内所剩气体经压缩后排出。由于通过调节压紧弹簧力可以控制吸气阀打开的时间，因此可以实现连续调节气量。

顶开吸气阀调节装置简单，功耗小，但是会缩短气阀阀片的寿命，因此只适用于转速较低的压缩机调节气量。

（5）补充余隙容积调节　由于余隙容积增大时，气缸的容积系数减小，气缸的吸气量下降，据此性质可以进行排气量的调节，方法是在气缸上连通一补充余隙容积。补充余隙容积有不变容积与可变容积两种，不变容积只能实现排气量的固定调节，可变容积则可以实现排气量的连续调节。图8.2–28为设置在气缸盖上的可变容积的补充余隙调节装置，补充余隙容积与气缸容积连通，转动手轮时，小活塞移动，余隙容积逐渐增大，气缸的吸气量逐渐减少。

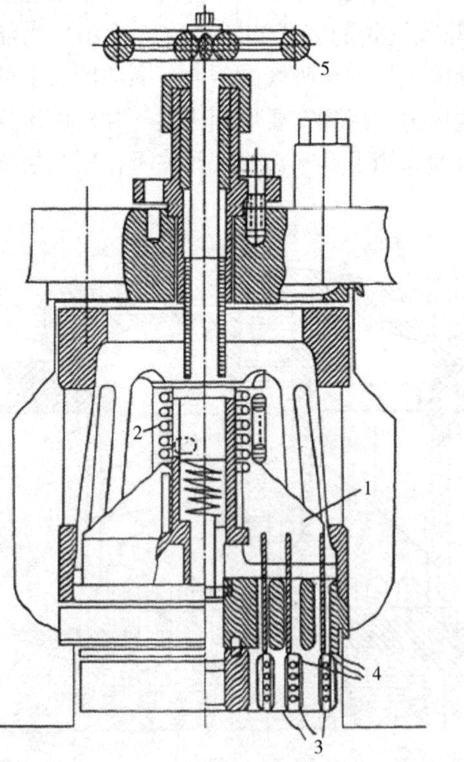


1—压叉；2—压紧弹簧；3—阀片弹簧；4—阀片；5—手轮

图8.2–27　部分行程顶开吸气阀装置

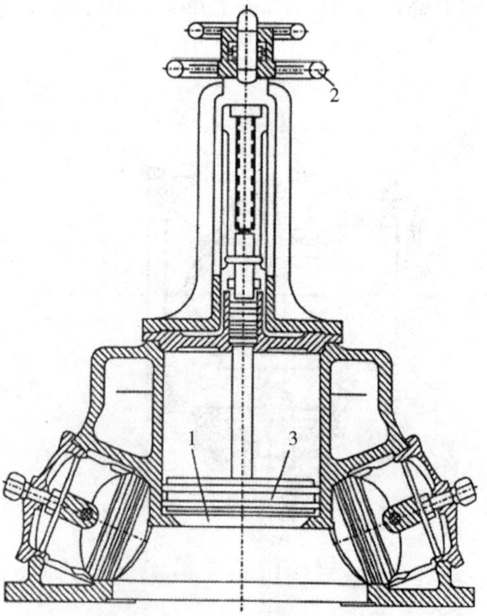


1—补充余隙容积；2—手轮；3—小活塞

图8.2–28　可变容积的补充余隙调节装置

补充余隙调节功耗低，不影响阀片寿命，但仅在第一级气缸上调节时，会引起第一级气缸压缩比下降，末级气缸压缩比升高，中间各级压缩比不变，但所有的级间压力都要下降。大型工艺用压缩机常采用这种方法调节气量。

2. 活塞式压缩机的润滑与冷却

1）润滑

活塞式压缩机的润滑分飞溅润滑和压力润滑两种方式。飞溅润滑主要用于无十字头的单作用压缩机，采用这种润滑方式的压缩机在连杆大头盖上装有击油杆，压缩机工作时，击油杆打击曲轴箱内的润滑油面产生飞溅的油雾和油滴，润滑整个传动机构及气缸。曲轴箱内的润滑油面高度应适当，油面过高时，连杆大头浸入润滑油内，击油损失功耗增加，引起油温上升；油面过低时，打起的油量不够，使机构润滑不足。飞溅润滑的优点是装置简单，可降低机器的制造成本，缺点是耗油量难以控制，气缸和传动机构只能用一种油润滑，且油无法滤清，只能定期更换。

压力润滑主要用于有十字头的大中型压缩机，气缸和传动机构的润滑分为两个相互独立的系统，气缸及填料依靠注油器供油润滑，传动机构依靠齿轮油泵供油润滑。注油器由几个独立的柱塞式油泵组成，每个小油泵负责向一个润滑点供油，油压等于注油点处压力的平均值。图 8.2–29 所示为真空滴油式注入器，由偏心轮带动柱塞上下运动。柱塞下行时，泵腔内形成真空，吸入通道 B 中的钢球抬起，油箱中的润滑油通过吸油管和通道 A，从滴油管滴入透明罩壳，显示油路畅通，滴入罩壳的润滑油再经过通道 C 进入泵腔。柱塞上行时，通道 B 中的钢球落下，切断吸油通道，润滑油通过有止逆作用的注油阀最后被输送到润滑点。

旋转调节螺套升降调节杆，可以改变柱塞行程，调节油量，按动调节杆，可先将油注入机器后再启动。这种注油器一般用电动机单独驱动。

传动机构的润滑有内传动和外传动两种方式。中小型压缩机为了结构紧凑，采用主轴带动油泵的工作方式，称为内传动；大型压缩机需要的油量大，油泵也大，采用电动机单独驱动油泵工作，称为外传动。

2）冷却

压缩机的冷却包括气缸冷却、级间冷却以及在有些压缩机中对最后排出气体的所谓后冷却。冷却方式有风冷和水冷两种，风冷适用于小型移动式压缩机，固定式压缩机大多采用水冷。水冷却系统有串联、并联及混联三种形式。串联式冷却只适用于两级压缩，冷却水首先进入级间冷却器对一级缸排出的气体进行冷却，然后依次进入一级缸水套、二级缸水套和后冷却器进行冷却。串联式冷却的优点是水路简单，节约用水，但级数多时，后面各级的冷却效果差。并联式冷却适用于多级压缩，冷却水同时进入各冷却部位进行冷却，流出冷却部位后即行排放，冷却效果好，但冷却水用量大。混联式冷却中冷却水首先进入级间冷却器进行冷却，流出级间冷却器后的冷却水再分几路进入各级汽缸的水套进行冷却。在二级压缩机中采用混联式冷却，其综合效果优于串联式冷却。

3. 活塞式压缩机的操作与维护

1）开车运转

在压缩机开车前，应先对机器的油路、水路、安全保护装置、机械传动装置等进行

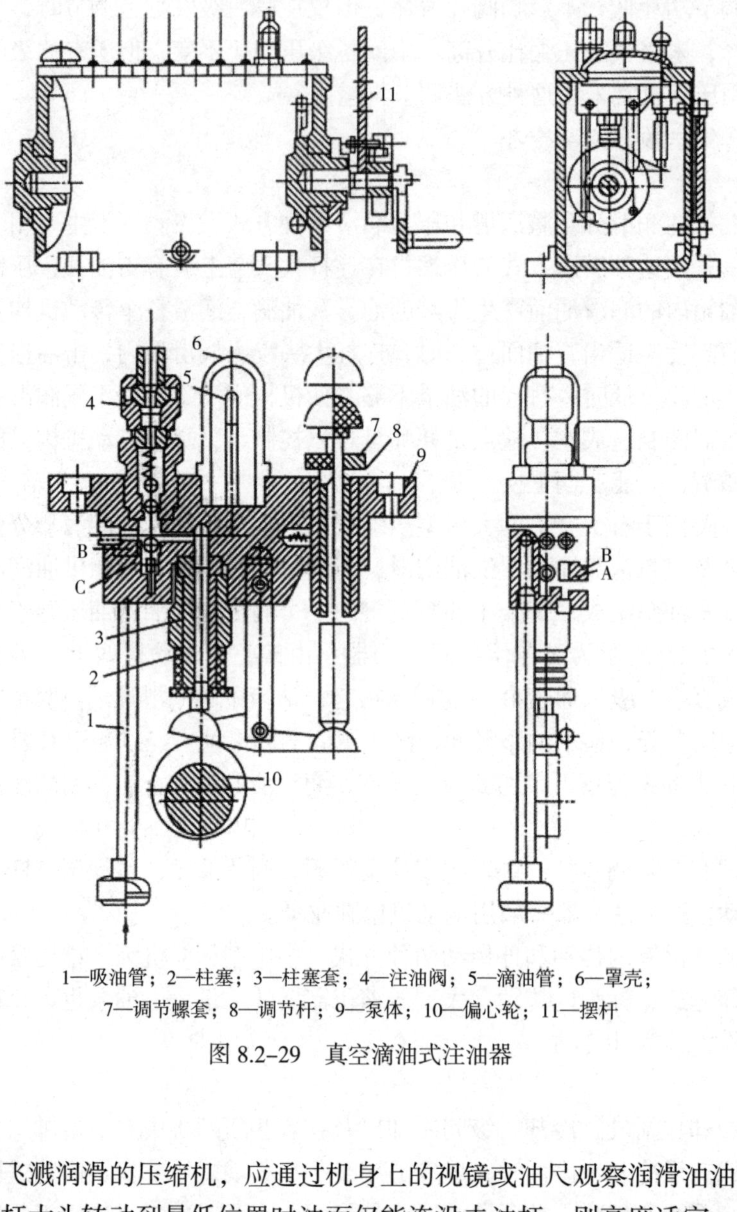


1—吸油管；2—柱塞；3—柱塞套；4—注油阀；5—滴油管；6—罩壳；
7—调节螺套；8—调节杆；9—泵体；10—偏心轮；11—摆杆

图 8.2-29　真空滴油式注油器

检查。

对于采用飞溅润滑的压缩机，应通过机身上的视镜或油尺观察润滑油油面高度是否适合开车，如连杆大头转动到最低位置时油面仅能淹没击油杆，则高度适宜。对于采用压力润滑的压缩机，可先启动油泵和注油器，检查传动机构和气缸、填料等处油路是否畅通。由于传动机构的润滑油是循环使用的，润滑油的性能随使用时间延长而恶化，一般要求 1 年更换 1 次，换油时要注意检查新油的牌号和各项性能指标要符合技术要求，并对油过滤器进行清洗。

水路的检查包括对水温的检查和水路是否畅通的检查。在压缩机运转过程中，冷却水温度并不是越低越好。压缩临界温度较高的气体时，气缸冷却水温度过低，会使气缸内气体出现液化现象，压缩含水蒸气的湿气体时，会使水蒸气在气缸壁面凝结，造成气缸的润滑恶化并由此增加气缸的磨损，因此冷却水温度应以设计说明书为准。检查水路是否畅通的方法是打开水路进水阀门后，观察排水管中是否有冷却水流出，对于并联式和混联式冷却，应对机器的每个冷却部位水路都进行检查。

压缩机的安全保护装置，包括安装在各级气缸排气管路上的安全阀、压力调节机构，以及安装在第一级气缸吸气口的排气量调节机构，这些装置不仅可以调节排气量，而且在压缩机各部位压力升高到警戒值时，可以对压缩机起到安全保护作用。为保证机器开车运转安全可靠，开车前须检查安全保护装置是否正常有效，尤其对安全阀、减荷阀等不经常工作的装置，为避免锈蚀卡住，应定期检验。

此外，在开车前还应盘车转动传动机构 1 圈以上，检查各连接部位是否紧固、转动是否灵活、地脚螺栓和管道连接是否有松动现象，气缸等机件的支承是否坚固可靠。连杆大头螺栓由于承受交变载荷的作用，易疲劳断裂，是压缩机的薄弱环节之一，应检查是否已按期更换。

2）维护

压缩机在开车进入正常运转后，应按时观察机器的排气压力、排气温度、油压、水温、冷却水是否断流等项目，并作好记录，储气罐、冷却器、油水分离器要及时放出油水，并注意压缩机及其辅助设备的环境卫生，发现问题及时处理，以保证机器的安全运行及其使用寿命。

## 8.2.6　活塞式压缩机主要零部件常用材料

表 8-3 所列材料适用于无腐蚀性气体，如空气、石油气、氮气、氢气等。对腐蚀性气体，则应视气体的不同性质而改变零件材料，主要考虑的是与气体接触的零件如气阀、气缸等。通常是在材料中增加合金元素，即采用合金钢或合金铸铁。例如，压缩 $CO_2$ 气体时，阀片材料采用 2Cr13、3Cr13，弹簧则用 4Cr13 或 1Cr18Ni9Ti 等不锈钢钢丝制成。此外，对无油润滑压缩机，除密封组件改由填充聚四氟乙烯制成外，考虑到无油时会加剧锈蚀，往往要提高对气缸、气阀等零部件材料耐腐蚀性的要求。例如，空气压缩机无油润滑时，气缸材料采用合金铸铁或稀土球墨铸铁，阀片采用不锈钢等。

**表 8-3　活塞式压缩机主要零部件常用材料**

| 零件 | 材料 | | | 备注 |
|---|---|---|---|---|
| 气缸 | 中低压 | 中压 | 高压 | 球墨铸铁适用于小直径 |
| | HT200<br>HT250 | QT400-15<br>QT600-3，ZG35 | 35，40Cr<br>35CrMoA | |
| 活塞 | 铸铁及铝合金 | | | |
| 活塞销 | 20，20Cr，20Mn2，15CrA | | | 表面渗碳，淬火 |
| 活塞杆 | 35，45 | | | |
| 活塞环 | 有润滑油 | | 无润滑油 | 中高压时可用合金铸铁（加入少量 Cr、Ni/Mo 等） |
| | HT200，HT250 | | 填充 PTFE | |
| 填料 | 铸铁，青铜，巴氏合金 | | 填充 PTFE | |

续表

| 零件 | 材料 | 备注 |
|---|---|---|
| 曲轴 | 40，45，QT600-3 | 球墨铸铁中可加入少量稀土元素以提高性能 |
| 连杆 | 30，40，45，QT600-3，QT400-15 | |
| 连杆螺栓 | 40，Cr35CrMoA，25CrMoV | 表面渗碳，淬火 |
| 十字头 | 铸铁，铸钢 | 铸钢用于大型压缩机 |
| 机身 | HT200，HT250 | |
| 气阀阀座 | HT200，HT250，35，45 | 钢阀座用于高压 |
| 阀片 | 30CrMnSiA | |
| 弹簧 | 50CrVA，60SiMnA，60Si2Mn | |

## 8.3 裂解气压缩机

裂解气压缩机是多级离心式压缩机，其机组由主机和辅助系统组成。主机包括汽轮机和压缩机，汽轮机主要由机壳、隔板、转子、轴承、主汽阀、调速阀、抽气阀、调速系统、盘车器等零部件组成，压缩机主要由机壳、转子、轴承、隔板、轴封、联轴节等零部件组成；辅助系统包括凝液系统、油系统和密封系统。裂解气压缩机的结构如图 8.3-1 所示。图 8.3-2 是裂解气压缩机高压缸的结构图。

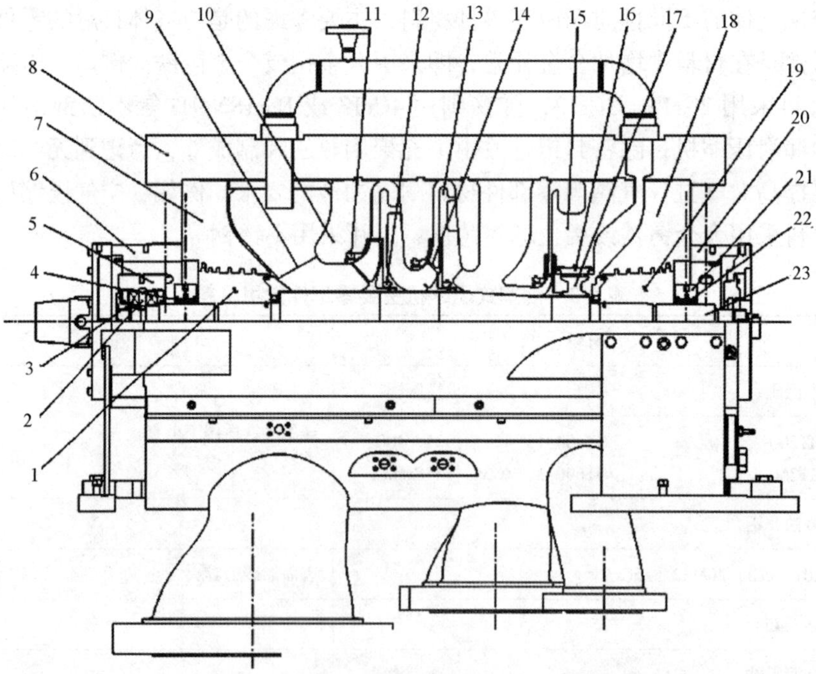


1—壳体；2—推力盘；3—止推轴承；4—可倾瓦轴承；5、21—轴承护圈；6、20—轴承箱；7、18—端盖；8、19—干气密封；9—入口导向叶片；10—入口隔板；11、12—级间迷宫密封；13—隔板；14—叶轮；15—出口隔板；16—平衡活塞密封 17—平衡活塞；23—轴

图 8.3-1 裂解气压缩机的结构图

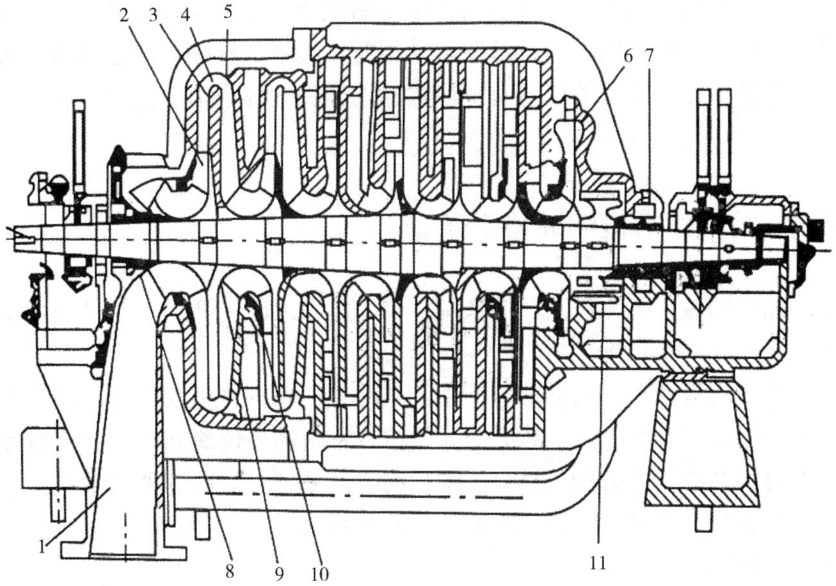


1——吸入管；2—叶轮；3—扩压器；4—弯道；5—回流器；6—蜗轮；
7—后轴封；8—前轴封；9—级间轴封；10—口环密封；11—平衡盘

图 8.3–2　裂解气压缩机高压缸结构图

离心式压缩机的基本工作单元称为级，是由一个叶轮和与之相匹配的固定元件（包括扩压器、弯道、回流器）构成的。一台压缩机可以由若干缸串联而成，每缸可以有若干段，每段可以由一个级也可由若干级组成。所谓段是指压缩机在压缩过程中每经过一次冷却就是一段，即 $N$ 段压缩过程应有 $N$–1 次冷却。

与其他型式压缩机相比，离心式压缩机具有许多特点：①流量大，结构紧凑，占地面积小；②结构简单，易损件少，检修方便；③转速高，使用寿命长，可以单机连续生产；④工艺介质流通部分无润滑油，输送介质不会被润滑油污染；⑤可用高速汽轮机直联，实现高速旋转；⑥运转平稳，振动小，噪声低；⑦机组功率大，技术要求高；⑧稳定工况区比较窄，不适用于小流量，相对于往复式压缩机来说，其能量损失较大，经济性较差。但随着机械制造技术的不断发展和石油化工装置的持续扩大，上述缺点已逐步得到改进。

## 8.3.1　裂解气压缩机的工作过程

裂解气压缩机是离心式压缩机，其进口的裂解气通过导流器以一定的方向导入叶轮入口，然后进入高速旋转的叶轮，由于裂解气受到旋转叶轮离心力的作用，并通过叶轮的扩压通道扩压，叶轮转动的机械能转化成了气体的动能和静压能，叶轮出口的高速裂解气在后面的静止扩压器通道中进行扩压，把速度能转化成静压能，获得一定压力的裂解气再通过弯道及回流器导入下一级继续压缩。通过多级压缩后，最终裂解气获得所需压力排出，以满足后续单元生产的需要。

作为高效离心式压缩机，裂解气压缩机除具有离心式压缩机的特点外，还具有以下特点：①所采用的每个叶轮都具有最大可能的流量系数，从而提高了工作效率。一般来说，流量系数越高，压缩机的工作效率就越高。该压缩机所有级中均采用了三维叶轮，而且压缩机结构设计合理，保证了用户的技术要求。因此，裂解气压缩机的运转范围较宽，而且具有较高的工作效率。②该压缩机具有不同用途的通畅气体通道，这样可减少不必要的湍流损失。

## 8.3.2 裂解气压缩机的油路系统

裂解气压缩机的油系统为强制供油系统，压缩机和汽轮机共用一个供油系统。

1. 油路系统的组成和作用

油系统主要由润滑油泵、主油箱、润滑油过滤器、密封油过滤器、油冷却器、油加热器、油压调节阀、调速油稳压器、润滑油高位槽、密封油高位槽和油气分离器等组成。

整个压缩机油系统一般分为三路：一路为润滑油系统，一路为调速油系统，一路为密封油系统（有的装置无密封油系统，改为干气密封系统）。

1）润滑油系统

润滑油系统的作用有两个：一是润滑轴承防止摩擦，二是将运行中轴承与轴产生的热量带走，达到冷却目的。润滑油系统主要包括主润滑油泵、辅助润滑油泵、储能器和事故润滑油泵等。润滑油系统操作正常与否是压缩机连续长周期运转的关键。

（1）主润滑油泵　主润滑油泵由汽轮机驱动，从油箱吸油且加压后，由压力控制阀控制送给压缩机和汽轮机各轴承和联轴器作为润滑油。

（2）辅助润滑油泵　辅助润滑油泵由电机驱动，若调速油压和润滑油压由于故障而下降，该油泵将自动启动。

（3）储能器　如果主润滑油泵发生故障，储能器将在辅助润滑油泵启动过程中防止油压下降，使辅助润滑油泵有足够时间启动。

（4）事故润滑油泵　当主、辅润滑油泵发生故障时，该泵即自动启动，将油输送至主油管，保护轴承。

2）密封油系统

密封油系统的作用是用密封油注入浮环密封中，在高压侧建立合适的油气压差来保证气体不顺着轴端向大气泄漏。

3）调速油系统

调速油是汽轮机调速执行机构油缸所用的动力油，属于润滑油系统的一部分。调速油是来自润滑油泵出口，经过油冷却器、过滤器后再供给汽轮机调速系统。

2. 油路系统操作注意事项

裂解气压缩机与其汽轮机共用一套润滑油、密封油、调速油系统。为保证压缩机正常可靠地运行，润滑油、密封油、调速油系统皆设有油压降低报警和停车保护装置。

油系统开车前，油路和油箱的清洗、润滑油的加入、工艺流程的准备、单机试运行等工作必须先期完成。压缩机开车前，油系统所有联锁校对和试验均要完毕，以确保油压波动时备用油泵能自动启动，并确保油压变化触及停车联锁时压缩机能自动停车。压缩机开车前，油系统储能器已充氮气，以保证油压瞬时下降时能起到补充油压的作用，并保证主油泵、辅油泵切换过程的可靠性。压缩机开车前，密封油已注入，密封油高位槽和蓄压器转换隔膜油箱已充油，以保证密封油压的正常调节，以及隔膜油箱起备用压力油箱之作用。压缩机开车前，密封油回油系统应已投入运行，油气分离器的油和气都有指定去向，以避免压缩机开车时升压后密封油系统憋压泄漏。

润滑油系统投入运行后，备用油泵应随时处于完好备用状态。备用油冷却器和备用油过滤器应预先排掉存留气体，充满油后方可进行切换。对于油箱润滑油需定期检查液面和油品，避免油液面过低或油品变质而引起供油中断或润滑恶化。

### 8.3.3 裂解气压缩机的密封系统

压缩机转子与静止件之间总是有间隙的，在压差下必然会有气体泄漏。为了减少泄漏，需采取密封装置使泄漏减至最小。离心式压缩机中常用的密封有迷宫密封、浮环密封和干气密封等。

1. 迷宫密封

迷宫密封是最常见的密封，其作用原理是气体经过齿顶小间隙后节流膨胀，体积不断增大，压力温度降低，经过多级密封后有很少量气体漏出。迷宫密封有两种形式：一种是带弹簧迷宫的密封，这种密封一般装在蒸汽透平级与级之间以及蒸汽透平高压侧轴封，这种密封的密封效果好，但制造工艺复杂，技术要求高。另一种是普通迷宫密封。压缩机的级间轴封都是迷宫密封。迷宫密封是非接触性密封，其优点是可靠简单，材料选择方便，但允许有一定的泄漏。

2. 浮环密封

浮环密封的工作原理是在设备运行中，浮环始终保持与轴同心，如果转子因振动而轴心浮动，浮环中心将在油膜的浮力下跟踪转子轴心，浮环中心与轴心的最大偏心值为浮环自身重量引起的微量偏心。这种密封制造精度高，内环与轴的间隙只有 0.04~0.08mm，对检修工的技术要求高，但密封效果好，能使被密封的气体达到无泄漏。浮环密封是非接触密封的一种，其优点是不易产生磨损，使用寿命长，并且具有自动对中的特点，与轴的间隙比滑动轴承的间隙小，因此，适用于要求无泄漏的压缩机。

3. 干气密封

干气密封是一种新型的无接触轴封，由它来密封旋转机器中的气体介质。干气密封从 20 世纪 80 年代开始使用，是当今世界上比较先进的密封，与其他密封相比，干气密封具有泄漏量少、磨损小、寿命长、能耗低、操作简单可靠、维修量低、被密封的流体不受油污染等特点。目前，干气密封主要用在离心式压缩机上，也用于轴流式压缩机、齿轮传动压缩机和透平膨胀机上。干气密封已经成为压缩机正常运转和操作可靠的重要元件，随着压缩机技术的发展，干气密封正逐步取代浮环密封。

干气密封的工作原理是流体静力和流体动力的平衡，在介质压力存在时，作用于密封上的力是流体静力，在动环静止与旋转时都存在，流体动力只有在转动时才能形成。动静环作相对旋转运动时，密封气体被吸入动压槽，由于密封堰的节流作用，进入密封面的气体被压缩，压力升高，在该气体膜压作用下，密封面被推开，与气体静压力、弹簧力形成

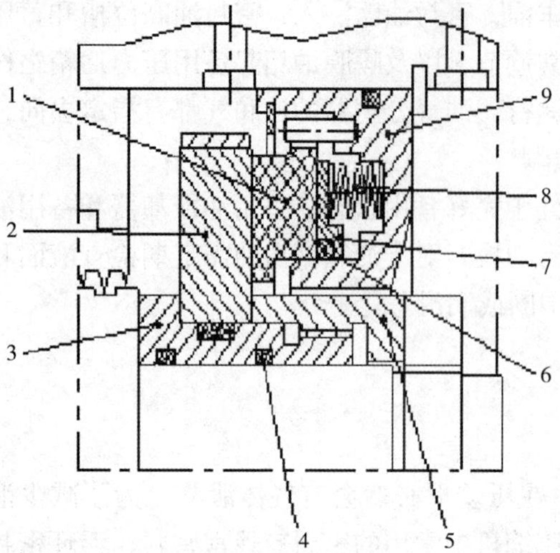


1—静环；2—动环组；3—轴套；4—定位环；5—锁紧套；6—O 形密封圈；7—推环；8—弹簧；9—弹簧座

图 8.3-3 压缩机干气密封结构图

的闭合力达到平衡，此时，流动的气体在两个密封面之间形成一层很薄的气膜（厚度 3μm），气膜厚度十分稳定，并且具有良好的气膜刚度，从而保证了干气密封的可靠稳定运转。

干气密封的一般设计形式是集装式，图 8.3-3 为压缩机干气密封结构图。

干气密封和普通平衡型机械密封相似，也由静环和动环组成，其中，静环由弹簧加载，并靠 O 形密封圈辅助密封。干气密封与普通平衡型机械密封的区别在于：干气密封动环端面开有气体槽，气体槽深度仅有几微米，端面间必须有洁净的气体，以保证在两个端面之间形成一个稳定的气膜使密封端面完全分离。气体介质通过密封间隙时靠节流和阻塞的作用而被减压，从而实现气体介质的密封，几微米的密封间隙会使气体的泄漏率保持最小。

选择干气密封时，决定性的判断是动环上所开动压槽的几何形状。对于压缩机的某些操作点，如启动和停车时，一套串联密封在低速或无压操作的情况下，旋转的动压槽必须在密封面之间产生一个合适的压力，此力靠特殊措施——三维的、弧形的槽来获得。

有两种槽型：双向的（U 形）和单向的（V 形），槽型结构如图 8.3-4 所示。

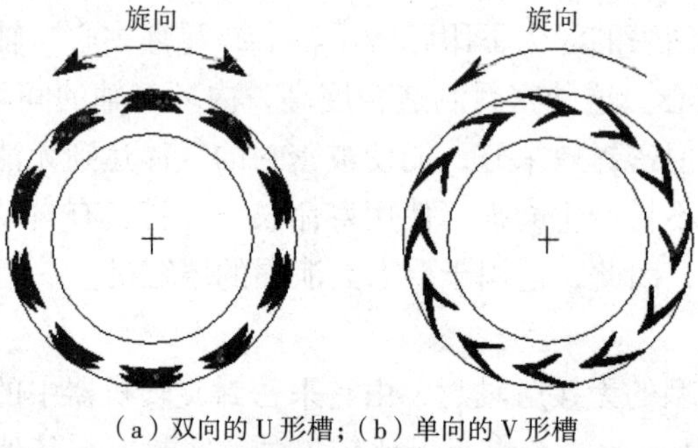


（a）双向的 U 形槽；（b）单向的 V 形槽

图 8.3-4 干气密封的两种槽型结构图

## 8.3.4 裂解气压缩机的自动控制与联锁

### 1. 裂解气压缩机的自动控制

裂解气压缩机的主要控制参数为压缩机的出口压力和流量、入口压力与温度。此外，非常重要的一点是防止流量太低而产生喘振，并且对各段吸入罐的液位控制要求也较高。这些都是压缩机安全运行的必要控制手段。

（1）入口压力调节　对预定的压缩机，由于各段压缩比一定，只要保证一段入口压力一定，则以后各段吸入压力就基本有保证。因此，在一段吸入罐设有压力调节系统，一段吸入罐的压力调节通过调节透平转速来实现。裂解气压缩机一段吸入压力正常情况下由压力调节器控制，该调节器的调节作用为反作用。当压力等于给定值时，调节器输出信号为一恒定值，此信号经电气转换后加到透平调速器，使透平转速保持一定。如果压力高于（低于）给定值，调节器输出相应减少（增加），使透平转速增大（减少），转速增大（减少）使压缩机一段吸入量加大（减少），从而一段吸入罐的压力回降（回升），直到返回到控制点为止。一段吸入压力调节系统带有高低报警单元，当一段吸入罐压力越限（超高或过低）时，发出报警信号。一段吸入罐压力调节为超压调节系统，该调节器在正常情况下的输出信号一直为 4mA（该调节器为抗积分饱和调节器）。正常操作时，压力不会超过设定压力，所以放火炬的调节阀一直关闭。一旦因压缩机低速或事故停车而引起一段吸入罐超压时，调节器的输出马上增加（调节器为正作用），迅速打开放火炬阀，使罐内压力下降，直到低于设定压力后，调节器输出又回到 4mA，调节阀重新关闭。裂解气压缩机一段压力控制系统如图 8.3-5 所示。

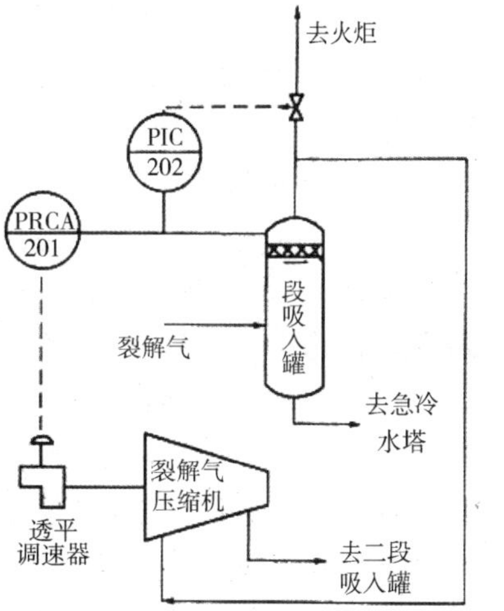


图 8.3-5　裂解气压缩机一段吸入压力控制系统图

（2）出口压力调节　裂解气压缩机末段出口压力，通过压力调节器来保证。该调节器为抗积分饱和调节器，正常情况下测量值小于给定值，调节器输出为 4mA，调节阀不动作；当出口压力大于给定值时，正作用的调节器输出立即增大，打开放火炬阀，使出口压力回降。

（3）防喘振调节系统　该裂解气压缩机共分 5 段，为了防止喘振的产生，要求各段入口流量不能低于正常量的 75%，否则将可能发生喘振。因此，在前三段设计了一个以三段出口流量为测量值，控制三段出口到一段入口回流量的控制系统，以保证三段出口流量不低于最小流量，从而也保证一、二段流量。与此相仿，第四段与第五段设置一套以五段出口流量为测量值，控制五段出口至四段入口流量的最小流量控制系统。

在此，“三返一”流量调节器为抗积分饱和调节器，在压缩机正常运行时，它的输出是 20mA DC 转换成 0.1MPa 气动信号，使气关阀处于严密关闭状态。如果三段出口流量低于给定值，调节器的输出立即小于 20mA DC（在 20~4mA DC 之间变化），电气转换器的输出（0.1~0.02MPa）相应变小，使气关阀迅速打开，三段出口裂解气通过调节阀返回一段吸入罐，使吸入罐的压力升高，通过调节一段吸入压力将压缩机转速加快，从而加大压缩机的一段吸入量，使流量回升。在三段出口流量高于给定值时，阀又紧密关闭，系统恢复正常。该调节阀具有快开慢关的特性。“五返四”最小流量控制系统，控制原理与“三返一”最小流量控制系统相同，不再赘述。

（4）吸入罐及排出罐的液位控制　压缩机各段吸入罐的液位高低，直接关系到压缩机的安全操作。液面过高，可能使裂解气带液，损坏压缩机叶片；液位过低，又会使气体随凝液排出或段间窜压。另外，有关设备对液位也有一定的操作要求。所以，一般都设有液面调节或信号联锁系统。

2. 裂解气压缩机的联锁

1）各段出口温度联锁

裂解气压缩机各段出口温度一般不直接控制，压缩机在设计时已考虑到各段出口温度低于100℃，以防止烃类结焦聚合。压缩机各段间都设有水冷却器，用于冷却压缩后的气体，使各段入口温度基本上维持在40℃左右，在正常情况下，压缩机各段出口温度不会超过100℃。但是，为了防止温度异常超高，设置了超温联锁系统。当某段或所有各段出口温度超过某一极限值时，经信号联锁回路发出超温报警，并使压缩机自动停车。

2）吸入罐液位联锁

压缩机各段吸入罐的液位高低，直接关系到压缩机的安全操作。液面过高，可能使压缩机带液，损坏压缩机叶片。故一般均设压缩机吸入罐液位高联锁，当吸入罐的液位高达罐位的上限时，通过液位开关联锁系统使压缩机停车。

3）润滑油联锁系统

为达到对压缩机各轴承的良好润滑和冷却目的，必须严格控制润滑油的压力和温度，润滑油的温度通常很容易满足要求，而压力则需进行必要的控制。在正常情况下，润滑油压力由自力式压力调节阀稳定在150kPa左右。为保证压缩机在润滑油压力正常的条件下运行，设有以下几套信号联锁系统。

（1）润滑油压力低报警与辅助油泵的启动　润滑油压力降到某一低限值时，一方面由压力开关发出低压报警信号，同时另一个压力开关通过联锁回路自动启动润滑油辅助油泵，使压力回升。待压力恢复正常后，由人工手动停掉辅助油泵。

（2）压缩机自动停车　在采取了上述措施之后，若压力仍继续下降，当降到联锁停车极限值时，压力开关常开接点便断开，经联锁系统使压缩机自动停车。否则，压缩机轴承温度将迅速升高，以致烧坏轴承，造成更严重的事故。

（3）轴承温度过高报警　为测定裂解气压缩机各轴承温度，每个轴承上都装有热电偶，通过一台多点温度记录仪指示记录。当其中任意点温度高于某一极限值时，将发出高温报警信号，便于及时采取相应的措施。

4）密封油联锁系统

裂解气易燃易爆，为防止可燃气体泄漏，设置了压缩机密封油系统。密封油高位槽的液位变化，实际上代表着密封压差的变化。液位升高说明密封压差较高，反之亦然。因此，可通过液位调节维持密封压差恒定。高位槽液位变送器一般用气动差压变送器。

在正常操作时，高位槽的液位在量程范围的50%处，变送器输出50%的测量信号至调节器，调节器测量值与给定值重合，调节阀开度一定，密封油差压一定。当受到某种干扰时，液面下降，密封油压差也将随之下降，液位变送器输出信号减小，调节阀的测量与给定产生一个正偏差，输出控制信号减小。由于液位调节阀为气关阀，所以阀门开度相应增大，可提高压缩机的密封油流量和压力，使密封油压差回升，同时将隔离罐内皮囊向上推移，进而使高位槽液位回升，直至液位恢复正常，密封差压维持恒定。密封油高位槽在液位升高时的调节过程与上述相反。

5）轴位移联锁系统

压缩机正常工作时，要求其轴向位移很小。若轴向位移过大，可能会使迷宫齿和叶轮受损，造成压缩机零部件损坏，所以必须保证压缩机在一定的轴位移范围内运转。为测量轴位移的大小，在压缩机的各缸及透平上装有几套轴位移监视系统，并给定了报警值和联锁停机值。当轴位移达某一高限值时，即发出高位报警信号，而当达到联锁停机值时，则通过联锁系统使压缩机自动停机。

裂解气压缩机除了上述几个联锁系统外，通常还设有入口温度高，出口压力高联锁。另外，都设有手动停车按钮、紧急手动停车开关，以供事故状态或正常开、停车时使用。

### 8.3.5 裂解气压缩机的维护

裂解气压缩机可以说是整个装置的“心脏”，它的运行状况直接影响着整个装置的安全稳定，因此，裂解气压缩机不但在运行过程中应精心维护，而且在停机后同样要加强维护。

1. 机组运行期间的日常维护

裂解气压缩机机组运行期间的日常维护内容包括：①机组各部件保持齐全、完整，及时清除油污与灰尘，机体上不得有异物；②仪表指示灵敏、准确、可靠；③每 2h 巡回检查 1 次各轴瓦的温度、振动、声音、轴位移、转速、阀位、各段进出口及干气密封、注水系统的工艺参数和跑、冒、滴、漏情况；④每班检查 1 次油箱液位和油气分离器的工作状况；⑤定期检查、清洗油过滤器，调整油泵出口油压及冷却出口温度，保持油温、油压正常，备用油泵处于良好状态，可随时自动启动供油；⑥对查出的跑、冒、滴、漏，在不影响机组运行的前提下及时消漏；⑦每个月至少分析 1 次润滑油，及时处理润滑油存在的问题；⑧按时填写机组运行记录，做到齐全、准确、可靠、整洁。

2. 停机维护

裂解气压缩机停机后的维护内容包括：①及时投用自动盘车装置，缸体温度降至 60℃以下，回油油温降至 40℃以下时，可停供润滑油（此前应首先停盘车装置）；②按工艺操作要求及时停供密封油、密封气；③按工艺需要开、关有关阀门；④如长期停机，每天应盘车 180°。

## 8.4 制冷压缩机

乙烯装置的制冷压缩机主要有乙烯制冷压缩机、丙烯制冷压缩机、二元制冷压缩机、三元制冷压缩机和甲烷制冷压缩机。甲烷制冷压缩机一般为往复式压缩机，其他均为离心式压缩机，它们为深冷分离系统提供多个级别的冷剂。离心式制冷压缩机的结构组成、油路系统、密封系统、自控与联锁、日常维护和常见故障及处理与裂解气压缩机类同。

### 8.4.1 乙烯制冷压缩机

1. 乙烯制冷压缩机的作用

乙烯制冷压缩机提供裂解气低温分离装置所需 -102~-40℃各温度级的冷量。多数乙烯制冷压缩机采用三级节流的制冷循环，相应提供 3 个温度级的冷剂。该系统为多段压缩、多级节流的封闭循环系统，并与丙烯制冷压缩机系统构成复叠制冷。

有的装置采用开式热泵的乙烯制冷系统，其特点是乙烯冷剂和乙烯产品混合在一起，组成一个循环系统。乙烯制冷压缩机三段出口的乙烯冷剂分别经水冷却器和丙烯冷却器冷却后，经冷凝器用丙烯冷剂使其冷凝。一部分乙烯作为产品采出，一部分乙烯作为制冷剂循环使用。用乙烯制冷压缩机二段出口气体加热乙烯精馏塔再沸器，气相乙烯在此冷凝后送至塔顶作为回流，构成开式热泵系统。

乙烯制冷压缩机的低、高压缸的结构分别如图 8.4-1 和图 8.4-2 所示。

2. 乙烯制冷压缩机的工艺参数

乙烯制冷压缩机服务于深冷分离工艺，它的正常运行必须建立在综合平衡基础之上，为各深冷分离用户提供不同等级的冷剂（或热源）。制冷设计时，对分几个等级，有多少用户，每个用户的需要量等都进行了综合考虑。一旦用户超出设计需求时，将破坏整个压缩系统的平衡。例如，一个用户所用冷剂量过大，蒸发量相应增大，这一等级的吸入压力受设计限制无法调节，结果迫使同一等级的其他用户也要提高冷剂用量，因而加剧了这一等级吸入压力的升高，出现恶性循环。因此，操作制冷压缩机时必须考虑综合平衡。

按设计工艺参数进行操作是制冷压缩机操作的重要原则。制冷机应包括的工艺参数有吸入流量、吸入压力、吸入温度、排出压力和排出温度等。

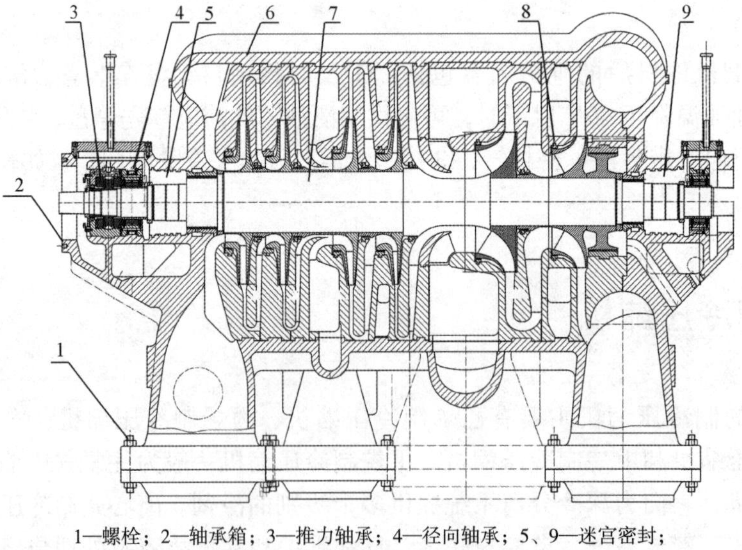


1—螺栓；2—轴承箱；3—推力轴承；4—径向轴承；5、9—迷宫密封；
6—机壳；7—主轴；8—锁紧螺母

图 8.4-1　乙烯制冷压缩机低压缸结构图

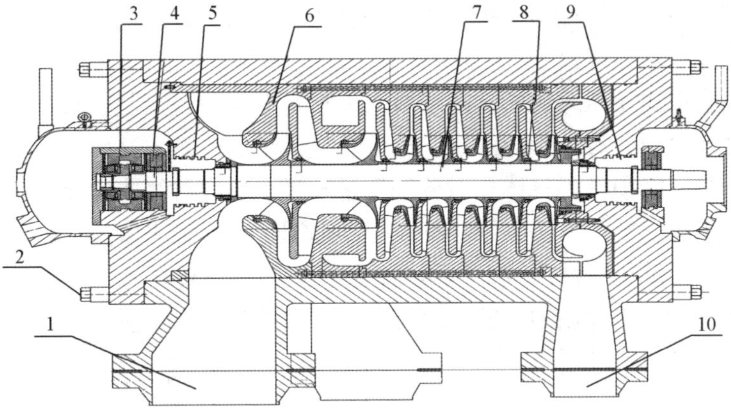


1—入口管；2—定位螺栓；3—推力轴承；4—径向轴承；5、9—迷宫密封；
6—机壳；7—主轴；8—叶轮；10—出口管

图 8.4–2　乙烯制冷压缩机高压缸结构图

（1）吸入压力　制冷压缩机各段吸入压力有的可调，有的不可调。一段吸入压力往往是可调的，如果后几段吸入压力不可调，则将受到一段吸入压力、本段可吸入流量、本段蒸发量、压缩机末段吸入压力和排出压力的影响。一段吸入压力是压缩机操作的重要参数，操作时应努力靠近其设计值。在一定条件下，透平转速和压缩机一段吸入压力有着一一对应关系。如果压缩机一段吸入压力升高，蒸汽透平的调速全开，而压缩机转速又上不来，则可能是蒸汽品质不合要求，或是透平机本身功率因结垢或真空度下降等原因使之不能满足压缩机的需要。

（2）吸入温度　制冷压缩机的吸入温度同吸入压力一样，有几段吸入就有几个吸入温度，有的可以直接控制，有的则不能。一般地说，不管是乙烯制冷压缩机还是丙烯制冷压缩机，前两段吸入温度都可直接控制，但一段吸入温度最重要。这是由一段吸入量占压缩总量的比例，以及一段吸入温度对后几段工况产生的影响所决定的。一段吸入温度往往通过喷淋操作而实现调节，即在进入压缩机吸入罐前的气体管线中喷入液体，使过热气体降温达到或接近该压力下的气体饱和温度。在实际操作中，要特别注意两个问题，一是喷淋用的罐液面不能过低，要保证喷淋所用的液体供给；二是喷淋量不能过大，否则将导致压缩机吸入罐液体不平衡而过剩、液面上涨，以至触动高液位联锁停车。

（3）排出压力　制冷压缩机应在设计压力下运转，但作为保安措施往往设有安全阀及超压联锁停车设施。制冷压缩机排出压力过高，特别是骤然升高，将会引起平衡活塞的压差变化而导致轴位移。引起排出压力升高的原因可能是压缩机出口冷凝器冷剂量不足或供给中断，冷凝器冷凝的液体送出不畅或液位过高使冷凝面积变小，压缩气体轻组分过多在冷凝器中不能冷凝等。所有这些现象，在操作中都应努力避免。

（4）排出温度　制冷压缩机的排出温度应低于设计温度。超温运行将会导致压缩机联锁停车。排出温度越限对压缩机转子和缸体等部位的热膨胀不利，会加剧转子的振动。引起排出温度高的原因主要有吸入温度和排出压力超高。

（5）喘振点　喘振对压缩机十分有害，喘振时由于气流强烈的脉动和周期性振荡，会使叶片强烈振动发出特殊吼声，使整个机组和管网发生强烈振动，驱动机也处于不稳定工作状态，止逆阀忽开忽关产生撞击，排气压力和流量发生周期性变化。严重时会造成转子失去平衡，叶轮损坏，轴瓦烧毁。

压缩机的喘振点取决于压缩机的转速和吸入流量。对于一台控制在某一转速下的压缩机，在其最高工作压力时，有一相应的高于最低质量流量的流量，这个质量流量便是喘振流量。在实际操作中，必须考虑气体相对分子质量和吸入温度对气体实际流量的影响。在实际生产中通常有三种防喘振方法：第一种，旁路返回，确保最小流量；第二种，通过转速调整喘振点，根据压缩机特性曲线，当压缩机转速降低时，喘振点向左移动，压缩机最小流量减少，从而达到防止喘振的目的；第三种，加大喷淋，降低吸入温度，增加质量流量，这种方法可在制冷机上采用。

### 8.4.2 丙烯制冷压缩机

丙烯制冷压缩机是利用丙烯作介质，通过多级压缩提高其压力，使其在较高的温度下冷凝，然后进行节流膨胀，在较低的温度下汽化，以获得深冷分离所需的冷量。在乙烯装置中，丙烯制冷系统为裂解气分离单元提供 -40℃以上各温度级的冷量，其主要冷量用户为裂解气的预冷、乙烯制冷剂冷凝、乙烯精馏塔、脱乙烷塔、脱丙烷塔塔顶冷凝等，各部分冷量用量随分离流程不同而不同。丙烯制冷系统的最大用户为乙烯精馏塔塔顶冷凝器，其量约占丙烯制冷系统总功率的 60%~70%，乙烯制冷剂的冷凝和冷却所耗冷量约占丙烯制冷系统总功率的 17%~20%。

丙烯制冷压缩机的结构如图 8.4-3 所示。丙烯制冷压缩机的工艺参数同乙烯制冷压缩机。

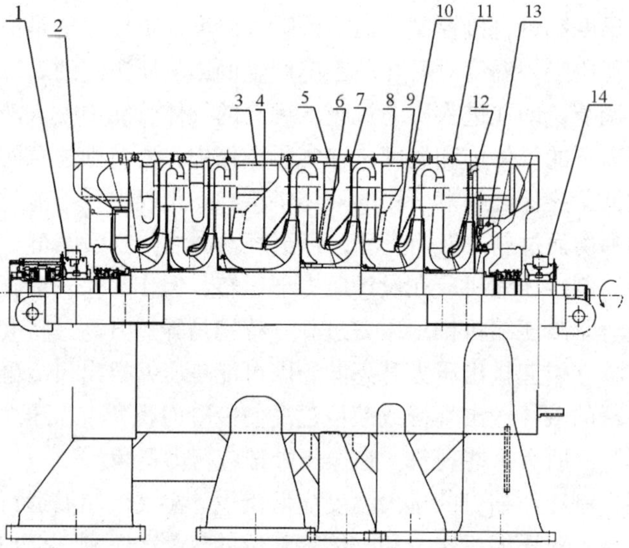


1、14—轴承；2—机壳；3—二段入口挡板；4、6、10、11、13—螺栓；
5—三段入口挡板；7、9—O 形密封圈；8—四段入口挡板；12—放空挡板

图 8.4-3　丙烯制冷压缩机结构图

### 8.4.3 二元制冷压缩机

1. 二元制冷压缩机的工作过程

二元制冷是混合制冷的一种，混合制冷循环原应用于天然气液化工厂，法国德希尼公司于 1976 年首先提出了混合制冷循环应用于乙烯装置。乙烯装置使用的二元混合冷剂的典型组成为：甲烷 49.5%（摩尔分数）、乙烯 49%（摩尔分数）、氢气 1.5%（摩尔分数）。二元冷剂经压缩冷却后，一次全部冷凝，再经过冷、节流膨胀向工艺流体供冷。二元制冷压缩机是一个三段离心式压缩机，在一段和二段出口设置了段间冷却水换热器。来自两个压力位的双制冷剂分别在一段和三段吸入口进入，压缩机出口热蒸汽通过尾气交换器中的尾气来降温，–40℃的丙烯冷剂使制冷剂在冷却器中部分冷凝，制冷剂在乙烯中沸器内也发生降温。双制冷剂在冷却器中约冷凝三分之一，其余的制冷剂是在尾气交换器内通过把液态制冷剂排回三段吸入罐来冷凝的。

2. 二元制冷压缩机的作用

在乙烯装置中，二元制冷压缩机可以替代乙烯制冷压缩机和甲烷制冷压缩机，提供给分离单元所需不同等级的冷量。乙烯装置中的二元混合冷剂主要用于裂解气，即脱甲烷塔进料气的预冷，丙烯冷剂除供混合制冷系统一部分冷量负荷外，还承担了除脱甲烷塔以外的全部低温塔顶冷凝器的冷负荷。

冷冻级位不可能无限增加，这里有一个最佳选择的问题，通常采用有限级位供应相应冷量的用户。对裂解气来说，冷却过程的物料流冷却曲线是连续而平滑的，冷剂供冷曲线（即蒸发曲线）是非连续的，即级跃式。因此，由于只以一定级位冷剂向工艺流体供冷量，故平均传热温差较大，说明传热过程不可逆性较大，即能量利用效率不高。反之，减少平均温差，则可提高能量利用效率，使制冷机的功耗降低。采用混合制冷，可以大大降低制冷剂与工艺流体的平均温差，从而提高热力学效率。

在实际生产中，虽然混合冷剂的蒸发制冷曲线与工艺流体的冷却曲线相接近，但是混合冷剂在换热过程中出现气液二相流，使传热过程大为复杂，并导致两相平衡的扰乱。

### 8.4.4 三元制冷压缩机

以某装置的三元制冷压缩机为例，介绍三元制冷压缩机的作用、控制和特点。

1. 三元制冷压缩机的作用

三元制冷压缩机是一台带有段间冷却的三段离心式压缩机。该系统能够在一台压缩机系统上满足甲烷、乙烯、丙烯三种级别冷剂的制冷需要。三种冷剂的传统级别为：丙烯，18℃、2℃、–23℃和 –40℃；乙烯，–62℃、–75℃和 –101℃；甲烷，–140℃。三元制冷系统是用来在三元冷箱中提供原有制冷系统无法提供的或增加的冷量负荷，其在正常操作状况下可以完全独立于其他的制冷系统。系统提供了轻冷剂、中冷剂和重冷剂三元冷剂来有效地制冷，并以比较稳定的组成返回压缩机，使大部分重冷剂和轻冷剂重新混合后进入一段吸入，较好地分配了负荷，使系统能够稳定运行。

三元冷剂的典型组成为：甲烷 10%~15%，乙烯 10%~15%，丙烯 75.%（均为体积分数，下同）。某装置三元制冷系统冷剂组成为氢气 0.11%，甲烷 8.99%，乙烯 8.30%，丙烯 82.6%，它是一个三段离心式压缩机，最终排出压力为 2.89MPa，压缩机段间和最终排出物料由冷却水冷却和部分冷凝，其他冷凝和过冷所需要的冷量由自身冷剂提供并回收冷量。由冷却水冷凝的重冷剂替代丙烯冷剂，主要用于温度比较稳定的乙烯精馏塔塔顶冷凝器，比较接近的温度使系统效率大大提高。

2. 三元制冷压缩机的控制

离心式三元制冷压缩机的主要控制系统如下：①三元制冷压缩机一段吸入罐的压力控制由蒸汽透平的转速来维持设定压力；②控制压缩机的最小流量，分别用来维持自一段吸入罐和二段吸入罐去压缩机的流量，减小负荷，避免喘振；③压缩机的排出压力由控制从轻冷剂收集罐到三元冷剂冷凝器的三元冷剂液体量来控制，由压力控制阀限制去三元冷剂冷凝器的液体冷剂最大流量为 6.0t/h，当达到最大流量时压缩机排出压力就会上升；④压缩机排出气体温度在控制压力下为 75℃，在三元冷剂冷凝器中被冷却水激冷并部分冷凝至 39℃，部分冷凝物流进入重冷剂收集罐，经气液分离后分为罐顶的气相和罐底的重冷剂。重冷剂罐的液位通过控制去三元冷剂冷凝器的冷却水量实现，在冬季冷却水温度过低的时候，可通过手动控制旁路部分热的三元冷剂气体来实现重冷 剂罐的液位控制。

3. 三元制冷压缩机的特点

与上节介绍的二元制冷压缩机一样，采用三元混合冷剂可使其蒸发曲线与工艺流体冷却曲线十分接近，能大大缩小传热平均温差，提高冷量利用效率，降低压缩机功耗。三元混合制冷的传热平均温差明显缩小，提高了传热过程的热力学效率，从而使脱甲烷塔进料气的预冷效率较高。

### 8.4.5 甲烷制冷压缩机

现以某装置的甲烷制冷压缩机为例，介绍甲烷制冷压缩机的特点、结构、作用、操作注意事项、自控与联锁和常见故障的原因分析。该甲烷制冷压缩机是往复式压缩机，是依靠气缸容积的变化吸入压缩气体，使容积缩小而提高气体压力。

1. 甲烷制冷压缩机的特点

该装置甲烷制冷压缩机为日立公司对称平衡型二级无油润滑压缩机，段间设置冷却器，其流程示意图如图 8.4-4 所示。正常生产时，一台运行，另一台处于备用状态。

2. 甲烷制冷压缩机的结构

甲烷制冷压缩机主要由机身、气缸、活塞和气阀等组成，其外形和结构分别如图 8.4-5 和图 8.4-6 所示。

3. 甲烷制冷压缩机的作用

甲烷制冷系统可采用开式循环系统，也可采用闭式循环系统。开式循环系统中作为制冷介质的甲烷与脱甲烷分离系统中的馏分相通，而闭式循环系统中作为制冷介质的甲烷在封闭系统中循环。这两种系统相比，开式循环系统的功耗略高，但其投资比闭式循环系统

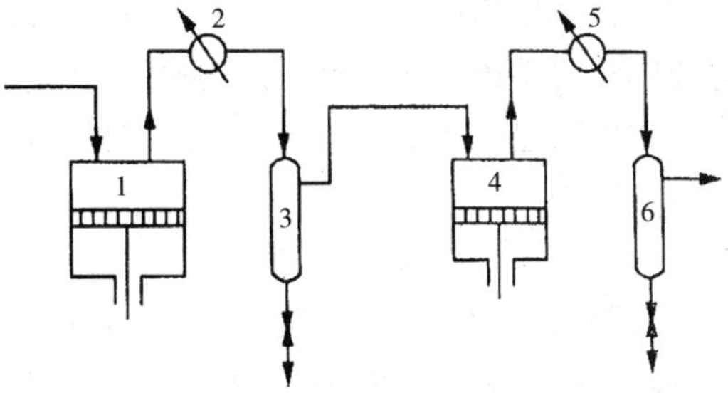


1、4—气缸；2—中间冷却器；
3、6—油水分离器；5—出口气体冷却器

图 8.4-4　甲烷制冷压缩机流程示意图

1—压缩部分；2—总成部分；3—膨胀部分

图 8.4-5　甲烷制冷压缩机外形图

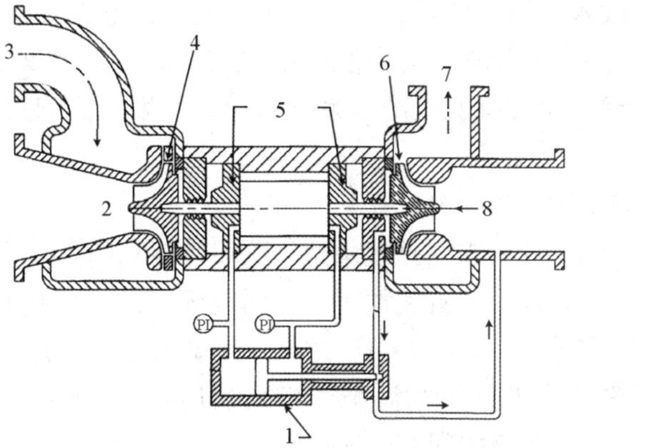


1—自动推力均衡器；2—膨胀机出口；3—膨胀机入口；
4—膨胀机叶轮；5—轴承箱；6—压缩机叶轮；
7—压缩机出口；8—压缩机入口

图 8.4-6　甲烷制冷压缩机结构图

低。开式循环系统的操作简单、可靠，尤其在要求输出高压甲烷量较大时，其应用比闭式循环系统更为广泛。

该装置使用的是一个开式制冷系统。它在工艺流程中的作用为：将脱甲烷塔顶气体压缩和液化，生成的液态甲烷直接用作脱甲烷塔的回流和冷箱的冷剂，以使低压脱甲烷塔塔顶温度达到 -134℃以下。送往甲烷制冷压缩机的部分脱甲烷塔顶气体先预热到常温，然后在压缩机中压缩。压缩机出料先经水冷却器冷却，然后用进压缩系统的脱甲烷塔顶气体与乙烯冷剂冷却、冷凝和过冷，过冷的甲烷液体送往脱甲烷塔回流罐。回流罐中的一部分液体在压力作用下流入脱甲烷塔作回流，其余的液体去冷箱提供最低温度级的冷量。

4. 甲烷制冷压缩机操作注意事项

甲烷制冷压缩机在操作过程中，应注意的事项有：①启动前必须确认进出口阀打开，压缩机一段至二段的旁通阀已关闭；冷却水系统、润滑系统、密封系统正常；盘车合格，且盘车电机装置脱开；系统负荷开关在零位；②运行中要注意巡检，主要检查电机电流、电压、温度，各段进出口压力、温度，冷却水压力、温度，润滑油压力、温度，系统润滑油位、密封气压力、系统有无泄漏、有无异常声响等；③压缩机停运后氮气置换时，必须要关闭各段进出口阀，同时打开一段至二段的旁通阀，将系统中物料泄压，用氮气置换；④两台压缩机切换时，要注意负荷增减的匹配，严防出口超压；⑤对运行中的压缩机要注意隔离室的排油，严防油带入冷箱而造成堵塞。

5. 甲烷制冷压缩机的自动控制与联锁

（1）甲烷制冷压缩机的自动控制　甲烷制冷压缩机自控系统相对其他压缩机要简单些，其一段入口压力受脱甲烷塔顶压力控制，每段进出口温度较易达到，因而不直接控制，此系统只设置了二段出口压力控制系统、冷剂收集罐液位控制及其压力控制系统。这些都是简单的单回路控制。

（2）甲烷制冷压缩机的联锁　为了保证甲烷制冷压缩机的安全稳定运行，系统设置了三个联锁，即一段入口温度低联锁、二段出口压力高联锁和润滑油压力低联锁。当满足三个联锁条件之一时，联锁系统将使压缩机自动停车。另外，压缩机各段出口、冷箱入口及冷剂收集罐顶均设有安全阀，系统超压时，安全阀起跳进行泄压，以保证系统安全。

6. 甲烷制冷压缩机常见故障原因分析

（1）排气量达不到设计要求　排气量达不到设计要求的主要原因有：①泄漏。如有气阀泄气、填料泄气、活塞环因气缸镜面不圆、活塞环开口过大或不圆引起漏气、管道及阀门等漏气；②吸入压力过低；③吸入温度过高；④余隙容积过大。

（2）功率消耗超过设计值　功率消耗超过设计值的主要原因有：①气阀阻力过大；②吸气压力过低；③压缩机级之间有内泄漏。

（3）级间压力低于或超过正常压力　级间压力低于或超过正常压力可能的原因有：①本级或后一级的吸、排气阀不良；②吸入或排出管道阻力过大；③活塞环泄漏；④吸、排气阀装反，导致级间压力增高等。

（4）排气温度超过正常温度　排气温度超过正常温度可能的原因有：①排气阀泄漏，即已被排出的气体又有部分被吸入；②气缸或冷却器冷却效果不良。

（5）运动部件发生异常声音、发热　运动部件发生异常声音、发热可能的原因有：①连接零件松动；②配合间隙过大或过小；③润滑不良；④机内有异物。

（6）入口温度低　入口温度低的主要原因有：①返回阀开度过小；②出口冷凝器液面过高或冷剂阀开度过大；③压缩机切换时速度过快；④另一台压缩机倒空时，一、二段进出口阀未关；⑤进出料换热器的换热状况不良。

## 8.5　其他压缩机

乙烯生产中的其他压缩机包括废碱氧化气压机、燃料气压缩机、火炬气压缩机和液环压缩机等，废碱氧化气压机和液环压缩机的结构分别如图 8.5-1 和图 8.5-2 所示。

1—排空阀；2—第 3 级压缩机机头；
3—齿轮箱；4—油泵；5—定位器；
6—进气导向叶片；7—第 1 级压缩机机头；
8—第 2 中间冷却器；9、11、20—水调节阀；
10—恒温旁通阀；12—第 1 中间冷却器；
13—油冷却器；14—辅助油泵；
15—辅助油泵电机；16—水分离器；
17—冷却水进口；18—冷却水出口；
19—后冷却器；21—压缩空气出口

图 8.5-1　废碱氧化气压机结构图

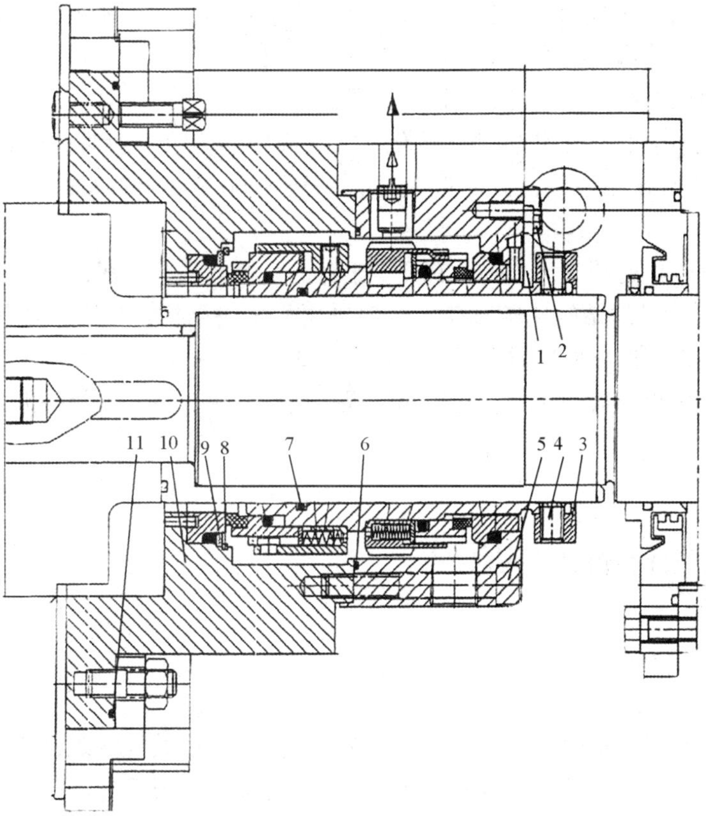


1—装配架；2—六角螺栓；3、8—定位环；4—定位螺栓；5—螺钉；6、7、9、11—O 形密封圈；10—转接头

图 8.5-2　液环压缩机结构图

# 第 9 章　汽轮机

汽轮机是一种热机，在汽轮机内蒸汽通过喷嘴的膨胀作用，使蒸汽的能量转换成动能，又通过喷射作用转化成机械能，驱动转子叶片做功。

汽轮机是一种原动机，它可以直接将蒸汽的热能转化成转动的机械能。

在石油化工厂，除电站汽轮机用于发电而将高压蒸汽减压外，大多数汽轮机在使蒸汽减压的同时用来驱动泵和压缩机。

汽轮机又称“蒸汽透平”（turbine），是用蒸汽来做功、将蒸汽的热能转换成机械能的一种旋转式原动机。

除中心电站汽轮机、船舶汽轮机外，在工业生产中直接用作原动机来驱动一些大型机械设备的汽轮机叫工业汽轮机。在石油化工装置中应用的工业汽轮机，所需的蒸汽主要来自生产装置中的废热锅炉，不足部分由辅助锅炉补给。

工业汽轮机与电站用汽轮机的不同之处是：

（1）电站用汽轮机的工作转速比较低，并且固定不变，一般为 3000r/min，而工业汽轮机的工作转速都比较高，而且不断变化，一般为 6000~10000r/min，有的达到 12000r/min；

（2）工业汽轮机的功率，小的只有几十千瓦，大的有几十兆瓦；

（3）工业汽轮机的结构比较紧凑，一般采用积木块结构，热力系统相对而言比较简单，而且通常不设高低压加热器等辅助设备，因此热效率较低；

（4）工业汽轮机的自动化程度比较高，操作比较简单，调节系统一般采用国际先进的调节器。

## 9.1　汽轮机的工作原理

### 9.1.1　汽轮机的工作原理

汽轮机是用蒸汽做功的旋转式原动机，来自废热锅炉或其他汽源的蒸汽，经主汽阀和调节阀进入汽轮机，依次高速流过一系列环形配置的喷嘴（或静叶栅）和动叶栅而膨胀做功，将蒸汽热能转变为推动汽轮机转子旋转的机械能，从而驱动其他机械。汽轮机将蒸汽热能转变为机械能通常是通过冲动作用原理和反动作用原理来实现的，相应地将汽轮机也分为冲动式汽轮机和反动式汽轮机两大类，其结构如图 9.1–1 所示。

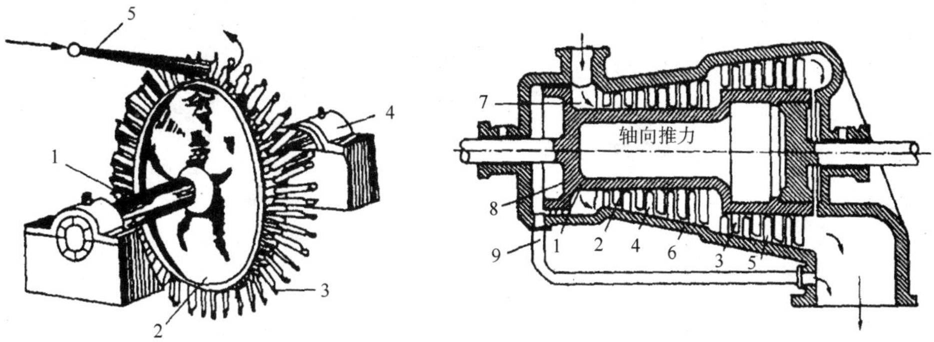


(a)冲动式

1—轴；2—叶轮；3—叶片；4—轴承；5—喷嘴；

(b)反动式

1—转鼓；2、3—动叶片；4、5—静叶片；6—气缸；7—进汽的环形室；8—平衡活塞；9—蒸汽联络管

图 9.1–1　冲动式和反动式汽轮机结构图

（1）冲动作用原理　当一运动物体碰到另一个静止的物体时，就会受到阻碍而改变其速度的大小和方向，同时给阻碍它的物体一个作用力，该作用力称为冲动力。在冲动力作用下，使阻碍运动物体的速度发生改变，运动物体做出了机械功。汽轮机利用冲动力做功的原理，称为冲动作用原理。冲动作用原理的特点是蒸汽仅把从喷嘴中获得的动能转变为机械能，蒸汽在动叶通道中不膨胀，动叶通道不收缩。

（2）反动作用原理　根据动量守恒定律，当气体从容器中加速流出时，要对容器产生一个与流动方向相反的力，称为反动力，利用反动力做功的原理，称为反动作用原理。火箭的发射就是利用反动作用原理的典型例子。反动作用原理的基本特点是蒸汽在动叶流道中不仅要改变方向，而且还要膨胀加速。

## 9.1.2　汽轮机的组成

汽轮机的组成如图 9.1–2 所示，由四个主要设备组成，即锅炉、汽轮机、凝汽器和锅炉给水泵。

1. 锅炉

锅炉是产生高温高压蒸汽的设备，水在锅炉内吸收燃料燃烧时产生的热量后变成高温高压水蒸气。

过热器用来将锅炉汽包来的饱和蒸汽继续加热，在原有的压力下提高蒸汽的温度，变成“过热蒸汽”。

2. 汽轮机

汽轮机是利用蒸汽对外做功的设备。从过热器出来的高温高压过热蒸汽，流经汽轮机后，蒸汽在喷嘴中和动叶片中不断膨胀将热能转变为动能，进而在动叶中又将动能转变为机械功，由汽轮机的轴端输出，用于驱动压缩机、风机、泵以及自备电站发电机等工作机械。蒸汽在膨胀过程中压力、温度不断降低，最后排入凝汽器。

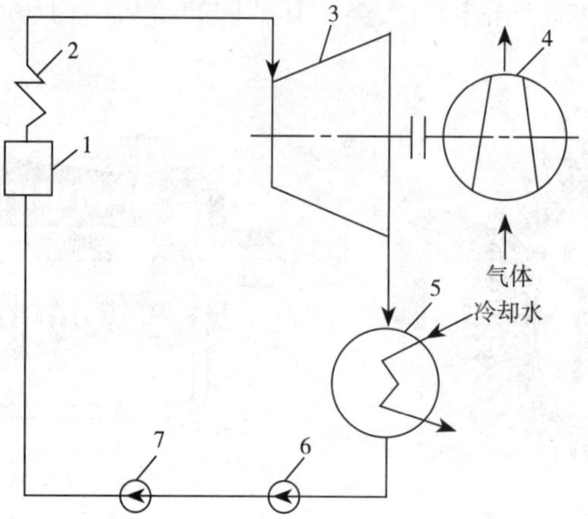


1—锅炉；2—过热器；3—汽轮机；4 —离心压缩机；
5—凝汽器；6—凝结水泵；7—锅炉给水泵

图 9.1-2　工业汽轮机的组成

3. 凝汽器

凝汽器又称为冷凝器，是凝汽式汽轮机中工质的低温放热源。在汽轮机内做完功的蒸汽排到凝汽器内，在一定压力下将汽化潜热释放给冷却水，蒸汽凝结成水，并形成凝汽器中真空。凝结水由凝结水泵抽出，经锅炉给水泵再送回锅炉，作为锅炉给水。

凝汽器的作用：一是将做完功的蒸汽回收，凝结成水后再供给锅炉循环使用，这样可以降低运行成本，提高经济效益，保证蒸汽质量，减少对设备的腐蚀；二是建立并保持汽轮机排汽口的高度真空，增大蒸汽的可用焓降，从而提高汽轮机的功率和循环热效率，这对汽轮机的功率和汽轮机装置的经济性具有重大的意义。

通常每台凝汽式汽轮机配置一台凝汽器，但也有几台汽轮机共用一台凝汽器。背压式汽轮机的排汽压力高于大气压，它的排汽可供其他用汽单位利用，所以不需要凝汽器。

4. 锅炉给水泵

锅炉给水泵的作用是消耗一部分功率用来完成热力循环中的压缩过程，将凝结水的压力提高，送入锅炉中，锅炉给水泵的运行情况对装置的经济性和安全可靠性都有重大的影响。常用的锅炉给水泵为多级离心泵。

## 9.1.3　汽轮机的分类

汽轮机类别和形式很多，可按热力特性、工作原理、蒸汽初压、结构形式和用途等进行分类。

1. 按热力特性分类

（1）凝汽式汽轮机　蒸汽在汽轮机中膨胀做功后，全部排入凝汽器，排汽在低于大气压力的真空状态下凝结成水。这类汽轮机广泛应用于石油化工、冶金和电力行业。

（2）抽汽凝汽式汽轮机　蒸汽在抽汽凝汽式汽轮机中膨胀做功时，从中间某一级抽出进入热力管网供给工业或热用户使用，其余大部分蒸汽在汽轮机后面几级继续膨胀做功后排入凝汽器。若抽汽压力可以在某一范围内进行调节时，称为调节抽汽汽轮机。这类汽轮机广泛应用于石油化工装置，生产用汽的抽汽压力一般为 0.78~1.56MPa。

（3）背压式汽轮机　蒸汽进入汽轮机膨胀做功后，在大于一个大气压的压力下排出汽缸，可供工业或热用户采暖用气。当排气供给其他中、低压汽轮机使用时，称为前置汽轮机。

（4）抽汽背压式汽轮机　为了满足不同用户的需求，在抽汽背压式汽轮机中间某一级抽出部分压力较高的蒸汽，进入热力管网供给工业用户使用，其余大部分蒸汽在汽轮机后面几级继续膨胀做功后，以较低的压力排入管网，供给工业或热用户采暖用汽。

（5）混压（多压）式汽轮机　混压式汽轮机除引进新蒸汽外，还将生产工艺过程中多余蒸汽用管路注入汽轮机中的某个中间级内，与原来的蒸汽一起工作。这样可以从多余的工艺蒸汽中获得能量，得到一部分有用功，实现蒸汽热量的综合利用，这种汽轮机称为注入式汽轮机，也称为多压式或混压式汽轮机。

2. 按工作原理分类

（1）冲动式汽轮机　蒸汽主要在喷嘴叶栅（静叶栅）中进行膨胀，在动叶栅中只有少量的膨胀。

（2）反动式汽轮机　蒸汽在喷嘴叶栅（静叶栅）和动叶栅中都进行膨胀，且膨胀程度相同。

3. 按结构形式分类

（1）单级汽轮机　通流部分只有一个级（单列、双列、三列）组成的汽轮机称为单级汽轮机。一般为背压式汽轮机，可作工业驱动（泵、风机等辅助机械）用，也可带动发电机。

（2）多级汽轮机　汽轮机通流部分由两个以上的级组成的汽轮机称为多级汽轮机。由于其功率大、转速高、效率高，广泛地应用于石油化工和冶金等部门，可做成背压式、凝汽式、抽汽背压式、抽汽凝汽式和混压式汽轮机。

4. 按新蒸汽的压力分类

（1）低压汽轮机　新蒸汽压力为 1.2~1.5MPa。

（2）中压汽轮机　新蒸汽压力为 2~4MPa。

（3）高压汽轮机　新蒸汽压力为 6~10MPa。

（4）超高压汽轮机　新蒸汽压力为 12~14MPa。

（5）亚临界汽轮机　新蒸汽压力为 16~18MPa。

（6）超临界汽轮机　新蒸汽压力超过 22.2MPa。

5. 按汽流方向分类

（1）轴流式汽轮机　蒸汽在汽轮机内基本上沿轴向流动，流动总体方向大致与转子相平行。

（2）辐流式汽轮机　蒸汽在汽轮机内基本上沿辐向（径向）流动，流动的总体方向大致与转子垂直。

（3）周流（回流）式汽轮机　蒸汽在汽轮机内大致沿轮周方向流动。

6. 按用途分类

1）工业驱动汽轮机

（1）单纯驱动用汽轮机　仅用来驱动各种工业机械，不向外界供汽。汽轮机多为凝汽式，可以变转速运行。主要用于石油化工、冶金和自备电站锅炉给水泵等。

（2）驱动并供热汽轮机　用来驱动各种工业机械，同时向外界供汽，以满足其他用途（动力、工艺或生活）。汽轮机为背压式、抽汽背压式或抽汽凝汽式，可以变速运行。主要用于石油化工、冶金等部门。

2）工业电站汽轮机

（1）单纯发电用汽轮机　工厂自备动力电站中驱动发电机，不向外界供汽。汽轮机为凝气式，定转速运行。主要应用于石油化工和冶金等部门。

（2）发电并供热用汽轮机　用于工厂自备动力电站驱动发电机，并向外界供汽。汽轮机为抽汽背压式、抽汽凝气式和背压式，定转速运行。主要应用于石油化工、冶金等部门。

7. 按蒸汽流道数目分类

（1）单流道汽轮机　全部排汽都通过末级的汽轮机。

（2）双流道或多流道汽轮机　蒸汽在两个或多个并列的汽流流道中分流的汽轮机。

8. 按能量传递方式分类

（1）直联式汽轮机 直联式汽轮机直接与工作机械相连。

（2）带变速齿轮箱的汽流机　带变速齿轮箱的汽轮机通过变速齿轮箱与工作机械相连。

## 9.2　汽轮机的结构

汽轮机是由汽轮机本体、调节保护系统和附属设备等组成。汽轮机本体由转子和静子组成。汽轮机品种繁多，常用的有凝汽式汽轮机或抽汽凝汽式汽轮机、背压式汽轮机或抽汽背压式汽轮机，以及混压式汽轮机。

### 9.2.1　汽轮机本体结构

1. 背压式汽轮机本体结构

图 9.2–1 和图 9.2–2 所示为背压式汽轮机本体结构。汽轮机外缸上半的前、后猫爪分别搁置在前、后座架上，两座架通过螺栓固定在底座上，在前、后座架上各安装前、后轴承座，在前轴承座内安装径向轴承和推力轴承，汽缸与前轴承座通过两拉杆螺栓进行连接，当汽缸受热膨胀时，使前轴承座沿前座架上的导向键轴向平行地向前延伸。排汽缸下半的后部借助调整偏心销来调整汽缸的纵横向位置，并紧固在后座架上，作为机组的膨胀“死点”。

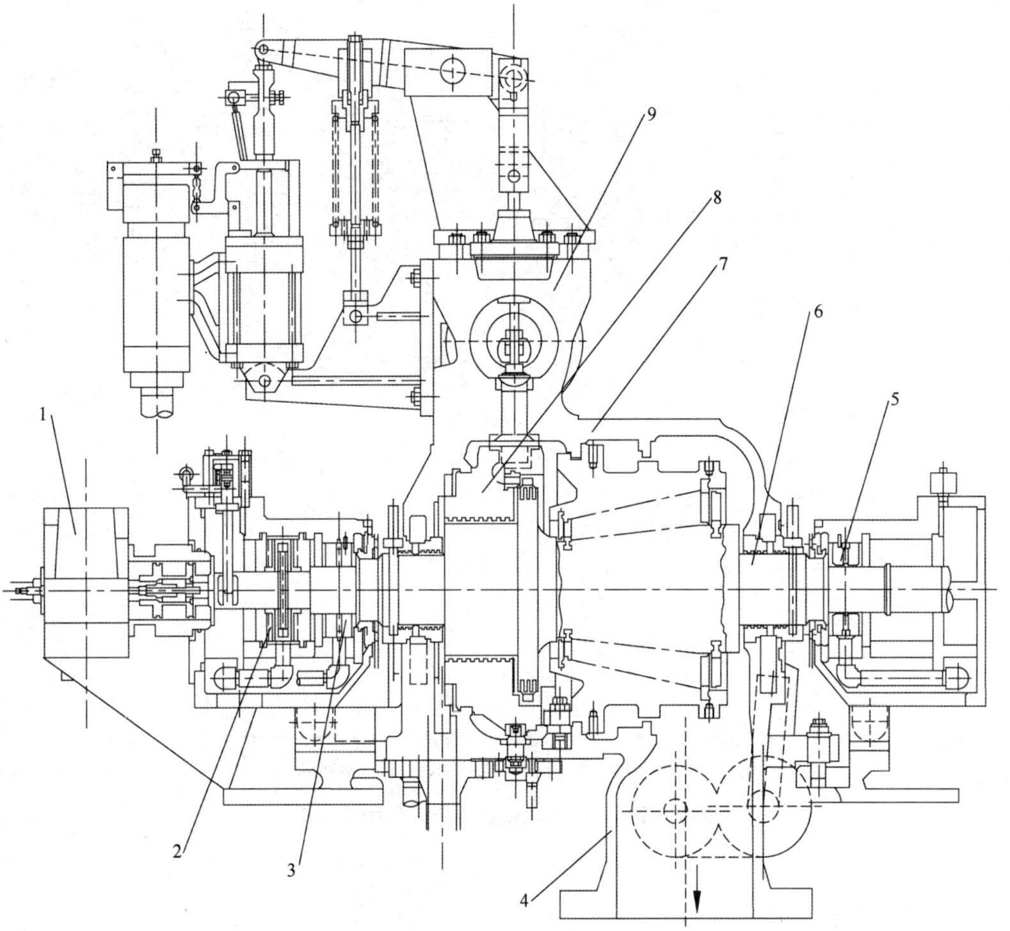


1—调速器；2—止推轴承组件；3、5—径向轴承组件；4—排汽缸；
6—转子；7—汽缸；8—蒸汽室；9—调节汽阀

图 9.2-1　背压式汽轮机本体结构图（一）

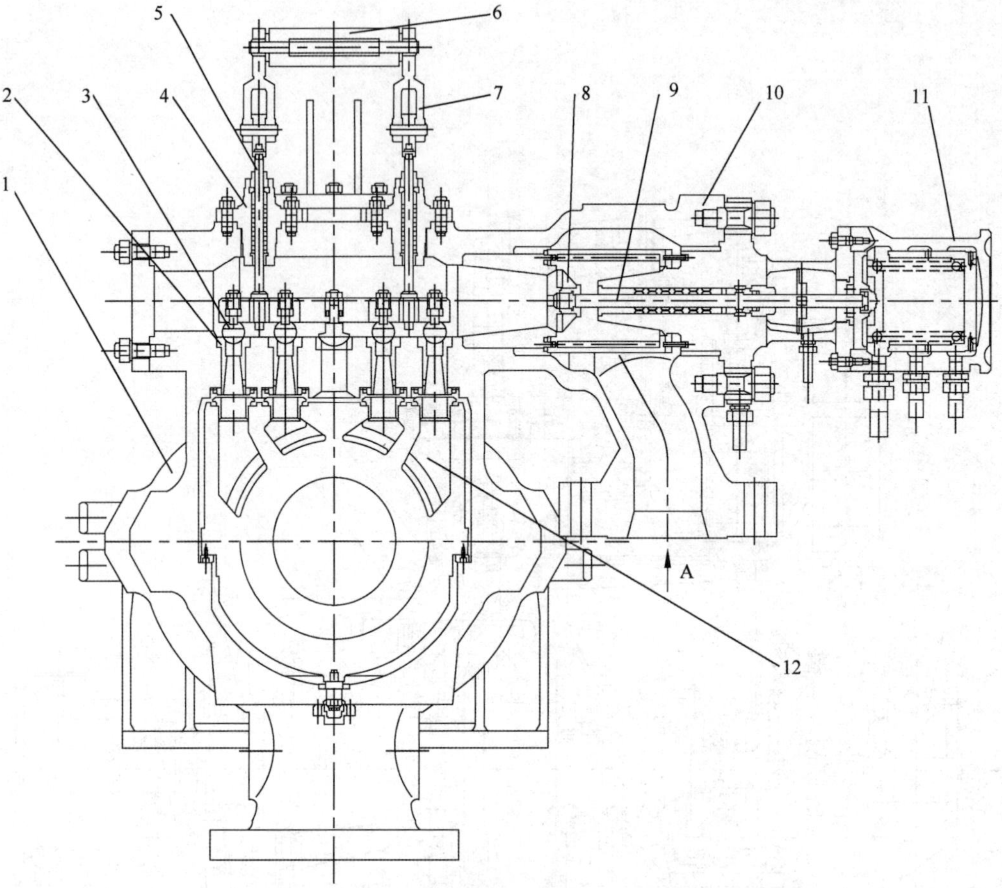


1—排汽缸；2—阀座；3、8—阀碟；4—阀套；5、9—阀杆；6—杠杆；
7—连接板；10—速关阀阀壳；11—速关阀油缸；12—蒸汽室；A—进汽口

图9.2-2　背压式汽轮机本体结构图（二）

2. 凝汽式汽轮机本体结构

凝汽式汽轮机本体结构如图 9.2-3 和图 9.2-4 所示。凝汽式汽轮机汽缸与前座架、前轴承座的连接方式与背压式汽轮机相同。后汽缸下半两侧猫爪通过横向圆柱销直接与支座上的底板紧固，成为外缸膨胀“死点”。后汽缸横向位置是由汽缸和支座上垂直导向键保证的。

3. 抽气凝汽式汽轮机本体结构

图 9.2-5 为抽汽凝汽式汽轮机本体结构图，汽轮机由两列冲动级和 19 列反动级组成。其结构基本与凝汽式汽轮机相同，不同的是它多出一个抽汽调节气阀和抽汽管道。

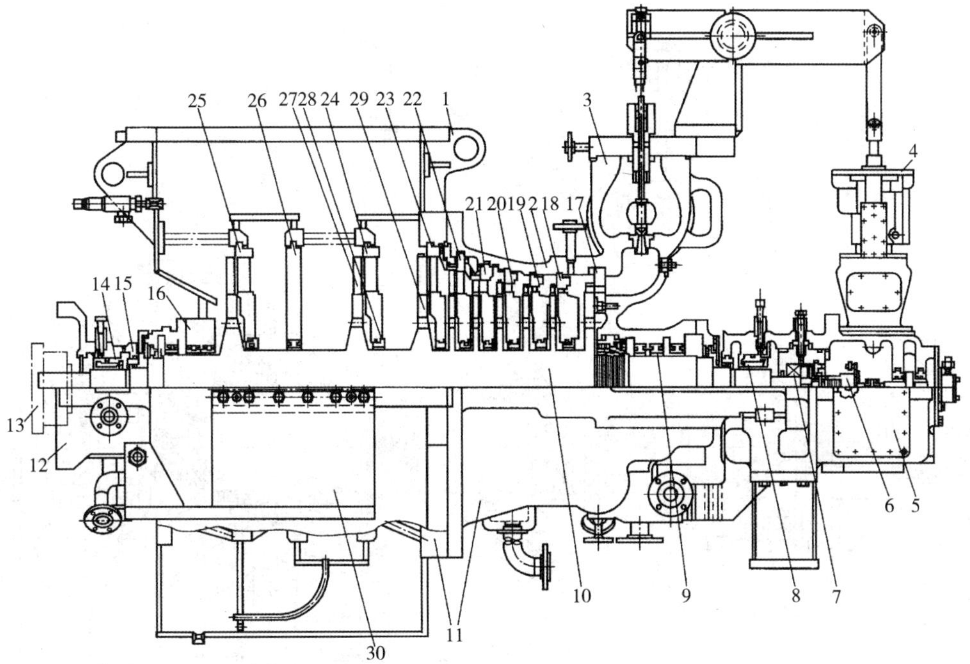


1—排汽缸；2—上汽缸；3—调节阀；4—调速机构；5—前轴承箱；6—危急保安器；7—推力轴承；8—前轴承；9—高压端气封；10—转子；11—汽缸；12—后轴承箱；13—联轴器；14—后轴承；15—油封；16—低压端气封；17—喷嘴；18~25—2~7 及 8 A、8 B级隔板；26—隔板；27—动叶片；28—隔板汽封；29—叶轮；30—挠性支承板

图9.2–3　凝汽式多级汽轮机本体结构图（一）

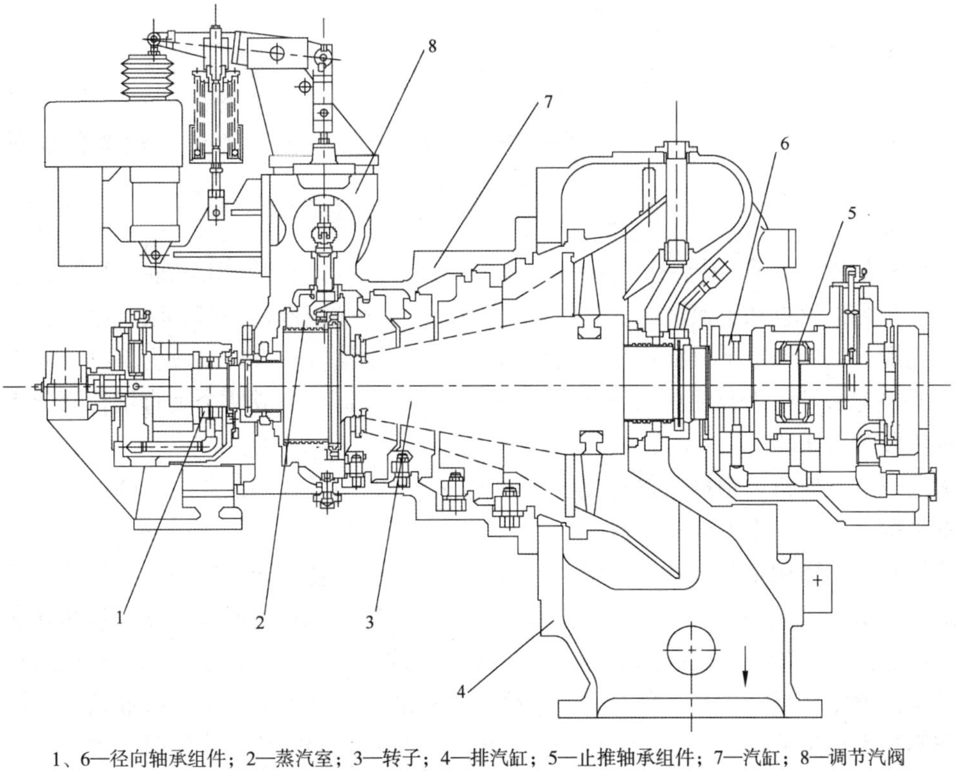


1、6—径向轴承组件；2—蒸汽室；3—转子；4—排汽缸；5—止推轴承组件；7—汽缸；8—调节汽阀

图9.2–4　凝汽式多级汽轮机本体结构图（二）

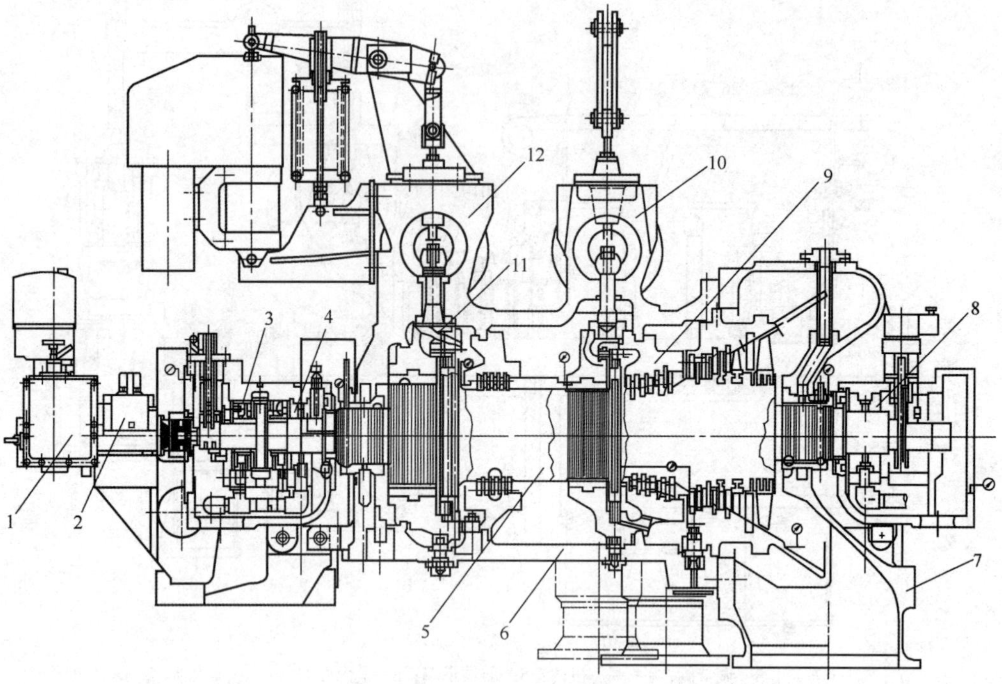


1—调速器；2—减速器；3—止推轴承组件；4、8—径向轴承组件；5—转子；6—汽缸；7—排汽缸；
9—内缸；10—抽汽调节汽阀；11—高压蒸汽室；12—高压调节汽阀

图 9.2-5　抽汽凝汽式汽轮机本体结构图

## 9.2.2　汽轮机壳体

汽轮机壳体主要由汽缸、喷嘴组、导叶持环（或隔板）、气封、轴承和紧固件等构成。

1. 汽缸

汽轮机的汽缸又称为机壳，如图 9.2-6 和图 9.2-7 所示。汽轮机汽缸一般制成水平剖分式，即分为上汽缸和下汽缸，上下汽缸之间用法兰螺栓连接在一起，法兰结合面应加工平整、光滑，以保证上下汽缸水平剖分面密封严密，不漏气。汽缸制成上下缸，便于加工制造、安装与检修。为合理利用钢材，中小型汽轮机常以一个或两个垂直结合面分为高压段、中压段和低压段。

大功率的汽轮机可根据工作特点分别设置高压缸、中压缸和低压缸。高压高温采用双层汽缸结构，汽缸分为内缸和外缸。

汽缸的主要作用是包容转子，将汽轮机的通流部分喷嘴、导叶持环、叶轮及转子等与大气隔开，形成内密封腔室，并与蒸汽室、导叶持环构成汽轮机通流部分，容纳并通过蒸汽，保证蒸汽在汽轮机内完成热能转换成机械能的过程。另外，它还支承汽轮机的某些静止部件（蒸汽室、导叶持环、气封等），承受其重量，还要承受由于沿汽缸轴向、径向温度分布不均而产生的热应力。同时作为蒸汽室、喷嘴室、导叶持环、气封、主汽阀、调节汽阀等部件的连接躯体。

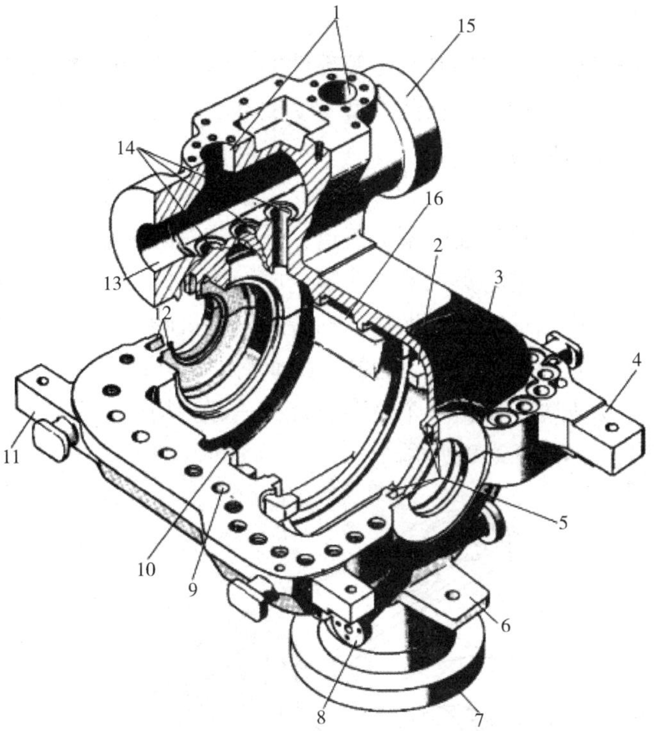


1—调节汽阀阀杆装配孔；2—导叶持环支承搭子；3—排汽缸； 4 —后猫爪；5—后汽封装配凸环；
6—后支座定位搭子；7—排汽法兰；8—后汽封出气管接口；9—中分面螺栓孔；10—导叶持环装配凸环；
11—前猫爪；12—前密封装配凸环；13—进气室；14—调节汽阀阀座装配孔

图 9.2-6　背压式汽轮机汽缸

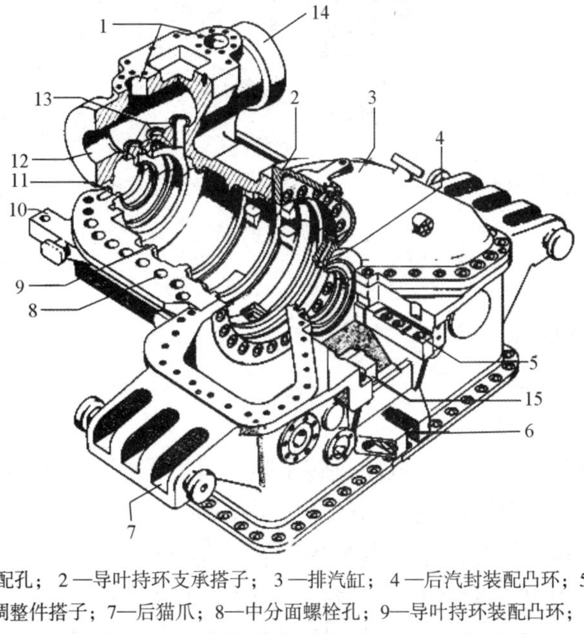


1 —调节汽阀阀杆装配孔； 2 —导叶持环支承搭子； 3 —排汽缸； 4 —后汽封装配凸环；5—后轴承座安装面；
6—横向中以调整件搭子；7—后猫爪；8—中分面螺栓孔；9—导叶持环装配凸环；10—前猫爪；
11—前密封装配凸环；12—进汽室；13—调节汽阀阀座装配孔；14—速关阀阀壳；15—后 轴承座导向键

图 9.2-7　凝汽式汽轮机汽缸

2. 静叶片

静叶片是安装在隔板导叶持环和汽缸等部件上静止不动的叶片。静叶在汽轮机中不但为气流导向，而且还使蒸汽加速。在蒸汽室（喷嘴室）中的静叶片称之为喷嘴，在转鼓段和低压段内的静叶片称为导向叶片。

3. 喷嘴

喷嘴是由两个相邻静叶片构成的不动气道，是将蒸汽的热能转换为动能并对汽流起导向作用的结构元件。其作用是将蒸汽的热能转变成动能，即使蒸汽膨胀降温，流速增加，然后按一定的喷射角度进入动叶片中做功。轴流式汽轮机的喷嘴，有的安装在蒸汽室上，有的安装在隔板体上，它们都是固定不动的，因而它不对外做功。

喷嘴组又称调节级喷嘴，是由多个喷嘴组合在一起，构成一个扇形的喷嘴弧段，直接安装在汽缸喷嘴室上，如图 9.2-8 所示。

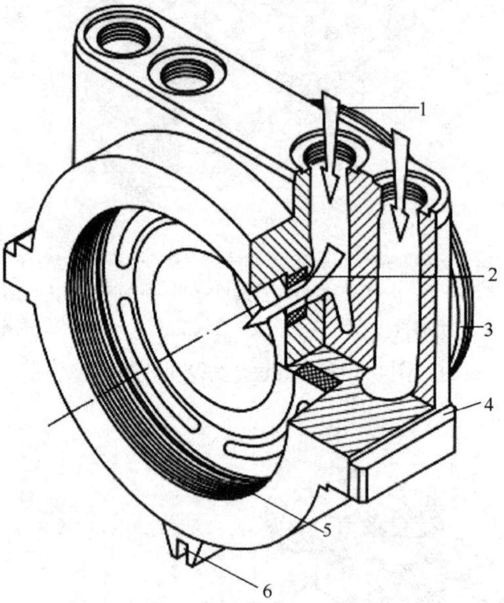


1—进汽；2—喷嘴组；3—定位槽；4—撑脚；5—定位环装配螺纹；6—轴向槽道

图 9.2-8　喷嘴室结构图

## 9.2.3　汽轮机转子

1. 转子

汽轮机转动部件总称为转子。汽轮机转子是所有转动部件的组合体，是汽轮机最重要的部件之一。它主要由主轴、叶轮、动叶片、平衡活塞、止推盘、危急保安器、盘车器、联轴器等部件组成。转子的作用是将蒸汽的动能转变成机械能，传递作用在动叶片上的蒸汽圆周分力所产生的扭矩，对外输出机械功，用以驱动工作机械（压缩机、泵、风机或发电机）。汽轮机工作时，转子的工作条件相当复杂，经常处在高温工质中，并以高速旋转，它不仅承受着叶片、叶轮、主轴本身质量离心力所引起的巨大应力、蒸汽作用在其上的轴向推力以及由于温度分布不均匀引起的热应力，而且还要承受巨大的扭转力矩和轴向振动所产生的动应力，所以要求转子应具有很高的强度和均匀的质量，确保其安全、平稳运行。

汽轮机转子按其结构形式可分为轮式转子和鼓式转子两种。轮式转子是在主轴上直接锻出或以过盈形式安装有若干级叶轮，动叶片安装在叶轮外缘上，轮式转子适用于冲动式汽轮机。鼓式转子主轴中间部位尺寸较大，外形像鼓筒一样，轮鼓外缘加工有周向沟槽，转子的各级动叶片就直接安装在周向沟槽中，这种转子通常应用在动叶片前后有一定压差的反动式汽轮机上。

鼓式转子的结构如图 9.2-9 所示。

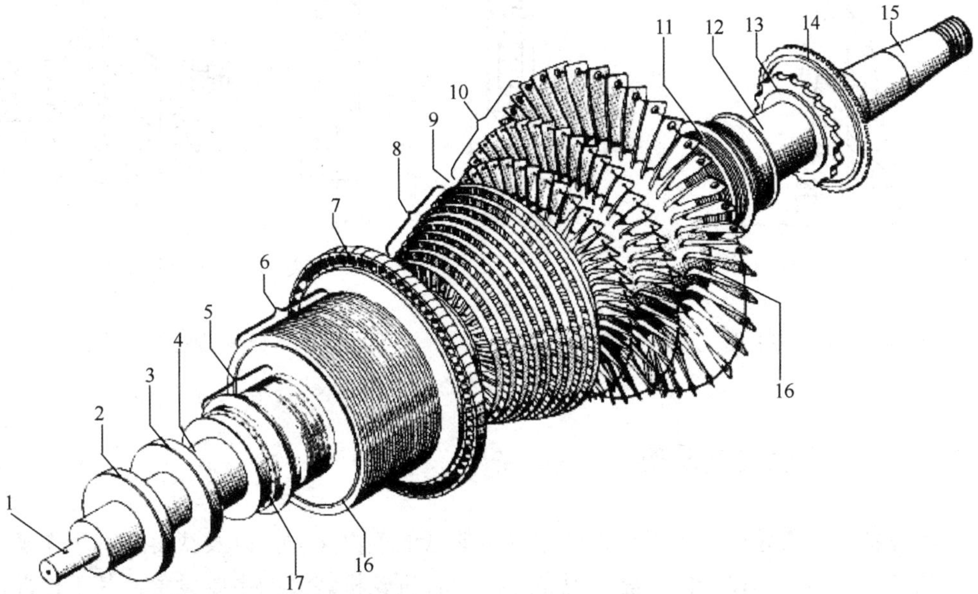


1—危急保安器；2—主推力盘；3—副推力盘；4—前轴承轴颈；5—前汽封；6—平衡活塞汽封；7—调节级；8—压力级；9—中间汽封；10—低压级；11—后汽封；12—后轴承轴颈；13—盘车棘轮；14—油涡轮动轮；15—联轴器轴段；16—主平衡面；17—辅助平衡面

图 9.2-9 鼓式转子结构图

2. 叶轮

装有动叶片的轮盘称为叶轮。其作用是用来安装动叶片，并将蒸汽流作用在动叶栅上产生的扭矩传递给主轴做功，以驱动工作机械。由于叶轮是处于高温工质内，并以高速旋转，经受多种复杂、交变的作用力，这些力通常都很大。叶轮正常工作时承受的力，除了叶轮自身、叶片、围带和拉筋等零件质量引起的巨大离心力外，还有因温度沿叶轮径向分布不均匀所引起的热应力，动叶引起的切向力和轴向力，叶轮前后两侧蒸汽的压差作用力和叶片、叶轮振动引起的交变应力，对于套装叶轮，其内孔上还受到因过盈装配而产生的接触压力。此外，由于叶轮轴向振动也会引起振动应力，所以叶轮是汽轮机中承受应力最大的零部件之一。

叶轮是由轮缘、轮毂和轮面三部分组成，如图 9.2-10 所示。

轮面是轮缘和轮毂连成一体的中间部分，高、中压级叶轮的轮面上通常开有 5~7 个平衡孔。轮面的型线决定轮盘承受的负荷大小及加工要求。按轮面的断面型线，可将叶轮分成等厚度叶轮、锥形叶轮、双曲线叶轮和等强度叶轮等。图 9.2-11 给出了各种结构形式叶轮的纵截面图。

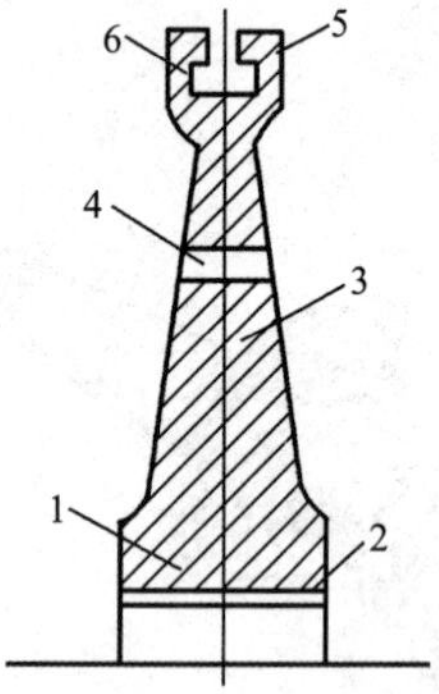


1—轮毂；2—键槽；3—轮面；4—平衡孔；5—叶根槽；6—轮缘

图 9.2-10　叶轮组成图

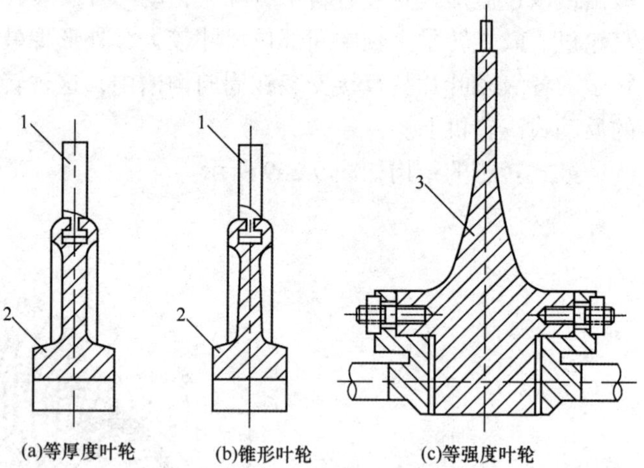


1—叶片；2—轮盘；3—叶轮

图 9.2-11　叶轮的型式

## 9.2.4　汽轮机凝汽设备

凝汽设备是为汽轮机最末级出口建立尽可能低的蒸汽压力，以及获得适宜于作蒸汽锅炉给水的清洁凝结水而设置的。凝汽设备是凝汽式汽轮机装置的主要设备，其工作性能直接影响整个汽轮机装置的功率、热效率和运行可靠性。

凝汽设备主要由凝汽器、抽汽设备、凝结水泵、循环水泵、循环水冷却设备以及这些设备之间的管道和管件等组成，如图 9.2-12 所示。

汽轮机的排气进入凝汽器后，被循环水泵提供的冷却水所冷却，将汽轮机的排汽凝结成水。由于汽轮机的排汽在凝汽器内骤然凝结成水时，其比体积急剧缩小，如在 0.0049MPa 压力下，饱和蒸汽的比体积为饱和水比体积的 28000 多倍，如果在 0.0049MPa 压力下的饱和蒸汽完全凝结成水，将使凝汽器封闭的空间形成高度真空。为维持高度真空状态，抽气器将不断抽出凝汽器空间中的不凝结气体，以维持凝汽器内真空。凝结水泵将汇集在凝汽器热水井中的凝结水连续不断送至除氧器作为过滤给水。从凝汽器排出的冷却水吸收了排汽的热量，温度升高被引到喷水池或冷却水塔进行冷却，降低温度后再由循环水泵送入凝汽器循环使用。

1. 凝汽器的构造

凝汽器是一种热交换设备，按排汽的凝结方式可分为混合式凝汽器和表面式凝汽器两大类。汽轮机的排汽与冷却水直接混合换热的凝汽器，称为混合式凝汽器。这种凝汽器虽

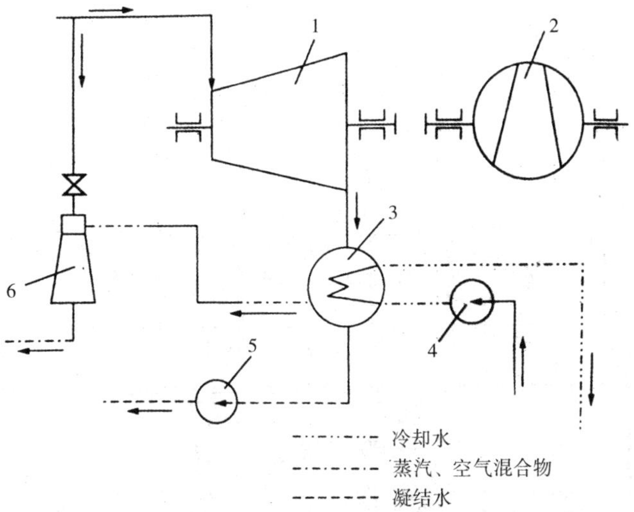


1—凝汽式汽轮机；2—离心式压缩机；3—凝汽器；4—循环水泵；5—凝结水泵；6—抽气器

图 9.2–12　凝气系统组成图

然结构简单，成本低，但凝结水无法回收。

汽轮机的排汽与冷却水通过铜管表面进行间接换热的凝汽器，称为表面式凝汽器。工业汽轮机一般都采用表面式凝汽器，表面式凝汽器的结构如图 9.2–13 所示。

2. 抽气器

为保持凝汽器内的真空而将其内部空气抽出的装置称为抽气器。抽气器的作用是将漏入凝汽器中的空气和蒸汽中所含的不凝气体连续不断地抽出，保持凝汽器始终处于高度真空状态和良好的传热效果，使汽轮机装置具有较高的经济性。

图 9.2–14 所示为射汽式抽气器的工作原理图。它由喷嘴 A、混合室 B 和扩压管 C 三部分组成。工作蒸汽由新蒸汽管引入，工作蒸汽的压力根据不同的机组和不同的喷射泵设计参数而定，通常为 0.8~1.2MPa。工作蒸汽进入缩放喷嘴 A，膨胀加速至 1000m/s 以上，形成高速汽流射入混合室 B，在混合室 B 内形成高度真空，凝汽器中蒸汽 – 空气混合物不断地吸进混合室 B 混合后，又陆续被高速汽流带进扩压管 C，在扩压管中混合汽流的动能逐渐转变为压力能，速度降低，压力升高，最后在压缩至略高于大气压力的情况下排入大气。

以蒸汽为工质的抽气器，称为射汽式抽气器。使用射汽式抽气器的机组一般都设有启动抽气器和主抽气器。

汽轮机启动时使用的抽气器，称为启动抽气器。其作用是在汽轮机启动前抽出汽轮机和凝汽器内的空气，使凝汽器内迅速建立真空，以缩短汽轮机启动时间。在汽轮机启动时，它既可以单独工作，也可以与主抽气器并列工作。启动抽气器都是单级的，所以它的抽气能力有限，只能将凝汽器的绝对压力降到 0.061~0.048MPa（即真空 300~400mmHg）。另外，在汽轮机运行中，当真空系统严重漏气，凝汽器内绝对压力降至 0.021MPa（即真空 600mmHg）以下时，可临时启动抽气器，以维持机组的运行，待漏气消除后再将其停止。

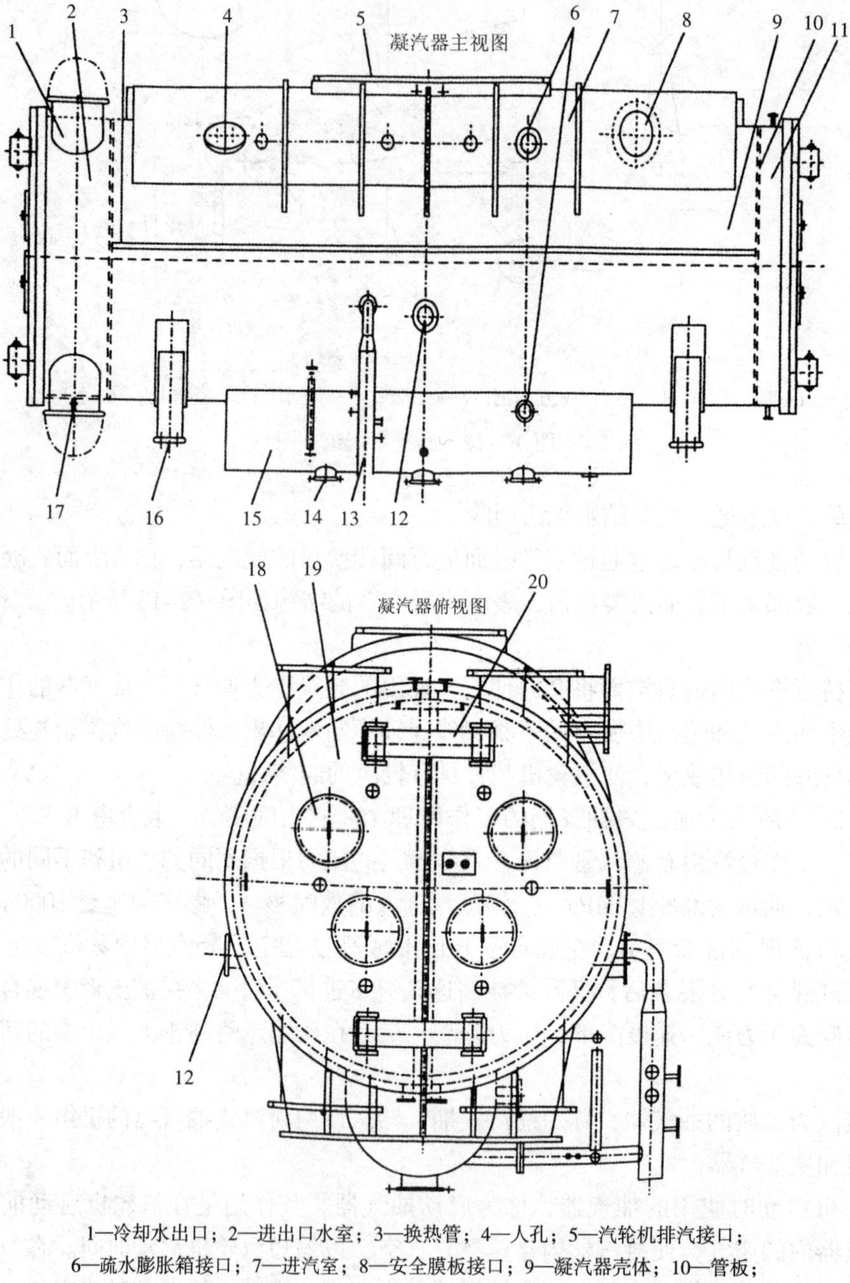


1—冷却水出口；2—进出口水室；3—换热管；4—人孔；5—汽轮机排汽接口；
6—疏水膨胀箱接口；7—进汽室；8—安全膜板接口；9—凝汽器壳体；10—管板；
11—回流水室；12—抽气口；13—仪表管；14—凝结水出口；15—热井；16—支座；
17—冷却水入口；18—手孔（或观察孔）；19—水室端盖；20—铰链

图 9.2-13　表面式凝汽器结构图

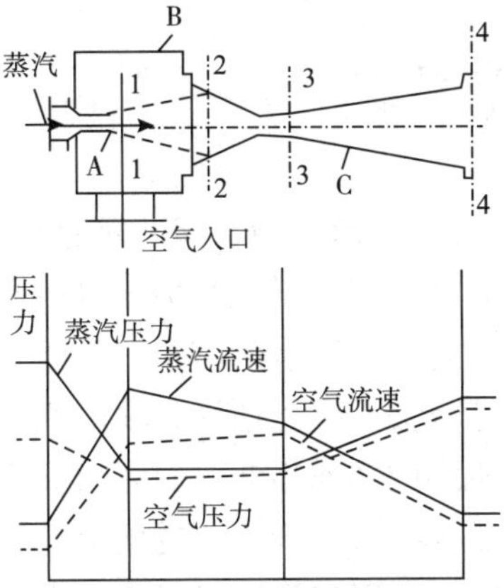


A—工作喷嘴；B—混合室；C—扩压管

图 9.2–14　射汽式抽气器工作原理图

主抽气器是汽轮机正常运行时，将凝汽器中的不凝气体抽出，以维持凝汽器高度真空的设备。主抽气器一般由一级、二级抽气器和一级、二级冷却器组成，称为两级射汽式抽气器。两级射汽式抽气器的结构如图 9.2–15 所示。

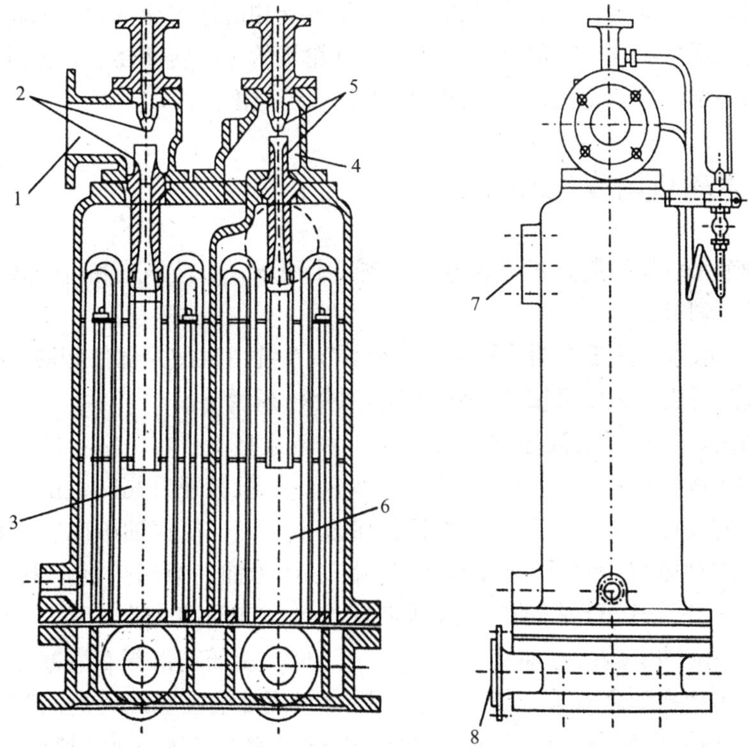


1—一级混合室；2—一级射汽式抽气器；3—一级冷却器；4—二级混合室；
5—二级射汽式抽气器；6—二级冷却器；7—排汽口；8—冷却水进出口

图 9.2–15　两级射汽式抽气器结构图

## 9.3 汽轮机的调节系统

汽轮机具有转速高、功率大、调速方便、运行平稳等特点，同时能实现化工工艺过程的余热利用，被广泛应用在石油化工、发电和冶金等行业。由于电能无法大量存储，汽轮发电机组就应随时满足用户对电能质和量的需求，供电量指的是功率的大小，质指的是频率与电压，这些都与机组转速有关，电压还受到发电机励磁电流的影响。在石油化工装置中，有时工艺系统要求压缩机组的转速不变，而有时又要求改变转速。为了满足用户对电能质和量的需求和使压缩机工况符合生产工艺的要求，机组的转速应维持在规定的范围内，并保证汽轮机组的安全运行，所以在汽轮机上必须设置自动调节系统。由于汽轮机调节系统是以机组转速为调节对象的，故习惯上将汽轮机调节系统称为调速系统。

汽轮机的调节系统与一般的调节系统不同，具有调节信号的感受机构。对于凝汽式汽轮机，根据转速进行调节的调速器就是转速感受机构；而对于供热机组同时发电和供热，其调节系统兼有转速调节和供气压力调节两种功能，即其感受机构除了调速器—转速感受机构外，还有调压器—压力感受机构。

调节系统的任务是在外界负荷与机组功率相适应时，保持汽轮机稳定运行；当外界负荷发生变化或机组负荷变化时，汽轮机的调节系统能相应地改变汽轮机的功率，使之与外界或机组负荷相适应，建立新的平衡，并保持汽轮机的工作转速在规定范围内。对于抽气式汽轮机，当工况发生变化是，调整抽汽压力在规定范围内。

### 9.3.1 汽轮机调节系统

汽轮机调节系统按控制方式可分为机械式、半液压式、液压式和电子式几大类。

1. 半液压式调节系统

图 9.3–1 所示为半液压式调节系统，这种调节系统由机械式部件和液压部件组成，一般感受机构或执行机构采用机械式，放大机构采用液压调节。

该系统采用高灵敏度的高速弹性调速器作为转速感受机构，它将转速变化信号转化为调速器挡油板的位移信号。当外界负荷减少，汽轮机转速升高时，由于转速升高，离心式调速器 1 的飞锤向外飞出伸张，弹性钢带发生变形，使挡油板向右侧移动，加大了随动滑阀 2 的油喷嘴与挡油板之间的排油间隙 $s$。压力油经节流孔板 $a_1$ 和 $a_2$ 进入随动滑阀右侧的油室，并从这里经排油间隙 $s$ 排向回油。排油间隙 $s$ 增大后，喷油嘴的排油面积增大，从而使随动滑阀活塞油室中的油压 $p_x$ 降低，使随动滑阀 2 活塞左侧的油压大于右侧，随动滑阀活塞随之右移，使挡油板与随动滑阀 2 油喷嘴之间的间隙不变，随动滑阀右移通过杠杆传动使调速器滑阀（分配滑阀）3 也随之右移，使调速器滑阀上的排油口 A 面积增大。压力油从反馈滑阀 7 上的油口 C 和错油门滑阀 5 下端的油口 B 进入控制油路，然后从排油口 A 排出。排油口 A 的卸油面积增大，使控制油压 $p_x$ 降低。当错油门滑阀 5 上下两侧作用力相等时，错油门滑阀处于中间位置。当控制油压（脉冲油压）

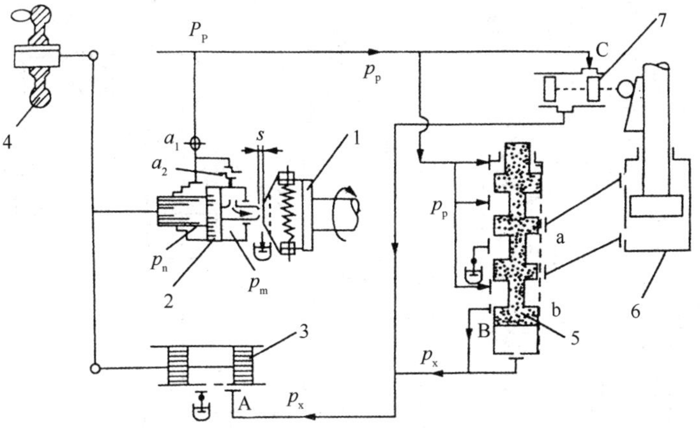


1—调速器；2—随动滑阀；3—调速器滑阀；4—同步器；
5—错油门滑阀；6—油动机；7—反馈滑阀

图 9.3–1　半液压调节系统

$p_x$ 降低时，使错油门滑阀 5 上下的油压产生了不平衡，上部的压力油压大于下部的控制油压，在压差的作用下错油门滑阀 5 将向下移动，从而使油动机 6 活塞上油室经油口 a 与压力油相通，而油动机 6 活塞下油室经油口 b 与排油相通。在油动机活塞上下形成油压差，在油压差的推动下，使油动机活塞向下移动，通过传动机构关小调节汽阀。在油动机活塞向下移动时，由于阀杆上的斜楔作用，使反馈滑阀 7 向右移动，开大了反馈滑阀上的进油口 C，增加了控制油的进油量，使控制油压 $p_x$ 上升，于是错油门滑阀 5 又向上移动。当最后达到稳定状态时，错油门滑阀又处于中间位置，将通往油动机的油口 a 和 b 完全盖住，使油动机活塞停止运动，调节结束，调节系统在新的工况下又处于平衡状态。

错油门滑阀油口 B 起到负反馈作用。当控制油压 $p_x$ 下降时，使错油门滑阀下移，油口 B 面积增大，使控制油压 $p_x$ 上升，从而限制了错油门滑阀下移，使整个调节过程较平稳。当调节结束，错油门滑阀又处于中间位置，错油门滑阀油口 B 面积又回到原来的大小，反馈作用消失。错油门滑阀油口 B 面积只在调节过程中起反馈作用，故称为动反馈。当外界负荷增加，而机组转速降低时，调节系统动作过程与上述相反。

2. 全液压式调节系统

全液压式调节系统有径向泵液压调节系统和旋转阻尼液压调节系统。

图 9.3–2 所示为径向泵液压调节系统，其系统主要由径向离心泵、压力变换器、错油门滑阀、双侧进油油动机及调节汽阀等主要部件组成。该系统采用径向离心油泵（简称径向泵）作为转速感受机构。

图 9.3–3 为旋转阻尼液压调节系统。该系统中采用旋转阻尼 2 作为转速感受机构。旋转阻尼实际上是一个逆流式离心泵，所不同的只是阻尼管中油的流向相反，即油的流向是向心的，其输出一次油压 $p_1$ 与转速平方成正比。

油动机的结构分别如图 9.3–4 所示。

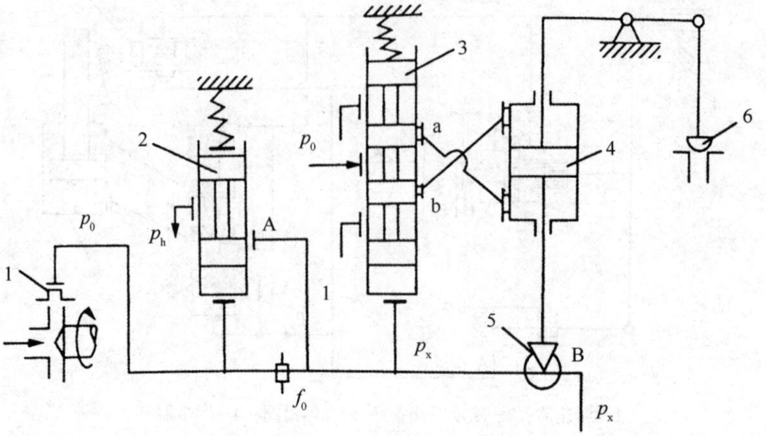


1—径向泵；2—压力变换器；3—错油门滑阀；4—油动机；5—反馈油口；6—调节气阀

图 9.3-2　径向泵液压调节系统

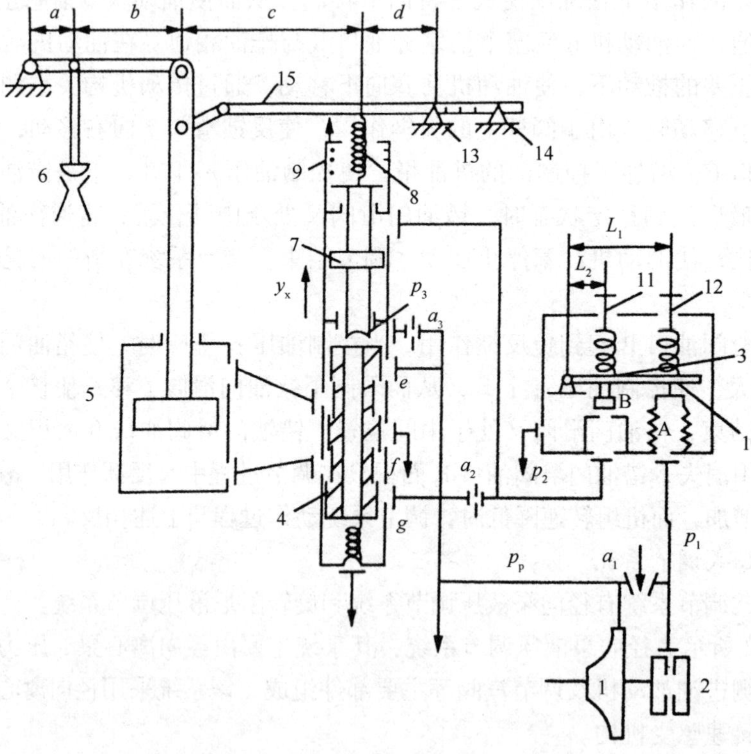


1—主油泵；2—旋转阻尼；3—放大器；4—滑阀；5—油动机；6—调节汽阀；7—继动器；
8—静反馈弹簧；9—动反馈弹簧；10—放大器平衡板；11—主同步器；12—辅助同步器；
13—可调支点；14—固定支架；15—反馈杠杆

图 9.3-3　旋转阻尼液压调节系统

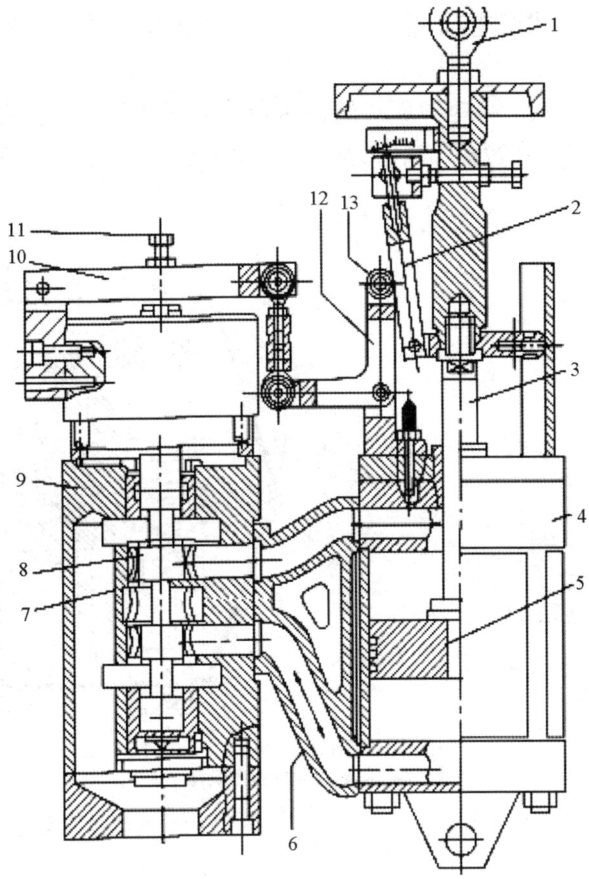


1—万向连杆；2—反馈斜铁；3—活塞杆；4—油缸；5—活塞；6—油路；7—错油门；
8—滑阀；9—错油门油缸；10—反馈杠杆；11—调整螺钉；12—肘形杆；13—滚轮

图 9.3-4 油动机结构图

## 9.3.2 调节系统的结构

1. 调速器

调速器又称转速感受机构。它将速度信号转变为一次控制信号，直接感受汽轮机转速的变化，输出一个比例于转速变化的物理量，其作用是将物理量转换为调节过程相适应的另一种物理量，例如将转速、压力的变化转换为机械位移。

在汽轮机调节系统中，转速感受机构主要有离心式和电磁式两大类。离心式转速感受机构有机械式、液压式和电子式三种，其中半液压式有高速弹性调速器和飞锤或飞环式调速器；液压式中有径向泵调速器和旋转阻尼调速器两种。

1）机械离心式调速器

利用机械元件作为感受汽轮机转速的调速器，称为机械离心式调速器。机械离心式调速器中又分为低速飞锤式离心调速器和高速弹性调速器两种。其工作原理都是建立在重物绕某轴线旋转时产生离心力，该力与拉住它的弹簧力和惯性力等构成力的平衡，平衡时滑环所处的位置与旋转速度相对应。

（1）低速飞锤离心式调速器　图 9.3–5 为低速飞锤离心式调速器结构图。它由飞锤 1、弹簧 2 和滑环 3 组成。

（2）高速弹性调速器　高速弹簧片的调速器称为高速弹性调速器，其主要由挡油板（或称调速块）1、钢带（弹簧板）2、弹簧 3、弹簧中心支架 5、飞锤 6 和套筒 10 等组成，如图 9.3–6 所示。

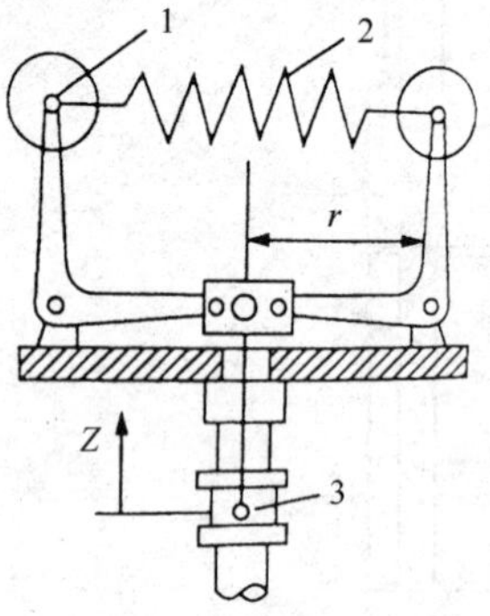


1—飞锤；2—弹簧；3—滑环

图 9.3–5　低速离心式调速器

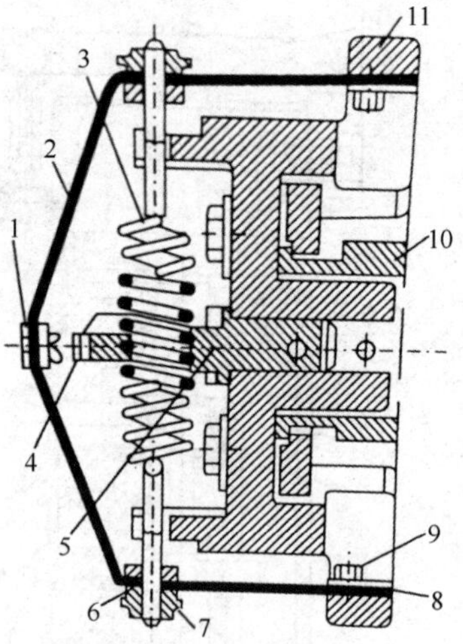


1—挡油板；2—钢带；3—弹簧；4—限位器；5—弹簧中心支架；6—飞锤；7—调节螺母；8—垫片；9—螺钉；10—套筒；11—底座

图 9.3–6　高速弹性调速器

2）液压调速器

液压调速器作为调节系统的感受机构，输入的信号是转速，输出的信号是油压。

液压调速器按其工作原理分为径向泵调速器和旋转阻尼调速器两种类型。小型汽轮机中应用较广泛的 是径向泵调速器，而大型汽轮机多采用旋转阻尼调速器。

（1）径向泵调速器　径向钻孔泵又称径向脉冲泵，简称为径向泵。它是基于离心泵工作原理的转速感受机构，是利用一般离心泵的进、出口油压差在阻力特性不变时与转速的平方成正比的特性来反映转速变化的。其主要由泵轮 1、泵体 5、稳流网 6 和油封环 4、7、8 等组成，如图 9.3–7 所示。图 9.3–8 为径向泵的外形图。

（2）旋转阻尼调速器　图 9.3–9 所示为旋转阻尼式调速器的结构图，它也是基于离心泵工作原理的转速感受机构，主要由阻尼体 1、阻尼管 2、挡油板 3 和针形节流阀 6 等组成。

（3）伍德瓦德 PG–PL 型调速器　美国 Woodward 公司生产的 Pressure Compensated 型（波纹管压力补偿调速器），简称 PG–PL 型调速器。该调速器适用于驱动压缩机类汽轮机，其特点是压缩机进口或出口压力变化通过空气信号反映给调节机构，使汽轮机的转速适应负荷变化。它是一种机械式离心调速器，采用液压传动和软反馈式系统，既可用动操纵同步器使汽轮机单独运行，也可通过波纹管接受风压信号进行远程控制，其结构如图 9.3–10 所示。其调速范围为 250~1000r/min。

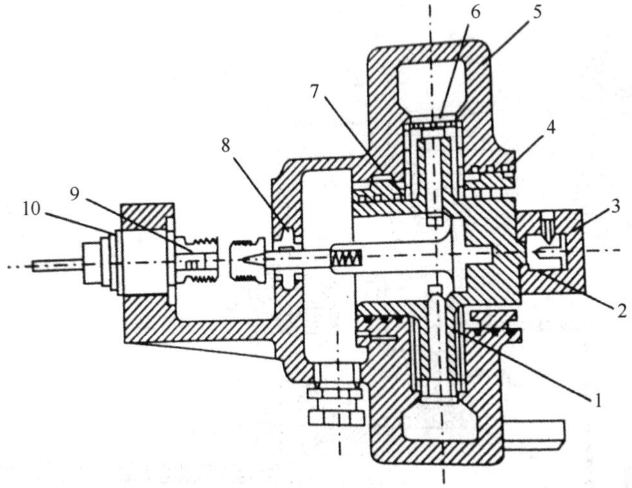


1—泵轮；2—导流杆；3—主油泵轴；4、7、8—油封环；
5—泵体；6—稳流网；9—挠性联轴器；10—测速发电机

图 9.3-7　径向泵结构图

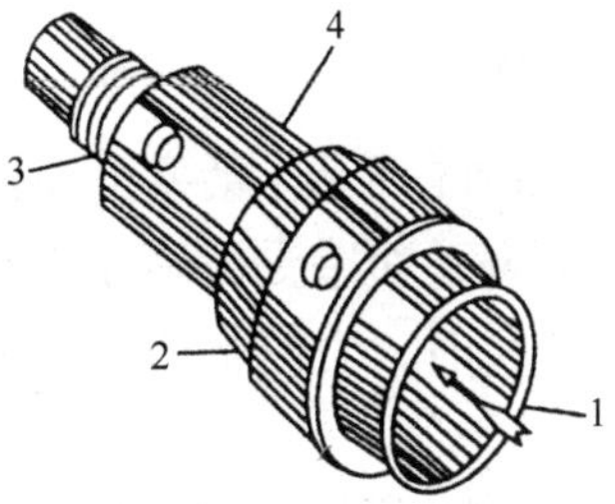


1—进油口；2—出油口；3—危急保安器；4—泵体

图 9.3-8　径向泵的外形图

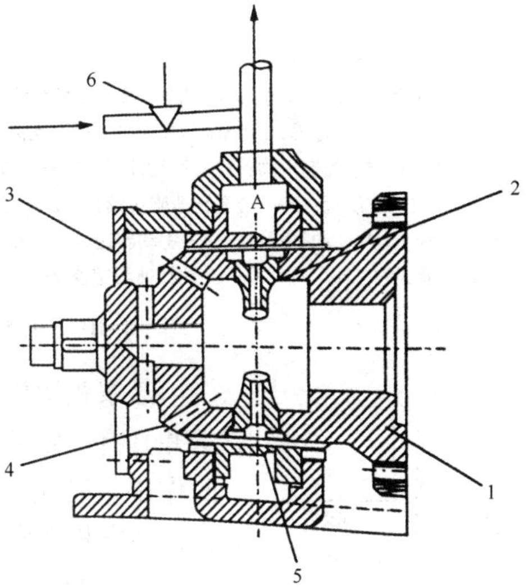


1—阻尼体；2—阻尼管；3—挡油板；4—排油口；
5—交叉油口；6—针形节流阀

图 9.3-9　旋转阻尼式调速器结构图

2. 调压器

调压器是一个测量元件，感受蒸汽压力的变化并相应地输出一个与它成函数关系的信号，来调整蒸汽的压力。在背压式、混压式汽轮机中，背压、抽汽和注汽压力都是被调参数。另外，汽轮机驱动的压缩机入口压力或出口压力也同样是被调参数。

常用的调压器有活塞式、波纹管式、波纹管蝶阀式和薄膜钢带式等几种。

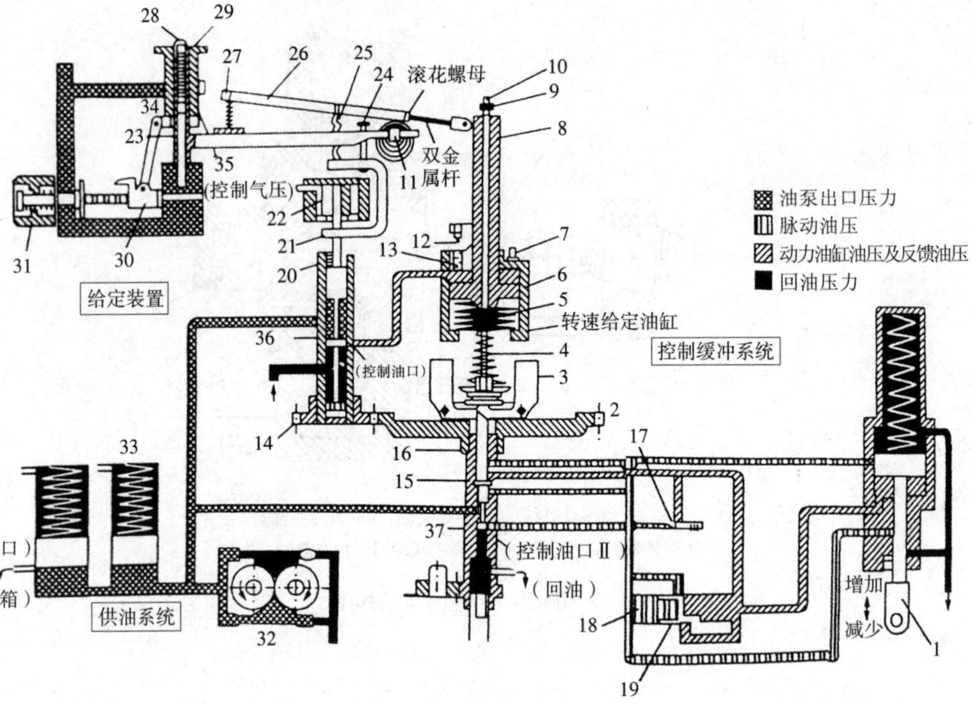


1—油动机活塞；2—大齿轮；3—飞锤；4—调速器弹簧；5、27—弹簧；6—调速器继动活塞；7—活塞限位螺钉；8—活塞杆；9—停车螺母；10—停车杆；11—可调支点；12—限制阀调整螺钉；13—最高转速限制阀；14—小齿轮；15—补偿活塞；16—控制滑阀；17—补偿针阀；18—缓冲器弹簧；19—缓冲器活塞；20—转速给定控制阀；21—连杆；22—波纹管；23—最高转速限位销钉；24—手动低速限位螺钉；25—反馈弹簧；26—反馈杠杆；28—最高转速限位调整螺钉；29—手动转速调整螺母；30—移动螺母；31—手动转速调整旋钮；32—齿轮油泵；33—蓄能器；34—限位环；35—手动转速给定器结构（控制气压）；36—转速给定控制套筒；37—旋转式错油门套筒

图 9.3-10　伍德瓦德 PG-PL 型调速器

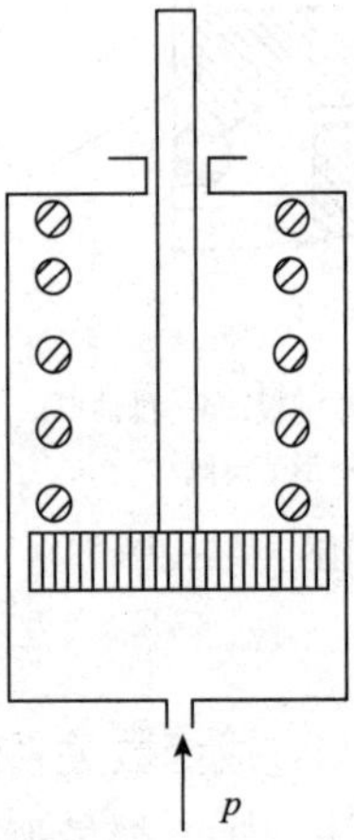


图 9.3-11　活塞式调压器

活塞式调压器的结构如图 9.3-11 所示。活塞上面被弹簧压紧并具有一定的向下预紧力，活塞下面感受被调介质向上压力的作用。当被调介质压力发生变化时，力的平衡关系也发生变化，活塞相应发生位移变化。

波纹管式调压器由波纹管 1、调压器滑阀 3、弹簧 4 和偏心凸轮 7 等组成，如图 9.3-12 所示。

薄膜钢带式调压器由平衡膜、钢带、喷嘴、传动装置和切换开关等组成。其工作原理是：用磨床磨成的平衡膜和钢带采用钢性连接，由喷嘴顶在钢带上给以初弯曲，而喷嘴与钢带之间的间隙控制着喷油量和错油门滑阀上的油压。抽汽室的压力接通到薄膜室里，当抽汽压力变化时，薄膜的变化量也在改变，钢带因受到薄膜的作用，弯曲程度也在改变，因而改变了钢带与喷嘴的间隙，使喷嘴的喷油量发生变化，改变了错油门滑阀上的油压，错油门产生位移，从而引起油动机和调节汽阀的动作，达到调整抽汽的目的。

3. 调节汽阀

调节汽阀是用以调节进入汽轮机的蒸汽流量，使其与汽轮机负荷相适应。各阀碟按设计特定的顺序逐一开启或关闭，阀座是扩散器状，可以使流量损失保持最小值。

按阀芯的数量可将调节汽阀分为单阀芯和双阀芯两种。单阀芯是汽轮机中常见的一种调节汽阀，主要由阀芯和阀座组成，如图 9.3–13 所示。

对于大功率汽轮机，由于蒸汽参数高、调节汽阀直径大，提升力也很大，为了减少开启汽阀的提升力，现代大型汽轮机的调节汽阀均采用带预启阀的结构，如图 9.3–14 所示。

全液压调节系统的调节汽阀，均为群阀提板式结构，如图 9.3–15 所示。

调节汽阀主要由调节阀、传动机构和油动机三部分组成。调节阀包括阀杆、阀梁、阀碟和阀座。

图 9.3–16 所示为汽轮机应用的调节汽阀的一种结构形式。

带侧装式执行机构的调节汽阀机构如图 9.3–17 所示。

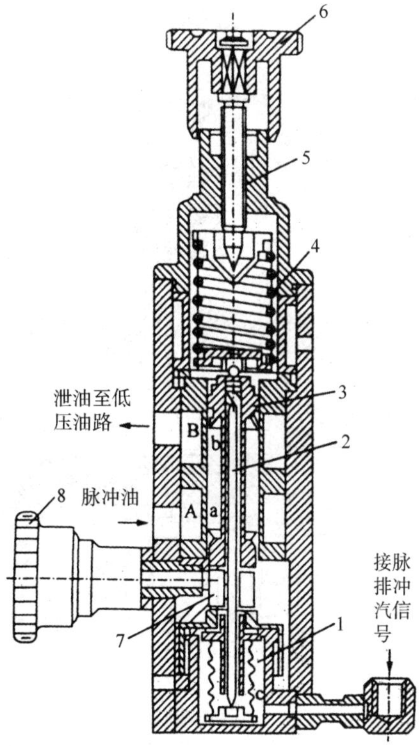


1—波纹管；2、5—芯杆；3—滑阀；4—弹簧；6、8—手轮；7—偏心凸轮

图 9.3–12　波纹管式调压器结构图

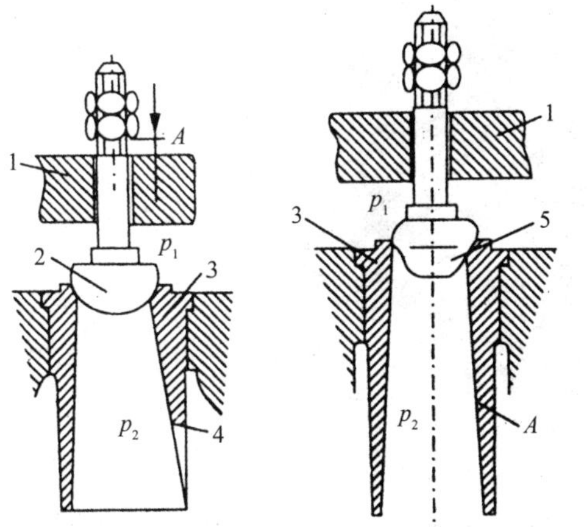


1—提板；2—阀芯；3—阀座；4—扩压管；5—带锥阀芯

图 9.3–13　单阀芯式调节汽阀

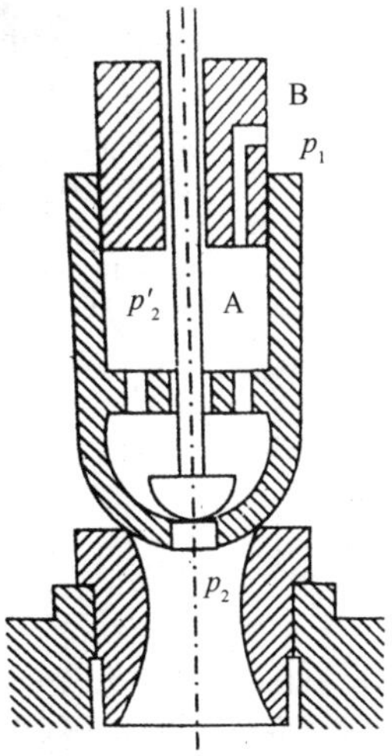


图 9.3–14　双阀芯式调节汽阀（带蒸汽弹簧预启阀）

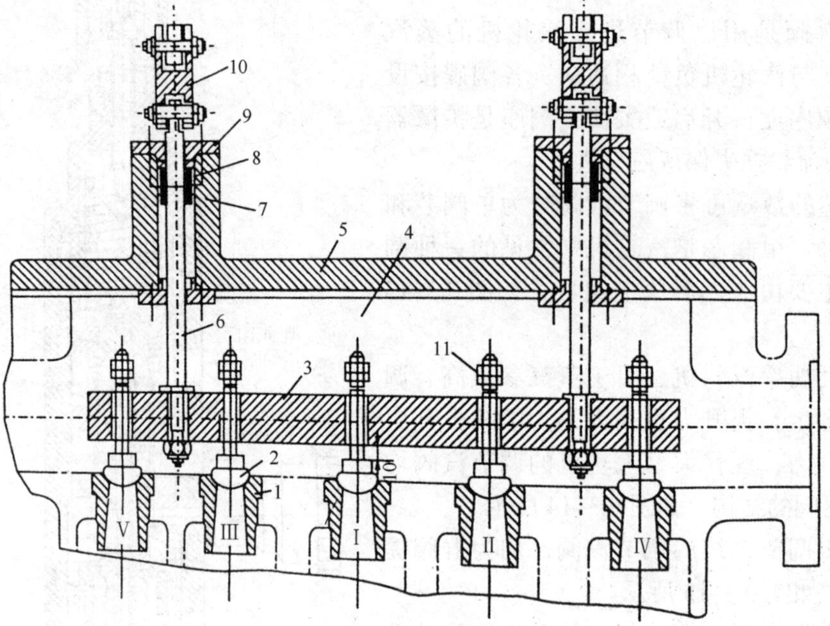


1—阀座；2—蝶阀；3—横梁；4—蒸气室；5—蒸气室盖；6—阀杆；
7—调料密封；8—漏气口；9—压盖；10—叉形接头；11—螺母

图 9.3-15　调节汽阀提板结构图

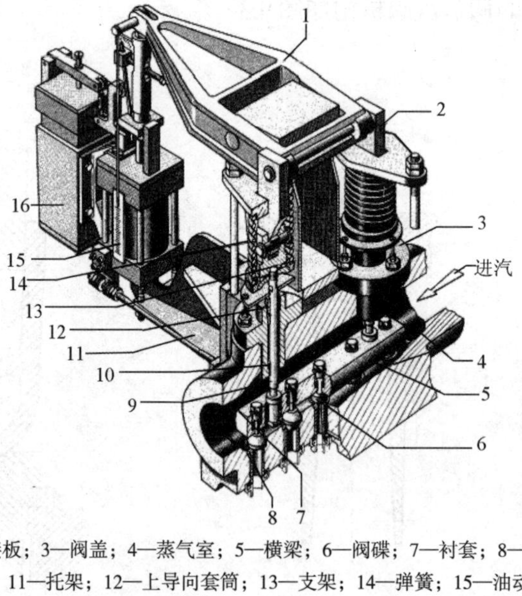


1—杠杆；2—连接板；3—阀盖；4—蒸气室；5—横梁；6—阀碟；7—衬套；8—阀座；9—阀杆；
10—下导向套筒；11—托架；12—上导向套筒；13—支架；14—弹簧；15—油动机；16—错油门

图 9.3-16　调节汽阀结构图

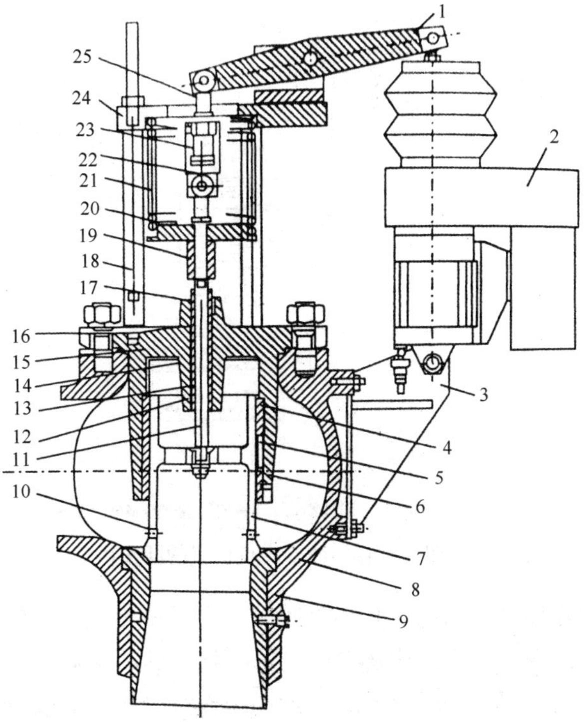


1—杠杆；2—执行机构；3—托架；
4、6、16—填料环；5—柔性石墨环；
7—阀碟；8—阀体；9—阀座；
10—阀碟上冷却蒸汽孔；11—阀杆；
12—衬套；13—密封圈；14—柔性石墨填料；
15—阀盖；17—压盖；18—螺杆；
19—套管；20—弹簧座；21—弹簧；
22—U 形夹；23—调节螺栓；24—支架；
25—关节轴承接头

图 9.3-17　带侧装式执行机构的调节气阀结构图

4. 同步器

同步器又称转速变换器，可在一定范围内平移调节系统静态特性曲线以整定机组转速或改变负荷。同步器是调节系统中调节负荷与转速的调节装置。由调节系统的静态特性曲线可知，汽轮机的每一负荷都对应一个确定的转速（若不考虑迟缓率的影响）。对于孤立（单机）运行的机组，其转速随负荷的变化而变化，即电频率随负荷的变化而变化，使得供电质量不能保证；对于并列运行的机组，由于受得电网的牵制，其转速几乎是稳定不变的，因此并列运行的机组不能随用户需要而进行调整。

显然，上述两种情况是不能同时满足的，因此，设置了调节系统静态特性曲线平移装置—同步器。根据同步器的结构可分为主同步器和辅助同步器两类。主同步器主要在汽轮机正常运行时用于调整负荷、转速，一般由主控室远程电动调节，必要时可由汽轮机操作（运行）人员就地手动操作。辅助同步器主要用来整定同步器的位置或做超速试验。

同步器的作用就是在汽轮发电机组孤立运行时改变机组转速，而在汽轮发电机组并列运行时改变机组的负荷。

同步器主要有以下两种形式：

（1）改变弹簧初紧力的同步器 在具有旋转阻尼的调节系统中，设置了改变弹簧初紧力的同步器，如图 9.3-18 所示。

（2）改变支点位置的同步器 在高速弹性调速器的调节系统中，设置了改变杠杆支点位置的同步器，如图 9.3-19 所示。

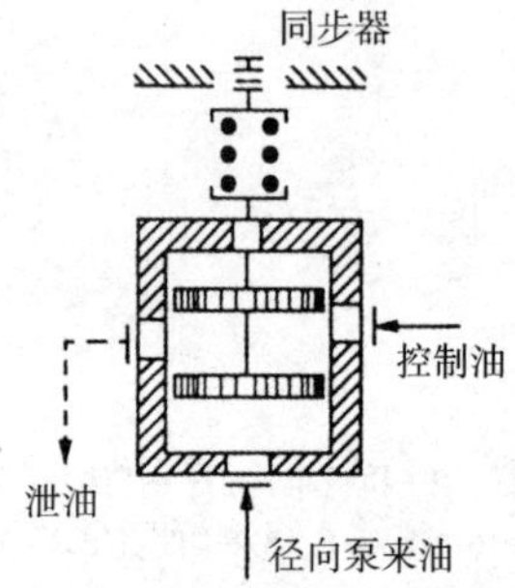


图 9.3-18　改变弹簧初紧力的同步机

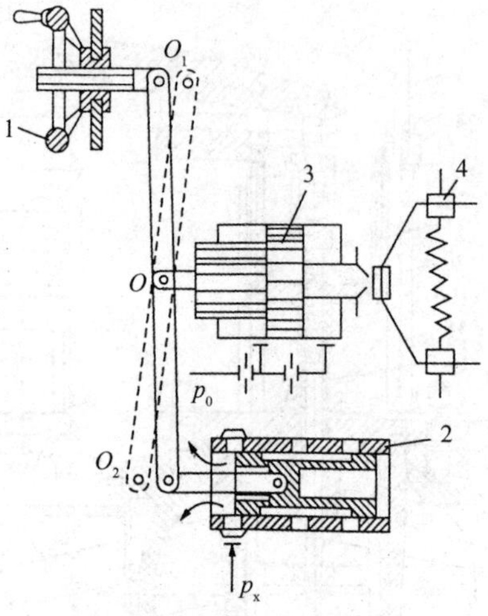


1—同步器；2—调速滑阀；3—随动滑阀；4—调速器

图 9.3-19　改变支点位置的同步机

同步器的结构形式较多，但从其工作原理上可分为以下两种：一种是改变调节系统中感应机构静态特性的同步器；另一种是改变调节系统中传动机构静态特性的同步器。

（1）改变传动机构静态特性的同步器　在全液压调节系统中，同步器是通过改变传动机构静态特性来平移调节系统特性曲线的。该同步器装于压力变送器的顶部，其结构由手轮 1、蜗杆轴 2、蜗轮 5 和 9、传动螺母 10 和同步器芯杆 11 等组成，如图 9.3-20 所示。

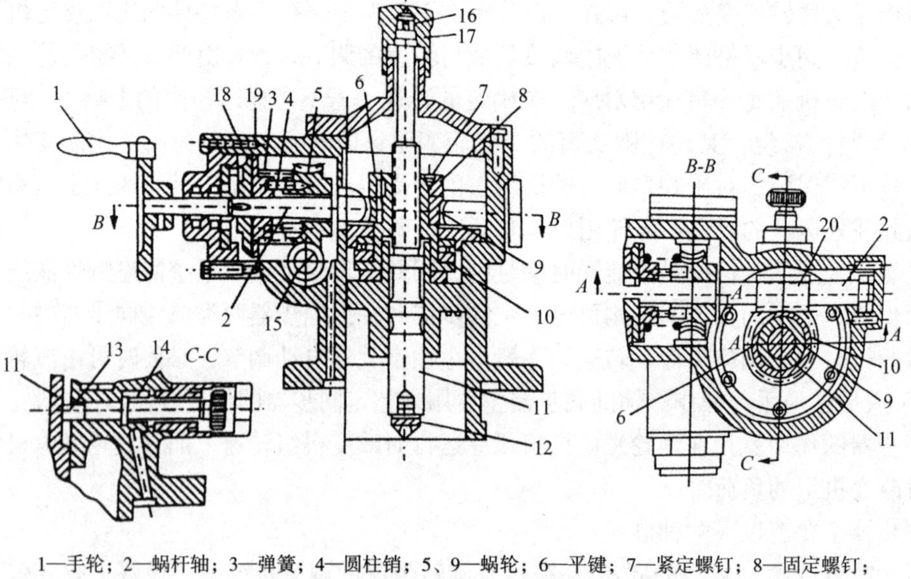


1—手轮；2—蜗杆轴；3—弹簧；4—圆柱销；5、9—蜗轮；6—平键；7—紧定螺钉；8—固定螺钉；10—传动螺母；11—同步器芯杆；12—球形支点；13—行程限制销；14—压力弹簧；15、20—蜗杆；16—四方头；17—螺母罩；18、19—摩擦盘

图 9.3-20　全液压式调节系统同步器的结构图

（2）改变感应机构静态特性的同步器　在半液压调节系统中，同步器是通过改变感应机构静态特性来平移调节系统特性曲线的。该同步器安装于调速器蝶阀座一侧，其结构由手轮 1、同步器轴 2、止动板 3、定位螺母 4，蜗杆 8、离合头 10、连接轴 11、从动轴 14、正齿轮 15、中间轴 16、蜗轮 17、蜗杆 18、减速箱 19 和电动机 20 等组成，如图 9.3-21 所示。

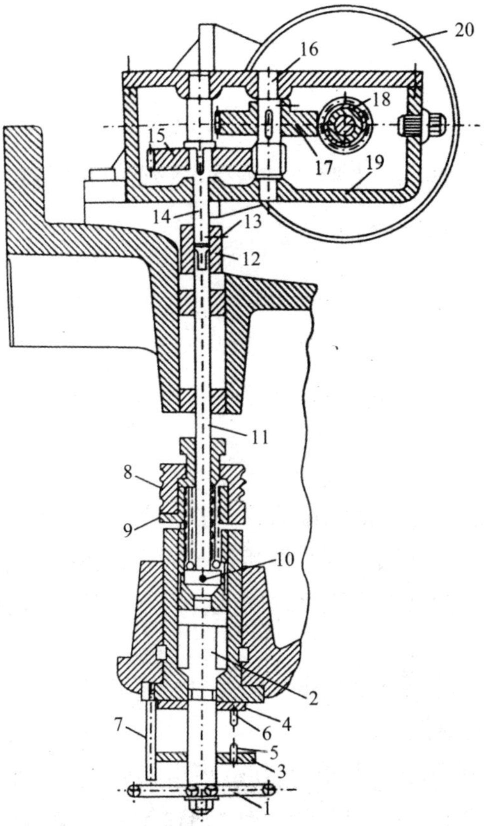


1—手轮；2—同步器轴；
3—止动板；4—定位螺母；
5、6—圆柱销；7—定位杆；
8、18—蜗杆；9、13—紧定螺钉；
10—离合头；11—连接轴；
12—联轴器；14—从动轴；
15—正齿轮；16—中间轴；
17—蜗轮；19—减速箱；20—电动机

图 9.3-21　半液压式调节系统同步器的结构图

# 第 10 章　其他设备

除上述设备外，在乙烯生产中还有膨胀机、干燥器、蒸汽过热炉、聚结器、除氧器和特种阀门等其他设备。

## 10.1　膨胀机

### 10.1.1　膨胀机的工作原理

膨胀机分活塞式和透平式两种，从能量转换的角度看，其作用都是使气体压力降低，对外做功，使它本身的能量减少获得冷量，降低温度。但相比较而言，透平膨胀机具有效率高、流量大、无摩擦件、运转平稳及工作可靠等优点，因此，现在广泛使用的膨胀机是透平膨胀机。

透平膨胀机的工作原理是根据气流动量矩变化规律，即通过旋转叶轮使气体流动量矩变化，对外输出功，消耗气体本身能量而降低温度。

透平膨胀机的工作原理如图 10.1–1 所示，气体在压力 $p_1$ 下由蜗壳进入膨胀机，通过导流器高速喷出，压力降低，高速气流冲击叶片使叶轮旋转，通过轴对外输出功，带动压缩机工作，膨胀后压力为 $p_2$ 的气体从膨胀机的扩压管排出。

膨胀机的效率高低取决于膨胀机的各种损失。在理想情况下，膨胀机的膨胀是绝热或等熵膨胀过程，实际情况是各种损失使气体对外做功能力降低，而这些损失（如摩擦、涡

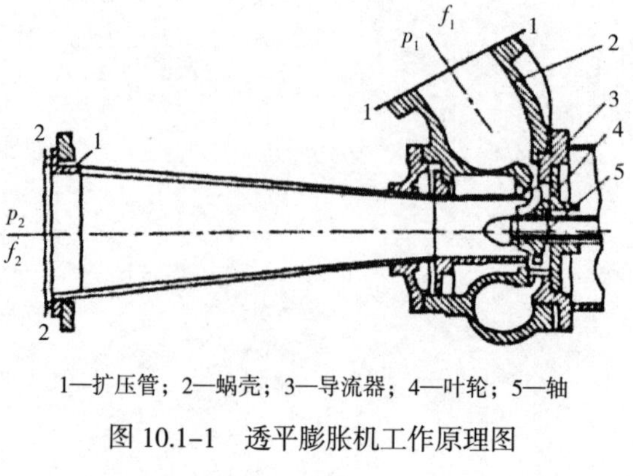


1—扩压管；2—蜗壳；3—导流器；4—叶轮；5—轴

图 10.1–1　透平膨胀机工作原理图

流等）又以热的形式传给气体本身，使气体的出口温度升高，温降效果变差。各种损失主要有流动损失（气流流过导流器和工作轮时，由于流道表面的摩擦、局部产生漩涡及气流撞击等产生的损失）、工作轮轮盘摩擦鼓风损失（当工作轮在旋转时，轮盘周围的气体对叶轮的转动有一摩擦力，轮盘将带动气体运动，产生的摩擦热使气体温度升高，这种损失称鼓风损失）和泄漏损失（包括内泄漏和外泄漏）。

### 10.1.2 膨胀机的结构

1. 膨胀机的组成

乙烯装置中的透平膨胀机一般不是单独运转的，而是和压缩机连接在一起，膨胀机和压缩机的叶轮安装在一根轴的两端，构成膨胀机 – 压缩机系统，膨胀机 – 压缩机系统包括三个基本部分：①带有入口和出口法兰的膨胀机部分；②转动部件；③带有入口和出口法兰的压缩部分。

2. 膨胀机的结构

膨胀机一般由入口导向叶片、叶轮、轴、轴封、轴承、推力自动平衡器和扩压器等构成。膨胀机的结构如图 10.1–2 所示。

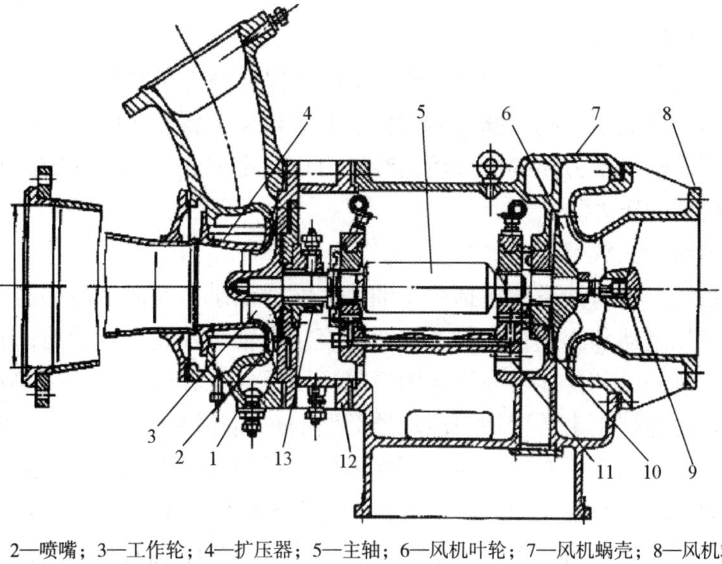


1—蜗壳；2—喷嘴；3—工作轮；4—扩压器；5—主轴；6—风机叶轮；7—风机蜗壳；8—风机端盖；9—转速计；10—轴承座；11—机体；12—中间体；13—密封设备

图 10.1–2 膨胀机结构图

（1）可调的入口导向叶片　入口导向叶片调节输入给膨胀机的质量流量，设计成能够在一个宽广的操作范围内保持不漏气，刚性制动及高效率。上述性能是通过采用一个独特的有一个压力制动密封环的机构来实现的，这种机构消除了侧向泄漏并可防止喷嘴磨损。

此机构设计成能够承受膨胀机最高的入口压力，并能调节到在 0~125% 设计质量流量范围内控制其输入量。一个带有集成定位器的空气隔膜制动器调节导向叶片的开口，一个调节空气信号使制动器调节入口导向叶片的开口，以补偿工艺条件的变化。

（2）膨胀机的叶轮　膨胀机的叶轮用实心板材、棒料进行机械加工或者锻造，以获得最大强度及完整性，带有可调的入口导向叶片结构的向心式膨胀机叶轮在一个宽广操作范围内可达到高效。

叶轮装在轴的具有特殊锥形的部位，这种结构可避免花键产生的应力集中。此外，叶轮是用一个在装配时加有应力的普通定心拉杆固定在轴的锥形头上的，因而每个叶轮上有固定的预载荷，确保在所有极限温度和速度条件下叶轮和轴之间的适当啮合。

（3）轴　膨胀机能在低于第一弯曲临界速度及扭转共振的条件下运行。一条喷涂铝合金带包覆于轴的受振动探头探测的部位，以消除振动的影响。

（4）轴封　轴封是迷宫式的，以把密封气体的泄露降低到最小。这种结构包括一个可更换的不锈钢旋转迷宫式通道，有一个纤维增强酚醛件按预定的方式磨损，可防止损坏转动件。

（5）轴承　轴承为三叶形套筒结构，每个轴承的下垫片埋有一个双元式电阻温度计（RTD），用以测量温度，并警告有可能的轴承损坏。对低温装置来说，RTD 将警告有可能的轴承冻结，在轴承达到一个限定的温度之前，可作为一个“防止启动”机构使用。止推轴承采用一个与滑动轴承整体机械加工的锥形固定瓦块式止推轴承，能够把相等的推力载荷输入两个轴向，推力负载通过每个轴承的压力传感器来监测。压力信号馈送给调节推力负载的推力自动均衡器（A.T.E）。

（6）推力自动均衡器（A.T.E）A.T.E 系统能够保持推力负载远低于承载能力。来自每个轴承的推压信号馈送给滑阀活塞的对应侧，此阀再调节膨胀机叶轮后面的压力，控制转子的推力。油压由轴承推力面的小口传输给推力均衡室型腔，推力平衡活塞操纵闸阀，调节膨胀机叶轮后面的压力。

3. 膨胀机的润滑及密封气系统

（1）润滑系统　润滑油系统包括一个油箱、润滑油泵、润滑油冷却器、过滤器、蓄能器、温度及压力控制器和测量仪表等。润滑油直接由轴承外壳进入油箱；润滑油泵是重型正排量式泵，润滑油冷却器能够在规定的极限环境条件下具有充足的冷却效果。适当的供油温度是通过将冷却器出来的冷油与冷却器旁路的热油相混来保持的，温度由三路温度调节阀传感并控制，因而在所有操作条件下都能保持适当的供油温度。蓄能器的作用是，一旦润滑油泵压力下降，在备用油泵启动前，给油系统供油，减少油压波动。

（2）密封气系统　密封气系统将缓冲气供应给透平膨胀机的每一侧，以防止润滑油侵入工艺物料内，同时不使冷的工艺气体靠近轴承。

### 10.1.3　膨胀机的冷量调节

1. 调节转速

在生产中，当需要稍微减少制冷量时，可采用降低膨胀机转速的方法来调节。采用这种方法，膨胀机进口压力和进口温度基本没有变化，膨胀量也基本不变，是靠降低膨胀机的效率来减少总制冷量的。因此，通过降低转速来减少制冷量是不经济的，而且效果也不显著，因为在降低转速的同时也会导致进气流量的增加。同时，膨胀机长期在非设计的低效率下工作，容易造成膨胀机通流部分的机械损坏，对膨胀机本身也是不利的。

2. 进口节流调节

进口节流调节是在膨胀机进口管道上安装气动薄膜调节阀，通过调节阀的开度来改变膨胀前的气流压力，从而使膨胀机的焓降及等熵效率同时发生变化，实现调节制冷量的目的。由于进口节流，使有效焓降减少，等熵效率急剧下降，因此，这种调节在经济上是很不合理的。但是由于这种调节方法简单，操作方便可靠，所以目前仍然采用。

3. 转动喷嘴叶片

这种调节是利用转动喷嘴叶片来改变其喉部截面流通面积，以改变膨胀机的流量，从而改变其制冷量。这种调节不改变气体在膨胀机进出口的状态参数，而且又不像进口节流那样改变沿工作轮圆周进气的均匀性，因此在较大的范围内（20% 额定制冷量）调节冷量时，仍保持机器有较高的等熵效率。所以，这种调节的经济性好，并且可以灵活改变叶片角的大小，得到比较精细的调节效果，这是一种比较先进的调节方法。

### 10.1.4 膨胀机的联锁

膨胀机设有一段、二段（三取二）自动联锁，还设有室内手动停车和室外手动停车。当膨胀机因故（室内或室外）手动停车时，将发生一段膨胀机吸入阀关闭，室外关闭一、二段压缩机出口闸阀等联锁动作。当膨胀机因故发生自动联锁时，则一段（二段）膨胀机吸入阀关闭，室外关闭一、二段压缩机的出口闸阀。

### 10.1.5 膨胀机操作注意事项

膨胀机操作时必须注意的事项有：①操作人员必须严格按照操作规程进行操作；②必须勤于检查密封气现场指示与控制室仪表指示是否一致，发现问题及时与仪表人员联系；当 DCS 表盘上的报警灯亮时，要及时准确地查找原因，并采取相应的措施，及时处理；③当发生异常情况时，要迅速查明原因，及时处理，在确保操作人员和设备安全的原则下，尽可能地避免造成停车事故；④当装置负荷变化较大时，要及时调整膨胀机最小回流量，以确保压缩机不发生喘振；⑤尽可能使膨胀机 / 压缩机的转速达到额定值；⑥润滑油在投用前一定要先投密封气，停油泵则相反；⑦系统在投用前要仔细检查导淋阀、安全阀的旁路是否已全部关闭，按时检查油罐液位和温度；⑧在设备、管道检修时，必须按检修要求将系统内的有机物含量置换至合格，如要进入设备或动火，必须有专人监护；⑨在设备或管道倒空时，不得将易燃、易爆物料排放到大气或地面、楼面和框架上，系统倒空时要等液体彻底倒净后才能泄压；⑩检修时必须按检修规程进行，需要根据检修内容和范围，作出有针对性的安全检修方案，方案中必须同时有切实可行的安全技术措施和安全注意事项。

## 10.2 干燥器

内装干燥剂的容器即为干燥器，例如裂解气干燥器，它是用来对进入深冷分离系统之前的裂解气进行深度脱水干燥的设备，防止水分进入深冷分离系统，形成水合物结冰而堵塞设备和管道。在乙烯生产中，干燥器有裂解气干燥器、氢气干燥器，乙烯干燥器等气体干燥器，还有液体干燥器。干燥器所使用的干燥剂均为3A分子筛固体吸附型，其优点在于：①具有亲水仇烃的高选择性；②吸附的碳氢化合物少，因为被吸附的碳氢化合物最终要跑到甲烷燃料气中，采用分子筛能减轻裂解炉烧嘴上的结焦问题。

在工艺操作过程中，除乙烯干燥器外，其他都配备两台，其中一台干燥，另一台再生，可以交替操作，使生产系统连续行。

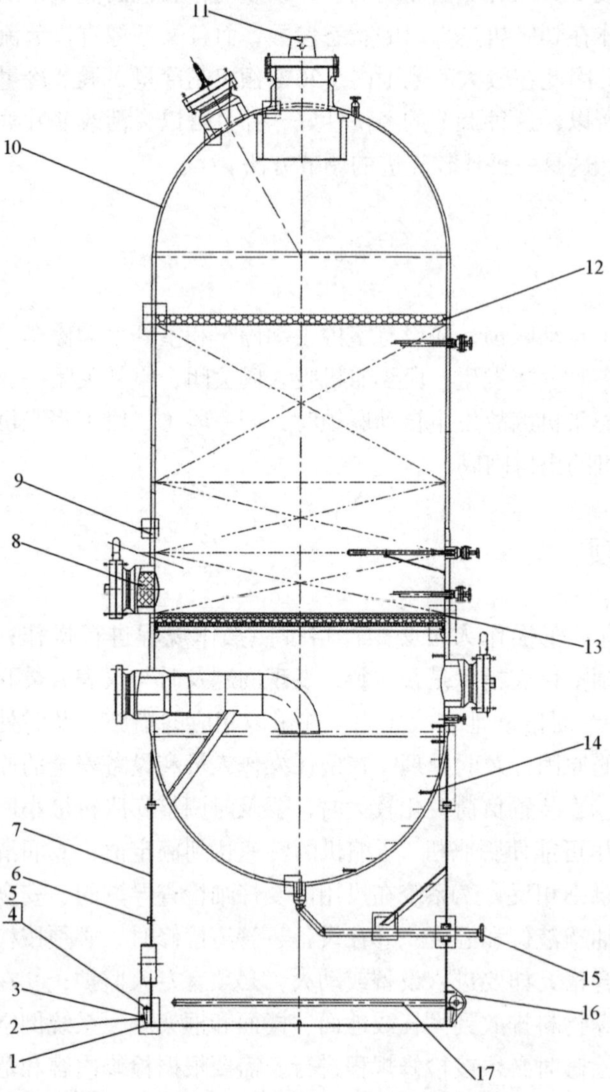


1—基础环；2—筋板；3—接地板；4—盖板；5—垫板；6—铭牌；7—裙座；8—人孔；9—筒体；10—球形封头；11—吊耳；12—不锈钢丝网；13—填料；14—梯子；15—接管；16—尾部吊耳；17—支承钢管

图 10.2-1 裂解气干燥器结构图

### 10.2.1 裂解气干燥器

裂解气干燥器的结构如图10.2–1所示。

### 10.2.2 液体干燥器

丙烯精馏塔原料来自分离和压缩两个单元，分离单元的原料经过干燥，而压缩单元来的原料未经过干燥，含有微量水，为保证丙烯产品质量且防止碳三加氢催化剂中毒，液体干燥器的作用是将进入丙烯精馏塔的原料中的水分脱除。液体干燥器的结构如图10.2–2所示。

### 10.2.3 氢气干燥器

深冷分离出来的粗氢，通过甲烷化反应器脱除其中的CO和$CO_2$。

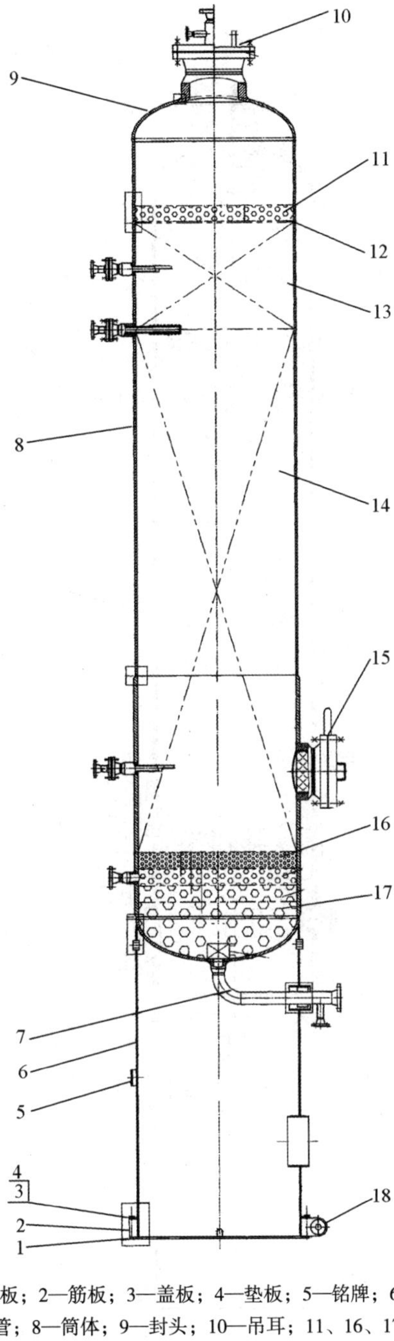


1—基础板；2—筋板；3—盖板；4—垫板；5—铭牌；6—裙座；
7—接管；8—筒体；9—封头；10—吊耳；11、16、17 瓷球；
12—不锈钢丝网；13—干燥剂填料（防护层）；
14—干燥剂填料（主填料层）；15—人孔；18—尾部吊耳

图 10.2-2　液体干燥器结构图

氢气干燥器的作用是将反应生成的残余水脱除，得到产品氢气。氢气干燥器的结构如图10.2–3 所示。

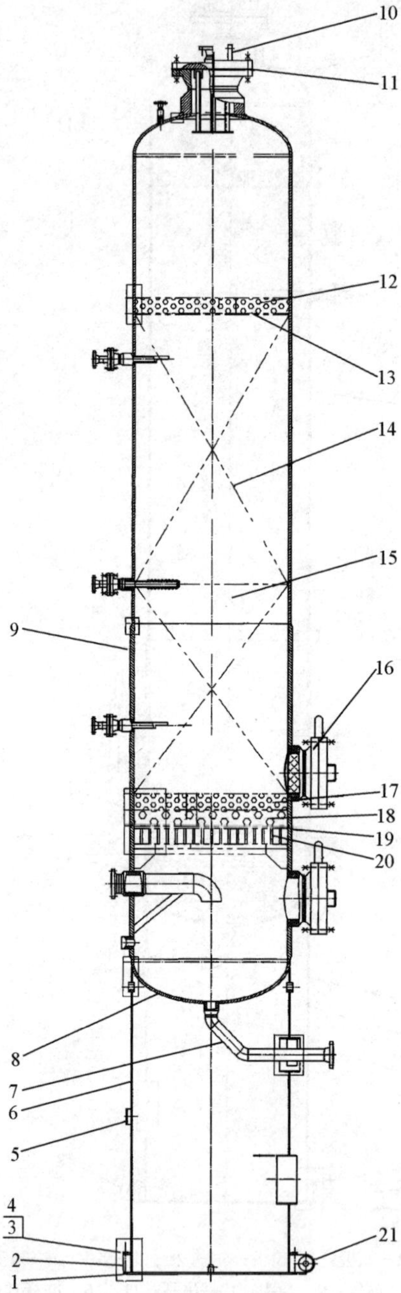


1—基础板；2—筋板；3—盖板；4—垫板；5—铭牌；6—裙座；7—接管；
8—封头；9—筒体；10—吊耳；11—垫片；12、17、18—瓷球；
13、19—不锈钢丝网；14、15—干燥剂填料；16—人孔；20—填料支承；
21—尾部吊耳

图 10.2–3　氢气干燥器结构图

## 10.3 聚结器

聚结器主要是为液－液分离设计的，含两种滤芯，即聚滤芯和分离滤芯，其结构如图10.3-1 所示。

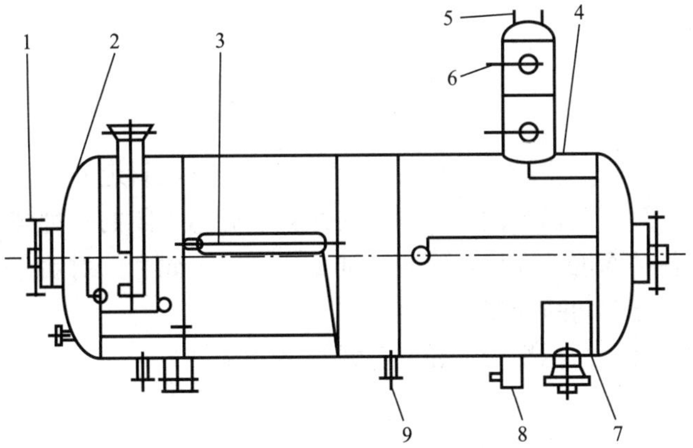


1—人孔；2—封头；3—拉杆；4、5、9—接管；6—补强圈；7—挡板；8、10—支座

图 10.3-1 聚结器结构图

## 10.4 除氧器

除氧器的作用是产生合格的锅炉给水，供给裂解炉产生超高压蒸汽。除氧器的结构如图 10.4-1 所示。

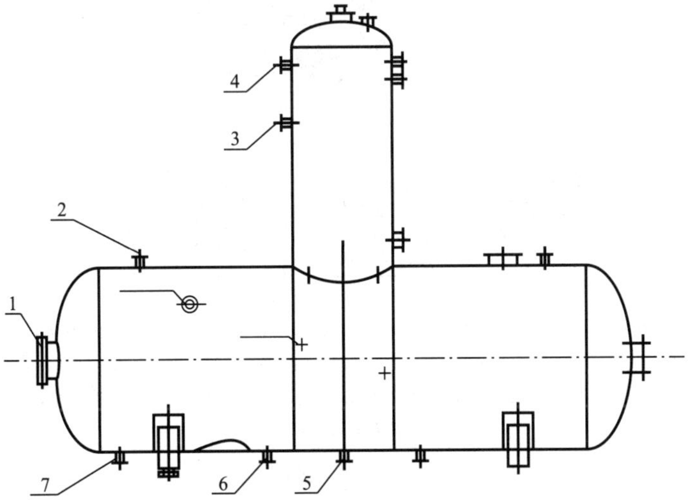


1—人孔；2—气平衡管口；3—高加疏水气入口；4—凝结水口；5—强化换热接口；6—放水口；7—水平衡管口

图 10.4-1 除氧器结构图

# 10.5 特种阀门

在乙烯生产中，特种阀门有蝶阀、闸阀、截止阀、旋塞阀、安全阀、疏水阀、裂解气阀和防喘振阀等。

## 10.5.1 蝶阀

蝶阀又叫翻板阀，是一种结构简单的调节阀，用于低压管道介质开关控制的蝶阀是启闭件（阀瓣或蝶板）为圆盘形，围绕阀轴旋转达到开启与关闭的一种阀。阀门可用于控制空气、水、蒸汽、各种腐蚀性介质、泥浆、油品、液态金属和放射性介质等各种类型流体的流动，在管道上主要起切断和节流作用。

蝶阀有不偏心蝶阀（简称蝶阀）和偏心蝶阀之分。

1. 蝶阀

蝶阀的结构如图 10.5–1 所示。

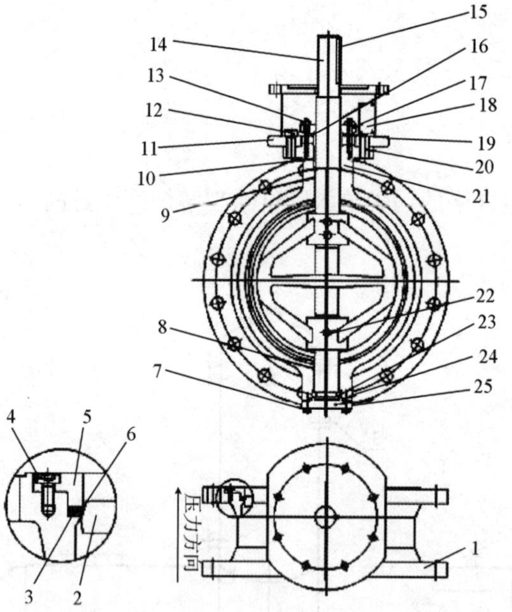


1—阀体；2—碟板；3—阀座；4、7、12—螺栓；5、17—压板；6—阀座垫片；8—衬套；9—上套筒 10—填料；11—支架；13—螺母；14—阀杆；15—平键；16—螺柱；18—铭牌；19—压套；20、22—销；21—填料函；23—止推轴承；24—垫片；25—底盖

图 10.5–1 蝶阀结构图

2. 偏心蝶阀

偏心蝶阀分为单偏心蝶阀、双偏心蝶阀和三偏心蝶阀。

（1）单偏心蝶阀　单偏心蝶阀的结构如图 10.5-2 所示。

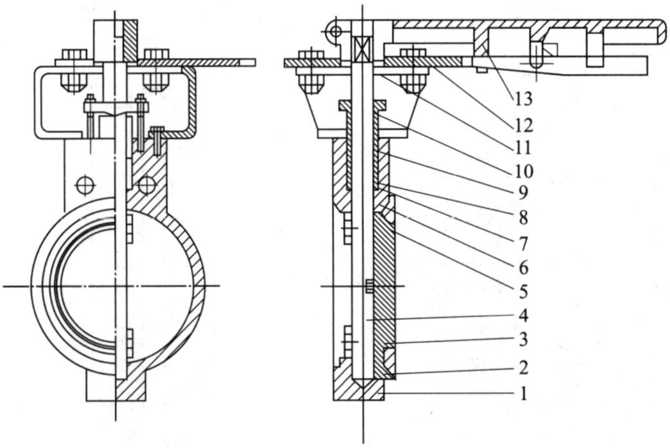


1—阀体；2—阀套；3—碟板；4—阀杆；5—密封；6—轴套；7—填料函；8—填料；9、10—填料压盖；11—支架；12—指示板；13—手柄

图 10.5-2　单偏心蝶阀结构图

（2）双偏心蝶阀　双偏心蝶阀的结构如图 10.5-3 所示。

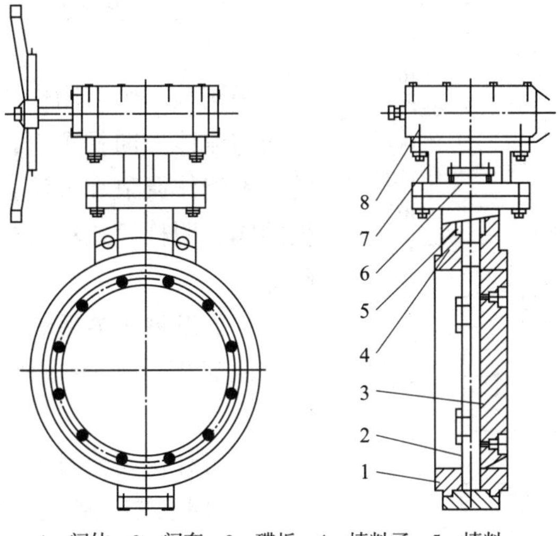


1—阀体；2—阀套；3—碟板；4—填料函；5—填料；6—填料压盖；7—支架；8—蜗轮蜗杆装置

图 10.5-3　双偏心蝶阀结构图

（3）三偏心蝶阀　三偏心蝶阀的结构如图 10.5-4 所示。

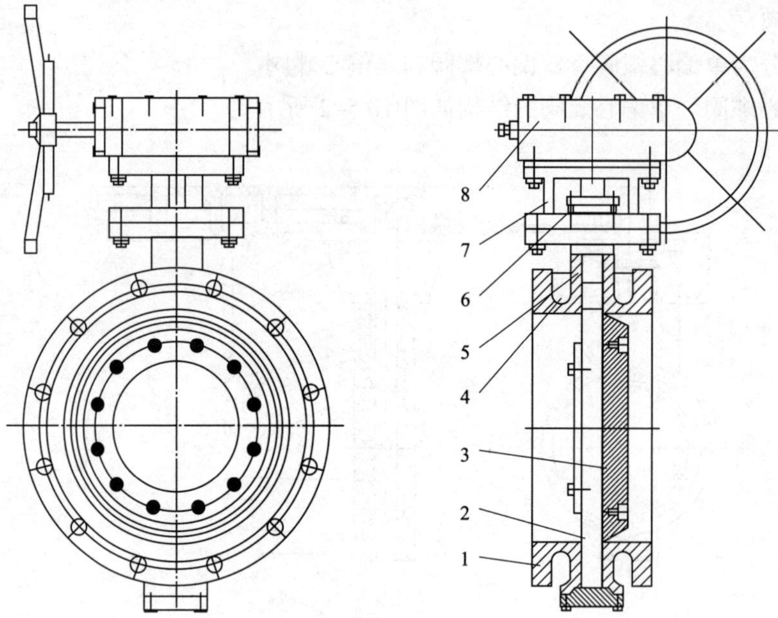


1—阀体；2—阀套；3—碟板；4—轴套；5—填料函；6—填料；
7—填料压盖；8—支架

图 10.5-4　三偏心蝶阀结构图

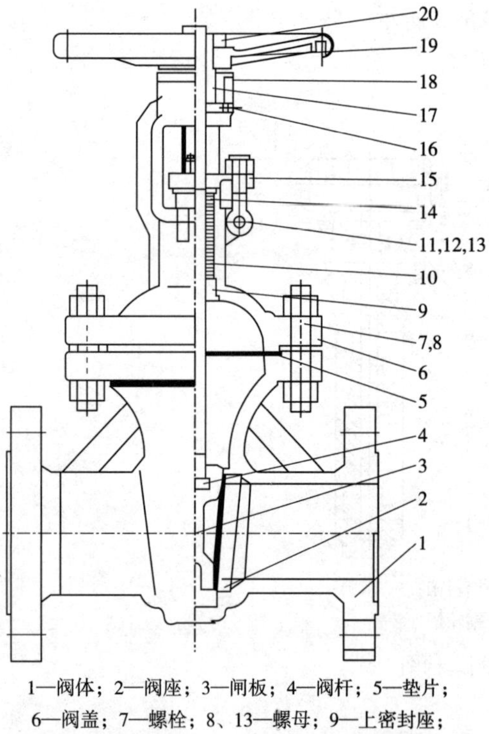


1—阀体；2—阀座；3—闸板；4—阀杆；5—垫片；
6—阀盖；7—螺栓；8、13—螺母；9—上密封座；
10—填料；11—销；12—活节螺栓；14—填料压盖；
15—填料压板；16—油杯；17—阀杆螺母；
18—轴承压盖；19—手轮；20—手轮螺母

图 10.5-5　低温楔式单闸板闸阀结构图

## 10.5.2　闸阀

闸阀是一个启闭作用的阀门，闸板的运动方向与流体方向相垂直，闸阀只能作全开和全关，不能作调节和节流。闸阀有低温楔式单闸板闸阀、明杆楔式单闸板闸阀和双闸板平板闸阀等。

1. 低温楔式单闸板闸阀

低温楔式单闸板闸阀的结构如图 10.5-5 所示。

2. 明杆楔式单闸板闸阀

明杆楔式单闸板闸阀的结构如图 10.5-6 所示。

3. 双闸板平板闸阀

双闸板平板闸阀的结构如图 10.5-7 所示。

## 10.5.3　截止阀

截止阀是指关闭件（阀瓣）沿阀座中心线

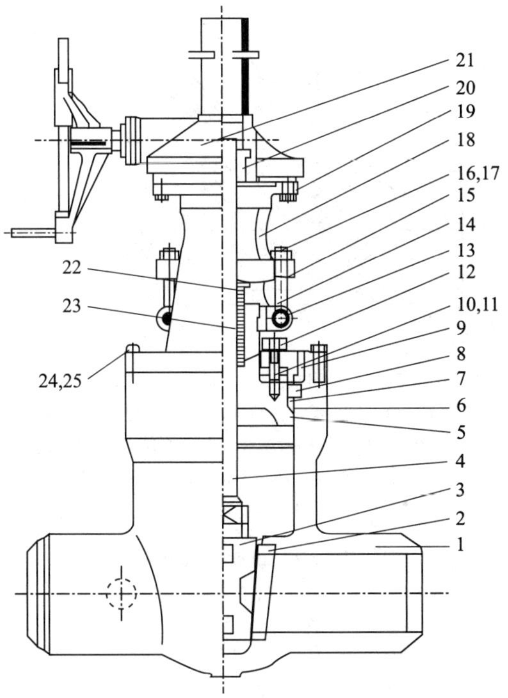


1—阀体；2—阀座；3—闸板；4—阀杆；5—阀盖；6—密封环；7—垫环；8—四开环；9—牵制环；10、19、24—螺栓；11、17、25—螺母；12—填料垫；13—销；14—卡箍；15—填料压板；16—活节螺栓；18—支架；20—阀杆螺母；21—齿轮箱；22—填料压盖；23—填料

图 10.5-6 明杆楔式单闸板闸阀结构图

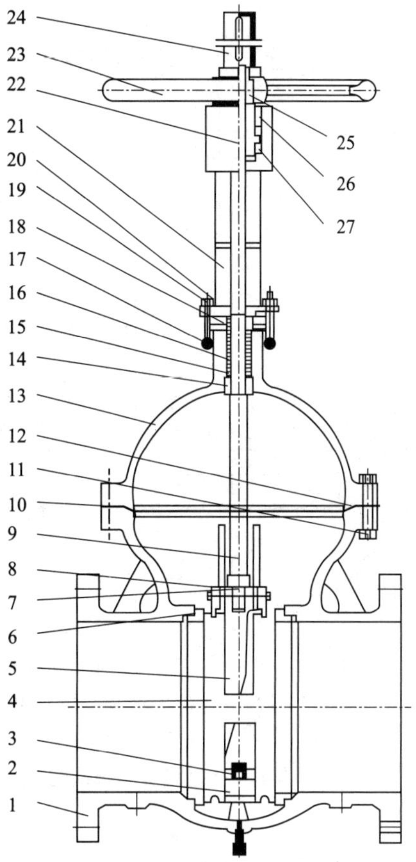


1—阀体；2—副闸板架；3—弹簧；4—闸板；5—主闸板架；6—阀座；7—键；8—定位块；9—阀杆；10、25—螺栓；11—螺母；12—垫片；13—阀盖；14—上密封座；15—填料；16—隔环；17—销 18—填料压盖；19—填料压板；20—活节螺栓；21—支架；22—油杯；23—手轮；24—阀杆罩；26—阀杆螺母；27—轴承

图 10.5-7 双闸板平板闸阀结构图

移动的阀门，根据阀瓣的移动距离，阀座通口的变化与阀瓣行程成正比例关系。由于该类阀门的阀杆开启或关闭行程相对较短，而且具有非常可靠的切断功能，又由于阀座通口的变化与阀瓣的行程成正比例关系，非常适合于对流量的调节。因此，这种类型的阀门适合作为切断、调节以及节流使用。

截止阀有直通式截止阀、直流式截止阀、角式截止阀和低温截止阀等。

1. 直通式截止阀

直通式截止阀的结构如图 10.5-8 所示。

2. 直流式截止阀

直流式截止阀的结构如图 10.5-9 所示。

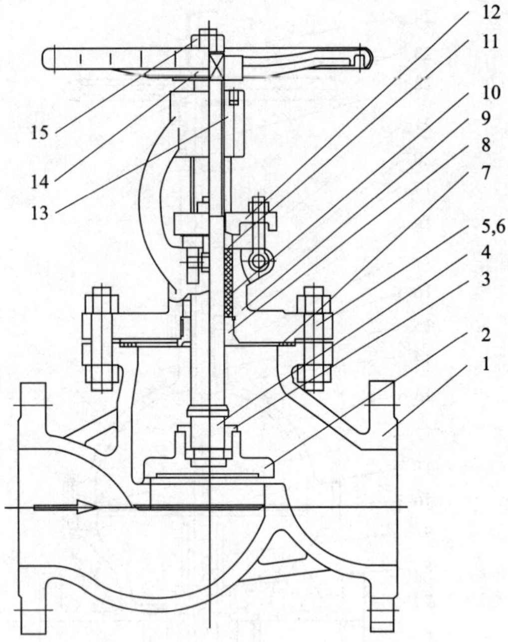


1—阀体；2—阀瓣；3—压盖；4—阀杆；5—螺栓；6、15—螺母；7—垫片；8—密封座；9—阀盖；10—填料；11—压套；12—压板；13—阀杆螺母；14—手轮

图 10.5-8　直通式截止阀结构图

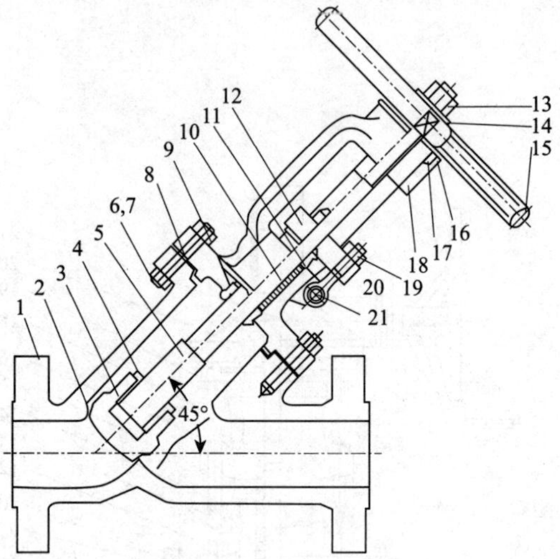


1—阀体；2—阀座；3—阀瓣；4—压盖；5—阀杆；6、13、19—螺母；7、17、20—螺栓；8—垫片；9—密封座；10—填料；11—压套；12—压板；14—垫片；15—手轮；16—阀杆螺母；18—阀盖；21—销

图 10.5-9　直流式截止阀结构图

3. 角式截止阀

角式截止阀的结构如图 10.5-10 所示。

4. 低温截止阀

低温截止阀的结构如图 10.5-11 所示

## 10.5.4　止回阀

止回阀是指依靠介质本身流动而自动开、闭阀瓣，用来防止介质倒流的阀门。止回阀有旋启式止回阀、升降式止回阀、轴流式止回阀和无冲击式止回阀等。

1. 旋启式止回阀

旋启式止回阀的结构如图 10.5-12 所示。

2. 升降式止回阀

升降式止回阀的结构如图 10.5-13 所示。

3. 轴流式止回阀

轴流式止回阀的结构如图 10.5-14 所示。

4. 轴流式止回阀

轴流式止回阀的结构如图 10.5-15 所示。

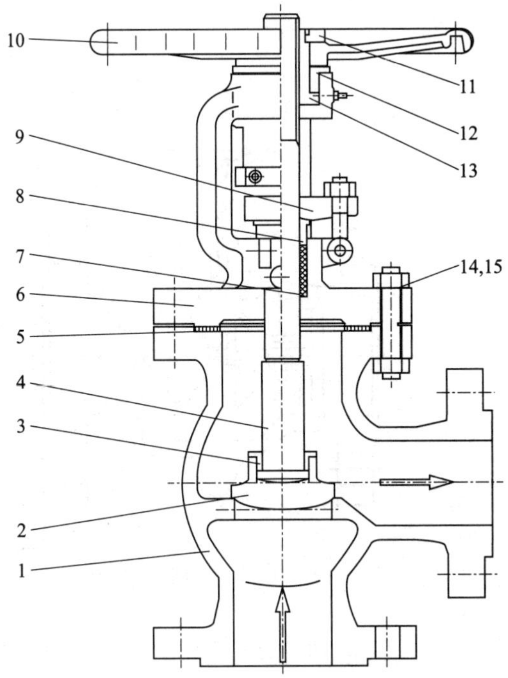


1—阀体；2—阀瓣；3、12—压盖；4—阀杆；5—垫片；6—阀盖；7、15—螺栓；8—压套；9—压板；10—手轮；11、14—螺母；13—阀杆螺母

图 10.6–10　角式截止阀结构图

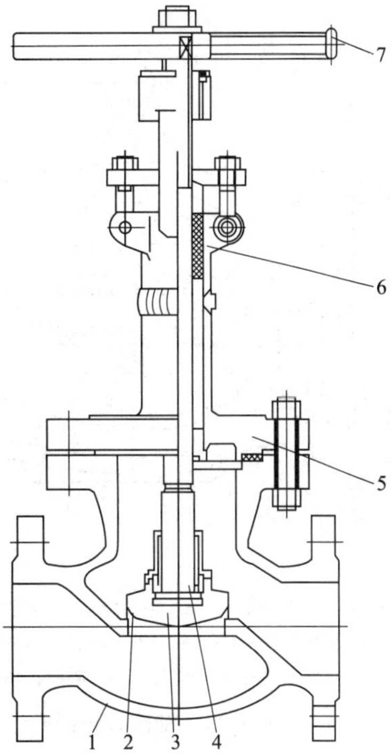


1—阀体；2—阀座；3—阀瓣；4—阀杆；5—阀盖；6—支架；7—手轮

图 10.5–11　低温截止阀结构图

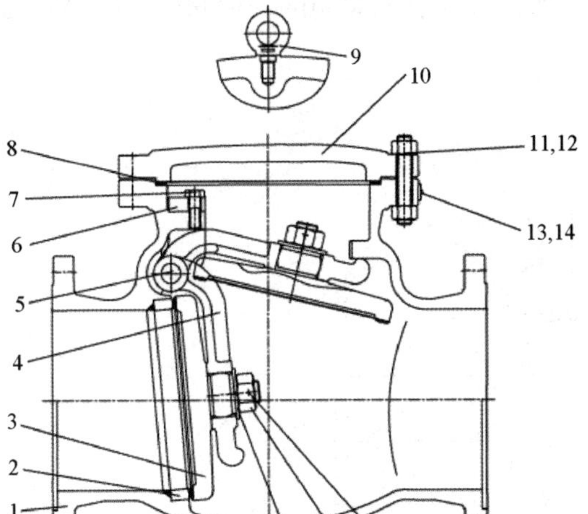


1—阀体；2—阀座；3—阀瓣；4—摇杆；5—销轴；6—支架；7、11—螺栓；8—垫片；9—吊环螺钉；10—阀盖；12、17—螺母；13- 铆钉；14—铭牌；15—防转销；16—阀瓣螺母

图 10.5–12　旋启式止回阀结构图

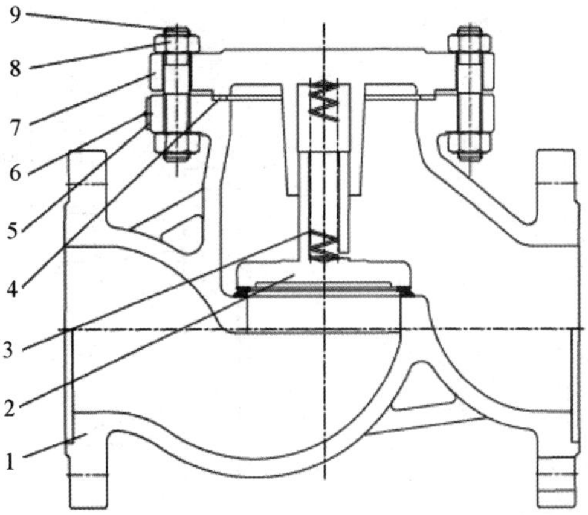


1—阀体；2—阀瓣；3—弹簧；4—垫片；5—铆钉；6—铭牌；7—阀盖；8—螺柱；9—螺母

图 10.5–13　升降式止回阀结构图

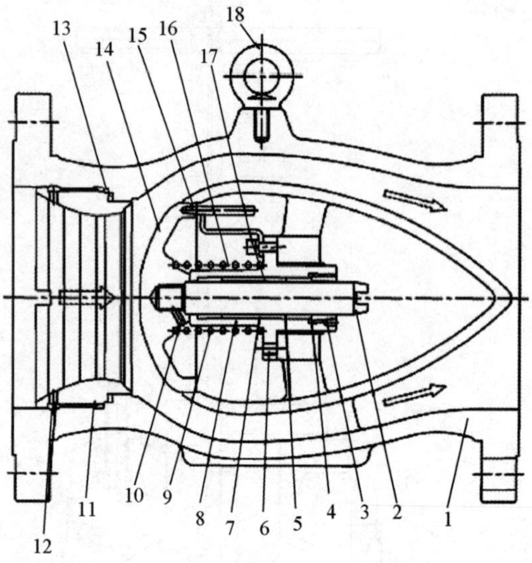


1—阀体；2—轴；3、6、10、12、15—螺栓；4—压盖；
5—轴承；7—隔环；8、17—导向套；9、16—弹簧；
11—阀座；13—垫片；14—阀瓣；18—吊环

图 10.5-14　轴流式止回阀结构图

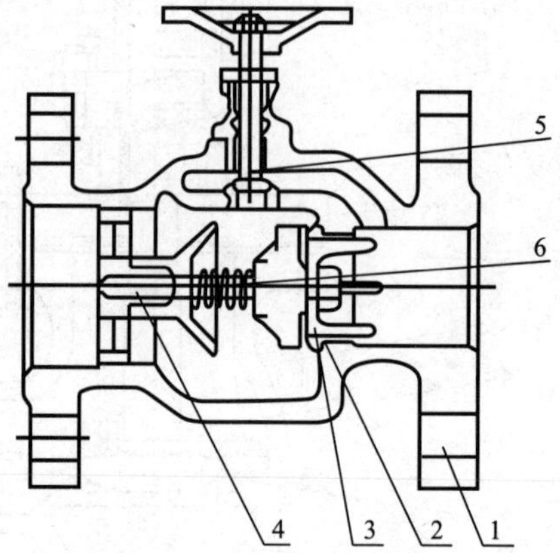


1—阀体；2、5—阀座；3—阀瓣；
4—阀杆；6—弹簧

图 10.5-15　无冲击止回阀结构图

## 10.5.5　旋塞阀

旋塞阀是关闭件（塞子）绕阀体中心线旋转来达到开启和关闭的一种阀门。旋塞阀的结构如图 10.5-16 所示。

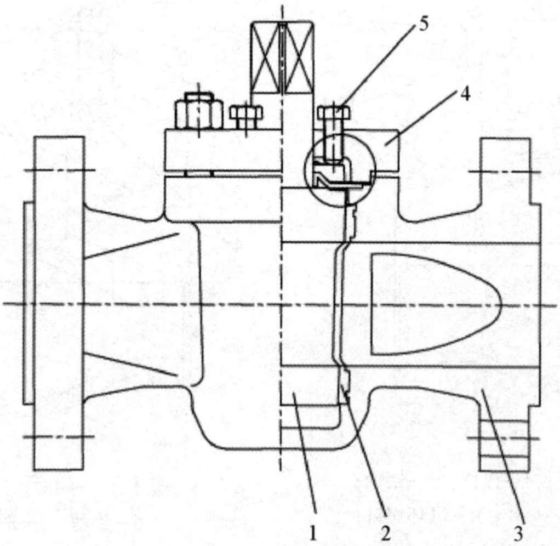


1—阀座；2—PTFE 衬套；3—阀体；4—阀盖；5—调整螺栓

图 10.5-16　旋塞阀结构图

## 10.5.6 安全阀

安全阀是防止介质压力超过规定数值起安全作用的阀门。安全阀在管路中，当介质工作压力超过规定数值时，阀门便自动开启，排放出多余介质；而当工作压力恢复到规定值时，又自动关闭。安全阀有杠杆式安全阀和弹簧式安全阀等。

1. 杠杆式安全阀

杠杆式安全阀的结构如图 10.5-17 所示。

2. 弹簧式安全阀

弹簧式安全阀的结构如图 10.5-18 所示。

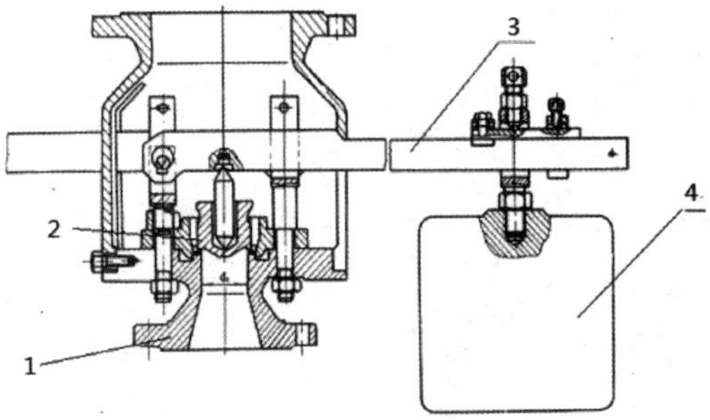


1—阀体；2—阀瓣；3—杠杆；4—重锤

图 10.5-17 杠杆式安全阀结构图

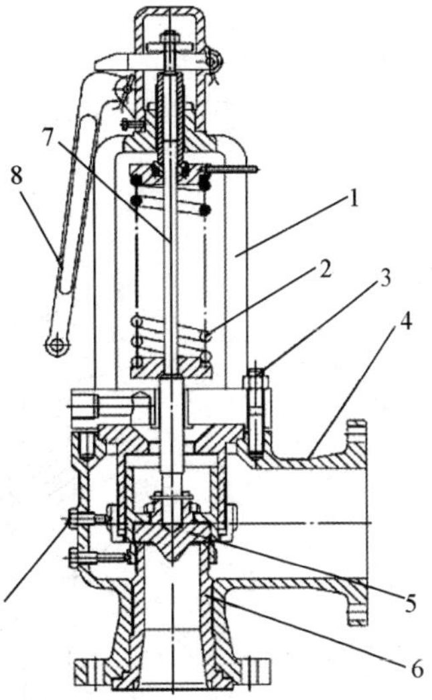


1—阀盖；2—弹簧；3—螺栓；4—阀体；5—阀盘；6—阀座；7—阀杆；8—手柄；9—定位销

图 10.5-18 弹簧式安全阀结构图

## 10.5.7 疏水阀

疏水阀也叫自动排水阀或凝结水排放阀，其作用是将蒸汽系统中的凝结水、空气和不可凝气体尽快排出，同时最大限度地防止蒸汽泄漏。疏水阀有机械型疏水阀和浮球式空气疏水阀等。

1. 机械型疏水阀

机械型疏水阀的结构如图 10.5-19 所示。

2. 浮球式空气疏水阀

浮球式空气疏水阀的结构如图 10.5-20 所示。

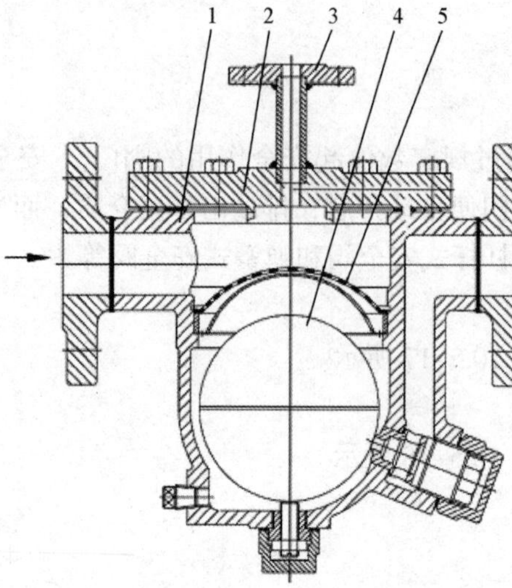


1—阀体；2—阀盖；3—法兰；4—浮球；5—过滤器

图 10.5-19 机械型疏水阀结构图

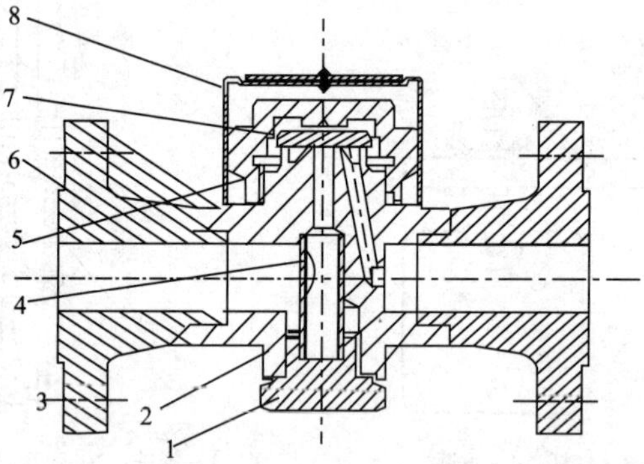


1—螺塞；2—阀体；3—螺栓、螺母；4—过滤器；5—阀盖；6—法兰；7—圆盘芯；8—阀帽

图 10.5-20 浮球式空气疏水阀结构图

### 10.5.8 裂解气阀

裂解气阀的作用是切断裂解管线，清焦阀的作用是切断清焦管线，1 台裂解炉通常配备 1 个裂解气阀和 1 个清焦阀。裂解气阀的结构如图 10.5-21 所示。

### 10.5.9 防喘振阀

防喘振阀的作用是开停车期间，防止小流量引起压缩机喘振。在正常情况下，防喘振阀处于关闭状态；异常情况下，部分气流经防喘振阀后回吸气管。防喘振阀的结构如图 10.5-22 所示。

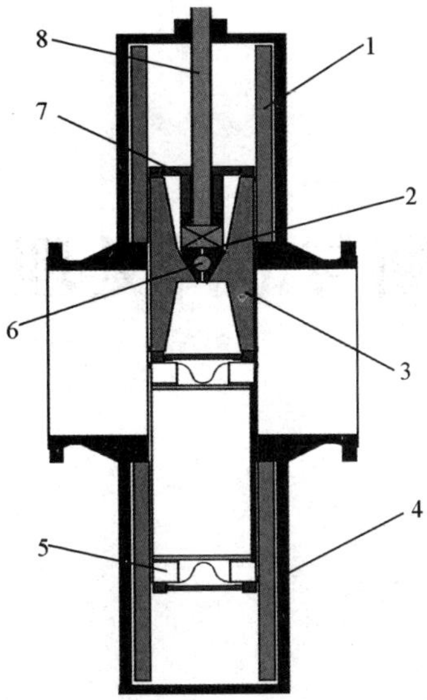


1—导板；2—楔形块；3—闸板；4—阀体；
5—膨胀环；6—球体；7—载体；8—阀杆

图 10.5-21　裂解气阀结构图

1—防护盖；2—I/P 转换器；3—电路板；
4—行程传感器；5—壳体；6—接线盒；
7—接线盒盖；8—气动放大器；9—压力表

图 10.5-22　防喘振阀结构图

# 第 11 章　异常现象判断与故障处理

## 11.1　异常现象判断

乙烯生产中的异常现象主要指裂解炉的异常现象、急冷系统异常现象、压缩机异常现象、汽轮机异常现象、碱洗塔异常现象和分离单元异常现象。

### 11.1.1　裂解炉异常现象

裂解炉常见的异常现象常伴随着紧急停车而发生，包括全面紧急停车和局部紧急停车。本节仅介绍非事故状态下裂解炉的异常现象及处理方法。裂解炉常见的异常现象及处理方法如表 11-1 所示。

**表 11-1　裂解炉常见异常现象及处理方法**

| 序号 | 异常现象 | 常见原因 | 处理方法 |
|---|---|---|---|
| 1 | 一组炉管比其他炉管 COT 温度高 | 1）炉管结焦严重、堵塞<br>2）进料流量指示偏高<br>3）热电偶偏差大<br>4）炉膛燃烧不均，局部过热<br>5）稀释蒸汽流量指示偏高 | 1）停炉清焦<br>2）调校流量表<br>3）更换热电偶<br>4）调整烧嘴燃烧状况<br>5）调校稀释蒸汽流量表 |
| 2 | 炉管表面有过热点出现 | 1）火焰不均匀<br>2）炉管结焦严重 | 1）调整烧嘴风门<br>2）停炉清焦 |
| 3 | 侧壁烧嘴回火 | 1）喷嘴或喷管脏<br>2）一次空气过量<br>3）燃料气压力低 | 1）拆下清理<br>2）调小风门<br>3）提高燃料气压力 |
| 4 | 烧嘴回火 | 1）燃料气组分变化大<br>2）燃料气压力低 | 1）调整燃料气系统<br>2）提高燃料气压力 |
| 5 | 烧嘴火焰燃烧不好 | 1）燃料气组分变重<br>2）空气不足<br>3）喷嘴堵塞<br>4）燃料气带液 | 1）开大二次风门<br>2）增加空气量<br>3）清理烧嘴<br>4）调整燃料气系统，排液 |
| 6 | 炉膛上部烟气呈蓝雾状而底部清晰 | 侧壁烧嘴空气不足 | 增大上部烧嘴空气量，必要时开大二次风门 |

续表

| 序号 | 异常现象 | 常见原因 | 处理方法 |
|---|---|---|---|
| 7 | 炉膛顶部和下部温差大 | 1）过量空气进入炉膛<br>2）底部和侧壁烧嘴燃烧不好 | 1）检查窥视孔和炉体，堵塞漏风处<br>2）调整底部和侧壁烧嘴燃烧状态 |
| 8 | 横跨段温度高 | 1）空气过量<br>2）裂解炉负荷偏低或偏高 | 1）检查氧含量，关小烟道挡板，减小风门开度，检查空气泄漏<br>2）调整负荷 |
| 9 | 烟气呈淡蓝色 | 对流段烃进料管漏 | 停炉清焦，检修处理 |
| 10 | 炉外壁热，窥视孔变形 | 1）炉膛正压<br>2）炉墙衬里损坏 | 1）开大烟道挡板<br>2）停炉处理 |
| 11 | 炉膛温度突然降低，炉膛正压 | 对流段锅炉给水盘管破裂 | 停炉处理 |
| 12 | 废热锅炉出口温度上升快 | 1）汽包液位低<br>2）废热锅炉结焦严重<br>3）热电偶指示不准 | 1）增加汽包锅炉给水流量<br>2）停炉处理<br>3）校验热电偶 |
| 13 | 废热锅炉出口温度快速下降 | 废热锅炉套管泄漏，BFW 漏入裂解气侧 | 停炉处理 |
| 14 | 投料后废热锅炉出口温度比正常情况上升快 | 1）停炉时，废热锅炉清理不干净<br>2）原料组分变重，COT 温度过高<br>3）稀释蒸汽流量指示偏高<br>4）超高压蒸汽侧压力偏低 | 1）视情况是否要重新烧焦<br>2）降炉出口温度，视情况是否要重新烧焦<br>3）调校稀释蒸汽流量表<br>4）提高超高压蒸汽压力 |
| 15 | 超高压蒸汽过热的出口温度低 | 超高压蒸汽过热的减温器调节阀内漏 | 关小锅炉给水手动阀；停炉时，检修减温器调节阀 |
| 16 | 超高压蒸汽过热的出口温度高 | 1）超高压蒸汽减温器调节阀被关闭<br>2）无磷锅炉给水手动阀未打开<br>3）炉子进风量过大 | 1）打开减温器调节阀<br>2）打开无磷锅炉给水手动阀<br>3）调整炉子进风量 |
| 17 | 一台废热锅炉出口温度比明显高于其他废热锅炉 | 1）该台废热锅炉对应的炉管进料量大<br>2）该台废热锅炉对应的炉管出口温度高<br>3）该台废热锅炉结焦严重 | 1）适当减小炉管进料量<br>2）调整炉管出口温度<br>3）停炉清焦 |
| 18 | 排烟温度高 | 1）炉子进风量大<br>2）对流段积灰 | 1）调整好炉子的进风量和负压<br>2）对流段吹灰 |
| 19 | 进料混合器进出口温差小 | 1）二次注汽稀释蒸汽流量过小<br>2）稀释蒸汽流量指示偏高 | 1）调整二次稀释蒸汽流量<br>2）调校稀释蒸汽流量表 |

## 11.1.2 急冷系统异常现象

急冷系统常见的问题主要有：急冷水乳化、裂解汽油回流带水、急冷水黏度高、稀释蒸汽带水或带油等。这些问题会迫使装置减负荷生产，甚至引发装置停车。急冷系统常见异常现象及处理方法如表 11–2 所示。

**表 11-2　急冷系统常见异常现象及处理方法**

| 序号 | 异常现象 | 常见原因 | 处理方法 |
|---|---|---|---|
| 1 | 汽油分馏塔顶温高 | 1）裂解负荷高或裂解原料变化（变轻）<br>2）汽油回流量偏小，温度偏高<br>3）热量上移，中段循环热油负荷小或侧线采出不足 | 1）适当调整负荷，调整各操作参数，尽可能使之正常<br>2）增大汽油回流量，加大冷却水量<br>3）调节中段循环热油系统，多回收热量，增加侧线采出 |
| 2 | 急冷水塔顶温高 | 1）裂解负荷高或裂解原料变化<br>2）急冷水中部或塔顶冷却器冷却水量小或冷却水温度偏高<br>3）塔上部急冷水返回量偏小<br>4）中部或塔顶冷却器结垢严重<br>5）急冷水塔釜温过高 | 1）适当调整负荷，调整操作参数，尽量使之正常<br>2）增大中部或塔顶冷却器冷却水量，调整冷却水温度<br>3）增大急冷水返回量<br>4）必要时，切出清理<br>5）降低急冷水塔釜温 |
| 3 | 急冷水塔釜温不正常 | 1）急冷水冷却器冷却水量调节不当<br>2）冷却水温度偏高（釜温高）<br>3）塔上部急冷水返回量不当<br>4）塔中部急冷水回流量调节不当<br>5）急冷水用户旁路阀调节不当<br>6）急冷水冷却器结垢严重 | 1）调节冷却水量<br>2）调整冷却水温度<br>3）调节塔上部急冷水返回量<br>4）调节塔中部急冷水回流量<br>5）调节急冷水用户旁路阀<br>6）冷却器切出清理 |
| 4 | 燃料油闪点不合格 | 1）燃料油汽提塔汽提蒸汽调节不当<br>2）燃料油采出比例不当 | 1）调整汽提蒸汽量，若闪点高，则降低蒸汽量，若闪点低，则增加蒸汽量<br>2）适当调整燃料油采出量的比例 |
| 5 | 裂解汽油干点高 | 汽油分馏塔塔顶温度高，燃料油采出少 | 降低顶温，提高汽油回流，加大燃料油采出 |
| 6 | 汽油带水 | 1）急冷水乳化<br>2）油水界位或油水分离器液位高 | 1）急冷水置换等处理<br>2）降低液位，排水 |
| 7 | 急冷油黏度高 | 1）侧线采出量过大<br>2）汽油分馏塔塔釜温度高<br>3）炉出口温度高<br>4）裂解深度大<br>5）减黏塔操作不好<br>6）裂解炉原料不好 | 1）减小侧线采出量<br>2）调整塔釜温度<br>3）适当降低急冷器出口温度<br>4）适当降低炉出口温度<br>5）调整中段热油循环及返回量<br>6）降炉出口温度，外接调质油至减黏塔，减黏 |
| 8 | 汽油分馏塔塔压差增加 | 1）裂解炉负荷增加，气量变大<br>2）塔顶汽油回流量过大<br>3）裂解柴油采出过小<br>4）塔自身问题（如填料堵塞等） | 1）降低裂解炉负荷<br>2）适当降低汽油回流量<br>3）增加采出<br>4）必要时停车处理 |
| 9 | pH 值不正常 | 1）急冷水注碱量不当<br>2）工艺水注碱量不当<br>3）公用工程排碱过多 | 1）调整注碱量<br>2）调整注碱量<br>3）减少排碱量 |
| 10 | 稀释蒸汽带水 | 1）稀释蒸汽汽包液位满<br>2）稀释蒸汽过热不足 | 1）控制其液位至正常，若是仪表问题，则联系相关人员尽快处理<br>2）调整好稀释蒸汽过热器的过热蒸汽量，保证稀释蒸汽的温度和压力正常 |
| 11 | 稀释蒸汽带油 | 1）急冷水乳化<br>2）工艺水汽提塔汽提效果不好<br>3）稀释蒸汽发生器内漏 | 1）急冷水置换等处理<br>2）调整工艺水汽提塔操作<br>3）切出检修 |

续表

| 序号 | 异常现象 | 常见原因 | 处理方法 |
| --- | --- | --- | --- |
| 12 | 急冷水乳化 | 1）汽油分馏塔顶温高，柴油组分夹带多<br>2）pH 值过高<br>3）分离、压缩系统倒液时带碱<br>4）急冷水温度高 | 1）降低汽油分馏塔顶温<br>2）降低 pH 值至正常<br>3）停止排液<br>4）调节急冷水温度至正常范围内<br>此外，还可采取其他措施，如接新鲜水；补新鲜汽油，同时排放乳化的急冷水，加大排污；由工艺水汽提塔处补入水，尽量少用急冷水；注意汽油分馏塔顶温，防止裂解汽油带水而使顶温降至 100℃；停止裂解炉的烧焦；停止碱的注入 |
| 13 | 急冷油泵不上量 | 1）入口过滤器堵<br>2）泵体有气或汽油分馏塔釜温低使急冷油组分变轻<br>3）急冷油黏度高<br>4）机械故障<br>5）塔釜液位低<br>6）透平转速偏低，蒸汽压力波动<br>7）泵反转 | 1）停泵倒空，清理入口过滤器<br>2）停泵排尽不凝气；调整汽油分馏塔釜温至正常<br>3）引入调质油，加大燃料油采出<br>4）停泵检修<br>5）调整塔釜液位至正常<br>6）重新整定转速<br>7）停车处理，然后重新启动 |
| 14 | 水泵不上量 | 1）入口过滤器堵<br>2）泵体有气<br>3）水温偏高<br>4）机械故障<br>5）塔釜液位低造成泵抽空<br>6）透平转速偏低<br>7）泵反转 | 1）停泵倒空，清理入口过滤器<br>2）停泵排尽不凝气<br>3）调整水温或采取措施降温<br>4）停泵检修<br>5）调整塔釜液位至正常<br>6）重新整定转速<br>7）停车处理，然后重新启动 |
| 15 | 泵内杂音或动 | 1）泵轴与电机轴不同心<br>2）流量超过规定范围<br>3）产生汽蚀<br>4）转动部分不平衡<br>5）地脚螺栓松动 | 1）轴心找正对准<br>2）按泵的使用范围操作<br>3）排尽不凝气，降低物料中的轻组分或入口温度<br>4）重新找平衡<br>5）紧固螺丝 |
| 16 | 泵的轴承和电机过热 | 1）泵轴与电机轴不同心<br>2）电动机负荷大<br>3）油箱中的油过少<br>4）电机缺少一相运转<br>5）润滑油变质<br>6）轴承装配不合适<br>7）电动机自身发热 | 1）轴心找正对准<br>2）适当降低负荷<br>3）加油使油液位正常<br>4）停泵检修<br>5）重新换油<br>6）重新安装轴承<br>7）停车检查处理电动机 |
| 17 | 冲洗油带水 | 1）汽油分馏塔塔顶温度低<br>2）冲洗油换热器泄露 | 1）提高塔顶温度<br>2）换热器切出检修 |

## 11.1.3 压缩机异常现象

### 1. 裂解气压缩机机械故障及处理

裂解气压缩机的性能受吸入压力、吸入温度、原动机转速、流量和控制特性等的影响。大多数事故都是由多种原因互相影响造成的，因此，应慎重对待事故原因和处理措施。裂解气压缩机常见机械故障与离心式压缩机相同，其可能的原因和处理措施如表11-3所示。

**表 11-3 裂解气压缩机常见机械故障原因和处理措施**

| 故障现象 | 故障原因 | 处理方法 |
|---|---|---|
| 1. 振动大 | 1）机组找正不好<br>2）转子动平衡破坏<br>3）转子轴弯曲<br>4）轴瓦间隙大<br>5）润滑油温低<br>6）喘振<br>7）转子发生摩擦<br>8）轴承或地脚螺栓松动<br>9）轴瓦没有压紧<br>10）轴瓦五金损坏<br>11）驱动机振动 | 1）重新找正<br>2）清除叶轮内积碳并重新找动平衡<br>3）校直或更换<br>4）更换轴瓦<br>5）提高润滑油温度<br>6）加大吸入量，加大反喘振循环量，降低转数<br>7）停车检查<br>8）检查并紧固<br>9）调整轴瓦紧力<br>10）更换轴瓦<br>11）检查并消除振动 |
| 2. 轴瓦温度高 | 1）油管不通畅，过滤网堵<br>2）轴瓦入口限流孔板孔径小<br>3）润滑油带水<br>4）轴瓦进口油温高<br>5）轴瓦间隙小<br>6）振动大，轴承发热 | 1）检查、清洗，加大给油量<br>2）检查、扩孔<br>3）脱水或换油<br>4）降低供油温度<br>5）调整轴瓦间隙<br>6）查明原因、清除振动 |
| 3. 供油压力降低 | 1）油泵出现故障或转速降低，排油减少<br>2）油进口过滤网或管口堵塞<br>3）油系统管线漏油<br>4）油压调节阀失灵<br>5）油箱油位低 | 1）启动备用泵、排除故障<br>2）清洗或更换滤芯、消除堵塞异物<br>3）检查并消除漏点<br>4）查明原因及时修复<br>5）补油 |
| 4. 油箱液面下降快、油耗量大 | 1）浮环内箱体密封胶圈部分脱槽损坏<br>2）内浮环巴氏合金层磨损间隙过大<br>3）油气分离器失效<br>4）油冷却器漏 | 1）检查并更换密封胶圈<br>2）更换浮环<br>3）检修油气分离器<br>4）检修油冷却器 |
| 5. 供油温度高 | 1）油冷却器结垢<br>2）冷却水流量低 | 1）清理油冷却器<br>2）调水压加大水量 |
| 6. 润滑油变质 | 1）油与工艺介质接触，使油变质，闪点、黏度降低<br>2）油中进水使油乳化<br>3）过滤芯损坏，机械杂质灰分增大 | 1）消除介质带液问题，更换能抗介质气体污染的油<br>2）检查消除进水原因，脱水或换油<br>3）更换滤芯，必要时换油 |
| 7. 压缩机出口压力低，流量减少 | 1）入口堵塞，进气压力低<br>2）气体出口有放空漏气现象<br>3）叶轮或导流器异物堵塞或结垢<br>4）叶轮入口迷宫气封间隙过大<br>5）透平蒸汽参数降低或带水使转速下降<br>6）气体密度减小或进口温度高 | 1）检查清扫各段入口过滤网<br>2）检查出口管路安全阀有无泄漏，检查防喘振阀的开度<br>3）检查清理叶轮或导流器<br>4）更换叶轮入口迷宫气封<br>5）查明原因，保证供气参数<br>6）调整操作或清扫段间冷却器 |

裂解气压缩机在运行过程中异常现象产生原因及处理方法如表 11–4 所示。

**表 11-4　裂解气压缩机异常现象产生原因及处理方法**

| 异常现象 | 常见原因 | 处理方法 |
| --- | --- | --- |
| 1. 一段吸入罐液面超高 | 1）吸入温度发生变化<br>2）外送泵不上量<br>3）急冷水塔顶温高或实际液面过高<br>4）汽油汽提塔负荷过大或满塔 | 1）联系急冷调整<br>2）排气，加大排放，直至泵上量；必要时双泵运行，同时检查返回一段吸入罐的液位阀是否开度过大或旁路打开<br>3）降低急冷水塔顶温，如有必要适当降负荷<br>4）调整塔负荷 |
| 2. 二段吸入罐液面超高 | 1）裂解气组分发生变化<br>2）各段间压力、温度发生变化<br>3）界面控制系统失灵<br>4）三段吸入罐排液阀阀位过大<br>5）一段出口冷却器内漏<br>6）一段吸入温度过高<br>7）外送泵故障或不上量 | 1）调整裂解炉出口温度<br>2）检查、调整冷却水阀<br>3）检查仪表指示或调节阀情况并处理<br>4）调整阀位<br>5）切出检修<br>6）联系急冷调整<br>7）检修或启用备用泵或两泵并联运行 |
| 3. 三段吸入罐液面超高 | 1）裂解气组分发生变化<br>2）各段间压力、温度发生变化<br>3）界面控制系统失灵<br>4）二段出口冷却器内漏<br>5）四段吸入罐排液阀阀位过大<br>6）碱洗塔吸入罐液面阀开度过大<br>7）外系统排放过大 | 1）调整裂解炉出口温度<br>2）检查、调整冷却水阀<br>3）检查仪表指示或调节阀情况并修复<br>4）切出检修<br>5）调整阀位或临时关闭<br>6）调整阀位<br>7）联系相关系统调整 |
| 4. 碱洗塔吸入罐液面超高 | 1）裂解气组分发生变化<br>2）各段间压力、温度发生变化<br>3）界面控制系统失灵 | 1）调整裂解炉出口温度<br>2）检查、调整冷却水阀<br>3）检查仪表指示或调节阀情况并修复 |
| 5. 四段吸入罐液面超高 | 1）裂解气组分发生变化<br>2）各段间压力、温度发生变化<br>3）返回阀开度较大<br>4）碱洗塔满塔或负荷过大<br>5）五段吸入罐水相液面、苯洗塔水相液面、苯洗塔回流罐水相液面开度过大<br>6）凝液汽提塔负荷过大或满塔<br>7）液面指示失灵 | 1）调整裂解炉出口温度<br>2）调整冷却水阀<br>3）根据负荷调整循环量，提高五段出口冷却器后的温度或打开热线阀<br>4）降低塔液面，减少循环碱量或降负荷<br>5）调整阀位及五段吸入温度，控制好各罐液位<br>6）重新调整塔负荷<br>7）对仪表进行检查、维修或调校 |
| 6. 五段吸入罐液面超高 | 1）裂解气组分发生变化<br>2）各段间压力、温度发生变化<br>3）界面指示控制失灵<br>4）碳三加氢反应器段间罐满罐 | 1）调整裂解炉出口温度<br>2）检查、调整冷却水阀<br>3）对仪表进行检查、维修或调校<br>4）降低罐液位 |
| 7. 裂解气量发生变化 | 1）裂解炉负荷发生变化<br>2）最小循环量调节不当<br>3）转速发生变化<br>4）冷箱系统压力波动<br>5）压缩机出现喘振<br>6）仪表指示出现故障 | 1）调整裂解炉负荷<br>2）调整最小循环量，检查现场阀位<br>3）查明原因，稳定调速系统，<br>4）调整冷箱系统压力<br>5）调整返回量或现场检查返回阀<br>6）对仪表进行检查、维修或调校 |

续表

| 异常现象 | 常见原因 | 处理方法 |
| --- | --- | --- |
| 8. 压缩机一段吸入压力高 | 1）透平出力不够，转速不到位：<br>①驱动蒸汽压力、温度低<br>②排汽压力高<br>③抽气量小<br>④透平机械问题，如结垢、调速器故障等<br>2）压缩机吸入过负荷<br>①返回量设定不当<br>②返回阀有不当开度<br>③裂解炉负荷过大<br>3）压缩机吸入性能不好<br>①吸入温度高<br>②入口管线或过滤网、除沫器堵<br>③吸入气体太轻，轻组分窜入太多<br>4）压缩机某段出口压力太高 | 1）<br>①提高驱动蒸汽压力、温度<br>②降低真空度<br>③开大抽气阀开度<br>④视情况进行相应处理<br>2）<br>①调整返回量设定<br>②检查现场返回阀开度<br>③联系裂解单元调整负荷<br>3）<br>①联系裂解单元调整急冷水塔<br>②择机切除清理<br>③调整原料或调整裂解炉出口温度<br>4）查明原因进行相应处理 |
| 9. 压缩机三段出口压力升高 | 1）碱洗塔结垢严重<br>2）“五返四”阀或热线阀开度不当<br>3）四段吸入滤网或除沫器堵塞 | 1）将碱洗塔切除清洗或检修<br>2）调整阀位<br>3）视情况进行相应处理 |
| 10. 压缩机五段出口压力升高 | 1）冷箱系统压差增高<br>2）裂解气干燥器至脱甲烷塔发生冻堵塞<br>3）装置负荷太高<br>4）氢气外送压力设定高 | 1）调整冷箱系统使压差恢复正常<br>2）若情况严重，则局部停车处理<br>3）适当降负荷<br>4）调整氢气外送压力 |
| 11. 压缩机某段入口温度高 | 1）段间冷却器结垢严重<br>2）冷却水量不足或水温高<br>3）装置负荷过高或循环量过大<br>4）气体组分发生变化<br>5）并联段间冷却器发生偏流<br>6）前段出口温度太高 | 1）视情况切出清理<br>2）联系调度提高水量或降水温<br>3）降负荷或降循环量<br>4）调整裂解原料或裂解炉出口温度<br>5）调整水阀开度，打开物料连通线<br>6）调整冷却器水阀 |
| 12. 压缩机某段出口温度高 | 1）入口温度高<br>2）裂解气组成发生较大变化 | 1）调整急冷水塔<br>2）稳定裂解炉操作 |
| 13. 压缩机某段压缩比增大 | 1）段间冷却器壳层结垢严重<br>2）入口过滤网堵塞<br>3）吸入罐除沫网结垢 | 视情况切出清理或停车检修 |
| 14. 汽油汽提塔灵敏板温度下降 | 1）再沸器结垢严重<br>2）加热阀出现故障<br>3）前三段温度未控制好，汽油量大<br>4）加热蒸汽压力或温度低<br>5）出口疏水器堵塞或回水不畅<br>6）再沸器中水太多<br>7）蒸汽中不凝气太多<br>8）仪表液面指示不准，汽油汽提塔满塔 | 1）切出清理<br>2）对仪表进行检查、维修或调校<br>3）调整好前三段温度<br>4）提高加热蒸汽压力或温度<br>5）蒸汽走旁路，输水器切出清理<br>6）排水<br>7）调整蒸汽系统至正常<br>8）对仪表进行检查、维修或调校 |

续表

| 异常现象 | 常见原因 | 处理方法 |
| --- | --- | --- |
| 15. 凝液汽提塔灵敏板温度下降 | 1）再沸器结垢严重<br>2）加热阀出现故障<br>3）碱洗塔加热温度下降<br>4）仪表液面指示不准，凝液汽提塔满塔<br>5）低压蒸汽压力或温度低<br>6）凝液罐凝液排不出去<br>7）再沸器中水太多<br>8）蒸汽中不凝气太多<br>9）蒸汽加热量指示不准 | 1）切换再沸器<br>2）对仪表进行检查、维修或调校<br>3）调整碱洗塔加热<br>4）对仪表进行检查、维修或调校<br>5）提高低压蒸汽压力或温度<br>6）导淋排液，正常后切回<br>7）排水<br>8）调整蒸汽系统至正常<br>9）对仪表进行检查、维修或调校 |
| 16. 苯洗塔压差高 | 1）五段出口冷却器后温度过高<br>2）塔液位指示有误，造成满塔<br>3）裂解气温度设定过低<br>4）装置负荷太大 | 1）降低温度<br>2）对仪表进行检查、维修或调校<br>3）调整设定，减少回流<br>4）适当打开回流旁路阀或降负荷 |
| 17. 油箱液位升高 | 水漏入油系统中（加热盘管漏或氮气带水） | 1）停用盘管蒸汽<br>2）查明原因，将水置换干净后投用 |
| 18. 油温过高 | 1）冷却水量不足<br>2）循环水温度偏高<br>3）油冷器结垢严重<br>4）加热盘管蒸汽泄露<br>5）冷却水侧有气体 | 1）加大冷却水量<br>2）降低循环水温度<br>3）进行切换、清理<br>4）检查盘管并处理<br>5）进行排气 |
| 19. 油气压差变小 | 1）平衡管及回油管堵塞<br>2）气侧或油侧引压管积油或积气<br>3）高位油槽液面过低或 SO 调节阀开度太小（中控室指示正常）<br>4）稳压器内积气<br>5）仪表指示不准 | 1）检查油气分离器液面、气相和所有平衡管是否堵塞并排放疏通<br>2）引压管排油或排气<br>3）现场检查高位油槽玻璃板液位计或高位油槽排油<br>4）稳压器内排气<br>5）对仪表进行检查、维修或调校 |
| 20. 油压降低 | 1）油压调节阀工作不当<br>2）油过滤器堵塞，压差增高<br>3）油温过高<br>4）安全阀内漏<br>5）油泵转速低 | 1）检查调整<br>2）切换过滤器<br>3）降低供油温度<br>4）消漏维修或更换安全阀<br>5）调整转速 |
| 21. 前加氢工艺前加氢反应器出口乙炔不合格 | 1）催化剂活性低<br>2）催化剂中毒<br>3）反应器负荷分配不均<br>4）CO 含量超标 | 1）提高入口温度<br>2）调整碱洗塔操作，若有必要切换反应器<br>3）合理分配反应器负荷<br>4）调整裂解炉注硫量 |
| 22. 前加氢工艺前加氢反应器床层温升过高 | 1）催化剂活性过高<br>2）入口温度过高<br>3）裂解气量过低 | 降低入口温度，紧急情况可打开五段返回阀；当反应器温度上升过快，无法控制时，可 PB 停车 |
| 23. 前加氢反应器一段出口乙炔过高 | 1）裂解气入口温度过低<br>2）入口 CO 含量过高<br>3）催化剂中毒<br>4）催化剂失活 | 1）提高入口温度<br>2）调整裂解炉注硫量<br>3）调整碱洗塔、脱砷反应器的操作，控制入口 CO 含量，若有必要切换反应器<br>4）裂解炉降负荷，切出反应器并更换催化剂 |

续表

| 异常现象 | 常见原因 | 处理方法 |
|---|---|---|
| 24. 压缩机转速晃动 | 1）调速器故障<br>2）压缩机产生喘振 | 1）处理调速器<br>2）调整返回量 |
| 25. 压缩机发生喘振 | 1）转速变化时防喘振裕量设定偏低<br>2）装置负荷变化时返回阀未及时打开<br>3）出口气体系统压力高<br>4）室内外返回阀设定在手动位置<br>5）裂解气组分发生较大变化<br>6）转速快速变化<br>7）仪表指示不准． | 1）提高设定值<br>2）对仪表进行检查、维修或调校返回阀<br>3）分离调整<br>4）将返回阀设定在自动<br>5）检查裂解气吸入温度、压力及组分是否正常<br>6）稳定转速<br>7）对仪表进行检查、维修或调校 |
| 26. 前加氢反应器一段床层局部温升过高 | 1）催化剂装填不均匀<br>2）局部绿油生成量多，堵塞造成阻力降过大<br>3）裂解气量小产生涡流 | 1）切出反应器并重新装填催化剂<br>2）切出反应器并重新装填催化剂或更换催化剂<br>3）调整裂解气量 |
| 27. 前加氢工艺高压脱丙烷塔压差过大 | 1）冻塔<br>2）进出料不平衡导致淹塔<br>3）回流量过大<br>4）负荷过大 | 1）注入解冻液解冻并调整碱洗塔操作，检查气液分离罐的液位<br>2）淹塔则加大塔釜采出<br>3）调整回流量<br>4）降低负荷 |
| 28. 前加氢工艺高压脱丙烷塔顶温偏高 | 1）进料温度偏高<br>2）再沸器加热量过大<br>3）回流量偏小<br>4）塔压偏高<br>5）液泛<br>6）液相进料过大 | 1）调整进料加热器的操作并检查、调整五段返回阀开度<br>2）适当调整再沸器加热量<br>3）加大回流量<br>4）检查调整五段返回阀开度<br>5）精心调整塔的加热、液位及回流<br>6）降低液相进料量 |
| 29. 前加氢工艺低压脱丙烷塔压偏高 | 1）塔顶轻组分过多<br>2）塔釜加热量大<br>3）冷剂温度高<br>4）回流罐液位过高 | 1）调整塔进料量，适当由放空阀排放<br>2）调整塔加热量<br>3）调整丙烯制冷压缩机的操作<br>4）调整实际液位并检查回流泵的运行 |

### 2. 丙烯制冷压缩机系统异常现象

丙烯制冷压缩机系统在运行过程中异常现象的原因及处理方法如表 11–5 所示。

**表 11-5　丙烯制冷压缩机系统异常现象的原因及处理方法**

| 异常现象 | 常见原因 | 处理方法 |
|---|---|---|
| 1. 一段吸入罐液面升高过快 | 1）液面计或调节阀失灵<br>2）一段用户液面过高而带液<br>3）喷淋开度大或小喷淋打开 | 1）联系对仪表进行检查、维修或调校<br>2）适当调整丙烯液面<br>3）调整喷淋 |
| 2. 二段吸入罐液面升高过快 | 1）液位阀失灵或严重内漏<br>2）热剂用户回收冷量太大<br>3）二段用户液面过高<br>4）三段用户突然大幅度减少用量<br>5）装置运转负荷低尤其是一段负荷低，而 HP 乙烯送出量大 | 1）现场手动控制后，联系对仪表进行检查、维修或调校<br>2）提高乙烯产品加热器加热<br>3）工艺调整<br>4）调整工艺用量<br>5）增加负荷调整，适当增加乙烯产品加热器加热量 |

续表

| 异常现象 | 常见原因 | 处理方法 |
| --- | --- | --- |
| 3. 三段吸入罐液面升高过快 | 1）罐底外送阀突然切断，液位阀失灵或内漏<br>2）HP 乙烯外送温度、高压甲烷温度特别是中压甲烷温度控制阀开度过大<br>3）三段用户液面过高<br>4）一段、二段用户突然大幅度减少用量<br>5）装置运转负荷低，尤其是一段、二段负荷需求不足而 HP 乙烯、LP 乙烯回收液态丙烯量太大造成不平衡 | 1）现场手动控制后，联系对仪表进行检查、维修或调校<br>2）调整中压甲烷温度控制阀开度<br>3）调整用户液面<br>4）相应调整用量<br>5）增加 HP 乙烯外送蒸汽加热器加热量 |
| 4. 四段吸入罐液面升高过快 | 1）所有用户尤其是一段、二段用户需求不足，液面降低，<br>2）冷却水温度或水量不足或人为降低出口压力造成丙烯大量回吐进入四段吸入罐<br>3）液位阀失灵突然切断<br>4）接丙烯阀开度太大或阀内漏<br>5）分离负荷波动太大造成各蒸发器短时间大量蒸发，液面降低，丙烯回吐进入四段吸入罐<br>6）四段用户液面失灵，大量丙烯直接漫入四段吸入罐 | 1）平衡各用户液面<br>2）提高出口压力，联系调度提高水压和降低水温<br>3）室内可进行紧急放空，现场手轮紧急打开，待液面无上升趋势后，立即关闭放空阀，通知对仪表进行检查、维修或调校液位阀，并准备接丙烯<br>4）关小接丙烯阀，如阀内漏，室内可进行放空并通知相关人员处理<br>5）联系分离调整<br>6）室内与现场对照液面并调整 |
| 5. 一段吸入罐吸入压力高 | 1）透平出力不够，转速不到位<br>①高压蒸汽压力、温度低<br>②排汽压力高<br>③抽汽量小<br>④透平机械问题，如结垢、调速器故障等<br>2）压缩机吸入过负荷<br>①返回量设定不当<br>②返回阀开度不当<br>③用户负荷过大<br>3）压缩机吸入性能不好<br>①吸入温度高<br>②入口管线止逆阀或过滤器、除沫器堵<br>③吸入气体太轻，轻组分窜入太多 | 1）<br>①调整蒸汽系统<br>②降低真空度<br>③开大抽汽阀开度<br>④停车处理<br>2）<br>①调整返回量<br>②检查现场返回阀开度<br>③检查返回阀是否有开度，必要时将其关闭，如仍不奏效，降负荷处理<br>3）<br>①开大喷淋阀<br>②停车处理<br>③排不凝汽 |
| 6. 一段吸入罐吸入压力低 | 1）吸入压力控制低<br>2）一段吸入流量设定不当或一段返回阀失灵<br>3）转速过高 | 1）提高一段吸入压力<br>2）重新设定一段吸入流量，检查一段返回阀内外阀开度，并对仪表进行检查、维修或调校<br>3）降低转速 |
| 7. 二段吸入罐吸入压力高（或低） | 1）二段补入压力阀未打开（或关不严）<br>2）三段吸入罐泄压太多<br>3）二段用户负荷太大（或无负荷）<br>4）压缩机一段出口压力高 | 1）检查二段补入压力阀内、外阀开度<br>2）重新调整三段排出压力<br>3）联系调整用户负荷<br>4）适当降低一段吸入压力 |

续表

| 异常现象 | 常见原因 | 处理方法 |
|---|---|---|
| 8. 三段吸入罐吸入压力高（或低） | 1）三段用户负荷过大且气相未经高压乙烯或乙烯精馏塔再沸器回收<br>2）返回阀失灵<br>3）一段吸入压力设定低或出口压力设定低，引起三段吸入罐吸入压力低<br>4）吸入流量太大 | 1）调整用户负荷<br>2）对仪表进行检查、维修或调校<br>3）调整一段吸入压力和三段吸入压力<br>4）调整三段吸入流量 |
| 9. 四段吸入罐吸入压力高 | 1）丙烯收集罐无液封引起窜气<br>2）四段补入流量设定不当或阀开度不当<br>3）丙烯收集罐温度、压力高<br>4）压缩机一段吸入压力太高 | 1）联系调度尽可能降低水温、提高水压<br>2）调整四段补入流量设定值，核对返回阀的室内、外阀开度<br>3）联系调度尽可能降低水温、提高水压<br>4）降低一段吸入压力 |
| 10. 吸入量变化 | 1）系统冷剂用户负荷变化<br>2）返回量变化、返回阀失灵<br>3）透平转速变化<br>4）压缩机喘振<br>5）仪表指示不准 | 1）调整用户负荷<br>2）调节返回量，联系对仪表进行检查、维修或调校阀门<br>3）调整转速<br>4）提高一段吸入流量设定值<br>5）对仪表进行检查、维修或调校 |
| 11. 压缩机出口压力高 | 1）循环水温度高或水压低<br>2）出口冷却器结垢严重<br>3）装置负荷太大，特别是 HP 乙烯、LP 乙烯冷量未回收<br>4）系统内有不凝气<br>5）丙烯收集罐液位阀门失灵<br>6）负荷突然增加 | 1）降低循环水温度或提高压力<br>2）切出清理<br>3）适当降低负荷，增加对外送 HP 乙烯、LP 乙烯冷量的回收<br>4）不凝气阀放火炬<br>5）迅速手动打开液位阀并联系对仪表进行检查、维修或调校阀门<br>6）适当调整负荷 |
| 12. 压缩机出口温度高 | 1）吸入温度高，特别是一段吸入温度高<br>2）出口压力高<br>3）吸入压力低<br>①设定低<br>②过滤网、除沫器或止逆阀堵塞<br>③吸入流量太大、管路损失大<br>4）吸入气体性质变化（如 $H_2$、$N_2$ 窜入等）<br>5）机械故障 | 1）增加喷淋阀开度<br>2）降低出口换热器循环水温度，排不凝气，或降负荷运行，若仍不奏效，则打开放火炬阀排放降压<br>3）<br>①提高设定值<br>②确认后停车处理<br>③降低吸入流量<br>4）排不凝气并检查相关管线<br>5）检查确认后，根据故障情况在线或停车处理 |
| 13. 压缩机喘振 | 1）转速变化时防喘振流量设定偏低<br>2）负荷变化时返回阀不能及时打开<br>3）系统出口气体压力高<br>4）室内外返回阀设定在手动位置<br>5）丙烯密度发生较大变化<br>6）转速快速变化<br>7）仪表指示不准 | 1）提高设定值<br>2）联系对仪表进行检查、维修或调校返回阀<br>3）增加冷却出口丙烯气体的能力<br>4）返回阀设定在自动<br>5）检查丙烯气分子量是否正常，及时调整<br>6）稳定转速<br>7）对仪表进行检查、维修或调校 |
| 14. 油箱液面升高 | 水漏入油中 | 查漏，若是冷却器漏，则切换检修；若是加热盘管漏，则停蒸汽 |

续表

| 异常现象 | 常见原因 | 处理方法 |
|---|---|---|
| 15. 油箱液面降低 | 1）油系统泄漏<br>2）密封间隙过大<br>3）油气分离器故障<br>4）密封油回油不畅 | 1）消除漏点<br>2）停车检修<br>3）油气分离器检修<br>4）检查管线和伴热 |
| 16. 油气压差高 | 高位槽液面过高或气侧平衡管堵或仪表指示故障 | 降低高位槽液位，疏通平衡管，仪表引压管排液或校验仪表 |
| 17. 密封油量大 | 高位槽充油液面过低或机械故障 | 用充油线向高位油槽充油或停车检修 |
| 18. 油气压差偏低 | 1）平衡管及回油管堵塞<br>2）气侧或油侧引压管积油或积气<br>3）高位槽液面过低或密封油调节阀开度太小（中控室指示正常）<br>4）稳压器内积气<br>5）仪表指示不准 | 1）检查油气分离器液面、气相和所有平衡管是否堵塞并排放疏通<br>2）引压管分别排油或排气<br>3）现场检查高位槽玻璃板液面计或高位槽排油<br>4）稳压器排气<br>5）对仪表进行检查、维修或调校 |
| 19. 润滑油压下降 | 1）油压调节阀工作不当<br>2）油过滤器堵，压差高<br>3）油温高<br>4）油泵安全阀内漏<br>5）油泵转速低 | 1）对仪表进行检查、维修或调校返回阀<br>2）切换清洗<br>3）调整油冷器<br>4）切出该泵检修<br>5）提高转速 |

3. 乙烯制冷压缩机系统异常现象

乙烯制冷压缩机系统在运行过程中异常现象原因及处理方法如表 11-6 所示。

**表 11-6　乙烯制冷压缩机系统异常现象原因及处理方法**

| 异常现象 | 常见原因 | 处理方法 |
|---|---|---|
| 1. 一段吸入罐液面升高过快 | 1）一段换热器用户液面过高而带液<br>2）喷淋开度大<br>3）液面计或调节阀失灵 | 1）适当调整用户液面，稳定各用户液面<br>2）关小喷淋<br>3）迅速排液并联系仪表修理 |
| 2. 二段吸入罐液面升高过快 | 1）液位阀失灵或严重内漏<br>2）二段液面过高而带液<br>3）一段用户进料突然切断<br>4）喷淋开度过大 | 1）现场旁路阀手动控制并联系对仪表进行检查、维修或调校阀<br>2）适当调整用户液面，稳定各用户液面<br>3）检查排除故障<br>4）关小喷淋 |
| 3. 三段吸入罐液面升高过快 | 1）喷淋开度过大<br>2）外送阀失灵<br>3）三段用户液面过高而带液 | 1）关小喷淋<br>2）现场旁路阀手动控制并联系仪表人员修理<br>3）适当调整用户液面，稳定各用户液面 |
| 4. 出口乙烯收集罐液面升高过快 | 1）用户需求不足，液面降低<br>2）外送阀失灵突然切断<br>3）接乙烯阀开度太大或阀内漏 | 1）调整稳定各用户液面<br>2）室内可进行紧急放空，现场旁路阀紧急打开，出口乙烯收集罐不凝汽阀打开，待液面无上升趋势后，室、内外立即关闭，通知仪表人员检修，并准备接乙烯<br>3）关小接乙烯阀，如阀内漏，室内可进行放空并通知车间处理 |

续表

| 异常现象 | 常见原因 | 处理方法 |
| --- | --- | --- |
| 5. 一段吸入罐压力高 | 1）透平出力不够，转速不到位<br>①高压蒸汽压力、温度低<br>②排汽中压蒸汽压力高<br>③透平机械问题，如结垢、调速器故障等<br>2）压缩机吸入过负荷<br>①返回量设定不当<br>②返回阀开度不当<br>③用户负荷过大<br>3）压缩机吸入性能不好<br>①吸入温度高<br>②入口管线止逆阀或过滤器、除沫器堵<br>③吸入气体太轻，轻组分窜入太多 | 1）<br>①联系调度进行调整<br>②联系调度进行调整<br>③视情况停车检修<br>2）<br>①调整返回量<br>②检查现场返回阀开度<br>③联系分离单元调整，如还不行，则降负荷处理<br>3）<br>①调整喷淋阀开度<br>②视情况停车检修<br>③查明原因做相应处理 |
| 6. 吸入量变化 | 1）系统冷剂用户负荷变化<br>2）返回量变化、返回阀失灵<br>3）透平转速变化<br>4）压缩机喘振<br>5）仪表指示错误 | 1）调整冷剂负荷<br>2）调节返回量、联系对仪表进行检查、维修或调校阀门<br>3）稳定转速<br>4）提高吸入量<br>5）对仪表进行检查、维修或调校 |
| 7. 压缩机出口压力高 | 1）出口丙烯冷凝器丙烯液面太低或液面高低不等引起偏流<br>2）丙烯制冷压缩机一段吸入压力高<br>3）出口乙烯收集罐满，系统内有不凝气<br>4）乙烯制冷压缩机负荷过大 | 对所有超压现象，应果断打开放空阀降压，防止联锁停车。然后进行如下处理：<br>1）调整出口丙烯冷凝器丙烯液面相等<br>2）调整丙烯制冷压缩机一段吸入压力设定值<br>3）放火炬，检查接乙烯阀<br>4）稍开出口乙烯收集罐不凝气阀，一旦超压消除，应立即关闭放火炬阀，防止出口乙烯收集罐空罐，同时可打开接乙烯阀 |
| 8. 压缩机出口温度高 | 1）吸入温度高，特别是一段吸入温度高<br>2）出口压力高<br>3）吸入压力低<br>①设定值低<br>②过滤网、除沫器或止逆阀堵塞<br>③吸入流量太大、管路损失大<br>4）吸入气体性质变化（如甲烷、$H_2$、氮气窜入等）<br>5）机械故障 | 1）调整一段喷淋阀开度<br>2）见异常现象 7 的处理方法<br>3）<br>①提高设定值<br>②确认后停车处理<br>③调整吸入流量<br>4）查明原因并相应处理<br>5）停车处理 |
| 9. 压缩机喘振 | 1）转速变化时防喘振流量设定偏低<br>2）装置负荷变化时返回阀不能及时打开<br>3）出口气体压力高<br>4）室内外返回阀设定在手动位置<br>5）乙烯密度发生较大变化（如吸入温度太高、压力太低）<br>6）转速快速变化<br>7）仪表指示不准 | 1）提高设定值<br>2）联系对仪表进行检查、维修或调校返回阀<br>3）打开出口乙烯收集罐不凝气阀<br>4）返回阀设定在自动<br>5）检查吸入温度、压力是否正常<br>6）稳定转速<br>7）联系对仪表进行检查、维修或调校 |

4. 二元制冷压缩机系统异常现象

二元制冷压缩机系统在运行过程中异常现象原因及处理方法如表 11–7 所示。

**表 11-7　二元制冷压缩机系统异常现象原因及处理方法**

| 异常现象 | 常见原因 | 处理方法 |
|---|---|---|
| 1. 一段吸入罐液面升高过快 | 1）喷淋阀开度大<br>2）液面计失灵<br>3）反凝罐阀开度过大或阀失灵 | 1）关小喷淋阀<br>2）液面计处理，迅速排液入 LD<br>3）调整阀开度，迅速排液入 LD 并联系对仪表进行检查、维修或调校 |
| 2. 三段吸入罐液面升高过快 | 1）接乙烯阀内漏<br>2）用户液面过高而带液<br>3）收集罐液位阀开度过大或阀失灵<br>4）喷淋阀开度过大<br>5）液面计失灵 | 1）处理或维修阀门<br>2）适当调整用户液面<br>3）调整阀开度，阀门处理<br>4）调整阀门开度<br>5）液面计处理，迅速排液入 LD 或倒液罐 |
| 3. 压缩机出口收集罐液面升高过快 | 1）分离用户负荷不足<br>2）接乙烯阀开度过大或内漏<br>3）液位阀失灵突然关闭<br>4）反凝罐液位阀失灵突然关闭<br>5）液面计失灵 | 1）调整工艺负荷<br>2）关闭阀门或修理阀门<br>3）处理或维修阀门<br>4）室内打开放空阀紧急放空，室外打开冷剂去脱甲烷塔的阀门<br>5）液面计处理，迅速排液入 LD 或倒液罐 |
| 4. 吸入量变化 | 1）冷剂用户负荷变化<br>2）返回量变化、返回阀失灵<br>3）透平转速变化<br>4）压缩机喘振<br>5）仪表指示不准 | 1）调整负荷<br>2）调节返回量、处理返回阀<br>3）调整并稳定转速<br>4）提高吸入量<br>5）对仪表进行检查、维修或调校 |
| 5. 一段吸入罐压力高 | 1）透平做功不够，转速偏低<br>①高压蒸汽压力、温度低<br>②透平机械问题，如结垢、调速器故障等<br>2）压缩机吸入负荷过大<br>①返回量设定不当<br>②返回阀开度不当<br>③用户负荷过大<br>3）压缩机吸入性能不好<br>①吸入温度高<br>②入口管线止逆阀或过滤器、除沫器堵 | 1）<br>①调整蒸汽系统至正常<br>②视情况停车处理<br>2）<br>①调整返回量设定<br>②检查现场返回阀开度<br>③调整用户负荷，如不行则降负荷<br>3）<br>①调整喷淋阀开度<br>② 视情况停车处理 |
| 6. 压缩机出口压力高 | 1）系统 $H_2$、$CH_4$ 过多<br>2）出口冷却器冷剂液面太低<br>3）丙烯制冷压缩机一段吸入压力高<br>4）出口收集罐液面过高<br>5）压缩机负荷过大 | 1）适当放火炬处理、加大出口收集罐导液阀（排 $CH_4$、$C_2H_4$）<br>2）提高出口冷却器冷剂液面<br>3）调整丙烯制冷压缩机的操作<br>4）增大排液量<br>5）降低负荷 |
| 7. 压缩机出口温度高 | 1）吸入温度高，特别是三段吸入温度高<br>2）出口压力高<br>3）吸入压力低<br>①设定低<br>②过滤网、除沫器或止逆阀堵塞 ③吸入流量太大、管路损失大<br>4）$H_2$、$CH_4$ 过多<br>5）机械故障 | 1）调整喷淋阀开度；检查调整冷却水温度和流量<br>2）见异常现象 6 的处理<br>3）<br>①提高设定值<br>②确认后停车处理<br>③视情况停车处理<br>4）适当放火炬处理、加大出口收集罐导液阀<br>5）视情况停车处理 |

续表

| 异常现象 | 常见原因 | 处理方法 |
| --- | --- | --- |
| 8. 压缩机二段出口温度高 | 1）二段吸入温度高<br>①一段出口温度高<br>②水冷却器结垢、冷却水温度高、流量低<br>2）一段入口温度高<br>3）一段吸入压力低<br>4）$H_2$、$CH_4$ 过多 | 1）<br>①调整喷淋阀及一段吸入压力<br>②调整水阀，联系调度处理<br>2）调整喷淋<br>3）调整吸入压力设定值<br>4）适当放火炬处理、加大出口收集罐导液阀 |
| 9. 压缩机喘振 | 1）转速变化时防喘振流量设定偏低<br>2）装置负荷变化时返回阀不能及时打开<br>3）出口气体系统压力高<br>4）室内外返回阀设定在手动位置<br>5）冷剂密度发生较大变化（如吸入温度太高、压力太低、组成变化）<br>6）转速快速变化<br>7）仪表指示不准 | 1）提高设定值<br>2）处理返回阀<br>3）见异常现象 6 的处理<br>4）返回阀设定在自动<br>5）见异常现象 6 和异常现象 7 的处理<br>6）稳定转速<br>7）对仪表进行检查、维修或调校 |

5. 三元制冷压缩机系统异常现象

三元制冷压缩机系统在运行过程中异常现象原因及处理方法如表 11-8 所示。

**表 11-8　三元制冷压缩机系统异常现象原因及处理方法**

| 异常现象 | 常见原因 | 处理方法 |
| --- | --- | --- |
| 1. 吸入量变化 | 1）冷剂用户负荷变化<br>2）返回量变化<br>3）透平转速变化 | 1）联系分离单元调整<br>2）调整循环量<br>3）稳定转速 |
| 2. 吸入罐液面升高过快 | 1）换热器液面调节阀失灵或仪表失灵造成液面过高<br>2）冷剂组分过重<br>3）开车时喷淋量过大 | 1）对仪表进行检查、维修或调校<br>2）分析组分后排出重组分<br>3）调整喷淋量 |
| 3. 油箱液面升高 | 水漏入油中 | 停车消除漏点 |
| 4. 油箱液面降低 | 油系统泄漏 | 消漏处理 |
| 5. 压缩机出口压力高 | 1）吸入压力高<br>2）出口冷却器结垢或水量小 | 1）降低吸入压力<br>2）调整水量或清理冷却器 |
| 6. 压缩机出口温度高 | 1）一段吸入温度高<br>2）出口压力高 | 1）降低一段喷淋量<br>2）降低出口压力 |
| 7. 油压下降 | 1）油压调节阀工作不当<br>2）油过滤器压差增大 | 1）检查调整<br>2）切换过滤器 |
| 8. 油温高 | 1）冷却水温及水量变化<br>2）冷却器结垢<br>3）伴热管破裂 | 1）调整冷却水温及水量<br>2）切换并清洗油冷器<br>3）处理伴热管 |

## 11.1.4　汽轮机异常现象

引起汽轮机异常现象原因及处理方法如表 11-9 所示。

**表 11-9　汽轮机异常现象原因及处理方法**

| 异常现象 | 常见原因 | 处理方法 |
|---|---|---|
| 1. 复水器真空度下降 | 1）冷却水量不足或水温高<br>2）驱动蒸汽压力低、温度低<br>3）复水器结垢严重<br>4）喷射泵工作不正常<br>5）装置负荷高<br>6）复水量大<br>7）真空系统有泄漏 | 1）提冷却水量，降冷却水温度<br>2）提高蒸汽压力、温度<br><br>3）择机切出清理<br>4）调整喷射泵工作状态<br>5）降低装置负荷<br>6）增大外送量<br>7）查漏并消漏 |
| 2. 复水电导增大 | 1）换热器列管破裂<br>2）蒸汽质量不合格 | 1）检修处理<br>2）调整蒸汽品质 |
| 3. 复水器液面过高 | 1）复水泵过滤网堵或泵体有气<br>2）复水量过大<br>3）送出调节阀故障或送出管路堵塞 | 1）清理入口过滤网或排气<br>2）增大外送量或降低负荷<br>3）现场手动调节，对仪表进行检查、维修或调校，或适当排放 |
| 4. 透平振动过大 | 1）高压蒸汽温度过高或温度过低<br>2）抽汽阀不畅通<br>3）背压高<br>4）真空度高 | 1）调整蒸汽温度，压力<br>2）处理或维修阀门<br>3）降低背压压力<br>4）调整真空度 |
| 5. 透平一级后压力大 | 1）高压蒸汽压力增大<br>2）叶片、喷嘴发生结垢<br>3）抽汽阀全开，进汽量太多 | 1）降低蒸汽压力<br>2）停车处理<br>3）调整负荷 |
| 6. 透平四级后压力大 | 1）透平排汽压力增高<br>2）转子、隔板流道结垢<br>3）复水量大 | 1）调整真空度<br>2）停车处理<br>3）增大外送量或降低负荷 |

汽轮机常见的机械故障与处理如下：

1. 汽轮机振动

汽轮机振动的原因及处理方法如表 11–10 所示。

**表 11-10　汽轮机振动的原因及处理方法**

| 可能的原因 | 检查部位或项目 | 处理方法 |
|---|---|---|
| 1. 暖机不足 | 汽缸振动、轴振动 | 1）频谱分析后用其他方法判断，确认暖机不足，应降速暖机<br>2）减速至 200~300r/min 并继续暖机 |
| 2. 对中、找正不良 | 联轴器基础管线 | 1）检查各个零件的温度并同找正数据做比较<br>2）停机并进行热检查<br>3）纠正冷太对中、找正<br>4）检查基础是否变形<br>5）检查热膨胀是否引起管线产生力矩 |
| 3. 来自从动工作机组的振动 | 从动工作机组的振动 | 1）检查振动来源<br>2）按压缩机运行规程决定处理方法<br>3）使汽轮机同压缩机脱离，开动汽轮机复查；如汽轮机单独运行时不振动，则振动在压缩机方面 |

续表

| 可能的原因 | 检查部位或项目 | 处理方法 |
|---|---|---|
| 4. 调速器驱动轴损坏 | 调速器驱动轴 | 1）检查调速器侧轴架是否有不正常声响<br>2）停机检修轴架<br>3）检查驱动齿轮的磨损和齿隙及各个轴承<br>4）检查驱动轴的对中情况<br>5）检查相关部件，必要时需要用备件替换 |
| 5. 轴承损坏 | 轴承温度 | 1）停机<br>2）如轴承损坏严重，则应检查轴承和汽轮机内部，必要时应修复或更换轴承 |
| 6. 蒸汽管线带来疏水或杂质引起内部零件损坏 | 汽轮机内部 | 1）停机<br>2）检查和大修，更换或修复损坏的零件 |
| 7. 叶片出现异常现象而引起的不平衡 | 转子 | 1）停机<br>2）检修并更换备件 |
| 8. 联轴节损坏 | 联轴节 | 1）停机<br>2）检查联轴节齿的磨损和损坏，检查内径、护环、锁紧环 |

2 不正常声音

汽轮机不正常声音的原因及处理方法如表 11–11 所示。

**表 11-11　汽轮机不正常声音的原因及处理方法**

| 可能的原因 | 检查部位 | 处理方法 |
|---|---|---|
| 1. 转子同迷宫气封环接触 | 汽缸轴承 / 轴架 | 1）在低速下用听棒检查<br>2）使机组降到最低速度或用盘车来纠正转子的挠曲<br>3）采取上述处理方法后，如仍有杂音则停机大修 |
| 2. 叶片翅片和喷嘴相接触 | 汽缸、转子和叶片 | 1）停机检查推力轴承的间隙<br>2）检修汽缸，检查汽缸与转子的间隙 |
| 3. 调速器驱动轴损坏 | 调速器驱动轴 | 1）检查调速器的振动<br>2）停机并检修调速器侧轴架，检查齿轮的磨损和齿隙、轴承的损坏及驱动轴的对中情况<br>3）检查是否需要更换零件 |
| 4.WOODWARD 调节器内部损坏 | WOODWARD 调节器 | 1）检查调速器内不正常声响的部位<br>2）确认调速器内部损坏，应拆下调速器进行检修或更换 |
| 5. 内部管线同转子元件相接触 | 调速器侧轴架、联轴节盖 | 1）检查内部管线的锁定和支架<br>2）纠正各路油管线的不正确位置，必要时进行重装、修理 |
| 6. 外界杂质落入或紧固螺钉松动等 | 汽缸主汽阀调速汽阀 | 1）找出不正常声响的位置<br>2）如声响不连续，且肯定是由外界杂质所造成，则停机检修内部 |
| 7. 盘车齿轮磨损 | 盘车齿轮 | 1）必要时，检修、检查和修锉齿轮<br>2）在装置运行时准备备用齿轮，下次停机时更换新齿轮 |

3. 轴承温度升高

汽轮机轴承温度升高的原因及处理方法如表 11–12 所示。

表 11-12 轴承温度升高的原因及处理方法

| 可能的原因 | 检查部位 | 处理方法 |
|---|---|---|
| 1. 温度计失灵 | 温度计、热电偶和记录仪 | 1）检查和校准仪表<br>2）同其他轴承相比较，如果轴承、没量等一切正常，可能温度计失灵，应拆下检修或更换 |
| 2. 仪表及调节不当 | 指示器孔 | 1）检查测温套的插入量和插管保护管<br>2）检查推力轴承油控制杆的长度，并检查是否松动 |
| 3. 供油温度高 | 油冷却器、储油箱 | 1）检查冷却水的压力和流量<br>2）必还备用冷却器<br>3）检查油箱的油位 |
| 4. 润滑油量减少 | 润滑油系统 | 1）检查油的性能，如黏度、起泡和含水量<br>2）检查油箱的油位，检查油泵工作情况，发现问题及时解决 |
| 5. 润滑油压力和流量下降；润滑油压力和流量下降；润滑油中断 | 润滑油系统 | 1）检查润滑油压力表并校验其指示是否正确<br>2）检查润滑油泵<br>3）检查润滑油过滤器前、后的压差，必要时改用备件<br>4）检查油箱油位 |
| 6. 轴承巴氏合金损坏 | 轴承 | 1）当轴承有损坏迹象时，应停机拆修轴承并检查<br>2）改用备件，清理轴承室内部，并检查由此发生的损坏<br>3）检查故障发生的原因：①油系统的故障；②带入外界杂质；③乌金的磨损；④轴承组装不当；⑤输水带入汽轮机日内缸；⑥负荷突然改变；⑦压缩机喘振；⑧联轴节摩擦大；⑨振动剧烈 |
| 7. 剧烈振动引起轴 | 振动警报器 | 检查振动的来源，设法消除或减小振动 |

4. 轴承温度波动

汽轮机轴承温度波动的原因及处理方法如表 11–13 所示。

表 11-13 轴承温度波动的原因及处理方法

| 可能的原因 | 检查部位 | 处理方法 |
|---|---|---|
| 1. 温度计失灵 | 温度计 | 1）检查温度计<br>2）同其他仪表做比较，确属失灵应更换 |
| 2. 温度计安装不当 | 温度计 | 重新安装 |
| 3. 润滑油供油温度波动 | 1）冷却水压力<br>2）润滑油压力和流量<br>3）油冷却器放空口 | 1）检查并调整冷却水的压力<br>2）稳定润滑油压力和流量<br>3）检查并调整油冷却器及冷却水的流量和压力 |
| 4. 连通温度计的油孔太小 | 轴承 | 加大油孔尺寸 |
| 5. 轴承组装不当 | 轴承 | 检修和重新组装轴承 |
| 6. 轴承里的空气增加 | 轴承 | 增加或扩大放气孔 |
| 7. 润滑油起泡 | 润滑油 | 1）更换润滑油<br>2）检查油箱油位 |
| 8. 轴承强度不够 | 轴承 | 修改轴承设计或改造轴承 |
| 9. 齿轮联轴节的轮齿粘连 | 齿轮联轴节 | 齿轮上涂二硫化钼润滑脂 |

5. 汽轮机调速失灵

汽轮机调速失灵的原因及处理方法如表 11-14 所示。

**表 11-14　汽轮机调速失灵的原因及处理方法**

| 可能的原因 | 检查部位 | 处理方法 |
|---|---|---|
| 1. 信号风管线堵塞或漏气 | 信号风管线 | 1）检查空压装置<br>2）检查信号风压及其应的转速<br>3）检查全部管线，并找出堵塞和漏气点 |
| 2. 联动系统的摩擦 | 联动装置的连接部分 | 1）检查联动装置连接处是否形成无油干接触<br>2）检查杆端轴承上的锁紧螺母，如发现松动应将螺母拧紧<br>3）检查各部件的润滑油与润滑脂的加注情况<br>4）检查连接轴的轴承并给其加润滑脂 |
| 3. 调速阀杆损坏 | 调速阀 | 1）检查阀的升程和相应的蒸汽流量<br>2）当升程大于相应的蒸汽流量所要求的数值时，应停机检修 |
| 4. 活塞表面粘连 | 调速阀动力缸、调速阀错油门 | 1）停机检修各部件<br>2）找出粘结部位或外界杂质后，将表面磨平<br>3）检查是否有淤渣，若有则应清洗干净 |
| 5.WOODARD 调速器内出现淤渣 | WOODARD 调速器 | 1）停机检修<br>2）检查调速器滑动部分<br>3）调速油应定期更换 |
| 6. 部件松动而发生振动等原因，引起调速器内部故障 | WOODARD 调速器 | 1）停机检修<br>2）按 WOODARD 说明书检修和重新安装<br>3）检查是否需要更换备用调速器 |

## 11.1.5　碱洗塔异常现象

碱洗塔出现异常现象的原因及处理方法如表 11-15 所示。

**表 11-15　碱洗塔异常现象的原因及处理方法**

| 异常现象 | 常见原因 | 处理方法 |
|---|---|---|
| 1. 碱洗塔出口 $H_2S$ 分析不合格 | 1）碱浓度过低<br>2）碱液循环量小<br>3）裂解气中酸性气体含量突然升高<br>4）黄油排放不佳，塔内黄油多<br>5）塔盘堵塞 | 1）增加补碱量<br>2）增加泵的循环量<br>3）适当增加补碱量<br>4）增加黄油排放量<br>5）停车清理 |
| 2. 强碱段油过多 | 1）进塔裂解气温度过低<br>2）弱碱段长期未排黄油 | 1）提高裂解气入口温度<br>2）弱碱段增加排黄油量 |
| 3. 塔压差高 | 1）各段的循环量过大<br>2）塔盘有堵塞现象<br>3）塔内液体积聚过多<br>4）气相负荷过大<br>5）黄油太多 | 1）调整各段循环量<br>2）停车清理<br>3）加大塔釜的液体排放，使液位在液位计指示范围内<br>4）降低裂解气负荷<br>5）增加黄油排放量，增加黄油抑制剂注入量 |

续表

| 异常现象 | 常见原因 | 处理方法 |
|---|---|---|
| 4. 水洗段碱浓度高 | 1）强碱段循环量过大<br>2）裂解气负荷过高 | 1）调整各段循环量<br>2）降低裂解气负荷 |
| 5. 弱碱段碱浓度过低 | 1）新鲜碱补入量过低<br>2）裂解气负荷过高<br>3）裂解气中酸性气体含量突然升高<br>4）塔盘堵塞 | 1）增加新鲜碱补入量<br>2）降低裂解气负荷<br>3）增加新鲜碱补入量<br>4）停车清理塔盘 |
| 6. 弱碱段循环量不稳 | 1）黄油太多<br>2）循环泵入口过滤网堵塞<br>3）泵出口流量指示损坏<br>4）弱碱段碱液位过低 | 1）增加排黄油量<br>2）切换泵并清理过滤网<br>3）对仪表进行检查、维修或调校<br>4）增加新鲜碱补入量，减少废碱排放 |

## 11.1.6 分离单元异常现象

分离单元常见的异常现象的原因及处理方法如表 11–16 所示。

**表 11-16 分离系统异常现象的原因及处理方法**

| 异常现象 | 常见原因 | 处理方法 |
|---|---|---|
| 1. 裂解气干燥器出口水分不合格 | 1）裂解气温度控制太高，致使大量水分进入裂解气干燥器<br>2）干燥器的再生条件不良，或使用时间超过其运行周期<br>3）3A 分子筛粉碎<br>4）碱洗塔操作不好，造成进入分离单元的酸性气体高，使 3A 分子筛中毒，影响其干燥效果 | 1）适当降低裂解气干燥器入口温度<br>2）严格控制再生条件，做到定期切换与再生<br>3）检查干燥器，待系统压力与干燥器压力平衡后，再投用干燥器，严重时更换 3A 分子筛<br>4）严格控制碱洗塔的操作 |
| 2. 冷箱系统压差过大，温度异常 | 1）脱甲烷塔四股进料分布不当<br>2）釜温或中间再沸器调整过快，使脱甲烷塔内气体量变化太大<br>3）高压甲烷或氢气量波动<br>4）甲烷制冷压缩机 / 膨胀机运转波动 | 1）调节脱甲烷塔四股进料<br>2）调节脱甲烷塔加热量，使塔压恢复正常<br>3）调节进入脱甲烷塔内的氢气和甲烷量正常<br>4）调整甲烷制冷压缩机 / 膨胀机的负荷，使塔顶进入甲烷制冷压缩机的甲烷量一定，并调整脱甲烷塔回流量 |
| 3. 脱甲烷塔压差过大，液面波动，温度分布异常 | 1）冻塔。脱甲烷塔的进料中 $CO_2$ 及 $H_2O$ 含量偏高<br>2）液泛 | 1）注入甲醇解冻<br>2）调整回流及塔釜加热量，使塔恢复正常 |
| 4. 脱乙烷塔塔釜带碳二量大 | 1）急冷水温度偏低<br>2）两股进料比例失调 | 1）提高急冷水温度<br>2）适当调整脱乙烷塔的两股进料量比例 |
| 5. 碳二加氢反应器出口炔含量不合格 | 1）催化剂在使用初期活性 高，选择性差<br>2）钯催化剂突然中毒<br>3）进料中乙炔浓度增加<br>4）催化剂使用时间长，活性下降 | 1）降低入口温度，并配入一定量含有 CO 的粗氢<br>2）调整碱洗塔操作和甲烷化反应器操作<br>3）提高各段入口温度；增大各段氢炔比<br>4）切换反应器，对失活的催化剂进行再生、还原 |

续表

| 异常现象 | 常见原因 | 处理方法 |
|---|---|---|
| 6. 碳二加氢反应器床层飞温，高温联锁 | 1）氢炔比过大造成乙烯的加氢放热反应，导致床层飞温<br>2）调节阀故障造成反应器物料不能控制<br>3）入口温度过高，造成床层温度难以控制<br>4）备用时床层漏入氢气 | 1）将反应器停车，泄压，充入 $N_2$，切换备用反应器<br>2）维修调节阀，恢复正常后，重新将反应器投入使用，切入备用反应器<br>3）降低入口温度<br>4）停车处理 |
| 7. 甲烷化反应器温度高 | 1）仪表显示故障<br>2）氢气中的乙烯含量高，导致反应后床层温度高<br>3）入口温度过高，造成床层温度难以控制<br>4）进料中 CO 含量高 | 1）对仪表进行检查、维修或调校<br>2）调整冷箱系统，降低氢气中的乙烯含量<br>3）降低入口温度<br>4）加大裂解原料的注硫量，减少 CO 的生成 |
| 8. 乙烯精馏塔塔压偏高 | 1）塔釜或中沸器加热过大<br>2）塔顶冷剂温度高，回流温度高，回流量小<br>3）进料中乙烯含量偏高<br>4）尾气返回量小 | 1）降低加热量<br>2）增加冷剂量和回流量<br>3）增加不凝气的循环量<br>4）增加尾气返回量 |
| 9. 乙烯精馏塔中甲烷超标 | 1）氢气纯度不够，甲烷含量过高<br>2）脱甲烷塔操作不良，灵敏板温度低<br>3）乙烯干燥器再生后置换不合格就投用。<br>4）尾气返回量小 | 1）调节冷箱温度，使氢气合格<br>2）调整脱甲烷塔操作<br>3）规范干燥器的再生操作<br>4）增加尾气返回量 |
| 10. 循环乙烷中乙烯浓度过高 | 1）塔釜温度低<br>2）液泛、冻塔<br>3）塔压高<br>4）循环乙烷采出过大 | 1）调节塔釜加热量，增大再沸器丙烯的量<br>2）如果是冻塔，在塔的适当位置注入甲醇解冻<br>3）加大冷剂量和回流量<br>4）降低循环乙烷采出量 |
| 11. 脱丙烷塔塔釜再沸器聚堵 | 1）碳三阻聚剂加入量不足或输送泵停<br>2）加热量过大<br>3）再沸器运行时间过长 | 1）加大注入量，检查泵<br>2）适当减小加热量<br>3）切换再沸器 |
| 12. 脱丁烷塔塔釜再沸器聚堵 | 1）碳四阻聚剂加入量不足或输送泵停<br>2）加热量过大<br>3）再沸器运行时间过长 | 1）加大注入量，检查泵<br>2）适当减小加热量<br>3）切换再沸器 |
| 13. 丙烯产品中碳二超标 | 1）脱乙烷塔操作不好，灵敏板温度低或塔空<br>2）冷箱温度高，使氢气中碳二超标<br>3）脱甲烷塔、甲烷汽提塔操作不好<br>4）凝液汽提塔操作不好 | 1）加大脱乙烷塔釜加热量，提高灵敏板温度和塔液位至正常<br>2）降低冷箱温度，同时减小或关掉碳三加氢反应器的配氢量<br>3）调整脱甲烷塔，同时规范干燥器的操作、调节甲烷汽提塔的排放量<br>4）调整凝液汽提塔的操作，适当提高灵敏板温度，杜绝碳二馏分带入碳三中 |
| 14. 丙烯精馏塔塔压偏高 | 1）塔顶轻组分偏高<br>2）回流温度高<br>3）回流量少<br>4）塔釜加热过大，急冷水温度高 | 1）调整脱丙烷塔、甲烷汽提塔的操作，或适当增加返裂解气压缩机的流量或适当排火炬<br>2）加大冷凝器水量或降低水温<br>3）增大回流量<br>4）减少塔釜加热量，降低急冷水温度 |

续表

| 异常现象 | 常见原因 | 处理方法 |
|---|---|---|
| 15. 碳三加氢反应器床层高温报警 | 1）氢炔比过大<br>2）入口温度高<br>3）氢气入口阀失灵<br>4）脱丙烷塔回流罐液位阀失灵或输送泵不上量，造成碳三流量降低<br>5）炔烃量过大 | 1）降低氢炔比<br>2）降低入口温度<br>3）联系仪表人员检查、维修或调校<br>4）现场手动控制液位阀，或启动备用泵<br>5）加大循环量，降低碳三中炔烃浓度 |
| 16. 碳四产品中碳三超标 | 1）脱丙烷塔灵敏板温度低<br>2）脱丙烷塔空<br>3）脱丙烷塔塔压高 | 1）提高灵敏板温度<br>2）建立液位，调校仪表<br>3）降低塔压 |
| 17. 碳四产品中碳五超标 | 1）脱丁烷塔顶温高<br>2）脱丁烷塔液泛或满塔<br>3）脱丁烷塔塔压低 | 1）减少加热量，增大回流<br>2）调整塔操作至正常<br>3）提高塔压 |
| 18. 乙烯产品中乙烷超标 | 1）碳二加氢反应器配氢过量，生成乙烷量大<br>2）轻烃炉 COT 低，裂解气中乙烷循环量大<br>3）乙烯精馏塔顶温高<br>4）乙烯精馏塔塔压低<br>5）乙烯精馏塔塔釜排放量小 | 1）调整反应器配氢量<br>2）提高轻烃炉 COT，减少乙烷循环量<br>3）减增加回流量，少塔加热量<br>4）提高塔压<br>5）增大塔釜乙烷排放量 |

## 11.1.7 膨胀机的异常现象及处理

膨胀机的异常现象及处理方法如表 11-17 所示。

**表 11-17 膨胀机的异常现象及处理方法**

| 异常现象 | 原因分析 | 处理方法 |
|---|---|---|
| 1. 油温高 | 1）环境温度高<br>2）油冷器的旁通量过大<br>3）润滑油中混有冷凝液导致油的黏度下降 | 1）检查油冷器的操作<br>2）检查油温调节阀工作是否正常<br>3）检查油的黏度，更换润滑油 |
| 2. 膨胀机轴承的推力不平衡 | 1）膨胀机叶轮上卸压孔堵塞引起叶轮<br>2）后背压聚集，增加推力 | 1）机组解体检查，维修<br>2）裂解气干燥器已经饱和，露点高，切换干燥器，用热气流进膨胀机叶轮解冻 |
| 3. 压缩机轴承的推力不平衡 | 压缩机超温引起压缩机的叶轮密封损坏 | 对机组解体检查，维修 |
| 4. 密封气管线结冻 | 密封气压力或温度过低，工艺气体倒进密封管线 | 检查密封气总管压力，提高密封气压力 |
| 5. 排油温度低 | 密封气压力低，导致冷工艺气体进入轴承箱的轴径 | 提高密封气压力，同时检查油温是否正常 |
| 6. 排油温度时常低于 10℃，采取提高密封气压力后油温没有变化 | 1）迷宫部分的热格栅损坏，密封气不能长久隔离工艺气体热<br>2）格栅破裂 | 1）如果需要解体检查并更换热格栅或膨胀机的密封齿、轴的密封环<br>2）处理方法同上 |
| 7. 喘振 | 压缩机流量低于设计值的 80%，转速表每隔 4~6s 将有 150~200r/min 的波动 | 调整压缩机最小回流量，保持压缩机的流量大于设计值的 80% |
| 8. 润滑油黏度减小 | 密封气富含丙烷、丁烷或更重的组分，由于密封气对这些成分有吸附作用，润滑油被稀释 | 稳定密封气的组成，更换润滑油 |

### 11.1.8 离心泵的故障处理

离心泵由于制造、安装质量、工艺设计的合理性、操作、维护水平以及生产操作条件（流量、温度、压力）的改变等种种原因，有可能发生各式各样的事故。排除故障时，应根据现象分析原因，及时采取正确的措施。表 11–18 列出的是离心泵容易出现的故障及其处理措施。

**表 11-18 离心泵故障原因及排除方法**

| 故障现象 | 原因 | 处理措施 |
|---|---|---|
| 1. 泵抽空 | 1）启动时泵未灌满液体<br>2）泵轴反向旋转<br>3）泵漏进气体<br>4）吸入容器管路堵塞<br>5）吸入容器液面过低 | 1）重新灌泵<br>2）重新接电动机，改变旋转方向<br>3）停泵检查，重新灌泵<br>4）停泵检查排除故障<br>5）提高吸入容器液面 |
| 2. 泵体振动有杂音 | 1）泵与电机轴中心不正<br>2）地脚螺栓松动<br>3）产生汽蚀现象<br>4）轴承损坏<br>5）泵轴弯曲 | 1）停泵校正<br>2）拧紧地脚螺栓<br>3）停泵检查，排除故障<br>4）停泵检查，更换轴承<br>5）停泵检查 |
| 3. 流量下降 | 1）转速降低<br>2）叶轮堵塞<br>3）漏进气体<br>4）密封环磨损 | 1）检查原因，提高转速<br>2）停泵检修<br>3）检查管路，更换填料<br>4）停泵检修，更换密封环 |
| 4. 泵出口压力过高 | 1）输出管路堵塞<br>2）压力表失灵 | 1）检查管路，排除故障<br>2）更换压力表 |
| 5. 轴承发热 | 1）泵轴与电机轴不同心<br>2）润滑油不足<br>3）冷却水不足 | 1）停泵校正<br>2）添加润滑油<br>3）给足冷却水 |
| 6. 机械密封或填料密封泄漏 | 1）使用时间过长，动环磨损或填料失效<br>2）输送介质有杂质，动环磨损 | 1）停泵检修，更换机械密封或填料<br>2）停泵检修，更换机械密封，泵吸入管道加滤网 |
| 7. 电动机温度过高 | 1）绝缘不良<br>2）超负荷，电流过大<br>3）电压过大，电流过大<br>4）电动机转轴不正 | 1）停泵检修<br>2）停泵检修<br>3）泵降量运转<br>4）停泵检修 |
| 8. 电流过大 | 1）超负荷，泵流量过大<br>2）电动机潮湿，绝缘不好 | 1）降负荷、换电动机<br>2）停泵检修 |

离心泵是乙烯厂应用最为广泛的工业泵，不仅结构形式和类型十分繁杂，而且泵制造厂也良莠不齐，加上泵的操作条件（温度、压力及介质的性质）也差别很大，所以不可能有统一的故障类型及处理方法。就离心泵的普遍规律来研究其一般故障及其处理，虽然不能解决离心泵所有的故障，但作为一般性的导则，表 11–19 可作为离心泵一般故障的分类和原因分析。

由表 11–19 可见，泵的密封故障占总故障的 45%~55%，滚动轴承故障占 10%~15%，两者总和达到 55%~70%，在离心泵所有故障中，这两种故障最值得重视和研究。

**表 11-19 离心泵故障分类及原因分析**

| 序号 | 故障类型 / 故障原因 | 泵不能排液体 | 泵排量低 | 泵出口压力高 | 泵启动后不吸液体 | 泵耗用功率大 | 泵盘根箱（密封）泄漏量大 | 密封寿命太短 | 泵振动大及噪音大 | 泵轴承寿命短 | 泵过热 |
|---|---|---|---|---|---|---|---|---|---|---|---|
| 1 | 未灌泵 | √ | | | | | | | | | √ |
| 2 | 泵吸入管或泵未完全充液 | √ | √ | | √ | | | | √ | | |
| 3 | 泵吸入升程过大 | √ | √ | | √ | | | | √ | | |
| 4 | $NPSH_a$ 低 | √ | √ | | | | | | √ | | |
| 5 | 液体中的空气或气体过多 | | √ | | √ | | | | | | |
| 6 | 吸入管线中有气囊 | √ | √ | | √ | | | | | | |
| 7 | 空气漏入吸入管线 | | √ | √ | √ | | | | | | |
| 8 | 空气从盘根箱漏入泵内 | | √ | | √ | | | | | | |
| 9 | 泵的吸入口底阀太小 | | √ | | | | | | √ | | |
| 10 | 泵的入口管线浸没不够 | √ | √ | | √ | | | | √ | | |
| 11 | 水封线堵塞 | | | | √ | | | √ | | | |
| 12 | 泵底阀部分堵塞 | | √ | | | | | | √ | | |
| 13 | 转速过低 | √ | √ | √ | | | | | | | |
| 14 | 转速过高 | | | | | √ | | | | | |
| 15 | 转向错误 | √ | | √ | | √ | | | | | |
| 16 | 总的系统阻力大于泵的设计值 | √ | √ | √ | | √ | | | | | |
| 17 | 总的系统阻力小于泵的设计值 | | | | | √ | | | | | |
| 18 | 液体密度和设计值不一致 | | | | | √ | | | | | |
| 19 | 液体黏度和设计值不一致 | | √ | √ | | √ | | | | | |
| 20 | 操作在很低的流量下 | | | | | | | | √ | | √ |
| 21 | 泵的并联操作不合适 | √ | √ | √ | | | | | | | √ |
| 22 | 叶轮内进入杂物 | √ | √ | | | √ | | | √ | | |
| 23 | 泵轴找正不良 | | | | | √ | √ | √ | √ | √ | √ |
| 24 | 基础刚度不够 | | | | | | | | √ | | |
| 25 | 轴弯曲 | | | | | | | | | | |
| 26 | 旋转部分和固定部分摩擦 | | | | | √ | √ | √ | √ | √ | |
| 27 | 轴承磨损 | | | | | √ | | | √ | √ | √ |

续表

| 序号 | 故障类型<br>故障原因 | 泵不能排液体 | 泵排量低 | 泵出口压力高 | 泵启动后不吸液体 | 泵耗用功率大 | 泵盘根箱（密封）泄漏量大 | 密封寿命太短 | 泵振动大及噪音大 | 泵轴承寿命短 | 泵过热 |
|---|---|---|---|---|---|---|---|---|---|---|---|
| 28 | 叶轮损坏 | | √ | √ | | | | | √ | | |
| 29 | 口环磨损 | | √ | √ | | √ | | | | | |
| 30 | 密封安装不正确，不能形成密封 | | | | √ | | √ | √ | | | |
| 31 | 壳体垫片变形，内部泄漏 | | √ | √ | | | | | | | |
| 32 | 轴或轴套磨损，或和盘根粘卡 | | | | | | √ | √ | | | |
| 33 | 盘根安装不合适 | | | | | √ | √ | √ | | | |
| 34 | 盘根类型不适合泵操作条件 | | | | | √ | √ | √ | | | |
| 35 | 轴承磨损，找正不良使轴偏转 | | | | | | √ | √ | √ | √ | √ |
| 36 | 转子动平衡不良 | | | | | | √ | √ | √ | √ | √ |
| 37 | 盘根压根太紧，无润滑剂 | | | | | √ | | √ | | | |
| 38 | 润滑油（脂）泄漏 | | | | | | | | √ | √ | |
| 39 | 杂物进入轴承 | | | | | | | | √ | √ | |
| 40 | 轴承生锈 | | | | | | | | √ | √ | |

### 11.1.9 离心式压缩机的故障处理

离心式压缩机运转中可能出现的故障及处理方法见表 11-20。

**表 11-20 离心式压缩机可能出现的故障及处理方法**

| 故障 | 原因 | 处理方法 |
|---|---|---|
| 1. 油温超过 65℃ | 1）油进口调节圈孔径小<br>2）油膜间隙太小<br>3）油中混有水<br>4）油进口温度高<br>5）下半轴承中分面存油沟太小<br>6）巴氏合金成分不正确或有浇铸缺陷 | 1）调节调节圈孔径或调节溢流阀<br>2）刮间隙或开槽<br>3）换油，检测混水情况<br>4）调节冷却水温<br>5）适量刮大<br>6）重新浇铸 |
| 2. 轴承振动 | 1）汽轮机和压缩机不同心<br>2）转子平衡破坏<br>3）轴承压盖不紧<br>4）润滑油温过低<br>5）转子和气封发生碰触<br>6）负荷急剧变化或处于飞动区工作<br>7）机壳内聚有杂物<br>8）地脚螺栓松动 | 1）重新校正<br>2）清洗后重新平衡<br>3）刮轴衬中分面，保持 0.02~0.05mm 的过盈<br>4）加蒸汽<br>5）重新调整转子和隔板的同心度<br>6）缓慢调整工作负荷避免在飞动区工作<br>7）打开筒体下面的清渣孔<br>8）拧紧地脚螺栓 |

续表

| 故障 | 原因 | 处理方法 |
|---|---|---|
| 3. 油管中无油压或油压急剧下降 | 1）油管道控制装置安装不正确<br>2）油泵齿轮产生间隙<br>3）油管道破坏或泄漏<br>4）油过滤网堵塞<br>5）油位低于最低油位<br>6）吸入管道漏气<br>7）仪表失灵或导管有故障 | 1）检查止回阀和安全阀的工作状况<br>2）按规定修理或更换<br>3）修理更换管道<br>4）清洗过滤网<br>5）加油<br>6）修理更换<br>7）换压力表或修理导管 |
| 4. 经冷却器后油温仍高 | 1）冷却器内有积垢<br>2）冷却器外壳内积有空气<br>3）油变质<br>4）闸阀堵塞<br>5）冷却水不足<br>6）冷却水压不足<br>7）由于管道故障使冷却水中断 | 1）清洗冷却器<br>2）利用底座放油孔抽查空气<br>3）换油<br>4）检查并更换<br>5）开大冷却水闸阀<br>6）调整水压<br>7）检查并排除故障 |
| 5. 油泵振动发热或噪声 | 1）油泵和电动机不同心<br>2）齿轮间隙不对而发生碰撞<br>3）油泵零件安装不好 | 1）调整<br>2）检查后刮研<br>3）检查后装好 |
| 6. 气压显著改变 | 1）气管被腐蚀<br>2）法兰连接不好或铝垫失灵<br>3）阀门失灵或阻塞<br>4）压差阀失灵<br>5）管道有杂物 | 1）更换管子<br>2）检查装好<br>3）检查修理或更换<br>4）检查修理<br>5）清洗管道 |

### 11.1.10 活塞式压缩机的故障与处理

活塞式压缩机常见故障原因分析及处理方法见表 11–21。

**表 11-21 活塞式压缩机常见故障原因及处理方法**

| 故障性质 | 原因分析 | 处理方法 |
|---|---|---|
| | 折断和断裂 | |
| 连杆螺栓拉断 | 1）装配时拧得太紧，连杆螺钉因受过大的预紧力而被拉断 | 1）应松紧适当，以能用手扳动为宜，必要时可用微分卡尺或固定卡规检查其伸长度 |
| | 2）紧固时产生偏斜，连杆螺钉因承受不均匀的载荷而被拉断 | 2）应使连杆螺帽端面与连杆体上的接触面紧密配合，必要时用涂色法进行检查 |
| | 3）连杆螺帽松动或轴瓦在轴承座中晃动，连杆螺钉因承受过大冲击而被拉断 | 3）连杆螺栓装配好后，必须穿上开口销紧固，以免松动 |
| | 4）连杆轴承过热，活塞卡住或超负荷运转时，连杆螺钉因承受过大的应力而被拉断 | 4）在检查轴承过热、活塞卡住或超负荷运转的同时，应检查连杆螺钉有无损伤 |
| | 5）长期疲劳载荷而断裂 | 5）更换连杆螺栓 |
| 曲轴裂纹或折断 | 1）轴承过热引起轴瓦上的巴氏合金熔化，使曲轴产生弯曲变形 | 1）轴瓦熔化时，必须进行修复或更换 |
| | 2）曲轴在轴承上安置不当，使曲轴和轴瓦的支承面贴合不均匀 | 2）在工作中发现飞轮摇晃或轴承过热时，就应检查曲轴有无裂纹现象 |
| | 3）剧烈冲击，紧急停车或基础不均匀下沉等，也会引起曲轴裂纹或折断。曲轴断裂多发生在圆角过度处 | 3）在工作中如果发现这类情况时，除检查产生原因，同时还应检查曲轴有无损伤 |

续表

| 故障性质 | 原因分析 | 处理方法 |
|---|---|---|
| 活塞卡住或咬住 | 1）润滑油质量低劣，机械杂质太多或供应中断，使活塞在气缸中摩擦加大而卡住<br>2）冷却水供应不充分，或在气缸过热之后进行强烈的冷却，引起气缸急剧的收缩，因而是活塞卡住<br>3）曲轴－连杆机构偏斜，使个别活塞摩擦不正常，过分发热，因而卡住<br>4）气缸与活塞的装配间隙小，或气缸中掉入金属碎块及其他坚硬物体 | 1）选择适当的润滑油，注意润滑油的供应情况<br>2）适当地供应冷却水，禁止对过热气缸进行强烈的冷却<br>3）调整曲轴－连杆机构的同心度<br>4）调整装配间隙，或从气缸中取出金属碎块及其他坚硬物体 |
| 过度发热 | | |
| 轴承发热 | 1）轴瓦与轴颈贴合不均匀或接触面小，单位面积上的比压过大<br>2）轴承偏斜或曲轴弯曲<br>3）润滑油供应不充分或者中断<br>4）润滑油质量低劣或有污垢 | 1）用涂色法刮研或改善单位面积上的比压<br>2）适当地调整其配合间隙<br>3）检查油泵或油路的工作情况<br>4）更换润滑油 |
| 气缸发热 | 1）冷却水供应不足<br>2）冷却管道堵塞、供水中断 | 1）适当加大冷却水的供应量<br>2）检查并进行疏通 |
| 填料函发热 | 1）活塞杆与填料函配合间隙不合适<br>2）活塞杆与填料函装配时产生偏斜<br>3）活塞杆与填料函的润滑油污垢或供应油不足 | 1）适当地调整间隙<br>2）重新进行装配<br>3）更换润滑油或调整供油量 |
| 排气量降低 | | |
| 空气过滤器出现故障 | 空气过滤器因冬季结冻或积垢堵塞，阻力增大影响气量 | 以更换或清扫的方法加以消除 |
| 吸、排气阀出现故障 | 1）吸、排气阀装配不当，彼此位置装错，不但影响气量，还会引起压力在各级中重新分配<br>2）阀座和阀片之间落入金属碎块而关闭不严，形成漏气，影响气量<br>3）阀座与阀孔接触不严形成漏气，影响气量<br>4）吸气阀弹簧刚性不适当，过强则吸气时开启迟缓；太弱则压缩时关闭不及时，均会影响气量<br>5）吸气阀弹簧损坏，压缩时也会产生关闭不及时现象，影响气量<br>6）阀座与阀片磨损，密封不严形成漏气，影响气量<br>7）吸气阀升起高度不够，流速加快，阻力增大，影响气量 | 1）应将装错的吸、排气阀互换到正确位置上<br>2）分别检查吸、排气阀装置，若吸气阀盖发热，则吸气阀有故障，不然故障可能出现在排气阀<br>3）刮研接触面或更换新的垫片<br>4）检查弹簧刚性，调整或更换适当的弹簧<br>5）更换损坏的弹簧<br>6）以研磨方法加以修理。或更换新的阀座阀片<br>7）调整升程高度，更换适当的升程限制器 |
| 气缸出现故障 | 1）气缸磨损或擦伤超过最大允许值，形成漏气，影响气量<br>2）气缸盖与气缸体贴合不严，形成漏气，影响气量<br>3）气缸冷却不良，气体经过阀室进入气缸时形成预热，影响气量<br>4）活塞与气缸装配不当，间隙过大，形成漏气而影响气量 | 1）以车削或研磨的方法修理磨损或擦伤的气缸，并换以适当尺寸的新活塞<br>2）刮研结合面或更换新垫片<br>3）改善冷却条件，或加大冷却水供应<br>4）调整两者间隙 |
| 活塞环出现故障 | 1）活塞环因润滑不良或因气缸内温度过高，形成咬死现象，不但影响气量，还有可能引起各级中压力的重新分配<br>2）活塞环磨损，同样会影响气量和引起各级中压力的重新分配 | 1）自气缸中取出活塞，将活塞环和活塞槽进行清洗，并更换润滑油或改善冷却条件<br>2）更换磨损的活塞环（通常活塞环工作 2~3 年后就必须更换） |

续表

| 故障性质 | 原因分析 | 处理方法 |
|---|---|---|
| 其他部件出现故障 | 1）填料函或活塞杆磨损形成漏气，影响气量；润滑油供应不足，气缸填料部分的气密性恶化，形成漏气，影响气量<br>2）驱动装置的转数降低，影响气量 | 1）修理或更换填料的密封圈或活塞杆，打开吸、排气阀进行检查，如果发现干燥现象，应增加润滑油的供应量<br>2）调整驱动装置的转数 |
| 不正常的响声 | | |
| 撞击声 | 1）连杆大头松弛<br>2）十字头销松弛<br>3）十字头与活塞杆连接松弛<br>4）活塞与活塞杆紧固螺母松弛<br>5）主轴瓦、曲轴瓦、十字头瓦间隙过大 | 停车检查，采取措施紧固 |
| 突然冲击 | 1）气缸中积聚水分<br>2）气缸中掉入金属碎块或其他坚硬的物体 | 1）检查积水原因并进行修复<br>2）取出掉入物，如气缸受损伤，应立即修复 |
| 气缸的敲击声 | 1）活塞或活塞环磨损<br>2）活塞或活塞环卡住<br>3）气缸或气缸套磨损<br>4）曲轴－连杆机构与气缸的中心线不一致<br>5）气缸余隙容积过小<br>6）活塞杆弯曲或连接螺母松弛<br>7）润滑油过多或污垢使气缸和活塞的磨损加大<br>8）吸、排气阀有响声 | 1）修理或更换<br>2）加强润滑，必要时还可以适当加强冷却水的供应，如仍无效，就需停车调整其与气缸的配合间隙<br>3）镗缸或更换新的气缸套<br>4）检查并调整其相互之间的同心度<br>5）检查并调整其余隙容积<br>6）校正或更换活塞杆，拧紧连接螺母<br>7）适当地调整供油量，并将活塞和气缸进行清洗<br>8）取出有响声的气阀，加以修理 |
| 吸、排气阀的敲击声 | 1）阀片折断<br>2）弹簧松弛<br>3）阀座深入气缸与活塞相碰 | 1）更换新的阀片<br>2）更换适当的弹簧<br>3）用加垫方法使阀座升高 |
| 飞轮的敲击声 | 1）配合不正确<br>2）连接键配合松弛 | 1）更换新的阀片<br>2）注意使键两侧紧紧地贴合在键槽上 |
| 不正常的工作情况 | | |
| 油温升高 | 1）冷却不够<br>2）油的质量低劣或污垢 | 1）清洗油冷却器<br>2）更换适当的润滑油 |
| 压力降低 | 1）油压表有故障<br>2）油管破裂<br>3）油安全阀有故障<br>4）油箱油量不足<br>5）油泵有故障<br>6）轴承过度磨损<br>7）油过滤器堵塞<br>8）油冷却器堵塞<br>9）润滑油黏度下降<br>10）管路系统连接处漏油 | 1）更换或修理油压表<br>2）更换或补焊破裂的油管<br>3）修理或更换安全阀<br>4）增加润滑油量<br>5）检查并进行修理<br>6）修理或换轴承<br>7）清洗油过滤器<br>8）清洗油冷却器<br>9）更换润滑油<br>10）加以紧固，防止泄露 |
| 冷却系统出现故障 | 1）冷却器的封口破裂<br>2）气缸水管的垫片损坏<br>3）冷却器管子产生破裂 | 1）修理或更换<br>2）更换垫片<br>3）修理或更换 |

## 11.2 紧急停车与事故案例

装置发生事故时，往往需要进行紧急停车处理。按照装置停车面的不同，可将紧急停车分为全面紧急停车和局部紧急停车。本节将分全面紧急停车和局部紧急停车来介绍装置的故障处理，并选择具有代表性的典型案例介绍事故的处理和预防。

### 11.2.1 紧急停车处理

1. 紧急停车的处理原则

事故的出现一般是有先兆的，往往会先发生诸如振动、泄漏、偏离正常的压力、温度和流量的报警等。及时地发现这些信号并采取适当的调整措施，可以避免许多事故的发生。

采取保护性的措施可以避免停车，或至少可进行有秩序的停车。在任何事故的情况下，操作人员都必须迅速对情况进行分析，在保证人员和设备安全的前提下，尽可能避免全面停车。

装置紧急停车应遵循以下原则：①尽最大可能保证操作人员的安全，尽可能保证设备、管线不超温超压，特别是压缩机、裂解炉等关键设备不受损坏；②尽快准确、安全、无误地将装置停车；③尽可能防止产品污染，保证下游装置的运行；④尽最大努力保证反应器、裂解炉不飞温，催化剂不中毒；⑤尽最大可能避免或减少事故范围的扩大，避免发生火灾、爆炸事故；⑥尽最大可能回收物料，减少排放损失，避免环境污染；⑦尽快查明停车原因，进行适当处理，以便开车。

2. 全面紧急停车

当装置发生下列情况时，装置按全面紧急停车处理：整个电源故障；循环水故障；锅炉给水故障；仪表空气故障；超高压蒸汽中断；严重的设备泄漏、火灾、爆炸事故；严重的自然灾害（洪水、地震）等。

1）整个电源故障

（1）电源故障表现形式　电源故障有多种情况，例如，①整个装置电力中断，但 DCS 系统所用的 UPS 不中断。出现这种情况时，可以保证 DCS 系统在几个小时内正常运行。此时，电机驱动的设备全部停车，仪表电源回路会自动地切换到辅助电源；② UPS 电源故障。当 UPS 电源故障时，除仪表调节控制回路（APM 过程控制站）可正常工作约 0.5h 外，其他仪表系统全部失电，DCS 无显示（黑屏）；LM 逻辑控制站失电造成装置所有联锁全部动作（控制室内表盘红色报警灯全部亮起）。但现场所有电动机泵仍在运行；③整个电源及 UPS 系统故障。这种情况将造成控制系统、DCS 系统停电。此时由于失去动力，DCS 无显示，中控室仪表指标为零，现场调节阀、电磁阀失电，联锁功能失去作用（现场变送器和调节阀可由备用蓄电池提供至少 20min 的动力）。

（2）电源故障时的处理方法　发生以上三种电源故障时，工艺上均须按照全面紧急停车处理。对于整个装置电力中断，停车工作可通过室内外配合进行。对于UPS电源故障、整个电源及UPS系统故障，由于工艺人员在室内完全失去对现场的监控能力，故安全停车工作必须在现场进行，如立即至现场确认电磁阀的动作，迅速根据现场一次表，对易超温超压的炉子、反应器、轻烃类塔、罐进行手动监控等。下面就发生整个装置电力中断时的处理过程作简要说明。

①裂解炉系统的紧急处理　裂解炉系统的紧急处理可按下列步骤进行：（a）按PB停全部裂解炉，并确认联锁动作，切断所有裂解炉的原料油及燃料供应；（b）调节稀释蒸汽流量，通过补入MS，尽可能地维持稀释蒸汽的供应；（c）全开烟道挡板并检查炉膛负压。控制裂解炉降温速度小于/等于100℃/h；（d）在公用工程锅炉停车以前，尽量维持汽包的液位，关闭排污阀；（e）尽可能维持燃料气压力，必要时可由界区外输入燃料气。

②急冷系统的紧急处理　急冷系统的紧急处理可按下列步骤进行：（a）使用蒸汽透平驱动的泵继续维持急冷油和急冷水系统的最小循环；（b）投用透平泵，维持汽油分馏塔塔顶回流，调整回流量，控制好汽油分馏塔顶温。停止裂解柴油和裂解燃料油的采出；（c）接调质油，尽快降低急冷油的黏度，必要时可用柴油进行减黏和置换；（d）停止各塔的加热蒸汽；（e）启用透平泵向稀释蒸汽汽包供工艺水，维持好液面，此时可由工艺水汽提塔塔釜补水；（f）适当降低稀释蒸汽压力给定值，维持好DS系统，满足裂解炉对DS的需求；（g）按照正常停车步骤停所有设备。

③压缩系统的紧急处理　室内的处理如下：（a）按PB停裂解气压缩机，联系冷区关闭裂解气干燥器入口阀，压缩机五段出口压力由放火炬阀控制在1.0MPa，一段吸入压力设定在0.08MPa自动放湿火炬；（b）手动调节高压蒸汽温度、压力，调整平稳后投自动控制；（c）按PB停制冷压缩机，联系分离单元投用高低压乙烯事故蒸发器，切断用户冷剂，切出各冷量回收换热器；（d）按PB停燃料气压缩机，入口压力设定在0.05~0.07MPa放湿火炬，返回阀手动在全开位置。（e）停止各塔加热；（f）保持各机体压力在0.05MPa以上。

室外可按如下步骤处理：（a）确认紧急切断阀、调速阀、抽汽止逆阀关闭。转动裂解气压缩机透平主汽阀手轮至关闭位置，开各透平的主汽阀、机体、进汽管线、排汽管线及抽汽管线上的导淋，适当打开裂解气压缩机透平SS去消音器的阀门（注意SS、HS压力）；（b）压缩机停转后，立即进行盘车；（c）若不马上开车，则停真空系统。（d）立即调整油温，满足开车条件。（e）燃料气压缩机的润滑油（LO）备用泵打在“MAN”位置，LO旁路阀开3~5扣，使LO压力维持在0.2~0.3MPa，必要时机体应充$N_2$并维持机体$N_2$压力在0.05 MPa。关闭透平主汽阀，打开机体、MS、LS管线上的导淋；（f）确认裂解气压缩机冲洗油泵已经联锁停车。

④分离系统的紧急处理　室内可做如下处理：（a）按紧急停车按钮停碳二加氢反应器，关闭各段氢气调节阀；（b）按紧急停车按钮停碳三加氢反应器，关闭各段氢气调节阀；（c）按紧急停车按钮停甲烷化反应器，冷箱压力由放火炬阀控制；（d）按紧急停车按钮，停甲烷制冷压缩机；（e）关闭乙烯、丙烯产品采出阀；（f）确认乙烷炉停炉后，关闭乙烷采出阀，停止乙烷采出；（g）停止各塔加热，停止各尾气返回裂解气压缩机系统；（h）关闭冷区控制的各乙烯、丙烯冷剂阀；（i）关闭裂解气干燥器的进出口阀门；（j）各塔停止进料和采出，设定各塔塔压投自动，维持塔压略低于正常操作压力；（k）关闭各分离罐液

位调节阀；（l）调节去火炬的消烟蒸汽量。

室外可做如下处理：（a）关闭 HP 甲烷至火炬长明线阀，改由燃料气至长明线；（b）关闭乙烯干燥器进出口阀门；（c）关闭各反应器氢气调节阀上下游阀门，关闭碳二、碳三加氢反应器进出口阀门；（d）关闭甲烷化反应器进料前闸阀；（e）关闭乙烯、丙烯采出后闸阀；（f）关闭绿油洗涤液、乙烷采出阀前闸阀；（g）关闭各尾气返回旁通阀。（h）停各在线干燥器，停止再生干燥器的再生；（i）确认现场联锁动作正确；（j）视停车情况决定是否需对甲烷化反应器进行氮气降温。在进行紧急处理后，随后做一些二次处理，再按正常停车的方法使装置安全地停下。装置的各个系统予以隔离，并保持压力以利于再次开车。

2）循环水故障

循环水故障是一种严重危急情况，它会在瞬间造成系统释放很高的热负荷，因此在整个装置循环水中断，循环水压力低于 0.3MPa 时，全装置应立即停车，同时将所有的热源随同整个装置的停车而关闭，所有使用循环水的泵应立即停车。整个系统处于保压状态。停车程序如下：

（1）裂解单元

①室内按下列步骤处理：（a）按紧急停车按钮停各裂解炉，切断裂解原料及燃料的供应，裂解炉全部停车；（b）检查确认仪表联锁相应的指示灯亮，确认电磁阀关闭。停止蒸汽过热炉主烧嘴的燃烧，调节 SS 压力低于总管压力；（c）手动调节高压锅炉给水，维持汽包液面在 50%，DS 由 MS 补入，调节 DS 流量，维持稀释蒸汽的正常供给；（d）调节烟道挡板，维持正常负压；（e）急冷水塔塔压由塔顶放火炬投自动控制。二次处理后，按正常停车步骤操作。

②室外按以下步骤处理：（a）检查确认各裂解炉的原料和燃料电磁阀关闭；（b）打开炉底部风门，适当开一些窥视孔控制裂解炉的降温速度不要超过 100℃ /h；（c）停所有使用循环水的泵；（d）关原料手动阀，进行原料管线吹扫；（e）关裂解炉底部燃料气阀，关侧壁燃料气手动阀；（f）关急冷油阀，进行急冷油管线吹扫；（g）关闭裂解气阀，同时打开烧焦气阀，将 DS 切到烧焦系统；（h）关闭超高压蒸汽过热炉燃料油根部阀，关闭 SS 总管的切断阀，将超高压蒸汽切出管网，由消音器排放，注意动作要缓慢，控制好汽包压力；（i）停止裂解柴油和裂解燃料油的采出；（j）停止各塔加热蒸汽；（k）注意各汽包液面；（l）向汽油分馏塔提供调质油，尽快降低急冷油的黏度，同时置换燃料油管线，必要时可用柴油进行减黏和置换；（m）停止化学品的注入；（n）按正常停车步骤停所有设备，装置的各个单元予以隔离，并保持压力以利于再次开车；（o）维持燃料气管线压力。二次处理后，按正常停车步骤操作。

（2）压缩单元

①室内按如下步骤处理：（a）按 PB 停裂解气压缩机，联系冷区关闭裂解气干燥器入口阀，压缩机五段出口压力由放火炬阀控制在 1.0MPa，一段吸入压力设定在 0.08MPa，自动放湿火炬；（b）手动调节 HS 温度和压力，平稳后投自动控制（切勿引起高温联锁）；（c）按 PB 停制冷压缩机，切断各用户冷剂，投用高低压乙烯事故蒸发器，切出各冷量回收换热器；（d）按 PB 停燃料气压缩机，入口压力设定在 0.05~0.07MPa 放湿火炬，返回阀

手动在全开位置；（e）停止各塔加热；（f）保持各机体压力在 0.05MPa 以上。

②室外按下列步骤处理：（a）确认紧急切断阀、调速阀、抽汽止逆阀关闭。转动裂解气压缩机透平紧急切断阀手轮至关闭位置，开各透平的紧急切断阀、机体、进汽管线、排汽管线及抽汽管线上的导淋，适当打开裂解气压缩机透平 SS 去消音器的阀门（注意 SS、HS 压力）；（b）压缩机停转后，立即进行盘车；（c）若不马上开车，则停真空系统；（d）立即调整油温，满足开车条件；（e）燃料气压缩机的 LO 备用泵打在“MAN”位置，LO 旁路阀开 3~5 扣，使 LO 压力维持在 0.2~0.3MPa，必要时机体应充 $N_2$ 并维持机体 $N_2$ 压力在 0.05MPa。关闭透平主汽阀，打开机体、MS、LS 管线上的导淋；（f）确认裂解气压缩机冲洗油泵已经联锁停车；（g）停所有使用循环水的泵；（h）检查盘车器是否正常工作。

（3）分离单元

①室内按下列步骤处理：（a）按紧急停车按钮停碳二加氢反应器，关闭各段氢气调节阀；（b）按紧急停车按钮停碳三加氢反应器，关闭各段氢气调节阀；（c）按紧急停车按钮停甲烷化反应器，冷箱压力由放火炬阀控制；（d）按紧急停车按钮，停甲烷制冷压缩机；（e）关闭乙烯、丙烯产品采出阀；（f）确认乙烷炉停炉后，关闭乙烷采出阀，停止乙烷采出；（g）停止各塔加热，停止各尾气返回裂解气压缩机系统；（h）关闭分离单元控制的各乙烯、丙烯冷剂阀；（i）关闭裂解气干燥器的进出口阀门；（j）停止各塔的进料和采出，设定各塔塔压投自动，维持塔压略低于正常操作压力；（k）关闭各分离罐液位调节阀；（l）调节去火炬的消烟蒸汽量。

②室外按下列步骤处理：（a）关闭 HP 甲烷至火炬长明线阀，改由燃料气至长明线；（b）关闭乙烯干燥器进出口阀门；（c）关闭各反应器氢气调节阀上下游阀门，关闭碳二、碳三加氢反应器进出口阀门；（d）关闭甲烷化反应器进料前闸阀；（e）关闭乙烯、丙烯采出后闸阀；（f）停所有使用循环水的泵；（g）关闭绿油洗涤液、乙烷采出阀前闸阀，关闭各尾气返回旁通阀；（h）停各在线干燥器，停止再生干燥器的再生；（i）确认现场联锁动作正确；（j）视停车情况，对甲烷化反应器进行氮气降温。

3）锅炉给水故障

锅炉给水故障将会造成锅炉和裂解炉汽包的给水短缺，引发炉管破裂等严重事故。在此情况下，应立即采取相关紧急措施，确保装置的安全。

若锅炉给水中断，应立即将整个装置停车。各系统具体停车步骤可参照循环水故障的处理。假如锅炉给水低于最低允许量时，按局部紧急停车处理，处理原则是：①要密切注视汽包液面情况，如液面下降，可适当降低裂解炉负荷，减少 BFW 消耗量；同时，也可以用适当降低 SS 压力的方法来增加 BFW 供给量；②停止汽包的排污，以尽量维持汽包液位；③停止蒸汽的输出，减少各个设备的蒸汽消耗量，尽可能保持各级蒸汽的压力；④尽可能继续回收 MC、LC 等蒸汽凝液；⑤立即采用锅炉或部分裂解炉停车的方法，使整个装置减负荷。

4）仪表空气故障

如果全部仪表空气系统发生故障，所有的控制阀将处于全开（风关阀）或全关（风开阀）的位置，其开关位置是基于装置安全考虑决定的。装置操作人员应熟悉仪表空气故障时所有控制阀的动作。

当仪表风中断时，压缩机密封油供应调节阀、各塔泄压调节阀处于失控状态，此时应手动控制调节阀，防止密封油大量进入机体（可通过油箱液位监控）和冷设备的过分降压而引起冷脆（可通过 PG 表观察）。

装置是否需要完全停车取决于仪表空气故障时间的长短。在仪表空气系统故障时，仪表空气储罐仍能短时间维持仪表空气压力，如果故障可以迅速排除，则应尽可能维持装置的正常运行，当仪表风总管压力无法维持时，操作人员应立即将整个装置安全停车。各单元具体停车步骤可参照循环水故障的处理。

5）超高压蒸汽中断

超高压蒸汽中断故障一般不易发生，乙烯装置超高压蒸汽一部分来自辅助锅炉，另一部分来自裂解炉自产超高压蒸汽，只有这两部分超高压蒸汽同时中断时，才会发生超高压蒸汽中断故障，故障发生时，装置应作全面紧急停车处理。

在一般情况下，超高压蒸汽系统的故障通常表现为由于超高压蒸汽压力、温度波动对乙烯装置造成影响。当 SS 压力下降（温度不降）时，处理的原则为：①裂解单元降负荷运行，同时裂解气从急冷水塔塔顶、裂解气压缩机一段吸入罐放火炬，保证裂解气压缩机一段吸入压力在 0.07MPa。在此期间，应观察压缩机的轴振动、轴位移情况，注意裂解气压缩机一段、三段的返回量，防止裂解气压缩机喘振，注意丙烯制冷压缩机各段的返回量和一段喷淋阀开度，以防丙烯制冷压缩机入口温度超温，导致出口超温联锁停车。同时还应注意丙烯制冷压缩机 / 乙烯制冷压缩机吸入罐液面的波动，及时进行调整，以维持压缩机的运行；②停部分透平泵，以尽力维持乙烯制冷压缩机的运行；③如果 SS 压力继续下降，可停乙烯制冷压缩机和燃料气压缩机；④一旦 SS 压力、温度降低至产生凝液时，应停裂解气压缩机，对装置实施全面紧急停车。

3. 局部紧急停车

局部紧急停车一般是由于电网波动，急冷水、急冷油、压缩机及分离单元等某个部位引起的故障，其特点是能在短时间内恢复装置开车。处理原则是各分系统能保持原有状态的，就应尽力维持。如果局部紧急停车时裂解单元仍能保持运行，为减少损失和火炬排放，可降低各炉负荷或减少裂解炉运行台数，而分离单元一般处于保温保压保液面状态。

1）电网波动的处理

电网发生波动时，有可能造成装置运行的电动机泵跳车，同时对循环水、仪表风、工厂风、锅炉给水、蒸汽等公用工程系统都可能发生影响。因此，处理时要根据受影响的程度、范围、时间长短决定具体步骤。总体来说，操作人员应立即做如下处理：

（1）立即查看 DCS 画面，检查各动设备的运行状态。与电气联系后，尽快启动跳车的机泵，或现场启动备用透平泵。

（2）加强对裂解炉、压缩机、反应器等关键设备运行情况的监控。若波动造成裂解炉风机停车，则室内紧急停炉，切断燃料和原料的供给，现场启动风机。若蒸汽过热炉风机停车，则室内按紧急停车按钮，SS 放空。对于各透平系统，应监视真空度变化情况、机组振动、轴位移情况。对于裂解气压缩机系统应注意各段间吸入温度和排出温度，根据情况通知裂解单元降负荷。如果温度上升过快，可通过放火炬，保证温度在正常范围内。严密监视各反应器的运行，防止因流量波动造成反应器飞温或加氢不合格。若情况严重，则应立即将反应器切出，进行倒液、泄压、氮气降温。检查各塔、罐的压力和温度，防止超温超压，并根据负荷变化及时调整加热量、回流比。

（3）室内检查各级报警值，确认报警目标。

（4）维持乙烯、丙烯等产品的正常外送。

（5）当电网波动造成水汽单泵停车，BFW 出口压力下降时，要密切注视汽包液面情况，如液面下降，可适当降低裂解炉负荷，减少 BFW 消耗量；同时，也可以用适当降低 SS 压力的方法来增加 BFW 供给量。如在短时间内无法恢复，应按正常操作步骤停炉。

（6）当电网波动造成工厂风停止时，对于正在进行烧焦的裂解炉应到现场关闭烧焦空气根部阀，防止蒸汽倒窜；对正在进行在线烧焦的裂解炉，应立即切出烧焦程序，同时保证 DS 的供给。

（7）当电网波动造成其他公用工程严重故障时，装置按全面紧急停车处理。

2）急冷水系统故障处理

急冷水系统故障时的现象是，急冷水泵出口压力下降，安全表盘报警灯亮（无备用泵或备用泵无法启动时）。此时应按如下方法处理：

（1）裂解单元　室内应做如下处理：①迅速按正常停车步骤切断裂解炉（全部）烃进料，并将稀释蒸汽切出汽油分馏塔；②注意 SS 压力、温度的变化，并及时调整；③注意 FG 系统燃料的流量、压力变化，并及时调整；④维持急冷油的循环；⑤急冷水塔塔压由塔顶放火炬阀控制；⑥如故障长时间无法处理好，系统按正常停车步骤处理。

室外应做如下处理：①关闭各炉烃进料根部阀，并吹扫管线；②关闭各炉急冷器 QO 根部阀，并吹扫管线；③各炉 DS 切出汽油分馏塔；④有超高压蒸汽过热炉的装置应调整该炉烧嘴，保证 SS 出口温度正常；⑤急冷系统按正常停车步骤处理。

（2）压缩单元　压缩单元的处理如下：①裂解气压缩机停车；②制冷压缩机维持正常运转；③燃料气压缩机停车。

（3）分离单元　分离单元由于裂解气中断，故需全面停车，各系统保温保压保液面，处理方法是除乙烯精馏塔全回流运转外，其他处理同循环水故障时冷区和热区的处理。

3）急冷油系统故障处理

急冷油系统故障时的现象是，急冷油泵出口压力低，室内报警，安全表盘紧急报警灯亮。各炉急冷器出口温度上升，急冷油供给不足（急冷油泵无备用泵或备用泵无法启动），故障发生时处理方法如下：

（1）裂解单元　室内应做如下处理：①部分裂解炉逐步停止进料，并加大 DS 流量；②观察急冷油泵出口压力是否好转，决定是否继续裂解炉的降负荷处理；③注意 SS 压力、温度的变化并及时调整；④调整汽油分馏塔、急冷水塔顶、釜温度，控制各塔、罐液位及 DS 压力正常。

室外应做如下处理：①迅速查明急冷油泵故障原因，并作相应处理；②部分裂解炉按正常停车步骤处理，维持 DS 开车状态，如短时间急冷油不能恢复，停止投料的裂解炉 DS 应切出汽油分馏塔；③有超高压蒸汽过热炉的装置应调整该炉烧嘴，保证 SS 出口温度正常；④协同室内操作人员对急冷系统做调整操作。

若急冷油泵出口压力无法恢复，急冷油泵全部停车，则裂解炉将因急冷器出口高温联锁而停车，系统按紧急停车处理。

（2）压缩单元　压缩单元的处理如下：①裂解气压缩机停车；②维持制冷压缩机运行；③燃料气压缩机停车。

（3）分离单元　分离单元由于裂解气中断，故需全面停车，各系统保温保压保液面，处理方法是除乙烯精馏塔、丙烯精馏塔全回流运转外，其他处理同循环水故障时冷区和热区的处理。

4）裂解气压缩机紧急停车的处理

裂解气压缩机故障停车时，控制室内信号灯亮并报警，急冷水塔压力升高。此时装置的处理方法如下：

（1）裂解单元　室内处理主要有：①裂解气压缩机停车后，裂解气由急冷水塔塔顶放火炬阀设定在一定值（一般在70kPa）放火炬；②首先停止乙烷裂解炉的乙烷进料，控制好出口温度，避免大幅度波动，物料管线吹扫15min后安排烧焦。对于有减黏塔的装置，物料管线吹扫后将DS切出减黏塔，减黏塔改为HS汽提维持运行；③其余裂解炉维持DS开车状态；④维持急冷油、急冷水系统的循环运行；⑤减少裂解柴油、裂解燃料油及裂解汽油的采出；⑥调整汽油分馏塔、急冷水塔塔顶、塔釜温度；⑦控制好各汽包液位；⑧保证DS压力正常，维持裂解炉的DS供给；⑨对于有超高压蒸汽过热炉的装置，注意SS压力、出口温度的变化并及时调整；⑩注意FG系统的燃料气流量及压力的调整，保证裂解炉的燃料供给。

室外处理主要有：①裂解炉按正常停车处理，维持DS开车状态，并关闭原料根部阀；②对于有超高压蒸汽过热炉的装置，需熄灭该炉的部分油嘴，保证SS出口温度正常；③急冷油泵、急冷水泵根据蒸汽系统的需要，尽可能改为电动泵运行；④停止注硫；⑤停中段热油循环系统，冲洗油、密封油改为外供；⑥根据DS系统的需要，打开MS跨线阀，维持DS压力；⑦协同室内操作人员进行急冷系统的调整操作。

（2）压缩单元　室内处理主要有：①手动控制HS压力、温度，确保HS管网稳定；②按PB停止燃料气压缩机的运行；③裂解气压缩机一段吸入压力设定为0.08MPa由放火炬阀控制，五段出口压力设定为1.0MPa，由放火炬阀控制；④关闭透平抽汽阀；⑤确认“三返一”“五返四”流量自动打开；⑥维持制冷压缩机运行，及时调整吸入量、吸入温度和吸入压力，防止喘振及联锁；⑦联系分离单元关闭各冷剂阀，切出各冷量回收换热器。

室外处理主要有：①将自身密封气阀关闭，打开外供密封气阀；②关闭主汽阀；③打开透平机体及主汽阀导淋；④接SC，维持复水系统正常运行；⑤停真空系统；⑥停止注入洗涤油；⑦确认压缩机停止转动后，启动盘车装置，对压缩机进行盘车；⑧调整油温在35~45℃；⑨对燃料气压缩机进行二次处理。

（3）分离单元　分离单元全面停车，各系统保温保压保液面，除乙烯精馏塔、丙烯精馏塔全回流运转外，其他处理方法与循环水故障时冷区和热区的处理相同。

5）丙烯制冷压缩机紧急停车的处理

丙烯制冷压缩机故障停车时的现象是，控制室内信号灯亮并报警。此时装置的处理如下：

（1）裂解单元　裂解单元的处理如下：①丙烯制冷压缩机停车后，必然有大量物料放火炬，为了减少火炬排放量，裂解炉应立即降温、减负荷，如丙烯制冷压缩机不能立即恢复正常运行，裂解炉应停炉；②维持急冷油、急冷水系统的循环运行，在裂解炉降负荷的同时，调整急冷系统的操作；③在乙烷炉停炉后，停止硫的注入；④控制好减黏塔的运行，投用 HS，保持急冷油去减黏塔管线、燃料油管线畅通。

其他处理同裂解气压缩机停车的处理。如短时间不能恢复运行，可按正常停车处理。

（2）压缩单元　室内应做如下处理：①关闭各用户冷剂阀，切出各冷量回收换热器，高、低压乙烯送出改为蒸汽加热；②按 PB 停乙烯制冷压缩机、燃料气压缩机；③切断裂解气干燥器的进料。裂解气压缩机五段出口压力设定在 1.5~2.5MPa 放火炬；④如果炉子降负荷运行，则打开三返一、五返四返回阀，维持裂解气压缩机系统稳定运行；⑤制冷压缩机进行处理时，压缩机机体压力不得低于 0.05MPa，以免密封油漏入机体或火炬气倒窜入压缩机。维持各吸入罐液位正常，以利于恢复开车；⑥注意观察裂解气压缩机轴振动、轴位移情况，注意裂解气压缩机各段间吸入罐液面，如果液面偏高，应及时通知外操开旁路或排含油污水；⑦注意裂解气压缩机系统的调整。

室外的处理如下：①确认相关主汽阀、抽汽止逆阀关闭。开主汽阀、机体、进汽管线上的蒸汽导淋，适当打开去消音器的阀门；②复水器接 SC，维持复水系统运转；③压缩机停转后，应立即进行盘车；④降低 SO 压力，从设定值降至 1.5MPa，调整油温在（40 ± 5）℃；⑤燃料气压缩机的 LO 备用泵打在 MAN 位置，稍开 LO 旁路阀，使 LO 压力能维持在安全限度内，必要时机体应充 $N_2$ 维持压力在 0.05MPa 左右；⑥打开丙烯制冷压缩机、乙烯制冷压缩机的二段吸入电动阀，使丙烯制冷压缩机、乙烯制冷压缩机的二段吸入电动阀有一定的开度，保证丙烯制冷压缩机、乙烯制冷压缩机机体压力大于 0.05MPa。

（3）分离单元　当丙烯压缩机停车后，冷区和热区的所有冷剂将中断，各系统保温、保压、保液面，处理方法同循环水故障时冷区和热区的处理。

6）乙烯制冷压缩机紧急停车的处理

乙烯制冷压缩机故障停车时的现象是，控制室内信号灯亮并报警。此时装置的处理下：

（1）裂解单元　乙烯制冷压缩机故障停车后，裂解单元可维持正常运行，若故障不能在短时间内排除，视情况可适当降负荷运行。

（2）压缩单元　室内的处理如下：①停甲烷制冷压缩机或使其无负荷运行；②关闭高压甲烷出尾气换热器的阀门，控制住二段吸入罐液面，检查乙烯制冷压缩机一段、二段、三段吸入压力，并设定在一定值放火炬；③由于丙烯制冷压缩机一段吸入量减少，所以应打开丙烯压缩机一段吸入返回阀，应特别注意丙烯压缩机一段吸入温度和四段排出温度，必要时可调节喷淋，保证出口温度正常；④注意乙烯冷剂减温器和乙烯冷剂冷凝器的丙烯液面，维持其在正常范围，准备乙烯制冷压缩机的开车；⑤视冷区情况及乙烯制冷压缩机是否立刻开车，决定是否停燃料气压缩机；⑥通知仪表操作人员摘除各段入口电动阀联锁，打开二段入口电动阀，监视三段出口压力，保持机体压力大于 0.05MPa；⑦注意乙烯冷剂储罐和二段吸入罐液面，保持在 50% 左右，如果液面较低，则通知外操接乙烯；⑧将一段吸入压力由自动控制改为手动控制并全关。

室外的处理如下：①确认主汽阀、调速阀关闭，打开主汽阀、机体、入口管线导淋，微开去消音器阀门；②在仪表摘除 MOV 电动阀联锁后，现场打开二段入口电动阀；③透平电动盘车，每隔半小时检查一次电动盘车情况。

（3）分离单元　当乙烯压缩机停车后，分离单元应按 PB 停甲烷制冷压缩机或使其无负荷运行。根据冷箱温度适当开氢气开工线，同时注意甲烷化反应器温度，并维持系统运行。

7）甲烷化反应系统故障的处理

（1）裂解单元　裂解单元的紧急处理方法如下：①乙烷裂解炉停乙烷进料，停止硫的注入，维持蒸汽开车状态；②其他裂解炉可降温、减负荷运行；③维持急冷油、急冷水系统的循环运行，在裂解炉降负荷的同时，调整急冷系统的操作；④控制好减黏塔的运行，投用 HS，保持急冷油去减黏塔管线、燃料油管线畅通；⑤如短期内不能排除故障，裂解单元按正常停车处理。

（2）压缩单元　压缩机保持运行状态，注意丙烯制冷压缩机负荷的调整。

（3）分离单元　在顺序分离流程中，冷区和热区的处理同循环水故障时分离单元的处理。在前加氢流程中，冷区和热区应视情况停碳三加氢反应器，根据丙烯产品质量分析情况决定是否将丙烯切入不合格罐，其他系统维持低负荷运转。

8）碳二加氢反应器系统故障的处理

（1）裂解单元　裂解单元的处理如下：①乙烷裂解炉停乙烷进料，停止硫的注入，维持 DS 开车状态；②其他裂解炉可降温、减负荷运行；③在裂解炉降负荷的同时，调整急冷系统的操作；④控制好减黏塔的运行，投用 HS，保持急冷油去减黏塔管线、燃料油管线畅通；⑤如果故障不能在短时间内排除，按正常停车步骤停车。

（2）压缩单元　当碳二加氢反应器系统故障时，应注意裂解气压缩机、制冷压缩机返回量的调整，防止压缩机喘振，其他正常运行。

（3）分离单元　在顺序分离流程中，当碳二加氢反应器系统故障时，按紧急停车按钮停碳二加氢反应器，关闭乙烯干燥器进出口阀，关闭乙烯采出阀，停止乙烯采出，碳二物料由脱乙烷塔放火炬，联系裂解单元，停乙烷采出，乙烯精馏塔全回流运转，其他系统维持正常运转。对于前加氢流程，当前加氢反应器故障时，将物料放火炬，视情况决定分离单元是否停车。

对于前加氢流程的装置而言，当碳二加氢反应系统故障时，需切断加氢反应器的进料，则其下游的碳二分离系统和循环乙烷裂解炉将随之停车，精馏塔可暂时维持全回流操作。

### 11.2.2　典型事故案例

乙烯装置一旦发生事故，往往会造成巨大的生命和财产损失。在以往乙烯装置的运行过程中，曾发生过许多事故，这些事故原因不尽相同，有设备、电气、仪表和公用工程的原因引起，也有操作失误、管理不当造成。本节将以案例形式，从国内乙烯装置曾发生过的各类事故中，选择较为典型的事故，对事故经过、原因分析以及整改措施等进行介绍，以期举一反三，吸取经验教训，避免类似事故重复发生。

1. 原料系统

原料污染事故在国内乙烯装置中不止一次发生过，比如，外购石脑油中掺杂有化工副产品、其他化工废料或腐蚀性组分，对裂解炉以及急冷系统的设备造成严重影响，并引发生产运行上的波动。为避免此类事故发生，一方面要严把原料进厂质量关，严格对外购原料的进厂检验分析，同时注意原料的切水；另一方面，要严格规范操作，杜绝窜料情况的发生。

【案例 1】废碱窜入原料石脑油罐

2002 年 2 月 5 日，某装置当班操作工接到外送废碱的指令后，现场启动废碱输送泵。由于开泵前未仔细检查流程，致使氮气吹扫阀没有及时关闭。当启动泵并打开进、出口阀后，在泵出口 0.5MPa 的压力下，废碱沿着低压密封氮气管线窜入石脑油原料罐，造成石脑油原料污染。污染的石脑油进入 3 台裂解炉，导致 3 台裂解炉的部分炉管出现堵塞，被迫停炉清理。

事故发生的主要原因有三个：一是操作工经验不足，责任心不强；二是管线设计本身存在缺陷，低压密封氮气管线作为废碱管线吹扫气源，设计存在不合理的地方；三是培训工作不到位，新职工独立操作能力不强。

为避免此类事故的重复发生，该装置管理部门制定了相应的整改措施：①加强操作工人的岗位培训，重点突出技能培训；②加强岗位操作工交接管理，实行岗位交接班列队对口交接，并对交接班记录、岗位记录进行检查、考核，杜绝岗位交接不清的情况发生；③针对吹扫氮气管线设计不合理的问题，将低压氮气源改为中压氮，并在吹扫管线上加设单向阀；④对全装置氮气用户进行全面普查，对设计存在缺陷的地方进行全面整改；⑤对全装置日常操作及重点操作部位竖立警示牌，标注主要操作步骤，防止误操作事故的再次发生。

2. 裂解炉系统

裂解炉是乙烯装置的关键设备，也是装置上事故多发的设备，近年来，国内乙烯装置在裂解炉系统发生的事故屡见不鲜。对这些事故进行调查分析，查明事故发生的原因，使人们从中吸取经验教训，避免类似事故重复发生。

【案例 1】操作不当导致对流段锅炉给水盘管爆裂

2002年11月7日，某装置一台裂解炉在升温过程中，对流段锅炉给水盘管突然爆裂，室内按 PB 紧急停车，室外关燃料气、锅炉给水截止阀，降低稀释蒸汽进料量，复位后关小烟道挡板，控制降温速度。

经过调查分析，这起事故发生的原因为，该台裂解炉在升温过程中，排烟温度过高，连续排污开度太小，使对流段热量不能及时移走，最终导致对流段锅炉给水盘管超温爆裂。

通过对这起事故的分析和总结，得出了如下结论：在裂解炉升、降温及烧焦过程中，应严格控制排烟温度，开大连续排污和间断排污，增大锅炉给水进水量，使对流段的热量能够及时移走。

【案例 2】裂解气大阀泄漏着火

2003 年 1 月 10 日，某装置一台裂解炉在烧焦过程中，32″ 裂解气大阀处突然着火。

发现火情后，当班人员迅速组织力量将火扑灭。

火焰扑灭后，对 32″ 大阀进行检查，确认其处于完全关闭状态，阀位指示也显示完全关闭。将大阀法兰脱开后发现，32″ 大阀有少量内漏。烧焦过程中，烧焦空气直通烧焦罐，与大气相通，此时 32″ 大阀阀前压力低，裂解气倒窜入烧焦气中，遇烧焦空气发生燃烧，引燃了管内的焦层，焦层燃烧最终造成管子破裂，引起着火。燃烧发生在在线烧焦的废热锅炉烧焦阶段，此时，稀释蒸汽流量只有 300kg/h，空气流量 2600$Nm^3/h$ 左右，烧焦气中氧气浓度高。

为了避免此类事故的再次发生，针对事故原因，该装置制定了如下整改措施：①适当提高废热锅炉烧焦阶段的 DS 流量，由 300kg/h 修改为 500kg/h ；②改变该裂解炉烧焦时的水喷淋温度，原控制温度高于 400℃时自动打开水喷淋，现修改为 350℃，确保喷淋阀有一定的开度，以稀释烧焦气中的氧气浓度；③在该裂解炉大阀前增配一个 2″ 甩头，今后该台裂解炉烧焦时，从甩头配入 $N_2$ 或蒸汽，以稀释烧焦气中氧气的浓度；④在裂解气大阀附近设置热偶进行监测，如发现异常，及时采取措施，避免发生着火事故。

【案例 3】汽包液面的仪表指示存在偏差，引发对流段锅炉给水管爆裂

1989 年 1 月 12 日，某装置某台裂解炉处于正常操作状态时，对流段锅炉给水管爆裂，被迫紧急停炉。

经过调查发现，该炉超高压蒸汽汽包的锅炉给水液面低于仪表指示液面，同时，液面调节阀的实际开度小于仪表指示开度，当阀门按自动要求关小到一定程度时，锅炉给水实际已被切断，对流段炉管过热。而当阀门增加开度时，锅炉给水直接进入已经过热的给水管而发生冷淬，导致锅炉给水管爆裂。

通过对这起事故的分析和总结，得到的经验教训如下：①锅炉给水阀门检修回装前，工艺、仪表双方应确认供水调节阀的最小流量限位，以避免炉管断水事故的发生；②超高压蒸汽汽包液面应以现场玻璃板指示为准，操作人员应加强巡检，以及时发现问题和解决问题。

3. 急冷系统

急冷系统是整个乙烯装置的咽喉，该系统运行的好坏直接影响着整个装置的安全稳定。多年来，因急冷系统故障而引发的事故也时有发生。下面列举的就是较为典型的案例。

【案例 1】急冷油泵抽空事故

2003 年 1 月，某装置急冷油泵吸入口管线堵塞，无法清洗，影响正常生产，该泵出口压力正常为 0.8MPa，而异常时为 0.35MPa，该泵正常出口流量为 1800t/h，而异常时为 600t/h 左右，该泵流量严重不足，导致急冷油系统循环不畅。该装置于 2003 年 1 月停车检修，结果在汽油分馏塔底部发现了大量焦块，经清除后，系统运行良好。

经过对这起事故的分析，发现主要原因是，由于该装置新开车时，共用急冷器喷嘴压差偏低，喷嘴出口急冷油雾化效果差，造成喷嘴处结焦聚合，最终导致该塔急冷油出料管线堵塞。

找到事故原因后，该装置相关管理部门制定了如下整改措施，以防事故的再次发生：①在装置停工检修时，对该塔釜泵吸入口作了整改；②共用急冷器喷嘴压力向设计上限靠

拢，并在操作上加以调整；③加强对设备、仪表的维护，及时发现并排除设备、仪表故障。

【案例 2】急冷水塔顶温急剧上升，引发装置停车

2000 年 5 月 8 日，某装置急冷水塔顶温急剧上升，造成裂解气压缩机吸入温度高联锁停车，引发全装置停车，裂解炉停炉三台，产品停止采出约 10h。

事故发生后，相关部门及时组织技术人员和当事人召开事故分析会，确认的原因为：装置前阶段紧急停车时，稀释蒸汽发生器油侧残留部分水和洗涤用裂解汽油，本次投用时，换热器内的水和裂解汽油进入急冷油系统，遇高温急剧汽化，使急冷油泵发生汽蚀现象，最终造成急冷水塔顶温急剧上升，裂解气压缩机吸入温度超高联锁停车。

从这起事故中，应吸取的经验教训有：①稀释蒸汽发生器投用前，应将换热器内的水和洗涤用裂解汽油排入地槽，并确认排净；②地槽中的油在导入急冷系统时，应严格控制其流量，避免造成急冷系统波动。

4. 压缩单元

压缩机是乙烯装置的心脏，也是事故易发之处。在乙烯装置发生的众多事故中，由于压缩机故障而引发的较为典型的事故有压缩机吸入罐高液位联锁、压缩机油路系统故障引起的事故等。尤其是裂解气压缩机因段间吸入罐液位高发生联锁停车的案例比较多，在装置开车过程中更为多见。其烃、水相与上、下游多个系统关联，对其精心操作以及各单元间的密切协同是避免发生高液位联锁停车的关键。

【案例 1】丙烯精馏塔投用时操作不当，引发裂解气压缩机高液位联锁

1996 年 4 月 7 日，某装置丙烯精馏塔塔顶冷凝器检修后投用时，丙烯精馏塔超压联锁。急冷系统在调整急冷水塔的过程中，塔顶温度上升到 46℃，导致裂解气压缩机一段吸入罐高液位联锁停车。

经过对事故的分析，发现这起事故完全是由于操作不当引起的，主要表现在：①投用丙烯精馏塔塔顶冷凝器时，错误地先投丙烯，后投循环水，造成另外两台塔顶冷凝器丙烯短路，引发丙烯精馏塔超压联锁，丙烯精馏塔塔釜再沸器切断急冷水，造成急冷水系统波动；②急冷水塔出现波动后，调整幅度过大，造成 QW 大量夹带到裂解气压缩机一段吸入罐，最终导致裂解气压缩机高液位联锁停车。

从这起事故中，应吸取的经验教训有：①丙烯精馏塔在投用冷凝器时，要严格执行操作规程，并加强与急冷岗位的联系；②急冷系统调整时，要尽可能平稳，切勿大起大落。

【案例 2】切换润滑油泵时裂解气压缩机油压低联锁

2001 年 3 月 19 日，某装置操作人员在检查油系统运行正常的情况下，按正常操作程序切换润滑油泵，启动备用泵后发现管路有较大的振动和噪声，立即对油系统检查，发现主油泵已跳闸，同时，裂解气压缩机油压低联锁跳车。于是立即启动主油泵，系统进行调整，作开车准备，裂解气压缩机机组暖机升速，恢复正常运行。

这起事故发生的主要原因是：启动备用油泵时，由于自力阀动作滞后，油路压力升高，自力阀突然打开，油压骤降，主油泵透平超速跳闸。此时自力阀应立即回关平衡油系统压力，但由于自力阀动作滞后，造成油系统瞬间压力低，裂解气压缩机联锁停车。

润滑油系统出现故障，特别是在主、辅油泵切换操作时，导致的压缩机组联锁停车较多，因此对该系统的日常检查、维护很重要。在日常操作中，首先要调整好自力阀阻尼，

避免油压出现波动时，阀门动作滞后，跟踪不及时，造成机组联锁停车。其次，在检修时应注意检查自力阀膜片是否老化。第三，在油路系统中加装蓄压器，也可避免此类事故的发生。

5. 分离单元

乙烯装置分离单元的流程长，工艺复杂，与界外或其他单元的联系广，发生事故的概率较高。冷区和热区常见事故主要有干燥器故障、反应器飞温、冷箱和塔器管线冻堵等。

【案例 1】裂解气干燥器故障引起冷箱冻堵事故

某日，某装置操作人员发现裂解气压缩机五段排出罐压力指示逐渐升高，略超出正常值。经多方查找原因，未发现任何问题。一段时间后，该罐压力突然上升并远远超出正常值。由于该压力调节阀仪表故障打不开，造成安全阀起跳，后经调整恢复正常。第二天凌晨，裂解气压缩机五段排出罐压力又开始偏高，且通过裂解气干燥器的裂解气量明显偏低，大量裂解气放火炬。由此，判断是裂解气干燥器以后系统出现了堵塞或冻堵现象，并采取相应措施，降低负荷，维持系统运转，保证乙烯采出，直至恢复正常生产。

经过分析，初步认为是裂解气干燥器后面的管线出现局部冻堵，但具体的冻堵部位，还需进一步测试、分析和判断。因此，从裂解气干燥器入口开始，选用高精度压力表安装在相应部位导淋处，测其压力值并记录。经过测试，判断冻堵部位是在脱甲烷塔进料第一分离器气相进冷箱前的入口过滤网处。因为在测试过程中发现脱甲烷塔进料第一分离器压力为 3.8MPa，而脱甲烷塔进料第二、第三、第四分离器的压力为 3.05~3.1 MPa，说明冻堵部位一定是在脱甲烷塔进料第一分离器→冷箱→脱甲烷塔进料第二分离器的管线上，但并没有完全堵死（因裂解气尚有一定的流通量），而这条管线入冷箱前装有过滤网。因此，一种可能是由裂解气中带有的微量水分与烃类物质形成固态水合物，从而堵塞了入口过滤网；另一种可能是入口过滤网被某种脏物堵塞。

确定了堵塞部位，但还无法判断是冻堵还是被脏物堵塞。如果是被脏物堵塞，只能停车处理。但该装置已运转十余年，并非新开工装置，脏物堵塞的可能性很小。为此，决定向该部位注入甲醇（注意：应首先对装置甲醇注入点进行检查，确认全部关闭，并检查甲醇泵机械状况，然后启动泵，向冻堵部位注入甲醇）。在注甲醇过程中，采取了一系列措施，如注入点处的导淋排放少许时间，并装桶，以防长时间不用的管线内的铁锈进入主流程，造成过滤网堵塞；仔细观察冻堵部位前后系统的压力变化，以判断是否解冻；室内精心调整，因为一旦解冻后系统将会出现大的波动；解冻后立即停止注入甲醇。

经过一段时间处理，很快消除了冻堵现象，证明了是在冷箱入口发生了冻堵而非脏物堵塞。由于注入的大量甲醇随物料一起进入脱甲烷塔塔釜再沸器，造成脱甲烷塔加不上热，所以立即从再沸器物料侧 LD 排放火炬，使积存的甲醇溶液尽快排出，以恢复正常操作。

在分析事故原因时，大家认为，此次冻堵不可能是由裂解气大量带水造成的，因为若裂解气大量带水，将迅速与烃类形成大块的固态水合物而堵塞脱甲烷塔进料第一分离器之前的设备或管道。若裂解气中带有微量的水，则会与烃类物质形成小颗粒的固态水合物，随裂解气一起进入深冷系统，最后堵塞在冷箱入口过滤网处，并且随着微量水的不断带入，固态水合物将越来越多，直至前系统憋压较大后才会发现，这一点可以从裂解气压缩机五段出口罐压力记录看出来。由此可以判定，此次事故是因裂解气中带有极微量的水引起。发生事故时，该装置裂解气干燥器内的分子筛已使用了 3 年多，根据上述的原因分析，可以认为裂解气干燥器内的分子筛已经到了使用期限，吸附能力下降，再加上当时装置处于高负荷运行状态，进入干燥器的裂解气中水含量也相应增加，导致裂解气干燥器脱水不彻底，使微量的水带入深冷系统。

此类事故提供给我们一个重要启示：为了避免在干燥剂使用后期出现类似事故，可以采取一些预防措施，如缩短裂解气干燥器的操作周期；提高再生气入口温度；增大再生气用量；注意监测裂解气压缩机五段出口罐压力的变化情况；优化再生方案，确保裂解气干燥器再生质量；定期更换裂解气干燥器内的干燥剂；确保裂解气干燥器出口水含量自动分析仪处于良好监测状态等。

【案例 2】碳二加氢反应器飞温事故

1997 年 5 月 7 日，某装置丙烯制冷压缩机吸入压力低，压缩内操通知分离内操要求调整。在调整过程中，分离内操将 A 台冷凝器的冷剂液位阀由自动切至手动。1.5h 后，乙烯精馏塔塔顶冷凝器两股冷剂发生偏流，乙烯精馏塔迅速超压联锁。在随后的处理和调整过程中，乙烯精馏塔塔顶冷凝器又出现几次程度不同的偏流，使乙烯精馏塔压力一直处于波动之中，碳二加氢反应器的进料量波动很大，由于氢气调节阀滞后作用的影响，导致碳二加氢反应器床层飞温，床层温度在 2min 内由 69℃升至 186℃。为避免事故扩大，当班人员立即停反应器进料，切出反应器。

事故发生的主要原因是该装置在 400kt/a 乙烯改造时，乙烯精馏塔塔顶冷凝器存在设计隐患，A 台液位阀在手动位置，而 B 台液位阀在自动位置，使丙烯冷剂偏流，引起乙烯精馏塔超压。在处理过程中，分离内操由于经验不足，又不懂压缩的操作技术，一方面想尽力保证丙烯冷剂用量，以稳定丙烯压缩机运转，另一方面，又要尽力维持冷凝器的丙烯液位，减小偏流，最终导致操作失控，引发事故。此外，分离与压缩单元的操作人员不了解彼此的操作，当系统出现波动时，处理不够及时，导致事故的扩大。

这起事故提供的启示是，应对操作人员进行系统操作培训，加强各单元间的联系；提高操作人员的专业技能，能准确判断事故原因，把握处理方向；遇到处理不了的事故要及时汇报，加强协调，寻找 A、B 两台冷凝器冷剂液位的最佳 PID 参数。

为彻底整治乙烯精馏塔塔顶冷凝器两股冷剂发生偏流的隐患，该装置在两台冷凝器间增设了丙烯冷剂连通线，以避免事故的重复发生。

【案例 3】石脑油切水不好带甲醇导致甲烷化反应器飞温

2001 年 6 月 26 日，某装置甲烷化反应器床层温度由 301℃迅速上升至 393℃，其间虽采取了降低反应器入口温度等措施，但终因温度上升过快，导致反应器高温联锁停车。因氢气中断，碳二加氢反应器被迫停车。

在恢复过程中，对甲烷化反应器数次充压都因床层飞温而被迫中断，最后采用 $N_2$ 彻底吹扫床层、置换物料，将床层温度降至 220℃后，才得以开车，恢复正常运行。

在事故分析过程中，在排除仪表假信号、冷箱及温度控制等方面的因素后，对粗氢进行取样分析，发现其 CO 含量高达 1.11%，由此判断，进料中 CO 含量高是导致反应器飞温的主要原因。对石脑油进行取样分析，发现其水层中的甲醇含量高达 43%，油层中含

0.2%，甲醇在高温下会生成 CO 及 $H_2$。检查操作记录发现，当日 18 时 40 分，原料石脑油进行切罐操作，19 时 24 分，反应器发生飞温。可以认为，原料切水不彻底，甲醇随石脑油带入裂解炉，继而生成大量 CO 是反应器飞温的根本原因。

从这起事故中我们知道，原料的质量对装置后系统的影响是不可忽视的。因此，应严格把住原料进厂质量关，同时应做好石脑油的切水工作，并将甲醇作为石脑油质量的分析项目之一，定期进行分析。此外，在操作过程中，应密切监测粗氢中 CO 等的含量，以便及时调整。

6. 公用工程系统

公用工程系统运行正常与否直接影响着整个乙烯装置的安全稳定运行。任何一个公用工程系统出现故障，都可能导致装置的降负荷生产或大面积停车。因此，维持好公用工程系统的正常运行是保证乙烯装置“安、稳、长、满、优”运行的重要前提。在多年的生产实践中，由公用工程系统故障引发的事故也为数不少。

【案例 1】水换热器内漏导致循环水水质恶化

2000 年 1 月上旬开始，某装置循环水的水质逐渐恶化，COD、异氧菌等主要水质指标超标，系统滋生大量灰色生物黏泥，沉积在凉水塔布水槽、水冷器换热管束及循环水管网中，严重影响换热效率，生产负荷被迫降到 80% 维持运行。这起事故的原因是烃类泄漏到循环水系统中，引起菌藻的大量繁殖。

从 2 月份开始，该装置使用清洗剂对系统黏泥进行了为期 2 个月共 4 个周期的处理。通过投加清洗剂、水稳剂以及分散剂等，控制有机磷浓度在 1.5~2.5mg/L，$Zn^{2+5}$1~3mg/L，浓缩倍数在 2.0~2.5，使换热器黏泥松散、脱落下来，被循环水带走，通过排污不断排出系统，同时，根据部分水冷器循环水流速低，疏松后的黏泥无法被带走的情况，各工艺装置根据换热器压力变化情况，对出、入口适时进行反冲洗。

通过采取上述方法，虽在一定程度上缓解了生产危机，但不足以把系统中的黏泥清洗干净。根本的解决办法是要堵住漏点，根除微生物产生的根源。为此，2000 年 4 月 6 日装置停车 6 天，对循环水系统进行了大规模的治理，生物黏泥得到清除，循环水的水质明显改善，系统恢复正常。

经过事故分析，发现循环水换热器泄漏，烃类窜入循环水系统是生物黏泥产生的主要原因。由于换热器制造质量较差，多台换热器发生大面积泄漏，使循环水出现乳化油现象，结合水中的絮状物，形成深色黏泥，导致水质变黑。黏泥和油垢沉积在凉水塔布水槽、水冷器换热管束及循环水管网中，严重影响换热效果，迫使装置降低负荷运行甚至停车。此外，循环水杀菌用药单一，细菌已对其产生抗药性，杀菌效果不明显；循环水系统投用时预膜效果不够理想，也是引发这起事故不可忽视的重要原因。

事故发生后，相关部门采取了一系列的整改措施，主要有：①在大修后系统投用时进行了酸洗，置换合格后进行预膜处理；②系统正常投用后强化杀菌，严格控制异氧菌和生物黏泥，防止细菌再次大规模繁殖；③强化日常生产管理，一是在保证冷却效果的前提下，对冷却塔逐间停运一段时间进行晾晒，以清除填料上黏附的残余藻类、黏泥；二是加强旁滤，在不影响循环水系统正常运行的情况下，除去水中大部分微生物及微生物粘泥；三是完善循环水换热器出口取样管理，实行定期监控，及时发现并消除泄漏点。

# 第 12 章　安全环保与节能

## 12.1　安全

安全是石油化工装置生产永恒的主题。在长期的实践中，石化系统已总结出“安全第一，预防为主，全员动手，综合治理”的安全生产方针和“全员、全过程、全方位、全天候”的安全监督原则，做到防患于未然。

乙烯装置界区属于甲级防火、防爆区域，所用的原辅材料、产品及加工过程中间产品均属易燃、易爆、有毒、有害物质，生产工艺流程复杂，工艺条件苛刻，最高操作温度1000℃以上，最低操作温度 -170℃左右，最高操作压力 11.5MPa，最低操作压力真空度80kPa，还有对设备有腐蚀性，对人身安全有危害的碱液、硫化氢等物质。因此，只有严格执行各项工艺指标和安全技术规程，才能保证安全生产和人身安全。

乙烯装置存在许多有毒有害物质，例如氢气、甲烷、乙烷、乙烯、丙烯、丙烷、混合碳四、甲醇、氢氧化钠、氨、硫化氢和硫醇等。

### 12.1.1　安全设施

乙烯生产过程复杂，工艺条件苛刻，有高温、高压、低温、低压的特点，介质都易燃易爆，有的介质腐蚀性大，因此控制条件要求严格，相互制约因素较多，搞好安全生产特别重要。在设计中考虑了如下的安全措施。

（1）设有仪表信号联锁装置　当生产操作超出安全生产范围时，发出事故报警信号，并自动处理或停车。必要时也可由手动按钮实现局部或全部的紧急停车。联锁系统一般按其重要性分为 A、B 两类。A 类指：① 关键设备或重要工艺系统的联锁；② 涉及全装置或大范围停车的联锁；③ 关系到重大人身伤亡、设备或产品质量事故的联锁。除 A 类外均划入 B 类。

（2）设有火炬系统　乙烯装置设有干、湿火炬管线，经火炬总管输送装置排放的物料至火炬头，排放的物料在高空中燃烧，火炬的能力可以满足装置紧急停车时必须排出的最大物料量。

（3）设有消防系统　乙烯装置设有完善的消防系统，包括化学消防和水消防。化学消防包括泡沫灭火系统及移动式灭火器。裂解炉区还设有蒸汽幕保护以阻断火路，防止火灾蔓延。另外，在有些塔、罐顶部设有喷淋设施以起到降温、保护作用。

（4）设有危险气体检测报警器　危险气体检测报警器分为可燃气体检测报警器和毒物检测报警器。乙烯装置在可能泄漏及聚集可燃气的关键地方设有可燃气体报警器，信号集中在中央控制室，监视装置内可燃气体的泄漏情况。

（5）安全阀　乙烯装置的各个塔及压力容器都设置有超压放空调节阀放火炬，加热源自动切断及安全阀起跳等措施防止设备超压。此外，装置各区域划出危险区，电气设备选择相应的防爆等级；为防止静电积累引起事故，设备、管线均设有接地线等。

### 12.1.2　重点部位的监控要点

1. 裂解炉系统

（1）裂解炉点火前应对炉膛进行彻底置换，并测爆分析合格后才能点火。挂上相应联锁，严禁燃料气带液，以免引起爆燃，损坏炉体和伤人。停车期间要加好盲板。

（2）开停车应严格按升、降温曲线要求进行，在正常生产时，严格控制各工艺参数在工艺指标范围内。

（3）裂解炉在运行中确保不存在正压，以免火焰或高温气体窜出窥视孔伤人。

（4）经常检查炉内燃烧状况，如火焰是否均匀，有无偏烧和炉管变形、过热等异常情况，并及时调整，以免炉管破裂。

（5）检查急冷锅炉有无外漏，排污是否正常，以保证炉水质量。经常检查汽包液面计是否准确，以免因假液面导致停车。

（6）用高压水枪对急冷锅炉清焦、冲洗时，可能有飞溅的焦炭粒，工作人员必须穿戴保护器具，同时应防止清焦水进入裂解炉耐火材料和出口部件，以免损坏炉子。

（7）一旦炉管破裂，应立即停炉熄火（但炉管蒸汽不能停，而应加大），整个装置采取相应措施。

（8）汽包液面必须严格控制，既不能使液面过高，造成蒸汽带水，也不得过低造成“干锅”，万一发生“干锅”，不能立即补加水，必须立即停炉，缓慢降温，再按规定检查处理后重新开车。

2. 急冷系统

（1）检修后开车初期，应认真检查各静密封点，以免高温热油漏出引起火灾。

（2）急冷油、裂解柴油均含有毒物质，应避免直接接触这些物质。

（3）汽油分馏塔底部塔盘和填料上的固态沉积物接触到氧易自燃。因此，运行时要保证循环量，使塔盘保持湿润，避免低聚物的生成；当打开人孔检修时，应立即接水洗涤内件，以免低聚物自燃损坏内件。

（4）严格控制急冷油黏度，以免造成泵不上量或管道堵塞；控制好工艺水、急冷水系统的 pH 值，以免设备、管道、换热器腐蚀引起泄漏。

3. 压缩机系统

（1）严格控制各段流量、压力在工艺指标范围内，使之在稳定区域内运行，防止发生喘振。

（2）严格控制各段吸入罐液面、吸入温度，定期校验液面计，以免出现假液面引发停车事故。

（3）检查润滑油系统的压力、轴位移、轴振动及联锁情况，及时调整油气压差，防止润滑油进入压缩机，引起高液面和冻堵，造成停车事故。

（4）以蒸汽为动力的机组，开车时应注意蒸汽过热度，并排尽凝液，按要求的速度升温，以防热应力引起管线、透平变形或发生水锤而损坏设备，以及因失控而发生“飞车”的恶性事故。

（5）以电为动力的设备，开车时要做好电机超负荷保护跳车试验，正常生产时检查轴承温度、振动情况等。

（6）乙烯、丙烯压缩机应注意冷剂用量的平衡，以防因段间不平衡造成轴位移而停车，或由此引起的转子损坏事故。如用乙烯 / 乙烷馏分开乙烯制冷压缩机时，应控制乙烷含量在 15% 以下，并定期检查。

4. 压缩工艺系统

（1）生产过程中应注意碱洗操作是否正常，保证相应的循环量和碱浓度，以免因碱洗不合格而引起碳二加氢反应器停车事故，并检查管道设备的腐蚀情况。

（2）碱洗塔底部塔盘和填料上的固态沉积物接触到氧易自燃。因此运行时要保证循环量，使塔盘保持湿润，尽可能少产生低聚物等；当打开人孔检修时，应立即接水洗涤内件，以免低聚物自燃损坏内件。

（3）注意从塔内清除出的聚合物或硫化铁，如果不能连续淋湿的话，也不能草率地留在附近，应送至安全地点妥善处理，以防自燃或对环境造成污染。

5. 分离冷区

（1）因冷箱各换热器温度差别很大，故要选择好垫片，保证检修质量。操作时压力、温度不能骤升骤降（升降温速度应控制在 30℃ /h 以内），否则易造成泄漏。

（2）冷箱各管道、设备、仪表等必须干燥，裂解气露点应低于 –70℃，以防因水含量高而冻堵。

（3）必须意识到低温对人皮肤的影响和高温相同，会使皮肤起泡、疼痛而难以治愈，故操作时要十分小心。

（4）各塔、罐停车时，应先排液后泄压，以免造成冷脆现象而损坏设备、管道。球罐在进液态乙烯、丙烯、碳三液化气前，必须先用气态物料将球罐等储罐充压到接近正常操作压力，然后再开始进液态物料。

（5）甲烷化反应和碳二加氢反应均为放热反应，必须严格控制反应温度，以防飞温引起恶性事故。甲烷化反应器的氢气中烯烃含量应控制在规定指标内（一般不高于 1000mL/$m^3$），否则会超温并使催化剂失活。

（6）严格控制干燥器再生周期，注意露点变化，以防冻堵（一是系统内水含量高冻堵，二是冬季再生后水未排尽冻堵），使裂解气压缩机出口憋压，以致后系统停车。

（7）塔顶安全阀、紧急放空阀等应定期校验，使其始终保持在完好状态，在事故状态下能起到应有的作用。

（8）冷区着火时，应注意不能一概用水扑救（高温设备会因骤冷，低温设备会因骤热而泄漏更加严重）。

6. 分离热区

（1）各塔、罐停车时，应先排液后泄压，以免造成冷脆现象而损坏设备管道。

（2）塔顶安全阀、紧急放空阀等应定期校验，使其始终保持在完好状态，在事故状态下能起到应有的作用。

（3）碳三加氢反应为放热反应，必须严格控制温度，以防飞温引起恶性事故。严格控制碳三反应器、脱丙烷塔、丙烯精馏塔等设备中的MA、PD浓度在30%以下，以免发生爆炸。

（4）应经常检查阀门、人孔、仪表接头、液面计、法兰、弯头等处，观察是否有因腐蚀而造成的泄漏。

（5）当热区发生火警，除立即报警、扑救外，同时应作紧急停车处理，将物料送出或排往火炬，积极协助专业消防人员切断物料来源（特别是储罐），采取各种措施控制火情、灭火。火情扑灭后应注意检查，防止复燃。

7. 火炬系统

（1）火炬系统属低压系统，不能憋压。排放物料时应缓慢，并防止大量碳五进入火炬总管，以防下火雨。

（2）冬季应经常检查火炬总管的加热蒸汽或伴热蒸汽，以免火炬总管积液冻堵，造成事故。

（3）应经常检查火炬总管上的积液槽液面，水封罐冷凝的油要及时回收，以免液面超高引起总管憋压和下火雨。

## 12.2 环境保护

环境污染主要分为大气污染、水域污染、土壤污染、放射性污染和噪声等等。乙烯装置产生的污染主要来自各种工业废水、废气和固体废弃物的排放以及噪声。为了尽可能减少乙烯生产对环境造成的影响，需要严格控制各种污染物的排放量，并对它们采取有效措施，进行妥善处理。

### 12.2.1 废水及废液处理

乙烯装置产生的废水及废液主要有：稀释蒸汽汽包的排污，超高压蒸汽汽包的连续排污、间断排污，裂解炉烧焦及急冷锅炉清焦水，裂解气碱洗塔洗涤水，裂解气碱洗塔废碱液等。

1. 稀释蒸汽汽包的排污

设置稀释蒸汽汽包排污的目的是，为了防止工艺水由于循环使用而导致有害物质的积累。稀释蒸汽汽包的排污量应控制在工艺水总量的7%左右。

稀释蒸汽排污正常排污温度为 45℃左右，pH 值为 7.0~9.0，COD 为 200~500mg/L，BOD 为 100~300mg/L，悬浮固体总量≤200mg/L，游离油 / 脂 10~100mg/L，排放方式为通过排污管线去污水处理单元。处理方法通常为气浮法。

2. 超高压蒸汽汽包的连续排污和间断排污

裂解炉超高压蒸汽汽包设有连续排污和间断排污。超高压蒸汽汽包的连续排污经换热器冷却后，作为碱洗塔的洗涤水和碱液的稀释剂，多余的污水送出界区。当超高压蒸汽汽包的液位偏高时，可通过间断排污控制阀进行排放，维持汽包液位正常。冷却的排污水温度为 45℃左右，pH 值在 9.5 左右，COD 约为 15mg/L，BOD 约为 5mg/L，悬浮固体总量在 20mg/L 左右，溶解固体总量为 50mg/L 左右。超高压蒸汽汽包的间断排污水可通过换热器冷却后，去污水处理单元或直接排放清洁下水管网。处理方法通常为气浮法。

3. 裂解炉烧焦及急冷锅炉清焦水

石油烃类在裂解过程中，聚合、缩合等二次反应不可避免地会结焦，附着在裂解炉管和急冷换热器的管内壁上，结焦速度随着裂解深度的加深、烃分压的增加以及原料重质化程度的加深而增大。随着裂解的进行，焦的积累量不断增加，严重时甚至堵塞炉管，因此在炉管结焦至一定程度时，应及时进行清焦。

清焦的方法有停炉清焦法和在线清焦法，通常用的是停炉清焦法。在线清焦法是定期切换进料，改为水蒸气、空气进料，促使它们与焦炭进行反应。当然也可用交替裂解法减轻结焦程度。交替裂解法是定期切换成轻质原料，加入大量水蒸气，从而减轻结焦程度，延长炉子运转周期。裂解炉及急冷锅炉清焦排污水的温度为环境温度，pH 值为 7，COD 约为 50mg/L，BOD 约为 30mg/L，悬浮固体总量≤500mg/L，溶解固体总量约为 300mg/L。排放方式为通过排污管线去污水处理单元。处理方法通常为气浮法。

4. 裂解气碱洗塔洗涤水

裂解气碱洗塔用超高压蒸汽汽包的连续排污作为该塔的洗涤水和碱液稀释剂。洗涤水量按设计要求排放，洗涤水的温度为 45℃左右，NaOH 含量（质量分数）≤1.0%，排放方式为通过排污管线去污水处理单元。处理方法有氧化法、中和法和气浮法。

5. 裂解气碱洗塔废碱液

裂解气碱洗塔的废碱液通过专用管线去废碱液处理单元，温度为 55~60℃，常用的处理方法有湿式氧化法（分高温和低温两种方式）、酸碱中和法、$CO_2$ 中和法等，处理合格后排入污水处理系统。典型的废碱液组成见表 12.1。

**表 12.1　碱洗塔的废碱液组成**

| 项目 | NaOH | $Na_2S$ | $Na_2CO_3$ | 油 / 脂 | 酚类 |
|---|---|---|---|---|---|
| 组成 | 15 ~16 g/L | 15 ~25 g/L | 55 ~50 g/L | ≤800mg/L | ≤40mg/L |

乙烯装置产生的废水除超高压蒸汽汽包的连续排放和间断排放可直接排放到清净下水系统外，其他的都必须排入污水系统，通过专用管线输送到污水处理单元，分别进行一级处理、二级处理，合格后方能排放。

### 12.2.2 废气处理

乙烯装置生产需消耗大量的燃料，燃料燃烧后烟气全部排入大气，从而污染空气，另外机械泄漏、开停车排放和设备超压时的泄压排放也直接排入大气，污染成分中主要有 $SO_2$、CO、$NO_x$、烟雾和有机烃类物质。通常采用火炬焚烧和烟囱高空稀释排放法处理废气。

乙烯装置产生的废气主要有：日常操作时裂解炉烟道气，烧焦操作时裂解炉烟道气，锅炉及蒸汽过热炉烟道气和反应器再生尾气等。

1. 日常操作时裂解炉烟道气

在正常操作时，裂解炉用甲烷燃料气或加上碳三、碳四（含碳五）馏分为主的液化气燃料，以碳五、碳九馏分为液态补充燃料。烟道气通过炉子烟囱直接排入大气，烟道气主要组成为 $CO_2$、水蒸气、$O_2$、$N_2$，主要排放的污染物有 $NO_x$、CO、$SO_2$、烟尘颗粒和烃等。

2. 烧焦操作时裂解炉烟道气

清焦操作时，裂解炉通空气 / 蒸汽烧焦，烟道气通过炉子烟囱直接排入大气，烟道气主要组成为 $CO_2$、水蒸气、$O_2$、$N_2$，主要排放的污染物有 $NO_x$、CO、$SO_2$、烟尘颗粒和烃等。

3. 锅炉及蒸汽过热炉烟道气

在正常操作时，锅炉及蒸汽过热炉的燃料种类为裂解燃料油、重质燃料油、裂解轻柴油。有的油嘴配有燃料气管线，可使用燃料气。烟道气通过烟囱在高空排入大气。烟道气主要组成为 $CO_2$、水蒸气、$O_2$、$N_2$，主要排放的污染物有 $NO_x$、CO、$SO_2$、烟尘颗粒和烃等。

4. 反应器再生尾气

乙烯装置碳二加氢反应器、碳三加氢反应器用蒸汽再生时，产生的尾气可送入急冷水塔；用蒸汽 + 空气进行再生时，产生的尾气排入大气，排大气的再生尾气温度为 450~480℃。反应器再生尾气的大致组成如表 12-2 所示。

**表 12-2　反应器再生尾气大致组成**

| 项目 | $H_2O$ | $N_2$ | $O_2$ | $CO_2$ |
|---|---|---|---|---|
| 组成（体积分数） | 95% | 4% | 0~1.0% | 0~1.0% |

为了有效地防止炉子烟囱及火炬冒黑烟，减少乙烯生产对大气所造成的危害，裂解单元的操作人员还必须控制好裂解炉烧嘴的燃烧状况，及时调整并定期清理炉子烧嘴，使炉子烟囱不冒黑烟；分离单元的操作人员必须控制好火炬的消烟蒸汽量，及时调整，使火炬不冒黑烟。另外，燃料的脱硫和改用低 $NO_x$ 火嘴等工作也要抓紧实施。

### 12.2.3 废渣处理

乙烯生产过程中产生的废渣，通常是周期性排放或间断性排放。乙烯装置产生的废渣主要有：清焦水分离罐排出的焦炭，急冷油过滤器吸入滤网清出的焦炭，废催化剂和废干燥剂等。

1. 清焦水分离罐排出的焦炭

裂解炉运行到一定时间之后，必须进行清焦操作。随清焦水从清焦水分离罐排出的焦炭，温度基本上为环境温度，是一种主要由小晶粒组成的坚硬的固态炭，通常是湿的，含有一些高分子量的耐熔融烃。现处理方法为送废渣堆埋场掩埋。条件许可的情况下可考虑综合利用。

2. 急冷油过滤器吸入滤网排出的焦炭

裂解炉的每一清焦周期，由于从辐射段炉管剥落产生的焦粒被送至汽油分馏塔，正常操作期间，这些焦炭经过转输线在急冷油过滤器吸入滤网处积累，需定期清理。对这些焦炭的处理方法为送废弃物处理公司做焚烧处理，或送废渣堆埋场掩埋，或送厂外作燃料。

3. 废催化剂和废干燥剂

乙烯装置使用的催化剂有甲烷化反应催化剂，主要活性成分为镍；碳二、碳三加氢催化剂，主要活性成分为钯。这些催化剂一般要使用 3~5 年，通常是在催化剂失效情况下，安排在装置停车大修时进行更换。更换下来的废催化剂送回制造厂或由有资质的单位接收，回收其中的有效成分。

乙烯装置的干燥器有裂解气干燥器、乙烯干燥器、丙烯干燥器和氢气干燥器等。这些干燥器的干燥剂型号一般为 0.3nm 分子筛及氧化铝球。干燥剂使用年限一般为 3~5 年，通常是在干燥剂失效情况下，安排在装置停车大修时进行更换。更换下来的废干燥剂送防渗堆埋场深埋。

4. 噪声治理

乙烯生产不时有各种机械的振动，高压蒸汽的放空等，这些都会产生不同程度的噪声。为了减轻现场噪声，乙烯装置在每台裂解炉上都设置有消声器，此外，还设有超高压蒸汽放空消声器、压缩机透平蒸汽消声器等噪声防护设施。

国家卫生标准规定车间噪声值为小于等于 91dB（A）。为了使环境噪声达标排放，在火炬燃烧、安全阀排放及紧急排放设置方面，在装置总体布置时都考虑足够的安全距离，工厂周围还设有绿化带或卫生防护距离以减弱如加热炉、锅炉、空压站等噪声源对环境的影响，尽量将装置噪声值控制在 85dB（A）以下。

此外，出于职业卫生的考虑，工厂要为操作人员配备个人防护用品，如耳塞、耳罩等。进入有噪声环境工作的人员必须做好个人防护，戴好耳塞或耳罩。

## 12.3 节能措施

乙烯装置是高耗能生产装置，降低乙烯装置的能耗是降低乙烯生产成本的重要途径之一。乙烯装置的设计和技术改造，重要的课题之一就是降低能耗。乙烯装置的耗能部位主要是裂解炉和压缩机，做好整个装置的蒸汽平衡、减少降温减压器的使用是节能降耗的有效措施。本节将结合生产实际，分裂解炉、急冷、压缩、分离几个系统介绍乙烯装置的节能途径，从节水减排和蒸汽凝液回收利用等方面简单介绍乙烯装置的节水措施。

### 12.3.1 裂解炉的节能

乙烯装置节能效果最明显的区域是在裂解炉区，乙烯生产的能耗很大部分消耗于裂解炉的燃料，而机泵的功耗中，绝大多数是由裂解炉回收的高压蒸汽供给。通过提高乙烯收率、提高裂解炉热效率，可使乙烯能耗明显下降。因此，乙烯生产的能耗在很大程度上取决于裂解炉系统的设计和操作。

1. 优化燃料结构

裂解炉在运行过程中需消耗大量的燃料，其燃料消耗量大约为裂解炉烃进料量的15%~18%，随原料性质和对流段热量回收方案的不同可能会有一定的变化。裂解炉以气体作为燃料时，应注意控制如下一些指标：

（1）热值　裂解炉通常以装置副产甲烷氢为裂解炉主要气体燃料，其低热值约为34000kJ/Nm$^3$。根据气体烧嘴的设计，替代燃料气的低热值不宜相差过大。一般裂解炉在开车阶段均使用$C_3$或$C_4$液化气作燃料，副产甲烷合格后再切换为甲烷。裂解炉烧嘴的设计一般可以适应这种变化。

（2）双烯烃　为避免燃料气管线和烧嘴因聚合物堵塞，要求燃料气中双烯烃含量不能过高。经验表明，未经丁二烯抽提分离的裂解碳四馏分作为气体燃料使用时，烧嘴易产生结焦堵塞，而未经加氢的裂解$C_5$作为气体燃料使用时，堵塞更加严重。

（3）硫含量　随着裂解炉热效率的提高，其排烟温度相应降低，为保证排烟温度不低于酸性气体的露点温度，对燃料（包括气体燃料和液体燃料）的硫含量必须加以控制，否则需要提高对流段材质等级，以避免腐蚀。当裂解炉热效率提高到94.5%以上时，其排烟温度降至100℃以下，相应要求燃料中硫含量控制在5mL/m$^3$以下。

2. 提高裂解选择性

对相同裂解原料而言，在相同工艺设计的装置中，乙烯生产能耗随着乙烯收率的提高而相应降低。因此，改善裂解选择性，提高乙烯收率显然是降低乙烯装置能耗的重要因素，由此不仅达到节能的效果，而且相应减少原料油消耗，在降低生产成本方面起到十分明显的作用。因此，改善裂解选择性、提高乙烯收率一直是乙烯装置重要的研究课题之一。

在相同工艺技术水平的前提下，乙烯收率主要取决于裂解原料的性质。不同裂解原料，其综合能耗相差较大。因此，裂解原料的选择在很大程度上决定乙烯生产的能耗水平。

改善裂解选择性、提高乙烯收率的主要途径是采用高温、短停留时间和低烃分压的操作参数。20世纪70年代，大多数乙烯装置裂解炉的停留时间控制在0.4s左右，石脑油裂解温度控制在800~810℃，轻柴油裂解温度控制在780~790℃。近年来，新设计的裂解炉的停留时间缩短到0.2s左右，并且出现低于0.1s的毫秒裂解技术。相应地石脑油裂解温度提高到840℃以上（毫秒炉达890℃），轻柴油裂解温度提高到820℃以上（毫秒炉达870℃）。加上烃分压的降低，相同裂解原料的乙烯收率比20世纪70年代的设计提高了

15%~20% 以上。显然，裂解操作条件的改善，不仅使原料消耗大幅度降低，相应也使乙烯生产能耗明显下降。当然，在提高乙烯收率的同时要兼顾丙烯收率，也要考虑高附加值产品的最大化，如丁二烯等。

3. 提高裂解炉的热效率

20 世纪 70 年代初期，裂解炉热效率一般为 86%~87%。能源危机后，至 20 世纪 70 年代末期，新设计的裂解炉热效率普遍提高到 92% 以上。近期，裂解炉的热效率大多提高到 93%~94%，对无硫燃料而言，可将裂解炉的热效率提高到 95% 以上。由于热效率的提高，在相同工艺技术条件下，生产 1t 乙烯的燃料消耗比 20 世纪 70 年代初期降低 10% 左右。为提高裂解炉热效率，通常采取如下措施：

（1）降低裂解炉排烟温度　在其他条件不变的前提下，裂解炉热效率与排烟温度直接相关。20 世纪 70 年代初期，裂解炉排烟温度大约控制在 220~230℃，相应热效率则为 86%~87%。至 20 世纪 70 年代末期，新设计的裂解炉排烟温度降至 130~140℃，裂解炉热效率提高到 92%~93%。近年来，进一步将排烟温度降至 110~120℃，相应地裂解炉热效率提高到 93%~94%。目前，有些裂解炉设计中将排烟温度降至 100℃以下，裂解炉热效率提高到 95% 以上。但是，由于受烟气中酸性气露点的影响，为防止对流段发生腐蚀，则需提高对流段炉管材质等级，应需对使用的燃料含硫量严格限制。因此，目前大多数裂解炉设计均将排烟温度控制在 110℃左右，相应裂解热效率维持在 94% 的水平。

（2）降低过剩空气系数　为保证燃料完全燃烧，裂解炉中均保持一定的过剩空气。实际燃烧所需空气量与理论空气量之比称为过剩空气系数。增大过剩空气量可以保证燃料的完全燃烧，但在相同排烟温度下，排烟热损失加大，裂解炉热效率相应降低。因此，在保证燃料完全燃烧的前提下，降低过剩空气系数也是提高裂解炉热效率的措施之一。

通常，燃料气烧嘴的过剩空气系数为 110%，油烧嘴的过剩空气系数为 120%，油气联合烧嘴的过剩空气系数为 115%，实际操作往往偏高。采用新型烧嘴，可将燃料气烧嘴的过剩空气系数降至 106%~108%，油烧嘴的过剩空气系数降至 112%~115%。在排烟温度不变的前提下，过剩空气系数由 110% 降至 105%，裂解炉热效率可提高 0.6%~0.8%。

（3）减少炉体热损失　一般裂解炉设计中均使炉墙外壁温度控制在 70℃以下，根据环境温度和风力的不同，炉体热损失相应约为总热负荷的 2.5%~4%。近年来，为减少炉体热损失，对保温材料及保温设计均进行改进，炉体热损失大约下降 25% 左右。此外，还应关注裂解炉的漏风问题，如烧嘴的窥视孔、侧壁窥视孔、炉顶保温与辐射段炉管进出的间隙，以及对流段炉管出入与保温的缝隙等部位。

（4）燃烧空气预热　利用乙烯装置废热预热燃烧空气可以减少燃料用量，减少的燃料用量大致相当于预热空气的热负荷。因此，对炉用空气进行预热是提高炉效、降低乙烯生产能耗的有效措施之一。可利用烟道气排烟余热进行空气预热，利用过剩低压蒸汽、凝液和急冷水等预热空气，效果也很好。

（5）辐射段炉管增加扭曲片　裂解炉的辐射段炉管增加扭曲片，可增强裂解炉辐射段的传热效果，在装置燃料气用量没有增加的情况下，可提高乙烯丙烯收率。经过对比，裂解炉的辐射段炉管增加扭曲片后，裂解炉的运行周期较没有增加的裂解炉运行周期稍长，对降低裂解炉的能耗也可起到一定作用。

此外，对原有的老裂解炉型，利用大修更换炉内件进行更新改造，也可提高裂解炉的热效率、提高乙烯收率。采用结焦抑制剂、在线烧焦技术以及选用新型辐射段炉管延长裂解炉的运行周期，也是降低裂解炉能耗的有效措施。

4. 改善高温裂解气热量回收

石脑油裂解时，由裂解炉对流段和裂解气急冷锅炉回收的超高压蒸汽大致可以平衡乙烯装置所需动力和加热用蒸汽。改善高温裂解气热量回收，有利于降低乙烯生产能耗。目前在如下方面已有明显改进：

（1）取消蒸汽过热炉　20 世纪 70 年代初期的设计，乙烯装置均设有蒸汽过热炉，集中过热各台裂解炉回收的超高压蒸汽。新的设计均取消了蒸汽过热炉，回收的超高压蒸汽在裂解炉对流段进行过热，不仅节省了蒸汽过热炉的投资，同时也降低了燃料消耗。虽然相应副产蒸汽有一定下降，但总的热利用率有明显提高，对降低乙烯能耗是有贡献的。

（2）改进急冷锅炉　更换新型废热锅炉以降低急冷锅炉出口温度，相应可以多产超高压蒸汽，但是急冷锅炉出口温度受裂解气露点温度的限制。不论急冷锅炉初期出口温度如何，随着运转周期的延长，其出口温度终将超过裂解气露点，然后再趋于平衡，且副产蒸汽量会随出口温度的上升而减少。

增大急冷锅炉炉管直径可使急冷锅炉初期出口温度降低而不致影响急冷锅炉清焦周期。此外，采用两级急冷锅炉或快速冷却急冷锅炉，缩短裂解气在急冷锅炉入口端停留时间，不仅可以改善裂解选择性，对热量回收也是有利的。

（3）控制超高压蒸汽汽包排污量　一般超高压蒸汽汽包排污量控制在锅炉给水进水量的 3%。但超高压蒸汽系统的阀门经过长时间冲刷后，如果得不到及时的维修与更换，内漏情况一般比较严重，造成超高压蒸汽汽包排污量超标，一方面造成锅炉给水用量的浪费，另一方面也会使产汽量下降，增加能耗。

5. 采用变频风机

由于裂解炉为负压操作，通常在炉顶设一台风机，并由烟道挡板控制炉膛负压，风机由电动机驱动，电动机功率与裂解炉产能相匹配。一般 60 kt/a 裂解炉电动机功率为 132kW，100kt/a 裂解炉的电机功率为 160kW，由于大功率电机启动电流很大，很容易发生过载，因此，一般需要采用 6000V 高压电机。目前，国内外很多装置采用变频电动机替代普通电动机，并取消了烟道挡板，电动机转速由炉膛负压控制。变频电动机不仅启动电流低，而且正常运转时比普通电动机节电 30%~40%，可以采用 380V 电动机。

6. 燃气轮机的应用

为进一步降低乙烯生产的能耗，国外有很多乙烯装置采用燃气轮机与裂解炉联合的节能措施，效果十分明显。

燃气轮机排气温度高达 400~500℃。由于燃气轮机燃烧室中燃料燃烧所用的过剩空气系数一般为 103%~104%，因此，燃气轮机排出的高温气体中含有体积分数约 13%~15% 的氧。将这些高温富氧气体作为锅炉或裂解炉的助燃空气，则可将燃气轮机的废热在裂解炉中得到充分的利用，从而提高热量的利用率。

采用燃气轮机与裂解炉联合的方案，将燃气轮机高温气体送入裂解炉作为助燃空气，可大大降低裂解炉的燃料气消耗及烟气中的 $NO_x$ 含量，可使裂解炉有效能利用率提高 10% 左右。

### 12.3.2 急冷系统的节能

急冷系统的主要任务是通过急冷油和急冷水循环系统回收急冷锅炉出口裂解气的余热。因此，改进急冷系统的热回收，无疑是急冷系统节能的主要途径。同时控制好稀释蒸汽和工艺水的排污也有一定的节能效果。

1. 急冷油的热量回收

提高急冷油系统的能量回收，通常采取以下措施：

（1）提高汽油分馏塔釜温，降低中压蒸汽消耗　提高汽油分馏塔塔釜急冷油温度，最大限度地多产稀释蒸汽，而且汽油分馏塔釜温提高到一定程度后，产生的稀释蒸汽压力就可以相应提高，裂解炉所需大部分稀释蒸汽可由稀释蒸汽发生器提供，从而可以减少中压蒸汽由外部补入的量，进而减少了工艺水的排污量，既减排又节约循环水用量。

由于汽油分馏塔在较高温度下操作，所以可减少急冷油循环量，并降低急冷油循环泵的动力消耗。汽油分馏塔塔釜温度提高后，使换热器的温差增加，在一定的热负荷条件下，所需换热器的面积就会减少，当循环急冷油在较低的黏度下操作时，可提高急冷油系统的热回收率。由于换热器的传热系数与流体的黏度约为 1/2 次方的反比关系，所以当塔釜温度升高和急冷油黏度下降时，热回收率都会显著增加。

近年来，有些装置为了充分回收低品位热能，利用蒸汽喷射压缩器技术，将富余的低压蒸汽通过中压蒸汽的抽吸作用加压后补入稀释蒸汽，减少中压蒸汽直接补入，降低装置的中压蒸汽消耗。

（2）增设减黏塔　为了提高汽油分馏塔釜温，可增设一台减黏塔。用热油泵从汽油分馏塔塔釜抽出一股热油通入减黏塔，用轻烃裂解炉出来的裂解气和少量中压蒸汽（许多装置已不用中压蒸汽）汽提汽油分馏塔中的热油，较轻的组分与轻柴油裂解炉出来的裂解气汇合，进入汽油分馏塔，重组分用燃料油泵打入储槽。通过这一措施，汽油分馏塔的釜温可从 190℃左右提高到 200℃或更高。减储塔的操作温度为 260℃左右，不仅有利于热油的热量回收，而且可降低乙烯能耗。

（3）汽油分馏塔中段热油循环　从汽油分馏塔中部抽出一股热油，用来加热锅炉给水和工艺水，使热油冷却，回收热油热量。例如，某年产乙烯 300kt 的装置，从汽油分馏塔第 17 块板抽出一股 160℃的热油，作为工艺水汽提塔再沸器的热源，冷却到 132℃，然后回到汽油分馏塔，节省乙烯能耗。

2. 急冷水的热量回收

从汽油分馏塔出来的裂解气，经急冷水塔进一步冷却到 40℃左右，急冷水温度升到 80~85℃。据估计，一个年产乙烯 300kt 的柴油裂解装置，急冷水低位热源总能量为 3.05GJ/h。20 世纪 70 年代初期，急冷水热量利用率一般为 40%，主要用作丙烯精馏塔再沸器热源，这样不仅损失了热量，而且需要大量的循环水蒸气，增加了公用工程的设施。目前，乙烯装置急冷水热量设计利用率为 70% 以上，除主要用作丙烯精馏塔再沸器热源之外，还可用作其他工艺热源。例如，前面提到的将急冷水用于加热裂解炉底部进风的空气预热器，不但可减少燃料气的消耗，而且降低冷却急冷水的循环水用量，此方法是一项有效节能措施。

3. 利用高效填料，降低汽油分馏塔和急冷水塔的压力降

在近年来的老厂改造和新厂建设中，各种高效填料得到了广泛的应用。高效填料具有较好的汽液分布，良好的汽液接触，传质效率较高。若把浮阀塔盘改造成高效填料，不但处理能力可提高 20%~25%，而且分离效率也可提高 5%~10%。如果将筛板塔盘改造成高效塔盘或填料，则生产能力可提高 30%~50%。

过去汽油分馏塔和急冷水塔一般采用浮阀塔。由于浮阀塔的阻力大，裂解气压缩机入口的压力降低，增加了压缩比，因此增加了压缩机的功耗。近年来的实践证明，用高效填料代替汽油分馏塔和急冷水塔上部的浮阀塔盘，在其他操作参数不变的条件下，塔的压降可下降 75%~80%，有效降低了压缩机的功耗。

急冷系统的节能措施除上述几点外，加强稀释蒸汽汽包及工艺水排污管理也是节水减排、节能降耗的重要措施之一。降低工艺水的排放量，既可减少热损失，又可减少污水处理量。

### 12.3.3 压缩单元的节能

压缩单元也是乙烯装置的耗能大户，因此，如何降低裂解气压缩系统的功率消耗具有重要的意义。裂解气压缩系统降低功耗的主要途径是提高压缩机多变效率、减少段间循环返回量、降低段间阻力降和优化复水系统的操作等。

1. 增加凝液分离罐和液相干燥器

目前，世界上主要的乙烯专利商均根据各自的流程特点，分别在压缩机的不同位置设置凝液闪蒸罐和液相干燥器。例如，在裂解气压缩机五段出口增加一凝液分离罐，在五段排出罐后增设一个液相干燥器，五段排出罐分离出的气相去裂解气干燥器，凝液则经液相干燥器干燥后作为脱甲烷塔的进料。由于压缩机五段出口的裂解气经两级冷却后（原流程为三级冷却）即进入凝液分离罐进行分离，与原流程相比，在此被分离的液相组分较重、量较少。所以，在进入凝液闪蒸罐前所需的加热量就少得多，在凝液闪蒸罐产生的闪蒸汽也就相应地比原流程少许多，从而减少了返回五段的循环气量，降低了裂解气压缩机功率消耗。综上所述，改造后的流程优点如下：①节省了功率；②减少了去分离的气体量；③降低了凝液汽提塔的负荷；④减少了裂解气压缩机四、五段的负荷；⑤降低了五段后冷却器和凝液加热器的热负荷。存在的缺点是凝液汽提塔的釜温稍有增加。裂解气压缩机四、五段系统改造前后流程如图 12.3–1 所示。

2. 压缩机五段凝液二次闪蒸

某装置将裂解气压缩机五段出口的冷凝液一次闪蒸改为二次闪蒸，将第一次闪蒸的气体返回压缩机五段出口，将第二次闪蒸的气体返回压缩机五段入口，这样可降低压缩机和凝液汽提塔的负荷。

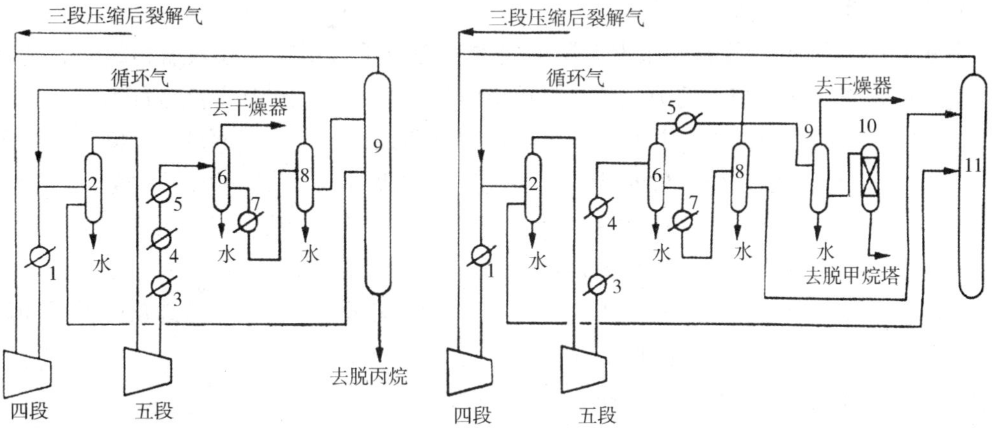


(a) 四、五段系统改造前流程图

1—裂解气压缩机四段后冷器；2—裂解气压缩机五段吸入罐；3—裂解气压缩机五段后冷器；4、5—冷凝器；6—凝液分离罐；7—凝液加热器；8—凝液闪蒸罐；9—凝液汽提塔

(b) 四、五段系统改造后流程图

1—裂解气压缩机四段后冷器；2—裂解气压缩机五段吸入罐；3—裂解气压缩机五段后冷器；4、5—冷凝器；6—凝液分离罐；7—凝液加热器；8—凝液闪蒸罐；9—凝液汽提塔；10—液相干燥器；11—凝液汽提塔

图 12.3-1　裂解气压缩机四、五段系统改造前后流程图

近年来设计的带有干燥器进料洗涤塔的五段出口流程，可使裂解气中苯的含量低于 2mg/kg，以防苯等重组分在低温下冻结。干燥器进料洗涤塔的釜液也采用二次闪蒸流程，如图 12.3-2 所示。一次闪蒸的气体回到裂解气压缩机五段出口，可降低压缩机的五段负荷，同样可以获得较好的节能效果。

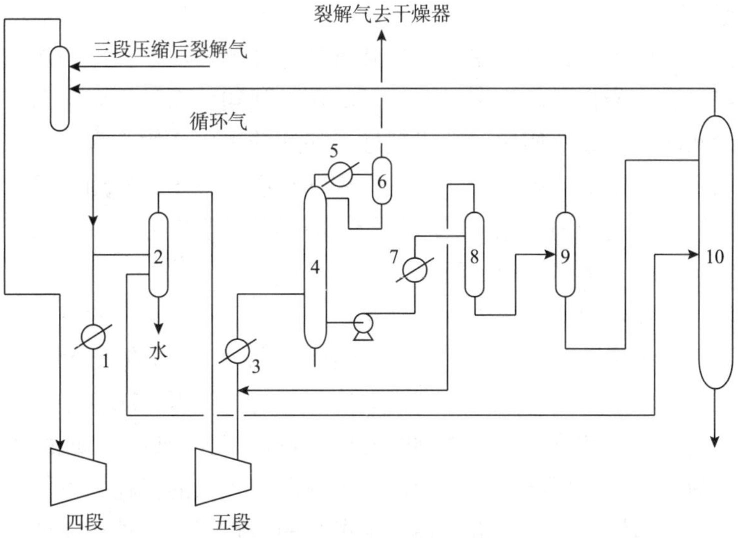


1—裂解气压缩机四段后冷器；2—裂解气压缩机五段吸入罐；3—裂解气压缩机五段后冷器；4—苯洗塔；5—苯洗塔塔顶冷凝器；6—凝液分离罐；7—凝液加热器；8、9—凝液闪蒸罐；10—凝液汽提塔

图 12.3-2　带苯洗塔的二次凝液闪蒸流程图

3. 选择最佳吸入压力

裂解气压缩机的一段吸入压力对压缩机的功耗有重大影响，吸入压力越低，功耗越大。适当提高裂解气压缩机的吸入压力，可节省压缩能耗。如单从节能方面考虑，则希望尽量提高裂解炉的出口压力，并减少裂解炉出口到压缩机一段入口间的压力降。但裂解炉的出口压力是受到裂解反应条件制约的，提高炉子的出口压力将不利于提高裂解选择性。因此，存在一个权衡利弊，选择裂解炉最佳出口压力的问题。从裂解炉操作的裂解选择性和压缩机总功耗两方面权衡，目前大多数专利公司在选取一段吸入压力时，更多地考虑裂解炉的烃分压而选取较低的一段吸入压力。对于裂解气压缩机，则较多地从降低段间阻力降和改善压缩工艺流程着手来降低能耗。

4. 降低裂解气压缩机段间压力降

在正常情况下，裂解气压缩机的前三段压缩能耗占压缩机总功耗的60%以上，因此从节能的角度来看，降低段间压力降是很重要的。降低段间压力降不仅可以减少压缩机的功耗，而且可以在相同总压比之下降低每段的出口温度。在这方面，已开发了不少新工艺、新技术，并取得了良好的节能效果。若在压缩机段间采用折流杆高效换热器，不但具有传热效率高、压力降小的特点，而且具有抗污垢能力强、防振性能好和表面温度均匀等优点。

5. 降低压缩机出口温度

裂解气压缩机段间冷却一般采用水冷，段间冷却后的裂解气温度一般为40℃左右。在此条件下，为保证各段出口裂解气温度控制在90℃左右，必须将各段压缩比限制在2.2以下。限制裂解气压缩机各段出口温度的目的，主要是减少裂解气中双烯烃的聚合，避免聚合物堵塞压缩机的流道和密封。但是，即使将各段出口温度控制在90℃左右，仍有一定量的双烯烃聚合物生成。

近年来，国内有许多新建或扩建的乙烯装置都将裂解气压缩机段间注油改为注水。改造后压缩机出口温度下降，不但解决了双烯烃的聚合问题，而且可以提高压缩机的效率，裂解气压缩机段间注水与注油相比有其优越性。注油的主要作用为润湿压缩机转子，防止裂解气中的双烯烃在转子上结焦，而注水的作用既有润湿转子的作用，又有冷却的功能。水注入压缩机机体后雾化变为气相，吸收热量，降低了裂解气的温度，从根本上防止了双烯烃的聚合结焦，提高了压缩机的效率。

6. 改造压缩机及驱动透平，提高压缩机效率

蒸汽透平的转子采用双转子，一种在开车初期用，另一种在设计负荷下运转。同时对蒸汽透平低压段的转子进行改造，提高表面冷凝器的真空度，减少蒸汽消耗量，从而大大降低压缩功耗。此外，在蒸汽透平选型时，应尽量采用背压透平，或减少凝汽、增加抽汽，由抽汽来平衡蒸汽，少用减温减压器，减少高能位蒸汽的消耗，不仅节省投资，而且有明显的节能效果。对裂解气压缩机的转子也可采用双转子，一种在设计负荷下运转，一种在50%~70%负荷下运转，以便减小“三返一”和“五返四”的循环量，提高压缩机的效率，达到节能降耗的目的。近年来，许多新建或进行技术改造的大型乙烯装置，通过采用高效压缩机使压缩机叶轮形状最大限度地提高气体压缩功率；同时使气体在压缩机内部流动的过程中，将压力损失降至最小限度，从而进一步降低压缩机的能耗。

此外，优化复水系统的操作、合理选择压缩段数、将碱洗塔由浮阀塔改造成填料塔都有一定的节能效果。压缩段数越多越接近于等温压缩过程，从而可降低功耗。实际上，大多装置都采用五段压缩或四段压缩，以五段压缩居多。五段压缩比四段压缩具有功耗少、压缩比小和排气温度低等优点，可避免不饱和烃的聚合结焦，在相同功耗下一段吸入压力可低一些，有利于提高裂解选择性。将碱洗塔改造成填料塔，可降低阻力，节能效果也非常明显。

## 12.3.4 分离单元的节能

分离单元降低能耗的主要措施是改进分离流程和改善工艺系统的热回收。此外，采用中间再沸器节省低温精馏塔的能耗、采用膨胀机改进制冷效果（尽可能多地回收能量）和降低回流比节省能耗等，也是冷区和热区的重要节能措施。

在分离单元的众多节能措施中，选择最佳回流比、采用中间冷凝器和中间再沸器、多股进料和侧线采出、控制进料状态、热泵系统的应用和火炬气的回收等，均可有效地控制有效能的损失，达到节能降耗的目的。本节将着重对热泵的应用、火炬气的回收、回流比的选择和产品塔的先进控制技术等做简要介绍。

1. 热泵的应用

（1）热泵的概念和分类　根据热力学第二定律，热量不能自动地从低温流向高温，除非自外界输入功，才能使热量从低温流向高温。热泵系统就是通过做功将热量从低温热源提供给高温热源的供热系统。

用于精馏塔的热泵可分为闭式热泵和开式热泵，开式热泵又分为开式 A 型热泵和开式 B 型热泵，如图 12.3–3 所示。

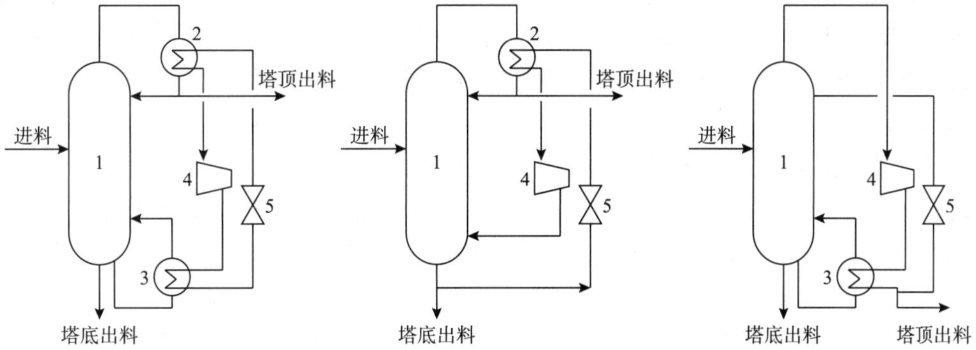


(a)闭式热泵　(a)开式A型热泵　(c)开式B型热泵

1—精馏塔；2—冷凝器；3—再沸器；4—压缩机；5—节流阀

图 12.3–3　热泵流程图

（2）热泵的应用 尽管采用热泵系统可以节约能量，但并不是所有的系统都适宜应用热泵流程。适宜应用热泵流程的情况有：①塔顶与塔底温差小的系统；②塔的压力降较小的系统；③被分离物系的组分因沸点相近而难以分离，须用较大回流比而消耗大量加热蒸汽的系统；④低压精馏过程需要制冷设备的系统。

当前，大型乙烯装置能量综合利用的水平都很高，近年来新建的乙烯装置采用乙烯热泵的较多，而丙烯精馏塔一般不采用热泵。主要原因是：对于丙烯精馏来说，在有急冷水低温热源可利用的条件下，采用开式丙烯精馏热泵并没有什么优势；而乙烯精馏塔塔顶冷凝 器是丙烯制冷系统的最大用户，其用量约占丙烯制冷总功率的60%~70%，采用乙烯热泵流程不仅可节约大量的冷量，而且可省去低温设备的投资费用，因此，乙烯热泵得到了更多的应用。

林德公司和联碳公司在热泵应用方面有较为丰富的经验。林德公司的前脱乙烷流程中，乙烯塔处于低压下操作，为构成热泵系统提供了有利条件。有人曾对林德公司设计的乙烯塔的开式热泵系统和闭式热泵系统进行了对比研究，结果表明，闭式热泵不如开式热泵好。对于开式热泵系统来讲，降低乙烯塔塔压有利于提高乙烯对乙烷的相对挥发度，但乙烯塔的处理量将降低，同时压缩机的压缩比增大，使功耗增加。因此，提高塔压将有助于降低功耗。斯通－韦伯斯特公司设计的前脱丙烷、ARS深冷分离流程中，采用的也是乙烯精馏塔与乙烯制冷压缩系统形成的开式热泵。

热泵系统固然有它的许多优点，但并非完美无缺。热泵系统的缺点有：①增加了精馏操作的复杂性；②开式热泵系统产品被污染的风险较大；③增加了压缩机的功耗。

目前，各大专利公司都在不断地改进已有的热泵系统，将新的热泵系统、高通量换热器和新型的塔板相结合，既节省能量，又节省设备费用。尤其值得注意的是，采用高通量换热器使得热泵系统节能效益更为显著。随着热泵系统的不断改进与发展，它的应用将越来越广泛。

2. 火炬气的回收

石油化工装置在正常生产和事故状态下，均不可避免地排放相当量的易燃易爆物料（一般统称火炬气），为了防止火灾及爆炸事故发生，保证设备和人身安全，减少对环境的污染，均须设置火炬系统处理这些排放出的易燃易爆物料，每年在火炬中被燃烧的烃类等可燃气体量非常可观。近年来，为了节约能源，降低产品成本，减轻环境污染，国内外各大乙烯装置均开始对火炬系统进行改造，对火炬气进行回收和综合利用，取得了明显的经济效益。

（1）火炬气回收装置的组成　火炬气回收装置由火炬气压缩机和有关公用工程等辅助系统组成。由于火炬气的流量和组成波动很大，因而压缩机的选择非常关键。目前，国内乙烯装置采用的多为水环式压缩机或螺杆式压缩机。水环式压缩机可直接抽吸火炬气，升压后送入燃料气系统，其工艺流程简单，占地少，操作方便，效益较好，但需从国外引进，投资较大。螺杆式压缩机兼有往复式和离心式压缩机的优点，不但能够调节气量，实现平稳操作，而且能处理湿气体。这种压缩机适应性强、运行稳定、能满足火炬气回收的特殊要求，而且可以实现国产化，因此得到了较为广泛的应用。

螺杆式压缩机组的主机为单级喷液式压缩机，由主机、电动机、分液罐、油冷却器、水冷却器、油泵、油箱、气体管路、润滑油管路和冷却液管路等组成。

（2）火炬气回收装置的安全和环保　火炬气一般来自不平衡物料的排放。乙烯装置的火炬气来源主要有：①装置的试车、开停车中排放的烃类物料；②装置因紧急事故而排放的烃类物料；③装置内因设备切换泄压而排放的烃类物料；④装置内部因超压、压力调节阀泄放或安全阀开启而排放出的烃类物料；⑤因阀门内漏而排放的烃类等。

这些物料都是易燃、易爆的介质，因此在处理时应特别注意安全和环保问题，做到既能回收火炬气，又能确保火炬系统的安全。火炬气回收系统采取的安全措施主要有以下几点：

①分析控制氧含量。当火炬气中的氧含量达到一定值时，可能会形成爆炸性混合气体。为了确保安全，在压缩机入口管线上设置了氧含量分析报警联锁设施。

②设置水封系统。在火炬前的火炬总管上设置水封罐，既可防止火炬回火，又可控制火炬气回收系统的压力，防止压缩机抽空。

③压力控制和温度控制。为防止压缩机抽空，在压缩机的入口管线上设有低压报警联锁和压缩机进出口压力调节设施。为保证燃料气管网的安全，设置了压缩机出口压力超压联锁设施。为确保压缩机正常运行，在压缩机入口和出口管线上分别设置了低温报警联锁和高温报警联锁。另外，压缩机还设有油压、油温等联锁措施。

④其他安全措施。为便于及时处理突发事故，保证整个系统的安全，在控制室设有停车按钮，现场设有开停车按钮。由于火炬气回收装置处理的是易燃易爆的烃类，因此，所有现场电控、自控设备均采用防爆型，现场还安装了可燃气体检测器，以便及时发现可燃气体泄漏。为防止火炬气泄漏和空气窜入压缩机，压缩机设置了油封、氮气气封等一系列的密封措施。在压缩机组的气液分离罐上还设置了安全阀，当压力超过安全阀的设定值时，安全阀起跳，燃料气排到火炬气管道。

虽然火炬气回收装置不产生废气和废渣，但在回收火炬气的同时会冷凝产生含油污水。这些含油污水应返回到装置的排污系统，也可设废油罐，油水分离后，废油回收利用，废水进入污水系统。压缩机产生的噪声不得超过作业场所环境保护标准的规定，以免操作人员受到噪声的危害。

3. 选择最佳回流比，合理控制产品质量

精馏塔的回流提供了全塔汽液两相相互接触的必要条件，是精馏过程得以实现的关键因素之一。回流比的大小直接影响精馏效果的好坏，是精馏过程中调节产品质量的重要手段。回流比是回流量与塔顶采出量的比值。回流量大，可以改善精馏效果；但回流量过大，不仅增大了塔盘的气相速度，容易造成雾沫夹带，对精馏操作不利，而且增加了产品在塔内的循环量，相应降低了塔的处理能力，同时还会产生不必要的质量“过剩”，增加能量消耗。回流量过小，精馏效果下降，容易导致产品不合格。所以，选择最佳回流比，合理控制产品质量，使产品既能满足用户的要求，又不致产生质量“过剩”，可最大限度地多出产品，达到节能降耗的目的。

4. 采用先进控制技术，减少产品损失率

近年来，许多装置通过与科研院所合作，对乙烯精馏系统和丙烯精馏系统的自动控制进行了技术攻关。乙烯精馏系统研究开发了塔顶乙烷浓度推断控制、塔釜乙烯浓度推断控制、塔釜乙烷专家系统控制、基于神经网络的软测量技术等先进控制技术；丙烯精馏系统研究开发了丙烯精馏塔塔顶丙烷浓度推断控制、丙烷精制塔塔釜丙烯浓度推断控制的先进技术。实施先进控制技术，可以优化乙烯、丙烯精馏过程的操作，改进乙烯、丙烯精馏系统的操作弹性，减少塔釜再沸器和塔顶冷凝器的负荷，降低丙烯压缩机的负荷，提高乙烯、丙烯精馏系统的生产能力和操作稳定性，提高乙烯丙烯收率。某装置投用先进控制系统后，乙烯精馏塔平均操作回流比由原来的4.34降为现在的4.20左右，节省了能量消耗。丙烯精馏系统塔釜丙烷中丙烯损失由10.25%减少到3%，大大降低了丙烯精馏系统的能耗和丙烯损失。

### 12.3.5　节水减排与凝液回用

随着乙烯生产管理水平的提高，乙烯装置对节能降耗提出了更高的要求，以降低产品成本，提高企业竞争力。在乙烯装置的节能降耗措施中，除前几节所述之外，节水减排和凝液回用也是不可忽略的措施。在能源日益紧张、大力提倡可持续发展的今天，节水减排和凝液回用日益受到人们的重视。

1. 节水减排

我国的水资源严重不足，水资源紧缺已成为制约我国经济发展的“瓶颈”。乙烯装置是用水排污大户，节水减排对降低装置能耗起着至关重要的作用。节水减排是持续开展清洁生产、节约水资源的有力措施，也是企业提高经济效益的重要手段，近年来，节水减排得到了高度关注。乙烯装置的节水减排措施主要可从以下几方面考虑：

（1）加强裂解炉汽包排污管理，控制汽包排污量　裂解炉在正常运行期间，超高压蒸汽汽包需要保证一定量的排污，以防止有害杂质的积累。但在实际生产过程中，排污系统阀门长期受冲刷后很容易内漏，排污量的控制难度较大。通过加强裂解炉汽包排污管理，采取一系列行之有效的措施，可将汽包排污量控制在锅炉给水进水量的3%左右。例如，定期核对BFW用量与SS发生量，确定汽包排污量的大小，并及时调整；定期检查汽包、急冷锅炉导淋的内漏情况，若有内漏，在停炉期间予以更换；保证裂解炉在正常运行期间间断排污调节阀处于关闭状态等。

另外，通过技术改造对间断排污罐的污水加以回收利用，也是节能降耗、节水减排的有效措施。一般乙烯装置裂解炉汽包间断排污与连续排污罐的排污水汇合，一起进入间断排污罐。进入间断排污罐的污水没有回收设施，罐顶气相放空至大气，罐底液相排入化污池。这样不仅浪费了能量，影响了装置的环境，而且也增加了装置的污水排放量。如果将间断排污罐由常压罐改为闪蒸罐，将进入间断排污罐的排污水闪蒸后，产生蒸汽并入装置稀释蒸汽管网，也就是说利用裂解炉汽包高温排污水闪蒸产生供裂解炉的蒸汽，达到节能降耗、节水减排的目的。

（2）加强稀释蒸汽汽包及工艺水排污管理，控制工艺水排污量　使稀释蒸汽汽包保持一定量的排污，其目的是保证稀释蒸汽品质。但在外界蒸汽补入量大的情况下，汽包排污量较难控制，很容易超标。通过优化工艺操作，加强稀释蒸汽汽包及工艺水的排污管理，可将排污量控制在工艺水进水量的7%左右。采取的措施主要有：①优化裂解炉汽烃比控制，合理控制裂解炉大阀、急冷锅炉入口压力以及急冷器喷嘴的防焦蒸汽用量；②优化减黏塔操作，改善急冷油减粘效果，提高汽油分馏塔釜温，增大稀释 蒸汽发生量，减少中压蒸汽的补入量；③定期检查稀释蒸汽汽包排污量大小并及时调整，控制排污量。

（3）有效回收利用蒸汽凝液，减少现场排放　在装置正常生产过程，会产生大量的蒸汽凝液，因为蒸汽凝液中所含的热量就是蒸汽中的显热，从装置内排出的蒸汽凝液的温度接近饱和蒸汽的温度，蒸汽凝液的热量可以达到蒸汽总热量的 20% 左右，如果将蒸汽凝液回收并加以有效利用，既可以减少蒸汽锅炉的燃料用量，又可以节约工业用水、减少外排污水总量。在正常情况下，装置产生的蒸汽凝液都应切入凝液回收系统，杜绝现场直排。但随着装置负荷的不断提升，原设计能力有可能已不能满足全部蒸汽凝液的回收、输送，造成装置部分蒸汽凝液无法回收，被迫就地排放，造成极大的浪费。若出现这种情况，可通过增配凝液总管，将各区域就地排放的凝液全部回收到凝液总管，减少现场排放，有效实现节水减排。

（4）加强裂解炉的烧焦管理，节约清焦用水量　裂解炉清焦水包括急冷锅炉清焦水与烧焦罐冷却水，其用量与急冷锅炉结焦程度及烧焦时间有关，可通过实施急冷锅炉在线清焦，缩短烧焦罐喷淋时间来控制清焦水用量。在裂解炉烧焦时，根据烧焦罐的温度合理控制喷淋水的流量，烧焦结束后，及时关闭喷淋水阀门。急冷锅炉清焦时应加强控制，节约急冷锅炉清焦用水量。

（5）提高循环水的浓缩倍数，减少循环水的排污量　提高循环水的浓缩倍数可降低系统的补水量和加药量。例如，浓缩倍数从 2 提高到 3，其补水量可下降 25%，而加药量可下降 50%，所以提高系统运行的浓缩倍数，对循环水运行的经济性有重要的意义，而且可以减少污水排放。循环水系统的浓缩倍数确立是根据水处理配方的特性和要求来决定的。浓缩倍数越高，其中的腐蚀离子和金属离子浓度越高，循环水的水质变差，腐蚀和结垢控制将更加困难。浓缩倍数小，将会使循环水的污水排放量和补水量增加。过去，浓缩倍数多采用 2~3，目前国外多将浓缩倍数提高到 5~8，但高浓缩倍数将增加水处理的难度，提高处理成本，在现有条件下，将浓缩倍数控制在 3~5 来选择配方是比较适宜的。

（6）优化工艺，减少循环水用量　乙烯装置的冷却负荷与裂解原料、工厂规模以及工厂热回收方案密切相关。一般来说，裂解原料越重，循环水耗量越大。乙烯装置循环水的主要用户有急冷水冷却、压缩机段间冷却、透平复水器冷却和丙烯精馏塔塔顶冷凝等。地处缺水区域的企业，为减少循环水用量，常采用空冷器冷却急冷水和透平复水，可减少约 40% 左右的循环水用量。另外，尽可能将急冷水用于工艺加热，不仅节省蒸汽用量，而且能相应减少循环水用量。在正常生产过程中，由于受外界环境因素的影响，冬季循环水的温度比较低，循环水回水也保持了比较低的温度。针对这种情况，对于一些用量较小的冷却器可以通过流程优化，将循环水回水用作该冷却器的上水，提高循环水的利用率，减少装置总的循环水消耗，达到节水的目的。

提高装置冷却器的冷却效果也是降低装置循环水用量的有效措施。循环水中溶解有大量的 $Ca^{2+}$、$Mg^{2+}$ 等离子，这些离子所形成的碳酸盐和硫酸盐以及循环水含有的其他杂质会在冷却器上结垢，使冷却器的冷却效果下降。加强巡检，注意观察分析，当判断冷却器结垢后，应及时将冷却器切出清理，尽快恢复冷却器的冷却效果，可减少装置的循环水用量。

（7）强化装置的生产管理，减少“跑、冒、滴、漏”现象　装置内循环水管线和设备的泄漏也是引起循环水水量消耗升高的原因。循环水换热器内漏会导致循环水的水质逐渐恶化，使循环水系统滋生大量生物黏泥，沉积在凉水塔布水槽、水冷器换热管束和循环水管网中，不但严重影响换热效率，而且会增加循环水的使用量，同时由于循环水的水质变差，需要加入大量的新鲜水进行置换，从而增加装置水的消耗。装置内的“跑、冒、滴、漏”，不但会增加装置的物耗，而且也是造成装置排污量大的重要原因之一。因此，强化装置的生产管理，完善循环水换热器出口取样，实行定期分析监控，及时发现并消除装置内设备和管线等出现的泄漏，是降低装置物耗、节水减排的重要手段。

此外，加强装置的日常管理，也能起到明显的节水减排效果。主要体现在：①强化装置内的蒸汽管网管理，科学管理疏水器，抓好疏水器的消漏工作，消除装置内的蒸汽直排现象，减少热能和排污损失；②如无异常情况，压缩机的复水必须进行回收，杜绝就地排放；③控制现场临时用水，杜绝现场常流水现象；④加强装置区内的消防栓 / 炮管理，滴、漏、损坏登记在册，及时处理，禁止乱用，现场擦拭机泵严禁用消防炮冲洗；⑤根据季节变化，加强现场管理，夏季高负荷时，立足于工艺调整，尽量避免机泵、换热器的循环水就地排放；冬季加强防冻公用水端头的检查，保证其流通即可，无需将阀门全开排放；⑥根据气温变化，及时调整储罐喷淋水量，气温低时及时关闭喷淋水；⑦加强现场取样器的操作管理，减少取样器的直接排放量；⑧加强生活用水管理，减少卫生间、盥洗室的用水排放。

2. 凝液回用

乙烯装置的蒸汽凝液，从 20 世纪 80 年代末期就开始逐步回收，并取得了一定效果。该系统中的蒸汽凝液共分三个等级，具体为：SC（超高压蒸汽凝液）、MC（中压蒸汽凝液）、LC（低压蒸汽凝液），它们所含的热能相当可观，回收蒸汽凝液中的热能，每年可获上百万元的经济效益。用回收的凝液代替部分纯水可节约供水量，达到降低蒸汽成本的目的。

凝液的回收可分为 A、B、C 三个系统，A 系统是 SC 回收系统，主要来源于裂解气压缩机和丙烯压缩机的蒸汽汽轮机。SC 经过滤器除铁，并入一级脱盐水箱。B 系统主要回收 MC 和部分 LC 的凝液，蒸汽主要来源于 SS、HS、MS 的加热器。C 系统主要回收 LC（包括 TC）的凝液，蒸汽主要来源于伴管保温、仪表保温以及一些低压蒸汽再沸器与加热器。B 系统和 C 系统回收的凝液经处理后并入除氧器。

近年来，许多乙烯装置都通过技术改造，增设裂解炉空气预热器，利用装置内过剩的低压蒸汽、低压蒸汽凝液、伴热蒸汽凝液对进入裂解炉底部燃烧器的空气进行预热。一方面充分利用放空低压蒸汽和蒸汽凝液的热能，节约了燃料气的消耗；另一方面可减少排污量，达到节水减排的目的。这是一项利用低品位热能的纯节能技术。

此外，蒸汽凝液还可以作为补充水，在使用新鲜水时，能够用蒸汽凝液代替的尽可能用其代替新鲜水，减少新鲜水的补入，达到节水的目的。

### 12.3.6 精馏塔的节能

虽然深冷分离功耗不断下降，但是从热力学的角度来看，仍大有潜力可挖。如含乙烯（体积分数）32.4% 的裂解气在常温（25℃）下进行可逆分离，分离每吨乙烯的热力学最小理论功仅 为 48kW · h，也就是说实际功耗与分离最小理论功相比，差距甚远。

虽然分离最小理论功不易达到，但用它可以和实际分离过程进行比较，定量地说明实际分离过程偏离热力学可逆操作的程度。也就是说，可以用来衡量实际分离过程节约能量潜力的大小。

目前精馏的节能主要从回流比、中间冷凝器和中间再沸器、多股进料和侧线出料、进料状态、热泵系统、多效蒸馏，以及低温塔的低压操作等方面着手。

直观的看法，蒸馏装置的节能就在于塔顶蒸气和塔底排热或排冷的利用。但是，就工艺过程的总体，即从化学工程的角度来规划节能措施，进行最佳化权衡，这才是低 温精馏系统节能的关键所在。

1. 回流比最佳化

蒸馏过程所需热能一般与回流比有关，最小热能取决于最小回流比。回流比从蒸馏塔自由度来看，是与蒸馏分离的经济评价有关的重要独立变数。为节约能量，一般精馏装置均采用增加塔板数，降低回流比的方法，这是一种普遍趋势，降低回流比的节能潜力为5%~20%。

关于最佳回流比（$R$）与最小回流比（$R_m$）的关系，一般精馏装置 $R$=（1.10~1.20）$R_m$，低温精馏装置由于冷量昂贵所以取的小一些，$R$=（1.05~1.10）$R_m$。例如，脱甲烷塔回流比 力争做到 $R$=1.05$R_m$，当低能位的介质（如水）作为冷剂时，可取 $R$=（1.20~1.50）$R_m$。

乙烯塔原来回流比取 $R$=1.30 $R_m$，现在已减小到 $R$=1.05 $R_m$，最佳回流比已相当接近最小回流比，今后这种接近仍将是一种发展趋势。副产的低位热源，塔顶用水冷凝回流时，可以采用较大回流比，与一般低温塔有所不同。

最佳和最小回流比的接近问题，还必须考虑回流比和分离度的关系，即塔板效率问题。另外，还应考虑由于低回流比会造成塔内液量降低，要维持塔板效率的稳定很困难，并难于控制和操作。

但迄今为止尚未看到一种塔板效率的可靠计算方法应用于设计，现在主要是凭经验确定塔板效率。有人证明，把大回流比下得到的经验塔板效率直接应用于小回流比时将是危险的。在节能的设计过程中，要采用摸索的手法，即在实际运转的蒸馏塔上减小回流比，还必须在与分离度相吻合的条件下确定最佳回流比才行。

最佳回流比愈接近最小回流比，需要的实际塔板数愈多。

2. 采用中间再沸器和中间冷凝器

所谓中间再沸器是在精馏塔提馏段的某处加入一定热量，以代替一部分原来从塔底加入的热量。由于精馏塔的温度是沿着塔高而下降的，在中间再沸器处的温度比塔底的温度低，所以在中间再沸器中可以用比塔底加热剂温度低的加热剂来加热。这和多进料的作用基本上是类似的，即可以提高精馏塔的热力学效率，降低能量消耗。如果某一精馏塔塔底温度较高，塔底再沸器用较高温度加热剂来加热，则若能适当加一个中间再沸器，可用一部分廉价的较低温度的加热剂来加热（有时甚至可以利用低能位的废热，如用循环水取代一部分高温加热剂），显然能降低操作费用。同样，如果某一塔塔底温度较低，塔底再沸器本身就是一种回收冷冻量的手段，那么有可能在提馏段的适当地方回收温度更低的冷量，这一部分冷量与塔底相比，能位较高，回收效果较大。

在设备上，由于采用了中间再沸器，提馏段的塔板数增加了。但是，在中间再沸器下面的塔段因负荷的减小而降低了塔板间距或塔径，在换热器面积方面，使用了中间再沸器以后，总的来讲是减少而不是增加。中间再沸器往往设置在传质推动力比较大的部位（当然还要考虑温度），这样一方面能获得较大能量回收，另一方面也不致因为加了中间再沸器以后传质推动力减小而使塔板数增加很多。塔板增加数与加入热量的多少有关，一般情况下，如果脱乙烷塔，增加了中间再沸器以后，实际塔板数约增加 10 块。

一般精馏塔的温度是自下而上逐渐降低的，顶温最低，底温最高。所以对于顶温低于环境温度，底温高于环境温度，而且顶、底温差较大的精馏塔，如果在精馏段设置中间冷凝器，可用温度比塔顶回流冷凝器稍高的较廉价的冷剂作为冷源，以代替一部分塔顶原来用的低温级冷剂提供的冷量。在精馏塔中设置中间冷凝器、中间再沸器的流程如图 12.3–4 所示。

由于脱甲烷塔顶、塔底温差较大，设置中间再沸器和中间冷凝器，在节约能量上会收到明显的效果今以脱甲烷塔为例，介绍采用中间冷凝器和中间再沸器方案。采用中间冷凝器产生中间回流的脱甲烷流程如图 12.3–5 所示。

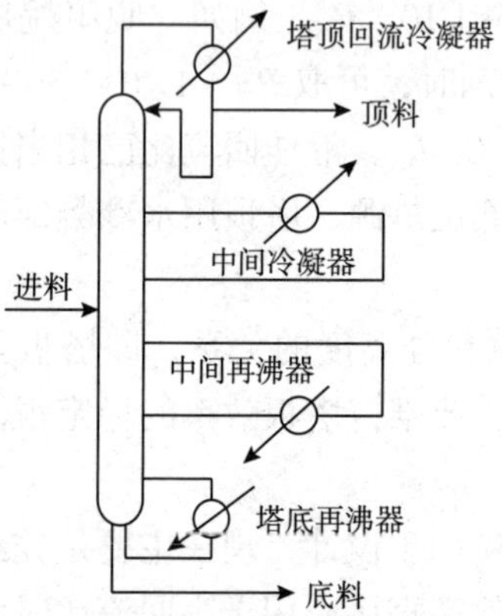

图 12.3–4　采用中间冷凝器、中间再沸器流程

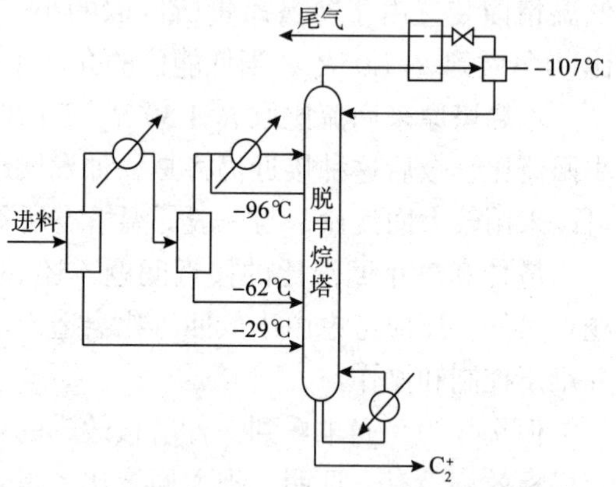

图 12.3–5　中间冷凝器产生中间回流的脱甲烷流程

图 12.3–5 所示是逐级分凝、多股进料与中间回流相结合的流程。进料经一级分凝，–29℃的凝液作脱甲烷塔的第一股进料，气体经二级分凝，–62℃的凝液做第二股进料。气体经进料冷凝器（–101℃乙烯冷剂）分凝，–96℃气、液混合物作第三股进料。同时，从塔中引出一股气体进入中间冷凝器，与进料气体汇合冷凝后得气、液混合物回流入塔。此时，中间回流与第三股进料结合起来了，而第二个进料冷凝器与中间冷凝器结合为一个设备。

从塔顶气来看，经节流膨胀、自身制冷而降温到 –107℃。因为采取了中间回流，减少了塔顶回流量，塔顶可省去外来冷剂制冷的冷凝器，只设自身制冷换热器已能满足负荷要求。由于节流膨胀，使塔顶气体温度低，所以从塔顶气中还可回收一部分乙烯，降低乙烯损失。

进一步推论，如果一个塔不止设一个中间再沸器和一个中间冷凝器，那么所设的个数愈多，则其操作线就愈接近于相平衡曲线。当中间再沸器与中间冷凝器的个数为无限多时，操作线就和相平衡线完全重合，所需增加的塔板数也为无限多，这时即为可逆精馏，有效能损失等于零。当然，这是不可能实现的。

对于顶、底温度差较大的低温塔，设置中间冷凝器和中间再沸器节能效果更加明显。

据估计，脱甲烷塔采用中间再沸器和中间冷凝器，可节省能量约 27%。乙烯塔采用中间再沸器，节能相当于该塔能耗的 17%，或相当于制冷总能耗的 6%。

采用中间再沸器，可以节省能量，减小提馏段塔径。以年产 300kt 乙烯塔为例，采用中间再沸器，节省电能为 960kW · h。脱丙烷塔和脱丁烷塔及丙烯塔采用中间再沸器，是用急冷水作中间再沸器的热源，对脱丙烷塔中间再沸器占主再沸器负荷的 30%，每千克乙烯可降低能耗 150kJ；对脱丁烷塔，每千克乙烯可降低能耗 75kJ，同时可节省冷却水约 200t/h。另外，乙烯塔可采用两个温度等级的中间再沸器，这样裂解气可以冷却到更低温度，回收更多能量。

3. 多股进料和侧线出料

一般来说，将 $N$ 个组分的混合物分离为单一组分，就要采用（$N$–1）个单独的常用塔，每个塔都有自身的再沸器和冷凝器，这当然要消耗较多的能量。因此，出于节能考虑，出现了多股进料和侧线出料的复杂塔形式，既省能量又省设备。

图 12.3–6 就是一般的常用塔，区别在于它是两股进料，所需热能（冷能）少得多。

如用两座常用塔分离 3 个组分，且两座塔的处理量和回流比无太大不同时，则可用图 12.3–6 的 1 座塔代替，但其前提是塔内相对挥发度的顺序不变。

当进行如图 12.3–6 的 4 组分分离时，一般用 2 座常用塔即可。但是，A、B 组分和 C、D 组分各塔回流比大体相同，而且 B – C 间的相对挥发度较之 A – B 和 C – D 间大才行。

图 12.3–6 的方式是当进料量 $F_1 \approx F_2$，原料液组成 $X_{F1}$（B）$\approx$ 0.5、$X_{F2}$（B）$\approx$ 0.5 时，较之用两座常用塔分离所需能量节省 1/2。当进料量 $F_1$ 和 $F_2$ 之间差异很大时，如 $F_1 \geqslant F_2$，则要加中间再沸器；如 $F_1 \leqslant F_2$，则要加中间冷凝器。

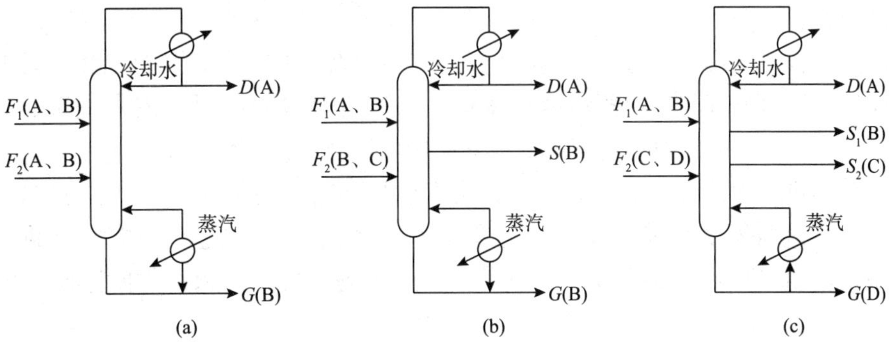


图 12.3–6　多股进料和侧线出料示意图

复杂塔是在常用塔上增加多股进料、侧线出料、复合处理等功能，使运转操作变得复杂，产品质量也难于控制。第一个问题是侧线按一定量采出，要求塔具有一定的生产能力；第二个问题是虽有侧线出料，但操作参数并未增加，难于控制；第三个问题是侧线出料板处于原料经过的地方，易受污染。脱甲烷塔原来是单股液相混合进料，目前设计均采用多股进料。

乙烯塔和丙烯塔液相侧线出料一般在第3至第5块理论塔板，即第5至第8块实际塔板处引出，分别省去第二脱甲烷塔和第二脱乙烷塔，即省设备又缩短了流程。

多股进料和侧线出料是近年来新厂设计的一般趋势。

4. 进料状态

进料状态和进料位置与回流比和塔板数之间有很密切的关系。预热进料可利用低位热源，能代替部分再沸器所需要的高质量热源。预热的热源可以是工艺过程的排热或低压蒸汽。这样可减少再沸器的供热，以达到节能之目的。从低位热源的利用来看，是个很有效的方法。

例如，蒸馏 $C_2$~$C_5$，馏出 $C_2$、$C_3$ 时，当进料温度与进料塔板的温度之间有20℃以上的差异，回流量如不是计算值的1.5~2倍的话，就不能运转。因此，进料温度和进料位置 要加以选择，实际上，工业装置很多都是沸点进料，原因是塔内处于沸腾状态，沸点进料对塔内状态扰动较少，同时计算方便，即沸点进料 $q$=1（蒸发率），手算简单。

如果高于沸点进料，即气相进料，再沸器的负荷减少，但塔径和回流比变大，即塔径和冷凝器变大。这一种进料方式应用于下列情况就可节能，即前处理塔的塔顶馏出物以气态直接进下一塔时，再沸器热负荷将减少，可以用较少的塔板数进行处理，而且前处理塔的冷凝器负荷也可减小。这种节能的有效性尤其反映在易分离的系统中，但对难于分离的系统，效果将减弱。这是因为分离愈难，回流比将增大，原料所持热量占塔的供热比例下降。

如果低于沸点，即液相进料，首先遇到的问题是设计计算，遇此种情况用逐板计算程序来决定进料条件和进料位置。首先固定进料条件，即固定 $q$ 值，然后假定塔板数求回流比，或假定回流比求塔板数，这时的进料段可假定在任意位置，再根据计算调节上、下塔板数。但 $q$ 值对塔内组成将有很大的影响，不易获得满意的结果。尽管如此，在进料段即使有较大的组成变化和温度变化，只要能同时满足物料平衡、热量平衡和气－液平衡，就算是正确的解。

其次是进料段的换热，可将进料段视为一个换热器，则气、液接触面积相当于传热面积。然而，当进料温度与进料段温度有很大差异时，因传热量过大，传热面不够，会使传热不足，导致这块塔板的效率显著降低，其影响可波及塔顶和塔底的组成。

第三是在进料段附近，如温差过大，会发生局部闪蒸现象。因此，在低温塔的 操作中，充分注意进料温度与进料段的温度差异不要太大，就可以达到节能的目的。如果无法缩小温差，就要采取具体措施，比如加具有充分泡沫搅拌效果的中间液罐代替一般的进料段。

脱甲烷塔就是液相进料，可以减少回流比，有利于节能。

对于脱丁烷塔，如其他操作参数不变，给全塔的总热量一定，只改变原料预热和再沸器热负荷分配，塔顶馏出物中的异戊烷以上的重组分含量，对进料温度的改变非常敏感。当塔顶馏出物与塔釜液量相比非常少，而且较难分离时，从节能的观点出发，或从满足产品要求维持稳定运转来看，反而把进料温度控制低一些更好。

最理想的进料条件是进料段塔板上的气、液组成和温度没有太大的变化。进料条件不同，塔内组成也变化，对塔板数和回流比都有影响。若塔板数相同，$q$ 愈大，则 $R$ 愈小，耗能也愈少；$R$ 相同，$q$ 愈大，则塔板数愈少，而且当 $R$ 小时，其影响将变大。

5. 热分离器

由于膨胀机的结构复杂，而且又是高速运转，加工维修都很难，近年来，出现了 一种叫作“热分离器”的新型气体膨胀机。热分离器用来回收甲烷 - 氢尾气中的乙烯和提纯氢气都是有效的，其结构简单，能以较高的绝热效率使具有压力的气体绝热膨胀。

该技术是法国 Berlin 公司开发的，1966 年开始研究，1972 年试制成功第一台机，以后 又连续制造数台投入生产，该技术专利归 NAT 公司所有。三菱重工工业公司根据法国 NAT 公司的热分离技术的基本专利，进一步发展了该技术和系统的功能，成功地工业化了。

热分离器的原理是将气体的压力能转变为动能，喷射流面向一端封闭的管子开孔。间歇喷流时，则在与管内气体之间产生的接触面起到一种活塞的作用，喷射做绝热膨胀后，温度下降，再由管的入口排出。管内气体在绝热压缩后升温，通过管壁放热后，恢复原来的状态，如此循环。当喷射流在临界压力以上时，除绝热压缩外，还要加上冲击波的吸收，会使温度升得更高。换而言之，所谓热分离器，指的就是把压力能转换为高热能和冷能的功能。

热分离器现有两种类型，一是完全没有可动部分的 STS 型，另一种是内有分布器，可以转动的 RTS 型。STS 型结构简单，但效率较低，只有 40%；RTS 型的绝热效率高达 80%，但结构复杂。

图 12.3-7 是使甲烷气体膨胀时的测定值。当将 30℃的甲烷气体由 0.7MPa 膨胀到 0.1MPa 时，理论上的等熵变化可使之降温到 -86℃，$\Delta T$ 为 116℃，但达到理论值是不可能的。如用 RTS 型热分离器，可降温到 -55℃，$\Delta T$ 为 85℃，可用它发生的冷量代替冷冻机制冷以使气体分离。其综合特点是可有效地利用压力能，如用它代替过去的节流阀，就可以取代或大幅度地削减冷冻机的冷量；能克服一般膨胀机的弱点，容易维修。但是，这

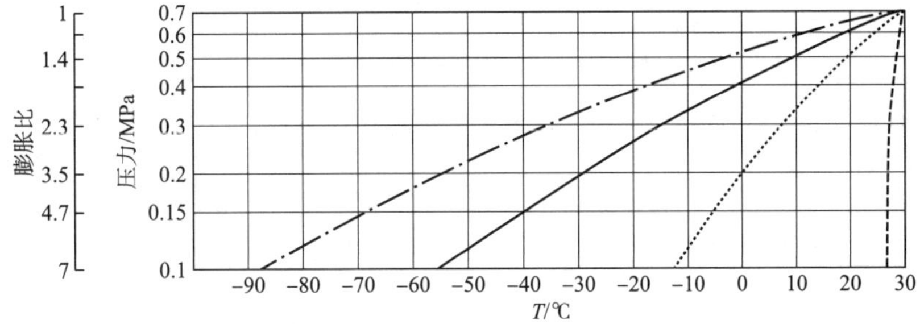


RTS 型：$\eta$=100%，膨胀比为 7 时，$\Delta T$=116℃

$\eta$=75%，膨胀比为 7 时，$\Delta T$=85℃

STS 型：$\eta$=35%，膨胀比为 7 时，$\Delta T$=42℃

$\eta$=0%，膨胀比为 7 时，$\Delta T$=3℃

———等熵变化；—热分离器 --- 等焓变化

图 12.3-7 热分离器的膨胀比及温度下降曲线

种热分离器尚未用来回收乙烯装置的甲烷－氮尾气中的乙烯。有的文献提出了方案，可回收尾气中 1% 左右的乙烯，其示意图如图 12.3–8 所示。

还可将乙烯装置尾气冷却到 –160℃以下，使甲烷液化，利用冷凝液的冷量可使氢气的 纯度达 95%，其示意图如图 12.3–9 所示。

热分离器如能用于深冷分离，节能效果将是显著的，并在一年左右能回收投资。

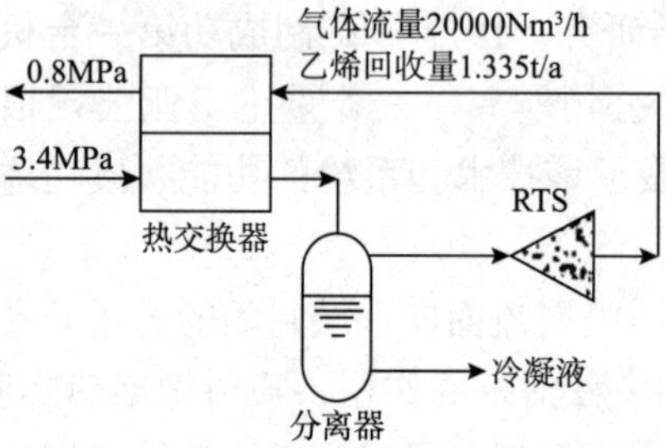


图 12.3–8　从乙烯装置尾气回收乙烯

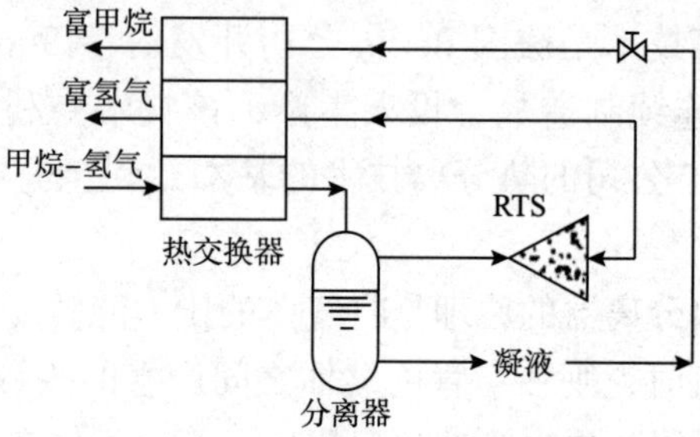


图 12.3–9　提高氢气纯度

# 参考文献


[1] 宋天民. 化工设备英汉图解手册 [M]. 北京：中国石化出版社，2017

[2] 王松汉. 乙烯装置技术与运行 [M]. 北京：中国石化出版社，2009

[3] 中国石油化工集团公司人事部，中国石油天然气集团公司人事服务中心. 乙烯装置操作工 [M]. 北京：中国石化出版社，2008

[4] 代有凡. 加热炉 [M]. 北京：中国石化出版社，2015

[5] 钱家麟. 管式加热炉.2 版 [M]. 北京：中国石化出版社，2007

[6] 古大田，方子风等. 废热锅炉 [M]. 北京：化学工业出版社，2002

[7] 路秀林，王者相等. 塔设备 [M]. 北京：化学工业出版社，2004

[8] 俞晓梅，袁孝竞等. 塔器 [M]. 北京：化学工业出版社，2010

[9] 兰州石油机械研究所. 换热器.2 版 [M]. 北京：中国石化出版社，2013

[10] 徐英，杨一凡等. 球罐和大型储罐 [M]. 北京：化学工业出版社，2005

[11] 薛敦松等. 泵.2 版 [M]. 北京：中国石化出版社，2007

[12] 王福利. 压缩机组 [M]. 北京：中国石化出版社，2007

[13] 王学义. 工业汽轮机技术 [M]. 北京：中国石化出版社，2011

[14] 宋天民. 炼油厂动设备.2 版 [M]. 北京：中国石化出版社，2016

[15] 宋天民. 炼油厂静设备.2 版 [M]. 北京：中国石化出版社，2015

[16] 钱锡俊，陈弘. 泵和压缩机 [M]. 东营：中国石油大学出版社，2007

[17] 吴业正，李红旗等. 制冷压缩机 [M]. 北京：机械工业出版社，2018